btb

Buch

Japan zu Beginn der 30er Jahre: Die neunjährige Chiyo lebt
mit ihrer bettelarmen Familie in einem kleinen Fischerdörf-
chen. Als ihre Mutter im Sterben liegt, verkauft der Vater
Chiyo und ihre Schwester in das Vergnügungsviertel Gion
der alten Kaiserstadt Kyoto. Bei ihrer Ankunft in Kyoto
werden die beiden Mädchen getrennt: Chiyo kommt in ein
Okiya, ein Geisha-Haus, die Spur ihrer Schwester verliert
sich. Star der Okiya ist Hatsumomo, eine faszinierend
schöne, aber unglaublich launische Geisha, die bei den Herren in Gion sehr beliebt ist und daher für die Okiya viel
Geld einbringt. Als Chiyo erfährt, daß ihre Schwester in ein
Bordell verschleppt wurde, plant sie die Flucht – die jedoch
kläglich scheitert. Chiyo wird in die Okiya zurückgebracht
und zur Dienerin degradiert. Anderthalb Jahre wird sie von
Hatsumomo gedemütigt. Doch als Chiyo erkennt, daß ihr
altes Leben unwiderruflich vorbei ist, fügt sie sich in ihr
Schicksal. Von da an ist ihr Aufstieg zur begehrtesten Geisha
ganz Kyotos nicht mehr aufzuhalten. Doch dann lernt sie
einen Mann kennen, in den sie sich unsterblich verliebt.
»Ein faszinierendes Asienepos.« *Elle*

Autor

Arthur Golden, geboren 1957 in Tennessee, studierte japanische Geschichte und verbrachte mehrere Jahre in Japan.
Der Roman »Die Geisha« ist sein erstes Buch, zu dem ihn
eine alte Geisha inspirierte, eine gute Freundin seiner Großmutter. Das Buch stand in zahlreichen Ländern monatelang
auf der Bestsellerliste. Der Autor lebt heute mit seiner Frau
und zwei Kindern in Brookline, Massachusetts.

Arthur Golden

Die Geisha
Roman

Deutsch von Gisela Stege

btb

Die amerikanische Originalausgabe
erschien 1997 unter dem Titel »Memoirs of a Geisha«
bei Alfred A. Knopf, New York.

btb Taschenbücher erscheinen im Goldmann Verlag,
einem Unternehmen der Verlagsgruppe Bertelsmann.

9. Auflage
Genehmigte Taschenbuchausgabe Mai 2000
Copyright © der Originalausgabe 1997 by Arthur Golden
Copyright © der deutschsprachigen Ausgabe 1998 by
C. Bertelsmann Verlag, München,
in der Verlagsgruppe Bertelsmann GmbH
Umschlaggestaltung: Design Team München
Umschlagfoto: AKG, Berlin
Satz: Uhl + Massopust, Aalen
Titelnummer: 72632
BH · Herstellung: Augustin Wiesbeck
Made in Germany
ISBN 3-442-72632-8
www.btb-verlag.de

Für meine Frau Trudy
und meine Kinder Hays
und Tess

An einem Abend im Frühling 1936, als ich eine Knabe von vierzehn Jahren war, nahm mich mein Vater zu einer Tanzvorstellung in Kyoto mit. Von diesem Ereignis sind mir nur noch zwei Dinge in Erinnerung: Erstens, daß wir die einzigen Europäer im Publikum waren – wir waren erst einige Wochen zuvor aus unserer Heimat in den Niederlanden herübergekommen, so daß ich mich noch nicht an die kulturelle Isolation gewöhnt hatte und sie sehr stark empfand –, und zweitens, wie sehr ich mich darüber freute, daß ich nach monatelangem intensiven Studium der japanischen Sprache endlich etwas von den Gesprächen rings um mich verstehen konnte. Was die jungen Japanerinnen betraf, die vor mir auf der Bühne tanzten, so habe ich nur noch eine verschwommene Erinnerung an leuchtend bunte Kimonos. Damals hätte ich mir nicht träumen lassen, daß eine von ihnen mir – in einer so großen räumlichen und zeitlichen Distanz wie New York fünfzig Jahre später – eine gute Freundin werden und mir ihre außergewöhnlichen Memoiren diktieren würde.

Als Historiker betrachte ich Memoiren als Quellenmaterial. Memoiren bieten Informationen – allerdings nicht so sehr über den Schreiber selbst als vielmehr über seine Welt. Sie unterscheiden sich von der Biographie insofern, als Memoiren natürlich niemals die Perspektive bieten können, die einer Biographie ganz von selbst zufällt. Eine Autobiographie – falls es so etwas denn wirklich gibt – gleicht dem, was uns ein Hase erzählen würde, sollte er beschreiben, wie er aussieht, wenn er durch eine Wiese hoppelt. Woher sollte er das schließlich wissen? Wenn wir dagegen etwas über die Wiese erfahren wollen, könnte uns niemand besser Auskunft geben als dieser Hase – solange wir uns darüber klar sind, daß dabei all jene Dinge fehlen werden, die der Hase aus seiner Position unmöglich beobachten konnte.

Ich behaupte dies mit der Gewißheit eines Akademikers, der

seine Karriere auf solch feinen Unterschieden aufgebaut hat. Dennoch muß ich gestehen, daß die Memoiren meiner lieben Freundin Nitta Sayuri mich dazu bewogen haben, meine Auffassung zu revidieren. O ja, sie klärt uns über die verborgene Welt auf, in der sie gelebt hat – die Wiese aus der Hasenperspektive, wenn Sie so wollen. Es könnte gut sein, daß es keine bessere Schilderung des seltsamen Lebens einer Geisha gibt als jene, die Sayuri liefert. Doch darüber hinaus hinterläßt sie uns eine Lebensbeschreibung, die weitaus vollständiger, weitaus präziser und weitaus spannender ist als das weitschweifige Kapitel in der Monographie *Glittering Jewels of Japan*, das ihrem Leben gewidmet ist, oder die verschiedenen Artikel über sie, die im Lauf der Jahre in Zeitschriften erschienen sind. Wie es scheint, hat zumindest im Fall dieser einen, höchst ungewöhnlichen Persönlichkeit kein Mensch die Memoirenschreiberin so gut gekannt wie die Memoirenschreiberin selbst.

Daß Sayuri so bekannt wurde, hatte sie weitgehend dem Zufall zu verdanken. Andere Frauen haben ähnliche Lebensläufe zu verzeichnen. Das Leben der berühmten Kato Yuki – einer Geisha, die das Herz George Morgans eroberte, eines Neffen von J. Pierpont, und während des ersten Jahrzehnts dieses Jahrhunderts seine Ehefrau-im-Exil wurde – war in mancher Hinsicht vielleicht noch außergewöhnlicher als das von Sayuri. Doch nur Sayuri hat ihre eigene Geschichte so vollständig dokumentiert. Lange war ich der Meinung gewesen, daß dies einem glücklichen Zufall zu verdanken sei. Wäre sie in Japan geblieben, wäre ihr Leben so ausgefüllt gewesen, daß an Memoiren überhaupt nicht zu denken gewesen wäre. Aber im Jahre 1956 sah sich Sayuri durch die Umstände gezwungen, in die Vereinigten Staaten zu emigrieren. Während der restlichen dreißig Jahre ihres Lebens wohnte sie im Waldorf Towers in New York, wo sie sich im einunddreißigsten Stock im eleganten japanischen Stil einrichtete. Aber selbst da verlief ihr Leben auch weiterhin in rasendem Tempo. In ihrer Suite gingen japanische Künstler, Intellektuelle und Industrielle ein und aus, sogar Kabinettsminister und ein oder zwei Gangster. Im Jahre 1985 machte uns ein Freund miteinander bekannt. Als Japankenner war ich schon hier und da auf Sayuris Namen gestoßen, wußte aber kaum etwas über sie. Unsere Freundschaft wuchs beständig, ebenso wie ihr Vertrauen zu mir. Eines Tages fragte ich sie, ob sie mir gestatten würde, ihre Geschichte zu erzählen.

»Nun, Jakob-san, sehr gern – solange Sie es sind, der sie aufschreibt«, antwortete sie.

So begannen wir mit unserer Aufgabe. Sayuri zog es vor, ihre Memoiren zu diktieren, statt sie selbst aufzuschreiben, denn, so erklärte sie mir, sie sei so an ein Gegenüber gewöhnt, daß sie kaum wüßte, wie sie zurechtkommen sollte, wenn niemand dabei sei, der ihr zuhöre. Ich stimmte zu, und so wurde mir das Manuskript im Verlauf von achtzehn Monaten diktiert. Nie fiel mir Sayuris Kyoto-Dialekt – in dem Geisha *geiko* heißt und Kimono mitunter *obebe* – stärker auf, als wenn ich mir den Kopf zerbrach, wie ich die feinen Nuancen in eine andere Sprache hinüberretten könnte. Doch von Anfang an verlor ich mich in ihrer Welt. Meist trafen wir uns abends, da Sayuris Geist aufgrund lebenslanger Gewohnheit um diese Zeit am lebhaftesten war. Normalerweise zog sie es vor, in ihrer Suite im Waldorf Towers zu arbeiten, von Zeit zu Zeit trafen wir uns auch im separaten Gastraum eines japanischen Restaurants in der Park Avenue, wo man sie gut kannte. Unsere Sitzungen dauerten gewöhnlich zwei bis drei Stunden. Obwohl wir jede Sitzung mit einem Kassettenrecorder aufzeichneten, war überdies noch ihre Sekretärin dabei, um alles mitzuschreiben, was diese auch gewissenhaft tat. Aber Sayuri sprach niemals für den Kassettenrecorder oder die Sekretärin, sie sprach immer nur für mich. Wenn sie nicht genau wußte, wo sie anknüpfen sollte, war ich es, der ihr weiterhalf. Ich betrachtete mich als das Fundament, auf dem das ganze Unternehmen ruhte, und war überzeugt, daß ihre Geschichte niemals erzählt worden wäre, hätte ich nicht ihr Vertrauen gewonnen. Inzwischen denke ich, daß es auch anders gewesen sein kann. Gewiß, Sayuri hatte mich zu ihrem Amanuensis erkoren, doch möglicherweise hatte sie nur darauf gewartet, daß der richtige Kandidat dafür auftauchte.

Womit wir bei der zentralen Frage wären: Warum wollte Sayuri, daß ihre Geschichte erzählt wurde? Für Geishas gab es zwar keine offizielle Schweigepflicht, doch ihre bloße Existenz gründet auf der sehr japanischen Überzeugung, daß das, was vormittags im Büro vorgeht, und das, was sich abends hinter geschlossenen Türen abspielt, nichts miteinander zu tun hat und stets voneinander getrennt zu halten ist. Geishas erzählen einfach nicht in aller Öffentlichkeit von ihren Erlebnissen. Genau wie eine Prostituierte – ihr Gegenstück auf einem niedrigeren gesellschaftlichen Rang – sieht sich eine Geisha in der außergewöhnlichen Situation, genau zu wissen, ob diese oder jene Persönlichkeit des öffentlichen Lebens ihre Hose tatsächlich so anzieht wie alle anderen, nämlich ein Bein nach dem anderen. Vermutlich kommt es ihnen selbst zugute, daß diese bezaubernden Nachtfalter ihre Rolle als eine Art öffentlichen Vertrauensposten ansehen, doch wie dem auch sei, jede Geisha, die dieses Vertrauen mißbraucht, bringt sich in eine unhaltbare Position. Die Umstände, unter denen Sayuri ihre Geschichte erzählte, waren insofern ungewöhnlich, als damals in Japan niemand mehr Macht über sie hatte. Die Verbindungen zu ihrem Heimatland waren gelöst. Diese Tatsache erklärt uns vielleicht wenigstens zum Teil, warum sie sich nicht mehr zum Schweigen verpflichtet fühlte, erklärt uns aber immer noch nicht, warum sie sich zum Sprechen entschloß. Ich selbst wagte ihr diese Frage nicht zu stellen, denn was wäre, wenn sie ihre Skrupel hinsichtlich dieses Themas noch einmal überdachte und ihren Entschluß revidierte? Selbst als das Manuskript vollständig war, zögerte ich noch zu fragen. Erst als sie ihren Vorschuß vom Verlag erhalten hatte, hielt ich es für ungefährlich, die Sache anzusprechen. Warum wollte sie, daß ihr Leben dokumentiert wurde?

»Was soll ich dieser Tage sonst mit meiner Zeit anfangen?« lautete ihre Antwort.

Ob ihre Gründe wirklich so simpel waren, wie sie vorgab – das zu entscheiden überlasse ich den Lesern und Leserinnen.

Obwohl ihr sehr viel daran lag, ihre Biographie geschrieben zu sehen, stellte Sayuri mehrere Bedingungen. Das Manuskript sollte erst nach ihrem und dem Tod mehrerer Männer veröffentlicht werden, die eine wichtige Rolle in ihrem Leben gespielt hatten. Wie sich herausstellte, starben sie alle vor ihr. Es war Sayuri überaus wichtig, daß niemand durch ihre Enthüllungen in Verlegenheit gebracht wurde. Wann immer möglich, habe ich die Namen unverändert gelassen, obwohl Sayuri die Identität gewisser Herren sogar vor mir verbarg, indem sie sich an den unter Geishas weitverbreiteten Brauch hielt, ihren Kunden Beinamen zu geben. Der Leser, dem eine Person wie Herr Schneegeriesel begegnet – dessen Spitzname von seinen Kopfschuppen herrührt – und der glaubt, Sayuri wolle nur unterhalten, mißversteht möglicherweise ihre wahre Absicht.

Als ich Sayuri um Erlaubnis bat, einen Kassettenrecorder zu benutzen, verstand ich das anfangs nur als Schutz gegen eventuelle Übertragungsfehler seitens der Sekretärin. Seit ihrem Tod im vergangenen Jahr frage ich mich allerdings, ob ich dafür nicht auch noch einen anderen Grund gehabt hatte, ob ich nicht ebenfalls ihre Stimme, die eine Ausdrucksfähigkeit besaß, wie ich sie kaum jemals erlebt habe, hatte konservieren wollen. Gewöhnlich sprach sie in sanftem Ton, wie man es von einer Frau, die es sich zum Beruf gemacht hat, Männer zu unterhalten, vermutlich erwarten kann. Doch wenn sie eine Szene für mich zum Leben erwecken wollte, verstand sie es, mir das Gefühl zu vermitteln, es befänden sich sechs bis acht Personen im Zimmer. Manchmal spiele ich abends in meinem Arbeitszimmer noch immer die Kassetten ab, und es fällt mir sehr schwer zu glauben, daß sie nicht mehr am Leben ist.

Jakob Haarhuis
Arnold Rusoff
Professor of Japanese History
New York University

1. KAPITEL

Mal angenommen, Sie und ich säßen in einem stillen Raum mit Blick auf einen Garten, tränken grünen Tee, plauderten über lang vergangene Zeiten, und ich sagte zu Ihnen: »Der Nachmittag, an dem ich den-und-den kennenlernte … das war der beste Nachmittag in meinem Leben, und zugleich der schlimmste.« Vermutlich würden Sie Ihre Teetasse absetzen und fragen: »Also, was denn nun? War es der beste oder der schlimmste? Beides auf einmal ist ja wohl kaum möglich!« Normalerweise hätte ich dann über mich selbst lachen und Ihnen beipflichten müssen. Doch der Nachmittag, an dem ich Herrn Tanaka Ichiro kennenlernte, war tatsächlich der beste und zugleich der schlimmste meines Lebens. Er wirkte so faszinierend auf mich, und sogar der Fischgeruch an seinen Händen kam mir wie Parfüm vor. Hätte ich ihn nicht kennengelernt, wäre ich bestimmt keine Geisha geworden.

Es war mir nicht von Geburt bestimmt, Geisha in Kyoto zu werden. Nicht einmal geboren bin ich in Kyoto. Ich bin die Tochter eines Fischers aus einem Dorf namens Yoroido am Japanischen Meer. In meinem ganzen Leben habe ich nicht mal einer Handvoll Menschen irgend etwas von Yoroido erzählt, oder von dem Haus, in dem ich aufgewachsen bin, oder von meinen Eltern, oder von meiner älteren Schwester, und ganz gewiß nicht davon, wie ich Geisha wurde und wie es war, eine zu sein. Die meisten Leute würden die Vorstellung vorziehen, daß meine Mutter und meine Großmutter Geishas gewesen wären, daß ich mit dem Tanztraining begann, als ich kaum abgestillt worden war, und so weiter. Vor vielen Jahren schenkte ich einmal einem Mann Sake ein, als dieser ganz nebenbei erwähnte, er sei erst in der vorangegangenen Woche in Yoroido gewesen. Nun ja, ich kam mir vor wie ein Vogel, der einen ganzen Ozean überflogen hat, um auf der anderen Seite ein Wesen zu treffen, das sein Nest kennt. Ich war so erschrocken, daß ich unwillkürlich sagte:

»Yoroido! Aber da bin ich ja aufgewachsen!«

Der arme Mann! Sein Gesicht machte eine ganze Skala von Verwandlungen durch. Er gab sich die größte Mühe zu lächeln, doch es gelang ihm nicht besonders gut, weil er den Schock nicht aus seiner Miene verbannen konnte.

»Yoroido?« fragte er. »Das kann doch nicht dein Ernst sein!«

Ich hatte mir schon lange ein stereotypes Lächeln angewöhnt, das ich als mein »No-Lächeln« bezeichne, weil es einer No-Maske ähnelt, deren Gesichtszüge zu Eis erstarrt sind. Der Vorteil dieses Lächelns ist, daß die Männer hineinlesen können, was sie wollen – Sie können sich sicher vorstellen, welch gute Dienste es mir schon geleistet hat. Auch in jenem Moment entschloß ich mich, darauf zurückzugreifen, und es funktionierte natürlich. Er stieß den Atem aus, kippte die Tasse Sake, die ich ihm eingeschenkt hatte, und brach in ein enormes Gelächter aus, das wohl, wie ich meinte, seiner Erleichterung entsprang.

»Allein schon die Vorstellung!« keuchte er in einem weiteren Lachanfall. »Du – in einem Kaff wie Yoroido aufgewachsen! Das wäre, als wollte man in einem Nachttopf Tee aufbrühen!« Nachdem er abermals gelacht hatte, sagte er zu mir: »Deswegen macht es so großen Spaß, mit dir zusammenzusein, Sayuri-san. Manchmal bringst du es tatsächlich so weit, daß ich glaube, deine kleinen Scherze seien Ernst.«

Ich halte nicht viel davon, mich als Tee zu sehen, der in einem Nachttopf aufgebrüht wurde, aber vermutlich trifft der Vergleich irgendwie zu. Schließlich bin ich in Yoroido aufgewachsen, und bestimmt würde kein Mensch behaupten wollen, das sei eine besonders vornehme Ortschaft. Von Fremden wird sie so gut wie nie besucht. Und was die Menschen betrifft, die dort leben, so haben sie kaum einen Grund, das Dorf zu verlassen. Nun fragen Sie sich vermutlich, wie es kam, daß ich es dennoch verlassen habe. Und damit fängt meine Geschichte an.

In unserem kleinen Fischerdorf Yoroido lebte ich in einer Hütte, die ich als »beschwipstes Haus« bezeichnete. Sie stand dicht an einer Klippe, wo ständig der Wind landeinwärts pfiff. Als Kind schien es mir, als wäre das Meer schrecklich erkältet, da es beständig ächzte und keuchte und zuweilen einen kräftigen Nieser losließ, das heißt einen Windstoß mit einem dicken Schwall Gischt. In meiner Vorstellung war unsere winzige Hütte tief gekränkt, weil das Meer ihr immer wieder ins Gesicht nieste, und hatte sich, um dem zu entgehen, soweit wie möglich zurückgelehnt. Vermutlich wäre sie zusammengebrochen, wenn mein Vater nicht einen Balken von einem gestrandeten Fischerboot geholt hätte, um damit das Dach zu stützen – woraufhin unser Haus einem beschwipsten alten Mann glich, der sich auf seine Krücke stützt.

In diesem beschwipsten Haus führte ich so etwas wie ein windschiefes Leben, denn von frühester Kindheit an sah ich meiner Mutter sehr ähnlich, meinem Vater und meiner älteren Schwester hingegen fast gar nicht. Meine Mutter sagte, das komme daher, daß wir genau gleich gemacht seien, sie und ich – und das traf zu, denn wir hatten beide die gleichen seltsamen Augen, wie man sie sonst in Japan fast nirgendwo sieht. Statt dunkelbraun wie die aller anderen waren die Augen meiner Mutter von einem durchsichtigen Grau, und die meinen sehen genauso aus. Als ich noch sehr klein war, erzählte ich meiner Mutter, daß ich glaubte, jemand hätte ihr ein Loch in die Augen gebohrt und die ganze Tinte sei herausgeflossen. Sie hielt das für ziemlich komisch. Die Wahrsager behaupteten, ihre Augen seien so hell, weil ihre Persönlichkeit zuviel Wasser enthalte, so viel, daß für die anderen vier Elemente so gut wie gar kein Platz mehr übrig sei – und deswegen, meinten sie, paßten auch ihre Gesichtszüge so schlecht zusammen. Die Leute im Dorf sagten oft, sie hätte eigentlich sehr attraktiv sein müssen, weil ihre Eltern attraktiv gewesen waren. Nun, ein Pfirsich schmeckt ganz wunderbar, und ein Pilz auch, aber man kann die beiden nicht zusammen essen – und genau diesen gemeinen Streich hatte ihr die Natur gespielt. Sie besaß den kleinen Schmollmund ihrer Mutter, aber das kantige Kinn ihres Vaters, was an ein zierliches Bild in einem viel zu schweren Rahmen denken ließ. Und ihre schönen grauen Augen waren von dicken Wimpern umrahmt, die bei ihrem Vater eindrucksvoll gewirkt haben mußten, ihr jedoch einen ständig erschrockenen Gesichtsausdruck verliehen.

Meine Mutter sagte immer, sie habe meinen Vater geheiratet, weil sie zuviel Wasser in ihrer Persönlichkeit habe und er zuviel Holz. Menschen, die meinen Vater kannten, begriffen sofort, wovon sie sprach. Wasser fließt schnell von einem Ort zum anderen und findet immer einen Spalt, durch den es sickern kann. Holz dagegen ist fest in der Erde verankert. Im Fall meines Vaters war das auch gut so, denn er war Fischer, und ein Mann mit Holz in der Persönlichkeit fühlt sich auf dem Wasser wohl. Tatsächlich fühlte sich mein Vater auf dem Meer wohler als anderswo und entfernte sich nie weit von ihm. Selbst wenn er gebadet hatte, roch er nach Meer. Wenn er nicht fischen ging, saß er an dem kleinen Tisch in unserem dunklen Vorderzimmer und flickte Fischernetze. Wenn ein Fischernetz ein schlafendes Wesen wäre, hätte er es bei seinem Arbeitstempo nicht mal geweckt. Er machte alles so gemächlich. Selbst wenn er konzentriert dreinblicken wollte, konnte man hinauslaufen, das Bad ablassen und zurückkehren, ehe er seine Gesichtszüge entsprechend geordnet hatte. Sein Gesicht war von sehr tiefen Falten durchzogen, und in jeder Falte hielt er die eine oder andere Sorge verborgen, so daß es gar nicht mehr wie sein Gesicht aussah, sondern eher einem Baum glich, in dessen Ästen überall Vogelnester hängen. Mit diesem Gesicht fertig zu werden war ein ständiger Kampf, und man sah ihm die Anstrengung an.

Als ich sechs oder sieben war, erfuhr ich etwas Neues über meinen Vater. Eines Tages fragte ich ihn: »Papa, warum bist du so alt?« Daraufhin zog er die Brauen hoch, so daß sie kleine Schirme über seinen Augen bildeten. Er stieß einen langen Seufzer aus, schüttelte den Kopf und antwortete: »Ich weiß es nicht.« Als ich mich an meine Mutter wandte, warf sie mir einen Blick zu, der bedeutete, daß sie mir die Frage ein andermal beantworten werde. Am folgenden Tag führte sie mich, ohne ein Wort zu sagen, den Hügel hinab zum Dorf und bog in einen Pfad ein, der zu einem Friedhof im Wald führte. Sie zeigte mir drei Gräber in einer Ecke, mit drei weißen Holztafeln, die mich um einiges überragten. Sie waren von oben bis unten mit streng wirkenden schwarzen Schriftzeichen bedeckt, aber ich hatte die Schule in unserem kleinen Dorf nicht lange genug besucht, um zu erkennen, wo das eine endete und das andere begann. Meine Mutter zeigte auf eine Tafel und sagte: »Natsu, Ehefrau von Sakamoto Minoru.« Sakamoto Minoru hieß mein Vater. »Gestorben im Alter von vierundzwanzig Jahren im neunzehnten Regierungsjahr des Meiji.« Dann zeigte sie auf die nächste. »Jinichiro, Sohn von Sakamoto Minoru, gestorben im Alter von sechs Jahren im neunzehnten Regierungsjahr des Meiji.« Und auf die nächste, deren Text genauso lautete, bis auf den Namen, Masao, und das Alter, drei Jahre. Es dauerte eine Weile, bis ich begriff, daß mein Vater vor langer Zeit schon einmal verheiratet gewesen und seine ganze Familie gestorben war. Kurze Zeit darauf kehrte ich noch einmal zu diesen Gräbern zurück, und als ich dort stand, mußte ich feststellen, daß Trauer eine sehr schwere Bürde war. Mein Körper wog doppelt soviel wie einen Moment zuvor, fast so, als zögen die Gräber mich zu sich herab.

Bei soviel Wasser und soviel Holz hätten die beiden zu einem schönen Gleichgewicht kommen und Kinder mit der angemessenen Verteilung von Elementen produzieren müssen. Bestimmt waren sie sehr überrascht, als sie letztendlich von jedem eins bekamen. Denn es war nicht nur so, daß ich meiner Mutter glich und sogar ihre auffallenden Augen geerbt hatte, nein, meine Schwester Satsu war meinem Vater so ähnlich, wie ein Mensch es nur sein kann. Satsu war sechs Jahre älter als ich, und da sie älter war, konnte sie natürlich Dinge tun, die ich nicht tun konnte. Aber erstaunlicherweise wirkte alles, was Satsu tat, als geschähe es aus reinem Zufall. Wenn man sie zum Beispiel bat, aus einem Topf auf dem Herd eine Schale mit Suppe zu füllen, tat sie das, aber auf eine Art, die es aussehen ließ, als hätte sie die Suppe mit sehr viel Glück in die Schale praktiziert. Einmal schnitt sie sich sogar an einem Fisch, und damit meine ich nicht das Messer, das sie benutzte, um den Fisch zu schuppen. Sie kam mit einem in Papier gewickelten Fisch den Hügel vom Dorf herauf, als der Fisch herausrutschte und so gegen ihr Bein schlug, daß sie sich an einer der Flossen schnitt.

Unsere Eltern hätten außer Satsu und mir vielleicht noch andere Kinder bekommen, vor allem, da sich mein Vater einen Sohn wünschte, der mit ihm fischen gehen könnte. Doch als ich sieben war, erkrankte meine Mutter schwer an einem Leiden, das vermutlich Knochenkrebs war, obwohl man damals noch keine Ahnung hatte, was mit ihr los war. Erleichterung fand sie nur, wenn sie schlief, und das tat sie allmählich fast so wie eine Katze, also mehr oder weniger ununterbrochen. Im Lauf der Monate verschlief sie immer mehr von ihrer Zeit, und sobald sie aufwachte, begann sie zu stöhnen. Ich wußte, daß sich irgend etwas in ihr rasend schnell veränderte, aber weil sie soviel Wasser in ihrer Persönlichkeit hatte, schien mir das nicht sehr besorgniserregend zu sein. Manchmal magerte sie innerhalb weniger Monate ab, nahm aber ebenso schnell wieder zu. Doch als ich neun geworden war, begannen sich die Knochen in ihrem Gesicht immer mehr abzuzeichnen, und von da an gewann sie nie wieder ihr altes Gewicht zurück. Mir war nicht klar, daß die Krankheit das ganze Wasser aus ihrer Persönlichkeit sog. Genau wie Seetang, der von Natur aus naß ist, beim Austrocknen brüchig wird, verlor meine Mutter immer mehr von ihrer Substanz.

Als ich dann eines Nachmittags auf dem unebenen Boden in unserem dunklen Vorderzimmer saß und einer Grille, die ich am Morgen gefunden hatte, etwas vorsang, ertönte an der Haustür eine Stimme.

»Oi! Aufmachen! Hier ist Dr. Miura!«

Dr. Miura kam einmal pro Woche in unser Fischerdorf, und seit der Erkrankung unserer Mutter hatte er es sich angewöhnt, den Hügel heraufzukommen, um nach ihr zu sehen. Mein Vater war an jenem Tag zu Hause, weil sich ein furchtbares Gewitter zusammenbraute. Er saß an seinem gewohnten Platz am Tisch und hatte seine großen, spinnenartigen Hände tief in einem Fischernetz vergraben. Jetzt hielt er einen Augenblick inne, um mich anzusehen und einen Finger zu heben. Das bedeutete, daß ich die Tür öffnen sollte.

Dr. Miura war ein äußerst wichtiger Mann – jedenfalls glaubten wir das in unserem Dorf. Er hatte in Tokyo studiert, und man erzählte sich, daß er mehr chinesische Schriftzeichen kannte als jeder andere. Er war viel zu stolz, um von einem Geschöpf wie mir Notiz zu nehmen. Als ich die Tür öffnete, schlüpfte er aus seinen Schuhen und ging wortlos an mir vorbei ins Haus.

»Also wirklich, Sakamoto-san«, sagte er zu meinem Vater, »ich wünschte, ich hätte es so gut wie Sie, den ganzen Tag draußen auf dem Meer beim Fischen! Wie wundervoll! Und bei schlechtem Wetter ruhen Sie sich dann aus. Wie ich sehe, schläft Ihre Frau immer noch«, fuhr er fort. »Wie schade. Ich dachte, ich könnte sie untersuchen.«

»Ach?« sagte mein Vater.

»Ich kann nächste Woche nicht kommen. Würden Sie sie vielleicht für mich wecken?«

Es dauerte eine Weile, bis mein Vater seine Hände aus dem Netz befreit hatte, aber schließlich erhob er sich doch noch vom Tisch.

»Chiyo-chan«, wandte er sich an mich, »bring dem Doktor eine Tasse Tee.«

Damals hieß ich Chiyo. Meinen Geisha-Namen Sayuri bekam ich erst viele Jahre später.

Mein Vater ging mit dem Arzt ins andere Zimmer, wo meine Mutter schlief. Ich versuchte an der Tür zu lauschen, hörte jedoch nur meine Mutter stöhnen und nichts von dem, was gesagt wurde. Ich brühte den Tee auf, und bald darauf kam der Doktor zurück. Er rieb sich die Hände und machte ein sehr ernstes Gesicht. Er und mein Vater setzten sich an den Tisch.

»Es wird Zeit, daß ich mit Ihnen spreche, Sakamoto-san«, begann Dr. Miura. »Sie müssen unbedingt mit einer der Frauen im Dorf reden, vielleicht mit Frau Sugi. Bitten Sie sie, für Ihre Frau ein schönes neues Nachthemd zu nähen.«

»Dazu fehlt mir das Geld, Doktor«, sagte mein Vater.

»Wir sind in letzter Zeit alle ärmer geworden. Ich verstehe, was Sie sagen wollen. Aber Sie sind es Ihrer Frau schuldig. Sie sollte nicht in dem zerrissenen Hemd sterben, das sie jetzt trägt.«

»Dann wird sie also bald sterben?«

»Sie hat vielleicht noch ein paar Wochen. Sie leidet furchtbare Schmerzen. Der Tod wird eine Erlösung für sie sein.«

Von da an konnte ich nichts mehr hören, denn ich hatte ein Geräusch wie von den Flügeln eines in panischer Angst flatternden Vogels in den Ohren. Vielleicht war das ja mein Herz. Ich weiß es nicht. Aber wenn Sie jemals einen Vogel beobachtet haben, der in der großen Halle eines Tempels gefangen ist und den Weg nach draußen sucht – na ja, so ähnlich reagierte damals mein Verstand. Es war mir nie in den Sinn gekommen, daß meine Mutter nicht einfach weiterhin krank sein würde. Ich will nicht sagen, daß ich mich niemals gefragt habe, was wohl geschähe, wenn sie starb – das habe ich mich des öfteren gefragt, genau wie ich mich gefragt habe, was wohl geschähe, wenn unser Haus von einem Erdbeben verschluckt würde, und es kam auch das gleiche heraus: Nach einem solchen Ereignis konnte es kein Weiterleben geben.

»Ich dachte, ich würde zuerst sterben«, sagte mein Vater.

»Sie sind ein alter Mann, Sakamoto-san, aber bei guter Gesundheit. Sie haben möglicherweise noch vier oder fünf Jahre. Ich werde Ihnen noch ein paar von den Pillen für Ihre Frau dalassen. Falls nötig, können Sie ihr jeweils zwei davon geben.«

Eine Weile unterhielten sie sich noch über die Pillen, dann verabschiedete sich Dr. Miura. Mein Vater saß noch lange schweigend da, mit dem Rücken zu mir. Er trug kein Hemd, nur seine schlaff herabhängende Haut. Je länger ich ihn betrachtete, desto stärker kam er mir vor wie eine seltsame Sammlung von Formen und Strukturen. Seine Wirbelsäule war ein Pfad aus Buckeln. Sein Kopf mit den bräunlich verfärbten Flecken hätte eine angeschlagene Frucht sein können. Seine Arme waren in altes Leder gewickelte Stecken, die von zwei Buckeln herabhingen. Wenn meine Mutter starb – wie konnte ich weiter mit ihm zusammenleben? Ich wollte nicht von ihm weg, aber ob er nun da war oder nicht, nach dem Tod meiner Mutter würde das Haus auf jeden Fall leer wirken.

Schließlich flüsterte mein Vater meinen Namen. Ich ging hinüber und kniete mich neben ihn.

»Etwas sehr Wichtiges«, sagte er.

Sein Gesicht wirkte viel schwerer als sonst. Er rollte die Augen, als hätte er die Kontrolle über sie verloren. Ich dachte, er mühe sich ab, um mir zu sagen, daß meine Mutter bald sterben werde, aber er meinte nur:

»Geh ins Dorf hinunter und hol mir Weihrauch für den Altar.«

Unser winziger buddhistischer Altar stand auf einer alten Kiste neben der Küchentür und war das einzig Wertvolle in unserem beschwipsten Haus. Vor der groben Skulptur von Amida, dem Buddha des westlichen Paradieses, standen winzige schwarze Totentafeln mit den Buddhistennamen unserer Ahnen.

»Aber, Vater – war da nicht noch etwas?«

Er machte eine Handbewegung, die mir befahl, endlich zu gehen.

Der Pfad von unserem beschwipsten Haus folgte dem Klippenrand, bevor er vom Meer landeinwärts in Richtung Dorf abbog. Ihn an einem Tag wie diesem zu benutzen war schwierig, doch ich erinnere mich, wie dankbar ich war, daß der heftige Wind meine Gedanken von den Dingen ablenkte, die mich bedrückten. Das Meer war aufgewühlt. Die Wellen sahen aus wie zu Klingen geschliffene Steine, scharf genug, um zu verletzen. Mir schien, die ganze Welt leide an den gleichen Gefühlen wie ich. War das Leben nichts weiter als ein Sturm, der ständig alles davonfegte, was gerade noch dagewesen war, und nichts als etwas Dürres und Unerkennbares hinterließ? Derartige Gedanken waren mir bis dahin noch nie gekommen. Um ihnen zu entfliehen, rannte ich den Pfad hinab, bis unter mir das Dorf auftauchte. Yoroido war eine winzige Ansiedlung an einer kleinen Bucht. Normalerweise war das Wasser mit Fischerbooten gesprenkelt, heute aber konnte ich nur ein paar Kähne auf dem Heimweg entdecken. Wie immer sahen sie für mich aus wie Wasserkäfer, die über die Oberfläche hasten. Das Unwetter kam jetzt mit voller Wucht. Ich hörte sein Brüllen, und die Wolken vor mir waren so schwarz wie Holzkohle. Die Fischer in der Bucht verschwammen vor meinen Augen, als sie in einen Regenvorhang hineinfuhren, und waren gleich darauf ganz verschwunden. Ich sah, wie das Gewitter den Hang emporklomm und sich mir näherte. Nach den ersten schweren Tropfen, die mich wie Wachteleier trafen, war ich innerhalb von Sekunden so naß, als wäre ich ins Meer gefallen.

Yoroido hatte nur eine Straße, die direkt vor die Tore der Fischfabrik führte und von einer Anzahl Häuser gesäumt war, deren Vorderzimmer als Läden benutzt wurden. Ich lief über die Straße zum Okada-Haus hinüber, wo Textilien verkauft wurden, aber dann stieß mir etwas zu – etwas Triviales, das, wie so oft, gewaltige Folgen hatte, etwa so, wie wenn man den Halt verliert und vor einen fahrenden Zug fällt. Da der Regen die unbefestigte Straße schlüpfrig gemacht hatte, geriet ich ins Rutschen und fiel hin. Dabei schlug ich mit einer Gesichtshälfte auf den Boden. Vermutlich war ich davon kurzfristig bewußtlos geworden, denn ich erinnere mich nur noch an eine Art Benommenheit und das Gefühl, etwas im Mund zu haben, das ich gern ausgespien hätte. Was dann geschah, nahm ich nur verschwommen wahr. Ich hörte Stimmen und fühlte, wie ich auf den Rücken gedreht wurde, dann wurde ich aufgehoben und getragen. Daß sie mich in die Fischfabrik brachten, erkannte ich an dem Geruch um mich herum. Ich hörte ein klatschendes Geräusch, als sie eine Ladung Fisch von den Holztischen auf den Boden schoben. Dann legten sie mich auf die schleimige Fläche. Ich wußte, daß ich naß, blutverschmiert und schmutzig war, daß ich Bauernkleider und keine Schuhe trug. Was ich nicht wußte, war, daß dies der Augenblick sein sollte, der alles für mich veränderte. Denn in diesem Zustand blickte ich ins Gesicht von Herrn Tanaka Ichiro.

Ich hatte Herrn Tanaka schon oft in unserem Dorf gesehen. Er wohnte in einem weit größeren Dorf in der Nähe, kam aber tagtäglich herüber, denn die Fischfabrik gehörte seiner Familie. Er trug keine Bauernkleider wie die Fischer, sondern einen Herrenkimono und eine Kimonohose, womit er aussah wie ein Samurai. Seine Haut war glatt und straff wie ein Trommelfell, seine Wangenknochen waren glänzende Hügelchen und glichen der knusprigen Haut eines gegrillten Fisches. Ich hatte ihn schon immer faszinierend gefunden. Wenn ich auf der Straße mit den anderen Kindern das Bohnensäckchen hin und her warf und Herr Tanaka zufällig aus seiner Fischfabrik kam, hielt ich jedesmal mit allem, was ich gerade tat, inne, um ihn genau zu beobachten.

Während ich da auf dem schleimigen Tisch lag, untersuchte Herr Tanaka meine Lippe, zog sie mit den Fingern herunter und drehte meinen Kopf hierhin und dorthin. Plötzlich entdeckte er meine grauen Augen, die so fasziniert auf ihn gerichtet waren, daß ich nie hätte bestreiten können, ihn angestarrt zu haben. Er grinste mich nicht hämisch an, wie um zu sagen, ich sei ein unverschämtes Kind, und er wandte auch nicht den Blick ab, als spielte es keine Rolle, daß ich ihn anstarrte oder was ich von ihm dachte. Wir sahen einander lange an – so lange, daß es mir dort, in der stickigen Luft der Fischfabrik, eiskalt über den Rücken lief.

»Ich kenne dich«, sagte er schließlich. »Du bist die Kleine vom alten Sakamoto.«

Selbst als Kind konnte ich erkennen, daß Herr Tanaka die Welt um sich herum so sah, wie sie wirklich war. Nie entdeckte ich an ihm den abwesenden Ausdruck meines Vaters. Für mich war es, als sähe er den Saft aus den Stämmen der Kiefern laufen und den hellen Kreis am Himmel, wo sich die Sonne hinter den Wolken versteckte. Er lebte ganz in der realen, greifbaren Welt, auch wenn es ihm dort nicht immer gefiel. Ich wußte, daß er die Bäume wahrnahm, den Schlamm und die anderen Kinder auf der Straße, aber ich hatte keinen Grund zu der Annahme, daß er jemals von mir Notiz genommen hätte.

Vielleicht stiegen mir deshalb heiße Tränen in die Augen, als er mich ansprach.

Herr Tanaka richtete mich zum Sitzen auf. Ich dachte, er werde mir befehlen zu gehen, statt dessen sagte er jedoch: »Versuch mal, möglichst kein Blut zu schlucken, Kleine. Sonst kriegst du einen Stein im Magen. An deiner Stelle würde ich es auf den Boden spucken.«

»Das Blut eines Mädchens, Herr Tanaka?« fragte ihn einer der Männer. »Hier, wo sie den Fisch hinbringen?«

Fischer sind nämlich überaus abergläubisch. Vor allem mögen sie es nicht, daß Frauen irgend etwas mit dem Fischfang zu tun haben. Ein Mann aus unserem Dorf, Herr Yamamura, fand seine Tochter eines Morgens, wie sie in seinem Boot spielte. Er schlug sie mit dem Stock und reinigte dann sein Boot mit Sake und so starker Lauge, daß sie ganze Farbstreifen aus dem Holz herausbleichte. Aber selbst das genügte ihm nicht, er ließ auch noch einen Shinto-Priester kommen, damit er das Boot segne. Und all das nur, weil seine Tochter dort spielte, wo Fische gefangen wurden. Und hier machte Herr Tanaka nun den Vorschlag, ich solle mein Blut auf den Boden des Raumes spucken, in dem die Fische gesäubert wurden!

»Wenn ihr befürchtet, ihr Speichel könnte ein paar von den

Fischinnereien davonspülen«, sagte Herr Tanaka, »nehmt sie doch einfach mit nach Hause. Ich habe noch jede Menge davon.«

»Es geht nicht um die Innereien, Herr.«

»Ich möchte annehmen, daß ihr Blut das Sauberste ist, was diesen Boden seit unserer Geburt berührt hat. Nur zu«, sagte Herr Tanaka, diesmal zu mir. »Spuck's aus!«

Da saß ich nun auf diesem schleimigen Tisch und wußte nicht, was tun. Herrn Tanaka einfach nicht zu gehorchen hielt ich für unmöglich, aber ich weiß nicht, ob ich den Mut gefunden hätte, auszuspucken, wenn nicht einer der Männer sich das Nasenloch mit einem Finger zugehalten und sich auf den Boden geschneuzt hätte. Nachdem ich das gesehen hatte, konnte ich nichts auch nur eine Sekunde länger im Mund behalten und spie das Blut aus, wie Herr Tanaka mir geraten hatte. Alle Männer verließen angewidert den Raum – bis auf Herrn Tanakas Assistent Sugi. Herr Tanaka befahl ihm, Dr. Miura zu holen.

»Ich weiß nicht, wo ich ihn suchen soll«, behauptete Sugi, aber ich glaube, im Grunde meinte er damit, daß er keine Lust hatte, mir zu helfen.

Ich erklärte Herrn Tanaka, der Doktor habe unser Haus vor wenigen Minuten verlassen.

»Wo liegt euer Haus?« erkundigte sich Herr Tanaka.

»Es ist das kleine, beschwipste Haus oben auf der Klippe.«

»Was meinst du mit ›beschwipstes Haus‹?«

»Das Haus, das sich zur Seite neigt, als hätte es ein bißchen zuviel getrunken.«

Herr Tanaka schien nicht zu wissen, was er davon halten sollte. »Nun, Sugi, du gehst jetzt einfach hinauf zu Sakamotos beschwipstem Haus und suchst dort nach Dr. Miura. Du wirst ihn sicher mühelos finden. Geh einfach den Schreien seiner Patienten nach, wenn er sie untersucht, dann wirst du ihn schon finden.«

Ich dachte, nachdem Herr Tanaka Sugi fortgeschickt hatte, würde er wieder an seine Arbeit gehen, doch statt dessen blieb er noch lange am Tisch stehen und sah mich an. Ich spürte, wie mein Gesicht zu brennen begann. Schließlich sagte er etwas, was ich für außerordentlich clever hielt.

»Du hast eine Aubergine im Gesicht, kleine Tochter von Sakamoto.«

Er ging zu einer Schublade, holte einen kleinen Spiegel heraus und zeigte ihn mir. Meine Lippe war genau wie er gesagt hatte, dick angeschwollen und blutrot.

»Was ich jedoch wirklich wissen möchte«, sagte er zu mir, »das ist, woher du diese außergewöhnlichen Augen hast und warum du deinem Vater nicht mehr ähnelst.«

»Die Augen hab' ich von meiner Mutter«, antwortete ich. »Aber was meinen Vater betrifft, der ist so verrunzelt, daß ich gar nicht weiß, wie er wirklich aussieht.«

»Eines Tages wirst du auch verrunzelt sein.«

»Aber ein paar von den Runzeln sind so, wie er eigentlich aussieht«, behauptete ich. »Sein Hinterkopf ist genauso alt wie sein Gesicht, doch der ist so glatt wie ein Ei.«

»Es ist nicht sehr respektvoll, so etwas von seinem Vater zu sagen«, ermahnte mich Herr Tanaka. »Aber ich glaube, du hast recht.«

Dann jedoch sagte er etwas, was mich so rot werden ließ, daß meine Lippen dagegen mit Sicherheit blaß wirkten.

»Wie kommt es nur, daß ein verrunzelter alter Mann mit einem Kopf wie ein Ei eine so wunderschöne Tochter hat?«

In all den Jahren, die seither vergangen sind, hat man mich viele Male als schön bezeichnet. Obwohl Geishas natürlich immer schön genannt werden, auch jene, die alles andere als gut aussehen. Aber als Herr Tanaka das zu mir sagte, bevor ich von Geishas überhaupt gehört hatte, konnte ich fast glauben, daß es stimmte.

Nachdem Dr. Miura meine Lippe versorgt und ich den Weihrauch für meinen Vater geholt hatte, kehrte ich in einem so hochgradig erregten Zustand nach Hause zurück, daß ich glaube, selbst wenn ich ein Ameisenhügel gewesen wäre, hätte nicht mehr Aufruhr in mir herrschen können. Mir wäre wohler gewesen, wenn mich meine Gefühle alle in dieselbe Richtung gezogen hätten, aber so einfach war das nicht. Ich war umhergewirbelt worden wie ein Papierfetzen im Wind. Irgendwo zwischen den Gedanken an meine Mutter und über die Schmerzen in meiner Lippe hinaus nistete ein angenehmer Gedanke, den ich immer wieder ans Licht zu fördern versuchte. Er galt Herrn Tanaka. Auf den Klippen blieb ich stehen und blickte aufs Meer hinaus, wo die Wogen selbst nach dem Unwetter noch aussahen wie geschliffene Steine, während der Himmel die bräunliche Tönung von Schlamm angenommen hatte. Ich vergewisserte mich, daß mich niemand beobachtete, drückte den Weihrauch an meine Brust und sprach Herrn Tanakas Namen in den Wind, immer wieder, bis ich die Musik in jeder Silbe vernahm. Ich weiß, das klingt töricht – und das war es natürlich auch. Aber ich war ja nur ein kleines, verwirrtes Mädchen.

Nachdem wir das Abendessen beendet hatten und mein Vater ins Dorf gegangen war, um den anderen Fischern beim Schachspiel zuzusehen, räumten Satsu und ich schweigend die Küche auf. Ich versuchte mich an das Gefühl zu erinnern, das Herr Tanaka in mir geweckt hatte, doch in der eisigen Stille des Hauses schien es mir entglitten zu sein. Statt dessen überkam mich bei dem Gedanken an meine kranke Mutter ein bohrendes, eiskaltes Grauen. Ich ertappte mich dabei, daß ich mich fragte, wie lange es noch dauern würde, bis sie da draußen auf dem Dorffriedhof neben der anderen Familie meines Vaters begraben sein würde. Was sollte dann nur aus mir werden? Nach dem Tod meiner Mutter würde vermutlich Satsu ihren Platz einnehmen. Ich sah zu, wie meine Schwester den Eisentopf scheuerte, in dem wir unsere Suppe gekocht hatten, aber obwohl er direkt vor ihr war und sie ihn direkt anschaute, merkte ich, daß sie ihn eigentlich gar nicht wahrnahm. Sie scheuerte auch dann noch, als er schon längst sauber war. Schließlich sagte ich zu ihr:

»Ich fühle mich nicht wohl, Satsu-san.«

»Geh hinaus, das Bad heizen«, wies sie mich an und strich mit einer ihrer nassen Hände das widerspenstige Haar aus den Augen.

»Ich will aber nicht baden«, protestierte ich. »Mama wird sterben, Satsu…«

»Der Topf ist kaputt. Sieh nur!«

»Er ist nicht kaputt«, sagte ich. »Dieser Riß war schon immer da.«

»Aber wie ist dann das Wasser abgelaufen?«

»Du hast es ausgeschüttet. Ich hab's gesehen.«

Einen Moment lang sah ich, daß Satsu irgend etwas sehr stark empfand, was sich auf ihrem Gesicht als äußerste Verwirrung niederschlug – wie bei so vielen ihrer Gefühle. Aber sie sagte nichts weiter. Sie nahm wortlos den Topf vom Herd und ging zur Tür, um ihn hinauszustellen.

2. KAPITEL

Um mich von meinen Sorgen abzulenken, ging ich am folgenden Morgen in dem Teich schwimmen, der von unserem Haus aus gesehen ein Stück landeinwärts in einem Kiefernwäldchen lag. Sobald das Wetter entsprechend war, gingen die Dorfkinder fast jeden Morgen dort baden. Auch Satsu kam zuweilen mit; sie trug ein kratziges Badekleid, das sie sich aus alten Arbeitskleidern unseres Vaters genäht hatte. Es war kein besonders gutes Badekleid, denn wenn sie sich vorbeugte, hing es an der Brust durch, und sofort kreischte dann einer der Jungen: »He! Ich kann den Fujiyama sehen!« Aber sie trug es trotzdem weiter.

Gegen Mittag beschloß ich, nach Hause zu gehen, um etwas zu essen. Satsu war schon einige Zeit zuvor mit dem Sugi-Jungen weggegangen, dem Sohn von Herrn Tanakas Assistenten. Sie verhielt sich ihm gegenüber wie ein Hund. Wenn er irgendwo hinging, warf er einen Blick über die Schulter, um ihr zu bedeuten, daß sie ihm folgen sollte, was sie auch jedesmal gehorsam tat. Ich erwartete nicht, sie vor dem Abendessen wiederzusehen, doch als ich mich unserem Haus näherte, sah ich sie vor mir auf dem Pfad an einem Baum lehnen. Wenn Sie gesehen hätten, was da geschah, hätten Sie es womöglich sofort verstanden, aber ich war ja noch ein kleines Mädchen. Satsu hatte sich das Badekleid von den Schultern gezogen, und der Sugi-Junge spielte mit ihren zwei »Fujis«, wie die Jungen das damals nannten.

Seit unsere Mutter krank geworden war, hatte sich die Figur meiner Schwester gerundet, und ihre Brüste waren nicht weniger widerspenstig als ihre Haare. Was mich jedoch am meisten wunderte, war die Tatsache, daß es gerade diese Widerspenstigkeit zu sein schien, die den Sugi-Jungen faszinierte. Er ließ sie auf seiner Hand hüpfen oder schob sie weit nach einer Seite, um zu beobachten, wie sie zurückschwangen und sich wieder auf ihre Brust legten. Ich hätte nicht spionieren dürfen, das war mir klar, aber ich wußte nicht, was ich sonst anfangen sollte, nachdem der Weg vor mir derart blockiert war. Dann hörte ich plötzlich hinter mir eine Männerstimme.

»Chiyo-chan, warum hockst du hier hinter dem Baum?«

Da ich ein kleines Mädchen von neun Jahren war, vom Schwimmen kam und noch keinerlei Körperformen entwickelt hatte, die ich hätte verstecken müssen, ist es wohl nicht schwer zu erraten, was ich trug. Als ich mich umdrehte – immer noch auf dem Weg hockend und meine Blöße, so gut es ging, mit beiden Armen bedeckend –, stand Herr Tanaka vor mir. Ich schämte mich fürchterlich!

»Das da drüben muß euer beschwipstes Haus sein«, sagte er. »Und der da drüben sieht aus wie der Sugi-Junge. Der ist wirklich sehr beschäftigt! Wer ist das Mädchen da bei ihm?«

»Also, äh ... das könnte meine Schwester sein, Herr Tanaka. Ich warte darauf, daß die beiden weggehen.«

Herr Tanaka hob beide Hände an den Mund und rief etwas, worauf ich den Sugi-Jungen den Weg hinabbrennen hörte. Meine Schwester schien ebenfalls weggelaufen zu sein, denn Herr Tanaka sagte, jetzt könne ich nach Hause gehen und mir etwas anziehen. »Wenn du deine Schwester siehst«, sagte er zu mir, »möchte ich, daß du ihr das hier gibst.«

Er reichte mir ein in Reispapier gewickeltes Päckchen von der Größe eines Fischkopfes. »Das sind chinesische Kräuter«, erklärte er mir. »Wenn Dr. Miura behauptet, sie taugen nichts – hört nicht auf ihn. Deine Schwester soll Tee davon kochen und ihn deiner Mutter geben, damit ihre Schmerzen gelindert werden. Es sind sehr kostbare Kräuter. Sieh zu, daß ihr sie nicht verschwendet.«

»Dann werde ich den Tee lieber selbst kochen, Herr Tanaka. Meine Schwester ist nicht besonders gut darin.«

»Dr. Miura hat mir erzählt, daß eure Mutter krank ist«, sagte er. »Und jetzt erzählst du mir, daß man deine Schwester nicht mal damit betrauen kann, Tee zu kochen! Wo dein Vater doch schon so alt ist, Chiyo-chan, was soll da aus dir werden? Wer sorgt denn überhaupt für dich?«

»Ich denke, ich kann schon für mich selber sorgen.«

»Ich kenne da einen gewissen Herrn. Er ist schon älter, aber als er ein Junge in deinem Alter war, starb sein Vater. Im Jahr darauf starb seine Mutter, und dann lief sein älterer Bruder nach Osaka davon und ließ ihn allein. Klingt ein bißchen nach dir, meinst du nicht auch?« fragte Herr Tanaka und sah mich an, als wollte er sagen, ich solle es ja nicht wagen, anderer Meinung zu sein.

»Also, der Name dieses Mannes ist Tanaka Ichiro«, fuhr er fort. »Jawohl, ich spreche von mir... obwohl ich damals Morihashi Ichiro hieß. Ich wurde mit zwölf Jahren von der Familie Tanaka aufgenommen. Als ich etwas älter geworden war, wurde ich mit der Tochter verheiratet und adoptiert. Jetzt helfe ich der Familie, die Fischfabrik zu leiten. So haben sich die Dinge für mich schließlich zum Guten gewendet, verstehst du? Vielleicht wird es dir ja genauso ergehen.«

Einen Moment starrte ich auf Herrn Tanakas graue Haare und auf die Falten in seiner Stirn, die so zerfurcht wie Baumrinde war. Für mich war er der klügste und weiseste Mann der Welt. Ich war überzeugt, daß er Dinge wußte, von denen ich nie etwas erfahren würde, daß er eleganter war, als ich je sein würde, und daß sein blauer Kimono kostbarer war als alles, was ich je zu tragen bekommen würde. Splitternackt hockte ich da vor ihm auf der Erde, mit zerzaustem Haar und schmutzigem Gesicht, und meine Haut roch nach dem Teichwasser.

»Ich glaube kaum, daß irgend jemand mich adoptieren würde«, sagte ich.

»Glaubst du wirklich? Du bist doch ein kluges Mädchen, nicht wahr? Euer Haus als ›beschwipstes Haus‹ zu bezeichnen! Zu sagen, der Kopf deines Vaters sehe aus wie ein Ei!«

»Aber er sieht aus wie ein Ei.«

»Das Gegenteil zu behaupten wäre auch nicht klug gewesen. Aber nun lauf, Chiyo-chan«, sagte er. »Du willst doch sicher zu Mittag essen, nicht wahr? Vielleicht ißt deine Schwester gerade Suppe, dann kannst du dich auf den Boden legen und essen, was sie verschüttet.«

Von jenem Augenblick an begann ich davon zu träumen, daß Herr Tanaka mich adoptieren werde. Manchmal vergesse ich, wie sehr ich in dieser Zeit litt – so sehr, daß ich wohl nach jedem Strohhalm gegriffen hätte, der mir ein wenig Trost versprach. Wenn mich die Sorgen plagten, kehrte ich oft in Gedanken zu einer Erinnerung an meine Mutter zurück, wie sie ausgesehen hatte, bevor sie jeden Morgen vor Schmerzen zu stöhnen begann. Als ich vier Jahre alt war, feierten wir im Dorf das *bon*-Fest, jene Zeit im Jahr, da wir die Geister der Toten bei uns willkommen heißen. Nach ein paar abendlichen Zeremonien auf dem Friedhof und Feuern vor den Haustüren, um den Geistern den Rückweg nach Hause zu weisen, versammelten wir uns am letzten Abend des Festes in unserem Shinto-Schrein, der auf den Felsen oberhalb der Bucht stand. Direkt hinter dem Tor zum Schrein lag eine Lichtung. An jenem Abend war sie mit bunten Papierlaternen geschmückt, die an Stricken zwischen den Bäumen hingen. Eine Zeitlang tanzten meine Mutter und ich mit den übrigen Dorfbewohnern zur Musik der Trommeln und einer Flöte, aber als ich dann müde wurde, wiegte sie mich am Rande der Lichtung auf ihrem Schoß. Plötzlich kam ein Windstoß die Klippen herauf, und eine der Laternen fing Feuer. Wir sahen zu, wie die Flamme den Strick durchbrannte, sachte kam die Laterne herabgeschwebt, bis der Wind sie wieder einfing und direkt auf uns zutrieb, einen Schweif aus goldenen Funken hinter sich herziehend. Meine Mutter ließ mich los, und plötzlich schlug sie mit beiden Armen auf das Feuer ein, um es zu zerteilen. Sekundenlang waren wir beide in Funken und Flammen gehüllt, doch dann trieben die Reste der brennenden Laterne zwischen den Bäumen hindurch und brannten aus, und niemand – nicht einmal meine Mutter – war zu Schaden gekommen.

Als ich nach ungefähr einer Woche – meine Phantasievorstellungen von einer Adoption hatten reichlich Zeit gehabt zu reifen – eines Nachmittags nach Hause kam, saß Herr Tanaka meinem Vater an dem kleinen Tisch in unserem Haus gegenüber. Daß sie etwas Ernsthaftes zu besprechen hatten, merkte ich, weil sie mich nicht einmal wahrnahmen, als ich durch die Haustür trat. Ich blieb stehen, um ihnen zuzuhören.

»Nun, Sakamoto, was halten Sie von meinem Vorschlag?«

»Ich weiß nicht, Herr«, sagte mein Vater. »Ich kann mir nicht vorstellen, daß die Mädchen irgendwo anders leben sollten.«

»Ich verstehe Sie, aber es wäre viel besser für die beiden, und für Sie auch. Sie brauchen nur dafür zu sorgen, daß sie morgen nachmittag ins Dorf herunterkommen.«

Damit erhob sich Herr Tanaka, um zu gehen. Ich tat, als sei ich soeben erst eingetroffen, so daß wir uns an der Tür begegneten.

»Ich habe gerade mit deinem Vater über dich gesprochen, Chiyo-chan«, sagte er. »Ich wohne hinter dem Berg in Senzuru. Das ist ein größerer Ort als Yoroido. Ich glaube, es würde dir dort gefallen. Habt ihr nicht Lust, du und Satsu-chan, morgen dorthin zu kommen? Ihr könntet euch mein Haus ansehen und meine kleine Tochter kennenlernen. Vielleicht bleibt ihr ja sogar über Nacht. Nur eine Nacht, natürlich, dann werde ich euch wieder nach Hause zurückbringen. Was meinst du?«

Das wäre sehr schön, antwortete ich. Und gab mir die größte Mühe, so zu wirken, als wäre das kein außergewöhnlicher Vorschlag. Innerlich war mir aber, als hätte eine Explosion stattgefunden. Nur mühsam konnte ich meine zerrissenen Gedanken wieder zusammensetzen. Gewiß, einerseits hatte ich verzweifelt darauf gehofft, nach Mutters Tod von Herrn Tanaka adoptiert zu werden, andererseits hatte ich aber auch große Angst. Ich schämte mich fürchterlich, mir vorgestellt zu haben, ich könnte anderswo leben als in meinem beschwipsten Haus. Als Herr Tanaka gegangen war, versuchte ich mich in der Küche zu beschäftigen, kam mir aber fast vor wie Satsu, denn ich konnte die Dinge vor mir kaum erkennen. Ich weiß nicht, wieviel Zeit verging. Schließlich hörte ich von meinem Vater ein schniefendes Geräusch, das ich für Weinen hielt, woraufhin mir das ganze Gesicht vor Scham brannte. Als ich mich schließlich zwang, zu ihm hinüberzublicken, sah ich, daß er die Arme schon wieder tief in seinen Fischernetzen vergraben hatte, dabei jedoch an der Tür stand und ins Hinterzimmer hinüberstarrte, wo meine Mutter in der prallen Sonne unter einem dünnen Laken lag, das an ihr klebte wie eine zweite Haut.

Am folgenden Tag scheuerte ich mir zur Vorbereitung auf das Treffen mit Herrn Tanaka im Dorf gründlich die schmutzigen Beine und blieb eine Weile in unserem Badezuber liegen, der früher einmal der Kessel einer alten Dampfmaschine gewesen war, die jemand in unserem Dorf zurückgelassen hatte. Der obere Teil war abgesägt und das Innere mit Holz ausgekleidet worden. Ziemlich lange saß ich da, blickte aufs Meer hinaus und fühlte mich sehr selbständig, denn zum erstenmal in meinem Leben sollte ich etwas von der Welt außerhalb unseres Dorfes sehen.

Als wir, Satsu und ich, vor der Fischfabrik ankamen, beobachteten wir, wie die Fischer an der Pier ihren Fang ausluden. Auch mein Vater gehörte dazu. Mit seinen knochigen Händen packte er die Fische und warf sie in die Körbe. Einmal sah er zu mir und Satsu herüber und trocknete sich mit dem Hemdsärmel das Gesicht. Irgendwie wirkten seine Züge schwerer als sonst. Die vollen Körbe wurden von den Männern zu Herrn Tanakas Pferdefuhrwerk getragen und auf der Ladefläche verstaut. Um besser zusehen zu können, kletterte ich auf das Rad. Die meisten Fische starrten mich mit glasigen Augen an, hin und wieder jedoch bewegte einer den Mund, und das sah für mich aus wie ein stummer Schrei. Ich versuchte sie zu trösten, indem ich sagte:

»Ihr werdet jetzt nach Senzuru gebracht, ihr kleinen Fischlein! Alles wird gut werden.«

In meinen Augen hätte es ihnen wenig genutzt, wenn ich ihnen die Wahrheit gesagt hätte.

Schließlich kam Herr Tanaka auf die Straße heraus und wies Satsu und mich an, zu ihm auf den Kutschbock zu steigen. Ich saß in der Mitte, nahe genug, um den Stoff von Herrn Tanakas Kimono an meiner Hand zu spüren. Unwillkürlich errötete ich dabei. Satsu sah mich an, schien aber nichts zu merken, denn sie trug ihren gewohnten verwirrten Ausdruck zur Schau.

Den größten Teil der Fahrt verbrachte ich damit, mich zu den Fischen umzudrehen, die in ihren Körben zappelten. Als wir Yoroido verließen und den Bergkamm erklommen, fuhr ein Rad über einen Stein, und der Wagen neigte sich plötzlich zur Seite. Einer der Seebarsche wurde aus dem Korb geschleudert und schlug so hart auf dem Boden auf, daß er wieder zum Leben erweckt wurde. Mit anzusehen, wie er herumzappelte und nach Luft schnappte, war mehr, als ich ertragen konnte. Schnell drehte ich mich wieder um. Ich hatte Tränen in den Augen, und obwohl ich sie vor Herrn Tanaka verbergen wollte, hatte er sie sofort entdeckt. Nachdem er den Fisch aufgehoben hatte und wir weiterfuhren, fragte er mich, was denn los sei.

»Der arme Fisch!« sagte ich.

»Du bist genau wie meine Frau. Die meisten sind tot, wenn sie sie zu Gesicht bekommt, aber wenn sie einen Krebs kochen muß oder etwas anderes, das noch lebt, kriegt sie nasse Augen und singt ihnen was vor.«

Dann lehrte mich Herr Tanaka ein kleines Lied – eigentlich fast eine Art Gebet –, das vermutlich seine Frau erfunden hatte. Sie sang es den Krebsen vor, wir aber änderten den Text für die Fische ab:

> *Suzuki yo suzuki!*
> *Jobutsu shite kure!*

> Kleiner Barsch, ach, kleiner Barsch!
> Freu dich auf dein Dasein als Buddha!

Dann lehrte er mich noch ein anderes Lied, ein Wiegenlied, das ich noch nie gehört hatte. Wir sangen es für eine Flunder, die auf der Ladefläche ganz für sich in einem flachen Korb lag und deren Knopfaugen hin und her huschten.

> *Nemure yo, ii karei yo!*
> *Niwa ya makiba ni*
> *Tori mo hitsuji mo*
> *Minna nemureba*
> *Hoshi wa mado kara*
> *Gin no hikari o*
> *Sosogu, kono yoru!*

> Schlaf ein, du liebe Flunder!
> Wenn alle schlafen –

Selbst Vögel und Schafe
In den Gärten und Feldern –
Werden die Sterne heute abend
Ihr goldenes Licht
Aus den Fenstern verströmen.

Als wir kurz darauf den Hügelkamm erreichten, war unter uns Senzuru zu sehen. Es war ein trüber Tag, alles war in verschiedene Grautöne gehüllt. Es war mein erster Eindruck von der Welt außerhalb Yoroidos, und ich dachte mir, daß ich nicht viel verpaßt hätte. Ich sah die Strohdächer des Dorfes rings um eine schmale Bucht, umgeben von langweiligen Hügeln, und dahinter das metallgraue, von weißen Schaumfetzen gekrönte Meer. Landeinwärts hätte die Landschaft attraktiv sein können, wären nicht die Eisenbahnschienen gewesen, die sie durchschnitten wie eine Narbe.

Senzuru war vor allem ein schmutziger, übelriechender Ort. Selbst das Meer verbreitete einen unangenehmen Geruch, als hätten alle Fische darin zu faulen begonnen. Rings um die Holzbeine der Pier wiegten sich Gemüsereste wie die Quallen in unserer kleinen Bucht. Die Boote waren so ramponiert, daß sie aussahen, als hätten sie miteinander gekämpft.

Satsu und ich saßen sehr lange auf der Pier, bis Herr Tanaka uns schließlich in die Zentrale der Fischfabrik holte und einen langen Gang entlangführte. Der Gang hätte nicht stärker nach Fischinnereien stinken können, wenn wir uns wirklich in einem Fisch befunden hätten. Aber am anderen Ende lag zu meiner Überraschung ein Büro, das für meine neunjährigen Augen wunderschön aussah. Satsu und ich standen an der Tür barfuß auf einem glitschigen Steinfußboden. Unmittelbar vor uns führte eine Stufe zu einer mit Tatami-Matten bedeckten Plattform hinauf. Vielleicht war es dies, was mich so stark beeindruckte: Der erhöhte Fußboden ließ alles viel großartiger erscheinen. Wie dem auch sei, ich hielt es für den schönsten Raum, den ich jemals gesehen hatte – obwohl ich natürlich heute lachen muß, wenn ich daran denke, daß das Büro eines Fischgroßhändlers in einem winzigen Dorf am Japanischen Meer einen so großen Eindruck auf mich machen konnte!

Auf der Plattform saß auf einem Kissen eine alte Frau, die sich erhob, als sie uns sah, und an den Plattformrand kam, um sich dort auf die Knie niederzulassen. Sie war sehr alt und blickte mürrisch drein, und ich glaube, ich hatte noch nie einen Menschen gesehen, der soviel herumzappelte wie sie. Wenn sie nicht ihren Kimono glättete, wischte sie sich etwas aus dem Augenwinkel oder kratzte sich die Nase, wobei sie ständig seufzte, als täte es ihr sehr leid, soviel herumzappeln zu müssen.

»Das ist Chiyo-chan«, sagte Herr Tanaka zu ihr, »und ihre ältere Schwester Satsu-san.«

Ich verneigte mich ein wenig, was die Zappelfrau mit einem Nicken quittierte. Dann stieß sie den tiefsten Seufzer aus, den ich bis dahin gehört hatte, und begann mit einer Hand an einer schorfigen Stelle an ihrem Hals zu zupfen. Ich hätte gern den Blick abgewandt, doch ihr Blick hielt den meinen fest.

»Du bist also Satsu-san, oder?« sagte sie. Dabei hatte sie aber immer noch mich im Auge.

»Ich bin Satsu«, sagte meine Schwester.

»Wann bist du geboren?«

Da Satsu nicht recht zu wissen schien, welche von uns die Zappelfrau meinte, antwortete ich an ihrer Statt. »Sie ist im Jahr der Kuh geboren«, erklärte ich.

Die Alte streckte die Hand aus und tätschelte mich. Aber das tat sie auf eine sehr merkwürdige Art, indem sie mir ihre Finger mehrmals kräftig ins Kinn stieß. Daß dies als Tätscheln gedacht war, erkannte ich daran, daß sie ein freundliches Gesicht machte.

»Die hier ist ziemlich hübsch, was? Und diese auffallenden Augen! Außerdem merkt man, daß sie klug ist. Sieh dir nur ihre Stirn an.« Dann wandte sie sich wieder meiner Schwester zu und sagte: »Nun denn. Das Jahr der Kuh, fünfzehn Jahre alt, Planet Venus, sechs, weiß. Hmm… Komm ein bißchen näher.«

Satsu gehorchte. Die Zappelfrau begann ihr Gesicht zu untersuchen – nicht nur mit den Blicken, sondern mit den Fingerspitzen. Sie brauchte lange, um Satsus Nase und ihre Ohren aus verschiedenen Blickwinkeln zu inspizieren. Ein paarmal kniff sie sie in die Ohrläppchen, dann stieß sie zum Zeichen, daß sie mit Satsu fertig war, ein Knurren aus und wandte sich mir zu.

»Du bist im Jahr des Affen geboren. Das sehe ich auf den ersten Blick! Du hast ungeheuer viel Wasser in dir! Acht, weiß, Planet Saturn. Und du bist ein überaus anziehendes Mädchen. Komm näher.«

Jetzt unterzog sie mich der gleichen Prozedur wie Satsu, kniff mich in die Ohren und so weiter. Ich mußte daran denken, daß sie mit denselben Fingern die schuppige Stelle an ihrem Hals gekratzt hatte. Kurz darauf erhob sie sich und stieg zu uns auf den Steinboden herab. Es dauerte eine Weile, bis sie ihre verkrüppelten Füße in die Strohsandalen gesteckt hatte, aber schließlich warf sie Herrn Tanaka einen Blick zu, den er sofort zu verstehen schien, denn er ging hinaus und zog die Tür hinter sich ins Schloß.

Die Zappelfrau löste das Bauernhemd, das Satsu trug, und zog es ihr aus. Eine Zeitlang schob sie Satsus Busen hin und her und begutachtete ihren Rücken. Ich stand so unter Schock, daß ich es kaum über mich brachte, ihr zuzusehen. Natürlich hatte ich Satsu schon nackt gesehen, aber die Art, wie die Zappelfrau mit ihrem Körper umging, wirkte noch unanständiger auf mich als die Sache mit dem Sugi-Jungen, für den Satsu ihr Badekleid abgestreift hatte. Als hätte sie nicht schon genug angerichtet, zerrte die Zappelfrau nun Satsus Schlüpfer bis zum Boden hinunter, musterte sie von oben bis unten und drehte sie wieder nach vorn.

»Steig aus dem Schlüpfer!« befahl sie.

Satsus Miene war verwirrter, als ich es bei ihr seit langem erlebt hatte, aber sie stieg aus ihrem Schlüpfer und ließ ihn auf dem glitschigen Steinboden liegen. Die Zappelfrau packte sie bei den Schultern und drückte sie nieder, bis sie auf der Plattform saß. Satsu war splitternackt. Bestimmt begriff sie ebensowenig wie ich, weshalb sie da saß. Aber die Zappelfrau ließ ihr keine Zeit, darüber nachzudenken, denn schon hatte sie die Hände auf Satsus Knie gelegt, um sie ganz weit zu spreizen. Von da an konnte ich nicht mehr zusehen. Ich glaube, Satsu muß sich gewehrt haben, denn die Zappelfrau stieß einen Ruf aus, und im selben Moment hörte ich ein lautes Klatschen. Die Zappelfrau hatte Satsu auf den Schenkel geschlagen, wie ich später an dem roten Abdruck dort erkannte. Gleich darauf war die Zappelfrau fertig und befahl Satsu, sich wieder anzuziehen. Während sie in ihre

Kleider schlüpfte, hörte ich Satsu schniefen. Möglicherweise weinte sie, aber ich wagte nicht sie anzusehen.

Nun kam die Zappelfrau direkt zu mir. Im Handumdrehen hing mir der Schlüpfer um die Knie, und mein Hemd lag, genau wie zuvor Satsus, auf dem Boden. Ich hatte keinen Busen, an dem die Alte herumfingern konnte, aber sie spähte mir, genau wie bei meiner Schwester, unter die Arme und drehte mich herum, bevor sie mich auf die Plattform setzte und mir den Schlüpfer ganz herunterzog. Ich hatte furchtbare Angst vor dem, was sie mir antun würde, weswegen sie mich, als sie meine Schenkel spreizen wollte, ebenso aufs Bein schlagen mußte wie Satsu. Vor lauter Anstrengung, die Tränen zurückzuhalten, begann meine Kehle zu brennen. Sie schob mir einen Finger zwischen die Beine, und dann fühlte es sich so an, als zwickte sie mich, und das tat so weh, daß ich schrie. Als sie mich anwies, mich wieder anzuziehen, kam ich mir vor wie ein Damm, der einen ganzen Fluß zurückhalten soll. Aber ich fürchtete, wenn Satsu oder ich zu heulen begannen wie kleine Kinder, würden wir in Herrn Tanakas Augen möglicherweise schlecht abschneiden.

»Die Mädchen sind gesund«, sagte sie zu Herrn Tanaka, als er zurückkam, »und sehr geeignet. Beide sind noch intakt. Die Ältere hat viel zuviel Holz, aber die Jüngere hat eine Menge Wasser. Hübsch ist sie auch, finden Sie nicht? Die ältere Schwester wirkt neben ihr wie ein Bauerntrampel.«

»Ich finde, daß sie beide auf ihre Art anziehend sind«, erwiderte er. »Warum unterhalten wir uns nicht eine Weile darüber, während ich Sie hinausbegleite? Die Mädchen werden hier auf mich warten.«

Als Herr Tanaka die Tür hinter sich geschlossen hatte, drehte ich mich zu Satsu um, die auf der Kante der Plattform saß und den Blick zur Decke richtete. Aufgrund ihrer Gesichtsform hatten sich die Tränen oberhalb ihrer Nasenflügel gesammelt. Als ich sie so traurig sah, brach ich ebenfalls in Tränen aus. Ich fühlte mich schuldig an dem, was geschehen war, und wischte ihr die Tränen mit einem Zipfel meines Bauernhemdes ab.

»Wer war diese gräßliche Frau?« fragte sie mich.

»Das muß eine Wahrsagerin sein. Vermutlich will Herr Tanaka soviel wie möglich über uns in Erfahrung bringen ...«

»Und warum hat sie uns auf diese furchtbare Art angeschaut?«

»Aber begreifst du denn nicht, Satsu-san?« antwortete ich. »Herr Tanaka will uns adoptieren.«

Als sie das hörte, begann Satsu zu zwinkern, als wäre ihr ein Tierchen ins Auge geraten. »Was redest du da?« sagte sie. »Herr Tanaka kann uns nicht adoptieren.«

»Vater ist so alt… Und nun, da unsere Mutter krank ist, macht sich Herr Tanaka, glaube ich, Sorgen um unsere Zukunft. Weil es keinen gibt, der sich um uns kümmern könnte.«

Als Satsu das hörte, regte sie sich so sehr auf, daß sie aufsprang. Sofort begann sie zu schielen, und ich sah, wie sehr sie sich anstrengte, an dem Glauben festzuhalten, daß nichts uns aus unserem beschwipsten Haus fortzuholen vermochte. Sie preßte die Dinge, die ich ihr sagte, genauso aus sich heraus, wie man Wasser aus einem Schwamm preßt. Allmählich begannen ihre Züge sich zu entspannen, und sie setzte sich wieder auf die Plattform. Kurz darauf blickte sie im Zimmer umher, als hätten wir dieses Gespräch niemals geführt.

Herrn Tanakas Haus lag am Ende eines Feldwegs unmittelbar außerhalb der Ortschaft. Die Kiefern, die es umstanden, dufteten so würzig wie das Meer auf den Klippen bei unserem Haus, und als ich ans Meer dachte und daran, daß ich einen Duft gegen den anderen eintauschen würde, empfand ich eine schreckliche Leere, von der ich mich mühsam losreißen mußte, wie man wohl vom Rand einer Klippe zurücktritt, nachdem man hinuntergesehen hat. Das Haus war großartiger als alles, was ich in Yoroido gesehen hatte. Der Dachvorsprung war so riesig wie der unseres Dorfschreins. Als Herr Tanaka den Vorraum seines Hauses betrat, ließ er die Schuhe einfach dort stehen, wo er sie ausgezogen hatte, denn eine Dienerin kam herbeigeeilt und stellte sie für ihn in ein Regal. Satsu und ich trugen keine Schuhe, die wir hätten wegräumen können. Gerade als ich ins Haus gehen wollte, spürte ich einen leichten Klaps, dann fiel ein Kiefernzapfen auf den Holzboden zwischen meine Füße. Als ich herumfuhr, sah ich ein kleines Mädchen in meinem Alter, das auf einen Baum zueilte, um sich dahinter zu verstecken. Sie war nur wenig kleiner als ich und hatte sehr kurz geschnittenes Haar. Sie lächelte mir zu, wobei sie eine dreieckige Zahnlücke zeigte. Dann lief sie davon und spähte über ihre Schulter, um sich zu vergewissern, daß ich ihr folgte. Es mag seltsam klingen, aber ich hatte noch nie ein anderes kleines Mädchen kennengelernt. Natürlich kannte ich die Mädchen aus meinem Dorf, aber wir waren zusammen aufgewachsen und hatten nie so etwas wie »Kennenlernen« erlebt. Komako dagegen – so hieß Herrn Tanakas Töchterchen – war vom ersten Augenblick an so freundlich, daß ich dachte, es könnte vielleicht doch nicht so schwer sein, von einer Welt in die andere hinüberzuwechseln.

Komakos Kleider waren weitaus feiner als meine, und sie trug Zoris, da ich jedoch ein Dorfmädchen war, lief ich ihr barfuß in das Wäldchen nach. Bei einer Art Spielhaus aus den abgesägten Ästen eines abgestorbenen Baumes holte ich sie ein. Mit ausgelegten Steinen und Kiefernzapfen hatte sie verschiedene Räume markiert. In dem einen tat sie, als serviere sie mir Tee aus einer angeschlagenen Tasse, in einem anderen wechselten wir uns beim Stillen ihrer Babypuppe ab, eines kleinen Jungen namens Taro, der eigentlich nichts weiter war als ein mit Erde gefülltes Leinwandsäckchen. Taro liebe Fremde, behauptete Komako, habe aber große Angst vor Regenwürmern – genau wie zufälligerweise Komako auch. Als wir einen fanden, sorgte Komako dafür, daß ich ihn mit den Fingern hinaustrug, bevor der arme Taro in Tränen ausbrechen konnte.

Ich war entzückt von der Aussicht, Komako zur Schwester zu bekommen. Ja, die majestätischen Bäume und der Kieferduft – und sogar Herr Tanaka – begannen mir dagegen unwichtig zu erscheinen. Der Unterschied zwischen dem Leben hier im Haus der Tanakas und dem Leben in Yoroido war so groß wie der Unterschied zwischen dem Duft einer kochenden Speise und einem ganzen Mundvoll dieser Köstlichkeit.

Als es dunkel wurde, wuschen wir uns am Brunnen Hände und Füße und gingen hinein, um unsere Plätze auf dem Boden an einem quadratischen Tisch einzunehmen. Verblüfft sah ich, wie der Dampf unserer Mahlzeit bis in die Dachbalken aufstieg, und staunte über die elektrischen Lampen, die über unseren Köpfen hingen und strahlend helles Licht verbreiteten. So etwas hatte ich noch nie gesehen. Bald brachten die Dienstboten das Abendessen aus gegrilltem Seebarsch, eingelegtem Gemüse, Suppe und gedämpftem Reis, doch kaum hatten wir zu essen begonnen, als das Licht ausging. Herr Tanaka lachte – offenbar geschah das recht oft. Die Dienstboten gingen umher und entzündeten die Laternen, die an hölzernen Dreifüßen hingen.

Beim Essen wurde kaum gesprochen. Ich hatte erwartet, daß Frau Tanaka elegant sei, aber sie sah aus wie eine ältere Version von Satsu, nur daß sie sehr häufig lächelte. Nach dem Essen begann sie mit Satsu eine Runde Go zu spielen, während sich Herr Tanaka erhob und einer Dienerin zurief, sie solle ihm seine Kimonojacke bringen. Kurz darauf war er verschwunden, und Komako winkte mir, ihr zur Tür hinaus zu folgen. Draußen zog sie Zoris an und lieh auch mir ein Paar dieser Strohsandalen. Ich fragte sie, wohin wir gingen.

»Still!« sagte sie. »Wir folgen meinem Papa. Das mache ich immer, wenn er ausgeht. Es ist ein Geheimnis.«

Wir liefen den Weg entlang und bogen in die Hauptstraße Richtung Senzuru ein – immer in einiger Entfernung von Herrn Tanaka. Innerhalb weniger Minuten waren wir im Ort angelangt. Komako ergriff meinen Arm und zog mich in eine Seitenstraße. Am Ende eines gepflasterten Weges, der zwei Häuser miteinander verband, kamen wir an ein papierbespanntes Fenster, das von innen beleuchtet war. Komako preßte ihr Gesicht an ein Loch, das in Augenhöhe ins Papier gebohrt worden war. Während sie hineinspähte, hörte ich drinnen Gelächter und plaudernde Stimmen, und irgend jemand sang zur Saitenmusik eines Shamisen. Schließlich trat sie beiseite, so daß auch ich mein Auge an das Loch pressen konnte. Die Hälfte des Zimmers drinnen war durch einen Wandschirm vor meinen Blicken verborgen, doch wie ich sah, saß Herr Tanaka mit einer Gruppe von drei oder vier anderen Männern auf den Matten. Ein alter Mann neben ihm erzählte gerade, wie er einer jungen Frau einmal eine Leiter gehalten und ihr dabei unter den Rock gespäht habe; alle lachten, bis auf Herrn Tanaka, der in jenen Teil des Zimmers blickte, den ich nicht sehen konnte. Eine ältere Frau im Kimono brachte ihm ein Glas, das er hielt, während sie ihm Bier einschenkte. Herr Tanaka wirkte auf mich wie eine Insel mitten im Meer, denn während sich alle anderen über die Geschichte amüsierten – sogar die ältere Frau, die das Bier einschenkte –, fuhr Herr Tanaka einfach fort, ans andere Ende des Tisches hinüberzustarren. Ich löste mein Auge von dem Loch, um Komako zu fragen, was für ein Haus das sei.

»Das ist ein Teehaus«, erklärte sie mir, »in dem die Männer von Geishas unterhalten werden. Mein Papa kommt fast jeden Abend hierher. Ich weiß nicht, warum es ihm hier so gut gefällt. Die Frauen schenken Getränke ein, und die Männer erzählen Geschichten – das heißt, solange sie nicht Lieder singen. Am Schluß sind sie alle betrunken.«

Ich legte das Auge gerade rechtzeitig wieder an das Loch, um zu sehen, wie ein Schatten über die Wand wanderte. Dann kam eine Frau in mein Blickfeld. Ihre Frisur war mit grünblühenden Weidenkätzchen verziert, dazu trug sie einen hellrosa Kimono, der über und über mit weißen Blumensilhouetten geschmückt war. Der breite Obi um ihre Taille war orangefarben und gelb. Noch nie hatte ich etwas so Elegantes gesehen. Das Eleganteste, was die Frauen in Yoroido besaßen, war ein Kimono aus Baumwolle oder höchstens Leinen, mit einem einfachen blauen Muster. Im Gegensatz zu ihrer Kleidung war die Frau selbst jedoch alles andere als hübsch. Ihre Zähne standen so abstoßend weit vor, daß die Lippen sie nicht ganz bedeckten, und ihr Kopf war so schmal, daß ich fast glaubte, sie sei als Baby zwischen zwei Bretter gepreßt worden. Das mag grausam klingen, aber es kam mir sehr seltsam vor, daß Herr Tanakas Blick an ihr hing wie ein Lappen an einem Haken, obwohl sie überhaupt nicht schön war. Während die anderen lachten, ließ er sie keinen Moment aus den Augen, und als sie sich neben ihn kniete, um ihm noch ein paar Tropfen Bier einzuschenken, sah sie mit einem Ausdruck zu ihm empor, der darauf schließen ließ, daß sie einander sehr gut kannten.

Nun war Komako wieder an der Reihe, durchs Guckloch zu sehen. Anschließend kehrten wir zu ihrem Elternhaus zurück und setzten uns in den Badezuber am Rand des Kiefernwaldes. Der Himmel über uns funkelte, bis auf den Teil, wo die Sterne von Ästen verdeckt wurden. Ich hätte ewig so dasitzen und darüber nachdenken können, was ich an diesem Tag erlebt hatte, und über die Veränderungen, die vor mir lagen, aber Komako war im heißen Wasser so müde geworden, daß die Dienerinnen herauskamen, um uns zu holen.

Satsu schnarchte schon, als Komako und ich uns auf die Futons neben ihr betteten: die Körper eng aneinandergeschmiegt, die Arme verschlungen. Ein warmes Glücksgefühl stieg in mir auf, und ich flüsterte Komako zu: »Weißt du, daß ich bei euch bleiben werde?« Ich dachte, die Neuigkeit werde sie so überraschen, daß sie die Augen aufmachen oder sich sogar aufrichten werde. Aber sie wurde nicht munter. Sie stöhnte kurz, und gleich darauf verriet ihr Atem, daß sie fest eingeschlafen war.

3. KAPITEL

Als ich wieder zu Hause war, schien mir meine Mutter an dem einen Tag, den ich fortgewesen war, noch kränker geworden zu sein. Oder hatte ich vielleicht nur erfolgreich verdrängt, wie krank sie wirklich war? In Herrn Tanakas Haus hatte es nach Kiefern und Rauch geduftet, in unserem aber roch es auf eine Art und Weise nach ihrer Krankheit, die zu beschreiben ich nicht über mich bringe. Da Satsu nachmittags im Dorf arbeitete, kam Frau Sugi und half mir, meine Mutter zu baden. Als wir sie aus dem Haus trugen, sah ich, daß ihr Brustkasten breiter als ihre Schultern war, und selbst das Weiße in ihren Augen war trübe. Ich konnte es nur ertragen, sie so zu sehen, indem ich an früher dachte, als sie noch gesund und kräftig war und wir aus dem Bad stiegen und der Dampf von unserer hellen Haut aufstieg wie von frisch gekochtem Rettich. Es fiel mir schwer, mir vorzustellen, daß diese Frau, deren Rücken ich so oft mit einem Stein gescheuert hatte und deren Körper mir immer fester und glatter vorgekommen war als Satsus, noch vor dem Ende des Sommers tot sein würde.

Als ich in jener Nacht auf meinem Futon lag, suchte ich die ganze verwirrende Situation aus jedem Blickwinkel zu betrachten und mir einzureden, daß alles schon irgendwie in Ordnung kommen werde. Zunächst einmal fragte ich mich, wie wir ohne meine Mutter weiterleben sollten. Und selbst wenn wir überlebten und Herr Tanaka uns adoptierte – würde meine eigene Familie dann aufhören zu existieren? Schließlich entschied ich, daß Herr Tanaka nicht nur meine Schwester und mich adoptieren würde, sondern auch meinen Vater. Schließlich konnte er von meinem Vater nicht erwarten, ganz allein zu leben. Gewöhnlich konnte ich nicht einschlafen, bevor ich mir eingeredet hatte, daß alles so kommen würde, mit dem Resultat, daß ich während jener Wochen überhaupt nicht viel schlief und mich am Morgen wie benebelt fühlte.

An einem dieser Vormittage während der Sommerhitze war ich auf dem Rückweg vom Dorf, wo ich ein Päckchen Tee geholt hatte, als ich hinter mir Schritte knirschen hörte. Wie sich herausstellte, war es Herr Sugi – Herrn Tanakas Assistent –, der den Hügel heraufgehastet kam. Als er mich erreichte, brauchte er ziemlich lange, um wieder zu Atem zu kommen; er keuchte und hielt sich die Seiten, als wäre er den ganzen Weg von Senzuru hergelaufen. Sein Gesicht glänzte wie eine Goldmakrele, obwohl es noch gar nicht richtig heiß geworden war. Schließlich sagte er:

»Herr Tanaka wünscht, daß du und deine Schwester… ins Dorf runterkommt… sobald ihr könnt.«

Ich hatte es seltsam gefunden, daß mein Vater an jenem Morgen nicht zum Fischen hinausgefahren war. Jetzt wußte ich, warum: Heute war der große Tag.

»Und mein Vater?« fragte ich ihn. »Hat Herr Tanaka auch über ihn etwas gesagt?«

»Beeil dich lieber, Chiyo-chan«, sagte er. »Geh und hol deine Schwester!«

Das gefiel mir nicht, aber ich lief zum Haus hinauf, wo mein Vater am Tisch saß und mit dem Fingernagel den Dreck aus einer Holzfurche grub. Satsu legte Holzkohlensplitter in den Herd. Wie es schien, warteten alle beide darauf, daß etwas Schreckliches geschah.

»Vater«, sagte ich, »Herr Tanaka will, daß Satsu-san und ich ins Dorf runterkommen.«

Satsu nahm ihre Schürze ab, hängte sie an einen Haken und ging zur Tür hinaus. Mein Vater antwortete nicht, sondern zwinkerte ein paarmal und starrte auf die Stelle, an der Satsu zuletzt gestanden hatte. Dann richtete er den Blick finster zu Boden und nickte. Im Hinterzimmer hörte ich meine Mutter im Schlaf weinen.

Satsu war schon fast im Dorf, bis ich sie eingeholt hatte. Seit Wochen hatte ich mir diesen Tag ausgemalt, doch niemals hätte ich erwartet, daß ich so große Angst empfinden würde. Satsu schien sich gar nicht darüber klar zu sein, daß dieser Gang ins Dorf sich von den anderen unterschied. Sie hatte sich nicht mal die Mühe gemacht, die Holzkohle von ihren Händen zu waschen, so daß sie, nachdem sie sich die Haare zurückstrich, schwarze Streifen im Gesicht hatte. Da ich nicht wollte, daß Herr Tanaka sie in diesem Zustand sah, streckte ich, wie es meine Mutter getan hätte, die Hand aus, um die Streifen fortzuwischen. Satsu stieß meine Hand beiseite.

Draußen vor der Fischfabrik verneigte ich mich und wünschte Herrn Tanaka einen guten Morgen. Natürlich erwartete ich, daß er sich freuen würde, uns zu sehen. Statt dessen wirkte er seltsam kalt. Vermutlich hätte das für mich ein erster Hinweis darauf sein müssen, daß sich die Dinge nicht so entwickelten, wie ich es mir vorgestellt hatte. Als er uns zu seinem Pferdefuhrwerk führte, sagte ich mir, er werde uns wahrscheinlich zu seinem Haus kutschieren, damit seine Frau und seine Tochter dabeisein konnten, wenn er uns über unsere Adoption informierte.

»Herr Sugi wird vorn sitzen, bei mir«, erklärte er mir, »also solltet ihr, Shizu-san und du, hinten einsteigen.« Genau das sagte er: »Shizu-san.« Ich fand es ziemlich unhöflich von ihm, den Namen meiner Schwester so falsch auszusprechen, aber sie schien es nicht zu bemerken. Sie stieg hinten auf die Ladefläche und setzte sich, die Hand auf die schleimigen Bretter gestützt, inmitten der leeren Fischkörbe nieder. Dann wischte sie sich mit derselben Hand eine Fliege vom Gesicht und hinterließ dabei einen glänzenden Fleck auf ihrer Wange. Ich vermochte mit dem Schleim nicht so unbefangen umzugehen wie Satsu. Ich konnte an nichts anderes denken als an den Gestank und daran, wie schön es wäre, mir sofort, wenn wir Herrn Tanakas Haus erreichten, die Hände und womöglich sogar die Kleider zu waschen.

Während der Fahrt sprachen Satsu und ich kein Wort miteinander, bis wir den Hügel vor Senzuru erklommen hatten. Da sagte sie plötzlich:

»Ein Zug.«

Ich blickte angestrengt hinunter und entdeckte in der Ferne einen Zug, der offenbar auf das Dorf zukam. Der Rauch wallte auf eine Art nach hinten, die mich an eine sich häutende Schlange denken ließ. Ich fand dieses Bild recht clever und versuchte es Satsu zu erklären, aber es schien sie nicht zu interessieren. Herr Tanaka hätte es zu schätzen gewußt, dachte ich, und Komako ebenfalls. Also beschloß ich, es zu erwähnen, sobald wir bei den Tanakas eintrafen.

Doch dann wurde mir auf einmal klar, daß wir gar nicht zum Haus der Tanakas unterwegs waren.

Ein paar Minuten später hielt der Wagen außerhalb des Dorfes auf einem Stück Land neben den Schienen. Eine Menge Leute standen dort, umgeben von aufgetürmten Säcken und Kisten. Und dort auf der Seite stand die Zappelfrau mit einem seltsam schmalen Mann in einem steifen Kimono. Er hatte weiches schwarzes Haar wie eine Katze und hielt einen Stoffbeutel in der Hand, der an einer Schnur hing. Ich fand, daß er nicht nach Senzuru paßte, vor allem, wenn man ihn neben all den Bauern und Fischern mit ihren Kisten und einer alten buckligen Frau mit einem Rucksack voller Yamswurzeln stehen sah. Als die Zappelfrau etwas zu ihm sagte und er sich umdrehte, um uns zu mustern, entschied ich sofort, daß ich Angst vor ihm hatte.

Herr Tanaka stellte uns den Mann als Herrn Bekku vor. Herr Bekku sagte gar nichts, sondern musterte mich nur eingehend, während er anscheinend nicht wußte, was er von Satsu halten sollte.

»Ich habe Sugi aus Yoroido mitgebracht«, sagte Herr Tanaka zu ihm. »Möchten Sie, daß er Sie begleitet? Er kennt die Mädchen, und ich könnte ihn für ein bis zwei Tage entbehren.«

»Nein, nein.« Mit einer Handbewegung wehrte Herr Bekku den Vorschlag ab.

So etwas hatte ich nun wirklich nicht erwartet. Ich fragte, wohin wir fahren würden, da mir aber niemand zuhören wollte, reimte ich mir die Antwort selbst zusammen. Wie ich mir einredete, war Herr Tanaka mit dem, was die Zappelfrau ihm über uns gesagt hatte, nicht zufrieden gewesen, und nun sollte dieser seltsam schmale Herr Bekku uns irgendwo hinbringen, wo uns die Zukunft eingehender vorausgesagt wurde. Später würden wir dann zu Herrn Tanaka zurückgebracht werden.

Während ich nach Kräften versuchte, mich mit diesen Gedanken zu trösten, führte die Zappelfrau Satsu und mich mit freundlichem Lächeln ein Stück den ungepflasterten Bahnsteig entlang. Als wir so weit von allen entfernt waren, daß keiner uns mehr hören konnte, war ihr Lächeln auf einmal verschwunden, und sie sagte:

»Jetzt hört mir gut zu. Ihr beide seid sehr ungezogene Mädchen!« Sie sah sich um, um sicherzugehen, daß niemand zusah, und versetzte uns einen kräftigen Schlag auf den Kopf. Das tat nicht weh, aber ich schrie vor Überraschung auf. »Wenn ihr irgend etwas tut, was mich in Verlegenheit bringen könnte«, fuhr sie fort, »werde ich euch dafür bezahlen lassen! Herr Bekku ist ein sehr strenger Mann. Ihr müßt ihm in jeder Hinsicht gehorchen! Wenn er euch befiehlt, unter die Sitzbank im Zug zu kriechen, werdet ihr das sofort tun. Verstanden?«

Am Gesichtsausdruck der Zappelfrau erkannte ich, daß ich ihr antworten mußte, wenn sie mir nicht weh tun sollte. Aber ich stand unter Schock und brachte keinen Ton heraus. Und genau wie ich befürchtet hatte, hob sie die Hand und kniff mich so fest in den Hals, daß ich nicht mehr sagen konnte, welcher Teil von mir nun so weh tat. Ich hatte das Gefühl, in eine Wanne voller Kreaturen gefallen zu sein, die mich überall am Körper bissen. Ich hörte mich wimmern. Plötzlich stand Herr Tanaka neben uns.

»Was geht hier vor?« fragte er. »Wenn Sie diesen Mädchen noch etwas zu sagen haben, sagen Sie es in meiner Anwesenheit. Es besteht kein Grund, sie so zu behandeln.«

»Wir hätten noch sehr viel zu besprechen, aber da kommt der Zug«, sagte die Zappelfrau. Und sie hatte recht: Ich sah, wie er weiter hinten um eine Kurve bog.

Herr Tanaka führte uns auf den Bahnsteig zurück, wo die Bauern und die alten Frauen schon ihr Gepäck zusammensuchten. Kurz darauf kam der Zug direkt vor uns zum Stillstand. Herr Bekku mit seinem steifen Kimono zwängte sich zwischen Satsu und mich und führte uns an den Ellbogen in den Personenwagen. Ich hörte zwar, daß Herr Tanaka noch etwas sagte, war aber zu erregt und verwirrt, um es zu verstehen. Ich war nicht sicher, was ich gehört hatte. Es konnte sein:

Mata yo! – »Wir sehen uns wieder!«

Oder aber:

Matte yo! – »Wartet!«

Oder sogar:

Ma... deyo! – »Na, dann los!«

Als ich zum Fenster hinausspähte, sah ich, daß Herr Tanaka zu seinem Fuhrwerk zurückkehrte und die Zappelfrau sich energisch die Hände an ihrem Kimono abwischte.

Nach einer Weile sagte meine Schwester: »Chiyo-chan!«

Ich barg das Gesicht in meinen Händen und wäre vor Schmerz am liebsten durch den Boden des Waggons gesprungen, wäre das nur möglich gewesen. Denn so, wie meine Schwester meinen Namen aussprach, brauchte sie kaum noch ein weiteres Wort zu sagen.

»Weißt du, wohin wir fahren?« fragte sie mich.

Ich glaube, sie wollte nicht mehr als ein Ja oder Nein als Antwort. Vermutlich spielte es für sie keine Rolle, was unser Ziel war, solange nur eine von uns wußte, was vorging. Aber das wußte ich natürlich nicht. Ich fragte den schmalen Mann, Herrn Bekku, aber der schenkte mir keine Beachtung. Er starrte immer noch Satsu an, als hätte er so etwas wie sie noch nie gesehen. Schließlich verzog er sein Gesicht zu einer Fratze des Abscheus und sagte: »Fisch! Ihr stinkt ja fürchterlich, alle beide!«

Er holte einen Kamm aus seinem Schnürbeutel und begann ihn durch ihre Haare zu zerren. Das hat ihr sicher ganz schön weh getan, aber ich sah auch, daß sie der Blick aus dem Fenster auf die vorüberziehende Landschaft weit heftiger schmerzte. Gleich darauf verzog Satsu die Lippen wie ein Baby und begann zu weinen. Wenn sie mich geschlagen und angeschrien hätte, hätte mich das nicht so geschmerzt, wie mit anzusehen, wie ihr Gesicht bebte. Alles war nur meine Schuld. Eine alte Bauersfrau, die die Zähne bleckte wie ein Hund, kam mit einer Karotte für Satsu herüber, und nachdem sie sie ihr gegeben hatte, erkundigte sie sich, wohin sie fahre.

»Nach Kyoto«, antwortete Herr Bekku.

Mir war so elend zumute, als ich das hörte, daß ich Satsu nicht mehr in die Augen sehen konnte. Selbst das Dorf Senzuru war für mich ein ferner, entlegener Ort. Aber Kyoto kam mir so fremd vor wie Hongkong, ja sogar wie New York, von dem ich Dr. Miura hatte erzählen hören. Nach allem, was ich wußte, wurden Kinder in Kyoto zermahlen und an die Hunde verfüttert.

Viele Stunden lang saßen wir im Zug, ohne etwas zu essen. Der Anblick von Herrn Bekku, der ein gewickeltes Lotusblatt aus seinem Beutel zog, es auseinanderschlug und einen mit Sesamsaat bestreuten Reiskloß freilegte, weckte meine ganze Aufmerksamkeit. Doch als er ihn sich mit seinen knochigen Fingern in den gemeinen kleinen Mund stopfte, ohne mich auch nur eines Blickes zu würdigen, hatte ich das Gefühl, keine einzige Sekunde dieser Tortur mehr ertragen zu können. Endlich stiegen wir in einer großen Stadt aus, die ich für Kyoto hielt, doch nach kurzer Zeit fuhr ein anderer Zug in den Bahnhof ein, der uns nach Kyoto brachte. Da er viel voller als der erste war, mußten wir stehen. Als wir gegen Abend ankamen, fühlte ich mich so zerschlagen wie ein Fels, auf den den ganzen Tag ein Wasserfall eingetrommelt hat.

Als wir uns dem Bahnhof von Kyoto näherten, vermochte ich nur wenig von der Stadt zu sehen. Ich erhaschte einen Blick auf ein Dächermeer, das sich bis an die fernen Hügel erstreckte. Nie hätte ich mir vorstellen können, daß eine Stadt so groß sein könnte. Bis heute noch löst der Anblick von Straßen und Gebäuden vom Zugfenster aus nicht selten die Erinnerung an jene schreckliche Leere und Angst in mir aus, die ich an jenem seltsamen Tag empfand, als ich zum erstenmal mein Zuhause verließ.

Damals, um 1930, fuhren noch eine Menge Rikschas in Kyoto. Und so viele davon waren vor dem Bahnhof aufgereiht, daß ich mir vorstellte, in dieser riesigen Großstadt müsse wohl jeder, der unterwegs war, mit einer Rikscha fahren – womit ich mich gründlich täuschte. Etwa fünfzehn bis zwanzig von ihnen ruhten vornübergeneigt auf ihren Ziehstangen, während die Kulis in der Nähe hockten und rauchten oder aßen; einige lagen sogar zusammengerollt mitten im Straßenschmutz und schliefen.

Herr Bekku führte uns wieder bei den Ellbogen, als wären wir zwei Eimer, die er vom Brunnen geholt hatte. Vermutlich dachte er, ich würde weglaufen, sobald er mich losließ, aber das hätte ich nicht getan. Wohin er uns auch brachte, es war mir lieber, als mutterseelenallein in dieser endlosen Weite von Straßen und Häusern umherzuirren, die mir so fremd war wie der Meeresgrund.

Wir stiegen in eine Rikscha, und Herr Bekku zwängte sich zwischen uns. Er war unter dem Kimono sogar noch knochiger, als ich vermutet hatte. Als der Kuli die Stangen hob, wurden wir zurückgeschleudert. Herr Bekku sagte: »Nach Tominaga-cho in Gion.«

Der Kuli antwortete nicht und setzte sich in Trab. Nach ein bis zwei Häuserblocks nahm ich all meinen Mut zusammen und fragte Herrn Bekku: »Würden Sie uns bitte sagen, wohin wir fahren?«

Es sah nicht aus, als gedenke er mir zu antworten, aber nach einem kurzen Moment sagte er: »Zu eurem neuen Zuhause.«

Da füllten sich meine Augen mit Tränen. Ich hörte Satsu auf der anderen Seite von Herrn Bekku weinen und wollte gerade ebenfalls zu schluchzen beginnen, als Herr Bekku ihr plötzlich einen Schlag versetzte und sie laut hörbar aufkeuchte. Also biß ich mir auf die Lippen und zwang mich, so schnell mit dem Weinen aufzuhören, daß ich glaubte, selbst die Tränen, die bereits die Wangen herabrollten, seien versiegt.

Bald bogen wir in eine Avenue ein, die so breit zu sein schien wie das ganze Dorf Yoroido. Zwischen all den Menschen, Fahrrädern, Autos und Lastwagen hindurch konnte ich kaum die andere Seite erkennen. Bis dahin hatte ich noch niemals ein Auto gesehen. Ich kannte Fotos, aber ich weiß noch genau, daß ich unendlich erstaunt darüber war, wie… nun ja, *grausam* ist wohl der richtige Ausdruck dafür, wie sie auf mich in meinem verängstigten Zustand wirkten: Als wären sie eher dazu bestimmt, den Menschen zu schaden, als ihnen zu helfen. Für mich war es ein Angriff auf sämtliche Sinne. Lastwagen rumpelten so dicht vorbei, daß ich den Geruch nach verbranntem Gummi wahrnahm, den ihre Reifen verströmten. Auch ein ganz gräßliches Kreischen hörte ich, das sich als die elektrische Straßenbahn in der Mitte der Avenue entpuppte.

Je weiter sich der Abend rings um uns herabsenkte, desto größer wurde meine Angst, aber noch nie im Leben habe ich so gestaunt wie beim ersten Anblick der Großstadtlichter. Außer bei jenem Abendessen im Haus von Herrn Tanaka hatte ich noch nie elektrischen Strom gesehen. Überall glühten Fenster auf, und die Menschen auf dem Bürgersteig standen in gelblichen Lichtteichen. Selbst ganz weit hinten in der Avenue konnte ich noch

Lichtpunkte erkennen. Wir bogen in eine andere Straße ein, und vor uns, am anderen Ende einer Brücke, sah ich zum erstenmal das Minami-za-Theater. Sein Ziegeldach war so groß und schön, daß ich es für einen Palast hielt.

Schließlich bog die Rikscha in eine Gasse ein, wo nur Holzhäuser standen. So eng, wie sie sich alle nebeneinanderduckten, schienen sie sich eine einzige Fassade zu teilen, und das löste wieder einmal dieses schreckliche Gefühl der Verlorenheit in mir aus. Ich sah Frauen im Kimono, die in höchster Eile auf der Gasse umherhuschten. Sie wirkten überaus elegant auf mich, obwohl sie, wie ich später erfuhr, fast alle nur Dienerinnen waren.

Als wir vor einem Eingang hielten, wies Herr Bekku mich an, auszusteigen. Er selbst stieg ebenfalls aus, und als hätte der Tag nicht schon genug Schlimmes gebracht, geschah nunmehr das Allerschlimmste. Denn als Satsu uns folgen wollte, wandte sich Herr Bekku um und stieß sie mit seinem langen Arm zurück.

»Bleib sitzen«, sagte er zu ihr. »Du kommst woandershin.«

Ich sah Satsu an, und Satsu sah mich an. Dies war womöglich das erstemal, daß jede von uns die Gefühle der anderen vollkommen verstand. Aber es dauerte nur einen Moment, denn sofort füllten sich meine Augen mit Tränen, so daß ich kaum etwas sehen konnte. Ich spürte, daß ich von Herrn Bekku rücklings mitgezogen wurde, dann hörte ich Frauenstimmen und einiges Durcheinander. Gerade wollte ich mich auf die Straße werfen, als Satsu auf einmal den Mund aufsperrte und etwas, was hinter mir im Eingang auftauchte, anstaunte.

Ich befand mich in einem schmalen Hauseingang mit einem uralt wirkenden Brunnen auf der einen und ein paar Grünpflanzen auf der anderen Seite. Herr Bekku hatte mich hineingezerrt und stellte mich nun auf die Füße. Und dort auf der Stufe stand eine ganz wunderschöne Frau in einem Kimono, kostbarer als alles, was ich mir je hätte vorstellen können, und schob ihre Füße in Lackzoris. Schon der Kimono, den die junge Geisha mit den vorstehenden Zähnen in Herrn Tanakas Dorf Senzuru getragen hatte, hatte mich tief beeindruckt, dieser aber war wasserblau mit elfenbeinweißen Wirbeln, die die Strömung in einem Fluß darstellten. Silbern blitzende Forellen tummelten sich in der Strömung, und dort, wo die zartgrünen Blätter eines Baumes das Wasser berührten, war es mit Goldringen betupft. Zweifellos bestand dieses Gewand ebenso aus reiner Seide, wie der Obi, der in hellen Grün- und Gelbtönen bestickt war. Doch ihre Kleidung war nicht das einzige an ihr, was mir auffiel: Ihr Gesicht war in einem Weißton geschminkt, der an eine sonnenbeschienene Wolke erinnerte. Ihre Haare, zu Schlaufen geformt, glänzten schwarz wie Lack und waren mit Seidenblumen und einer Spange geschmückt, an der winzige Silberstreifen hingen, die bei jeder Bewegung tanzten und schimmerten.

Dies war meine erste Begegnung mit Hatsumomo. Damals war sie eine der bekanntesten Geishas im Gion-Viertel, obwohl ich das zu jener Zeit nicht wußte. Sie war klein und zierlich; ihre aufgetürmte Frisur reichte Herrn Bekku gerade bis an die Schulter. Ich war so überwältigt von ihrer Erscheinung, daß ich meine guten Manieren vergaß – nicht, daß ich damals schon welche entwickelt hätte – und ihr direkt ins Gesicht starrte. Sie lächelte mir zu, aber keineswegs freundlich. Dann sagte sie:

»Herr Bekku, könnten Sie den Müll bitte später raustragen? Ich möchte vorbeigehen.«

Es stand kein Müll im Eingang – sie meinte mich. Herr Bekku antwortete, seiner Meinung nach habe Hatsumomo reichlich Platz zum Vorbeigehen.

»Möglich, daß es *Ihnen* nichts ausmacht, ihr so nahe zu sein«, gab Hatsumomo zurück. »Aber wenn ich auf einer Straßenseite Dreck sehe, gehe ich auf die andere hinüber.«

Plötzlich erschien an der Tür hinter ihr eine ältere Frau, so lang und knotig wie ein Bambusstab.

»Ich weiß nicht, wie dich überhaupt jemand ertragen kann, Hatsumomo-san«, sagte die Frau. Aber sie winkte Herrn Bekku, mich wieder auf die Straße hinauszubefördern. Er gehorchte. Dann trat sie in den Eingang hinunter – sehr unbeholfen, denn einer ihrer Hüftknochen stand heraus und erschwerte ihr das Gehen – und ging zu einem winzigen Schränkchen an der Mauer. Daraus nahm sie etwas, was ich für ein Stück Feuerstein hielt, sowie einen rechteckigen Stein, wie ihn die Fischer zum Messerschärfen benutzen. Damit stellte sie sich hinter Hatsumomo und schlug den Stein mit dem Feuerstein, so daß ein kleiner Funkenregen auf Hatsumomos Rücken herabging. Ich begriff das damals nicht, aber sehen Sie, Geishas sind sogar noch abergläubischer als Fischer. Keine Geisha wird am Abend ausgehen, ohne daß jemand über ihrem Rücken mit einem Feuerstein Funken geschlagen hat, denn das soll Glück bringen.

Dann ging Hatsumomo davon – mit so winzigen Schritten, daß sie dahinzugleiten schien, während der Saum ihres Kimonos sich nur ganz sanft bewegte. Damals wußte ich noch nicht, daß sie eine Geisha war, denn sie stand weltenweit über der Frau, die ich nur wenige Wochen zuvor in Senzuru gesehen hatte. Ich dachte mir, daß sie eine Art Bühnenstar sein müsse. Wir sahen ihr gemeinsam nach, dann übergab Herr Bekku mich der älteren Frau im Hauseingang. Er selbst stieg zu meiner Schwester in die Rikscha, und der Kuli hob die Stangen. Abfahren sah ich sie jedoch nicht mehr, denn ich war weinend im Eingang zusammengebrochen.

Die ältere Frau schien Mitleid mit mir zu haben, denn sie ließ mich lange dort liegen und mein Elend hinausschluchzen, ohne daß mich jemand berührte. Ich hörte sogar, wie sie eine Dienerin zum Schweigen brachte, die aus dem Haus kam, um mit ihr zu sprechen. Schließlich half sie mir aufstehen und trocknete mir das Gesicht mit einem Taschentuch, das sie aus dem Ärmel ihres schlichten grauen Kimonos zog.

»Still, still, kleines Mädchen. Du brauchst dir keine Sorgen zu machen. Niemand wir dich auffressen.« Sie sprach in demselben komischen Dialekt wie Herr Bekku und Hatsumomo. Er klang so anders als das Japanisch, das in meinem Dorf gesprochen wurde, daß ich Mühe hatte, sie zu verstehen. Auf jeden Fall aber waren das die freundlichsten Worte, die ich den ganzen Tag über zu hören bekommen hatte, daher entschloß ich mich, ihren Rat zu befolgen. Ich sollte sie Tantchen nennen, sagte sie. Dann blickte sie auf mich herab, sah mir direkt ins Gesicht und sagte mit heiserer Stimme:

»Himmel, was für seltsame Augen! Du bist wirklich ein bezauberndes Mädchen! Mutter wird sich freuen!«

Ich dachte sofort, die Mutter dieser Frau, wer immer sie war, müsse steinalt sein, denn Tantchens Haare, am Hinterkopf fest zusammengeknotet, waren fast grau mit höchstens ein paar schwarzen Strähnen dazwischen.

Tantchen führte mich durch die Tür, hinter der sich ein ungepflasterter Korridor befand, der zwischen zwei Gebäuden zu einem Innenhof führte. Das eine Gebäude glich unserem Haus in Yoroido – zwei Zimmer mit Holzboden – und war, wie sich herausstellte, das Dienstbotenquartier. Auf der anderen Seite des Korridors stand ein kleines, elegantes Haus, das auf Fundamentsteinen ruhte, die so viel Zwischenraum ließen, daß eine Katze hindurchkriechen konnte. Der Korridor zwischen Haupthaus und Dienstbotenquartier war oben zum dunklen Himmel hin offen, und das verlieh mir das Gefühl, eher in einem Miniaturdorf zu stehen als in einem Haus, vor allem, da ich hinten am Ende des Hofes noch ein paar kleine Gebäude sah. Damals wußte ich es noch nicht, doch dies war eine für diesen Teil von Kyoto typische Anlage. Die Gebäude am Innenhof sahen zwar aus wie eine Gruppe winziger Häuser, waren aber nichts weiter als ein kleiner Schuppen für die Toiletten und ein Lagerhaus mit zwei Stockwerken und einer Außenleiter. Das ganze Grundstück war nicht einmal so groß wie Herrn Tanakas Haus auf dem Land und wurde nur von acht Personen bewohnt. Oder nun, da ich hinzugekommen war, von neun.

Nachdem ich mir dieses seltsame Arrangement von winzigen Häuschen genau angesehen hatte, fiel mir die Eleganz des Haupthauses auf. In Yoroido waren Holzhäuser mehr grau als braun und von der salzigen Luft ziemlich verwittert. Hier aber glänzten die Holzböden und -balken im gelblichen Licht elektrischer Lampen. Vom Flur gingen papierbespannte Schiebetüren aus sowie eine Treppe, die steil nach oben führte. Da eine der Türen offenstand, konnte ich ein Holzschränkchen mit einem buddhistischen Altar erkennen. Diese eleganten Räume waren, wie sich herausstellte, für den Gebrauch der Familie bestimmt – und auch für Hatsumomo, obwohl sie, wie ich später erfahren sollte, gar kein Familienmitglied war. Wenn die Familienmitglieder zum Innenhof gehen wollten, benutzten sie nicht wie die Dienstboten den ungepflasterten Korridor im Freien, sondern die überdachte Veranda aus poliertem Holz, die an der Hauswand entlangführte.

Sogar separate Toiletten gab es: eine obere für die Familie und eine untere für die Dienstboten.

All diese Dinge entdeckte ich erst nach und nach, allerdings innerhalb weniger Tage. Aber ich blieb lange in dem Hofkorridor stehen und fragte mich, was für ein Ort dies sei; ich hatte fürchterliche Angst. Tantchen war in der Küche verschwunden und redete mit ihrer heiseren Stimme auf irgend jemanden ein. Schließlich kam dieser Jemand heraus. Es war ein Mädchen etwa in meinem Alter, das einen so randvollen Wassereimer trug, daß sie die Hälfte auf dem Boden verschüttete. Ihr Körper war schlank; ihr Gesicht aber war voll und fast genau kreisrund, so daß sie für mich aussah wie ein Kürbis auf einer Stange. Da sie sich schwer plagen mußte mit dem Eimer, hing ihr die Zunge aus dem Mund – wie der Stengel oben auf einem Kürbis. Bald sollte ich feststellen, daß das eine Angewohnheit von ihr war. Sie ließ die Zunge heraushängen, wenn sie in ihrer Misosuppe rührte, wenn sie Reis in eine Schale löffelte und sogar, wenn sie ihr Kleid zuband. Wegen dieses weichen, runden Gesichts und der Zunge, die einem Kürbisstengel glich, nannte ich sie bereits nach wenigen Tagen »Kürbisköpfchen«, und mit der Zeit wurde sie dann von allen so gerufen – sogar von ihren Kunden, als sie viele Jahre später Geisha in Gion war.

Nachdem sie den Eimer neben mir abgestellt hatte, zog Kürbisköpfchen die Zunge ein und strich sich eine Haarsträhne hinters Ohr. Dabei starrte sie mich neugierig an. Ich dachte, sie wollte etwas sagen, aber sie fuhr nur fort, mich anzustarren, als müßte sie überlegen, ob sie mich vielleicht beißen sollte. Sie schien tatsächlich hungrig zu sein. Doch schließlich beugte sie sich vor und fragte mich flüsternd:

»Wo in aller Welt kommst du denn her?«

Ich hielt es für wenig hilfreich zu antworten, ich käme aus Yoroido, denn ihr Akzent war mir ebenso fremd wie der aller anderen. Ich war sicher, daß sie den Namen meines Dorfes nicht kennen würde. Statt dessen erklärte ich ihr, daß ich gerade angekommen sei.

»Ich dachte, ich würde nie ein Mädchen in meinem Alter sehen«, sagte sie. »Aber was ist mit deinen Augen los?«

In diesem Moment kam Tantchen aus der Küche und scheuchte Kürbisköpfchen davon. Sie nahm den Eimer und ein Tuch und führte mich zum Innenhof. Er war wundervoll moosbedeckt, Trittsteine führten zu einem Lagerhaus ganz hinten, doch wegen der Toiletten in dem kleinen Schuppen auf der einen Seite stank es dort ganz fürchterlich. Tantchen befahl mir, mich auszuziehen. Ich fürchtete, sie könnte so etwas mit mir tun wie die Zappelfrau, statt dessen goß sie mir einfach das Wasser über die Schultern und frottierte mich mit dem Tuch ab. Anschließend gab sie mir einen Kittel, der nichts weiter war als grob gewebte Baumwolle mit einem denkbar schlichten dunkelblauen Muster, aber immerhin weit eleganter als alles, was ich bis dahin getragen hatte. Eine alte Frau, die sich als die Köchin entpuppte, kam mit zwei älteren Dienerinnen heraus, um mich zu mustern. Tantchen sagte, sie würden noch eine Menge Zeit haben, mich anzustarren, und schickte sie dahin zurück, wo sie hergekommen waren.

»Und nun hör zu, Kleine«, sagte Tantchen zu mir, als wir allein waren. »Vorerst will ich nicht mal deinen Namen wissen. Das letzte Mädchen, das hierherkam – Mutter und Großmama mochten sie nicht, deswegen blieb sie nur einen Monat. Ich bin zu alt, um immer wieder neue Namen zu lernen, ich warte, bis die sich einig sind, ob wir dich behalten.«

»Was wird, wenn sie mich nicht behalten wollen?« erkundigte ich mich.

»Es wäre besser für dich, wenn sie dich behielten.«

»Darf ich fragen, Tantchen … Was ist dies für ein Ort?«

»Eine Okiya«, antwortete sie. »Ein Haus, in dem Geishas wohnen. Wenn du sehr fleißig bist, wirst du eines Tages selbst eine Geisha werden. Aber wenn du mir nicht genau zuhörst, wirst du es nicht mal bis nächste Woche schaffen, denn gleich kommen Mutter und Großmama die Treppe herunter, um dich zu begutachten. Und es wäre besser, wenn ihnen gefällt, was sie sehen. Deine Aufgabe ist es, dich so tief zu verneigen, wie du nur kannst, und ihnen nicht in die Augen zu sehen. Die Ältere, die wir Großmama nennen, hat in ihrem ganzen Leben noch keinen Menschen gemocht, also kümmere dich nicht um das, was sie sagt. Wenn sie dir eine Frage stellt, gib ihr um Gottes willen keine Antwort! Ich werde für dich antworten. Die einzige, auf die du Eindruck machen mußt, ist Mutter. Sie ist kein schlechter Mensch, aber ihr ist immer nur eines wichtig.«

Mir blieb keine Zeit, herauszufinden, was das war, denn ich hörte ein knarrendes Geräusch aus der Eingangshalle, und kurz darauf kamen die beiden Frauen auf den Verandagang heraus. Ich wagte nicht sie anzusehen. Doch was ich aus den Augenwinkeln erspähen konnte, ließ mich an zwei wunderschöne Seidenbündel denken, die auf einem Wasserlauf treiben. Gleich darauf standen sie vor mir auf der Veranda, wo sie sich niederließen und ihre Kimonos über den Knien glattstrichen.

»Umeko-san!« rief Tantchen – das war der Name der Köchin. »Bring Tee für Großmama!«

»Ich will keinen Tee«, hörte ich eine zornige Stimme sagen.

»Schon gut, Großmama«, sagte eine rauhere Stimme, in der ich die von Mutter vermutete. »Du brauchst ihn ja nicht zu trinken. Tantchen will nur, daß du dich wohl fühlst.«

»Ich kann mich nicht wohl fühlen mit meinen Knochen«, beschwerte sich die Alte. Ich hörte, wie sie Luft holte, um weiterzusprechen, aber Tantchen fiel ihr ins Wort.

»Das hier ist das neue Mädchen, Mutter«, sagte sie und versetzte mir einen kleinen Stoß, damit ich mich verneige. Ich sank auf die Knie und verneigte mich so tief, daß ich den modrigen Geruch wahrnahm, der unter den Fundamentsteinen des Hauses hervorkam. Dann hörte ich wieder Mutters Stimme.

»Steh auf und komm näher! Ich will dich ansehen.«

Nachdem ich mich ihr genähert hatte, war ich überzeugt, daß sie noch mehr zu mir sagen würde, statt dessen holte sie aus ihrem Obi eine Pfeife mit Metallkopf und langem Bambusstiel, die sie neben sich auf den Verandagang legte. Dann holte sie aus ihrer Ärmeltasche einen verschnürten Seidenbeutel, dem sie ein wenig Tabak entnahm. Sie stopfte die Pfeife mit ihrem kleinen Finger, der die braunrote Färbung einer gerösteten Yamswurzel angenommen hatte, steckte sie sich in den Mund und setzte sie mit einem Streichholz aus einer kleinen Metallschachtel in Brand.

Ihre Pfeife paffend, sah sie mich zum erstenmal richtig an, während die Alte neben ihr seufzte. Ich ahnte, daß ich Mutter nicht direkt ansehen durfte, hatte aber den Eindruck, daß ihrem Gesicht Rauch entströmte wie Dampf einer Erdspalte. Ich war so neugierig auf sie, daß meine Blicke ein Eigenleben entwickelten und überall umherzuwandern begannen. Je mehr ich von ihr sah, desto stärker faszinierte sie mich. Ihr Kimono war gelb, mit Weidenzweigen, an denen bezaubernde grüne und orangefarbene Blätter hingen, und bestand aus Seidenbatist, so zart wie Spinnweben. Ihr Obi war nicht weniger eindrucksvoll. Auch er bestand aus einem duftigen Stoff, wirkte aber schwerer, war in Rost und Braun gehalten und mit Goldfäden durchwirkt. So sehr bewunderte ich ihre Kleidung, daß ich den schlammigen Hofkorridor gar nicht mehr wahrnahm, mich nicht mehr fragte, was aus meiner Schwester – und meinen Eltern – geworden war, und was aus mir selbst werden sollte. Jede Einzelheit dieses Kimonos war so beeindruckend, daß ich mich selbst völlig vergaß. Doch dann erlitt ich einen furchtbaren Schock, denn über dem Kragen ihres eleganten Kimonos saß ein Gesicht, das so wenig zu dieser Kleidung paßte, daß es mir vorkam, als hätte ich den Körper einer Katze gestreichelt, nur um zu entdecken, daß dieses Wesen den Kopf einer Bulldogge besaß. Sie war eine grauenhaft häßliche Frau, aber viel jünger als Tantchen, und das hatte ich nicht erwartet. Wie sich herausstellte, war Mutter eigentlich Tantchens jüngere Schwester – obwohl sie einander, genau wie alle anderen in der Okiya, »Mutter« und »Tantchen« nannten. Eigentlich waren sie überhaupt keine Schwestern, jedenfalls nicht wie Satsu und ich. Sie waren nicht in dieselbe Familie hineingeboren worden, sondern Großmama hatte sie beide adoptiert.

So benommen war ich, als ich dastand, und so viele Gedanken schossen mir durch den Kopf, daß ich schließlich genau das tat, was Tantchen mir strikt verboten hatte: Ich sah Mutter direkt in die Augen. Da fiel ihr die Pfeife aus dem Mund, und ihr Kinn sackte herab wie eine Falltür. Aber obwohl ich wußte, daß ich den Blick unter allen Umständen senken mußte, fand ich ihre seltsamen Augen in ihrer ganzen Häßlichkeit so faszinierend, daß ich einfach stehenblieb und sie anstarrte. Statt weiß und klar zu sein, waren die Augäpfel gräßlich gelb und erinnerten mich an eine Toilette, in die gerade jemand uriniert hat. Umrahmt wurden sie von geröteten Lidrändern, in denen sich milchige Flüssigkeit sammelte, und ringsherum sackte die Haut in tiefen Falten herab.

Ich ließ meinen Blick zu ihrem Mund hinabwandern, der immer noch offenstand. Die Farben ihres Gesichts waren alle durcheinandergeraten: Ihre Augenränder waren so rot wie Fleisch, während Zahnfleisch und Zunge grau waren. Und um dem Grauen die Krone aufzusetzen, schien jeder einzelne ihrer unteren Zähne in einem kleinen Teich aus Blut im Zahnfleisch zu stecken. Wie ich später erfuhr, war dies auf irgendeinen Mangel in Mutters Ernährung während der letzten Jahre zurückzuführen; aber während ich sie so ansah, mußte ich unwillkürlich an einen Baum denken, der die Blätter verlor. Der Anblick insgesamt wirkte so abschreckend auf mich, daß ich wohl unwillkürlich zurückwich, ein erschrecktes Aufkeuchen ausstieß oder meinen Gefühlen sonstwie Ausdruck verlieh, denn plötzlich sagte sie mit ihrer rauhen Stimme:

»Was starrst du mich so an?«

»Ich bitte um Verzeihung, Herrin. Ich habe Ihren Kimono bewundert«, antwortete ich ihr. »Ich habe noch nie etwas so Schönes gesehen.«

Das muß genau die richtige Antwort gewesen sein – wenn es denn überhaupt eine richtige Antwort gab –, denn sie stieß so etwas wie ein Lachen aus, obwohl es eher wie ein Husten klang.

»So, so, er gefällt dir also«, sagte sie und hustete – oder lachte – weiter. »Hast du eine Ahnung, wieviel er gekostet hat?«

»Nein, Herrin.«

»Mehr als du, soviel steht fest.«

Hierauf erschien die Dienerin mit dem Tee. Während sie servierte, nutzte ich die Gelegenheit, um einen verstohlenen Blick auf Großmama zu werfen. Während Mutter ein bißchen mollig war, mit dicken Fingern und einem fetten Hals, war Großmama alt und verschrumpelt. Sie war mindestens so alt wie mein Vater, doch sie sah aus, als hätte sie ihr Leben damit verbracht, in einem Zustand konzentrierter Gemeinheit vor sich hin zu schmoren. Ihr graues Haar erinnerte mich an ein Gespinst von Silberfäden, denn ich konnte direkt auf ihre Kopfhaut sehen. Und selbst ihre Kopfhaut wirkte wegen der großen roten und braunen Altersflecken abstoßend. Sie blickte nicht direkt finster drein, doch ihre Mundwinkel hingen wohl schon von Natur aus herab.

Zur Vorbereitung holte sie ganz tief Luft, und nachdem sie wieder ausgeatmet hatte, murmelte sie: »Ich hab' doch gesagt, ich will keinen Tee!« Dann seufzte sie, schüttelte den Kopf und fragte mich: »Wie alt bist du, kleines Mädchen?«

»Sie ist im Jahr des Affen geboren«, antwortete Tantchen an meiner Statt.

»Die dumme Köchin ist im Jahr des Affen geboren«, sagte Großmama.

»Neun Jahre alt«, sagte Mutter. »Was hältst du von ihr, Tantchen?«

Tantchen trat vor mich hin und bog meinen Kopf zurück, um mir ins Gesicht zu sehen. »Sie hat sehr viel Wasser.«

»Schöne Augen«, stellte Mutter fest. »Hast du sie gesehen, Großmama?«

»Sie ist dumm«, behauptete Großmama. »Außerdem brauchen wir hier nicht noch einen Affen.«

»Du hast bestimmt recht, Großmama«, sagte Tantchen. »Vermutlich ist es so, wie du sagst. Aber ich halte sie für ein kluges Mädchen – und anpassungsfähig, das sieht man an der Form ihrer Ohren.«

»Bei soviel Wasser in ihrer Persönlichkeit«, warf Mutter ein, »wird sie vermutlich ein Feuer wittern können, bevor es ausbricht. Wäre das nicht schön, Großmama? Dann brauchst du dir keine Gedanken mehr darüber zu machen, daß unser Lagerhaus mit all unseren Kimonos abbrennen könnte.«

Großmama hatte, wie ich noch erfahren sollte, mehr Angst vor dem Feuer als Bier vor einem durstigen alten Mann.

»Jedenfalls ist sie recht hübsch, findest du nicht?« setzte Mutter hinzu.

»Es gibt viel zu viele hübsche Mädchen in Gion«, sagte Großmama. »Was wir brauchen, ist ein intelligentes Mädchen, kein hübsches. Diese Hatsumomo ist wirklich sehr hübsch, aber seht euch an, wie dumm sie ist!«

Mit Tantchens Hilfe stand Großmama auf und kehrte über den Verandagang ins Haus zurück. Kurz darauf hörte ich, wie in der vorderen Eingangshalle eine Tür auf- und zugeschoben wurde, dann kam Tantchen zu uns zurück.

»Hast du Läuse, Kleine?« fragte mich Mutter.

»Nein«, antwortete ich.

»Du wirst lernen müssen, dich höflicher auszudrücken. Tantchen, sei bitte so lieb und schneide ihr die Haare. Nur zur Sicherheit.«

Tantchen rief eine Dienerin herbei und ließ sie eine Schere holen.

»Nun gut, Kleine«, wandte sich Mutter an mich, »jetzt bist du in Kyoto. Du wirst lernen müssen, wie man sich benimmt, sonst bekommst du Prügel. Und da Großmama hier die Prügel verteilt, wird es dir sehr leid tun. Ich gebe dir einen guten Rat: Arbeite fleißig, geh nicht ohne Erlaubnis aus, tu, was man dir sagt, und mach uns so nicht zu viele Probleme, dann könntest du in zwei, drei Monaten damit anfangen, die Künste einer Geisha zu erlernen. Ich habe dich nicht hergeholt, damit du die Dienste einer Magd verrichtest. Sollte es jemals so weit kommen, werde ich dich hinauswerfen.«

Mutter paffte ihre Pfeife, wandte aber keinen Blick von mir. Ich wagte mich nicht zu regen, solange sie es mir nicht befahl. Ich fragte mich, ob meine Schwester in einem anderen Haus irgendwo in dieser gräßlichen Stadt vor einer ebenso grausamen Frau stand. Und plötzlich sah ich meine arme, kranke Mutter vor mir, wie sie sich auf ihrem Futon mühsam auf einen Ellbogen stützte, um zu sehen, wohin wir gegangen waren. Ich wollte nicht, daß Mutter mich weinen sah, aber die Tränen sammelten sich einfach in meinen Augen. Mutters gelber Kimono verschwamm immer stärker vor meinen Augen, bis er plötzlich zu funkeln schien. Dann stieß sie eine Rauchwolke aus, und er war ganz und gar verschwunden.

4. KAPITEL

Während jener ersten Tage an diesem fremden Ort habe ich mich unendlich elend gefühlt. Wenn ich statt Familie und Zuhause Arme und Beine verloren hätte – ich hätte mich nicht schlimmer fühlen können. Ganz zweifellos würde das Leben nie wieder so werden wie früher. Alles, woran ich denken konnte, waren meine Verwirrung und mein Kummer, und Tag für Tag fragte ich mich, ob ich Satsu jemals wiedersehen würde. Ich hatte keinen Vater mehr, ich hatte keine Mutter mehr, nicht mal die Kleidung, die ich sonst immer getragen hatte, besaß ich noch. Und doch war das, worüber ich mich nach einer Weile am meisten wunderte, die Tatsache, daß ich noch am Leben war. Ich erinnere mich an einen Moment, als ich in der Küche Reisschalen abtrocknete und mich auf einmal so desorientiert fühlte, daß ich innehalten und ziemlich lange auf meine Hände hinabstarren mußte, weil ich einfach nicht begreifen konnte, daß diese Person, die da die Reisschalen abtrocknete, tatsächlich ich selbst war.

Mutter hatte mir erklärt, wenn ich fleißig arbeite und mich gut betrage, dürfe ich nach ein paar Monaten mit meiner Ausbildung beginnen. Wie ich von Kürbisköpfchen erfuhr, bedeutete das, daß ich eine Schule in einem anderen Teil von Gion besuchen mußte, um in Fächern wie Musik, Tanz und Teezeremonie unterrichtet zu werden. Alle Mädchen, die Geishas werden wollten, mußten dieselbe Schule besuchen. Da ich sicher war, daß ich Satsu dort treffen würde, wenn ich endlich soweit war, beschloß ich am Ende meiner ersten Woche, so gehorsam zu sein wie eine Kuh an der Leine, denn ich hoffte, daß Mutter mich dann sofort in die Schule schicken würde.

Die meisten Arbeiten, die ich verrichten mußte, waren simpel. Am Morgen räumte ich die Futons fort, säuberte die Zimmer, fegte den Hofkorridor und so weiter. Manchmal wurde ich in die Apotheke geschickt, um eine Salbe für die Krätze der Köchin zu holen, oder in einen Laden an der Shijo-Avenue, um die Reiskuchen zu holen, die Tantchen so schmeckten. Zum Glück war für die unangenehmsten Arbeiten wie etwa das Reinigen der Toiletten eine der älteren Dienerinnen zuständig. Aber ich konnte so fleißig arbeiten, wie ich wollte – nie schien ich den guten Eindruck zu machen, den ich zu machen hoffte, weil man mir jeden Tag mehr Aufgaben zuteilte, als ich beim besten Willen erledigen konnte, und Großmama machte das Ganze nur noch schlimmer.

Für Großmama zu sorgen gehörte eigentlich nicht zu meinen Pflichten – jedenfalls hatte Tantchen nichts davon erwähnt. Aber wenn Großmama mich rief, konnte ich das nicht gut ignorieren, denn sie war die Älteste in der Okiya. Eines Tages zum Beispiel wollte ich Mutter gerade Tee hinaufbringen, als ich Großmama rufen hörte.

»Wo ist dieses Mädchen? Sie soll sofort zu mir kommen!«

Also mußte ich Mutters Tablett abstellen und in das Zimmer laufen, in dem Großmama zu Mittag aß.

»Merkst du nicht, daß es in diesem Zimmer zu heiß ist?« schalt sie mich, nachdem ich mich vor ihr hingekniet und verneigt hatte. »Du hättest herkommen und das Fenster öffnen müssen!«

»Es tut mir leid, Großmama. Ich wußte nicht, daß es Ihnen zu heiß ist.«

»Sehe ich etwa nicht erhitzt aus?«

Sie aß gerade Reis, und mehrere Körner davon klebten an ihrer Unterlippe. Ich fand, daß sie eher gemein als erhitzt aussah, ging aber sofort zum Fenster und öffnete es. Als ich das tat, kam eine Fliege herein und summte um Großmamas Essen herum.

»Was ist mit dir los?« fragte sie und versuchte die Fliege mit ihren Eßstäbchen zu vertreiben. »Die anderen Mädchen lassen keine Fliegen herein, wenn sie das Fenster öffnen!«

Ich entschuldigte mich und erklärte, ich würde die Fliegenklatsche holen.

»Damit du die Fliege in mein Essen klatschst? O nein, das wirst du nicht tun! Du wirst hier stehenbleiben, während ich esse, und dafür sorgen, daß sie mir nicht näher kommt.«

Also mußte ich stehenbleiben, während Großmama ihr Mittagessen beendete, und mir anhören, was sie über den großen

Kabuki-Schauspieler Ichimura Uzaemon XIV. erzählte, der auf einem Mondbetrachtungsfest ihre Hand gehalten hatte, als sie erst vierzehn war. Als sie mich dann endlich entließ, war Mutters Tee so kalt geworden, daß ich ihn ihr nicht bringen konnte. Sowohl die Köchin als auch Mutter waren sehr zornig auf mich.

In Wirklichkeit war es so, daß Großmama nicht gern allein war. Selbst wenn sie die Toilette benutzen mußte, zwang sie Tantchen, vor der Tür stehenzubleiben und ihre Hände festzuhalten, damit sie beim Hocken nicht das Gleichgewicht verlor. Der Gestank war so übel, daß das arme Tantchen sich fast den Hals verrenkte, um den Kopf so weit wie nur irgend möglich wegzudrehen. Meine Pflichten waren zwar nicht ganz so schlimm, doch immer wieder rief Großmama mich zu sich, damit ich sie massierte, während sie sich mit einem winzigen Silberkratzer die Ohren reinigte, und die Aufgabe, sie zu massieren, war weitaus übler, als Sie sich vielleicht vorstellen. Denn als sie das erstemal ihr Gewand öffnete und über die Schultern herabstreifte, mußte ich mich fast übergeben, denn die Haut dort und an ihrem Hals war knotig und gelblich wie bei einem ungekochten Huhn. Das Problem kam, wie ich später erfuhr, daher, daß sie in ihrer Geishazeit weiße Schminke von einer Sorte benutzt hatte, die wir »China Clay« nennen und die als Grundstoff Blei enthält. China Clay erwies sich dann als giftig, was wohl zum Teil an Großmamas ständiger Gereiztheit schuld war. Dazu kam, daß sie als junge Frau häufig die heißen Quellen nördlich von Kyoto aufsuchte. Dagegen hätte nichts gesprochen, wenn die bleiverseuchte Schminke nicht so schwer zu entfernen gewesen wäre: So aber gingen die Reste ihres Make-ups und irgendeine Chemikalie im Wasser eine Verbindung ein, die ihre Haut ruinierte. Großmama war nicht die einzige mit diesem Problem. Sogar noch Anfang des Zweiten Weltkriegs konnte man auf den Straßen von Gion alte Frauen mit schlaff herabhängendem, gelblichem Hals sehen.

Nach ungefähr drei Wochen in der Okiya ging ich einmal später als üblich nach oben, um Hatsumomos Zimmer aufzuräumen. Ich hatte schreckliche Angst vor ihr, obwohl ich sie, weil sie ständig beschäftigt war, nur selten sah. Ich fürchtete mich vor dem, was geschehen würde, wenn sie mir allein begegnete. Deswegen war ich ständig bemüht, ihr Zimmer sofort dann zu putzen, wenn sie die Okiya verließ, um zu ihrem Tanzunterricht zu gehen. Unglücklicherweise hielt mich Großmama an jenem Morgen fast bis zur Mittagszeit auf Trab.

Hatsumomos Zimmer war das größte in der Okiya, größer als unser beschwipstes Haus. Ich konnte mir nicht vorstellen, warum sie ein größeres Zimmer brauchte als alle anderen, bis mir eine der älteren Dienerinnen erklärte, daß Hatsumomo jetzt zwar die einzige Geisha in der Okiya sei, es aber früher drei bis vier von ihnen gewesen waren, die alle zusammen in jenem Zimmer geschlafen hätten. Hatsumomo mochte allein wohnen, aber sie machte wahrhaftig Unordnung für vier. Als ich an jenem Tag ihr Zimmer betrat, fand ich – außer den wie üblich überall verstreuten Zeitschriften und den Pinseln auf den Matten neben ihrem winzigen Schminktisch – ein Apfelkernhaus und eine leere Whiskeyflasche unter dem Tisch. Das Fenster stand offen, und der Wind schien den Holzständer umgeworfen zu haben, auf den sie in der Nacht zuvor ihren Kimono gehängt hatte – aber vielleicht hatte sie ihn auch selbst umgestoßen, bevor sie betrunken zu Bett ging, und sich nicht die Mühe gemacht, ihn aufzuheben. Da es Tantchens Aufgabe war, sich um die Kleider in der Okiya zu kümmern, hätte sie den Kimono inzwischen abholen müssen, aber aus irgendeinem Grund hatte sie das noch nicht getan. Gerade als ich den Ständer wieder aufrichtete, wurde auf einmal die Tür aufgeschoben, und als ich mich umwandte, stand Hatsumomo in der Öffnung.

»Ach, du bist es«, sagte sie. »Ich dachte, ich hätte eine Maus gehört oder so. Wie ich sehe, hast du mein Zimmer aufgeräumt! Bist du das, die immer meine Schminktöpfe durcheinanderbringt? Warum kannst du sie nicht ordentlich hinstellen?«

»Es tut mir sehr leid«, sagte ich demütig. »Ich nehme sie nur auf, um darunter Staub zu wischen.«

»Aber wenn du sie anfaßt, werden sie bald nach dir riechen«, behauptete sie. »Und dann werden die Männer mich fragen: ›Hatsumomo-san, warum riechst du wie ein ungebildetes Mädchen aus einem Fischerdorf?‹ Das verstehst du doch sicher, nicht wahr? Aber um sicherzugehen, möchte ich es noch einmal von dir

hören. Warum will ich nicht, daß du meine Schminktöpfe anfaßt?«

Ich brachte den Satz kaum heraus, aber schließlich antwortete
ich ihr: »Weil sie sonst bald so riechen wie ich.«

»Das war sehr gut! Und was werden die Männer sagen?«

»Sie werden sagen: ›O Hatsumomo-san, du riechst genau wie
ein Mädchen aus einem Fischerdorf.‹«

»Hmm… Irgend etwas an dem Ton, in dem du das gesagt hast,
gefällt mir gar nicht. Aber lassen wir's gut sein. Ich kann einfach
nicht verstehen, warum Mädchen aus Fischerdörfern so stinken.
Neulich war deine häßliche Schwester hier, um dich zu besuchen,
und die hat fast genauso schlimm gestunken wie du.«

Bis dahin hatte ich den Blick zu Boden gerichtet, doch als ich
diese Worte hörte, sah ich Hatsumomo direkt ins Gesicht, um
festzustellen, ob sie die Wahrheit sagte.

»Bist du etwa überrascht?« fragte sie mich. »Hat dir denn niemand gesagt, daß sie hier war? Sie wollte, daß ich dir eine Nachricht von ihr gebe. Ihre Adresse. Vermutlich möchte sie, daß du
zu ihr gehst, damit ihr beide zusammen weglaufen könnt.«

»Hatsumomo-san…«

»Ich soll dir sagen, wo sie wohnt? Also, diese Information
mußt du dir erst verdienen. Sobald ich mir überlegt habe, wie,
werde ich's dir sagen. Und jetzt verschwinde.«

Ich wagte nicht, mich zu widersetzen, aber kurz bevor ich das
Zimmer verließ, hielt ich noch einmal inne, weil ich dachte, ich
könne sie vielleicht doch noch überreden.

»Hatsumomo-san, ich weiß, Sie mögen mich nicht«, begann
ich. »Aber wenn Sie so freundlich wären, mir zu sagen, was ich
wissen möchte, verspreche ich, Sie nie wieder zu belästigen.«

Als Hatsumomo das hörte, sah es aus, als wäre sie erfreut, denn
sie kam mit einem glücklichen Strahlen auf dem Gesicht auf mich
zu. Ehrlich gesagt, ich hatte noch nie eine so hinreißende Frau gesehen. Manchmal blieben die Männer auf der Straße stehen oder
nahmen die Zigarette aus dem Mund, um sie anzustarren. Ich
dachte, sie wolle mir etwas ins Ohr flüstern, aber nachdem sie
einen Moment lächelnd vor mir stehengeblieben war, holte sie aus
und versetzte mir eine kräftige Ohrfeige.

»Ich hatte dir doch befohlen, mein Zimmer zu verlassen – oder?« schalt sie.

Ich war zu verdutzt, um zu wissen, wie ich reagieren sollte. Aber ich muß hinausgestolpert sein, denn als ich wieder zur Besinnung kam, saß ich im Flur auf dem Holzboden und hielt mir die Wange. Gleich darauf wurde Mutters Tür aufgeschoben.

»Hatsumomo!« sagte Mutter und kam heraus, um mir aufzuhelfen. »Was hast du mit Chiyo gemacht?«

»Sie will weglaufen, hat sie gesagt, Mutter. Und ich dachte, es wäre am besten, wenn ich sie für Sie schlage. Ich dachte, Sie wären vermutlich zu beschäftigt, um es selbst zu tun.«

Mutter rief eine Dienerin und ließ sich ein paar Scheiben frischen Ingwer bringen. Dann führte sie mich in ihr Zimmer setzte mich an den Tisch, während sie ein Telefongespräch beendete. Das einzige Telefon in der Okiya, mit dem man Gespräche außerhalb von Gion führen konnte, hing an der Wand in Mutters Zimmer. Niemand außer ihr durfte es benutzen. Der schwere schwarze Hörer lag auf dem Bord; als Mutter ihn ans Ohr hob, umklammerte sie ihn mit ihren dicken Fingern so fest, daß ich fast dachte, gleich müsse Flüssigkeit auf die Matten tropfen.

»Entschuldigen Sie«, sprach sie mit ihrer heiseren Stimme ins Telefon. »Hatsumomo hat wieder die Dienstboten geohrfeigt.«

Während der ersten Wochen in der Okiya empfand ich eine unerklärliche Zuneigung für Mutter – etwa so, wie ein Fisch Zuneigung für den Fischer empfindet, der ihm den Haken herauszieht. Vermutlich kam das daher, daß ich sie jeden Tag nur wenige Minuten sah, während ich ihr Zimmer putzte. Dabei saß sie unweigerlich an ihrem Tisch, vor sich ein aufgeschlagenes Kontobuch aus dem Bücherschrank, die Finger an den Elfenbeinkugeln ihres Abakus'. Sie war zwar sehr ordentlich im Umgang mit ihren Kontobüchern, in jeder anderen Hinsicht war sie jedoch noch chaotischer als Hatsumomo. Wann immer sie mit lautem Klacken ihre Pfeife auf den Tisch legte, flogen Ascheflocken und Tabakreste heraus, die sie einfach liegenließ. Sie duldete nicht, daß jemand ihren Futon berührte, nicht einmal, um die Laken zu wechseln, so daß das ganze Zimmer nach schmutziger Wäsche roch. Und die Papierschirme vor den Fenstern, die durch ihre Raucherei stark verfärbt waren, verliehen dem Raum eine düstere Atmosphäre.

Während Mutter telefonierte, kam eine der älteren Dienerinnen mit ein paar Streifen frisch geschnittenem Ingwer herein, die ich mir an die Wange halten sollte, auf die Hatsumomo mich geschlagen hatte. Das Geräusch der Schiebetür weckte Mutters kleinen Hund Taku, ein äußerst übellauniges Tier mit plattgedrücktem Gesicht. Der Hund schien nur drei Beschäftigungen zu kennen: bellen, schnarchen und Menschen beißen, die ihn streicheln wollten. Als das Mädchen wieder verschwunden war, kam Taku zu mir und legte sich hinter mich. Das gehörte zu seinen kleinen Tricks: Er legte sich gern dorthin, wo ich versehentlich auf ihn treten mußte, damit er mich beißen konnte. Allmählich kam ich mir vor wie eine in einer Schiebetür eingeklemmte Maus: vor mir Mutter, hinter mir Taku. Dann aber legte Mutter den Hörer auf und starrte mich mit ihren gelben Augen an.

»Jetzt hör mir mal gut zu, Kleine. Vielleicht hast du gehört, daß Hatsumomo gelogen hat. Aber nur, weil sie damit durchkommt, heißt das noch lange nicht, daß du das auch kannst. Ich will es genau wissen: Warum hat sie dich geschlagen?«

»Sie wollte, daß ich ihr Zimmer verlasse, Mutter«, antwortete ich. »Es tut mir sehr leid.«

Mutter ließ mich das Ganze im feinen Kyoto-Akzent wiederholen, was mir wirklich schwerfiel. Als ich es endlich zu ihrer Zufriedenheit ausgesprochen hatte, fuhr sie fort:

»Ich glaube, du hast nicht begriffen, was deine Aufgabe hier in der Okiya ist. Wir denken alle nur an eins: Wie wir Hatsumomo helfen können, als Geisha möglichst erfolgreich zu sein. Sogar Großmama. Du hältst sie vielleicht für eine schwierige alte Frau, aber in Wirklichkeit überlegt sie den lieben langen Tag, wie wir Hatsumomo helfen können.«

Ich hatte nicht die geringste Ahnung, wovon Mutter sprach. Ehrlich, sie hätte nicht mal einem dreckigen Lappen einreden könne, daß Großmama irgend jemandem behilflich war.

»Wenn jemand, der so alt ist wie Großmama, sich schon den ganzen Tag abmüht, daran zu arbeiten, Hatsumomo die Arbeit zu erleichtern, dann überleg mal, wieviel größer dein Beitrag sein sollte.«

»Ja, Mutter. Ich werde weiterhin sehr hart arbeiten.«

»Ich will nicht mehr hören, daß du Hatsumomo verärgert hast. Wenn es das andere Mädchen schafft, ihr aus dem Weg zu gehen, wirst du das wohl ebenfalls fertigbringen.«

»Ja, Mutter… Aber bevor ich gehe, darf ich eine Frage stellen. Ich wüßte gern, ob irgend jemand hier die Adresse meiner Schwester kennt. Ich hatte nämlich gehofft, ihr eine Nachricht schicken zu können.«

Mutter hatte einen komischen Mund, der viel zu groß war für ihr Gesicht und fast immer offenstand; jetzt aber tat sie etwas damit, was ich bei ihr noch nie gesehen hatte: Sie biß die Zähne zusammen und bleckte sie so, als wollte sie, daß ich sie mir gut ansehe. Das war ihre Art zu lächeln – obwohl mir das erst klarwurde, als sie dieses hustende Geräusch ausstieß, das sie beim Lachen machte.

»Warum in aller Welt sollte ich dir das sagen?« fragte sie mich.

Dann hustete oder lachte sie noch ein paarmal, bevor sie mir mit einem Wink bedeutete, ich solle das Zimmer verlassen.

Als ich hinaustrat, wartete Tantchen im oberen Flur, um mir eine Arbeit aufzutragen. Sie gab mir einen Eimer und schickte mich eine Leiter hinauf und durch eine Falltür bis aufs Dach. Dort stand auf Holzstützen ein Tank, der das Regenwasser auffing. Das Regenwasser lief aufgrund der Schwerkraft in die kleine Toilette neben Mutters Zimmer im ersten Stock hinab, denn damals hatten wir noch keinerlei sanitäre Installationen, nicht einmal in der Küche. Es war in der letzten Zeit sehr trocken gewesen, deswegen hatte es in der Toilette zu stinken begonnen. Meine Aufgabe war es nun, Wasser in den Tank zu füllen, damit Tantchen die Toilette ein paarmal durchspülen und säubern konnte.

Die Dachziegel waren in der Mittagssonne so heiß wie Bratpfannen, und während ich den Eimer leerte, dachte ich unwillkürlich an das frische, kalte Wasser in dem Teich bei unserem Dorf am Meer. Noch wenige Wochen zuvor hatte ich in diesem Teich gebadet, aber jetzt, hier auf dem Dach der Okiya, schien mir das alles unendlich weit zurückzuliegen. Tantchen befahl mir laut rufend von unten, das Unkraut zwischen den Dachziegeln auszuzupfen, bevor ich wieder herunterstieg. Ich blickte hinaus auf die dunstige Hitze, die über der Stadt lastete, und auf die Hügel, die uns umgaben wie Gefängnismauern. Irgendwo unter einem dieser Dächer verrichtete meine Schwester vermutlich ganz ähnliche Aufgaben wie ich. Während ich an sie dachte, stieß ich versehentlich an den Tank, so daß etwas Wasser auf die Straße hinunterschwappte.

Ungefähr einen Monat nach meiner Ankunft in der Okiya erklärte mir Mutter, die Zeit sei gekommen, um mit meiner Ausbildung zu beginnen. Also sollte ich Kürbisköpfchen am folgenden Morgen begleiten, um meinen Lehrerinnen vorgestellt zu werden. Später würde mich Hatsumomo zu einem sogenannten »Registerbüro« bringen, von dem ich noch nie etwas gehört hatte, und am Spätnachmittag sollte ich ihr dann zusehen, wie sie ihr Make-up auflegte und sich in ihren Kimono kleidete. Es war eine Tradition in der Okiya, daß ein kleines Mädchen an dem Tag, wo es mit der Ausbildung begann, der ältesten Geisha zusah.

Als Kürbisköpfchen hörte, daß sie mich am folgenden Morgen in die Schule mitnehmen sollte, wurde sie sehr nervös.

»Du mußt dich sofort, wenn du aufwachst, zum Gehen fertig machen«, erklärte sie mir. »Wenn wir zu spät kommen, können wir uns auch gleich im Abwasserkanal ertränken…«

Ich hatte gesehen, daß Kürbisköpfchen die Okiya jeden Morgen so früh verließ, daß ihre Augen noch schlafverkrustet waren, und häufig schien sie kurz davor, in Tränen auszubrechen. Tatsächlich dachte ich zuweilen, wenn sie in ihren Holzschuhen am Küchenfenster vorbeiklapperte, daß ich sie weinen hörte. Der Unterricht schien ihr nicht zuzusagen – ganz und gar nicht. Sie war fast ein halbes Jahr vor mir in die Okiya gekommen, hatte aber erst etwa eine Woche nach meiner Ankunft begonnen, die Schule zu besuchen. Wenn sie gegen Mittag wiederkam, versteckte sie sich meistens ganz schnell im Dienstbotenquartier, damit niemand sie zu sehen bekam, solange sie noch so verstört war.

Am folgenden Morgen erwachte ich zeitiger als sonst und kleidete mich zum erstenmal in das blau-weiße Gewand der Schülerinnen. Es war nicht viel mehr als ein ungefütterter Baumwollkittel mit einem kindlichen Muster aus Quadraten. Bestimmt wirkte ich darin nicht eleganter als ein Gast im hoteleigenen Mantel auf dem Weg ins Bad. Ich aber hatte noch nie etwas auch nur annähernd so Schönes am Körper getragen.

Kürbisköpfchen wartete mit besorgter Miene am Eingang auf mich. Gerade wollte ich die Füße in meine Schuhe stecken, da rief mich Großmama zu sich ins Zimmer.

»Nein!« stöhnte Kürbisköpfchen vor sich hin, und ihr Gesicht sackte zusammen wie schmelzendes Wachs. »Jetzt komme ich schon wieder zu spät! Können wir nicht einfach so tun, als hätten wir nichts gehört?«

Das hätte ich nur allzugern getan, aber schon hatte Großmama ihr Zimmer verlassen und sah mich durch die Eingangshalle drohend an. Wie sich herausstellte, nahm sie mich nicht mehr als zehn bis fünfzehn Minuten in Anspruch, aber bis dahin standen Kürbisköpfchens Augen voll Tränen. Als wir uns schließlich auf den Weg machten, begann Kürbisköpfchen so schnell auszuschreiten, daß ich kaum mit ihr Schritt halten konnte.

»Diese Alte, sie ist so grausam!« sagte sie. »Sieh zu, daß du deine Hände in eine Schale Salz steckst, nachdem du ihr den Hals massiert hast.«

»Warum?«

»Meine Mutter hat immer gesagt: ›Das Böse verbreitet sich durch Berührung.‹ Und ich weiß genau, daß das stimmt, denn meine Mutter hat eines Tages einen Dämon gestreift, dem sie auf der Straße begegnet ist, und deswegen mußte sie sterben. Wenn du deine Hände nicht reinigen kannst, wirst du dich, genau wie Großmama, in eine verschrumpelte alte Gurke verwandeln.«

Da Kürbisköpfchen und ich im selben Alter waren und uns in der gleichen ungewöhnlichen Situation befanden, bin ich sicher, daß wir uns, wäre es nur möglich gewesen, oft miteinander unterhalten hätten. Aber wir wurden so sehr von unseren Pflichten in Atem gehalten, daß wir fast kaum noch Zeit für die Mahlzeiten hatten – die Kürbisköpfchen vor mir einnahm, weil sie in der Okiya die Ältere war. Wie ich bereits erwähnt habe, war Kürbisköpfchen ein halbes Jahr vor mir gekommen, doch sonst wußte ich sehr wenig von ihr. Also fragte ich sie:

»Kommst du aus Kyoto, Kürbisköpfchen? Du hast einen Akzent, der darauf schließen läßt.«

»Ich bin in Sapporo geboren. Aber als ich fünf war, starb meine Mutter, und mein Vater hat mich hierher zu meinem Onkel geschickt. Der Onkel hat im letzten Jahr sein Geschäft verloren, und deswegen bin ich hier.«

»Warum läufst du dann nicht weg und kehrst nach Sapporo zurück?«

»Mein Vater wurde mit einem Fluch belegt und ist im letzten Jahr gestorben. Ich kann nicht weglaufen. Ich wüßte nicht, wohin.«

»Sobald ich meine Schwester finde«, gab ich zurück, »kommst du mit uns. Wir drei laufen gemeinsam weg.«

Da ich wußte, wie schwer Kürbisköpfchen die Schule fiel, erwartete ich, daß sie mein Angebot freudig annähme. Aber sie gab mir überhaupt keine Antwort. Inzwischen waren wir in der Shijo-Avenue angekommen und überquerten sie schweigend. Die Avenue, die an dem Tag, wo Herr Bekku Satsu und mich vom Bahnhof hergebracht hatte, so belebt gewesen war, lag am frühen Morgen menschenleer. Ich entdeckte in der Ferne nur eine Straßenbahn und hier und da ein paar Radfahrer. Als wir die andere Seite erreichten, bogen wir in eine schmale Straße ein, und da blieb Kürbisköpfchen zum erstenmal stehen, seit wir die Okiya verlassen hatten.

»Mein Onkel war ein sehr netter Mann«, sagte sie. »Das letzte, was ich ihn sagen hörte, bevor er mich wegschickte, war: ›Manche Mädchen sind klug, und manche Mädchen sind dumm. Du bist ein nettes Mädchen, aber du gehörst leider zu den dummen. Allein wirst du's in der Welt zu nichts bringen. Deswegen schicke ich dich an einen Ort, wo die Leute dir sagen werden, was du tun sollst. Tu, was sie dir sagen, dann wirst du dein Leben lang versorgt sein.‹ Wenn du also weglaufen willst, Chiyo-chan, dann lauf nur. Aber ich habe einen Platz gefunden, wo ich mein Leben verbringen kann, und ich werde so hart wie nötig arbeiten, damit sie mich nicht wieder wegschicken. Ich würde mich lieber von einer Klippe stürzen, als mir die Chance zu verderben, eine Geisha wie Hatsumomo zu werden.«

Hier hielt Kürbisköpfchen inne. Sie hatte hinter mir auf dem Erdboden etwas entdeckt. »O du meine Güte, Chiyo-chan!« rief sie. »Läuft dir dabei nicht das Wasser im Mund zusammen?«

Als ich mich umwandte, sah ich den Eingang zu einer anderen Okiya. Auf einem Regalbrett hinter der Tür befand sich ein kleiner Shinto-Schrein mit einem süßen Reiskuchen als Opfergabe. Ich überlegte, ob es das gewesen sein konnte, was Kürbisköpfchen gesehen hatte, aber ihr Blick war eher zu Boden gerichtet. Der Steinpfad, der zur Innentür führte, war mit Farnen und Moosen gesäumt, doch sonst konnte ich nirgends etwas entdecken. Dann plötzlich sprang es mir in die Augen: Vor dem Eingang, unmittelbar am Straßenrand, lag ein Holzspieß mit einem Rest gegrilltem Tintenfisch dran. So, wie sie abends von Straßenverkäufern feilgeboten wurden. Der Duft der süßen Grillsauce war für mich eine Tortur, denn Dienstmädchen wie wir bekamen kaum etwas anderes zu essen als Reis und eingelegtes Gemüse, einmal am Tag eine Suppe und zweimal im Monat eine kleine Portion getrockneten Fisch. Dennoch konnte ich diesen Tintenfischresten auf dem Erdboden nichts abgewinnen. Zwei Fliegen spazierten so lässig darauf herum, als machten sie einen Spaziergang im Park.

Kürbisköpfchen sah aus, als würde sie schnell zunehmen, wenn man nicht aufpaßte. Schon mehrmals hatte ich gehört, wie ihr Magen vor Hunger so laut knurrte, als rollte man eine schwere Tür zurück. Dennoch glaubte ich nicht, daß sie tatsächlich diese Tintenfischreste essen wollte, bis ich sah, wie sie sich vergewisserte, daß niemand kam.

»Kürbisköpfchen«, sagte ich, »wenn du hungrig bist, verflixt noch mal, nimm doch den süßen Reiskuchen vom Regal. An dem Tintenfisch fressen doch schon die Fliegen.«

»Ich bin größer als die«, entgegnete sie. »Außerdem wäre es ein Sakrileg, den süßen Reiskuchen zu essen. Er ist eine Opfergabe.«

Dann bückte sie sich und hob den Holzspieß auf.

Gewiß, dort, wo ich aufgewachsen war, steckten die Kinder alles in den Mund, was sich bewegte. Und ich gebe zu, daß ich mit vier oder fünf einmal eine Grille verschluckt habe – aber auch nur, weil mich jemand reingelegt hatte. Doch als ich Kürbisköpfchen da stehen sah, wie sie den Stock mit diesem Stück Tintenfisch in der Hand hielt, auf dem noch der Straßenschmutz klebte und auf dem die Fliegen herumspazierten... Sie pustete, um sie zu vertreiben, aber die Fliegen wichen nur aus, um das Gleichgewicht nicht zu verlieren.

»Das kannst du nicht essen, Kürbisköpfchen«, ermahnte ich sie. »Das ist das gleiche, wie wenn du mit der Zunge die Pflastersteine ableckst.«

»Was hast du gegen Pflastersteine?« fragte sie. Und dann – wenn ich's nicht mit eigenen Augen gesehen hätte, ich hätte es wirklich nicht geglaubt – ließ sie sich auf die Knie nieder, streckte die Zunge raus und zog sie lange und gründlich über den Boden. Vor Schreck blieb mir der Mund offenstehen. Als Kürbisköpfchen wieder auf die Füße gekommen war, blickte sie drein, als könnte sie selbst nicht recht glauben, was sie da getan hatte. Sie wischte sich die Zunge mit der Handfläche ab, spie ein paarmal aus, schob sich das Stück Tintenfisch zwischen die Zähne und zog es von dem Holzspieß herunter.

Es muß ein ziemlich zähes Stück Tintenfisch gewesen sein, denn Kübisköpfchen kaute darauf herum, bis wir den sanften Hügel emporgestiegen waren und vor dem Holztor zum Schulgelände standen. Als ich eintrat, hatte ich einen Knoten im Magen, so großartig wirkte der Garten auf mich. Immergrüne Sträucher und knorrige Kiefern umstanden einen dekorativen Karpfenteich. Über die schmalste Stelle des Teiches führte eine Steinplattte. Darauf standen zwei alte Frauen im Kimono und schützten sich mit Lackschirmen gegen die frühe Morgensonne. Was die verschiedenen Gebäude betraf, so begriff ich in diesem Augenblick noch nicht, was ich sah, inzwischen aber weiß ich, daß nur ein winziger Teil des Geländes der Schule vorbehalten war. Das wuchtige Gebäude ganz hinten war das Kaburenjo-Theater, wo die Geishas von Gion in jedem Frühjahr ihre *Tänze der alten Hauptstadt* aufführen.

Kürbisköpfchen hastete auf den Eingang eines langgestreckten Holzbaus zu, den ich für das Dienstbotenquartier hielt, der aber in Wirklichkeit die Schule war. Sobald ich diesen Eingang durchschritt, fiel mir der unverwechselbare Duft von gerösteten Teeblättern auf, bei dem ich heute noch Magenschmerzen bekomme, ganz als befände ich mich wieder auf dem Weg zum Unterricht. Ich zog die Schuhe aus, um sie in das nächstbeste freie Fach zu stecken, aber Kürbisköpfchen hinderte mich daran: Es gab eine unausgesprochene Regel, welches Fach man benutzen durfte. Kürbisköpfchen gehörte zu den jüngsten Mädchen der Schule und mußte die anderen Fächer wie eine Leiter hinaufklettern, um ihre Schuhe ganz oben unterzubringen. Da dies mein allererster Schultag war, stand ich im Rang noch unter ihr und mußte das Fach über dem ihren benutzen.

»Wenn du raufkletterst, sieh zu, daß du nicht auf die anderen Schuhe trittst«, warnte mich Kürbisköpfchen, obwohl nur sehr wenige Paare vorhanden waren. »Wenn du drauftrittst und eins von den Mädchen das sieht, kriegst du einen solchen Anpfiff, daß deine Ohren Blasen werfen.«

Das Innere des Schulgebäudes wirkte auf mich so alt und verstaubt wie ein verlassenes Haus. Ganz am Ende des langen Flurs stand eine Gruppe von sechs bis acht Mädchen. Ich zuckte zusammen, als ich sie sah, denn ich dachte, eine von ihnen könnte Satsu sein, doch als sie sich zu uns umdrehten, wurde ich enttäuscht. Sie trugen alle die gleiche Frisur, den *wareshinobu* einer jungen Lerngeisha, und sahen für mich aus, als wüßten sie sehr viel mehr über Gion, als Kürbisköpfchen und ich je erfahren würden.

Auf halbem Weg den Flur entlang betraten wir ein geräumiges Klassenzimmer im traditionellen japanischen Stil. An einer Wand hing eine große Hakenleiste mit vielen kleinen Holztäfelchen. Auf jedem Täfelchen stand mit dicken schwarzen Pinselstrichen ein Name. In der Kunst des Lesens und Schreibens war ich vorerst noch wenig bewandert. In Yoroido hatte ich vormittags die Schule besucht, und seit ich in Kyoto war, hatte ich an jedem Nachmittag eine Stunde lang mit Tantchen gelernt, aber lesen konnte ich nur sehr wenige der Namen.

Kürbisköpfchen ging zu der Leiste hinüber und zog aus einem flachen Kästchen auf den Matten eine Tafel mit ihrem eigenen Namen, die sie an den ersten leeren Haken hängte. Diese Hakenleiste war nämlich so etwas wie eine Anwesenheitsliste.

Anschließend gingen wir noch in andere Klassenzimmer, wo

wir uns auf die gleiche Art für Kürbisköpfchens weitere Unterrichtsstunden eintrugen. An diesem Vormittag waren vier Lektionen vorgesehen: Shamisen, Tanz, Teezeremonie und eine Art von Gesang, den wir *nagauta* nennen. Kürbisköpfchen hatte so große Angst, in all ihren Unterrichtsfächern die letzte zu sein, daß sie, als wir die Schule verließen, um das Frühstück in der Okiya einzunehmen, den Gürtel ihres Gewandes zusammendrehte. Aber gerade als wir in unsere Schuhe schlüpften, kam ein anderes Mädchen in unserem Alter mit flatternden Haaren durch den Garten gerannt. Nachdem wir sie gesehen hatten, wurde Kürbisköpfchen ein bißchen ruhiger.

Wir aßen eine Schale Suppe und kehrten anschließend so schnell wie möglich in die Schule zurück, damit sich Kürbisköpfchen hinten ins Klassenzimmer knien und ihr Shamisen zusammensetzen konnte. Wenn man noch nie ein Shamisen gesehen hat, findet man das Instrument vermutlich merkwürdig. Manchmal wird es als japanische Gitarre bezeichnet, in Wirklichkeit ist es aber viel kleiner als eine Gitarre und hat einen dünnen Hals aus Holz mit drei Wirbeln am Ende. Der Korpus ist eine kleine Holzkiste, die wie eine Trommel mit Katzenhaut bezogen ist. Das ganze Instrument kann zerlegt und in einem Kasten oder einem Beutel verstaut werden, in dem es getragen wird. Kürbisköpfchen montierte also ihr Shamisen und begann es mit heraushängender Zunge zu stimmen, aber leider muß ich sagen, daß sie ein sehr schlechtes musikalisches Gehör hatte, so daß die Töne hinauf- und hinabschwankten wie ein Boot auf den Wellen, ohne daß sie sich dort niederließen, wo sie hingehörten. Bald hatte sich der ganze Raum mit Mädchen und ihren Shamisens gefüllt, alle säuberlich voneinander getrennt wie Pralinen in der Schachtel. Ich behielt die Tür im Auge, weil ich hoffte, daß Satsu hereinkäme, aber sie kam nicht.

Kurz darauf erschien die Lehrerin, eine winzige alte Frau mit schriller Stimme. Sie hieß Lehrerin Mizumi, und so wurde sie von allen genannt. Aber ihr Name Mizumi klingt ganz ähnlich wie *nezumi* – »Maus«, deswegen nannten wir sie hinter ihrem Rücken Lehrerin Nezumi – Lehrerin Maus.

Lehrerin Maus kniete vor der Klasse auf einem Kissen und schenkte sich aus einer Kanne auf dem Tisch neben ihr eine Tasse Tee ein. Sie machte nicht den geringsten Versuch, ein freundliches Gesicht zu zeigen. Und als wir Schülerinnen uns gemeinsam vor ihr verneigten und ihr einen guten Morgen wünschten, trank sie nur einen Schluck Tee und funkelte uns an, ohne ein einziges Wort zu äußern. Schließlich musterte sie die Hakenleiste an der Wand und rief die erste Schülerin auf.

Das erste Mädchen schien eine hohe Meinung von sich zu haben. Sie glitt nach vorn, verneigte sich vor der Lehrerin und begann zu spielen. Nach ein bis zwei Minuten befahl Lehrerin Maus dem Mädchen jedoch aufzuhören und sagte alle möglichen herabsetzenden Dinge über ihr Spiel; dann klappte sie ihren Fächer zusammen und winkte dem Mädchen, sich zu entfernen. Lehrerin Maus trank abermals einen Schluck Tee und musterte die Hakenleiste, um die nächste Schülerin aufzurufen.

So ging es über eine Stunde lang weiter, bis schließlich Kürbisköpfchen aufgerufen wurde. Wie ich merkte, war Kürbisköpfchen sehr nervös, und kaum hatte sie zu spielen begonnen, da schien auch schon alles falsch zu laufen. Zuerst befahl ihr Lehrerin Maus aufzuhören und nahm das Shamisen, um es eigenhändig zu stimmen. Dann versuchte es Kürbisköpfchen abermals, doch die Schülerinnen warfen einander Blicke zu, weil keine wußte, welches Stück Kürbisköpfchen da zu spielen versuchte. Lehrerin Maus schlug krachend auf den Tisch, befahl ihnen, nach vorn zu sehen, und schlug mit ihrem zusammengeklappten Fächer für Kürbisköpfchen den Takt. Als das nichts half, begann Lehrerin Maus statt dessen, den Griff zu korrigieren, mit dem Kürbisköpfchen das Plektrum hielt. Bei dem Versuch, ihr den richtigen Griff beizubringen, hätte sie fast Kürbisköpfchens Finger ausgerenkt. Schließlich gab sie auch diesen Versuch auf und ließ das Plektrum angewidert auf die Matte fallen. Kürbisköpfchen hob es auf und kehrte mit Tränen in den Augen an ihren Platz zurück.

Gleich anschließend erfuhr ich, warum Kürbisköpfchen auf gar keinen Fall die letzte sein wollte. Denn nun kam das Mädchen mit den flatternden Haaren an die Reihe, das in die Schule gehastet war, als wir zum Frühstück gingen. Sie ging nach vorn und verneigte sich.

»Verschwende deine Zeit nicht damit, höflich zu mir sein zu wollen!« fuhr Lehrerin Maus sie an. »Wenn du heute morgen nicht verschlafen hättest, wärst du rechtzeitig gekommen, um etwas zu lernen.«

Das Mädchen entschuldigte sich und begann zu spielen, aber die Lehrerin schenkte ihr keine Beachtung. Sie trank ihren Tee und sagte: »Du verschläfst am Morgen. Wie kannst du erwarten, daß ich dich unterrichte, wenn du dir nicht mal Mühe gibst, zur Schule zu kommen wie die anderen Mädchen und dich rechtzeitig einzutragen? Geh sofort auf deinen Platz zurück. Ich habe keine Lust, mich um dich zu kümmern.«

Die Klasse wurde entlassen, und Kürbisköpfchen brachte mich nach vorn, wo wir uns vor Lehrerin Maus verneigten.

»Darf ich Ihnen Chiyo vorstellen, Lehrerin«, begann Kürbisköpfchen, »und Sie bitten, sie zu unterrichten, denn sie ist ein Mädchen von sehr geringem Talent.«

Damit wollte mich Kürbisköpfchen nicht beleidigen, sie sprach nur so, weil das damals als höflich galt. Eine ganze Weile gab Lehrerin Maus keine Antwort, sondern musterte mich schweigend. Dann sagte sie: »Du bist ein intelligentes Mädchen. Das erkenne ich schon, wenn ich dich nur ansehe. Vielleicht kannst du deiner älteren Schwester bei den Lektionen helfen.«

Damit meinte sie natürlich Kürbisköpfchen.

»Häng deinen Namen jeden Morgen so früh wie möglich an die Hakenleiste«, wies sie mich an. »Verhalte dich im Klassenzimmer ruhig. Ich dulde kein Schwatzen! Und du mußt immer nach vorn sehen. Wenn du diese Vorschriften befolgst, werde ich dich unterrichten, so gut ich kann.«

Damit entließ sie uns.

Auf den Fluren zwischen den Klassenzimmern hielt ich ständig Ausschau nach Satsu, konnte sie aber nirgends entdecken. Allmählich befürchtete ich, daß ich sie niemals wiedersah, und dieser Gedanke machte mich so unglücklich, daß eine der Lehrerinnen vor dem Unterricht für Ruhe sorgte und mich fragte:

»Du da! Was ist mit dir los?«

»Ach, gar nichts, Herrin. Ich hab' mir nur auf die Lippe gebissen«, antwortete ich. Zum Beweis dafür – wegen der Mädchen um mich herum, die mich anstarrten – biß ich mir kräftig auf die Lippe, bis ich Blut schmeckte.

Erleichtert stellte ich fest, daß Kürbisköpfchens andere Unterrichtsstunden nicht so schmerzlich anzusehen waren wie die erste. Beim Tanzen probten die Schülerinnen zum Beispiel gemeinsam gewisse Bewegungen – mit dem Ergebnis, daß keine besonders auffiel. Kürbisköpfchen war bei weitem nicht die schlechteste Tänzerin, und in der Art, wie sie sich bewegte, lag sogar eine gewisse unbeholfene Grazie. Der Gesangsunterricht später am Vormittag war für sie allerdings problematischer, weil sie so furchtbar unmusikalisch war, aber auch da probten die Schülerinnen im Chor, so daß Kürbisköpfchen ihre Fehler kaschieren konnte, indem sie eifrig die Lippen bewegte, ohne einen Ton von sich zu geben.

Nach jeder Stunde stellte sie mich der Lehrerin vor. Eine von ihnen fragte mich: »Du wohnst in derselben Okiya wie Kürbisköpfchen, nicht wahr?«

»Ja, Herrin«, antwortete ich, »in der Nitta-Okiya.« Denn Nitta war der Familienname von Großmama, Mutter und Tantchen.

»Das heißt, du lebst mit Hatsumomo-san zusammen.«

»Ja, Herrin. Hatsumomo ist gegenwärtig die einzige Geisha in unserer Okiya.«

»Ich werde mir die größte Mühe geben, dich singen zu lehren«, sagte sie. »Solange es dir gelingt, am Leben zu bleiben!«

Dann lachte die Lehrerin, als hätte sie einen köstlichen Witz gemacht, und schickte uns davon.

5. KAPITEL

An jenem Nachmittag ging Hatsumomo mit mir ins Register-büro von Gion. Ich hatte etwas besonders Großartiges er-wartet, doch wie sich herausstellte, bestand es nur aus mehreren dunklen Tatami-Zimmern im ersten Stock des Schulhauses, die mit Schreibtischen und Kontobüchern angefüllt waren und fürchterlich nach Zigaretten stanken. Ein Beamter musterte uns durch den dichten Rauch und dirigierte uns mit einem Kopf-nicken ins Hinterzimmer. Dort saß an einem Tisch mit hohen Pa-pierstapeln der unförmigste Mann, den ich je im Leben gesehen hatte. Damals wußte ich es noch nicht, aber er war früher einmal ein Sumo-Ringer gewesen, und wenn er hinausgegangen wäre und sich mit seinem ganzen Gewicht gegen das Haus geworfen hätte, wären vermutlich alle Schreibtische von der Tatami-Platt-form auf den Boden gefallen. Als Sumo-Ringer war er nicht gut genug gewesen, um einen Ruhestandsnamen anzunehmen, wie es viele dieser Ringer tun, doch ließ er sich gern mit dem Namen an-reden, den er in seinen Ringertagen benutzt hatte: Awajiumi, was manche Geishas zu Awaji verkürzten.

Sobald wir das Büro betraten, schaltete Hatsumomo ihren Charme ein. Damals erlebte ich das zum erstenmal. »Awaji-san!« sagte sie. Aber so, wie sie es sagte, hätte es mich nicht überascht, wenn ihr mittendrin die Puste ausgegangen wäre, denn es hörte sich ungefähr so an: »Awaaajiii-saaaannnnnnnnnn!«

Es klang, als machte sie ihm Vorwürfe. Als er ihre Stimme hörte, legte er den Pinsel hin, und seine beiden schweren Wangen hoben sich bis zu den Ohren: Das war seine Art zu lächeln.

»Hmmm... Hatsumomo-san«, sagte er. »Wenn du noch hüb-scher wirst, weiß ich nicht mehr, was ich tun soll.«

Wenn er sprach, klang es wie ein lautes Flüstern, denn es ge-schieht nicht selten, daß Sumo-Ringer sich den Kehlkopf verlet-zen, wenn sie sich gegenseitig an die Gurgel gehen.

Awajiumi mochte zwar so wuchtig wie ein Nilpferd sein, aber er kleidete sich elegant. Er trug einen Nadelstreifen-Kimono und dazu eine Kimonohose. Seine Aufgabe war es, dafür zu sorgen, daß all das Geld, das durch Gion floß, auch dahin floß, wohin es fließen sollte, und ein Rinnsal ergoß sich geradewegs in seine eigene Tasche. Das soll nicht heißen, daß er stahl – so funktionierte einfach das System. In Anbetracht seines wichtigen Postens tat jede Geisha wohl daran, ihn bei Laune zu halten. Deswegen wurde ihm nachgesagt, daß er recht oft Gelegenheit habe, sich seiner eleganten Kleider zu entledigen.

Hatsumomo unterhielt sich sehr lange mit Awajiumi, bis sie ihm schließlich erläuterte, sie sei gekommen, um mich für den Unterricht in der Schule anzumelden. Bis dahin hatte Awajiumi mich noch fast gar nicht beachtet, nun aber drehte er seinen überdimensionalen Kopf und sah mich an. Nach kurzer Zeit erhob er sich, um einen der papierbespannten Wandschirme vor dem Fenster beiseite zu schieben, damit etwas mehr Licht hereinfiel.

»Ich hatte gedacht, meine Augen hätten mich getrogen«, sagte er dann. »Du hättest mir gleich sagen sollen, was für ein hübsches Mädchen du mir da gebracht hast, Hatsumomo-san. Ihre Augen... sie sind von der Farbe eines Spiegels!«

»Eines Spiegels?« gab Hatsumomo zurück. »Ein Spiegel hat keine Farbe, Awaji-san.«

»Aber natürlich hat er die. Er ist funkelnd grau. Wenn du in einen Spiegel blickst, siehst du nur dich selbst. Aber ich kann eine wunderschöne Farbe erkennen, wenn ich sie sehe.«

»Wirklich? Nun ja, ich finde sie nicht so schön. Ich habe mal einen Toten gesehen, den man aus dem Fluß gezogen hat; seine Zunge hatte die gleiche Farbe wie ihre Augen.«

»Vielleicht bist du selbst viel zu hübsch, um die Schönheit anderer Menschen wahrzunehmen«, sagte Awajiumi, schlug ein Kontobuch auf und griff nach seinem Federhalter. »Wie dem auch sei, jetzt werden wir dieses Mädchen eintragen. Also... Chiyo, nicht wahr? Nenne mir deinen vollen Namen, Chiyo, und deinen Geburtsort.«

Als ich diese Worte hörte, stellte ich mir unwillkürlich vor, wie Satsu verwirrt und voller Angst zu Awajiumi emporblickte. Irgendwann mußte sie auch in diesem Büro gewesen sein. Denn wenn ich mich eintragen lassen mußte, mußte sie das sicher auch.

»Mein Familienname ist Sakamoto«, antwortete ich ihm. »Geboren bin ich in Yoroido. Sie haben vielleicht davon gehört, Herr – von meiner älteren Schwester Satsu.«

Ich dachte, Hatsumomo würde wütend auf mich sein, doch zu meinem Erstaunen schien sie meine Frage voll Befriedigung zu hören.

»Wenn sie älter ist als du, müßte ich sie bereits eingetragen haben«, erklärte mir Awajiumi. »Aber sie ist mir noch nicht untergekommen. Ich glaube kaum, daß sie in Gion ist.«

Jetzt wußte ich, was Hatsumomos Lächeln bedeutete: Sie hatte von vornherein gewußt, was Awajiumi sagen würde. Wenn ich irgendwelche Zweifel gehabt hätte, ob sie wirklich mit meiner Schwester gesprochen hatte, waren diese jetzt ausgeräumt. Es gab noch andere Geisha-Viertel in Kyoto, obwohl ich bis jetzt noch nicht viel darüber gehört hatte. Irgendwo in einem davon war Satsu, und ich war felsenfest entschlossen, sie zu finden.

Als ich in die Okiya zurückkehrte, wartete Tantchen schon, um mit mir ins Badehaus weiter unten an der Straße zu gehen. Ich war schon einmal dort gewesen, aber nur mit den älteren Dienerinnen, die mir gewöhnlich ein kleines Handtuch und ein Stückchen Seife reichten, um sich dann auf den Fliesenboden zu setzen und sich zu waschen, während ich mir selbst überlassen blieb. Tantchen war viel freundlicher: Sie kniete sich vor mich und bürstete mir den Rücken. Ich war erstaunt, daß sie überhaupt keine Schamhaftigkeit kannte, sondern ihre schlauchartigen Brüste herumschlenkerte, als wären es Flaschen. Gelegentlich klatschten sie mir sogar auf die Schulter.

Später kehrte sie mit mir in die Okiya zurück und kleidete mich in meinen ersten Seidenkimomo: leuchtendblau mit grünem Gras rings um den Saum und hellgelben Blumen an Ärmeln und Brust. Dann führte sie mich die Treppe hinauf in Hatsumomos Zimmer. Bevor wir hineingingen, warnte sie mich in strengem Ton, Hatsumomo in keiner Weise zu stören oder sonst etwas zu tun, worüber sie sich ärgern müßte. Damals begriff ich es noch nicht, aber inzwischen ist mir natürlich klar, warum sie so beunruhigt war. Denn wenn eine Geisha am Morgen aufwacht, sieht sie aus wie jede andere Frau. Ihr Gesicht ist vielleicht noch fettig vom Schlaf, ihr Atem unangenehm. Gewiß, auch wenn sie nur mühsam die Augen aufschlagen kann, trägt sie ihre wunderschöne Frisur, doch davon abgesehen ist sie wie alle übrigen Frauen und alles andere als eine Geisha. Erst wenn sie vor dem Spiegel sitzt, um mit großer Sorgfalt ihr Make-up aufzulegen, verwandelt sie sich allmählich in eine Geisha. Und ich meine damit nicht nur, daß sie anfängt, wie eine Geisha auszusehen, sie denkt dann auch wie eine.

Im Zimmer wurde ich angewiesen, mich um Armeslänge entfernt neben Hatsumomo und ein Stückchen hinter ihr niederzulassen, weil ich von dort aus ihr Gesicht in dem winzigen Spiegel auf ihrem Schminktisch sehen konnte. Sie kniete auf einem Kissen, trug ein leichtes Baumwollgewand und hielt ein halbes Dutzend verschiedenartige Pinsel in der Hand. Einige waren so breit wie Fächer, während andere aussahen wie Eßstäbchen mit einem feinen Büschel weicher Haare am Ende. Schließlich wandte sie sich um und zeigte sie mir.

»Das sind meine Pinsel«, erklärte sie. »Und erinnerst du dich daran?« Aus der Schublade holte sie einen Glasbehälter mit schneeweißer Schminke und hielt ihn empor, damit ich ihn sehen konnte. »Das ist das Make-up, das du niemals anfassen darfst.«

»Ich habe es niemals angefaßt«, erwiderte ich.

Sie schnupperte ein paarmal an dem geschlossenen Behälter. Dann sagte sie: »Nein, ich glaube, das hast du tatsächlich nicht.« Dann stellte sie den Schminktopf hin und griff nach drei Farbstiften, die sie mir auf der Handfläche zeigte.

»Die nimmt man zum Schattieren. Du darfst sie dir ansehen.«

Ich nahm einen der Stifte in die Hand. Er war etwa so groß wie ein Babyfinger, aber so glatt und hart wie Stein und hinterließ keinerlei Farbspur auf meiner Haut. Das eine Ende war mit dünner Silberfolie umwickelt, die durch den ständigen Gebrauch abzublättern begann.

Hatsumomo ließ sich den Farbstift zurückgeben und zeigte mir etwas, was wie ein Holzzweig aussah, der an einem Ende angekokelt ist.

»Das ist ein schön trockenes Stück Paulownienholz«, sagte sie. »Damit zieht man sich die Augenbrauen nach. Und das hier ist Wachs.« Sie wickelte zwei halbverbrauchte Stangen Wachs aus ihrem Papier und zeigte sie mir.

»Und nun – was meinst du wohl, warum ich dir all diese Dinge zeige?«

»Damit ich lerne, wie man sich schminkt«, antwortete ich.

»Gütiger Himmel, nein! Ich habe sie dir gezeigt, damit du siehst, daß das Ganze nichts mit Magie zu tun hat. Wie bedauerlich für dich! Denn das bedeutet, daß das Make-up allein nicht ausreichen wird, um aus der armen Chiyo eine Schönheit zu machen.«

Hatsumomo wandte sich wieder dem Spiegel zu und sang leise vor sich hin, während sie einen Topf mit einer blaßgelben Creme öffnete. Sie werden mir vielleicht nicht glauben, wenn ich Ihnen sage, daß diese Creme aus Nachtigallenmist hergestellt wird, aber es stimmt. Viele Geishas benutzten sie damals als Gesichtscreme, weil man glaubte, sie sei gut für die Haut, aber sie war so teuer, daß Hatsumomo sich nur ein wenig um Augen und Mund tupfte. Dann riß sie ein kleines Stück Wachs von einer der Stangen, knetete es mit den Fingerspitzen weich und rieb es sich im Gesicht, am Hals und an der Brust in die Haut. Sie reinigte sich die Hände gründlich an einem Lappen; dann befeuchete sie einen ihrer flachen Pinsel in einem Gefäß mit Wasser und rührte damit in dem Make-up herum, bis eine kalkweiße Paste entstand. Damit bemalte sie sich Gesicht und Hals, ließ aber die Augen sowie die Umgebung von Mund und Nase frei. Wenn Sie einmal gesehen haben, wie ein Kind Löcher in Papier schneidet, um sich eine Maske zu machen, wissen Sie, wie Hatsumomo aussah, bis sie ein paar kleine Pinsel befeuchtete und damit die Löcher ausfüllte. Danach sah sie aus, als sei sie mit dem Gesicht voran in einen Kasten Reismehl gefallen, denn ihr ganzes Gesicht war gespenstisch weiß. Jetzt sah sie wirklich aus wie der Dämon, der sie war, und dennoch war ich krank vor Eifersucht und Scham. Denn ich wußte, daß dieses Gesicht in ungefähr einer Stunde bewundernd von Männern angestarrt werden würde, während ich noch immer verschwitzt und unscheinbar hier in der Okiya saß.

Nun befeuchtete sie ihre Farbstifte und rieb sich damit ein leichtes Wangenrot in die Haut. Schon während meines ersten Monats in der Okiya hatte ich Hatsumomo oft fertig geschminkt gesehen und sie, wann immer es ging, ohne unhöflich zu wirken, verstohlen beobachtet. Wie ich bemerkt hatte, benutzte sie eine ganze Palette von Farben für ihre Wangen – je nach den Farben ihres Kimonos. Daran war nichts Außergewöhnliches. Jahre später erfuhr ich, daß Hatsumomo immer einen Rotton wählte, der ein wenig kräftiger war als der, den andere benutzt hätten. Warum sie das tat, kann ich nicht sagen, es sei denn, damit die Leute an Blut dachten. Aber Hatsumomo war nicht dumm; sie wußte, wie man die Schönheit ihrer Züge zur Wirkung bringen konnte.

Nachdem sie das Rouge aufgelegt hatte, fehlten ihr noch Lippen und Augenbrauen, so daß ihr Gesicht einer grausigen weißen Maske glich. Dennoch bat sie Tantchen, ihr erst den Nacken zu bemalen. Falls Sie es noch nicht wissen, muß ich Ihnen hier etwas über den Stellenwert erzählen, den der Hals in Japan einnimmt: die japanischen Männer bringen dem Hals einer Frau die gleichen Gefühle entgegen wie die Männer im Westen ihren Beinen. Darum ziehen die Geishas den Kragen ihres Kimonos hinten so weit herunter, daß die ersten Wirbel des Rückgrats zu sehen sind; vermutlich ähneln sie darin einer Pariserin, die einen kurzen Rock anzieht. Tantchen malte Hatsumomo ein Muster auf den Nacken, das *sanbon-ashi* – Dreibein – genannt wird. Dieses Muster hat eine außerordentlich dramatische Wirkung, denn man hat das Gefühl, durch drei kleine, spitz zulaufende weiße Zaunlatten auf ihre nackte Haut zu blicken. Es hat Jahre gedauert, bis ich begriffen habe, wie erotisch das auf Männer wirkt. Es erinnert ein bißchen an eine Frau, die durch die gespreizten Finger ihrer Hand lugt. Eine Geisha läßt auch grundsätzlich rings um ihren Haaransatz einen schmalen Hautstreifen ungeschminkt, so daß ihr Make-up noch künstlicher, noch mehr wie eine Maske aus dem No-Theater wirkt. Und wenn ein Mann neben ihr sitzt und ihr maskenhaftes Make-up betrachtet, wird er sich um so stärker der nackten Haut darunter bewußt.

Während Hatsumomo ihre Pinsel auswusch, starrte sie mehrmals auf mein Gesicht im Spiegel. Schließlich sagte sie zu mir:

»Ich weiß, was du denkst. Du denkst, daß du niemals so schön aussehen wirst wie ich. Und weißt du was? Du hast recht.«

»Ich muß dir sagen«, warf Tantchen ein, »daß manche Leute Chiyo-chan sehr hübsch finden.«

»Manche Leute mögen auch den Gestank von fauligem Fisch«, sagte Hatsumomo. Dann befahl sie uns, das Zimmer zu verlassen, damit sie ihr Untergewand anlegen konnte.

Tantchen trat auf den Flur hinaus, wo Herr Bekku neben dem hohen Spiegel stand und genauso aussah wie an dem Tag, als er Satsu und mich aus unserem Zuhause geholt hatte. Wie ich während meiner ersten Woche in der Okiya erfuhr, war es gar nicht sein eigentlicher Beruf, junge Mädchen aus ihrem Zuhause zu reißen, sondern er war Ankleider, das heißt, er kam täglich in die Okiya, um Hatsumomo beim Anlegen ihrer reich geschmückten Kimonos zu helfen.

Der Kimono, den Hatsumomo an jenem Abend tragen sollte, hing neben dem Spiegel auf einem Ständer. Tantchen stand davor und strich ihn glatt, bis Hatsumomo in einem Untergewand von wunderschönem Rostrot mit einem sattgelben Blattmuster herauskam. Was dann geschah, begriff ich damals noch nicht so ganz, denn so ein komplizierter Kimono wirkt verwirrend auf Menschen, die nicht daran gewöhnt sind. Aber die Art, wie er getragen wird, ist durchaus verständlich, sobald sie ausreichend erklärt wird.

Zunächst müssen Sie verstehen, daß eine Hausfrau ihren Kimono ganz anders trägt als eine Geisha. Wenn eine Hausfrau einen Kimono anzieht, benutzt sie alle möglichen Polster, damit er sich in der Taille nicht auf unschöne Weise bauscht – mit dem Ergebnis, daß sie so zylindrisch aussieht wie eine Holzsäule in einem Schrein. Eine Geisha dagegen trägt so oft Kimonos, daß sie kaum Polster benutzt und sich der Stoff trotzdem nicht bauscht. Beide, Hausfrau und Geisha, beginnen jedoch damit, daß sie ihre Schminkgewänder ablegen und sich ein wadenlanges Seidentuch um die nackten Hüften wickeln, das wir *koshimaki* – Hüfttuch – nennen. Darauf folgt ein kurzärmeliges Kimonounterhemd, in der Taille gebunden, und dann die Polster, die wie kleine, konturierte Kissen mit Bändern wirken, die zur Befestigung dienen.

Hatsumomo mit ihrer traditionell schmalhüftigen, gertenschlanken Figur und ihrer langjährigen Erfahrung im Tragen von Kimonos brauchte überhaupt keine Polster.

Alles, was die Frau bis dahin angezogen hat, wird vor den Blicken anderer verborgen sein, sobald sie voll angekleidet ist. Das nächste Kleidungsstück jedoch, das Untergewand, gehört im Grund nicht mehr zur Unterkleidung. Wenn eine Geisha einen Tanz aufführt, oder manchmal auch nur, wenn sie auf der Straße geht, kommt es vor, daß sie den Saum ihres Kimonos mit der Linken rafft, damit er nicht im Weg ist. Dann ist das Untergewand natürlich zu sehen. Und deswegen muß es in Stoff und Muster zum Kimono passen. Ja, auch der Kragen eines Untergewandes ist zu sehen, genau wie der Hemdkragen eines Mannes, wenn er einen Anzug trägt. Es gehörte zu Tantchens Pflichten, jeden Tag einen Seidenkragen an das Untergewand zu nähen, das Hatsumomo tragen wollte, und ihn am nächsten Morgen wieder zu entfernen, damit er gewaschen werden konnte. Der Kragen einer Lerngeisha ist rot, da Hatsumomo aber natürlich keine Schülerin mehr war, trug sie einen weißen.

Als Hatsumomo aus ihrem Zimmer kam, trug sie die von mir beschriebenen Kleidungsstücke, obwohl wir nichts als ihr Untergewand sehen konnten, das in der Taille von einer Kordel zusammengehalten wurde. Außerdem trug sie weiße Socken mit abgeteilter großer Zehe, die wir *tabi* nennen, an einer Seite geknöpft, damit sie eng anliegen. Jetzt war sie bereit, sich von Herrn Bekku ankleiden zu lassen. Hätten Sie ihn arbeiten sehen, hätten Sie sofort verstanden, warum seine Hilfe benötigt wurde. Da Kimonos, egal, wer sie trägt, alle gleich lang sind, muß der überschüssige Stoff – es sei denn, die Frau ist überdurchschnittlich groß – an der Taille unter dem Gürtel gefaltet werden. Wenn Herr Bekku den Kimonostoff in der Taille faltete und mit einer Kordel fixierte, war nicht die kleinste Unebenheit zu sehen. Und wenn vielleicht eine auftauchen sollte, zupfte er hier ein wenig und dort ein wenig, und das Ganze war wieder völlig glatt. Wenn er seine Arbeit beendet hatte, schmiegte sich der Kimono unfehlbar glatt und schön an den Körper.

Herrn Bekkus Hauptaufgabe als Ankleider war es, den Obi zu

binden. Ein Obi, wie ihn Hatsumomo trug, ist doppelt so lang, wie ein Mann groß ist, und fast so breit wie die Schultern einer Frau. Um die Taille gewickelt, bedeckt er den Körper vom Brustbein bis unter den Nabel. Die meisten Leute, die sich nicht auf Kimonos verstehen, scheinen zu denken, der Obi würde einfach im Rücken gebunden, als wäre er eine Schnur, aber weit gefehlt. Ein halbes Dutzend Kordeln und Spangen ist nötig, um ihn an Ort und Stelle zu halten, und außerdem ist eine gewisse Anzahl von Polstern vonnöten, um den Knoten zu formen. Herr Bekku brauchte mehrere Minuten, um Hatsumomos Obi zu binden. Als er fertig war, konnte ich nirgendwo ein Fältchen in dem dicken, schweren Stoff entdecken.

An jenem Tag begriff ich nur sehr wenig von dem, was ich auf dem oberen Flur sah, aber ich hatte den Eindruck, daß Herr Bekku in hektischem Tempo Schnüre band und Stoff faltete, während Hatsumomo nichts weiter tat, als die Arme auszubreiten und sich im Spiegel zu betrachten. Wenn ich sie ansah, wurde mir ganz elend vor Neid. Ihr Kimono war aus Brokat in verschiedenen Braun- und Goldtönen. Unterhalb der Taille beschnupperten sich Hirsche mit herbstbraunem Fell, den Waldboden hinter ihnen bedeckte Herbstlaub in Gold- und Rosttönen. Ihr Obi war pflaumenblau, von Silberfäden durchzogen. Damals wußte ich es noch nicht, aber die ganze Tracht kostete vermutlich soviel, wie ein Polizist oder Ladeninhaber in einem ganzen Jahr verdient. Und dennoch, wenn man Hatsumomo da stehen sah, wie sie sich vor dem hohen Spiegel drehte und wendete, hätte man wahrscheinlich gedacht, daß alles Geld der Welt nicht ausreichte, um eine Frau so schön aussehen zu lassen.

Alles, was jetzt noch fehlte, waren der letzte Schliff an ihrem Make-up und der Haarschmuck. Mit Hatsumomo kehrten Tantchen und ich in ihr Zimmer zurück, wo sie sich vor ihren Schminktisch kniete und eine winzige Lackschachtel herausnahm, die Lippenrot enthielt. Mit einem dünnen Pinsel trug sie es auf. Zu jener Zeit war es gerade Mode, die Oberlippe ungeschminkt zu lassen, weil dadurch die Unterlippe voller wirkte. Weiße Schminke bewirkt allerlei seltsame Illusionen: Wenn eine Geisha ihre Lippen ganz ausmalte, sähe ihr Mund schließlich aus wie zwei dicke Scheiben Thunfisch. Deswegen schminken sich die meisten Geishas lieber einen Schmollmund, der an eine Veilchenblüte erinnert. Wenn die Geisha nicht von Natur aus einen Schmollmund hat – und das trifft auf die wenigsten zu –, schminkt sie sich ihren Mund fast immer etwas runder. Aber wie ich schon sagte, zu jener Zeit war es Mode, nur die Unterlippe zu schminken, und genau das tat Hatsumomo.

Nun griff Hatsumomo zu dem Paulownienzweig, den sie mir anfangs gezeigt hatte, und setzte ihn mit einem Streichholz in Brand. Nachdem er ein paar Sekunden gebrannt hatte, blies sie ihn aus, kühlte ihn mit den Fingerspitzen und kehrte dann zum Spiegel zurück, um sich mit der Holzkohle die Augenbrauen nachzuziehen. Es entstand ein wirklich bezaubernd weicher Grauton. Anschließend ging sie zu einem Wandschrank und wählte den Schmuck für ihre Frisur, darunter eine Spange aus Schildpatt sowie eine lange Nadel mit einem ausgefallenen Perlenarrangement. Nachdem sie sich diese Schmuckstücke ins Haar gesteckt hatte, tupfte sie sich ein wenig Parfüm in den Nacken. Das flache Holzfläschchen schob sie für den Fall, daß sie es später noch brauchte, in ihren Obi. Weiterhin steckte sie einen gefalteten Fächer in ihren Obi sowie ein Taschentuch in ihren rechten Ärmel. Dann wandte sie sich um und sah mich an. Sie zeigte das gleiche angedeutete Lächeln, das sie zuvor schon zur Schau getragen hatte, und sogar Tantchen seufzte glücklich auf, weil Hatsumomo so wunderbar aussah.

6. KAPITEL

Was immer wir von Hatsumomo hielten – in unserer Okiya war sie die Kaiserin, weil sie das Geld verdiente, von dem wir alle lebten. Und als Kaiserin wäre sie äußerst ungehalten gewesen, wenn sie mitten in der Nacht heimkehrte und ihren Palast unbeleuchtet und ihre Dienerinnen schlafend vorfand. Das heißt, wenn sie bei ihrer Heimkehr zu betrunken war, um sich die Socken aufzuknöpfen, mußte ihr jemand diese Aufgabe abnehmen, und wenn sie Hunger hatte, dachte sie gar nicht daran, in die Küche zu gehen und sich selbst etwas zuzubereiten – etwa ein *umeboshi ochazuke*, ihren Lieblingssnack aus übriggebliebenem Reis und sauer eingelegten Pflaumen in heißem Tee. Darin glich unsere Okiya allen anderen. Die Pflicht aufzubleiben, um die Geisha zu Hause zu erwarten und zu bedienen, fiel so gut wie immer der jüngsten der »Kokons« zu, wie die Geishaschülerinnen oft genannt wurden. Und von dem Augenblick an, da ich mit dem Schulunterricht begann, war ich die jüngste Kokon in unserer Okiya. Lange vor Mitternacht schliefen Kürbisköpfchen und die beiden älteren Dienerinnen tief und fest auf ihren Futons, die nur einen Meter entfernt auf dem Holzboden der Eingangshalle ausgerollt waren, aber ich mußte ewig dort knien und mit dem Schlaf kämpfen, manchmal sogar bis zwei Uhr morgens. Großmama, deren Zimmer ganz in der Nähe lag, schlief bei Licht, mit spaltbreit geöffneter Schiebetür. Der Lichtstrahl, der auf meinen leeren Futon fiel, erinnerte mich an einen Tag, kurz bevor Satsu und ich aus unserem Dorf geholt wurden. Damals hatte ich einen kurzen Blick ins Hinterzimmer unseres Hauses geworfen, in dem meine Mutter schlief. Damit das Zimmer im Dunkeln lag, hatte mein Vater Fischernetze vor die Papierfenster gehängt, doch weil das so furchtbar düster wirkte, beschloß ich, eins der Fenster zu öffnen. Als ich das tat, fiel ein heller Sonnenstrahl auf den Futon meiner Mutter und hob ihre bleiche, knochige Hand aus dem

Dunkel. Als ich sah, wie das gelbliche Licht aus Großmamas Zimmer auf meinen Futon fiel… Unwillkürlich fragte ich mich, ob meine Mutter noch lebte. Weil wir uns so ähnlich waren, war ich fest davon überzeugt, daß ich es gemerkt hätte, wenn sie gestorben wäre, aber natürlich hatte ich keinerlei Zeichen gespürt.

Eines Nachts, als der Herbst schon kühler wurde, war ich gerade, an einen Pfosten gelehnt, eingeschlafen, als ich hörte, wie die Außentür aufgeschoben wurde. Da Hatsumomo höchst erzürnt gewesen wäre, wenn sie mich beim Schlafen ertappt hätte, gab ich mir die größte Mühe, hellwach zu wirken. Doch als die Innentür aufging, sah ich zu meinem Erstaunen einen Mann vor mir, der die in Hüfthöhe gebundene traditionelle weite Arbeiterjacke und dazu eine Bauernhose trug – obwohl er gar nicht aussah wie ein Arbeiter oder ein Bauer. Sein Haar war nach der neuesten Mode geölt und glatt zurückgekämmt, und er trug einen kurz getrimmten Bart, der ihm das Aussehen eines Intellektuellen verlieh. Er beugte sich vor, nahm meinen Kopf in beide Hände und sah mir aufmerksam ins Gesicht.

»Hallo, du bist aber hübsch«, sagte er leise zu mir. »Wie heißt du?«

Ich war sicher, daß er ein Arbeiter war, obwohl ich mir nicht vorstellen konnte, warum er so spät in der Nacht hier auftauchte. Ich hatte Angst, ihm zu antworten, aber ich brachte meinen Namen heraus. Er befeuchtete eine Fingerspitze mit der Zunge und berührte damit meine Wange – wie sich herausstellte, um eine Wimper zu entfernen.

»Ist Yoko noch da?« erkundigte er sich. Yoko war eine junge Frau, die täglich vom Nachmittag bis in die späten Abendstunden im Dienstbotenzimmer am Telefon saß. Zu jener Zeit waren die Okiyas und Teehäuser von Gion durch ein privates Telefonnetz miteinander verbunden, und Yoko war vollauf damit beschäftigt, Hatsumomos Engagements zu buchen, für Bankette oder Gesellschaften manchmal ein halbes bis ganzes Jahr im voraus. Da Hatsumomos Terminkalender nicht immer ganz ausgefüllt war, kamen am Abend häufig noch Anrufe von Teehäusern, deren Kunden den Wunsch hatten, daß sie bei ihnen vorbeikam. An diesem Abend jedoch hatte das Telefon nicht allzu häufig geklingelt, daher dachte ich, daß Yoko möglicherweise auch eingenickt sei. Der Mann wartete meine Antwort nicht ab, sondern bedeutete mir mit einer Geste, leise zu sein, und ging über den Hofkorridor zum Dienstbotenzimmer.

Gleich darauf hörte ich, wie Yoko sich entschuldigte – sie war tatsächlich eingeschlafen –, und dann das Geräusch der Wählscheibe. Sie mußte mehrere Teehäuser anrufen, aber schließlich hatte sie Hatsumomo doch gefunden und bat, man möge ihr ausrichten, der Kabuki-Schauspieler Onoe Shikan sei in der Stadt. Damals wußte ich es noch nicht, aber es gab keinen Onoe Shikan – es war nichts weiter als ein Code.

Danach verließ Yoko das Haus. Da sie sich keine Gedanken darüber zu machen schien, daß im Dienstbotenzimmer ein Mann wartete, beschloß ich, es niemand zu sagen. Wie sich herausstellte, war das richtig, denn als Hatsumomo zwanzig Minuten später erschien, blieb sie in der Eingangshalle stehen und sagte zu mir:

»Bis jetzt habe ich noch keinen Versuch gemacht, dir das Leben zur Hölle zu machen. Aber wenn du jemals erwähnst, daß ein Mann hier war oder daß ich vor Ende des Abends zurückgekommen bin, wird sich das sehr schnell ändern.«

Sie stand vor mir, als sie das sagte, und als sie in ihren Ärmel griff, um etwas herauszuholen, erkannte ich im matten Licht, daß ihre Unterarme gerötet waren. Sie ging ins Dienstbotenzimmer und schob die Tür hinter sich zu. Ich hörte einen gedämpften Wortwechsel, dann war es wieder still in der Okiya. Hin und wieder glaubte ich ein verhaltenes Wimmern oder Stöhnen zu hören, doch diese Laute waren so leise, daß ich mir nicht ganz sicher war. Ich will nicht sagen, daß ich wußte, was die beiden da drinnen trieben, aber ich dachte unwillkürlich an meine Schwester und wie sie für den Sugi-Jungen ihr Badekleid abgestreift hatte. Dabei empfand ich eine so heftige, mit Abscheu vermischte Neugier, daß ich mich nicht von der Stelle hätte rühren können, selbst wenn mir das erlaubt gewesen wäre.

Hatsumomo und ihr Freund – der Koch eines nahe gelegenen Nudelrestaurants – kamen etwa einmal die Woche in die Okiya und verschwanden im Dienstbotenzimmer. Sie trafen sich auch anderswo. Das weiß ich, weil Yoko oft gebeten wurde, Nachrichten weiterzugeben und ich das zuweilen hörte. Die Dienerinnen wußten alle, was Hatsumomo tat, und daß niemand von uns damit zu Mutter, Tantchen oder Großmama ging, beweist deutlich, wie groß ihre Macht über uns war. Einen Freund zu haben – und ihn dann noch in die Okiya mitzunehmen – hätte sich bestimmt höchst nachteilig für Hatsumomo ausgewirkt. Denn in der Zeit, die sie mit ihm verbrachte, verdiente sie kein Geld, und seinetwegen verließ sie Partys und Teehäuser, in denen sie sonst gut verdient hätte. Außerdem würde jeder wohlhabende Mann, der an einer teuren Langzeitverbindung interessiert war, mit Sicherheit weniger von ihr halten und es sich womöglich sogar anders überlegen, wenn er erfuhr, daß sie sich mit dem Koch eines Nudelrestaurants eingelassen hatte.

Eines Abends, als ich gerade vom Brunnen im Innenhof zurückkehrte, wo ich mir einen Schluck Wasser geholt hatte, hörte ich, wie die Außentür aufgeschoben und mit lautem Geräusch gegen den Rahmen geknallt wurde.

»Also wirklich, Hatsumomo«, sagte eine tiefe Stimme, »du wirst noch alle im Haus aufwecken…«

Ich konnte nie so recht verstehen, warum Hatsumomo das Risiko einging, ihren Freund in die Okiya mitzubringen – vermutlich reizte sie gerade das Risiko. Aber noch nie war sie so achtlos gewesen, viel Lärm dabei zu machen. Hastig kniete ich mich nieder, und gleich darauf erschien Hatsumomo mit zwei in Leinenpapier gewickelten Päckchen in unserer Eingangshalle. Hinter ihr kam eine andere Geisha, die sich bücken mußte, um durch die niedrige Tür gehen zu können. Als sie sich aufrichtete und zu mir hinunterblickte, wirkten ihre Lippen unnatürlich groß und schwer in ihrem langen Gesicht. Beim besten Willen hätte niemand sie als hübsch bezeichnen können.

»Das ist unser dummes jüngstes Dienstmädchen«, erklärte Hatsumomo. »Sie hat einen Namen, glaube ich, aber nenn' sie einfach ›kleines Fräulein Dummkopf‹.«

»Nun, kleines Fräulein Dummkopf«, sagte die andere Geisha, »dann lauf mal los und bring deiner großen Schwester und mir was zu trinken!« Die tiefe Stimme gehörte ihr und war also doch nicht die von Hatsumomos Freund gewesen.

Hatsumomo trank gewöhnlich eine ganz besondere Sorte Sake namens *amakuchi*, die sehr leicht und süß ist. Da *amakuchi* aber nur im Winter gebraut wurde, schienen wir keinen mehr zu haben. Statt dessen füllte ich zwei Gläser mit Bier und trug sie hinaus. Hatsumomo und ihre Freundin waren bereits zum Innenhof gegangen und standen in Holzschuhen im Freien. Mir fiel auf, daß sie stark betrunken waren, und da Hatsumomos Freundin für die kleinen Holzschuhe viel zu große Füße hatte, konnte sie kaum einen Schritt tun, ohne daß die beiden in lautes Lachen ausbrachen. Vielleicht erinnern Sie sich, daß außen am Haus ein hölzerner Verandagang entlangführte. Auf diesen Verandagang hatte Hatsumomo ihre Päckchen gelegt und wollte soeben eins öffnen, als ich den beiden das Bier brachte.

»Auf Bier hab' ich jetzt keine Lust«, sagte sie und bückte sich, um beide Gläser zwischen die Fundamentsteine zu leeren.

»Ich hab' aber Lust auf Bier«, protestierte ihre Freundin, doch es war schon zu spät. »Warum hast du meins auch ausgegossen?«

»Ach, sei still, Korin!« sagte Hatsumomo. »Du solltest ohnehin nichts mehr trinken. Sieh dir lieber das hier an. Du wirst dich totlachen!« Damit löste Hatsumomo die Bänder, mit denen das Leinenpapier verschnürt war, und breitete auf der Holzveranda einen kostbaren Kimono in verschiedenen zarten Grünschattierungen und mit einem Muster aus Weinranken und roten Blättern aus. Es war ein ganz außergewöhnlich schöner Seidenbatist – allerdings sommerlich leicht und keineswegs für das herrschende Herbstwetter geeignet. Korin, Hatsumomos Freundin, bewunderte ihn so sehr, daß sie hörbar aufseufzte und sich an ihrem eigenen Speichel verschluckte – woraufhin die beiden wieder laut herauslachten. Ich fand, daß es allmählich Zeit wurde, mich zu entfernen, doch Hatsumomo sagte zu mir:

»Bleib noch, kleines Fräulein Dummkopf.« Dann wandte sie sich wieder ihrer Freundin zu und sagte: »Jetzt machen wir uns einen Spaß, Korin-san. Rate mal, wessen Kimono das ist?«

Korin hustete noch immer sehr stark, doch als sie wieder sprechen konnte, sagte sie: »Ich wünschte, es wäre meiner.«

»Ist er aber nicht. Er gehört keiner anderen als der Geisha, die wir beide am meisten hassen.«

»Ach, Hatsumomo… du bist genial! Aber wie kommst du an Satokas Kimono?«

»Ich habe nicht von Satoka gesprochen. Ich meine… Fräulein Perfekt!«

»Wen?«

»Fräulein Ich-bin-ja-soviel-besser-als-ihr. Die meine ich.«

Eine längere Pause trat ein. Dann sagte Korin: »Mameha! Du liebe Zeit, es ist wirklich Mamehas Kimono! Ich kann's nicht fassen, daß ich ihn nicht erkannt habe! Wie bist du denn an den gekommen?«

»Vor ein paar Tagen hatte ich bei einer Probe etwas im Kaburenjo-Theater vergessen«, erklärte Hatsumomo. »Als ich hinter die Bühne ging, um es zu holen, hörte ich so etwas wie ein Stöhnen auf der Treppe nach unten. Also dachte ich mir: ›Das kann nicht sein! Das wäre der allergrößte Witz!‹ Und als ich hinunterschlich und das Licht einschaltete – rate mal, wer da wie zwei zusammengeklebte Reiskörner auf dem Fußboden lag!«

»Das glaube ich nicht! Mameha?«

»Sei nicht so dumm! Die ist doch viel zu etepetete, um so was zu tun. Es waren ihre Dienerin und der Aufseher des Theaters. Ich wußte genau, sie würde alles tun, damit ich sie nicht verrate, also bin ich später hingegangen und habe ihr erklärt, daß sie mir diesen Kimono von Mameha geben müsse. Als ich anfing, ihr zu beschreiben, welchen ich meinte, brach sie in Tränen aus.«

»Und was ist in dem anderen?« fragte Korin und zeigte auf das zweite Päckchen, das noch ungeöffnet auf der Veranda lag.

»Den hat das Mädchen von ihrem eigenen Geld kaufen müssen, und jetzt gehört er natürlich mir.«

»Von ihrem eigenen Geld?« fragte Korin. »Welche Dienerin hat soviel Geld, daß sie sich einen Kimono kaufen kann?«

»Na ja, wenn sie ihn nicht gekauft hat, wie sie behauptet, will ich nicht wissen, woher er kommt. Auf jeden Fall wird unser Fräulein Dummkopf ihn jetzt für mich ins Lagerhaus bringen.«

»Aber Hatsumomo-san, ich darf das Lagerhaus nicht betreten«, wandte ich sofort ein.

»Wenn du erfahren willst, wo deine Schwester ist, laß mich heute abend nicht alles zweimal sagen. Ich habe Pläne mit dir. Danach darfst du mir eine einzige Frage stellen, und ich werde sie dir beantworten.«

Ich will nicht sagen, daß ich ihr glaubte, aber Hatsumomo besaß natürlich die Macht, mir das Leben auf jede nur erdenkliche Art schwerzumachen. Mir blieb nichts anderes übrig, als ihr zu gehorchen.

Sie legte mir den Kimono in seiner Leinenpapierhülle über den Arm und ging mit mir zum Lagerhaus im Innenhof hinüber. Dort öffnete sie die Tür und knipste das Licht an. Ich sah Regale voller Laken und Kissen, ich sah mehrere verschlossene Truhen und ein paar zusammengerollte Futons. Hatsumomo packte mich am Arm und zeigte auf eine Leiter an der Außenwand.

»Da oben sind die Kimonos«, sagte sie.

Ich stieg hinauf und schob oben eine Holztür auf. Das obere Stockwerk des Lagerhauses enthielt keine Regale wie der Raum unten. An zwei Wänden stapelten sich statt dessen rote Lackkästen fast bis zur Decke. Zwischen diesen beiden Kästenwänden verlief ein schmaler Gang mit Lattenfenstern an beiden Enden, über die zwecks Luftzufuhr nur Fliegendraht gespannt war. Der Raum war wie der untere grell beleuchtet, so daß ich die schwarzen Schriftzeichen auf der Vorderseite der Kästen lesen konnte. Da standen Wörter wie *Kata-Komon, Ro* – Schablonenmuster, leichter Seidenbatist – und *Kuromontsuki, Awase* – gefüttertes Festgewand mit schwarzem Wappen. Ehrlich gesagt, vermochte ich damals noch nicht alles zu entziffern, doch es gelang mir, ganz oben den Kasten mit Hatsumomos Namen zu finden. Es war mühsam für mich, ihn herunterzuholen, aber schließlich legte ich den neuen Kimono zu den wenigen anderen, ebenfalls in Leinenpapier gewickelten, und stellte den Kasten dorthin zurück, wo ich ihn gefunden hatte. Aus Neugier öffnete ich schnell einen anderen Kasten. Er war bis an den Rand mit mindestens fünfzehn Kimonos gefüllt, und auch alle anderen, deren Deckel ich hob, waren so vollgepackt. Als ich dieses Lagerhaus mit seinen vollen Kisten und Kästen sah, begriff ich, warum Großmama panische Angst vor einem Feuer hatte. Diese Kimonosammlung war vermutlich doppelt soviel wert wie die Dörfer Yoroido und Senzuru zusammen. Wie ich später erfuhr, waren die kostbarsten Kimonos sogar noch anderswo gelagert. Denn die wurden nur von Lerngeishas getragen, und da Hatsumomo sie nicht länger verwenden konnte, wurden sie sicher in einem gemieteten Schließfach verwahrt, bis sie wieder gebraucht wurden.

Als ich in den Hof zurückkehrte, hatte Hatsumomo aus ihrem Zimmer einen Tuschestein und einen Tuschestift sowie einen Kalligraphiepinsel geholt. Ich dachte, vielleicht wolle sie eine Nachricht schreiben und sie in den Kimono stecken, wenn sie ihn wieder zusammenlegte. Sie hatte ein bißchen Wasser aus dem Brunnen auf ihren Tuschestein tropfen lassen und saß nun auf der Veranda, um die Tusche anzurühren. Als sie schwarz genug war, tauchte sie den Pinsel hinein, bis er die Tusche aufgesogen hatte und nicht mehr tropfte. Dann drückte sie ihn mir in die Hand, führte meine Hand über den schönen Kimono und befahl mir:

»Jetzt wirst du dich in Schönschrift üben, Chiyo.«

Der Kimono, der einer Geisha namens Mameha gehörte – von der ich damals noch nie etwas gehört hatte –, war ein Kunstwerk. Die Weinrebe, die sich vom Saum bis zur Taille wand, bestand aus stark lackierten Fäden, die wie ein winziges Kabel zusammengefaßt worden waren. Die Ranke war Bestandteil des Stoffes, aber sie wirkte so echt, daß ich meinte, sie mit den Fingern greifen und wie ein Kraut aus dem Boden ziehen zu können. Die Blätter, die an der Ranke hingen, schienen im Herbstwetter zu verblassen und zu trocknen und sogar einen gelblichen Schimmer anzunehmen.

»Das kann ich nicht, Hatsumomo-san!« rief ich aus.

»Wie schade, kleine Süße«, sagte ihre Freundin zu mir. »Wenn Hatsumomo es dir noch mal sagen muß, hast du keine Chance mehr, deine Schwester zu finden.«

»Halt den Mund, Korin! Chiyo weiß, daß sie tun muß, was ich ihr befehle. Und jetzt schreib was auf den Stoff, Dummkopf! Egal was.«

Als der Pinsel den Kimono zum erstenmal berührte, war Korin so aufgeregt, daß sie einen Quietscher ausstieß, von dem eine der älteren Dienerinnen aufwachte. Mit einem Tuch um den Kopf beugte sie sich in ihrem sackartigen Nachtgewand weit in den

Hofkorridor hinaus. Hatsumomo stampfte mit dem Fuß auf und tat, als wollte sie sie wie eine Katze anspringen, was die Dienerin sofort auf ihren Futon zurückscheuchte. Korin war nicht sehr glücklich über die paar unsicheren Pinselstriche, die ich auf die zartgrüne Seide getupft hatte, also zeigte Hatsumomo mir, wo ich den Stoff beschreiben und was für Schriftzeichen ich malen sollte. Sie ergaben keinen Sinn – Hatsumomo versuchte sich nur als Künstlerin. Schließlich hüllte sie den Kimono in sein Leinenpapier und verschnürte das Paket. Mit Korin kehrte sie zum Vordereingang zurück, wo die beiden wieder in ihre Lackzoris schlüpften. Während sie die Tür zur Straße aufschob, befahl sie mir, ihr zu folgen.

»Aber ich darf die Okiya ohne Erlaubnis nicht verlassen, Hatsumomo-san. Mutter wird sehr böse werden, und …«

»*Ich* gebe dir die Erlaubnis«, fiel Hatsumomo mir ins Wort. »Wir müssen doch den Kimono zurückbringen, oder? Hoffentlich hast du nicht vor, mich warten zu lassen.«

Ich konnte nichts anderes tun, als in meine Schuhe zu schlüpfen und ihr durch die Gasse zu einer Straße zu folgen, die an dem schmalen Shirakawa-Bach entlangführte. In jenen Tagen waren die Straßen und Gassen von Gion noch wunderschön gepflastert. Etwa einen Block weit gingen wir im Mondschein an den Kirschbäumen vorbei, die sich über das schwarze Wasser neigten, und überquerten schließlich eine Holzbrücke, die in einen Teil Gions führte, der mir noch völlig unbekannt war. Das Bachufer war mit Steinen befestigt, von denen die meisten mit Moos bedeckt waren. Darüber erhoben sich die Rückseiten der Teehäuser und Okiyas wie eine Mauer. Binsenschirme vor den Fenstern schnitten das gelbe Licht in hauchdünne Streifen, die mich daran erinnerten, was die Köchin vor ein paar Stunden mit einem eingelegten Rettich getan hatte. Ich hörte Lachen, das von einer Gruppe Männer und Geishas kam. In einem der Teehäuser mußte etwas sehr Komisches vor sich gehen, denn das Gelächter wurde immer lauter, ehe es allmählich erstarb und nur noch der näselnde Klang eines Shamisen von einer anderen Gesellschaft zu hören war. In diesem Moment konnte ich mir vorstellen, daß Gion für manche Leute ein wahrhaft fröhlicher Ort sein mußte. Und unwillkürlich fragte ich mich, ob Satsu an einer dieser Geselligkeiten teilnahm, obwohl Awajiumi mir erklärt hatte, daß sie überhaupt nicht in Gion sei.

Kurz darauf machten Hatsumomo und Korin vor einer Holztür halt.

»Du wirst jetzt diesen Kimono nehmen, die Treppe hinaufgehen und ihn der Dienerin dort geben«, befahl Hatsumomo. »Und falls Fräulein Perfekt persönlich die Tür aufmachen sollte, wirst du ihn ihr selbst überreichen. Dabei sagst du kein einziges Wort. Wir beiden bleiben solange hier unten stehen und behalten dich im Auge.«

Damit drückte sie mir den eingewickelten Kimono in die Hand, während Korin die Tür aufschob. Polierte Holzstufen führten in die Dunkelheit hinauf. Vor lauter Angst zitterte ich so stark, daß ich auf halber Höhe stehenbleiben mußte. Dann hörte ich Korin zu mir heraufzischen:

»Nur weiter, Kleine! Niemand wird dich fressen, es sei denn, du kommst mit dem Kimono wieder herunter! Dann werden wir's mit Sicherheit tun. Stimmt's Hatsumomo-san?«

Hatsumomo stieß einen Seufzer aus, antwortete aber nicht. Korin spähte in die Dunkelheit empor und versuchte mich auszumachen, doch Hatsumomo, die Korin knapp bis zur Schulter reichte, kaute auf ihren Fingernägeln und achtete nicht auf mich. Trotz meiner Angst fiel mir auf, wie wunderschön Hatsumomo war. Sie mag so grausam wie eine Spinne gewesen sein, aber sie war jetzt, da sie an ihren Fingernägeln nagte, immer noch schöner als die meisten Geishas, wenn sie für ein Foto posierten. Und neben ihrer Freundin Korin sah sie aus wie ein Edelstein neben einem Felsbrocken. Korin schien sich mit ihrer kunstvollen Frisur und all dem schönen Schmuck darin nicht wohl zu fühlen, und der Kimono war ihr ständig im Weg, während Hatsumomo ihren Kimono trug, als wäre er eine zweite Haut.

Am Kopfende der Treppe kniete ich in der Finsternis nieder und rief laut:

»Entschuldigen Sie bitte!«

Ich wartete, doch nichts geschah. »Lauter!« befahl Korin. »Du wirst schließlich nicht erwartet.«

Also rief ich abermals: »Entschuldigen Sie!«

»Einen Moment!« hörte ich eine gedämpfte Stimme sagen, und gleich darauf wurde die Tür aufgeschoben. Das Mädchen, das auf der anderen Seite kniete, war kaum älter als Satsu, aber so mager und nervös wie ein Vögelchen. Ich überreichte ihr den Kimono in seiner Verpackung. Sie war höchst überrascht und riß ihn mir wie verzweifelt aus den Händen.

»Wer ist da, Asami-san?« rief eine Stimme aus der Wohnung. Ich konnte sehen, daß neben einem frisch zurechtgemachten Futon eine einzelne Papierlaterne auf einem antiken Ständer brannte. Der Futon war für die Geisha Mameha bestimmt; das erkannte ich, weil die frischen Laken und die elegante Seidendecke sowie das *takamakura* – das »hohe Kissen« – genauso aussahen wie Hatsumomos. Es war eigentlich gar kein Kissen, sondern ein Holzständer mit einer gepolsterten Halsstütze – nur so kann eine Geisha schlafen, ohne sich ihre komplizierte Frisur zu ruinieren.

Die Dienerin antwortete nicht, sondern schlug das Papier, in das der Kimono eingewickelt war, so lautlos wie möglich auseinander; dann wendete sie ihn hin und her, damit sie ihn im Licht betrachten konnte. Als sie die Schmierereien sah, keuchte sie erschrocken auf und hielt sich die Hand vor den Mund. Tränen rannen ihr über die Wangen. Dann rief eine Stimme:

»Asami-san! Wer ist da?«

»Ach, niemand, Herrin!« rief die Dienerin. Als sie sich die Augen rasch an ihrem Ärmel trocknete, tat sie mir unendlich leid. Während sie den Arm hob, um die Tür zu schließen, erhaschte ich einen kurzen Blick auf ihre Herrin. Und erkannte sofort, warum Hatsumomo Mameha »Fräulein Perfekt« nannte. Ihr Gesicht war ein perfektes Oval, genau wie bei einer Puppe; es wirkte so glatt und zart wie kostbares Porzellan, und das sogar ganz ohne Make-up. Sie kam auf den Eingang zu und versuchte ins Treppenhaus hinabzuspähen, aber die Dienerin schob schnell die Tür wieder zu.

Als ich am folgenden Morgen nach der Schule in die Okiya zurückkehrte, hatten sich Mutter, Großmama und Tantchen im Empfangszimmer im Erdgeschoß versammelt. Ich war fest davon überzeugt, daß sie über den Kimono diskutierten. Und tatsächlich – kaum war Hatsumomo von der Straße hereingekommen, lief eine der Dienerinnen zu Mutter, um es ihr zu melden. Sofort kam Mutter in die Eingangshalle heraus, um Hatsumomo zu stellen, bevor sie die Treppe hinaufsteigen konnte.

»Wir haben heute vormittag Besuch gehabt. Mameha war mit ihrer Dienerin hier«, sagte sie.

»Hallo, Mutter! Ich weiß genau, was Sie jetzt sagen wollen. Es tut mir furchtbar leid um den Kimono. Ich wollte Chiyo zurückhalten, als sie ihn mit Tusche beschmierte, aber es war zu spät. Sie muß gedacht haben, es wäre meiner! Ich weiß nicht, warum sie mich vom ersten Moment an derart gehaßt hat… Einen so kostbaren Kimono zu zerstören, bloß um mich zu verletzen!«

Mittlerweile war auch Tantchen auf den Flur herausgehinkt gekommen und rief laut: »*Matte imashita!*« Ich verstand sie vollkommen – sie sagte: »Darauf habe ich gewartet!« –, aber ich hatte keine Ahnung, was sie damit meinte. Tatsächlich war es eine kluge Beobachtung, denn genau das rufen die Zuschauer zuweilen beim Auftritt eines großen Stars in einem Kabuki-Schauspiel.

»Tantchen«, sagte Hatsumomo, »wollen Sie damit etwa andeuten, ich hätte etwas damit zu tun, daß dieser Kimono ruiniert wurde?« fragte Hatsumomo. »Warum sollte ich wohl so etwas tun?«

»Weil jeder weiß, daß du Mameha haßt«, gab Tantchen zurück. »Weil du jede Geisha haßt, die erfolgreicher ist als du.«

»Soll das heißen, daß ich Sie heiß und innig lieben müßte, Tantchen, weil Sie eine solche Versagerin sind?«

»Schluß damit!« befahl Mutter. »Jetzt hör mir mal gut zu, Hatsumomo. Du hältst uns hoffentlich nicht für so hohlköpfig, daß wir dir deine Geschichte abnehmen! So ein Benehmen dulde ich nicht in meiner Okiya, nicht mal von dir. Ich habe großen Respekt vor Mameha. Ich will, daß so etwas nicht wieder vorkommt. Und was diesen Kimono betrifft, nun, jemand muß ihn bezahlen. Ich weiß nicht, was letzte Nacht geschehen ist, aber es gibt wohl keinerlei Zweifel, wer den Pinsel gehalten hat. Die Dienerin hat genau gesehen, daß es die Kleine war. Also wird die Kleine bezahlen«, sagte Mutter und steckte sich die Pfeife wieder in den Mund.

Jetzt kam Großmama aus dem Empfangssalon und befahl einer Dienerin, den Bambusstock zu holen.

»Chiyo hat schon genug Schulden«, widersprach Tantchen. »Ich sehe nicht ein, daß sie Hatsumomos auch noch bezahlen soll.«

»Jetzt haben wir genug darüber geredet«, sagte Großmama. »Das Mädchen bekommt eine Tracht Prügel und zahlt den Kimono. Und damit Schluß. Wo ist der Bambusstock?«

»Ich werde die Bestrafung selbst übernehmen«, sagte Tantchen. »Ich will nicht, daß du wieder Gelenkentzündung bekommst, Großmama. Komm mit, Chiyo.«

Tantchen wartete, bis das Dienstmädchen den Stock gebracht hatte, dann führte sie mich in den Innenhof. Sie war so zornig, daß ihre Nasenflügel gebläht und ihre Augen zusammengekniffen waren. Seit ich in der Okiya war, hatte ich mich davor gehütet, irgend etwas zu tun, was mir eine Tracht Prügel einbringen konnte. Jetzt wurde mir auf einmal ganz heiß, und die Trittsteine zu meinen Füßen verschwammen mir vor den Augen. Statt mich zu schlagen, lehnte Tantchen den Stock jedoch ans Lagerhaus und hinkte dann zu mir herüber, um sehr leise zu mir zu sagen:

»Was hast du Hatsumomo nur angetan? Sie ist fest entschlossen, dich zu vernichten. Dafür muß es einen Grund geben, und ich will wissen, was das ist.«

»Sie hat mich von Anfang an so behandelt, das schwöre ich Ihnen, Tantchen. Ich weiß nicht, was ich ihr getan haben soll.«

»Großmama mag Hatsumomo ja als dumm bezeichnen, aber glaube mir, Hatsumomo ist nicht dumm. Wenn sie deine Karriere unbedingt zerstören will, schafft sie das auch. Was immer es war, womit du sie erzürnt hast, du mußt unverzüglich damit aufhören!«

»Ich schwöre Ihnen, ich habe ihr nichts getan, Tantchen!«

»Du darfst ihr keinen Moment vertrauen, nicht mal, wenn sie dir helfen will. Sie hat dich schon jetzt so sehr mit Schulden beladen, daß du es möglicherweise nie schaffen wirst, sie abzuzahlen.«

»Das verstehe ich nicht...«, stammelte ich. »Was meinen Sie – *Schulden?*«

»Hatsumomos kleiner Streich mit dem Kimono wird dich

mehr Geld kosten, als du dir je vorstellen kannst. Das meine ich.«

»Aber ... wie soll ich das zurückzahlen?«

»Sobald du als Geisha zu arbeiten beginnst, wirst du es der Okiya zurückzahlen – zusammen mit allen anderen Beträgen, die du ihr für deine Mahlzeiten und Unterrichtsstunden schuldest, und für den Fall, daß du krank werden solltest, zusätzlich das Geld für den Arzt. Das mußt du alles selbst bezahlen. Was glaubst du, warum Mutter ständig in ihrem Zimmer sitzt und Zahlen in diese kleinen Bücher schreibt? Sogar das Geld, das die Okiya ausgegeben hat, um dich zu kaufen, bist du ihr schuldig.«

Während der Monate, die ich in Gion verbrachte, hatte ich mir natürlich gedacht, daß Geld den Besitzer gewechselt haben mußte, bevor Satsu und ich von zu Hause weggeholt worden waren. Immer wieder dachte ich an das Gespräch zwischen Herrn Tanaka und meinem Vater, das ich belauscht hatte, und an das, was die Zappelfrau über Satsu und mich gesagt hatte: daß wir »geeignet« seien. Voller Entsetzen fragte ich mich, ob Herr Tanaka an unserem Verkauf auch verdient hatte und wieviel wir gekostet hatten. Doch niemals hätte ich mir vorstellen können, daß ich dieses Geld selbst zurückzahlen mußte!

»Du wirst es erst zurückzahlen können, wenn du schon sehr lange als Geisha gearbeitet hast«, fuhr sie fort. »Und wenn du als Geisha scheiterst wie ich, wirst du es niemals zurückzahlen können. Möchtest du so enden?«

In diesem Moment war mir meine Zukunft völlig gleichgültig.

»Wenn du dein Leben in Gion ruinieren willst, stehen dir mindestens ein Dutzend Möglichkeiten zur Verfügung«, fuhr Tantchen fort. »Du könntest versuchen wegzulaufen. Wenn du das getan hast, wird Mutter dich als schlechte Investition abschreiben – sie wird kein Geld in ein Mädchen stecken, das jederzeit verschwinden kann. Das würde das Ende deines Unterrichts bedeuten, und ohne Ausbildung kannst du keine Geisha werden. Oder du kannst dich bei deinen Lehrerinnen so unbeliebt machen, daß sie sich weigern, dir die Hilfe angedeihen zu lassen, die du brauchst. Oder du kannst wie ich eine häßliche Frau werden. Als Großmama mich meinen Eltern abkaufte, war ich gar kein so unattraktives Mädchen, aber ich entwickelte mich nicht gut, und dafür haßte mich Großmama. Einmal verprügelte sie mich wegen einer Kleinigkeit so schwer, daß ich mir die Hüfte brach. Damit war ich als Geisha am Ende. Und deswegen verprügele ich dich lieber selbst – ich will nicht, daß Großmama dich in die Finger bekommt.«

Sie führte mich zum Verandagang und befahl mir, mich dort auf den Bauch zu legen. Es war mir fast schon gleichgültig, ob sie mich schlug oder nicht; ich hatte den Eindruck, daß sich meine Lage nicht mehr verschlimmern könnte. Jedesmal, wenn mein Körper sich unter dem Stock aufbäumte, jammerte ich, so laut ich es nur wagte, und stellte mir vor, daß Hatsumomos schönes Gesicht auf mich herablächelte. Als die Prügelstrafe beendet war, ließ Tantchen mich weinend dort liegen. Kurz darauf spürte ich, daß der Verandagang unter den Schritten einer anderen Person zitterte, und als ich mich aufrichtete, stand Hatsumomo vor mir.

»Chiyo, ich wäre dir unendlich dankbar, wenn du die Güte hättest, mir aus dem Weg zu gehen.«

»Sie haben versprochen, mir zu sagen, wo meine Schwester ist, Hatsumomo-san«, gab ich zurück.

»Gewiß, das habe ich.« Sie beugte sich so weit herab, daß ihr Gesicht dicht vor dem meinen war. Ich dachte schon, sie würde mir sagen, ich hätte noch nicht genug dafür getan und sobald ihr einfalle, was ich noch für sie tun könnte, werde sie es mir mitteilen. Aber das war nicht der Fall.

»Deine Schwester ist in einer *jorou-ya* namens Tatsuyo«, informierte sie mich. »Im Viertel Miyagawa-cho, unmittelbar südlich von Gion.«

Nachdem sie das gesagt hatte, versetzte sie mir mit dem Fuß einen kleinen Stoß, und ich machte ihr hastig den Weg frei.

7. KAPITEL

Das Wort *jorou-ya* hatte ich noch nie gehört, deshalb stellte ich Tantchen, als sie am folgenden Abend ein Nähtablett auf den Boden der Eingangshalle fallen ließ und mich bat, ihr aufräumen zu helfen, neugierig die Frage:

»Was ist eine *jorou-ya*, Tantchen?«

Tantchen antwortete nicht, sondern fuhr fort, eine Garnspule aufzuwickeln.

»Tantchen?« begann ich abermals.

»Das ist die Sorte Haus, wo Hatsumomo enden wird, wenn sie das kriegt, was sie verdient«, antwortete sie.

Da sie anscheinend nicht mehr sagen wollte, blieb mir nichts anderes übrig, als es dabei zu belassen.

Meine Frage war zwar nicht beantwortet worden, doch irgendwie hatte ich das Gefühl, daß Satsu sogar noch mehr leiden mußte als ich. Also begann ich darüber nachzudenken, wie ich mich bei der nächstmöglichen Gelegenheit zu dieser *jorou-ya* namens Tatsuyo stehlen konnte. Leider gehörte zu den Strafen, die mir auferlegt wurden, weil ich Mamehas Kimono ruiniert hatte, ein fünfzigtägiger Hausarrest in der Okiya. Die Schule durfte ich besuchen, solange Kürbisköpfchen mich begleitete, Botengänge durfte ich nicht unternehmen. Vermutlich hätte ich einfach zur Tür hinauslaufen können, wenn ich gewollt hätte, aber ich war klug genug, auf etwas so Törichtes zu verzichten. Denn erstens wußte ich nicht genau, wo ich diese Tatsuyo suchen sollte. Und zweitens – noch schlimmer – würde Herr Bekku oder jemand anders im selben Moment, da man meine Abwesenheit entdeckte, auf die Suche nach mir geschickt werden. Vor wenigen Monaten erst war aus der Okiya nebenan eine junge Dienerin geflohen, die schon am nächsten Morgen zurückgebracht wurde. Das arme Mädchen wurde während der folgenden Tage so furchtbar geschlagen, daß ihr Wehgeschrei kaum zu ertragen war. Manchmal mußte ich mir die Finger in die Ohren stecken, um es nicht mit anhören zu müssen.

Ich sah ein, daß mir nichts anderes übrigblieb, als zu warten, bis die fünfzig Tage verstrichen waren. Währenddessen konzentrierte ich mich darauf, mir Möglichkeiten auszudenken, wie ich Hatsumomo und Großmama ihre Grausamkeit heimzahlen konnte. An Hatsumomo rächte ich mich, indem ich den Taubendreck, den ich von den Trittsteinen im Innenhof entfernen sollte, abkratzte und ihn unter ihre Gesichtscreme mischte. Da die Creme, wie ich schon sagte, bereits einen Teil Nachtigallendreck enthielt, schadete ihr das vermutlich nicht sehr, doch es erfüllte mich mit Genugtuung. An Großmama rächte ich mich, indem ich den Toilettenlappen an der Innenseite ihres Nachtkleides abwischte, und war entzückt, als ich sah, wie sie verwundert daran schnupperte, obwohl sie es nicht auszog. Bald schon entdeckte ich, daß die Köchin beschlossen hatte, mich unaufgefordert ebenfalls für den Kimono-Zwischenfall zu bestrafen, indem sie meine Fischration verringerte. Wie ich ihr das heimzahlen konnte, wußte ich nicht, bis ich eines Tages sah, daß sie mit dem Holzhammer eine Maus durch den Hofkorridor verfolgte. Wie sich herausstellte, haßte sie Mäuse noch mehr, als es die Katzen taten. Also holte ich Mäusedreck unter den Fundamentsteinen des Haupthauses hervor und verstreute ihn überall in der Küche. Ja, eines Tages bohrte ich mit einem Eßstäbchen sogar ein Loch in einen Leinwandsack voll Reis, damit sie sämtliche Schränke ausräumen und nach Zeichen von Nagetieren durchsuchen mußte.

Eines Abends, als ich noch auf war und auf Hatsumomo wartete, hörte ich das Telefon klingeln. Gleich darauf erschien Yoko und stieg die Treppe hinauf. Als sie wieder herunterkam, hielt sie Hatsumomos Shamisen, zerlegt und in seinem Lackkasten verpackt, in der Hand.

»Das hier sollst du zum Mizuki-Teehaus bringen«, erklärte sie mir. »Hatsumomo hat eine Wette verloren und muß auf dem Shamisen ein Lied spielen. Ich weiß zwar nicht, was in sie gefahren ist, aber sie weigert sich, das Shamisen zu benutzen, das ihr das

Teehaus angeboten hat. Ich glaube, sie will nur Zeit schinden, denn sie hat seit Jahren kein Shamisen mehr in der Hand gehabt.«

Yoko wußte anscheinend nicht, daß ich Hausarrest hatte, und das war eigentlich nicht verwunderlich. Für den Fall, daß sie einen wichtigen Anruf verpaßte, durfte sie das Dienstbotenzimmer nur sehr selten verlassen und wurde in keiner Weise ins Leben der Okiya einbezogen. Ich nahm das Shamisen entgegen, während sie ihren Kimonomantel überzog, um nach Hause zu gehen. Nachdem sie mir erklärt hatte, wie ich zum Mizuki-Teehaus kam, schlüpfte ich, zitternd vor Nervosität, daß mich jemand aufhalten könnte, am Eingang in meine Schuhe. Die Dienerinnen und Kürbisköpfchen, ja sogar die drei älteren Frauen schliefen längst, und Yoko würde innerhalb weniger Minuten das Haus verlassen. Dies schien mir plötzlich *die* Chance zu sein, endlich meine Schwester zu suchen.

Über mir hörte ich Donner grollen, und die Luft roch nach Regen. Also hastete ich an Gruppen von Männern und Geishas vorbei durch die Straßen. Einige Passanten warfen mir seltsame Blicke zu, denn zu jener Zeit gab es in Gion noch Männer und Frauen, die sich ihr Geld als Shamisen-Träger verdienten. Allerdings handelte es sich dabei um ältere Menschen, keine Kinder. Es hätte mich nicht gewundert, wenn einige der Leute, an denen ich vorbeikam, argwöhnten, ich hätte das Shamisen gestohlen und laufe nun mit ihm davon.

Als ich das Mizuki-Teehaus erreicht hatte, begann es zu regnen, doch der Eingang war so elegant, daß ich ihn nicht zu betreten wagte. Die Wände hinter dem kleinen Vorhang in der Türöffnung waren von einem weichen Orangerot und mit dunklem Holz geschmückt. Ein Pfad aus polierten Steinen führte zu einer riesigen Vase, in der knorrige Ahornzweige mit ihren leuchtendroten Herbstblättern arrangiert waren. Schließlich nahm ich all meinen Mut zusammen und durchschritt den Vorhang. Neben der Vase zweigte ein breiter Gang mit einem Boden aus grob poliertem Granit ab. Ich erinnere mich noch daran, wie überrascht ich war, daß all diese Schönheit, die ich sah, nicht mal der Eingang zum Teehaus selbst war, sondern nur der Weg, der zum Eingang führte. Er war von exquisiter Schönheit – wie es ja wohl auch angebracht war, denn obwohl ich es nicht wußte, sah ich eins der exklusivsten Teehäuser von ganz Japan. Und ein Teehaus ist nicht zum Teetrinken da, sondern die Männer gehen dorthin, um sich von Geishas unterhalten zu lassen.

Kaum hatte ich den Eingang betreten, da wurde vor mir die Tür aufgeschoben. Eine junge Dienerin kniete auf der erhöhten Plattform dahinter und blickte auf mich herab; anscheinend hatte sie meine Holzschuhe auf den Steinen gehört. Sie trug einen dunkelblauen Kimono mit einem dezenten grauen Muster. Ein Jahr zuvor hätte ich sie für die junge Herrin dieses außerordentlich schönen Etablissements gehalten, nach so vielen Monaten in Gion jedoch erkannte ich sofort, daß ihr Kimono zwar weitaus schöner war als irgend etwas in Yoroido, aber dennoch zu schlicht für eine Geisha oder die Herrin eines Teehauses. Und ihre Frisur war natürlich ebenso schlicht. Dennoch war sie weit eleganter als ich und blickte verächtlich auf mich herab.

»Geh nach hinten«, sagte sie.

»Hatsumomo hat gebeten, daß ...«

»Geh nach hinten!« wiederholte sie und schob die Tür zu, ohne auf eine Antwort zu warten.

Da es inzwischen heftiger regnete, trabte ich eilig eine schmale Gasse neben dem Teehaus entlang. Als ich ankam, wurde die Hintertür aufgeschoben, und dort erwartete mich kniend die Dienerin von vorhin. Sie sagte kein Wort, sondern nahm mir schweigend den Shamisen-Kasten aus den Armen.

»Fräulein«, sagte ich, »darf ich eine Frage stellen? Können Sie mir sagen, wo ich das Miyagawa-cho-Viertel finde?«

»Was willst du denn da?«

»Ich muß etwas abholen.«

Sie musterte mich mit einem merkwürdigen Blick, sagte mir dann, ich solle am Fluß entlanggehen, bis ich am Minami-za-Theater vorbeigekommen sei. Dort beginne das Miyagawa-cho-Viertel.

Ich beschloß, unter dem Vordach des Teehauses zu warten, bis es aufgehört hatte zu regnen. Als ich mich ein wenig umsah, entdeckte ich einen Gebäudeflügel, der zwischen den Zaunlatten hindurch zu sehen war. Ich preßte ein Auge an den Zaun und sah durch einen wunderschönen Garten bis zu einem Glasfenster. Dahinter saß in einem bezaubernden, ganz in orangerotes Licht gebadeten Tatami-Zimmer eine Gruppe von Männern und Geishas um einen Tisch voller Saketassen und Biergläser. Auch Hatsumomo sah ich dort sowie einen triefäugigen alten Mann, der eine Geschichte zu erzählen schien. Hatsumomo amüsierte sich über irgend etwas, offensichtlich jedoch nicht über das, was der Alte sagte. Immer wieder sah sie zu einer anderen Geisha hinüber, die mir den Rücken zukehrte. Unwillkürlich dachte ich an das letztemal, da ich in ein Teehaus hineingespäht hatte – mit Herrn Tanakas kleiner Tochter Komako –, und plötzlich stieg jenes Gefühl von Schwere in mir auf, das ich vor so langer Zeit an den Gräbern der ersten Familie meines Vaters empfunden hatte – als zöge mich die Erde zu sich hinab. Ein ganz bestimmter Gedanke ging mir im Kopf herum, bis ich ihn nicht mehr ignorieren konnte. Ich wollte ihn abwehren, aber es gelang mir ebensowenig, diesen Gedanken loszuwerden, wie es dem Wind gelingen kann, nicht mehr zu blasen. Also trat ich zurück, sank mit dem Rücken zur Tür auf die steinerne Eingangsstufe und begann zu weinen. Ich konnte nicht aufhören, an Herrn Tanaka zu denken. Er hatte mich von meinen Eltern getrennt, mich in die Sklaverei verkauft und meine Schwester in etwas weit Schlimmeres. Ich hatte ihn für einen freundlichen Menschen gehalten. Ich hatte gedacht, er sei so vornehm, so weltläufig. Was für ein dummes Kind ich doch gewesen war! Ich beschloß, nie wieder nach Yoroido zurückzukehren. Und wenn doch, dann nur, um Herrn Tanaka zu sagen, wie sehr ich ihn haßte.

Als ich schließlich wieder aufstand und mir mit meinem nassen Gewand die Augen wischte, hatte der Regen nachgelassen. In der Luft hing nur noch ein feiner Sprühnebel. Die Pflastersteine der Gasse funkelten im Licht der Laternen wie Gold. Ich kehrte zum Minami-za-Theater mit seinem riesigen Ziegeldach zurück, das mich am ersten Tag, als Herr Bekku Satsu und mich vom Bahnhof hierherbrachte, an einen Palast erinnert hatte. Die Dienerin im Mizuki-Teehaus hatte mir gesagt, ich solle bis hinter das Theater am Fluß entlanggehen, aber der Weg am Fluß hörte am Theater auf. Also folgte ich statt dessen der Straße hinter dem Minami-za. Nach einigen Blocks befand ich mich in einer unbeleuchteten, fast menschenleeren Gegend. Damals wußte ich es nicht, aber die Straßen waren vor allem wegen der Weltwirtschaftskrise so leer; zu jeder anderen Zeit wäre es im Miyagawa-cho-Viertel vermutlich sogar noch belebter gewesen als in Gion. An jenem Abend wirkte es sehr trist, und das war es wohl schon immer. Die Holzfassaden erinnerten zwar an Gion, aber es gab keine Bäume, keinen hübschen Shirakawa-Bach, keine luxuriösen Hauseingänge. Das einzige Licht kam von Glühbirnen in den offenen Haustüren. Dort saßen alte Frauen auf ihren Hockern, neben sich fast immer zwei, drei andere Frauen, die ich für Geishas hielt. Sie trugen Kimonos und Haarschmuck, die denen der Geishas glichen, aber ihr Obi war vorn gebunden statt auf dem Rücken. Das hatte ich noch nie gesehen. Damals wußte ich es nicht zu deuten, aber es ist das Zeichen der Prostituierten: Eine Frau, die ihren Gürtel die ganze Nacht an- und ablegen muß, hat keine Zeit, ihn sich immer wieder hinten zu binden.

Mit Hilfe einer dieser Frauen fand ich das Tatsuyo in einer Sackgasse mit nur drei weiteren Häusern. Alle hatten Schilder neben der Tür hängen. Ich kann Ihnen nicht beschreiben, was ich empfand, als ich das Schild mit der Aufschrift »Tatsuyo« sah, aber mein ganzer Körper schien so sehr zu kribbeln, daß ich fürchtete, jeden Moment zu explodieren. Im Eingang des Tatsuyo saß eine alte Frau auf einem Hocker und unterhielt sich mit einer weit jüngeren, die auf der anderen Straßenseite ebenfalls auf einem Hocker saß – obwohl im Grunde nur die Alte redete. Mit aufklaffendem grauen Gewand und einem Paar Zoris an den Füßen lehnte sie sich an den Türrahmen. Die Zoris waren aus grobem Stroh geflochten, wie man sie auch in Yoroido sah – ganz anders als die schönen Lackzoris, die Hatsumomo zu ihren Kimonos trug. Überdies waren die Füße der Alten nackt, statt mit den glatten Seidensocken bekleidet, die wir *tabi* nennen. Dennoch streckte sie diese Füße mit den verwachsenen Nägeln aus, als wäre sie stolz darauf und wollte, daß jeder sie zu Gesicht bekam.

»Nur noch drei Wochen, dann seht ihr mich hier nie wieder«, sagte sie gerade. »Die Herrin glaubt, daß ich wiederkomme, aber ich denke nicht daran. Die Frau meines Sohnes wird gut für mich sorgen, weißt du. Klug ist sie nicht, aber sie arbeitet fleißig. Hast du sie nicht kennengelernt?«

»Wenn ja, erinnere ich mich nicht mehr«, sagte die jüngere Frau auf der anderen Straßenseite. »Da wartet übrigens ein kleines Mädchen darauf, mit dir zu sprechen. Siehst du sie nicht?«

Jetzt sah mich die Alte zum erstenmal an. Sie sagte nichts, sondern zeigte mir mit einem stummen Kopfnicken, daß sie mir zuhöre.

»Bitte, Herrin«, sagte ich, »haben Sie hier ein Mädchen namens Satsu?«

»Wir haben keine Satsu«, antwortete sie.

Ich war so erschrocken, daß ich nicht wußte, was ich sagen sollte, doch die Alte wurde auf einmal ohnehin hellwach, denn an mir vorbei hielt ein Mann auf den Hauseingang zu. Sie erhob sich halb und verneigte sich mehrmals mit den Händen auf den Knien. »Willkommen«, sagte sie dabei. Als er ins Haus gegangen war, ließ sie sich wieder auf ihrem Hocker nieder und streckte die Beine aus.

»Warum stehst du immer noch da?« fuhr mich die Alte an. »Ich habe dir doch gesagt, daß wir hier keine Satsu haben!«

»Habt ihr doch«, widersprach die junge Frau von der anderen Straßenseite. »Eure Yukiyo. Die hieß früher einmal Satsu, das weiß ich genau.«

»Mag ja sein«, sagte die Alte, »aber für das Mädchen hier haben wir keine Satsu. Ich werde mir doch nicht für nichts und wieder nichts Probleme aufhalsen.«

Ich wußte nicht, was sie damit meinte, bis die jüngere Frau leise entgegnete, ich sähe nicht aus, als hätte ich einen einzigen Sen bei mir. Und damit hatte sie völlig recht. Die Senmünze – der hundertste Teil eines Yen – war damals noch weitgehend im Umlauf, obwohl man mit einem einzelnen Sen beim Straßenverkäufer nicht mal eine leere Tasse kaufen konnte. Seit ich nach Kyoto gekommen war, hatte ich noch keinen einzigen Sen in die Hand bekommen. Wenn ich Botengänge erledigte, bat ich darum, die Ware auf das Konto der Nitta-Okiya zu setzen.

»Wenn Sie Geld wollen«, sagte ich, »wird Satsu Sie bezahlen«.

»Warum sollte sie bezahlen, um mit Leuten wie dir zu reden?«

»Ich bin ihre kleine Schwester.«

Sie winkte mich zu sich, und als ich gehorchte, packte sie mich bei den Armen und drehte mich um.

»Sieh dir dieses Mädchen an«, sagte sie zu der Frau auf der anderen Straßenseite. »Sieht die vielleicht wie eine kleine Schwester von Yukiyo aus? Wenn Yukiyo so hübsch wäre wie die hier, wären wir das beliebteste Haus der ganzen Stadt! Du bist eine Lügnerin, das bist du!« Damit schickte sie mich mit einem kleinen Stoß wieder auf die Gasse hinaus.

Ich muß zugeben, daß ich Angst hatte. Aber meine Entschlossenheit war stärker als meine Angst. Und nachdem ich bis hierher gekommen war, dachte ich nicht daran, einfach zu gehen, nur weil diese Frau mir nicht glaubte. Also machte ich kehrt, verneigte mich vor ihr und sagte: »Wenn ich den Eindruck erwecke, eine Lügnerin zu sein, so entschuldige ich mich dafür, Herrin. Aber das bin ich nicht. Yukiyo ist meine Schwester. Und wenn Sie so freundlich wären, ihr zu sagen, daß Chiyo hier ist, wird Sie Ihnen bezahlen, was Sie verlangen.«

Offenbar hatte ich damit das Richtige gesagt, denn endlich wandte sie sich an die jüngere Frau auf der anderen Straßenseite. »Geh du für mich hinauf. Du hast heute abend nichts zu tun. Außerdem macht mir mein Hals zu schaffen. Ich werde hierbleiben und die Kleine im Auge behalten.«

Die Jüngere erhob sich von ihrem Hocker, überquerte die Gasse und betrat das Tatsuyo. Ich hörte, wie sie drinnen die Treppe hinaufstieg. Schließlich kam sie wieder zurück und sagte:

»Yukiyo hat einen Kunden. Sobald er fertig ist, wird man ihr sagen, daß sie runterkommen soll.«

Die Alte schickte mich auf die andere Seite der Tür, wo ich mich in den Schatten hinkauern sollte, weil man mich dort nicht sehen konnte. Ich weiß nicht, wie lange ich dort hockte, aber die Sorge, jemand in der Okiya könnte entdecken, daß ich nicht da war, wuchs von Minute zu Minute. Ich hatte zwar einen Grund, die Okiya zu verlassen, obwohl Mutter trotzdem zornig auf mich sein würde, doch ich hatte keinerlei Vorwand, so lange wegzubleiben. Schließlich kam ein Mann heraus, der mit einem Zahnstocher in seinen Zähnen herumstocherte. Die Alte erhob sich, um sich zu verneigen, und dankte ihm für seinen Besuch. Und dann hörte ich den schönsten Laut, den ich gehört hatte, seit ich nach Kyoto gekommen war.

»Sie wollten mich sprechen, Herrin?«

Es war Satsus Stimme.

Ich sprang auf und stürzte auf sie zu. Sie stand in der Türöffnung, und ihre Haut wirkte fahl, fast grau – möglicherweise nur, weil sie einen Kimono in grellen Gelb- und Rottönen trug. Die Lippen hatte sie sich mit einem knalligen Lippenstift bemalt, wie Mutter ihn trug. Sie war damit beschäftigt, ihren Gürtel vorn zu binden, wie die Frauen, die ich auf dem Weg hierher gesehen hatte. Ich war so erleichtert, sie zu sehen, und so erregt, daß ich es mir kaum verkneifen konnte, mich in ihre Arme zu werfen. Und auch Satsu stieß einen Schrei aus und bedeckte ihren Mund mit der Hand.

»Die Herrin wird zornig auf mich sein«, sagte die Alte.

»Ich bin sofort wieder da«, erklärte Satsu und verschwand wieder im Tatsuyo. Einen Augenblick später war sie zurück und ließ mehrere Münzen in die geöffnete Hand der Alten fallen, die ihr sagte, sie dürfe mit mir das Reservezimmer im Erdgeschoß benutzen.

»Und wenn du mich husten hörst«, ergänzte sie, »bedeutet das, daß die Herrin kommt. Also beeilt euch!«

Ich folgte Satsu in den düsteren Eingang des Tatsuyo. Das Licht dort war eher bräunlich als gelb, und es roch überall nach Schweiß. Unter der Treppe befand sich eine Schiebetür, die aus den Schienen gefallen war. Satsu zerrte an ihr, bis sie offen war, und mit einiger Mühe gelang es ihr auch, sie hinter uns wieder zu schließen. Wir standen in einem winzigen Tatami-Zimmer, dessen einziges Fenster mit Papier bespannt war. Das Licht von draußen genügte mir, Satsus Gestalt zu erkennen, nicht aber ihre Züge.

»Ach, Chiyo«, seufzte sie und kratzte sich das Gesicht. Oder wenigstens dachte ich, daß sie sich das Gesicht kratzte, denn ich konnte nicht gut sehen. Es dauerte einen Moment, bis ich merkte, daß sie weinte. Da konnte ich meine Tränen auch nicht mehr zurückhalten.

114

»Es tut mir ja so leid, Satsu!« sagte ich. »Es ist alles meine Schuld.«

Irgendwie stolperten wir in der Dunkelheit aufeinander zu, bis wir uns in den Armen hielten. Wie ich mich erinnere, war mein einziger Gedanke, daß sie furchtbar knochig geworden war. Sie strich mir über die Haare, was mich sofort an meine Mutter erinnerte, so daß ich noch mehr weinen mußte.

»Still, Chiyo-chan«, flüsterte sie mir, das Gesicht dicht an meinem, ins Ohr. Ihr Atem roch irgendwie stechend. »Wenn die Herrin merkt, daß du hier warst, werde ich verprügelt. Warum hast du so lange gewartet?«

»Ach, Satsu, es tut mir ja so leid! Ich weiß, du bist zu meiner Okiya gekommen…«

»Vor Monaten…«

»Die Frau, mit der du gesprochen hast, ist ein Ungeheuer. Sie wollte und wollte mir deine Nachricht nicht geben.«

»Ich muß weglaufen, Chiyo. Ich kann hier nicht mehr länger bleiben.«

»Ich komme mit!«

»Wir werden nach Hause zurückkehren. Unter meinen Tatami-Matten oben habe ich einen Eisenbahnfahrplan versteckt. Ich habe Geld gestohlen, wann immer es ging. Ich habe genug, um Frau Kishino zu bezahlen. Sie wird jedesmal geschlagen, wenn ein Mädchen entkommt. Sie wird mich erst gehen lassen, wenn ich sie bezahlt habe.«

»Frau Kishino… Wer ist denn das?«

»Die alte Dame an der Haustür. Sie geht fort. Keine Ahnung, wer ihren Platz einnehmen wird. Ich kann nicht länger warten! Dies ist ein fürchterlicher Ort. Sieh zu, daß du niemals in so einem Haus wie dem hier landest, Chiyo! Aber jetzt solltest du gehen. Die Herrin wird jeden Augenblick auftauchen.«

»Aber warte doch mal! Wann wollen wir davonlaufen?«

»Warte in der Ecke da drüben und sprich kein Wort! Ich muß hinaufgehen.«

Ich gehorchte. Während sie fort war, konnte ich hören, wie die Alte an der Haustür einen Mann begrüßte, der dann mit schweren Schritten die Treppe über meinem Kopf hinaufstolperte.

Irgend jemand kam eilig herunter, und die Tür wurde wieder aufgeschoben. Einen Moment geriet ich in Panik, aber es war nur Satsu, die sehr bleich aussah.

»Am Dienstag. Dienstag am späten Abend werden wir fliehen. Heute in fünf Tagen. Ich muß hinauf, Chiyo. Ich habe einen Kunden.«

»Einen Moment, Satsu! Wo treffen wir uns? Um wieviel Uhr?«

»Ich weiß es nicht... Um ein Uhr morgens. Aber wo, das kann ich jetzt noch nicht sagen.«

Ich schlug vor, wir sollten uns beim Minami-za-Theater treffen, aber Satsu meinte, dort seien wir zu leicht zu finden. Also einigten wir uns auf die Stelle am anderen Flußufer, die dem Theater gegenüberlag.

»Ich muß jetzt gehen«, sagte sie.

»Aber Satsu... Wenn ich nun nicht weg kann? Oder wenn wir uns verfehlen?«

»Sei einfach dort, Chiyo! Ich habe nur diese eine Chance. Ich habe gewartet, solange ich konnte. Du mußt jetzt gehen, bevor die Herrin nach Hause kommt. Wenn sie dich hier erwischt, werde ich wohl nie fliehen können.«

Es gab noch so vieles, was ich ihr sagen wollte, aber sie führte mich auf den Flur hinaus und zwängte die Tür hinter uns wieder zu. Ich hätte gewartet, bis sie die Treppe hinaufgestiegen war, aber in diesem Moment packte mich die Alte an der Haustür beim Arm und zerrte mich in die dunkle Straße hinaus.

Im Laufschritt trabte ich vom Miyagawa-cho-Viertel nach Hause und war erleichtert, als ich die Okiya ebenso still vorfand, wie ich sie verlassen hatte. Ich schlich mich ins Haus und kniete im matten Licht der Eingangshalle nieder, um mir mit dem Ärmel den Schweiß von Stirn und Hals zu wischen und allmählich wieder zu Atem zu kommen. Gerade versuchte ich mich zu beruhigen, weil ich glücklicherweise nicht erwischt worden war, als mein Blick zur Tür des Dienstbotenzimmers wanderte und ich entdeckte, daß sie einen Spalt offenstand – gerade eben weit genug, daß ein Arm hindurchpaßte. Mir lief es eiskalt den Rücken hinab. Niemand ließ diese Tür jemals auf diese Art offen. Solange es nicht erstickend heiß war, blieb sie ganz geschlossen. Als ich jetzt hinsah, glaubte ich drinnen ein Rascheln zu hören. Ich hoffte, daß es eine Ratte war, denn wenn es keine Ratte war, waren es wieder einmal Hatsumomo und ihr Freund. Ich wünschte es mir so intensiv, daß ich – wenn so etwas denn möglich wäre – die Zeit dazu gebracht hätte, rückwärts zu laufen. Ich stand auf und schlich, schwindlig vor Angst und mit staubtrockener Kehle, zum ungepflasterten Hofkorridor hinab. Als ich die Tür des Dienstbotenzimmers erreichte, preßte ich ein Auge an den Spalt, um hineinzupähen. Sehr viel konnte ich nicht sehen. Wegen des feuchten Wetters hatte Yoko am frühen Abend in dem Glutbecken, das in den Boden eingelassen war, Holzkohle in Brand gesetzt. Nur ein schwaches Glühen war davon übriggeblieben, und in dieser matten Beleuchtung wand sich etwas Kleines, Weißes. Fast hätte ich einen Schrei ausgestoßen, als ich es sah, denn ich war sicher, daß es sich um eine Ratte handelte, deren Kopf auf und ab ging, während sie auf etwas kaute. Zu meinem Entsetzen hörte ich sogar feuchte, schmatzende Laute aus ihrem Mund kommen. Sie schien auf etwas anderem zu stehen – worauf, das konnte ich nicht erkennen. Auf dem Boden in meine Richtung ausgestreckt lagen zwei Bündel, die ich für Stoffballen hielt. Die Ratte fraß etwas, was Yoko im Zimmer vergessen haben mußte. Gerade wollte ich die Tür zuschieben, weil ich fürchtete, das Ding könnte mit mir zusammen in den Korridor hinausfliehen, als ich das Stöhnen einer Frau vernahm. Und plötzlich hob sich weit hinter der Stelle, an der die Ratte nagte, ein Kopf, und Hatsumomo starrte mich an. Erschrocken sprang ich von der Tür zurück. Was ich für Stoffballen gehalten hatte, waren ihre Beine. Und die Ratte war alles andere als eine Ratte: Es war die bleiche Hand ihres Freundes, die aus seinem Ärmel hervorragte.

»Was ist denn?« hörte ich die Stimme des Freundes fragen. »Ist da jemand?«

»Es ist nichts«, flüsterte Hatsumomo.

»Da ist jemand.«

»Nein, da ist keiner«, behauptete sie. »Ich dachte, ich hätte etwas gehört, aber da ist niemand.«

Ich bezweifelte keinen Moment, daß Hatsumomo mich gesehen hatte. Aber anscheinend wollte sie nicht, daß ihr Freund etwas davon erfuhr. Hastig entfernte ich mich wieder, um im Hauseingang niederzuknien. Ich fühlte mich so zerschlagen, als wäre ich von einem Bus überfahren worden. Eine Zeitlang hörte ich aus dem Dienstbotenzimmer noch Stöhnen und andere Geräusche, dann hörte es auf. Als Hatsumomo und ihr Freund schließlich auf den Hofkorridor heraustraten, sah mir ihr Freund direkt ins Gesicht.

»Die Kleine von der Eingangshalle!« sagte er. »Die war nicht da, als ich herkam.«

»Ach, die brauchst du nicht zu beachten. Sie war heute abend ein ungezogenes Mädchen und hat die Okiya verlassen, obwohl es ihr verboten war. Mit der rede ich später.«

»Also war da doch jemand, der uns nachspioniert hat! Warum hast du mich angelogen?«

»Koichi-san«, sagte Hatsumomo, »du hast heute abend aber keine sehr gute Laune!«

»Du bist nicht im geringsten überrascht, daß sie da ist. Du wußtest es die ganze Zeit.«

Mit langen Schritten kam Hatsumomos Freund zur Eingangshalle herüber, wo er stehenblieb und mich finster anfunkelte, bevor er in den Eingang hinabtrat. Ich hielt den Blick gesenkt, aber ich spürte, wie ich puterrot wurde. Hatsumomo eilte an mir vorbei, um ihm mit seinen Schuhen behilflich zu sein. Dabei hörte ich, wie sie mit flehentlichem, fast winselndem Ton auf ihn einredete. So hatte ich sie noch nie mit einem Menschen sprechen hören.

»Bitte, Koichi-san«, sagte sie, »beruhige dich doch! Ich weiß nicht, was du heute abend hast! Bitte, komm doch morgen wieder...«

»Ich will dich morgen nicht sehen.«

»Ich finde es furchtbar, wenn du mich so lange warten läßt. Ich treffe mich mit dir, wo du nur willst, und wenn's auf dem Boden des Flußbetts sein muß.«

»Ich habe keinen Ort, wo ich mich mit dir treffen kann. Meine Frau beobachtet mich ohnehin schon allzu argwöhnisch.«

»Dann komm wieder hierher. Wir haben das Dienstboten- zimmer...«

»Wenn's dir Spaß macht, rumzuschleichen und dich bespitzeln zu lassen – von mir aus! Aber laß mich in Ruhe, Hatsumomo. Ich will nach Hause.«

»Bitte, sei mir nicht böse, Koichi-san. Ich weiß nicht, warum du heute so bist! Versprich mir, daß du wiederkommst, auch wenn es nicht gleich morgen ist.«

»Einmal muß es vorbei sein«, antwortete er. »Das habe ich dir doch die ganze Zeit gesagt.«

Ich hörte, wie die Außentür aufgeschoben und wieder geschlossen wurde; nach einer Weile kehrte Hatsumomo in die Eingangshalle zurück und starrte blicklos den Hofkorridor entlang. Schließlich wandte sie sich zu mir um und wischte sich die Tränen aus den Augen.

»So, kleine Chiyo«, sagte sie. »Du hast also deine häßliche Schwester besucht, oder?«

»Bitte, Hatsumomo-san«, flehte ich.

»Und dann bist du hierher zurückgekommen, um mir nachzuspionieren!« Das sagte Hatsumomo so laut, daß sie eine der älteren Dienerinnen weckte, die sich auf einen Ellbogen stützte, um uns zu beobachten. »Geh wieder schlafen, du dumme Alte!« schrie Hatsumomo sie an. Die Dienerin schüttelte den Kopf und legte sich wieder hin.

»Hatsumomo-san, ich werde alles tun, was Sie wollen«, beteuerte ich hastig. »Ich will keinen Ärger mit Mutter haben.«

»Natürlich wirst du tun, was ich will. Das steht überhaupt nicht zur Debatte. Und Ärger hast du ohnehin schon genug.«

»Ich mußte Ihnen das Shamisen bringen.«

»Das war vor über einer Stunde. Du bist zu deiner Schwester gegangen und hast mit ihr besprochen, wie ihr von hier fliehen wollt. Hältst du mich etwa für blöde? Und dann bist du zurückgekommen, um mich zu bespitzeln!«

»Bitte, verzeihen Sie mir«, sagte ich. »Ich wußte doch nicht, daß Sie hier sind. Ich dachte, es wäre …«

Ich wollte ihr erzählen, daß ich eine Ratte gesehen zu haben meinte, aber das hätte sie wohl kaum freundlich aufgenommen.

Sie musterte mich noch eine Weile, dann ging sie nach oben auf ihr Zimmer. Als sie zurückkam, hielt sie etwas in der Faust.

»Du möchtest mit deiner Schwester fliehen, nicht wahr?« sagte sie. »Ich halte das für eine gute Idee. Je früher du die Okiya verläßt, desto besser für mich. Manche Leute meinen, ich hätte kein Herz, aber das ist nicht wahr. Die Vorstellung, daß du mit dieser fetten Kuh auf und davon gehen willst, um irgendwo mutterseelenallein auf dieser Welt dein Brot zu verdienen, ist rührend! Je schneller du von hier verschwindest, desto besser für mich. Steh auf!«

Ich erhob mich, obwohl ich Angst vor dem hatte, was sie mir antun würde. Was immer sie in ihrer Faust hielt – sie hatte vor, es in den Gürtel meines Gewandes zu stecken, doch als sie auf mich zutrat, wich ich zurück.

»Sieh doch!« Damit öffnete sie die Hand. Sie enthielt eine Anzahl gefalteter Geldscheine – ich weiß nicht genau, wieviel es war, aber weit mehr Geld, als ich je gesehen hatte. »Das hab' ich für dich aus meinem Zimmer geholt. Du brauchst dich nicht bei mir zu bedanken. Nimm's einfach. Du kannst es gutmachen, indem du aus Kyoto verschwindest, damit ich dich nie wieder sehen muß.«

Tantchen hatte mir geraten, Hatsumomo niemals zu trauen, selbst wenn sie sich erbot, mir zu helfen. Doch als ich daran dachte, wie sehr Hatsumomo mich haßte, begriff ich, daß sie im Grunde gar nicht mir half, sondern sich selbst, wenn sie mich loswurde. Ich stand ganz still, während sie in mein Gewand griff und die Scheine unter meinen Gürtel schob. Ich spürte, wie ihre blanken Nägel meine Haut berührten. Sie drehte mich um, damit sie meinen Gürtel neu binden konnte, weil sie verhindern wollte, daß die Scheine ins Rutschen kamen. Und dann tat sie etwas sehr Seltsames: Sie drehte mich wieder um und begann mir mit einem fast mütterlichen Ausdruck über den Kopf zu streicheln. Allein die Vorstellung, daß Hatsumomo freundlich zu mir sein könnte, war so abwegig, daß ich das Gefühl hatte, als wäre eine Schlange an mir emporgekrochen und schmiegte sich an mich wie eine Katze. Und bevor ich wußte, wie mir geschah, griff sie plötzlich bis auf meine Kopfhaut durch, bleckte in furchtbarer Wut die Zähne, packte eine Handvoll meiner Haare und zerrte so heftig daran, daß ich auf die Knie fiel und aufschrie. Ich hatte keine Ahnung, was das sollte. Gleich darauf zog Hatsumomo mich wieder auf die Füße und schleifte mich die Treppe hinauf, indem sie meinen Kopf an den Haaren hierhin und dorthin riß. Dabei schrie sie mich wütend an, während ich selbst so laut schrie, daß es mich nicht gewundert hätte, wenn alle Leute in der Straße aus dem Schlaf hochgeschreckt wären.

Oben im ersten Stock rüttelte Hatsumomo an Mutters Tür und rief nach ihr. Mutter öffnete sehr schnell, während sie noch ihren Gürtel band, und sah sehr zornig aus.

»Was ist los mit euch beiden?« fragte sie.

»Mein Schmuck!« sagte Hatsumomo. »Dieses dumme, törichte Mädchen!« Und begann mich wütend zu schlagen. Ich konnte mich nur noch auf dem Fußboden zu einem Ball zusammenrollen und sie unter Tränen bitten aufzuhören, bis Mutter sie irgendwie zurückhielt. Inzwischen war auch Tantchen aus ihrem Zimmer gekommen.

»Ach Mutter«, sagte Hatsumomo, »auf dem Rückweg zur Okiya hab' ich heute abend zu sehen geglaubt, wie die kleine Chiyo am Ende der Gasse mit einem Mann sprach. Ich habe mir nichts dabei gedacht, denn ich wußte ja, daß sie das nicht sein konnte. Sie darf doch die Okiya gar nicht verlassen. Aber als ich in mein Zimmer kam, fand ich den Schmuckkasten durchwühlt, und lief schnell zurück – gerade noch rechtzeitig, um zu sehen, wie Chiyo dem Mann etwas überreichte. Sie wollte weglaufen, aber ich habe sie erwischt!«

Mutter sah mich sehr lange schweigend an.

»Der Mann ist entkommen«, fuhr Hatsumomo fort, »aber Chiyo hat, glaube ich, etwas von meinem Schmuck verkauft, um zu Geld zu kommen. Sie will nämlich aus der Okiya fliehen, Mutter, das ist jedenfalls mein Eindruck – und das, nachdem wir alle so nett zu ihr waren!«

»Also gut, Hatsumomo«, sagte Mutter endlich. »Das reicht. Du und Tantchen, ihr geht jetzt in dein Zimmer und seht nach, was fehlt.«

Kaum war ich mit Mutter allein, blickte ich von dort, wo ich auf dem Boden kniete, zu ihr empor und flüsterte: »Das ist nicht wahr, Mutter… Hatsumomo war mit ihrem Freund im Dienstbotenzimmer. Sie ist aus irgendeinem Grund wütend und läßt es an mir aus. Ich habe ihr nichts gestohlen!«

Mutter schwieg; ich war nicht einmal sicher, ob sie mich gehört hatte. Kurz darauf kam Hatsumomo zurück und erklärte, ihr fehle eine Brosche, die sie als Schmuck vorn an ihrem Obi zu tragen pflegte.

»Meine Smaragdbrosche, Mutter!« sagte sie immer wieder und weinte wie eine erstklassige Schauspielerin. »Sie hat diesem schrecklichen Mann meine Smaragdbrosche verkauft! Es war *meine Brosche!* Wofür hält sie sich, daß sie es wagt, mir ein so kostbares Schmuckstück zu stehlen!«

»Durchsuch das Mädchen!« befahl Mutter.

Einmal, als ich ein kleines Mädchen von ungefähr sechs Jahren war, beobachtete ich, wie eine Spinne in einer Hausecke ihr Netz spann. Bevor die Spinne noch fertig war, verfing sich eine Mücke in ihrem Netz. Anfangs schenkte die Spinne ihr keine Beachtung, sondern fuhr mit ihrer Arbeit fort, erst als sie fertig war, stakste sie auf ihren dünnen Beinen hinüber, um der armen Mücke den Todesbiß zu versetzen. Als ich da auf dem Holzboden saß und zusah, wie Hatsumomo kam und mit ihren dürren Fingern nach mir griff, wußte ich, daß ich in einem Netz gefangen saß, das sie für mich gesponnen hatte. Ich konnte nicht erklären, woher das Geld kam, das ich in meinem Gürtel trug. Als sie es herauszog, nahm Mutter es ihr ab, um es zu zählen.

»Du bist ein Dummkopf, eine Smaragdbrosche für einen so geringen Betrag zu verkaufen«, sagte sie zu mir. »Vor allem, da es dich beträchtlich mehr kosten wird, sie zu ersetzen.«

Sie stopfte das Geld in ihr eigenes Nachtgewand und sagte zu Hatsumomo: »Du bist heute nacht hier in der Okiya mit einem Freund zusammengewesen.«

Hatsumomo erschrak, aber sie zögerte keinen Moment mit ihrer Antwort: »Wie kommen Sie auf so eine Idee, Mutter?«

Eine lange Pause entstand, dann sagte Mutter zu Tantchen: »Halt ihre Arme fest!«

Tantchen packte Hatsumomo bei den Armen und hielt sie von hinten fest, während Mutter die Säume von Hatsumomos Kimono in Hüfthöhe auseinanderzog. Ich dachte, Hatsumomo würde sich wehren, aber das tat sie nicht. Sie durchbohrte mich mit eiskaltem Blick, während Mutter das *koshimaki* hochraffte und ihre Knie auseinanderdrückte. Dann griff ihr Mutter zwischen die Beine, und als sie ihre Hand zurückzog, waren ihre Fingerspitzen naß. Sie rieb Daumen und Zeigefinger aneinander und roch daran. Dann holte sie mit der Hand aus und versetzte Hatsumomo eine kräftige Ohrfeige, die einen feuchten Streifen hinterließ.

8. KAPITEL

Hatsumomo war nicht die einzige, die am nächsten Tag wütend auf mich war, denn Mutter befahl, allen Dienerinnen sechs Wochen lang die Fischrationen zu streichen, weil sie geduldet hatten, daß Hatsumomo ihren Freund in die Okiya mitbrachte. Hätte ich ihnen den Fisch eigenhändig aus den Eßschalen gestohlen – ich glaube, die Dienerinnen hätten nicht wütender auf mich sein können. Kürbisköpfchen brach sogar in Tränen aus, als sie erfuhr, was Mutter angeordnet hatte. Ich selbst fühlte mich jedoch, ehrlich gesagt, gar nicht so unbehaglich, wie Sie es sich vielleicht vorstellen, weil mich alle finster anblickten und man den Preis einer Obibrosche, die ich weder gesehen noch jemals berührt hatte, auf mein Schuldenkonto aufschlug. Alles, was mir das Leben jetzt noch schwerer machte, bestärkte mich nur in meinen Fluchtplänen.

Ich denke nicht, daß Mutter wirklich glaubte, ich hätte die Obibrosche gestohlen – obwohl es ihr mit Sicherheit nichts ausmachte, auf meine Kosten eine neue zu kaufen, wenn sie Hatsumomo damit bei Laune halten konnte. Aber weil Yoko es ihr bestätigte, zweifelte sie keinen Moment daran, daß ich die Okiya verlassen hatte, obwohl ich das nicht durfte. Und als ich erfuhr, daß Mutter befohlen hatte, die Vordertür abzuschließen, damit ich mich nicht noch einmal hinausstehlen konnte, wäre ich fast in Ohnmacht gefallen. Wie sollte ich nun aus der Okiya entkommen? Einzig Tantchen hatte einen Schlüssel, und den trug sie sogar beim Schlafen um den Hals. Obendrein wurde mir die Aufgabe, an den Abenden an der Tür zu sitzen, abgenommen und Kürbisköpfchen übertragen, die Tantchen jedesmal wecken mußte, wenn Hatsumomo nach Hause kam.

So lag ich jede Nacht auf meinem Futon und dachte nach, doch auch am Montag, dem Tag vor unserer geplanten Flucht, hatte ich noch keine Lösung gefunden. Ich war so verzweifelt, daß ich

124

keine Kraft mehr für meine Pflichten hatte, und die Dienerinnen schalten mich, weil ich mit dem Staubtuch einfach über das Holzwerk wischte, das ich doch polieren sollte, und einen Besen durch den Hofkorridor zog, den ich eigentlich fegen sollte. Am Montagnachmittag verbrachte ich viel Zeit im Innenhof und tat, als jäte ich das Unkraut, während ich in Wirklichkeit nur auf den Steinen kauerte und vor mich hin brütete. Dann trug mir eine der Dienerinnen auf, den Holzboden im Dienstbotenzimmer aufzuwischen, wo Yoko am Telefon saß, und da geschah etwas Ungewöhnliches. Ich wrang einen Putzlappen auf dem Boden aus, doch statt sich den Weg zur Tür zu suchen, wie ich es erwartet hatte, floß das Wasser in eine der hinteren Zimmerecken.

»Na, so was, Yoko!« sagte ich. »Das Wasser läuft bergauf!«

Natürlich lief es nicht wirklich bergauf. Es wirkte nur so auf mich. Von diesem Phänomen war ich so überwältigt, daß ich immer wieder Wasser aus dem Lappen wrang und zusah, wie es in die Ecke floß. Und dann... Nun ja, wie es geschah, kann ich wirklich nicht genau sagen, aber plötzlich sah ich mich die Treppe in den ersten Stock steigen, von da aus die Leiter hinauf, durch die Falltür und auf das Dach neben den Wassertank.

Das Dach! Ich war so verblüfft bei dieser Vorstellung, daß ich meine Umgebung völlig vergaß, und als das Telefon neben Yoko schrillte, hätte ich vor Schreck fast aufgeschrien. Ich war nicht sicher, was ich tun sollte, wenn ich auf dem Dach angelangt war, aber wenn ich von dort aus einen Weg auf den Boden hinunter fand, konnte ich mich vielleicht doch noch mit Satsu treffen.

Als ich am folgenden Abend zu Bett ging, begann ich demonstrativ zu gähnen und ließ mich wie ein Sack Reis auf meinen Futon fallen. Jeder, der mich sah, wäre überzeugt gewesen, daß ich sofort einschlafen würde, in Wirklichkeit aber war ich hellwach. Ich blieb eine Weile liegen, dachte an mein Zuhause und fragte mich, was für ein Gesicht mein Vater wohl machen würde, wenn er vom Tisch aufblickte und mich an der Tür stehen sah. Vermutlich würden die Säcke unter seinen Augen noch tiefer herabhängen, und er würde in Tränen ausbrechen, oder aber sein Mund würde jene seltsame Form annehmen, die bei ihm Lächeln bedeutete. Meine

Mutter wagte ich mir nicht so lebhaft vorzustellen, denn schon der Gedanke an sie trieb mir die Tränen in die Augen.

Endlich legten sich die Dienerinnen auf ihren Futons neben mir zur Ruhe, während Kürbisköpfchen ihre Wartestellung für Hatsumomo bezog. Ich hörte, wie Großmama Sutren aufsagte, was sie jeden Abend vor dem Schlafengehen tat. Dann beobachtete ich durch die einen Spaltbreit geöffnete Tür, wie sie ihr Nachthemd anzog. Als ich sah, wie sie das Tagesgewand von den Schultern streifte, war ich entsetzt, denn ich hatte sie noch nie ganz nackt gesehen. Es war nicht nur die Hühnerhaut an ihrem Hals und ihren Schultern – nein, ihr ganzer Körper erinnerte mich an einen Haufen zerknitterter Wäsche. Sie wirkte seltsam mitleiderregend auf mich, wie sie sich da abmühte, das Schlafgewand zu entfalten, das sie vom Tisch genommen hatte. Alles an ihr hing herab, selbst die langen Brustwarzen. Je länger ich sie betrachtete, desto stärker hatte ich das Gefühl, daß sie sich in ihrer verschwommenen Altenart genauso mit Erinnerungen an ihre Eltern herumschlug, wie ich es eben getan hatte. Wahrscheinlich hatten ihre Eltern sie als kleines Mädchen ebenfalls in die Sklaverei verkauft. Vielleicht hatte auch sie eine Schwester verloren. Noch nie hatte ich Großmama aus diesem Blickwinkel betrachtet. Unwillkürlich fragte ich mich, ob für sie das Leben vielleicht ganz ähnlich begonnen hatte wie für mich. Die Tatsache, daß sie eine gemeine Alte, ich dagegen nichts als ein kleines Mädchen war, das sich mühsam durchs Leben schlug, spielte dabei keine Rolle. Konnte es nicht jedem passieren, daß ihn eine falsche Wendung, die das Leben nahm, hart und gemein machte? Ich erinnerte mich noch genau an jenen Tag in Yoroido, da ein Junge mich am Teich in einen Dornbusch stieß. Als ich mich wieder daraus hervorgekämpft hatte, war ich so wütend, daß ich meine Zähne am liebsten in ein Stück Holz geschlagen hätte. Wenn ein paar Minuten voller Qual mich so wütend gemacht hatten – was würden viele Jahre dann bewirken? Selbst ein Stein kann von stetem Regen ausgehöhlt werden.

Hätte mein Entschluß, wegzulaufen, nicht schon festgestanden – der Gedanke an das Leid, das mich in Gion vermutlich erwartete, hätte mich wohl in Angst und Schrecken versetzt. Mit Sicherheit würde es aus mir eine Frau wie Großmama machen. Aber ich tröstete mich mit dem Gedanken, daß ich vom nächsten Tag an beginnen konnte, selbst meine Erinnerungen an Gion zu tilgen. Wie ich aufs Dach gelangen sollte, wußte ich schon; was jedoch die Kletterpartie von dort bis zur Straße hinunter betraf... nun ja, da war ich mir überhaupt nicht sicher. Es würde mir wohl nichts anderes übrigbleiben, als es im Dunkeln auf mich zukommen zu lassen. Doch selbst wenn ich es wohlbehalten bis unten schaffte, würden meine Probleme dann erst beginnen. Wie mühsam das Leben in Gion auch war, das Leben nach der Flucht würde bestimmt noch viel mühseliger werden. Die Welt war einfach zu grausam – wie sollte ich da überleben? Angsterfüllt blieb ich eine Weile auf meinem Futon liegen und fragte mich, ob ich wirklich die Kraft besaß, meinen Plan auszuführen... Aber Satsu wartete auf mich. Sie würde wissen, was wir tun mußten.

Es dauerte ziemlich lange, bis Großmama in ihrem Zimmer zur Ruhe kam. Die Dienerinnen schnarchten inzwischen schon laut. Ich tat, als drehte ich mich auf meinem Futon um, und warf einen Blick zu Kürbisköpfchen hinüber, die nicht weit von mir entfernt auf dem Fußboden kniete. Ihr Gesicht konnte ich nicht gut sehen, aber ich hatte den Eindruck, daß sie allmählich schläfrig wurde. Ursprünglich hatte ich warten wollen, bis sie eingeschlafen war, aber inzwischen war mir das Gefühl für die Zeit abhanden gekommen; außerdem konnte jeden Moment Hatsumomo auftauchen. Also richtete ich mich möglichst geräuschlos auf. Falls mich dennoch jemand hörte, wollte ich einfach auf die Toilette gehen und dann zurückkehren. Doch niemand nahm Notiz von mir. Das Gewand, das ich am folgenden Morgen tragen wollte, lag gefaltet neben meinem Futon. Ich nahm es mit und huschte geradewegs zum Treppenhaus.

Vor Mutters Tür machte ich halt, um eine Weile zu lauschen. Da sie normalerweise nicht schnarchte, sagte mir die Stille nur, daß sie weder telefonierte noch anderweitige Geräusche machte. Im Grunde war es in ihrem Zimmer jedoch nicht mucksmäuschenstill, denn Taku, ihr kleiner Hund, schnaufte ziemlich laut im Schlaf. Je länger ich lauschte, desto deutlicher schien ich aus seinem Schnaufen meinen Namen herauszuhören: »CHI-yo!

CHI-yo!« Ich wollte mich nicht zur Okiya hinausschleichen, solange ich nicht sicher war, daß Mutter schlief; also beschloß ich, die Tür aufzuschieben und einen Blick hineinzuwerfen. Wenn sie wach war, wollte ich sagen, daß jemand mich gerufen habe. Wie Großmama schlief auch Mutter bei Lampenlicht, daher konnte ich, als ich die Tür einen Spaltbreit öffnete und hineinspähte, die papiertrockenen Sohlen ihrer Füße erkennen, die unter der Decke hervorragten. Zwischen ihren Füßen lag der schnaufende Tako.

Ich schloß die Tür und wechselte im oberen Flur die Kleidung. Das einzige, was mir nun noch fehlte, waren Schuhe – es kam mir gar nicht in den Sinn, ohne sie zu fliehen, was Ihnen vielleicht eine Vorstellung davon gibt, wie sehr ich mich seit dem Sommer verändert hatte. Hätte Kürbisköpfchen nicht in der Eingangshalle gekniet, hätte ich mir ein Paar von den Holzschuhen geholt, die wir im ungepflasterten Hofkorridor trugen. Statt dessen nahm ich die Schuhe, die für die Benutzung der oberen Toilette bestimmt waren. Sie waren von schlechter Qualität, mit nur einem Lederriemen, der den Schuh am Fuß hielt. Und zu allem Übel waren sie viel zu groß für mich, aber ich hatte keine Wahl.

Nachdem ich die Falltür lautlos hinter mir geschlossen hatte, stopfte ich mein Nachtgewand unter den Wassertank und kletterte weiter, um mich rittlings auf den Dachfirst zu setzen. Ich will nicht behaupten, daß ich keine Angst gehabt hätte; die Stimmen der Menschen auf der Straße schienen von sehr weit unten zu kommen. Aber für Angst blieb keine Zeit, denn jeden Moment konnte eine der Dienerinnen oder sogar Tantchen oder Mutter auf der Suche nach mir durch die Falltür heraufkommen. Ich zog die Schuhe über meine Hände, damit ich sie nicht fallen ließ, und begann mich auf dem Dachfirst entlangzuschieben, was sich weitaus schwieriger gestaltete als erwartet. Die Dachziegel waren so dick, daß sie dort, wo sie einander überlappten, fast eine kleine Stufe bildeten, und sobald ich mein Gewicht verlagerte, begannen sie zu klappern, es sei denn, ich bewegte mich im Schneckentempo. Und jedes Geräusch hallte von den umliegenden Dächern wider.

Ich brauchte mehrere Minuten, um auf die andere Seite unserer Okiya zu gelangen. Das Dach des Nachbargebäudes lag eine Stufe tiefer als das unsere. Ich stieg hinab und hielt einen Moment inne, um einen Weg zur Straße hinunter zu suchen, doch ich sah nichts als tiefe Finsternis. Das Dach war viel zu hoch und steil, so daß ich nicht mal daran denken konnte, mich auf gut Glück hinabgleiten zu lassen. Da ich keineswegs sicher war, daß das nächste Dach günstiger wäre, geriet ich in leichte Panik. Aber ich fuhr fort, von einem Dachfirst zum anderen zu rutschen, bis ich kurz vor dem Ende des Häuserblocks in einen offenen Innenhof hinabblickte. Wenn es mir gelang, zur Dachrinne hinabzuklettern, konnte ich mich daran entlang weiterschieben, bis ich zu einem Gebäude kam, das ein Badehaus zu sein schien. Vom Dach des Badehauses konnte ich dann mühelos in den Innenhof gelangen.

Die Vorstellung, inmitten eines fremden Hauses zu landen, behagte mir gar nicht. Es handelte sich zweifellos um eine Okiya, denn in unserem Block gab es nichts anderes. An der Vordertür würde höchstwahrscheinlich irgend jemand auf die Rückkehr der Geishas warten und mich, sobald ich hinauszulaufen versuchte, am Arm festhalten. Und was, wenn die Vordertür, genau wie unsere, verschlossen war? Wäre mir eine Wahl geblieben, ich hätte diesen Weg nicht mal im Traum in Betracht gezogen. Aber ich hielt diesen Weg für den sichersten, der sich mir bot.

Lange blieb ich da auf dem Dachfirst sitzen und lauschte auf irgendein identifizierbares Geräusch aus dem Hof. Doch alles, was ich hörte, waren das Gelächter und die Stimmen von der Straße. Ich hatte keine Ahnung, was ich in diesem Hof vorfinden würde, wenn ich landete, aber ich fand, ich sollte losklettern, bevor jemand aus meiner Okiya meine Flucht entdeckte. Hätte ich eine Ahnung gehabt, wie sehr ich mir damit schadete, hätte ich auf diesem Dachfirst kurz entschlossen kehrtgemacht und wäre sofort wieder nach Hause gerutscht. Aber ich ahnte nicht, was auf dem Spiel stand. Ich war ein Kind, das glaubte, ein großes Abenteuer vor sich zu haben.

Ich schwang ein Bein hinüber, so daß ich an der Dachschräge hing und mich nur noch mühsam am First festzuhalten vermochte. In panischer Angst stellte ich fest, daß dieses Dach viel steiler war, als ich erwartet hatte. Ich versuchte mich wieder hochzuziehen, schaffte es aber nicht. Mit den Toilettenschuhen an den

Händen konnte ich mich nicht richtig am Dachfirst festklammern, sondern nur die Handgelenke darüberhaken. Jetzt wußte ich, daß mir keine Wahl mehr blieb, denn ich würde nie wieder hinaufklettern können; doch ich argwöhnte, daß meine Rutschpartie das Dach hinunter im selben Moment, da ich losließ, außer Kontrolle geraten würde. In meinem Kopf überschlugen sich die Gedanken, aber bevor ich mich noch richtig entschlossen hatte, wurde mir die Entscheidung abgenommen. Ich rutschte das Dach hinunter, zuerst langsamer, als ich erwartet hatte, so daß ich wieder zu hoffen wagte, ich könne dort, wo das Dach nach außen schwang, um den Vorsprung zu bilden, wieder Halt finden. Dann aber trat mein Fuß einen der Dachziegel los, der mit einem laut klappernden, scharrenden Geräusch hinabrutschte und im Innenhof unten zersprang. Gleich darauf entglitt mir einer der Toilettenschuhe und kollerte an mir vorbei. Ich vernahm ein leichtes Plop, als er unten landete, doch dann kam ein weitaus schlimmeres Geräusch: das Geräusch von Schritten, die sich auf einem hölzernen Verandagang dem Innenhof näherten.

Immer wieder hatte ich beobachtet, daß Fliegen auf einer Wand oder Decke genauso sicheren Halt fanden wie auf ebener Erde. Ob das nun daher rührte, daß sie klebrige Füße hatten, oder daher, daß sie so leicht waren, wußte ich nicht, doch als ich hörte, wie sich unten jemand näherte, beschloß ich, eine Möglichkeit zu finden, mich wie eine Fliege ans Dach zu klammern, und zwar schnell, sonst würde ich im nächsten Moment im Innenhof landen. Also versuchte ich, zuerst meine Zehen tief in das Dach zu graben, und dann auch Ellbogen und Knie. Zuletzt tat ich in meiner Verzweiflung das Allerdümmste: Ich zog den Schuh von meiner anderen Hand und versuchte meinen Fall zu stoppen, indem ich beide Hände flach auf die Ziegel preßte. Meine Handflächen müssen schweißnaß gewesen sein, denn statt meinen Fall zu bremsen, beschleunigten sie ihn noch. Ich hörte, wie ich mit einem zischenden Geräusch hinabsauste, und dann war auf einmal das Dach weg.

Sekundenlang hörte ich gar nichts; um mich nichts als eine erschreckende Stille. Während ich durch die Luft segelte, hatte ich genug Zeit für eine klare Vorstellung: Ich sah eine Frau vor mir, die den Innenhof betrat, zu Boden blickte, den zersprungenen Ziegel auf dem Boden liegen sah und ihren Blick dann gerade noch rechtzeitig noch oben richtete, um zu sehen, wie ich vom Dach direkt auf sie drauffiel; aber so war es natürlich nicht. Ich drehte mich im Fallen und landete auf der Seite. Ich war noch imstande, meinen Kopf mit einem Arm zu schützen, aber ich schlug immer noch so hart auf, daß ich ganz benommen wurde. Ich weiß nicht, wo die Frau stand, und ob sie überhaupt im Innenhof war, als ich aus dem Himmel herabstürzte. Aber sie schien gesehen zu haben, wie ich vom Dach fiel, denn während ich wie betäubt auf dem Boden lag, hörte ich sie ausrufen:

»Du meine Güte! Es regnet kleine Mädchen!«

Nun, am liebsten wäre ich aufgesprungen und blitzschnell hinausgelaufen, aber das konnte ich nicht. Meine eine Körperhälfte schmerzte fürchterlich. Allmählich wurde mir bewußt, daß sich zwei Frauen über mich beugten. Die eine sagte immer wieder dasselbe, aber was, das konnte ich nicht verstehen. Dann sprachen sie miteinander, und eine hob mich vom Moosboden auf und setzte mich auf den hölzernen Verandagang. An ihr Gespräch erinnere ich mich nur bruchstückweise.

»Ich schwöre Ihnen, Herrin, sie ist vom Dach gefallen!«

»Warum in aller Welt sollte sie Toilettensandalen bei sich haben? Bist du da oben hinaufgestiegen, um die Toilette zu benutzen, Kleine? Kannst du mich hören? Warum tust du so was Gefährliches? Du kannst von Glück sagen, daß du dir beim Fallen nicht alle Knochen gebrochen hast!«

»Sie kann Sie nicht hören, Herrin. Sehen Sie sich doch ihre Augen an.«

»Natürlich kann sie mich hören. Sag was, Kleine!«

Doch ich vermochte nichts zu sagen. Ich konnte, als ich da lag, nur daran denken, daß Satsu gegenüber dem Minami-za-Theater auf mich wartete und ich nicht dort auftauchen würde.

Die Dienerin wurde die Straße entlanggeschickt, wo sie an alle Türen klopfen sollte, bis sie in Erfahrung gebracht hatte, woher ich kam. Inzwischen lag ich im Schockzustand zusammengekrümmt auf dem Boden. Ich weinte ohne Tränen und hielt mir den Arm, der furchtbar weh tat, als ich plötzlich merkte, daß mich irgend jemand auf die Füße riß und mir eine Ohrfeige versetzte.

»Du Dummkopf!« sagte eine Stimme. Vor mir stand Tantchen, die mich sogleich wutentbrannt hinter sich aus der Okiya und die Straße entlangzerrte. Als wir unsere Okiya erreichten, lehnte sie mich an die hölzerne Tür und versetzte mir eine zweite Ohrfeige.

»Weißt du überhaupt, was du angerichtet hast?« fragte sie mich, fuhr aber gleich fort, ohne die Antwort abzuwarten: »Was hast du dir bloß dabei gedacht? Jetzt hast du dir alles kaputt-gemacht... Ausgerechnet so was! Du Esel, du Dummkopf!«

Nie hätte ich gedacht, daß Tantchen so zornig sein könnte. Sie zerrte mich in den Innenhof und warf mich bäuchlings auf den Verandagang. Jetzt begann ich richtig zu weinen, denn ich wußte, was mir bevorstand. Doch statt mich wie davor nur halbherzig zu schlagen, goß mir Tantchen einen Eimer Wasser übers Gewand, damit die Stockschläge noch mehr schmerzten, und verprügelte mich so schwer, daß ich nicht mehr atmen konnte. Als sie fertig war, warf sie den Stock zu Boden und rollte mich auf den Rücken. »Jetzt wirst du nie eine Geisha werden!« schrie sie mich an. »Ich hatte dich vor einem Fehler wie diesem gewarnt. Nun kann dir wirklich keiner mehr helfen!«

Was sie sonst noch sagte, ging in dem gräßlichen Lärm unter, der ein Stück entfernt auf dem Verandagang aufkam. Großmama verabreichte Kürbisköpfchen eine Tracht Prügel, weil sie nicht besser auf mich geachtet hatte.

Wie sich herausstellte, hatte ich mir bei meiner Landung in dem fremden Innenhof den Arm gebrochen. Am folgenden Morgen kam der Doktor und brachte mich in ein nahe gelegenes Kran-kenhaus. Als ich mit Gipsarm in die Okiya zurückgebracht wurde, war es bereits Spätnachmittag. Ich litt immer noch schreckliche Schmerzen, aber Mutter rief mich sofort zu sich ins Zimmer. Lange saß sie schweigend dort, starrte mich an, tät-schelte Taku mit der einen Hand und hielt mit der anderen die Pfeife in ihrem Mund fest.

»Weißt du, wieviel ich für dich bezahlt habe?« fragte sie mich schließlich.

»Nein, Herrin«, antwortete ich, »aber Sie werden mir sicher gleich sagen, daß Sie mehr bezahlt haben, als ich wert bin.«

Ich will nicht behaupten, daß das eine sonderlich höfliche Antwort war. Ja, ich dachte sogar, Mutter würde mich dafür ohrfeigen, aber das war mir inzwischen gleichgültig. Ich hatte das Gefühl, daß nichts in meiner Welt je wieder in Ordnung kommen würde. Mutter biß die Zähne zusammen und stieß ihr seltsames Lachen aus, das eher wie Husten klang.

»Da hast du recht«, sagte sie. »Ein halber Yen wäre mehr gewesen, als du wert bist. Nun, ich hatte den Eindruck, du wärst klug. Aber du bist nicht klug genug, um zu wissen, was gut für dich ist.«

Eine Zeitlang fuhr sie fort, ihre Pfeife zu paffen. Dann sagte sie: »Ich habe fünfundsiebzig Yen für dich bezahlt, soviel. Und dafür hast du einen Kimono ruiniert, eine Brosche gestohlen und dir jetzt noch den Arm gebrochen, so daß ich deinem Schuldenkonto auch noch die Arztkosten hinzufügen muß. Dazu kommen deine Mahlzeiten und Unterrichtsstunden, und heute morgen hörte ich von der Herrin des Tatsuyo drüben in Miyagawa-cho, daß deine ältere Schwester davongelaufen ist. Die Herrin dort hat mir immer noch nicht bezahlt, was sie mir schuldet. Und jetzt erklärt sie mir, daß sie das auch nicht tun wird! Ich werde das also ebenfalls zu deinen Schulden schreiben, aber was kann das schon nützen? Du schuldest mir jetzt schon mehr, als du zurückzahlen kannst.«

Satsu war also entkommen. Das hatte ich mich schon den ganzen Tag gefragt, nun wußte ich Bescheid. Ich wollte mich für sie freuen, aber es gelang mir nicht.

»Nach zehn, fünfzehn Jahren als Geisha könntest du es möglicherweise zurückzahlen«, fuhr sie fort. »Falls du Erfolg haben solltest. Aber wer würde noch einen weiteren Sen in ein Mädchen investieren, das davonläuft?«

Da ich nicht wußte, was ich darauf antworten sollte, sagte ich, es tue mir leid. Bis dahin hatte Mutter noch ziemlich freundlich mit mir gesprochen, nach meiner Entschuldigung jedoch legte sie die Pfeife auf den Tisch und reckte das Kinn – aus Zorn, vermutlich – so weit vor, daß sie aussah, als wäre sie ein Tier, das zubeißen wollte.

»So, so, leid tut es dir! Es war eine Dummheit von mir, überhaupt soviel Geld in dich zu investieren. Du bist vermutlich die teuerste Dienerin von ganz Gion! Wenn ich deine Knochen verkaufen könnte, um ein wenig von deinen Schulden zurückzuerhalten, würde ich sie dir hier und jetzt aus dem Leib reißen!«

Damit befal sie mir, das Zimmer zu verlassen, und schob sich die Pfeife wieder in den Mund.

Meine Unterlippe zitterte, als ich hinausging, aber ich kämpfte meine Gefühle nieder, denn oben im Flur stand Hatsumomo. Herr Bekku wartete, um ihr den Obi binden zu können, während Tantchen mit einem Taschentuch in der Hand vor Hatsumomo stand und ihr angestrengt in die Augen spähte.

»Alles verwischt«, erklärte Tantchen. »Nichts mehr zu retten. Du wirst dich ausweinen und dein Make-up dann neu auftragen müssen.«

Ich wußte genau, warum Hatsumomo weinte. Nachdem sie ihn nicht mehr in die Okiya mitbringen konnte, hatte ihr Freund sie fallenlassen. Das hatte ich am Morgen zuvor erfahren, und ich war überzeugt, daß Hatsumomo mir die Schuld daran geben würde. Ich versuchte, die Treppe hinabzulaufen, bevor sie mich entdeckte, aber es war bereits zu spät. Sie riß Tantchen das Taschentuch aus der Hand und befahl mich mit einer Handbewegung zu sich. Ich hatte nicht die geringste Lust dazu, konnte mich aber leider nicht weigern.

»Du hast nichts mit Chiyo zu schaffen«, warnte Tantchen sie. »Geh in dein Zimmer und schminke dich fertig.«

Hatsumomo antwortete nicht, sondern zog mich in ihr Zimmer und schob die Tür hinter uns zu.

»Tagelang habe ich überlegt, wie ich dein Leben ruinieren könnte«, sagte sie zu mir. »Aber nun hast du versucht zu fliehen, das hat mir die Mühe abgenommen! Ich weiß nicht, ob ich mich darüber freuen soll. Es hätte mir Spaß gemacht, es selbst zu tun.«

Es war natürlich sehr unhöflich von mir, aber ich verneigte mich vor Hatsumomo, schob die Tür auf und verließ das Zimmer, ohne zu antworten. Sie hätte mich dafür schlagen können, aber sie folgte mir nur auf den Flur hinaus und sagte: »Wenn du wissen willst, wie es ist, dein ganzes Leben lang Dienerin zu sein, brauchst du dich nur an Tantchen zu wenden! Ihr beiden seid jetzt schon wie die zwei Enden eines Bindfadens! Sie mit ihrer gebrochenen Hüfte und du mit deinem gebrochenen Arm. Vielleicht schaust auch du eines Tages aus wie ein Mann, genau wie Tantchen!«

»So ist's recht, Hatsumomo«, sagte Tantchen, »versprühe deinen weltberühmten Charme!«

Als ich ein kleines Mädchen von fünf oder sechs Jahren war und nie auch nur einen Gedanken an Kyoto verschwendet hatte, kannte ich in unserem Dorf einen kleinen Jungen namens Noboru, der von allen ignoriert wurde. Bestimmt war er ein netter Junge, aber er hatte einen höchst unangenehmen Geruch an sich, und das wird wohl der Grund dafür gewesen sein, daß er so unbeliebt war. Jedesmal, wenn er etwas sagte, schenkten ihm die anderen Kinder nicht mehr Aufmerksamkeit, als wenn ein Vogel gezwitschert oder ein Frosch gequakt hätte, und oft genug setzte sich der arme Noboru einfach auf den Boden und weinte. In den Monaten nach meiner mißlungenen Flucht begann ich zu begreifen, was für ein Leben das für ihn gewesen sein muß, denn auch mit mir wechselte kein Mensch ein Wort, es sei denn, um mir einen Befehl zu erteilen. Mutter hatte mich schon immer behandelt, als wäre ich ein Rauchwölkchen, denn sie hatte wichtigere Dinge im Kopf. Jetzt aber verhielten sich die Dienerinnen, die Köchin und Großmama genauso.

Den ganzen bitterkalten Winter lang fragte ich mich, was wohl aus Satsu geworden war, und aus meinen Eltern. Nachts, wenn ich auf meinem Futon lag, war ich ganz krank vor Sorge und spürte einen Abgrund in mir, so tief und leer, als wäre die ganze Welt nur noch eine riesige, menschenleere Halle. Um mich zu trösten, schloß ich die Augen und stellte mir vor, ich ginge in Yoroido den Pfad an den Klippen entlang. Den kannte ich so gut, daß ich mich in Gedanken dorthin versetzen konnte, ganz als wäre ich tatsächlich mit Satsu geflohen und wieder zu Hause. In meiner Vorstellung hielt ich Satsu bei der Hand – obwohl ich noch nie ihre Hand gehalten hatte – und lief voller Vorfreude auf das Wiedersehen mit unseren Eltern auf unser beschwipstes Haus zu. In diesen Phantasien schaffte ich es niemals, das Haus zu erreichen: Vielleicht hatte ich zu große Angst vor dem, was mich dort erwartete, aber der Weg über diesen Pfad tröstete mich. Irgendwann hörte ich dann eine Dienerin husten oder vernahm das peinliche Geräusch, wenn Großmama stöhnend einen Wind abgehen ließ, und schon löste sich der Seegeruch ins Nichts auf, der Pfad unter meinen Füßen verwandelte sich wieder in meinen Futon, und ich war wieder da, wo ich begonnen hatte – mit nichts als meiner Einsamkeit.

Als der Frühling kam, blühten im Maruyama-Park die Kirschbäume, und ganz Kyoto kannte kein anderes Thema mehr. Wegen der vielen Kirschblütenfeste hatte Hatsumomo tagsüber mehr zu tun als gewöhnlich. Ich beneidete sie um ihr ausgefülltes Leben, auf das sie sich jeden Nachmittag vorbereitete. Die Hoffnung, eines Nachts aufzuwachen und zu entdecken, daß Satsu sich in unsere Okiya eingeschlichen hatte, um mich zu retten, oder daß ich auf irgendeine andere Art etwas von meiner Familie in Yoroido hörte, hatte ich allmählich aufgegeben. Als ich eines Morgens, während Mutter und Tantchen Vorbereitungen für ein Picknick mit Großmama trafen, die Treppe herunterkam, fand ich auf dem Boden der Eingangshalle ein Päckchen. Es war eine Schachtel, ungefähr so lang wie mein Arm, in dickes Papier gepackt und mit einem ausgefransten Bindfaden verschnürt. Ich wußte, daß es mich nichts anging, da aber niemand in der Nähe war, der mich sehen konnte, ging ich hinüber, um den Namen und die Adresse zu lesen, die mit dicken Schriftzeichen auf der Oberseite standen. Sie lautete:

> Sakamoto Chiyo
> c/o Nitta Kayokok
> Gion Tominaga-cho
> Stadt Kyoto, Präfektur Kyoto

Ich war so verdutzt, daß ich, die Hand vor dem Mund, lange dort stehenblieb, und ich bin sicher, daß meine Augen so groß wie Teetassen waren. Der Absender, gleich unter einer Reihe von Briefmarken vermerkt, war Herr Tanaka. Ich hatte keine Ahnung, was dieses Päckchen enthalten konnte, da ich aber Herrn Tanakas Namen dort las... Sie finden es vielleicht absurd, aber ich hoffte tatsächlich, er habe eingesehen, daß es ein Fehler war, mich in dieses schreckliche Haus zu schicken, und schickte mir nun etwas, um mich aus der Okiya zu befreien. Ich kann mir kein Päckchen vorstellen, durch das ein kleines Mädchen aus der Sklaverei erlöst werden könnte, und die Vorstellung fiel mir schon damals schwer. Aber ich glaubte wirklich, daß sich mein Leben, sobald dieses Päckchen geöffnet wurde, grundlegend verändern würde.

Bevor ich mir überlegen konnte, was ich tun sollte, kam Tantchen die Treppe herab und scheuchte mich von der Schachtel weg, obwohl diese meinen Namen trug. Ich hätte sie gern selbst geöffnet, aber sie ließ sich ein Messer bringen, um den Bindfaden durchzuschneiden, und löste dann in aller Ruhe das dicke, grobe Papier. Darunter war eine Schicht Sackleinwand, vernäht mit schwerem Fischergarn. Auf die Sackleinwand war ein Umschlag mit meinem Namen genäht. Tantchen schnitt den Umschlag los, und als sie danach die Sackleinwand aufriß, kam darunter ein dunkler Holzkasten zum Vorschein. Ich war schon ganz aufgeregt vor Neugier auf den Inhalt, aber als Tantchen den Deckel abnahm, hatte ich das Gefühl, als wäre mir Blei in die Glieder gefahren. Denn dort lagen, in weißes Leinen gehüllt, die winzigen Totentäfelchen, die an dem Altar in unserem beschwipsten Haus gestanden hatten. Zwei von ihnen, die ich noch nie zuvor gesehen hatte, wirkten neuer als die anderen und trugen mir unbekannte buddhistischen Namen. Ich wagte mir nicht vorzustellen, warum Herr Tanaka sie mir geschickt hatte.

Zunächst ließ Tantchen den Karton mit den sauber aufgereihten Tafeln auf dem Boden stehen und zog den Brief aus dem Kuvert, um ihn zu lesen, während ich voller Angst dort wartete – eine halbe Ewigkeit, wie mir schien – und nicht nachzudenken wagte. Schließlich stieß Tantchen einen tiefen Seufzer aus und führte mich am Arm ins Empfangszimmer. Als ich dort am Tisch kniete, lagen meine Hände zitternd in meinem Schoß – vermutlich zitterten sie, weil es mich soviel Kraft kostete, all die furchtbaren Gedanken zu unterdrücken. Vielleicht war es ja ein hoffnungsvolles Zeichen, daß Herr Tanaka mir die Totentafeln geschickt hatte. Wäre es nicht möglich, daß meine Familie nach Kyoto umzog, daß wir uns einen ganz neuen Altar zulegen und die Tafeln davor aufstellen wollten? Aber vielleicht hatte auch Satsu darum gebeten, mir die Tafeln zu schicken, weil sie auf dem Rückweg hierher war. Dann unterbrach mich Tantchen in meinen Gedanken.

»Chiyo, ich werde dir jetzt den Brief eines Mannes namens Tanaka Ichiro vorlesen«, sagte sie mit einer Simme, die sonderbar schwer und schleppend klang. Ich glaube, mir stockte der Atem, als sie das Papier auf dem Tisch ausbreitete.

Liebe Chiyo:
Herbst und Winter sind vergangen, seit Du Yoroido verlassen hast, und bald werden die Bäume eine neue Generation von Blüten hervorbringen. Die Blumen, die dort blühen, wo alte verwelkt sind, erinnern uns daran, daß der Tod uns eines Tages alle ereilen wird.
Als Mann, der selbst einst ein Waisenkind war, tut es dieser bescheidenen Person aufrichtig leid, Dich mit einer schrecklichen Bürde belasten zu müssen. Sechs Wochen nachdem Du zu Deinem neuen Leben in Kyoto aufgebrochen bist, wurde Deine verehrte Mutter von ihrem Leiden erlöst, und nur wenige Wochen danach verließ auch Dein verehrter Vater diese Welt. Diese bescheidene Person drückt Dir ihr Beileid zu Deinem Verlust aus und versichert Dir, daß die sterblichen Überreste Deiner verehrten Eltern auf dem Dorffriedhof beigesetzt wurden. Die Trauerzeremonie für sie fand im Hoko-ji-Schrein von Senzuru statt, und die Frauen von Yoroido haben dazu Sutren gesungen. Diese bescheidene Person ist sicher, daß Deine verehrten Eltern ihre ewige Ruhe gefunden haben.
Die Geisha-Ausbildung ist ein anstrengender Weg. Diese bescheidene Person ist jedoch von Bewunderung für alle erfüllt, denen es gelingt, ihre Leiden umzumünzen und große Künstlerinnen zu werden. Als diese Person vor einigen Jahren Gion besuchte, war es ihr eine Ehre, die Frühlingstänze

zu beobachten und anschließend an einer Feier in einem Teehaus teilzunehmen. Dieses Erlebnis hat einen tiefen Eindruck bei ihr hinterlassen. Das Bewußtsein, daß Du einen sicheren Platz auf dieser Welt gefunden hast, Chiyo, und daß Du nicht gezwungen sein wirst, jahrelange Ungewißheit zu ertragen, ist dieser Person eine gewisse Genugtuung. Diese bescheidene Person lebt lange genug, um zwei Generationen von Kindern heranwachsen zu sehen, und weiß, wie selten es ist, daß ein unscheinbarer Vogel einem Schwan das Leben schenkt. Der Schwan, der auf dem Baum seiner Eltern bleibt, wird sterben; deshalb müssen jene, die schön und begabt sind, die Bürde auf sich nehmen und ihren eigenen Weg suchen.

Ende letzten Herbstes kam Deine Schwester Satsu durch Yoroido, lief aber sofort mit Herrn Sugis Sohn auf und davon. Herr Sugi hofft inständig, seinen geliebten Sohn zu seinen Lebzeiten noch einmal wiederzusehen, und bittet Dich daher, ihn sofort zu informieren, wenn Du etwas von Deiner Schwester hörst.

Mit aufrichtiger Hochachtung

Tanaka Ichiro

Lange bevor Tantchen den Brief fertiggelesen hatte, quollen mir schon die Tränen aus den Augen wie das Wasser aus einem überkochenden Topf. Es ist schlimm genug zu erfahren, daß Mutter oder Vater gestorben sind, aber in einem einzigen Moment zu hören, daß beide Eltern gestorben waren und mich verlassen hatten und auch meine Schwester auf immer für mich verloren war … Plötzlich glich mein Verstand einer zerbrochenen Vase, die nicht mehr aufrecht stehen konnte. Und ich war selbst in dem engen Raum um mich herum verloren.

Sie müssen mich für sehr naiv halten, weil ich die Hoffnung, daß meine Mutter noch lebte, so viele Monate genährt hatte. Aber für mich gab es so wenig, worauf ich hoffen konnte, daß ich vermutlich bereitwillig nach dem kleinsten Strohhalm gegriffen hätte. Während ich versuchte, mich wieder zurechtzufinden, war Tantchen wirklich sehr freundlich zu mir. Immer wieder sagte sie zu mir: »Kopf hoch, Chiyo, Kopf hoch! Es gibt nichts, was wir jetzt noch ändern könnten.«

Als ich schließlich wieder sprechen konnte, fragte ich Tantchen, ob sie die Tafeln irgendwo aufstellen könne, wo ich sie nicht zu sehen brauchte, und ob sie wohl auch an meiner Stelle beten würde, denn das sei viel zu schmerzlich für mich. Das verweigerte sie mir jedoch. Ich solle mich schämen, auch nur daran zu denken, meinen eigenen Vorfahren den Rücken zu kehren. Sie half mir, die Tafeln auf einem Wandbrett unten an der Treppe aufzustellen, wo ich jeden Morgen vor ihnen beten konnte. »Vergiß sie niemals, Chiyo-chan«, sagte sie, »denn sie sind alles, was dir von deiner Kindheit geblieben ist.«

9. KAPITEL

Etwa zur Zeit meines fünfundsechzigsten Geburtstags sandte mir eine Freundin einen Zeitungsartikel, den sie irgendwo gefunden hatte. Die Überschrift lautete: »Die zwanzig größten Geishas im Gion der Vergangenheit«. Mag sein, daß es auch die dreißig größten Geishas waren, ich kann mich nicht genau erinnern. Aber da stand ich auf der Liste, dazu ein paar Sätze, die Informationen über mich enthielten, unter anderem, daß ich in Kyoto geboren sei, was natürlich nicht stimmt. Außerdem kann ich Ihnen versichern, daß ich nicht zu den zwanzig größten Geishas von Gion zählte; manchen Leuten fällt es schwer, zwischen Dingen zu unterscheiden, die wirklich groß sind, und anderen, von denen sie nur gehört haben. Wie dem auch sei, ich hätte vermutlich von Glück reden können, wenn ich nichts weiter geworden wäre als eine schlechte und unglückliche Geisha – wie so viele arme Mädchen –, wenn Herr Tanaka mir nicht geschrieben hätte, daß meine Eltern gestorben waren und meine Schwester auf immer für mich verloren war.

Sicher werden Sie sich erinnern, daß ich gesagt habe, der Nachmittag, an dem ich Herrn Tanaka kennengelernt habe, sei der beste Nachmittag meines Lebens gewesen, aber auch der schlimmste. Warum es der schlimmste war, muß ich Ihnen vermutlich nicht erklären, aber vielleicht fragen Sie sich, wie in aller Welt etwas Gutes daraus entstehen konnte. Gewiß, bis zu jenem Zeitpunkt hatte Herr Tanaka mir nichts als schweres Leid zugefügt, aber er hatte auch meinen Horizont unwiderruflich erweitert. Wir leben unser Leben wie Wasser, das einen Hang hinabfließt, gehen mehr oder weniger in eine Richtung, bis wir plötzlich auf etwas stoßen, das uns zwingt, einen neuen Kurs einzuschlagen. Hätte ich Herrn Tanaka nicht kennengelernt, wäre mein Leben ein schlichter Bach gewesen, der von unserem beschwipsten Haus aus ins Meer fließt. Das hatte Herr Tanaka gründlich verändert, indem er mich in die Welt hinausschickte. Aber in die Welt hinausgeschickt zu werden ist nicht unbedingt dasselbe, wie sein Zuhause zu verlassen. Als mich Herrn Tanakas Brief erreichte, war ich über ein halbes Jahr lang in Gion gewesen, und doch hatte ich während der ganzen Zeit nie die Überzeugung aufgegeben, daß ich eines Tages anderswo ein besseres Leben finden würde, mit wenigstens einem Teil der Familie, mit der ich aufgewachsen war. In Gion lebte ich nur halb – meine andere Hälfte lebte in meinen Träumen von einer Rückkehr nach Hause. Darum können Träume ja so gefährlich sein: Sie glimmen weiter wie ein Feuer, und manchmal verschlingen sie einen mit Haut und Haar.

Während der restlichen Frühlingszeit und des ganzen Sommers nach diesem Brief kam ich mir vor wie ein Kind, das sich im Nebel auf einem See verirrt hat. Die Tage verschwammen ineinander. Von einem ständigen Gefühl des Kummers und der Angst abgesehen, erinnere ich mich nur noch bruchstückhaft an jene Zeit. An einem kalten Winterabend saß ich lange im Dienstbotenzimmer und sah zu, wie der Schnee lautlos den kleinen Innenhof der Okiya zudeckte. Ich stellte mir meinen Vater vor, wie er in seinem einsamen Haus hustend an seinem einsamen Tisch saß, während meine Mutter so schwach auf ihrem Futon lag, daß ihr Körper kaum Spuren hinterließ. Um meinem Elend zu entgehen, lief ich stolpernd auf den Innenhof hinaus, aber dem Elend, das in uns wohnt, können wir natürlich nicht entfliehen.

Dann, zu Frühlingsanfang, ein Jahr nach der traurigen Nachricht über meine Familie, geschah etwas. Es war im darauffolgenden April, als die Kirschbäume wieder einmal blühten, möglicherweise sogar auf den Tag genau ein Jahr nachdem ich Herrn Tanakas Brief erhalten hatte. Ich war inzwischen fast elf Jahre alt und begann ein wenig weiblich auszusehen, wohingegen Kürbisköpfchen immer noch wie ein kleines Mädchen wirkte. Größer als jetzt würde ich möglicherweise nicht mehr werden. Ein, zwei Jahre lang würde mein Körper noch mager und knochig wie ein dürrer Zweig bleiben, doch mein Gesicht hatte die kindliche Weichheit inzwischen verloren und wirkte um Kinn und Wangenknochen herum bereits ausgeprägt, und es war so in die Breite gegangen, daß es meinen Augen die richtige Mandelform verlieh.

Früher hatten die Männer auf der Straße nicht mehr Notiz von mir genommen, als wenn ich eine Taube gewesen wäre; jetzt betrachteten sie mich genau, wenn ich an ihnen vorüberging. Nachdem man mich so lange ignoriert hatte, fand ich es seltsam, überall Beachtung zu finden.

Wie dem auch sei, eines Morgens in jenem April erwachte ich sehr früh aus einem äußerst merkwürdigen Traum über einen bärtigen Mann. Sein Bart war so dicht, daß ich seine Züge kaum erkennen konnte, fast so, als hätte sie jemand für einen Film verfremdet. Er stand vor mir und sagte etwas, an das ich mich nicht erinnern kann; dann schob er die papierbespannte Schiebetür nach draußen mit einem lauten *klack* beiseite. Ich erwachte, weil ich glaubte, ein Geräusch im Zimmer gehört zu haben. Die Dienerinnen seufzten im Schlaf. Kürbisköpfchen lag ruhig da, das runde Gesicht ins Kissen gedrückt. Alles wirkte genau wie immer, dessen bin ich mir sicher, doch meine Gefühle hatten sich plötzlich verändert. Es war, als sähe ich eine Welt, die sich von der gestrigen irgendwie unterschied – fast so, als blickte ich durch genau die Tür, die in meinem Traum geöffnet worden war.

Ich konnte mir nicht erklären, was das bedeutete. Doch während ich an jenem Morgen die Trittsteine im Innenhof fegte, dachte ich immer wieder darüber nach, bis ich dieses Summen im Kopf bemerkte, das davon kommt, wenn ein Gedanke wie eine Biene in einem Glas unaufhörlich im Kreis herumsummt, ohne zu einem Ergebnis zu gelangen. Bald ließ ich den Besen stehen und setzte mich in den Hofkorridor, wo mir die kühle Luft, die unter den Fundamentsteinen des Haupthauses hervorkam, beruhigend über den Rücken strich. Und dann fiel mir etwas ein, woran ich seit meiner allerersten Woche in Kyoto nicht mehr gedacht hatte.

Ein oder zwei Tage nach der Trennung von meiner Schwester hatte man mir eines Nachmittags aufgetragen, ein paar Lappen zu waschen, als ein Falter vom Himmel kam und sich auf meinen Arm setzte. Ich schnippte ihn fort und erwartete, daß er davonflog, doch statt dessen segelte er wie ein Steinchen quer über den Innenhof und blieb dort auf dem Boden liegen. Ich wußte nicht, ob er schon tot war, als er vom Himmel fiel, oder ob ich ihn getötet hatte, aber der Tod dieses kleinen Insekts rührte mich tief. Ich bewunderte das schöne Muster auf seinen Flügeln, wickelte ihn in einen der Lappen, die ich wusch, und verbarg ihn unter dem Fundament des Hauses.

Seit damals hatte ich nicht mehr an diesen Falter gedacht, aber kaum fiel er mir wieder ein, da ließ ich mich auf die Knie nieder und suchte unter dem Haus, bis ich ihn gefunden hatte. So viele Dinge in meinem Leben hatten sich seit damals verändert, sogar mein Aussehen, doch als ich den Falter aus seinem Leichentuch wickelte, war er noch immer dieselbe wunderschöne Kreatur wie an dem Tag, wo ich ihn bestattet hatte. Er schien ein Gewand aus matten Grau- und Brauntönen zu tragen, wie meine Mutter, wenn sie zu ihren Mah-Jongg-Abenden ging. Alles an ihm wirkte schön und vollkommen und ganz und gar unverändert. Wenn doch nur etwas in meinem Leben noch genauso gewesen wäre wie in jener ersten Woche in Kyoto ... Als ich das dachte, begann mir der Kopf zu wirbeln wie ein Hurrikan. Ich erkannte, daß wir beide – der Falter und ich – gegensätzliche Extreme waren. Meine Existenz war so instabil wie ein Bach und veränderte sich in jeder Hinsicht, aber der Falter glich einem Stein, der sich niemals verändert. Während ich dies dachte, streckte ich einen Finger aus, um die samtige Oberfläche seiner Flügel zu spüren, doch als ich ihn mit der Fingerspitze berührte, verwandelte er sich ohne jeden Laut, ja sogar ohne daß ich den Zerfall sehen konnte, in ein Häufchen Staub. Ich war so verblüfft, daß ich einen Schrei ausstieß. Meine wilden Gedanken hielten inne; mir war, als wäre ich ins Auge des Wirbelsturms gelangt. Ich ließ das winzige Leichentuch mitsamt dem Staubhäufchen zu Boden gleiten. Plötzlich begriff ich, was mir den ganzen Morgen lang im Kopf herumgegangen war. Die abgestandene Luft war davongeblasen worden. Die Vergangenheit war verschwunden. Meine Eltern waren tot und konnten nichts dagegen tun. Auch ich selbst war, glaube ich, während des vergangenen Jahres irgendwie tot gewesen. Und meine Schwester ... Gewiß, sie war fort, aber ich war noch da. Ich hatte das Gefühl, als hätte ich mich gedreht, um in eine andere Richtung zu blicken, so daß ich nicht mehr rückwärts in die Vergangenheit sah, sondern vorwärts in die Zukunft. Und nun lautete die Frage, die sich mir stellte: Was wird mir die Zukunft bringen?

In dem Moment, da sich diese Frage in meinem Kopf formulierte, wußte ich so sicher, wie ich nur jemals etwas gewußt hatte, daß ich irgendwann im Verlauf dieses Tages ein Zeichen erhalten würde. Deswegen hatte der bärtige Mann in meinem Traum die Tür geöffnet. Weil er mir sagen wollte: »Achte auf das, was sich dir zeigen wird. Denn das wird, wenn du es erkennst, deine Zukunft sein.«

Für weitere Gedanken blieb mir keine Zeit, denn ich hörte, daß Tantchen nach mir rief.

»Chiyo, komm her!«

Wie in Trance ging ich den Hofkorridor entlang. Es hätte mich nicht gewundert, wenn Tantchen zu mir gesagt hätte: »Du willst wissen, was dir die Zukunft bringt? Also hör gut zu...« Statt dessen zeigte sie mir auf einem Stück Seide zwei Haardekorationen.

»Nimm das hier«, sagte sie zu mir. »Der Himmel weiß, was Hatsumomo gestern abend angestellt hat, aber als sie in die Okiya zurückkam, trug sie den Haarschmuck eines anderen Mädchens. Sie muß mehr als ihr übliches Quantum Sake getrunken haben. Geh in die Schule, such sie dort, frag sie, wem die Schmuckstücke gehören, und bring sie der Eigentümerin zurück.«

Als ich die Schmuckstücke entgegennahm, gab mir Tantchen einen Zettel, auf dem noch eine Anzahl weiterer Besorgungen notiert war. Sie wies mich an, auch diese zu erledigen und anschließend so schnell wie möglich in die Okiya zurückzukommen.

Daß eine Geisha mit dem Haarschmuck einer anderen nach Hause kommt, mag für Sie nicht sehr schwerwiegend klingen, in Wirklichkeit ist es aber genauso, als käme sie in der Unterwäsche einer anderen nach Hause. Geishas waschen sich nämlich nicht jeden Tag die Haare – wegen der komplizierten Frisuren. Darum ist ein Haarschmuck etwas äußerst Intimes. Tantchen wollte sie nicht einmal berühren, deswegen zeigte sie sie mir auf einem Stück Seide. Als sie sie darin einwickelte, um sie mir zu übergeben, sahen sie genauso aus wie der eingewickelte Falter, den ich erst wenige Minuten zuvor in der Hand gehalten hatte. Ein Zeichen bedeutet natürlich gar nichts, wenn man es nicht zu deuten weiß. Ich stand da und starrte auf das Seidenbündel in Tantchens Hand

hinab, bis sie sagte: »Nun nimm schon, um Himmels willen!«
Später, auf dem Weg zur Schule, faltete ich die Seide auseinander,
um mir den Schmuck noch einmal anzusehen. Das eine war ein
schwarzer Lackkamm, geformt wie die untergehende Sonne mit
einem goldenen Blumenmuster am Rand, das andere war ein Stab
aus hellem Holz mit zwei Perlen am Ende, die eine winzige Bern-
steinkugel hielten.

Draußen vor dem Schulhaus wartete ich, bis das *dong* der
Glocke das Ende des Unterrichts verkündete. Kurz darauf kamen
die Mädchen in ihren blau-weißen Gewändern herausgeströmt.
Hatsumomo entdeckte mich, bevor ich sie entdecken konnte, und
kam mit einer anderen Geisha auf mich zu. Möglicherweise fragen Sie sich, warum sie überhaupt zur Schule ging, da sie doch
schon eine vollendete Tänzerin war und bestimmt alles über den
Beruf der Geisha wußte, was es zu wissen gab. Doch selbst die bekanntesten Geishas nahmen zeit ihres Berufslebens Tanzunterricht, um sich in dieser Kunst zu vervollkommnen, manche von
ihnen bis in ihre fünfziger und sechziger Jahre.

»Nun sieh einer an!« sagte Hatsumomo zu ihrer Freundin.
»Hier muß es sich um ein Unkraut handeln. Sieh doch mal, wie
hoch es gewachsen ist!« Das war ihre Art, sich darüber zu mo-
kieren, daß ich um einen Fingerbreit größer geworden war als sie.

»Tantchen hat mich geschickt«, gab ich zurück. »Ich soll her-
ausfinden, wessen Haarschmuck Sie gestern abend gestohlen
haben.«

Hatsumomos Lächeln verlosch. Sie riß mir das Bündel aus der
Hand und öffnete es.

»Nanu, das sind nicht einmal meine!« sagte sie. »Woher hast du
die?«

»Aber Hatsumomo-san!« sagte die andere Geisha. »Weißt du
nicht mehr? Du und Kanako, ihr habt euch den Schmuck aus den
Haaren genommen, als ihr beide mit Richter Uwazumi dieses al-
berne Spiel gespielt habt. Kanako muß mit deinem Haarschmuck
nach Hause gegangen sein, während du den ihren mitgenommen
hast.«

»Wie ekelhaft!« sagte Hatsumomo. »Was glaubst du, wann hat
Kanako sich zum letztenmal die Haare gewaschen? Jedenfalls

liegt ihre Okiya direkt neben deiner. Würdest du den Schmuck für mich hinbringen? Sag ihr, ich werde später kommen und meinen eigenen abholen. Und sie soll gar nicht erst versuchen, ihn zu behalten.«

Die andere Geisha nahm den Haarschmuck und ging.

»O nein, du gehst noch nicht, kleine Chiyo«, sagte Hatsumomo zu mir. »Ich möchte dir etwas zeigen. Ich meine das junge Mädchen da drüben, das gerade durchs Tor hereinkommt. Ichikimi heißt sie.«

Ich sah zu Ichikimi hinüber, aber Hatsumomo schien mir nicht mehr über sie erzählen zu wollen. »Ich kenne sie nicht«, erklärte ich.

»Nein, natürlich nicht. Sie ist nichts Besonderes. Ein bißchen dumm und so ungeschickt wie ein Krüppel. Aber ich dachte, du findest es vielleicht interessant, daß sie eine Geisha werden wird und du nicht.«

Ich glaube, Hatsumomo hätte sich keine grausamere Bemerkung ausdenken können. Ungefähr anderthalb Jahre lang mußte ich jetzt schon die schweren Arbeiten einer Dienerin verrichten. Ich hatte das Gefühl, mein Leben erstrecke sich vor mir wie ein endloser Pfad, der ins Nirgendwo führt. Ich will nicht sagen, daß ich unbedingt Geisha werden wollte, aber Dienerin wollte ich ganz sicher nicht bleiben. Lange stand ich im Garten der Schule und sah zu, wie die jungen Mädchen meines Alters plaudernd an mir vorbeiströmten. Möglich, daß sie nur zum Mittagessen in ihre Okiya zurückkehrten, aber mir kam es vor, als schritten sie in einem zielbewußten Leben von einem wichtigen Ereignis zum nächsten, während mir bei der Heimkehr nichts Aufregenderes bevorstand, als die Steine im Innenhof zu scheuern. Als sich der Garten allmählich leerte, stand ich da und sorgte mich, ob dies vielleicht das Zeichen sei, auf das ich wartete: daß andere junge Mädchen in Gion in ihrem Leben vorwärtskommen und mich hinter sich lassen würden. Dieser Gedanken flößte mir so große Angst ein, daß ich es nicht länger allein im Garten aushielt. Ich ging die Shijo-Avenue entlang und wandte mich zum Fluß Kamo. Am Minami-za-Theater kündigten riesige Plakate für diesen Nachmittag ein Kabuki-Stück mit dem Titel *Shibaraku* an, eins unserer berühmtesten Theaterstücke, obwohl ich damals nichts von Kabuki wußte. In Scharen strömten die Besucher die Treppe zum Theater empor, unter ihnen Herren im dunklen Anzug nach westlicher Art oder im Kimono, während sich mehrere Geishas in ihren leuchtenden Farben wie Herbstlaub auf dem trüben Wasser eines Flusses von ihnen abhoben. Auch hier sah ich das Leben mit all seinen Aufregungen an mir vorüberziehen. Hastig ließ ich die Avenue hinter mir und lief zum Shirakawa-Bach, aber selbst hier eilten Herren und Geishas in ihrem so zielbewußten Leben an mir vorbei. Um diesen schmerzlichen Gedanken zu vergessen, wandte ich mich dem Shirakawa zu, doch grausamerweise schoß sein Wasser ebenfalls sehr zielbewußt dahin – auf den Kamo-Fluß zu, und von dort aus zur Osaka-Bucht und zum Binnenmeer. Es war, als wartete überall die gleiche Botschaft auf mich. Ich warf mich auf die kleine Steinmauer am Ufer und weinte. Ich glich einer einsamen Insel mitten im Ozean, ohne Vergangenheit und auch ohne Zukunft. Bald hatte ich das Gefühl, an einem Punkt angelangt zu sein, wo mich keine menschliche Stimme mehr zu erreichen vermochte – bis ich eine Männerstimme sagen hörte:

»Aber wie kann man an einem so schönen Tag so unglücklich sein!«

Normalerweise würde ein Mann auf den Straßen von Gion keine Notiz von einem Mädchen wie mir nehmen, vor allem, wenn es sich wie ich zum Narren macht, indem es weint. Wenn er mich überhaupt bemerkt hätte, so hätte er mich bestimmt nicht angesprochen, es sei denn, um mir zu befehlen, ihm Platz zu machen oder so ähnlich. Dieser Mann jedoch hatte sich nicht nur die Mühe gemacht, mich anzusprechen, er hatte sogar freundlich gesprochen und mich in einer Form angeredet, die andeutete, ich könnte eine angesehene junge Frau sein, die Tochter eines guten Freundes vielleicht. Einen winzigen Sekundenbruchteil lang stellte ich mir eine Welt vor, die ganz anders war als jene, die ich von klein auf kannte, eine Welt, in der ich fair, ja sogar freundlich behandelt wurde, eine Welt, in der Väter ihre Töchter nicht verkauften. Der Lärm und das Gewimmel all der Menschen um mich, die ihr zielbewußtes Leben führten, schien zu verstummen, vielleicht nahm ich es auch einfach nicht mehr wahr. Und als ich mich aufrichtete, um den Mann anzusehen, der mich angesprochen hatte, überkam mich das Gefühl, daß ich mein Elend dort auf der Steinmauer hinter mir zurückließ.

Ich werde ihn gern beschreiben, aber das kann ich nur, indem ich von einem bestimmten Baum erzähle, der in Yoroido am Rand der Klippen stand. Diesen Baum hatte der Wind so glatt wie Treibholz geschmirgelt, und als kleines Mädchen von vier, fünf Jahren fand ich eines Tages das Gesicht eines Mannes auf seinem Stamm. Das heißt, ich fand eine glatte Stelle, etwa so groß wie ein Teller, mit zwei scharfen Erhebungen am äußeren Rand, die Jochbeinen glichen. Die warfen Schatten, die an Augenhöhlen erinnerten, und unter den Schatten ragte sanft eine Nase hervor. Das ganze Gesicht saß ein wenig schief, so daß es mich fragend anzustarren schien. Auf mich wirkte es wie ein Mann, der genauso sicher in der Welt stand wie dieser Baum. Irgend etwas an ihm wirkte so in sich versunken, daß ich mir vorstellte, das Gesicht eines Buddhas gefunden zu haben.

Der Mann, der mich dort auf der Straße angesprochen hatte, besaß das gleiche breite, ruhige Gesicht. Und überdies waren seine Züge so glatt und gelassen, daß ich das Gefühl hatte, er werde dort stehenbleiben, bis ich nicht mehr unglücklich war. Er mochte etwa vierzig Jahre alt sein, mit grauen Haaren, die glatt aus der Stirn gekämmt waren. Er wirkte so elegant auf mich, daß ich errötete und den Blick abwandte.

Neben ihm standen auf einer Seite zwei jüngere Männer, auf der anderen eine Geisha. Ich hörte, wie die Geisha leise zu ihm sagte:

»Aber das ist doch nur eine Dienerin! Vermutlich hat sie sich auf einem Botengang den Zeh gestoßen. Es wird bestimmt gleich jemand kommen, der sich um sie kümmert.«

»Ich wünschte, ich hätte dein Vertrauen in die Menschen, Izuko-san«, sagte der Mann.

»Die Vorstellung wird jeden Moment beginnen. Wirklich, Direktor, ich glaube, wir sollten keine Zeit mehr verlieren...«

Wenn ich in Gion Besorgungen machte, hörte ich oft, daß Herren mit ihrem Titel angeredet wurden, »Abteilungsleiter«, oder gelegentlich auch »Vizepräsident«. Den Titel »Direktor« hörte ich nicht so oft. Gewöhnlich waren die Männer, die mit »Direktor« angeredet wurden, kahlköpfig. Mit finsterem Blick stolzierten sie die Straße entlang, gefolgt von einem Schwarm jüngerer Manager. Dieser Mann vor mir unterschied sich von dem normalen Direktor so sehr, daß ich mir, obwohl ich nur ein kleines Mädchen mit so gut wie gar keiner Welterfahrung war, sofort dachte, seine Firma könne nicht besonders wichtig sein. Ein Mann mit einer wichtigen Firma wäre nicht stehengeblieben, um mich anzusprechen.

»Willst du sagen, daß es Zeitverschwendung ist, hierzubleiben und ihr zu helfen?« fragte der Direktor.

»Aber nein«, gab die Geisha zurück. »Es geht eher darum, daß wir keine Zeit haben. Wir kommen für die erste Szene ohnehin schon zu spät.«

»Nun, Izuko-san, du warst doch sicher einmal in der gleichen Situation wie dieses kleine Mädchen. Du kannst nicht so tun, als wäre das Leben einer Geisha immer einfach. Ich würde meinen, gerade du…«

»*Ich* soll in der gleichen Situation gewesen sein wie sie? Meinen Sie etwa, ich hätte mich in der Öffentlichkeit jemals so aufgeführt?«

Da wandte sich der Direktor an die beiden jüngeren Herren und bat sie, mit Izuko ins Theater vorauszugehen. Die anderen verneigten sich und gingen davon, während der Direktor bei mir zurückblieb. Er musterte mich lange und eingehend, obwohl ich nicht wagte, seinen Blick zu erwidern. Schließlich sagte ich:

»Bitte, Herr, was sie sagt, ist richtig. Ich bin nur ein törichtes Mädchen… Bitte kommen Sie nicht meinetwegen zu spät.«

»Steh doch bitte einen Augenblick auf«, sagte er.

Obwohl ich keine Ahnung hatte, was er von mir wollte, wagte ich nicht, ihm den Gehorsam zu verweigern. Wie sich herausstellte, zog er lediglich ein Taschentuch heraus, um mir den Schmutz abzuwischen, den die Steinmauer auf meinem Gesicht hinterlassen hatte. Als ich so dicht vor ihm stand, roch ich den Duft von Talkumpuder auf seiner glatten Haut, und das erinnerte mich an den Tag, als Kaiser Taishos Neffe in unser kleines Fischerdorf gekommen war. Er war lediglich aus dem Wagen gestiegen, um zur Bucht und wieder zurückzumarschieren, wobei er den Menschen zunickte, die vor ihm knieten. Er trug einen Straßenanzug im westlichen Stil – den ersten, den ich jemals gesehen hatte, denn ich wagte einen kurzen Bick, obwohl das eigentlich verboten war. Außerdem erinnere ich mich, daß sein Schnurrbart sorgfältig gepflegt war, ganz anders als die Gesichtshaare der Männer in unserem Dorf, die alle so wild wucherten wie Unkraut am Wegesrand. Vor jenem Tag hatte noch nie eine wichtige Persönlichkeit unser Dorf mit einem Besuch beehrt. Ich glaube, wir alle empfanden den Hauch von Adel und Größe.

Gelegentlich stoßen wir im Leben auf Dinge, die wir nicht begreifen, weil wir noch nie etwas Ähnliches gesehen haben. Für mich gehörte der Neffe des Kaisers genauso dazu wie jetzt der Direktor. Als er mir den Schmutz und die Tränen vom Gesicht gewischt hatte, hob er meinen Kopf.

»Du bist ein schönes Mädchen, das sich wirklich für nichts auf der Welt zu schämen braucht«, sagte er. »Und doch traust du dich nicht, mich anzusehen. Jemand ist sehr grausam zu dir gewesen… aber vielleicht auch das Leben selbst.«

»Ich weiß es nicht, Herr«, sagte ich, obwohl ich es natürlich genau wußte.

»Keinem von uns begegnet auf dieser Welt soviel Freundlichkeit, wie er verdient«, erklärte er mir und zog einen Moment die Brauen zusammen, als wollte er sagen, ich solle ernsthaft über seine Worte nachdenken.

Ich wollte unbedingt noch einmal sein glattes Gesicht sehen, die breite Stirn und die Lider, die sich wie Marmor über den sanften Augen wölbten, aber zwischen uns klaffte ein riesiger gesellschaftlicher Abgrund. Schließlich ließ ich meinen Blick ganz kurz nach oben wandern, errötete dabei jedoch und wandte den Blick so schnell wieder ab, daß er kaum gemerkt haben kann, daß ich aufgeschaut hatte. Wie aber soll ich beschreiben, was ich in jenem kurzen Augenblick sah? Er musterte mich, wie ein Musiker wohl sein Instrument betrachtet, bevor er zu spielen beginnt: mit Verständnis und Meisterschaft. Ich spürte, daß er in mich hineinsehen konnte, als wäre ich ein Teil von ihm. Wie schön wäre es gewesen, das Instrument zu sein, auf dem er spielte!

Gleich darauf griff er in seine Tasche und holte etwas heraus.

»Magst du süße Pflaume oder Kirsch?« erkundigte er sich.

»Herr? Meinen Sie… zu essen?«

»Ich bin eben an einem Straßenverkäufer vorbeigekommen, der geschabtes Eis mit Sirup feilhält. So etwas habe ich erst kennengelernt, als ich schon erwachsen war, aber als Kind hätte ich es sehr gern gegessen. Nimm diese Münze und kauf dir ein Eis. Nimm auch mein Taschentuch mit, damit du dir anschließend das Gesicht abwischen kannst«, sagte er. Damit legte er die Münze in das Taschentuch, drehte es schnell zu einem Bündel und reichte es mir.

Von dem Augenblick an, da mich der Direktor ansprach, hatte ich vergessen, daß ich nach einem Zeichen für meine Zukunft suchte. Doch als ich das Bündel in seiner Hand betrachtete und es so ähnlich wie das Leichentuch des Falters aussah, wußte ich, daß ich mein Zeichen endlich gefunden hatte. Ich nahm das Bündel, verneigte mich tief vor ihm und versuchte ihm zu sagen, wie dankbar ich ihm sei, obwohl ich sicher bin, daß meine Worte ihm nichts von der Tiefe meiner Gefühle vermitteln konnten. Ich dankte ihm nicht für die Münze, nicht einmal dafür, daß er sich die Mühe gemacht hatte, stehenzubleiben und mir zu helfen. Ich dankte ihm für… nun ja, ich weiß nicht mal, ob ich es jetzt erklären kann. Vermutlich dafür, daß er mir gezeigt hatte, daß es auf der Welt noch etwas anderes als Grausamkeit gibt.

Er ging davon, und als ich ihm nachsah, tat mir das Herz weh – obwohl es ein angenehmer Schmerz war, falls es so etwas überhaupt gibt. Ich meine damit, wenn man einen Abend erlebt, der aufregender ist als alles, was man bisher erlebt hat, ist man traurig, wenn er endet – und dennoch dankbar dafür, daß es ihn gegeben hat. Bei dieser kurzen Begegnung mit dem Direktor hatte ich mich von einem verlorenen Mädchen, das ein Leben der Leere vor sich sieht, in ein Mädchen mit einem Ziel im Leben verwandelt. Vielleicht hört es sich merkwürdig an, daß eine zufällige Begegnung auf der Straße eine solche Veränderung herbeiführen kann. Doch manchmal ist das Leben eben so, nicht wahr? Und ich glaube wirklich, wenn Sie dort gewesen wären und gesehen hätten, was ich sah, und gefühlt hätten, was ich fühlte, wäre Ihnen genau das gleiche passiert.

Als der Direktor aus meinem Blickfeld verschwunden war, eilte ich die Straße entlang, um den Eisverkäufer zu suchen. Es war an jenem Tag nicht besonders heiß, und auf Schabeeis war ich auch nicht sonderlich erpicht, aber es würde meine Begegnung mit dem Direktor verlängern. Also kaufte ich mir eine Papiertüte voll Schabeeis mit Kirschsirup und kehrte zurück, um mich wieder auf die Steinmauer zu setzen. Der Sirup schmeckte überraschend vielfältig – vermutlich nur, weil meine Sinne so geschärft waren. Wäre ich eine Geisha wie diese Izuko, dachte ich, hätte ein Mann wie der Direktor wohl ein wenig Zeit mit mir verbracht. Nie hätte ich gedacht, daß ich mal eine Geisha beneiden könnte. Gewiß, ich war nach Kyoto gebracht worden, um eine zu werden, aber bis jetzt wäre ich, falls das möglich gewesen wäre, stehenden Fußes davongelaufen. Nun begriff ich, was mir bisher entgangen war: Der springende Punkt war nicht, eine Geisha zu werden, sondern eine Geisha zu *sein*. Eine Geisha zu werden... also, das war kaum ein Lebensziel. Aber eine Geisha zu sein... Auf einmal sah ich es als Trittstein zu einem anderen Ziel. Wenn ich, was das Alter des Direktors betraf, richtig geschätzt hatte, war er vermutlich gerade mal fünfundvierzig. Viele Geishas hatten im Alter von zwanzig Jahren bereits enormen Erfolg. Die Geisha Izuko war vermutlich selbst erst fünfundzwanzig. Ich war immer noch ein Kind, nicht ganz elf Jahre alt. Aber in weiteren elf Jahren wäre ich über zwanzig. Und der Direktor? Der wäre dann nicht älter als Herr Tanaka jetzt.

Die Münze, die mir der Direktor gegeben hatte, war weit mehr, als ich für eine Eistüte brauchte. In meiner Hand hielt ich das Wechselgeld des Eisverkäufers: drei Münzen unterschiedlichen Wertes. Anfangs dachte ich daran, daß ich sie für einen weit wichtigeren Zweck verwenden könnte.

Im Laufschritt eilte ich zur Shijo-Avenue und bis an den Ostrand von Gion, wo der Gion-Schrein stand. Ich stieg die Treppe empor, war aber zu schüchtern, um durch das große, zwei Stockwerk hohe Portal mit seinem Giebeldach einzutreten, sondern ging außen herum. Nachdem ich den gekiesten Innenhof überquert und eine weitere Treppe hinter mich gebracht hatte, gelangte ich durch das Tor in die Kulthalle. Bevor ich die Münzen in den Opferstock warf – Münzen, die ausgereicht hätten, um mir die Flucht aus Gion zu ermöglichen –, meldete ich den Göttern meine Gegenwart, indem ich dreimal in die Hände klatschte und mich verneigte. Mit fest geschlossenen Augen und zusammengelegten Händen betete ich, sie möchten mir erlauben, daß ich irgenwie eine Geisha würde. Für eine Chance, noch einmal die Aufmerksamkeit eines Mannes wie des Direktors auf mich zu ziehen, würde ich freudig jede Ausbildung ertragen und jede erdenkliche Mühsal auf mich nehmen.

Als ich die Augen öffnete, hörte ich noch immer den Verkehr auf der Higashi-Oji-Avenue. Die Bäume zischelten unter einem Windstoß, genau wie sie es einen Augenblick zuvor getan hatten. Nichts hatte sich verändert. Und ich hatte keine Möglichkeit, zu erahnen, ob mich die Götter gehört hatten. Mir blieb nur, das Taschentuch des Direktors in mein Gewand zu stecken und es in die Okiya mitzunehmen.

10. KAPITEL

Mehrere Monate vergingen. Dann roch ich eines Morgens, als ich die *ro*-Unterkleider – aus leichtem Seidenbatist für heißes Wetter – wegräumte und statt dessen die ungefütterten *hitoe*-Unterkleider herausholte, die wir im September benutzten, in der Eingangshalle einen so gräßlichen Gestank, daß ich den Armvoll Gewänder, die ich trug, unwillkürlich fallen ließ. Der Gestank kam aus Großmamas Zimmer. Ich lief nach oben, um Tantchen zu holen, denn ich wußte sofort, daß etwas Schlimmes passiert sein mußte. Tantchen kam, so schnell sie konnte, die Treppe herabgehinkt, und als sie das Zimmer betrat, fand sie Großmama tot auf dem Fußboden. Sie war auf eine sehr skurrile Art gestorben.

Großmama verfügte über das einzige Elektroheizgerät der ganzen Okiya. Sie benutzte es jede Nacht, nur nicht im Sommer. Nun, da der Monat September angebrochen war und wir die sommerlich leichten Untergewänder wegräumten, hatte Großmama das Heizgerät wieder hervorgeholt. Das muß nicht heißen, daß es schon kalt geworden wäre; wir richten uns bei der Wahl unserer Kleidung nicht nach der Außentemperatur, sondern nach dem Kalender. Genauso benutzte Großmama ihr Heizgerät. Sie hing sehr daran – vermutlich, weil sie viele Nächte ihres Lebens unendlich unter Kälte gelitten hatte.

Normalerweise wickelte Großmama jeden Morgen die Schnur um das Heizgerät, bevor sie es aus dem Weg räumte und an die Wand stellte. Im Laufe der Zeit hatte sich das heiße Metall fast ganz durch die Schnur gebrannt, so daß der Draht schließlich in direkten Kontakt damit kam und das gesamte Gerät unter Strom setzte. Die Polizei sagte, Großmama sei vermutlich auf der Stelle gelähmt, vielleicht sogar tot gewesen, als sie es an jenem Morgen berührte. Als sie auf den Boden rutschte, landete sie mit dem Gesicht auf dem heißen Metall. Daher rührte der infernalische Gestank. Zum Glück sah ich sie nicht mehr, nachdem sie tot war, das heißt bis auf ihre Beine, die von der Tür aus zu sehen waren. Auf mich wirkten sie wie dünne, in zerknitterte Seide gewickelte Äste.

Ein, zwei Wochen nach Großmamas Tod hatten wir alle Hände voll zu tun, da wir das Haus nicht nur gründlich reinigen – im Shinto-Glauben ist der Tod das Unreinste, was einem Menschen geschehen kann –, sondern auch vorbereiten mußten. Wir richteten Tabletts mit Speisen her, stellten Laternen in den Eingang, bauten Teestände auf, legten Tabletts für die Geldspenden der Besucher bereit und so weiter. Wir hatten so viel zu tun, daß die Köchin eines Abends krank wurde und der Arzt gerufen werden mußte. Wie sich herausstellte, fehlte ihr nichts weiter, als daß sie in der Nacht zuvor nur zwei Stunden geschlafen hatte, den ganzen Tag nicht dazu gekommen war, sich hinzusetzen, und nur eine einzige Schale klare Suppe gegessen hatte. Außerdem staunte ich darüber, daß Mutter fast zügellos mit Geld um sich warf. Sie wählte die Sutren aus, die im Chion-in-Tempel für Großmama gesungen werden sollten, und kaufte beim Bestattungsunternehmer Lotusknospen-Arrangements – und das mitten in der großen Weltwirtschaftskrise. Anfangs fragte ich mich, ob ihr Verhalten ihre tiefen Gefühle für Großmama bewies, später aber wurde mir klar, was es wirklich bedeutete: Praktisch ganz Gion kam zu unserer Okiya, um Großmama die letzte Ehre zu erweisen, und nahm eine Woche später dann an der Beisetzung teil. Mutter mußte ein angemessenes Schauspiel bieten.

Ein paar Tage lang erschien tatsächlich ganz Gion in unserer Okiya – so sah es jedenfalls für mich aus –, und wir mußten sie alle mit Tee und Süßigkeiten bewirten. Mutter und Tantchen empfingen die Herrinnen der verschiedenen Teehäuser und Okiyas wie auch eine Anzahl von Dienerinnen, die Großmama gekannt hatten, außerdem Ladenbesitzer, Perückenmacher und Friseure, die fast alle Männer waren, und natürlich eine endlose Reihe von Geishas. Die älteren Geishas kannten Großmama aus ihrer Arbeitszeit, die jüngeren dagegen hatten nicht einmal von ihr gehört: Sie kamen aus Respekt vor Mutter und in einigen Fällen, weil sie irgendwie mit Hatsumomo zu tun hatten.

Meine Aufgabe bestand in dieser geschäftigen Zeit darin, die Besucher ins Empfangszimmer zu führen, wo sie von Mutter und Tantchen erwartet wurden. Die Entfernung betrug nur wenige Schritte, aber man durfte die Besucher auf gar keinen Fall allein hineingehen lassen. Außerdem mußte ich mir merken, welche Schuhe zu welchen Gesichtern gehörten, denn es war meine Aufgabe, die Schuhe ins Dienstbotenzimmer hinüberzutragen, damit der Eingang nicht zu vollgestopft war, und sie im richtigen Moment wieder zu holen. Da ich den Besucherinnen nicht gut ins Gesicht starren konnte, ohne unhöflich zu sein, blieb mir nichts anderes übrig, als mir statt dessen die Kimonos einzuprägen, die die Damen trugen.

Als etwa am zweiten oder dritten Nachmittag die Tür aufgeschoben wurde, kam ein Kimono herein, der wohl der schönste war, den ich bisher an unseren Besucherinnen gesehen hatte. Aufgrund der besonderen Gelegenheit war er gedeckt gehalten – ein schlichtes schwarzes Gewand mit Wappen –, aber das grün-goldene Grasmuster am Saum war so prächtig, daß ich mir vorstellte, wie überwältigt die Frauen und Töchter der Fischer zu Hause in Yoroido wohl wären, wenn sie so etwas auch nur zu sehen bekämen. Die Besucherin hatte eine Dienerin mitgebracht, woraus ich schloß, daß sie vielleicht die Herrin eines Teehauses oder einer Okiya war, denn nur sehr wenige Geishas konnten sich diesen Luxus leisten. Während sie den winzigen Altar in unserem Eingang betrachtete, nutzte ich die Gelegenheit, um einen Blick auf ihr Gesicht zu werfen. Es war ein so perfektes Oval, daß ich sofort an eine gewisse Bildrolle in Tantchens Zimmer dachte, die Tuschezeichnung einer Kurtisane aus der Heian-Zeit vor über tausend Jahren. Sie war keine so auffallende Schönheit wie Hatsumomo, doch ihre Züge waren so vollkommen geformt, daß ich mir noch unbedeutender vorkam als sonst. Und dann wurde mir plötzlich klar, wer sie war.

Mameha, die Geisha, deren Kimono ich auf Hatsumomos Befehl verschandeln mußte!

Was mit dem Kimono geschehen war, war zwar nicht meine Schuld gewesen, dennoch hätte ich das Gewand, das ich trug, hingegeben, wenn ich ihr dafür nicht hätte begegnen müssen. Als ich sie und ihre Dienerin ins Empfangszimmer führte, senkte ich den Kopf so tief, daß mein Gesicht verborgen blieb. Ich dachte nicht, daß sie mich erkennen würde, denn ich war sicher, daß sie an jenem Abend mein Gesicht nicht gesehen hatte, und selbst wenn, so waren inzwischen zwei Jahre vergangen. Die Dienerin, die sie begleitete, war nicht dieselbe junge Frau, die mir an jenem Abend den Kimono abgenommen hatte und deren Augen sich mit Tränen gefüllt hatten. Dennoch war ich erleichtert, als ich mich verneigen und sie im Empfangszimmer allein lassen konnte.

Als Mameha und ihre Dienerin zwanzig Minuten später aufbrechen wollten, holte ich ihre Schuhe und stellte sie im Eingang auf die Stufe, hielt aber immer noch nervös den Kopf gesenkt. Als das Mädchen die Tür aufschob, hatte ich das Gefühl, daß meine Feuerprobe vorüber war, doch statt hinauszugehen, blieb Mameha einfach stehen. Ich wurde unruhig, und ich fürchtete, daß meine Augen es versäumten, Rücksprache mit meinem Verstand zu halten, denn obwohl ich wußte, daß ich das nicht durfte, wanderte mein Blick zu ihr empor. Entsetzt mußte ich feststellen, daß Mameha zu mir heruntersah.

»Wie heißt du, Kleine?« fragte sie mich in einem Ton, den ich für ziemlich streng hielt.

Mein Name sei Chiyo, gab ich zurück.

»Steh einen Augenblick auf, Chiyo. Ich möchte dich ansehen.«

Gehorsam kam ich auf die Füße, doch wenn es möglich gewesen wäre, mein Gesicht schrumpfen und ganz verschwinden zu lassen, als schlürfe man eine Nudel ein, hätte ich das sofort getan.

»Nun komm schon, laß dich ansehen!« sagte sie. »Du tust ja, als wolltest du die Zehen an deinen Füßen zählen!«

Ich hob den Kopf, nicht aber den Blick. Mameha stieß einen langen Seufzer aus und befahl mir, sie anzusehen.

»Welch außergewöhnliche Augen!« sagte sie. »Ich dachte, ich hätte es mir nur eingebildet. Wie würdest du diese Farbe bezeichnen, Tatsumo?«

Das Mädchen kam in die Eingangshalle zurück und musterte mich. »Grau, Herrin«, antwortete sie.

»Genau, was ich gesagt hätte. Also, wie viele Mädchen in Gion haben deiner Meinung nach solche Augen?«

Ich wußte nicht, ob Mameha mich oder Tatsumo fragte, aber keine von uns antwortete. Sie betrachtete mich mit einem seltsamen Ausdruck – konzentriert, wie mir schien. Zu meiner größten Erleichterung verabschiedete sie sich dann und ging hinaus.

Eine Woche später fand Großmamas Beisetzung statt – an einem Vormittag, den ein Wahrsager ausgewählt hatte. Anschließend räumten wir die Okiya wieder auf, allerdings mit einigen Änderungen. Tantchen zog nach unten in Großmamas ehemaliges Zimmer, während Kürbisköpfchen – die schon bald ihre Lehrzeit als Geisha antreten sollte – Tantchens Zimmer im ersten Stock bezog. Außerdem trafen in der folgenden Woche zwei neue Dienerinnen ein, beide im mittleren Alter und äußerst energisch. Es mag sonderbar erscheinen, daß Mutter zusätzliche Dienerinnen aufnahm, obwohl die Familie kleiner geworden war, aber in der Okiya hatte es immer zuwenig Personal gegeben, weil Großmama nicht so viele Menschen ertragen konnte.

Die letzte Veränderung war, daß Kürbisköpfchen keine Hausarbeit mehr verrichten mußte. Statt dessen hieß man sie, sich in den verschiedenen Künsten zu üben, die sie als Geisha beherrschen mußte. Normalerweise wurde den jungen Mädchen nicht sehr viel Zeit zum Üben gelassen, aber das arme Kürbisköpfchen lernte nur langsam, und wenn jemand zusätzlich Zeit brauchte, dann sie. Es fiel mir schwer, mit anzusehen, wie sie tagtäglich auf dem Verandagang kniete und stundenlang auf ihrem Shamisen übte, während ihr die Zunge seitlich aus dem Mund hing, als wollte sie sich die Wange lecken. Jedesmal, wenn sich unsere Blicke begegneten, schenkte sie mir ein kleines Lächeln. Sie war wirklich so lieb und freundlich, wie man sich nur wünschen konnte. Mir fiel es zunehmend schwerer, die drückende Last der Geduld zu tragen und auf eine winzige Chance zu warten, die möglicherweise niemals kam, mit Sicherheit aber die einzige Chance wäre, die sich mir jemals bieten würde. Und nun mußte ich erleben, wie das Tor zum Glück sperrangelweit für eine andere geöffnet wurde. Wenn ich abends zu Bett ging, holte ich das Taschentuch, das mir der Direktor gegeben hatte, heraus und atmete den kräftigen Talkumduft ein. Ich machte meinen Kopf von allem anderen frei, um mir sein Bild vor Augen und das Gefühl der warmen Sonne auf meinem Gesicht und der Steinmauer, auf der ich gesessen hatte, als ich ihn kennenlernte, ins Gedächtnis zu rufen. Er war mein Bodhisattva mit tausend Armen, der mir helfen würde. Zwar konnte ich mir nicht vorstellen, wie er das tun sollte, aber ich betete trotzdem darum.

Gegen Ende des ersten Monats nach Großmamas Tod kam eines Tages eine unserer neuen Dienerinnen zu mir und sagte, vor der Tür warte eine Besucherin auf mich. Es war ein ungewohnt heißer Oktobernachmittag, und ich war am ganzen Körper naßgeschwitzt von der Arbeit mit unserem alten handbetriebenen Staubsauger, mit dem ich die Tatami-Matten oben in Kürbisköpfchens neuem Zimmer reinigen sollte. Kürbisköpfchen schmuggelte gern Reisgebäck nach oben, so daß die Matten oft gesaugt werden mußten. Mit einem feuchten Tuch wischte ich mir hastig die Stirn und lief nach unten, wo ich in der Eingangshalle eine junge Frau vorfand, die einen einfachen Kimono trug. Ich ging auf die Knie und verneigte mich vor ihr. Erst auf den zweiten Blick erkannte ich in ihr das Mädchen, das einige Wochen zuvor Mameha zu unserer Okiya begleitet hatte. Ich war bedrückt, daß sie zu mir gekommen war. Ich war fest davon überzeugt, daß ich nun Ärger bekam. Doch als sie mich zu sich in den Hauseingang winkte, schob ich die Füße in die Schuhe und folgte ihr gehorsam auf die Straße hinaus.

»Wirst du manchmal auf Botengänge geschickt, Chiyo?« fragte sie mich.

Inzwischen war seit meinem Fluchtversuch so viel Zeit vergangen, daß ich nicht mehr in der Okiya eingesperrt war. Ich hatte keine Ahnung, warum sie mir diese Frage stellte, antwortete aber, daß das zutreffe.

»Gut«, sagte sie. »Sieh zu, daß du morgen nachmittag um drei zu Besorgungen ausgeschickt wirst. Ich erwarte dich an der kleinen Brücke, die über den Shirakawa-Bach führt.«

»Ja, gern«, sagte ich. »Aber darf ich fragen, warum?«

»Das wirst du morgen erfahren«, gab sie zurück und krauste dabei die Nase, als wollte sie mich auf den Arm nehmen.

Ich war keineswegs erfreut, daß Mamehas Dienerin mich irgendwohin bringen wollte – vermutlich zu Mameha, dachte ich, damit sie mich für das, was ich getan hatte, ordentlich ausschelten konnte. Dennoch überredete ich Kürbisköpfchen am folgenden Tag dazu, mich auf einen Botengang zu schicken, der nicht unbedingt nötig war. Sie befürchtete, sich damit Ärger einzuhandeln, bis ich ihr versprach, ihr diese Gefälligkeit irgendwie zu lohnen. Also rief sie mir um drei Uhr vom Innenhof aus zu:

»Chiyo-chan, würdest du bitte so gut sein und mir ein paar neue Shamisen-Saiten besorgen und außerdem ein paar Kabuki-Zeitschriften?« Man hatte sie nämlich angewiesen, zu ihrer Weiterbildung Kabuki-Zeitschriften zu lesen. Dann hörte ich sie noch lauter fragen: »Ist das in Ordnung, Tantchen?« Doch Tantchen antwortete nicht, weil sie Mittagsschlaf hielt.

Also verließ ich die Okiya und ging am Shirakawa-Bach entlang bis zu der Bogenbrücke, die in den Motoyoshi-cho-Teil von Gion führte. Da es so schön und warm war, ergingen sich eine Menge Herren und Geishas auf diesem Weg und bewunderten die Kirschbäume, deren Zweige sich aufs Wasser hinabsenkten. Während ich an der Brücke wartete, beobachtete ich eine Gruppe ausländischer Touristen, die das berühmte Gion besichtigten. Sie waren nicht die ersten Ausländer, die ich in Kyoto gesehen hatte, aber sie wirkten höchst sonderbar auf mich: großnasige Frauen mit langen Kleidern und hellen Haaren, hochgewachsene, selbstbewußte Herren mit Absätzen, die auf dem Pflaster knallten. Einer der Herren zeigte auf mich und sagte etwas in einer fremden Sprache, worauf sich alle umdrehten und mich ansahen. Ich war so verlegen, daß ich tat, als hätte ich etwas auf dem Boden gesehen, damit ich mich niederhocken und mein Gesicht verbergen konnte.

Schließlich kam Mamehas Dienerin, und wie ich befürchtet hatte, führte sie mich über die Brücke und am Bach entlang zu jener Haustür, wo mir Hatsumomo und Korin den Kimono in die Hand gedrückt und mich die Treppe hinaufgeschickt hatten. Ich fand es furchtbar ungerecht, daß mir dieser Zwischenfall nach all der Zeit nun noch mehr Ärger bereiten sollte. Doch als das Mädchen die Tür für mich aufschob, stieg ich im grauen Licht des

Treppenhauses nach oben. Dann schlüpften wir aus unseren Schuhen und betraten die Wohnung.

»Chiyo ist hier, Herrin!« rief sie.

Gleich darauf hörte ich Mameha aus dem hinteren Zimmer rufen: »Gut, vielen Dank, Tatsumo!«

Die junge Frau führte mich zu einem Tisch am offenen Fenster, wo ich mich auf eines der Kissen kniete und versuchte, möglichst nicht nervös zu wirken. Kurz darauf kam ein anderes Mädchen mit einer Tasse Tee für mich, denn wie sich herausstellte, hatte Mameha nicht eine, sondern sogar zwei Dienerinnen. Daß mir dort Tee serviert werden würde, hatte ich nicht erwartet; seit dem Abendessen in Herrn Tanakas Haus Jahre zuvor hatte ich nichts derartiges mehr erlebt. Ich verneigte mich, um ihr zu danken, und trank aus reiner Höflichkeit einige Schlückchen. Anschließend saß ich sehr lange da, ohne etwas anderes zu tun, als dem Geräusch des Shirakawa-Bachs zu lauschen, der über ein kniehohes Wehr rauschte.

Mamehas Wohnung war nicht groß, aber überaus elegant, mit wunderschönen Tatami-Matten, die eindeutig neu waren, denn sie hatten einen bezaubernden gelbgrünen Glanz und dufteten kräftig nach Reisstroh. Wenn man eine Tatami-Matte genau betrachtet, sieht man, daß sie mit Stoff eingefaßt ist, normalerweise mit dunklen Baumwoll- oder Leinenstreifen, doch diese waren mit Seidenstreifen eingefaßt, die ein grün-goldenes Muster aufwiesen. In einer nahen Nische hing eine Schriftrolle, bedeckt mit einer wundervollen Handschrift, wie sich herausstellte, ein Geschenk des berühmten Kalligraphen Matsudaira Koichi. Darunter stand in einer flachen, unregelmäßig geformten Schale, die mit einer tiefschwarzen Glasur überzogen war, ein Arrangement aus blühenden Hartriegelzweigen. Ich fand die Schale äußerst merkwürdig, aber sie war Mameha von keinem Geringeren als Yoshida Sakuhei geschenkt worden, dem Großmeister der Keramik im *setoguro*-Stil, der nach dem Zweiten Weltkrieg zum Lebenden Nationaldenkmal erklärt wurde.

Schließlich trat Mameha in einem kostbaren cremefarbenen Kimono mit Wassermuster am Saum aus dem hinteren Zimmer. Während sie zum Tisch schwebte, wandte ich mich um und ver

162

neigte mich auf den Matten besonders tief. Als sie dort angelangt war, ließ sie sich mir gegenüber auf den Knien nieder, trank einen Schluck Tee und sagte:

»Also ... Chiyo, nicht wahr? Erzähl mir doch mal, wie es dir gelungen ist, heute nachmittag eure Okiya zu verlassen. Frau Nitta hat doch sicher etwas dagegen, daß ihre Dienstmädchen am hellichten Tag persönliche Angelegenheiten erledigen – oder?«

Eine derartige Frage hatte ich nicht erwartet, und so wußte ich nicht recht, was ich sagen sollte, obwohl es unhöflich gewesen wäre, wenn ich gar nicht geantwortet hätte. Mameha trank schweigend ihren Tee und sah mich mit freundlichem Ausdruck auf ihrem ovalen Gesicht an. Dann sagte sie: »Du denkst vermutlich, daß ich dich tadeln will. Aber ich will nur wissen, ob du dich in Schwierigkeiten gebracht hast, um hierher zu kommen.«

Als ich das hörte, war ich sehr erleichtert. »Nein, Herrin«, antwortete ich ihr. »Angeblich soll ich Kabuki-Zeitschriften und Shamisen-Saiten besorgen.«

»Aha! Also davon habe ich genügend vorrätig«, sagte sie. Sie rief ihre Dienerin herbei und wies sie an, einige davon zu holen und vor mir auf den Tisch zu legen. »Wenn du zu deiner Okiya zurückkehrst, nimmst du die hier mit, dann wird sich keiner fragen, wo du gewesen bist. Und nun beantworte mir eine Frage: Als ich zu eurer Okiya kam, um meine Aufwartung zu machen, habe ich dort ein anderes Mädchen in deinem Alter gesehen.«

»Das muß Kürbisköpfchen gewesen sein. Mit einem runden Gesicht?«

Mameha wollte wissen, warum ich sie Kürbisköpfchen nannte, und als ich es ihr erklärte, lachte sie laut auf.

»Dieses Kürbisköpfchen«, sagte Mameha, »wie kommt sie mit Hatsumomo aus?«

»Gut, Herrin«, antwortete ich, »aber wohl nur, weil Hatsumomo ihr nicht mehr Beachtung schenkt als einem Blatt, das im Hof zu Boden sinkt.«

»Wie poetisch ... ein Blatt, das im Hof zu Boden sinkt. Behandelt Hatsumomo dich auch so?«

Ich wollte antworten, aber offen gestanden wußte ich nicht, was ich sagen sollte. Ich wußte nur sehr wenig über Mameha, und es wäre nicht recht gewesen, vor jemandem, die nicht zur Okiya gehörte, schlecht von Hatsumomo zu sprechen. Mameha schien meine Gedanken zu lesen, denn sie sagte:

»Du brauchst mir nicht zu antworten. Ich weiß sehr gut, wie Hatsumomo dich behandelt: ungefähr so, wie eine Schlange ihre nächste Mahlzeit, würde ich sagen.«

»Darf ich fragen, wer Ihnen das gesagt hat, Herrin?«

»Niemand hat mir das gesagt«, antwortete sie. »Hatsumomo und ich, wir kennen uns, seit ich sechs und sie neun Jahre alt war. Wenn man eine so lange Zeit mit angesehen hat, wie ein Mensch sich danebenbenimmt, ist es nicht schwer zu erraten, was er demnächst machen wird.«

»Ich weiß nicht, was ich getan habe, daß sie mich so sehr haßt«, sagte ich.

»Hatsumomo ist so leicht zu verstehen wie eine Katze. Eine Katze ist glücklich, solange sie in der Sonne liegen kann, ohne daß andere Katzen in der Nähe sind. Doch sobald sie das Gefühl hat, daß eine andere Katze um ihren Futternapf herumstreicht… Hat dir schon mal jemand die Geschichte erzählt, wie Hatsumomo die junge Hatsuoki aus Gion vertrieben hat?«

Ich verneinte.

»Hatsuoki war ein sehr attraktives Mädchen«, begann Mameha. »Und eine sehr liebe Freundin von mir. Sie und deine Hatsumomo waren Schwestern. Das heißt, sie waren von derselben Geisha ausgebildet worden – in diesem Fall von der großen Tomihatsu, die damals schon eine sehr alte Dame war. Deine Hatsumomo mochte die junge Hatsuoki nicht, und als sie beide Lerngeishas wurden, konnte sie es nicht ertragen, daß sie ihre Rivalin war. Also begann sie in Gion das Gerücht zu verbreiten, Hatsuoki sei eines Abends erwischt worden, wie sie in einem öffentlichen Durchgang etwas sehr Unsittliches mit einem jungen Polizisten getrieben habe. Natürlich war kein Körnchen Wahrheit daran. Wenn Hatsumomo einfach herumgegangen wäre und die Geschichte weitergetratscht hätte, so hätte kein Mensch in Gion ihr geglaubt. Die Leute wußten, wie eifersüchtig sie auf Hatsuoki war. Also tat sie folgendes: Jedesmal, wenn sie jemand traf, der sehr betrunken war – eine Geisha, eine Dienerin oder sogar ein männlicher Besucher, das spielte keine Rolle –, flüsterte sie ihm die Geschichte von Hatsuoki so geschickt ein, daß die- oder derjenige sich am folgenden Tag nicht daran erinnerte, wer die Quelle gewesen war. Bald schon hatte die arme Hatsuoki einen so schlechten Ruf, daß es ein Kinderspiel für Hatsumomo war, sie mit ein paar weiteren ihrer kleinen Tricks aus Gion zu vertreiben.«

Seltsamerweise empfand ich tiefe Erleichterung, als ich hörte, daß auch eine andere von Hatsumomo so ungeheuerlich behandelt worden war.

»Sie kann keine Rivalinnen neben sich ertragen«, fuhr Mameha fort. »Das ist der Grund, warum sie dich so schlecht behandelt.«

»Aber sie kann in mir doch unmöglich eine Rivalin sehen, Herrin«, wandte ich ein. »Ich bin so wenig Rivalin für sie, wie eine Pfütze Rivalin des Ozeans ist.«

»Wohl nicht in den Teehäusern von Gion. Aber innerhalb eurer Okiya… Findest du es nicht sonderbar, daß Frau Nitta Hatsumomo niemals als Tochter adoptiert hat? Die Nitta-Okiya muß wohl die reichste von ganz Gion sein, die ohne Erbin ist. Hätte sie Hatsumomo adoptiert, hätte Frau Nitta nicht nur ihr Problem gelöst, nein, sie hätte Hatsumomo auch keinen einzigen Sen von deren Einkünften auszahlen müssen. Es wäre alles direkt an die Okiya geflossen. Und Hatsumomo ist eine sehr erfolgreiche Geisha! Man sollte meinen, daß Frau Nitta, die das Geld doch so sehr liebt, sie schon längst adoptiert haben müßte. Also wird sie einen sehr guten Grund haben, das nicht zu tun, meinst du nicht auch?«

Daran hatte ich tatsächlich noch niemals gedacht, aber nachdem ich gehört hatte, was Mameha sagte, war mir der Grund sonnenklar.

»Hatsumomo zu adoptieren«, sagte ich, »das wäre, als ließe man einen Tiger aus dem Käfig.«

»Ganz richtig. Ich bin überzeugt, Frau Nitta weiß genau, wie Hatsumomo sich als Adoptivtochter entwickeln würde – sie würde eine Möglichkeit finden, die Mutter aus dem Haus zu vertreiben. Wie dem auch sei, Hatsumomo hat nicht mehr Geduld als ein Kind. Ich glaube nicht, daß sie auch nur eine Grille in ihrem Käfig am Leben erhalten könnte. Nach ein bis zwei Jahren würde sie vermutlich die Kimono-Sammlung der Okiya verkaufen und sich zur Ruhe setzen. Das, kleine Chiyo, ist der Grund, warum Hatsumomo dich so sehr haßt. Und was das kleine Kürbisköpfchen betrifft, so kann ich mir nicht vorstellen, daß Hatsumomo befürchtet, Frau Nitta könnte sie adoptieren.«

»Mameha-san«, sagte ich, »vermutlich erinnern Sie sich an Ihren Kimono, der ruiniert wurde…«

»Willst du mir sagen, daß du das Mädchen bist, das mit Tusche darauf herumgeschmiert hat?«

»Also… nun ja, Herrin. Sie wissen zwar sicher, daß Hatsumomo dahintergesteckt hat, aber ich hoffe, Ihnen eines Tages beweisen zu können, wie leid mir die Sache tut.«

Mameha sah mich lange an. Ich hatte keine Ahnung, was sie dachte, bis sie sagte:

»Wenn du möchtest, darfst du dich jetzt entschuldigen.«

Ich rutschte ein Stück vom Tisch zurück und verneigte mich tief auf die Matten; bevor ich jedoch etwas sagen konnte, kam mir Mameha mit den Worten zuvor:

»Das wäre eine schöne Verneigung, wenn du ein Bauernmädchen wärst, das zum erstenmal in Kyoto ist. Doch wenn du kultiviert wirken möchtest, mußt du dich auf folgende Art verneigen. Sieh mir zu; entferne dich noch ein wenig mehr vom Tisch. Also gut, da liegst du auf den Knien; jetzt streckst du die Arme aus und legst deine Fingerspitzen auf die Matten vor dir. Nur die Fingerspitzen, niemals die ganze Hand. Und auf gar keinen Fall darfst du die Finger spreizen – ich sehe immer noch einen Abstand zwischen ihnen. Sehr gut, nun legst du sie auf die Matten – Hände zusammen… so! Jetzt ist es gut. Verneige dich, so tief du kannst, aber den Hals solltest du absolut gerade halten, du darfst den Kopf nicht so hängen lassen. Und leg um Himmels willen kein Gewicht auf deine Hände, sonst wirkst du wie ein Mann! So ist es gut. Und jetzt versuch das Ganze noch einmal.«

Also verneigte ich mich abermals und versicherte ihr abermals, wie sehr ich es bereue, an der Verschandelung ihres wunderschönen Kimonos beteiligt gewesen zu sein.

»Ja, er war wunderschön, nicht wahr?« gab sie zurück. »Aber jetzt wollen wir ihn vergessen. Ich möchte wissen, warum du nicht mehr zur Geisha ausgebildet wirst. Deine Lehrerinnen haben mir gesagt, daß du bis zu dem Augenblick, da du aufgehört hast, sehr gut warst. Du solltest auf dem besten Weg zu einer erfolgreichen Karriere in Gion sein. Warum hat Frau Nitta deine Ausbildung beendet?«

Ich erzählte ihr von meinen Schulden, zu denen der Kimono sowie die Brosche gehörten, von der Hatsumomo behauptet, ich hätte sie gestohlen. Auch nachdem ich fertig war, fuhr sie fort, mich kühl zu mustern. Dann sagte sie:

»Du verschweigst mir doch etwas. In Anbetracht deiner Schulden könnte man erwarten, daß Frau Nitta um so mehr darauf bedacht wäre, dich zu einer erfolgreichen Geisha zu machen. Als Dienerin wirst du ihr diese Schulden mit Sicherheit niemals zurückzahlen können.«

Als ich das hörte, muß ich den Blick, ohne es zu merken, vor Scham gesenkt haben. Einen Augenblick lang schien Mameha meine Gedanken lesen zu können.

»Du hast versucht davonzulaufen – stimmt's?«

»Ja, Herrin«, räumte ich ein. »Ich hatte eine Schwester. Wir waren getrennt worden, doch es gelang uns, wieder zusammenzukommen. An einem bestimmten Abend wollten wir uns treffen, um gemeinsam zu fliehen ... aber dann bin ich vom Dach gefallen und habe mir den Arm gebrochen.«

»Vom Dach! Das muß ein Scherz sein! Bist du etwa da hinaufgestiegen, um einen letzten Blick auf Kyoto zu werfen?«

Ich erkärte ihr, warum ich es getan hatte. »Das war dumm von mir, das weiß ich jetzt«, sagte ich anschließend. »Nun wird Mutter keinen weiteren Sen mehr in meine Ausbildung stecken, denn sie fürchtet, ich könnte jederzeit wieder weglaufen.«

»Da muß mehr dahinterstecken. Ein Mädchen, das davonläuft, ist dem Ruf der Herrin ihrer Okiya abträglich. So denken die Leute hier in Gion nun mal. ›Meine Güte, sie kann nicht mal ihre eigenen Dienstmädchen am Weglaufen hindern!‹ So ähnlich. Aber was soll denn nun aus dir werden, Chiyo? Du scheinst mir nicht der Mensch zu sein, der sein Leben als Dienerin verbringen will.«

»Ach, Herrin ... Alles würde ich geben, um meine Fehler wiedergutzumachen«, sagte ich. »Es ist nun über zwei Jahre her. Ich habe wirklich geduldig gewartet und immer gehofft, daß sich mir eines Tages eine Chance bietet.«

»Geduldiges Warten paßt nicht zu dir. Wie ich sehe, besteht deine Persönlichkeit zum Großteil aus Wasser, und Wasser wartet nicht. Es verändert seine Form, fließt um Hindernisse herum und findet die geheimen Pfade, an die sonst niemand denkt: das winzige Loch im Dach oder im Boden einer Kiste. Es ist ganz zweifellos das wandlungsfähigste der fünf Elemente. Es kann Erde davonspülen, es kann Feuer löschen, es kann Metall abschleifen und mit sich davontragen. Und sogar das Holz, seine natürliche Ergänzung, kann nicht überleben, ohne vom Wasser genährt zu werden. Dennoch hast du in deinem Leben niemals auf diese Stärken zurückgegriffen – oder?«

»Also, ehrlich gesagt, war es fließendes Wasser, das mir zu der Idee verholfen hat, über das Dach zu fliehen.«

»Ich bin sicher, daß du ein kluges Mädchen bist, Chiyo, aber das war, glaube ich, nun wirklich nicht deine klügste Tat. Wir alle, die wir vom Wasser bestimmt werden, fließen niemals dorthin, wohin wir wollen. Wir können nur dahin fließen, wohin die Landschaft unseres Lebens uns trägt.«

»Ich habe das Gefühl, daß ich ein Fluß bin, der auf einen hohen Damm gestoßen ist, und dieser Damm ist Hatsumomo.«

»Ja, da hast du vermutlich recht«, sagte sie, während sie mich gelassen ansah. »Aber es gibt auch Flüsse, die Dämme davonspülen.«

Seit dem Moment, da ich ihre Wohnung betrat, hatte ich mich immer wieder gefragt, warum Mameha mich zu sich bestellt hatte. Daß es nichts mit dem Kimono zu tun hatte, war mir schon klar; aber jetzt erst erkannte ich, was ich die ganze Zeit direkt vor der Nase gehabt hatte: Mameha mußte beschlossen haben, mich zu benutzen, um sich an Hatsumomo zu rächen. Es lag auf der Hand, daß die beiden Rivalinnen waren. Warum sonst hätte Hatsumomo vor zwei Jahren Mamehas Kimono ruinieren sollen? Mameha hatte zweifellos auf den richtigen Moment gewartet, und der schien sich ihr jetzt zu bieten. Sie wollte mich in die Rolle des Unkrauts drängen, das wuchert, bis es die anderen Pflanzen im Garten erstickt. Sie wollte nicht nur einfach Rache – wenn ich mich nicht täuschte, wollte sie Hatsumomo ein für allemal loswerden.

»Auf jeden Fall«, fuhr Mameha fort, »wird sich nichts ändern, solange Frau Nitta dir nicht erlaubt, mit deiner Ausbildung fortzufahren.«

»Ich glaube kaum«, entgegnete ich, »daß ich sie dazu überreden könnte.«

»Wie du sie überreden kannst, darüber brauchst du dir jetzt noch keine Gedanken machen; überleg dir lieber, wie du den richtigen Zeitpunkt dafür findest.«

Das Leben hatte mir bisher wahrhaftig eine Menge Lektionen erteilt, doch von Geduld verstand ich überhaupt nichts, nicht mal genug, um zu begreifen, was Mameha mit dem richtigen Zeitpunkt meinte. Ich sagte, wenn sie mir vorschlagen könne, was ich sagen solle, würde ich mit Vergnügen schon morgen mit Mutter sprechen.

»Weißt du, Chiyo, im Leben einfach so dahinzustolpern ist eine mühselige Art der Fortbewegung. Du mußt lernen, die richtige Zeit und den richtigen Ort für alles zu finden. Eine Maus, welche die Katze an der Nase herumführen will, kommt nicht einfach aus ihrem Loch, wann immer sie Lust dazu hat. Weißt du denn nicht, wie du deinen Almanach benutzen mußt?«

Ich weiß nicht, ob Sie jemals so einen Almanach gesehen haben. Wenn man ihn aufschlägt und durchblättert, stellt man fest, daß er mit höchst komplizierten Tabellen und geheimnisvollen Schriftzeichen vollgestopft ist. Geishas sind, wie ich schon sagte, überaus abergläubisch. Tantchen und Mutter und sogar die Köchin trafen kaum eine Entscheidung, auch wenn es nur den Kauf neuer Schuhe betraf, ohne vorher ihren Almanach zu Rate zu ziehen. Ich selbst aber hatte noch nie in einen hineingeschaut.

»Kein Wunder, daß du soviel Unglück erlebt hast«, sagte Mameha. »Soll das heißen, daß du zu fliehen versucht hast, ohne nachzuschlagen, ob der Tag dafür günstig war?«

Ich erklärte ihr, daß meine Schwester bestimmt hatte, wann wir fliehen sollten. Mameha wollte wissen, ob ich mich an das Datum erinnerte, was mir auch gelang, als ich mit ihr zusammen in einem Kalender blätterte: Es war der letzte Dienstag im Oktober 1929 gewesen, nur ein paar Monate nachdem Satsu und ich von zu Hause weggeholt worden waren.

Mameha bat ihre Dienerin, ihr einen Almanach für jenes Jahr zu bringen, und nachdem sie mich nach meinem Sternzeichen gefragt hatte – das Jahr des Affen –, verbrachte sie einige Zeit damit, verschiedene Tabellen zu prüfen und zu vergleichen und eine Seite herauszusuchen, die einen allgemeinen Überblick über die Konstellationen jenes Monats für mich enthielt. Schließlich las sie mir laut vor:

»Eine äußerst ungünstige Zeit. Unter allen Umständen vermieden werden müssen Nadeln, ungewohnte Speisen und Reisen.«« Hier hielt sie inne und sah mich an. »Hast du gehört? Reisen. Dann heißt es weiter, daß du folgende Dinge meiden sollst … warte mal … Baden während der Stunde des Hahns, den Erwerb neuer Kleider, ›sich auf neue Unternehmungen einlassen.‹ Und hör dir dies an: ›Ortsveränderungen‹.« Mameha klappte das Buch zu und sah mich an. »Hast du dich vor all diesen Dingen gehütet?«

Viele Menschen bezweifeln den Wert dieser Art von Hellseherei, doch jeder Zweifel, den Sie hegen mögen, wäre sofort beseitigt worden, hätten Sie miterlebt, was nun geschah. Mameha erkundigte sich nach dem Sternzeichen meiner Schwester und schlug die gleichen Informationen über sie nach. »Hier heißt es: ›Ein günstiger Tag für kleine Veränderungen‹«, begann sie. »Vielleicht nicht der beste Tag für etwas so Wichtiges wie eine Flucht, aber mit Sicherheit besser als die anderen Tage jener Woche und auch der folgenden.« Dann kam die große Überraschung. »Und weiter: ›Ein guter Tag zum Reisen in die Richtung des Schafes‹«, las Mameha. Und als sie eine Landkarte herausholte und Yoroido darauf suchte, lag es nordnordöstlich von Kyoto, und das war tatsächlich die Richtung, die dem Tierkreiszeichen des Schafes entsprach. Satsu hatte ihren Almanach konsultiert. Das war vermutlich auch der Grund dafür, weshalb sie mich in dem Zimmer unter der Treppe für ein paar Minuten allein gelassen hatte. Und das war ganz zweifellos richtig gewesen, denn sie war entkommen, ich aber nicht.

In diesem Moment begann ich zu begreifen, wie arglos ich gewesen war – nicht nur, als ich meine Flucht plante, sondern einfach in allem. Ich hatte nie verstanden, wie eng alle Dinge miteinander verknüpft sind. Und ich meine damit nicht nur den Tierkreis. Wir Menschen sind nur ein Teil von etwas weitaus Größerem. Wenn wir gehen, zertreten wir vielleicht einen Käfer oder bewirken lediglich eine Veränderung in der Luft, so daß eine Fliege dort landet, wohin sie sonst nicht geflogen wäre. Und wenn wir an dasselbe Beispiel denken, nur mit uns in der Rolle des Insekts und dem endlosen Universum in der Rolle, die wir eben gespielt haben, wird verständlich, daß wir alle tagtäglich von Kräften beeinflußt werden, über die wir nicht mehr Kontrolle ausüben können als der arme Käfer über unseren gigantischen Fuß, der sich auf ihn herabsenkt. Was sollen wir tun? Wir müssen alle Methoden nutzen, die uns zur Verfügung stehen, um die Bewegung des Universums um uns herum zu begreifen, und unsere Handlungen so einrichten, daß wir nicht gegen die Strömungen kämpfen, sondern uns mit ihnen bewegen.

Mameha befragte meinen Almanach für das laufende Jahr und suchte mehrere Daten für die folgenden Wochen heraus, die für wichtige Veränderungen günstig waren. Ich fragte sie, ob ich versuchen sollte, an einem dieser Tage mit Mutter zu sprechen, und was genau ich zu ihr sagen sollte.

»Ich beabsichtige nicht, dich selbst mit Frau Nitta sprechen zu lassen«, antwortete sie mir. »Sie wird dich im Handumdrehen abfertigen. Das würde ich auch tun, wenn ich an ihrer Stelle wäre! Soweit sie weiß, gibt es in Gion niemanden, der bereit wäre, deine ältere Schwester zu sein.«

Es tat sehr weh, das zu hören. »Wenn das so ist, Mameha-san, was soll ich tun?«

»Du solltest in deine Okiya zurückkehren, Chiyo«, sagte sie. »Und erwähne kein Wort davon, daß du mit mir gesprochen hast.«

Dann warf sie mir einen Blick zu, der bedeutete, ich solle mich auf der Stelle verneigen und mich verabschieden, was ich auch tat. Dabei war ich so verwirrt, daß ich die Kabuki-Zeitschriften und Shamisen-Saiten, die Mameha mir gegeben hatte, auf dem Tisch liegenließ. Die Dienerin mußte mir bis auf die Straße damit nachlaufen.

11. KAPITEL

Nun sollte ich wohl erklären, was Mameha mit dieser »älteren Schwester« meinte. Bitte bedenken Sie aber, daß ich selbst zu jener Zeit so gut wie gar nichts darüber wußte. Es geht um folgendes: Sobald ein junges Mädchen schließlich bereit ist, ihr Debüt als Lerngeisha zu geben, braucht sie die Verbindung mit einer älteren, erfahrenen Geisha. Mameha hatte Hatsumomos ältere Schwester erwähnt, die große Tomihatsu, die schon eine alte Frau gewesen war, als sie Hatsumomo ausbildete. Aber ältere Schwestern müssen nicht unbedingt sehr viel älter sein als die Geisha, die sie ausbilden. Jede Geisha kann ältere Schwester eines jüngeren Mädchens werden, solange sie nur einen Tag älter ist als die andere.

Wenn die beiden Mädchen einander als Schwestern verbunden werden, vollziehen sie ein Ritual, das einer Trauung ähnelt. Und später betrachten sie einander fast wie Mitglieder ein und derselben Familie und nennen sich genau wie richtige Familienmitglieder »ältere Schwester« und »jüngere Schwester«. Manche Geishas mögen diese Rolle nicht so ernst nehmen, wie sie sollten, doch eine ältere Schwester, die ihre Pflichten angemessen erfüllt, wird praktisch zum wichtigsten Menschen im Leben der jungen Geisha. Dabei tut sie sehr viel mehr, als ihrer jüngeren Schwester die richtige Mischung von Verlegenheit und Gelächter beizubringen, wenn ein Mann einen derben Witz erzählt, oder ihr bei der Auswahl des richtigen Wachses für die Make-up-Unterlage zu helfen. Sie muß außerdem dafür sorgen, daß ihre jüngere Schwester die Aufmerksamkeit von Personen erregt, die sie kennenlernen sollte. Das tut sie, indem sie sie in Gion herumführt und sie den Herrinnen aller entsprechenden Teehäuser vorstellt, dem Mann, der die Perücken für Bühnenauftritte anfertigt, den Köchen aller wichtigen Restaurants und so weiter.

Das alles kostet natürlich große Mühe. Aber die jüngere

Schwester tagsüber in Gion herumzuführen ist nur ein Teil der Pflichten einer älteren Schwester. Denn Gion gleicht einem matten Stern, der sich erst in voller Pracht zeigt, nachdem die Sonne untergegangen ist. Wenn sie am Abend zur Arbeit geht, muß die ältere Schwester die jüngere mitnehmen und sie all ihren Kunden und Gästen vorstellen, die sie im Laufe der Jahre kennengelernt hat. »Oh, Herr So-und-so, haben Sie schon meine neue jüngere Schwester kennengelernt?« wird sie dann sagen. »Bitte, merken Sie sich ihren Namen, denn sie wird ein ganz großer Star werden! Und bitte gestatten Sie ihr, Sie aufzusuchen, wenn Sie das nächstemal in Gion sind.«

Natürlich bezahlen nur wenige Männer sehr viel Geld, um einen Abend lang mit einer Vierzehnjährigen zu plaudern, weswegen dieser Kunde das junge Mädchen bei seinem nächsten Besuch wohl nicht zu sich rufen wird. Aber die ältere Schwester und auch die Herrin des Teehauses werden sie ihm so lange anpreisen, bis er es schließlich doch tut. Wenn sich herausstellt, daß er sie aus irgendeinem Grund nicht mag... nun, das ist etwas anderes; ansonsten aber wird er eines Tages ihr Kunde sein und sie allmählich so ins Herz schließen wie ihre ältere Schwester.

Die Aufgaben einer älteren Schwester zu übernehmen ist häufig so, als schleppe man einen Sack voll Reis kreuz und quer durch die Stadt. Denn eine jüngere Schwester ist auf ihre ältere Schwester angewiesen wie ein Passagier auf den Zug, in dem er sitzt, und wenn sich das Mädchen danebenbenimmt, ist es ihre ältere Schwester, die dafür verantwortlich gemacht wird. Der Grund dafür, daß eine vielbeschäftigte und erfolgreiche Geisha wegen eines jüngeren Mädchens solche Mühen auf sich nimmt, ist der, daß jeder in Gion davon profitiert, wenn ein Lehrling erfolgreich ist. Die Geisha-Anwärterin selbst profitiert, weil sie im Laufe der Zeit natürlich ihre Schulden zurückzahlen kann; und wenn sie Glück hat, bringt sie es bis zur Geliebten eines reichen Mannes. Die ältere Schwester profitiert, weil sie einen Teil der Einnahmen ihrer jüngeren Schwester einstreicht – genauso wie die Herrinnen der verschiedenen Teehäuser, in denen das junge Mädchen arbeitet. Selbst der Perückenmacher, der Laden, in dem Haarschmuck verkauft wird, und die Konfiserie, in der die Lerngeisha von Zeit zu Zeit Geschenke für ihre Kunden ersteht... sie alle werden vielleicht niemals direkt einen Anteil an den Einnahmen des jungen Mädchens erhalten, profitieren aber dennoch von der Kundschaft einer weiteren erfolgreichen Geisha, die Gäste nach Gion lockt, welche möglichst viel Geld in der Stadt lassen.

Man kann füglich behaupten, daß für ein junges Mädchen in Gion nahezu alles von ihrer älteren Schwester abhängt. Dennoch haben nur wenige junge Mädchen bei der Wahl ihrer älteren Schwester ein Wort mitzureden. Eine etablierte Geisha wird ihren Ruf natürlich nicht dadurch gefährden, daß sie eine jüngere Schwester aufnimmt, die sie für langweilig hält, oder auch eine, von der sie glaubt, daß ihre Kunden sie nicht mögen werden. Andererseits hat die Herrin der Okiya sehr viel Geld in die Geishaschülerin gesteckt und wird nicht einfach dasitzen und darauf warten, daß irgendeine langweilige Geisha des Weges kommt und sich erbietet, das Mädchen auszubilden. Infolgedessen erhält eine erfolgreiche Geisha sehr viel mehr Bewerbungen, als sie akzeptieren kann. Manche kann sie ablehnen, andere dagegen nicht... und das bringt mich auf den Grund, warum Mutter – wie Mameha meinte – das Gefühl hatte, daß keine einzige Geisha in Gion bereit wäre, meine ältere Schwester zu werden.

Als ich damals in die Okiya kam, hatte Mutter vermutlich geplant, Hatsumomo zu meiner älteren Schwester zu machen. Hatsumomo war zwar eine Frau, die den Biß einer Spinne sofort erwidern würde, aber fast jede Geishaschülerin hätte sich glücklich geschätzt, ihre jüngere Schwester sein zu dürfen. Hatsumomo war bereits die ältere Schwester von mindestens zwei bekannten jungen Geishas von Gion gewesen. Doch statt sie zu quälen, wie sie mich quälte, hatte sie sich ihnen gegenüber ordentlich benommen. Sie hatte sich freiwillig bereit erklärt, sie aufzunehmen, und zwar wegen des Geldes, das sie ihr einbringen würden. In meinem Fall hätte man von Hatsumomo ebensowenig erwarten können, mir in Gion zum Erfolg zu verhelfen und sich dann mit den paar Extra-Yen zufriedenzugeben, wie man von einem Hund erwarten kann, eine Katze die Straße entlangzuführen, ohne sie in einer dunklen Gasse kräftig zu beißen. Mutter hätte Hatsumomo natürlich zwingen können, meine ältere Schwester zu werden –

nicht nur, weil Hatsumomo in unserer Okiya lebte, sondern auch, weil sie so wenige Kimonos besaß und auf die Sammlung der Okiya angewiesen war. Aber keine Macht der Welt hätte Hatsumomo dazu zwingen können, mich angemessen auszubilden. Wenn man sie eines Tages aufgefordert hätte, mich ins Mizuki-Teehaus mitzunehmen und mich der Herrin dort vorzustellen – sie hätte mich mit Sicherheit ans Ufer des Flusses geführt und dort gesagt: »Kamo-Fluß, hast du meine jüngere Schwester schon kennengelernt?«, um mich dann sofort hineinzustoßen.

Und was die Frage betrifft, ob eine andere Geisha die Aufgabe übernehmen würde, mich auszubilden… Nun, das hätte für sie bedeutet, Hatsumomo in die Quere zu kommen. Und es gab nur wenige Geishas in Gion, die kühn genug waren, ein soches Risiko einzugehen.

Eines Morgens, wenige Wochen nach meinem Gespräch mit Mameha, servierte ich Mutter und einem Gast im Empfangszimmer den Tee, als Tantchen die Tür aufschob.

»Entschuldige die Störung«, sagte Tantchen, »aber könntest du wohl mal einen Moment kommen, Kayoko-san?« Kayoko war Mutters richtiger Name, aber er wurde bei uns in der Okiya nur selten benutzt. »Draußen wartet eine Besucherin auf dich.«

Als sie das hörte, stieß Mutter ihr hustendes Lachen aus. »Du scheinst heute nicht ganz beieinander zu sein, Tantchen, einfach so hier hereinzukommen und einen Besucher persönlich zu melden«, sagte sie. »Die Mädchen arbeiten ohnehin nicht genug, und jetzt übernimmst du auch noch deren Aufgaben.«

»Ich dachte, du solltest es lieber von mir erfahren«, entgegnete Tantchen. »Es ist – Mameha.«

Ich hatte inzwischen schon befürchtet, daß meine Begegnung mit Mameha keine Ergebnisse zeitigen würde. Aber jetzt plötzlich zu hören, daß sie vor der Tür unserer Okiya stand… Nun ja, mir schoß das Blut so heftig ins Gesicht, daß ich mir vorkam wie eine Glühbirne, die eingeschaltet wird. Im Zimmer blieb es einen langen Moment totenstill, dann sagte Mutters Besucherin: »Mameha-san… Nun ja, dann werde ich sofort aufbrechen, aber nur, wenn Sie mir versprechen, daß Sie mir morgen alles erzählen.«

Als Mutters Besucherin hinausging, nutzte ich die Gelegenheit, ebenfalls hinauszuschlüpfen. Dann hörte ich, wie Mutter in der Eingangshalle zu Tantchen etwas sagte, was ich niemals erwartet hätte. Sie klopfte ihre Pfeife in einem Aschenbecher aus, den sie aus dem Empfangszimmer mitgebracht hatte, und während sie mir den Aschenbecher in die Hand drückte, sagte sie: »Komm her, Tantchen, und richte mir bitte die Frisur.« Bis dahin hatte ich nie erlebt, daß sie sich auch nur im geringsten um ihre äußere Erscheinung kümmerte. Gewiß, sie trug sehr elegante Kleidung. Aber genauso, wie ihr Zimmer voll schöner Dinge war und dennoch hoffnungslos düster wirkte, hätte sie sich in die teuersten Stoffe kleiden können, und ihre Augen wären dennoch so ölig gewesen wie ein alter, übelriechender Fisch… Tatsächlich schienen ihr ihre Haare soviel zu bedeuten wie einer Lokomotive ihr Schornstein: Sie waren einfach das Zeug, das obendrauf war.

Während Mutter zur Tür ging, blieb ich im Dienstbotenzimmer stehen und reinigte den Aschenbecher. Dabei strengte ich mich so sehr an, zu hören, was Mameha und Mutter sagten, daß es mich nicht überrascht hätte, wenn ich mir die Ohrmuskeln verrenkt hätte.

Zunächst sagte Mutter: »Es tut mir leid, daß ich Sie warten ließ, Mameha-san. Welch eine Ehre, daß Sie uns besuchen.«

Dann antwortete Mameha: »Sie werden mir hoffentlich verzeihen, daß ich so unangemeldet hier auftauche, Frau Nitta.« Oder etwas ähnlich Langweiliges. So ging es eine Weile weiter. Die ganze Lauschaktion lohnte der Mühe nicht.

Endlich gingen sie durch die Eingangshalle ins Empfangszimmer hinüber. Ich war so sehr darauf versessen, ihre Unterhaltung mithören zu können, daß ich mir einen Lappen aus dem Dienstbotenzimmer holte, um damit den Boden der Eingangshalle zu polieren. Normalerweise hätte Tantchen mir nicht erlaubt, dort zu arbeiten, während ein Gast im Empfangszimmer saß, diesmal aber war sie ebenso aufs Mithören erpicht wie ich. Als die Dienerin, die den Tee serviert hatte, wieder herauskam, trat Tantchen sofort einen Schritt zurück, damit sie nicht gesehen werden konnte, und sorgte dafür, daß die Tür einen Spalt offenblieb. Ich selbst lauschte so gespannt, daß ich offenbar alles um mich herum vergaß, denn als ich irgendwann aufblickte, hatte ich Kürbis-köpfchens rundes Gesicht unmittelbar vor der Nase. Obwohl ich gerade selbst eifrig am Putzen war und von ihr derartige Arbeiten nicht mehr erwartet wurden, lag sie auf den Knien und polierte den Boden.

»Wer ist Mameha?« fragte sie mich flüsternd.

Offenbar hatte sie gehört, was sich die Dienerinnen bereits zu-tuschelten; ich sah deutlich, wie sie im Hofkorridor bereits die Köpfe zusammensteckten.

»Sie und Hatsumomo sind Rivalinnen«, antwortete ich eben-falls flüsternd. »Sie ist die Geisha, deren Kimono ich auf Hatsu-momos Befehl mit Tusche verschandeln mußte.«

Kürbisköpfchen sah aus, als wollte sie mir noch eine Frage stel-len, dann aber hörten wir Mameha sagen: »Ich hoffe, Sie werden mir verzeihen, daß ich Sie an einem Tag störe, an dem Sie soviel zu tun haben, Frau Nitta, aber ich würde gern kurz mit Ihnen über Ihr Dienstmädchen Chiyo sprechen.«

»O nein!« stöhnte Kürbisköpfchen und sah mir in die Augen, um mir zu zeigen, wie leid ich ihr tat, weil mir ganz offenbar großer Ärger bevorstand.

»Unsere Chiyo kann wirklich manchmal eine Plage sein«, gab Mutter zurück. »Hoffentlich hat sie Ihnen keinen Ärger berei-tet.«

»Nein, nein, ganz und gar nicht«, erwiderte Mameha. »Doch mir fiel auf, daß sie in den letzten paar Wochen nicht in der Schule war. Ich bin so daran gewöhnt, ihr gelegentlich auf dem Gang zu begegnen… Gestern ist mir dann klargeworden, daß sie schwer erkrankt sein muß! Ich habe vor kurzem einen außergewöhnlich tüchtigen Arzt kennengelernt. Was meinen Sie – soll ich ihn bit-ten, bei Ihnen vorbeizukommen?«

»Das ist sehr freundlich von Ihnen«, sagte Mutter, »aber gewiß denken Sie da an ein anderes Mädchen. Sie hätten unserer Chiyo in der Schule gar nicht auf dem Gang begegnen können. Sie hat seit mindestens zwei Jahren nicht mehr am Unterricht teil-genommen.«

»Meinen wir wirklich dasselbe Mädchen? Sehr hübsch, mit un-gewöhnlichen grauen Augen?«

»Sie hat tatsächlich außergewöhnliche Augen. Aber dann muß es in Gion zwei solche Mädchen geben… Wer hätte das gedacht!«

»Ich frage mich, ob es wirklich möglich ist, daß zwei Jahre vergangen sind, seit ich sie dort gesehen habe«, sagte Mameha. »Vielleicht hat sie einen so starken Eindruck auf mich gemacht, daß es mir vorkommt, als wäre es erst vor kurzem gewesen. Darf ich fragen, Frau Nitta, ob es ihr gutgeht?«

»Aber ja! Kerngesund wie ein junger Baumschößling, und ebenso widerspenstig, wenn ich so sagen darf.«

»Und dennoch nimmt sie nicht mehr am Unterricht teil? Wie rätselhaft!«

»Für eine junge Geisha, die so beliebt ist wie Sie, muß Gion zweifellos ein Ort sein, an dem man sein Brot leicht verdienen kann. Aber, die Zeiten haben sich geändert. Ich kann es mir nicht mehr leisten, in ein x-beliebiges Mädchen zu investieren. Sobald mit klarwurde, wie schlecht Chiyo geeignet ist…«

»Jetzt bin ich sicher, daß wir zwei verschiedene Mädchen meinen«, sagte Mameha. »Ich kann mir nicht vorstellen, daß eine so kluge Geschäftsfrau wie Sie, Frau Nitta, Chiyo als ›ungeeignet‹ bezeichnet…«

»Sind Sie sicher, daß sie Chiyo heißt?« erkundigte sich Mutter.

Wir bemerkten es nicht, doch während sie diese Worte sprach, hatte sich Mutter vom Tisch erhoben und kam quer durch das kleine Zimmer zu uns herüber. Gleich darauf öffnete sie die Tür und starrte direkt in Tantchens Ohr. Tantchen trat beiseite, als wäre nichts weiter geschehen, und das war Mutter wohl ganz recht, denn sie warf mir nur einen kurzen Blick zu und sagte: »Komm einen Augenblick herein, Chiyo-chan.«

Bis ich die Tür hinter mir geschlossen und mich auf die Tatami-Matten gekniet hatte, um mich zu verneigen, hatte Mutter wieder am Tisch Platz genommen.

»Das ist unsere Chiyo«, sagte Mutter.

»Genau das Mädchen, an das ich dachte!« sagte Mameha. »Wie geht es dir, Chiyo-chan? Es freut mich, daß du bei so guter Gesundheit bist! Ich sagte gerade zu Frau Nitta, daß ich mir allmählich Sorgen um dich gemacht habe. Doch es scheint dir wirklich gutzugehen.«

»Aber ja, Herrin, es geht mir sehr gut«, antwortete ich.

»Danke, Chiyo«, sagte Mutter zu mir. Ich verneigte mich zum Abschied, aber bevor ich wieder auf die Füße kam, sagte Mameha: »Sie ist wirklich ein sehr hübsches Mädchen, Frau Nitta. Ich muß sagen, mir ist schon öfters der Gedanke gekommen, Sie um Erlaubnis zu bitten, sie zu meiner jüngeren Schwester zu machen. Aber nun, da sie nicht mehr in der Ausbildung ist…«

Es muß ein Schock für Mutter gewesen sein, das zu hören, denn obwohl sie gerade einen Schluck Tee trinken wollte, machte ihre Hand auf dem Weg zum Mund unvermittelt halt und verharrte reglos in der Luft, bis ich das Zimmer verlassen hatte. Ich hatte fast wieder meinen Platz auf dem Boden der Eingangshalle erreicht, als sie endlich eine Antwort gab.

»Eine so beliebte Geisha wie Sie, Mameha-san… Sie könnten jede Schülerin in Gion als jüngere Schwester haben.«

»Gewiß, ich werde oft darum gebeten. Aber ich habe schon seit über einem Jahr keine neue jüngere Schwester mehr aufgenommen. Man sollte meinen, bei dieser schlimmen Wirtschaftskrise würde der Kundenstrom allmählich versiegen, in Wahrheit aber habe ich noch nie soviel zu tun gehabt. Vermutlich bleiben die Reichen einfach weiter reich, selbst in einer so schweren Zeit wie dieser.«

»Die brauchen jetzt mehr Unterhaltung denn je«, erklärte Mutter. »Aber Sie wollten sagen…«

»Richtig – was wollte ich sagen? Nun ja, ist nicht so wichtig. Ich darf Sie nicht länger aufhalten. Es freut mich, daß Chiyo nun doch nicht krank ist.«

»Ganz und gar nicht! Aber, Mameha-san, wenn es Ihnen nichts ausmacht, warten Sie doch bitte noch einen Moment, bevor Sie gehen. Wollten Sie nicht sagen, Sie hätten fast in Erwägung gezogen, Chiyo als Ihre jüngere Schwester aufzunehmen?«

»Nun ja, aber nachdem sie schon so lange nicht mehr zur Schule geht…«, gab Mameha zurück. »Auf jeden Fall bin ich überzeugt, Sie haben einen sehr triftigen Grund für Ihre Entscheidung, Frau Nitta. Ich würde nie wagen, das etwa in Zweifel zu ziehen.«

»Es bricht einem das Herz, in so schweren Zeiten zu so schwerwiegenden Entscheidungen gezwungen zu sein. Ich konnte mir ihre Ausbildung einfach nicht mehr leisten! Wenn Sie sie jedoch für begabt halten, Mameha-san, so bin ich sicher, daß jede Summe, die Sie in Zukunft investieren wollen, Ihnen reichlich gelohnt wird.«

Mutter versuchte Mameha auszunutzen. Keine Geisha bezahlte ihrer jüngeren Schwester die Ausbildung.

»Ich wünschte, das wäre möglich«, sagte Mameha. »Doch bei dieser schlimmen Wirtschaftskrise...«

»Vielleicht gibt es eine Möglichkeit, wie ich es schaffen könnte«, sagte Mutter. »Obwohl Chiyo ein bißchen störrisch ist und ihre Schulden beträchtlich sind. Ich habe oft gedacht, wie überraschend es wäre, sollte sie je in der Lage sein, sie mir zurückzuzahlen.«

»Ein so attraktives Mädchen? Ich fände es eher überraschend, wenn sie nicht dazu in der Lage wäre.«

»Wie dem auch sei, das Leben besteht nicht nur aus Geld, nicht wahr?« sagte Mutter. »Man möchte doch das Beste für ein Mädchen wie Chiyo tun. Vielleicht könnte ich eine Möglichkeit finden, doch ein bißchen mehr in sie zu investieren... nur für den Unterricht, verstehen Sie? Aber wo wird das alles hinführen?«

»Ich glaube gern, daß Chiyo beträchtliche Schulden hat«, sagte Mameha. »Dennoch bin ich überzeugt, daß sie sie zurückgezahlt hat, bis sie zwanzig Jahre alt ist.«

»Zwanzig?« fragte Mutter. »Ich glaube, das hat kein einziges Mädchen von Gion jemals geschafft. Und dazu mitten in dieser Wirtschaftskrise...«

»Gewiß, wir haben die Wirtschaftskrise, das ist richtig.«

»Mir scheint, daß unser Kürbisköpfchen als Investition weit sicherer ist«, sagte Mutter. »Denn falls unsere Chiyo Ihre jüngere Schwester wird, werden ihre Schulden sogar noch wachsen, bevor sie abnehmen können.«

Mutter sprach nicht nur von meinem Schulgeld, sondern außerdem von dem Geld, das sie Mameha würde geben müssen. Eine Geisha von Mamehas Ansehen beansprucht gewöhnlich einen größeren Teil vom Einkommen ihrer jüngeren Schwester als eine eher durchschnittliche Geisha.

»Wenn Sie noch einen Moment Zeit haben, Mameha-san«, fuhr Mutter fort, »möchte ich Ihnen einen Vorschlag machen. Wenn die große Mameha sagt, daß Chiyo ihre Schulden zurückzahlt, bevor sie zwanzig ist – wie kann ich daran zweifeln? Gewiß, ein Mädchen wie Chiyo würde niemals ohne eine Schwester, wie Sie es sind, zu Erfolg gelangen. Im Augenblick ist unsere kleine Okiya jedoch am Ende ihrer Finanzkraft angelangt. Ich kann Ihnen unmöglich die Bedingungen bieten, die Sie gewöhnt sind. Das Beste, was ich Ihnen von Chiyos zu erwartenden Einkünften bieten kann, wäre die Hälfte dessen, was Sie normalerweise erhalten.«

»Im Augenblick ziehe ich mehrere sehr großzügige Angebote in Betracht«, entgegnete Mameha. »Wenn ich eine jüngere Schwester aufnehme, kann ich es mir nicht leisten, das zu einem reduzierten Betrag zu tun.«

»Ich bin noch nicht fertig, Mameha-san«, hielt Mutter dagegen. »Mein Vorschlag ist folgender: Es stimmt, daß ich mir nur die Hälfte von dem leisten kann, was Sie normalerweise erwarten. Aber wenn Chiyo es tatsächlich schaffen sollte, ihre Schulden bis zum Alter von zwanzig Jahren zurückzuzahlen, wie Sie es erwarten, würde ich Ihnen den Rest dessen aushändigen, was Sie hätten einnehmen müssen, und dazu noch einmal dreißig Prozent. So würden Sie auf lange Sicht sogar mehr Geld einnehmen.«

»Und wenn Chiyo zwanzig wird, ohne ihre Schulden zurückgezahlt zu haben?« fragte Mameha.

»Tja, in dem Fall hätten wir leider beide schlecht investiert. Die Okiya wäre dann nicht in der Lage, die Beträge zu bezahlen, die sie Ihnen schuldet.«

Einen Moment lang herrschte Stille, dann seufzte Mameha.

»Ich kann nur sehr schlecht mit Zahlen umgehen, Frau Nitta. Aber wenn ich Sie recht verstehe, verlangen Sie von mir, eine Aufgabe zu übernehmen, die Sie für unmöglich halten, und zwar für ein Entgelt, das geringer als üblich ist. Eine Menge vielversprechender junger Mädchen von Gion wären mir eine hervorragende jüngere Schwester – ohne das geringste Risiko für mich. Ich fürchte, ich muß Ihren Vorschlag ablehnen.«

»Sie haben ganz recht«, sagte Mutter. »Dreißig Prozent sind ein bißchen wenig. Statt dessen werde ich Ihnen für den Fall, daß Sie Erfolg haben, das Doppelte zahlen.«

»Und wenn ich versage, gar nichts.«

»Bitte, sehen Sie es nicht als gar nichts an. Denn einen Teil von Chiyos Einkünften hätten Sie ja die ganze Zeit über schon erhalten. Es ist nur so, daß die Okiya nicht in der Lage wäre, Ihnen den zusätzlichen Betrag auszuzahlen, der Ihnen zustehen würde.«

Ich war überzeugt, Mameha würde ablehnen. Statt dessen sagte sie jedoch: »Zuerst möchte ich gern wissen, wie hoch Chiyos Schulden tatsächlich sind.«

»Ich werde Ihnen die Bücher holen«, sagte Mutter.

Mehr konnte ich von ihrem Gespräch nicht hören, denn in diesem Moment wollte Tantchen meine Horcherei nicht mehr hinnehmen und schickte mich mit einer Liste von Besorgungen aus der Okiya. Den ganzen Nachmittag fühlte ich mich so unruhig wie ein Blatt im Wind, denn ich hatte natürlich keine Ahnung, wie die Sache ausgehen würde. Wenn Mutter und Mameha sich nicht einigen konnten, mußte ich mein Leben lang Dienerin bleiben, das war so sicher, wie eine Schildkröte immer eine Schildkröte bleibt.

Als ich in die Okiya zurückkehrte, kniete Kürbisköpfchen auf dem Verandagang beim Hof und erzeugte auf ihrem Shamisen gräßlich näselnde Laute. Als sie mich sah, schien sie hocherfreut und rief mich zu sich.

»Denk dir was aus, um Mutters Zimmer zu betreten«, riet sie mir. »Da sitzt sie nämlich schon den ganzen Nachmittag mit ihrem Abakus. Ich wette, daß sie dir was zu sagen hat. Anschließend kommst du sofort zurück und erzählst mir alles!«

Ich fand ihre Idee gut. Einer meiner Aufträge war es gewesen, eine Salbe für die Krätze der Köchin zu besorgen, doch in der Apotheke gab es keine mehr. Also beschloß ich, nach oben zu gehen, um mich bei Mutter dafür zu entschuldigen, daß ich keine Salbe mitgebracht hatte. Das würde sie natürlich wenig kümmern, weil sie vermutlich nicht mal wußte, daß man mich losgeschickt hatte, um die Salbe zu holen. Doch wenigstens gelangte ich dadurch in ihr Zimmer.

Wie sich herausstellte, lauschte Mutter einem Komödien-Hörspiel im Radio. Wenn ich sie normalerweise dabei störte, winkte sie mich zu sich herein und hörte einfach weiter Radio, während sie ihre Kontobücher begutachtete und ihre Pfeife schmauchte. Heute aber stellte sie das Radio zu meiner Überraschung ab, sobald sie mich sah, und klappte ihr großes Kontobuch zu. Ich verneigte mich vor ihr und trat näher, um mich an ihren Tisch zu knien.

»Während Mameha hier war«, begann sie, »ist mir aufgefallen, daß du die ganze Zeit den Boden in der Eingangshalle poliert hast. Wolltest du uns etwa belauschen?«

»Nein, Mutter. Auf dem Boden war ein Kratzer. Kürbisköpfchen und ich haben uns die größte Mühe gegeben, ihn zu entfernen.«

»Ich möchte nur hoffen, daß du eine bessere Geisha wirst, als du eine Lügnerin bist«, sagte sie und fing an zu lachen. Da sie dabei aber die Pfeife nicht aus dem Mund nahm, blies sie unbeabsichtigt Luft in den Stiel, so daß der kleine Metallkopf Asche spie. Ein paar Tabakskrümel glimmten noch, als sie auf ihren Kimono fielen. Sie legte die Pfeife auf den Tisch und klopfte ihren Kimono mit der flachen Hand ab, bis sie sicher war, daß die Glut überall gelöscht war.

»Nun, Chiyo, du bist jetzt über ein Jahr hier in der Okiya«, sagte sie.

»Über zwei Jahre, Herrin.«

»In dieser Zeit habe ich kaum Notiz von dir genommen. Und dann kommt heute eine Geisha wie Mameha hereingerauscht, um mir zu erklären, sie wünsche deine ältere Schwester zu sein! Was in aller Welt soll ich nur davon halten?«

Wie ich es sah, war Mameha eigentlich eher daran interessiert, Hatsumomo zu schaden, als mir zu helfen. Aber das konnte ich Mutter natürlich nicht sagen. Gerade wollte ich ihr erklären, daß ich keine Ahnung hatte, warum sich Mameha für mich interessierte, aber bevor ich sprechen konnte, wurde die Tür von Mutters Zimmer aufgeschoben, und ich hörte Hatsumomo sagen:

»Tut mir leid, Mutter. Ich wußte nicht, daß Sie gerade das Dienstmädchen rüffeln.«

»Sie wird nicht mehr lange Dienstmädchen sein«, entgegnete Mutter. »Wir hatten heute Besuch, der dich möglicherweise interessiert.«

»Ja. Ich habe gehört, daß Mameha hier war, um unseren Minikarpfen aus dem Aquarium zu fischen«, sagte Hatsumomo. Sie kam herüber und kniete sich so dicht neben mich, daß ich hastig ausweichen mußte, damit wir beide am Tisch Platz hatten.

»Aus irgendeinem Grund«, fuhr Mutter fort, »scheint Mameha zu glauben, daß Chiyo ihre Schulden zurückzahlen wird, bis sie zwanzig ist.«

Hatsumomo wandte sich mir zu. Wenn man ihr Lächeln sah, hätte man denken können, sie sei eine Mutter, die ein Baby bewundert. Laut aber sagte sie dazu:

»Wenn Sie sie vielleicht an ein Freudenhaus verkaufen würden, Mutter…«

»Hör auf, Hatsumomo! Ich habe dich nicht hereingebeten, um mir so etwas von dir anzuhören. Ich will wissen, was du Mameha in letzter Zeit angetan hast, um sie zu provozieren.«

»Mag sein, daß ich Fräulein Etepetete den Tag verdorben habe, indem ich auf der Straße an ihr vorbeigegangen bin, aber sonst habe ich wirklich nichts getan.«

»Irgend etwas führt sie aber im Schilde – nur was?«

»Das ist doch wirklich kein Geheimnis, Mutter. Sie glaubt, daß sie sich durch unseren kleinen Dummkopf an mir rächen kann.«

Mutter antwortete nicht, sondern schien über Hatsumomos Worte nachzudenken. »Vielleicht«, sagte sie schließlich, »glaubt sie wirklich, daß Chiyo als Geisha erfolgreicher sein wird als unser Kürbisköpfchen, und möchte ein schönes Stück Geld an ihr verdienen. Wer könnte ihr das verdenken?«

»Ich bitte Sie, Mutter… Um Geld zu verdienen, braucht Mameha Chiyo nun wirklich nicht! Glauben Sie vielleicht, es wäre Zufall, daß sie ihre Zeit auf ein Mädchen verschwendet, das zufällig in derselben Okiya lebt wie ich? Wenn sie glaubt, es könnte helfen, mich aus Gion zu vertreiben, würde Mameha sich vermutlich sogar mit Ihrem Hund verbünden.«

»Nun komm schon, Hatsumomo. Warum sollte sie dich aus Gion vertreiben wollen?«

»Weil ich schöner bin als sie. Braucht sie einen besseren Grund? Sie will mich demütigen, indem sie allen sagt: ›Ich möchte Ihnen meine neue jüngere Schwester vorstellen. Sie lebt in derselben Okiya wie Hatsumomo, aber sie ist ein so kostbares Juwel, daß man sie statt dessen *mir* zur Ausbildung anvertraut hat.‹«

»Ich kann mir nicht vorstellen, daß sich Mameha so verhält«, sagte Mutter nahezu flüsternd.

»Wenn sie glaubt, sie könnte Chiyo zu einer erfolgreicheren Geisha machen als Kürbisköpfchen«, fuhr Hatsumomo fort, »wird sie sich noch wundern. Aber es freut mich, daß Chiyo in einen Kimono gewickelt und herumgezeigt werden wird. Das ist eine perfekte Gelegenheit für Kürbisköpfchen. Haben Sie schon mal gesehen, wie sich ein Kätzchen auf ein Wollknäuel stürzt? Kürbisköpfchen wird eine weit bessere Geisha sein, wenn sie ihre Krallen an dieser hier gewetzt hat.«

Das schien Mutter zu gefallen, denn sie hob die Mundwinkel zu einer Andeutung von Lächeln.

»Ich hätte nie gedacht, daß dies ein so schöner Tag werden würde«, sagte sie. »Als ich heute aufwachte, gab es zwei nutzlose Mädchen in der Okiya. Jetzt werden sie sich gegenseitig bekämpfen... und zwar mit Hilfe von zwei der prominentesten Geishas von ganz Gion!«

12. KAPITEL

Am folgenden Nachmittag ließ mich Mameha in ihre Wohnung kommen. Diesmal saß sie bereits am Tisch und erwartete mich, als die Dienerin die Tür aufschob. Ich war bemüht, mich angemessen zu verneigen, bevor ich in das Zimmer trat. Dann ging ich zum Tisch hinüber und verneigte mich abermals.

»Mameha-san, ich weiß nicht, was Sie zu dieser Entscheidung bewogen hat«, begann ich, »aber ich kann Ihnen gar nicht sagen, wie dankbar ich Ihnen…«

»Sei lieber noch nicht dankbar«, fiel sie mir ins Wort. »Bis jetzt ist noch nichts geschehen. Du solltest mir lieber erzählen, was Frau Nitta nach meinem gestrigen Besuch zu dir gesagt hat.«

»Nun ja«, antwortete ich ihr, »ich glaube, Mutter war ein bißchen ratlos, weil sie nicht wußte, wieso Sie auf mich aufmerksam geworden sind. Und ehrlich gesagt, das bin ich auch.« Ich hoffte, Mameha würde etwas dazu sagen, aber das tat sie nicht. »Was dagegen Hatsumomo betrifft…«

»Auf die wollen wir keinerlei Zeit verschwenden. Du weißt ja, daß es ihr ein Vergnügen wäre, dich ganz tief fallen zu sehen. Genau wie Frau Nitta.«

»Ich begreife nicht, warum Mutter mich fallen sehen wollte«, sagte ich. »Wenn ich Erfolg habe, wird sie schließlich mehr Geld verdienen.«

»Außer du zahlst deine Schulden zurück, bis du zwanzig bist, denn dann wird sie mir eine ganze Menge Geld schulden. Diese Wette habe ich gestern mit ihr abgeschlossen«, erklärte Mameha, während die Dienerin uns Tee servierte. »Wenn ich nicht fest davon überzeugt wäre, daß du Erfolg haben wirst, hätte ich diese Wette nicht abgeschlossen. Doch darfst du niemals vergessen, daß es bei mir sehr strenge Regeln gibt.«

Nun erwartete ich, daß sie mir diese Regeln erläuterte, aber sie runzelte nur die Stirn und sagte:

»Also wirklich, Chiyo, so darfst du nicht in deinen Tee pusten. Du wirkst ja wie ein Bauernmädchen! Laß ihn auf dem Tisch stehen, bis er so weit abgekühlt ist, daß du ihn trinken kannst.«

»Es tut mir leid«, gab ich zurück. »Ich hab' nicht gemerkt, daß ich das getan habe.«

»Es wird aber Zeit, daß du es merkst. Als Geisha muß man sehr darauf achten, wie man sich der Welt präsentiert. Also, wie ich schon sagte, bei mir gelten sehr strenge Regeln. Zunächst einmal erwarte ich von dir, daß du tust, was ich dir sage, ohne Fragen zu stellen oder meine Anweisungen irgendwie in Zweifel zu ziehen. Wie ich weiß, warst du Hatsumomo und Frau Nitta von Zeit zu Zeit ungehorsam. Möglicherweise findest du das verständlich, doch vielleicht wäre alles, was dir zugestoßen ist, nicht geschehen, wenn du von Anfang an gehorsamer gewesen wärst.«

Mameha hatte recht. Die Welt hat sich seit damals sehr verändert, doch als ich ein Kind war, wurde ein Mädchen, das sich den Erwachsenen widersetzte, sehr schnell in seine Schranken gewiesen.

»Vor ein paar Jahren nahm ich zwei neue jüngere Schwestern auf«, fuhr Mameha fort. »Die eine arbeitete wirklich sehr fleißig, die andere ließ immer mehr nach. Eines Tages nahm ich sie mit hierher und erklärte, ich würde nicht länger dulden, daß sie mich zum Narren mache, dennoch änderte sich nichts. Im darauffolgenden Monat sagte ich ihr, sie solle sich eine andere ältere Schwester suchen.«

»Mameha-san, ich verspreche Ihnen, daß Ihnen mit mir so etwas nicht passieren wird«, sagte ich. »Ihnen ist es zu danken, daß ich mir wie ein Schiff vorkomme, das den ersten Hauch des weiten Ozeans spürt. Wenn ich Sie enttäuschen würde, könnte ich mir das niemals verzeihen.«

»Nun ja, schön und gut, aber ich rede nicht nur davon, daß du dich sehr anstrengen mußt. Du mußt auch sehr gut aufpassen, damit Hatsumomo dich nicht noch einmal reinlegt. Und vermeide um Himmels willen alles, was deine Schulden noch mehr in die Höhe treiben könnte. Nicht einmal eine Teetasse darfst du zerbrechen!«

Ich versprach es ihr, aber ich muß gestehen, wenn ich daran

dachte, daß Hatsumomo mich noch einmal reinzulegen versuchte... na ja, ich war nicht sicher, ob ich mich wehren könnte, wenn sie das tat.

»Es gibt da noch etwas«, fuhr Mameha fort. »Was immer wir beide, du und ich, hier besprechen, bleibt unter uns. Niemals darfst du Hatsumomo etwas davon erzählen. Selbst wenn wir nur über das Wetter sprechen. Verstanden? Wenn Hatsumomo dich fragt, was ich zu dir gesagt habe, mußt du antworten: ›Ach Hatsumomo, Mameha-san sagt niemals etwas, was von Interesse wäre! Sobald sie es gesagt hat, hab' ich's schon wieder vergessen. Sie ist der langweiligste Mensch, den ich je kennengelernt habe!«

Ich hätte verstanden, versicherte ich Mameha.

»Hatsumomo ist sehr gerissen«, fuhr sie fort. »Wenn du ihr den kleinsten Wink gibst, wirst du dich wundern, wie schnell sie sich alles andere ausrechnet.«

Plötzlich beugte Mameha sich zu mir vor und sagte zornig: »Worüber habt ihr zwei gesprochen, als ich euch gestern zusammen auf der Straße gesehen habe?«

»Über gar nichts, Herrin!« antwortete ich. Ich war so erschrocken, daß ich nichts weiter sagen konnte, obwohl sie mich weiterhin wütend anfunkelte.

»Was soll das heißen – über gar nichts? Du solltest mir lieber antworten, du kleiner Dummkopf, sonst werde ich dir heute nacht, wenn du schläfst, Tusche ins Ohr gießen!«

Es dauerte einen Moment, bis ich begriff, daß Mameha sich an einer Imitation von Hatsumomo versuchte. Ich fürchte, es war keine sehr gute Imitation, aber nachdem ich verstanden hatte, was sie wollte, antwortete ich: »Ehrlich, Hatsumomo-san, Mameha-san spricht immer nur über todlangweilige Sachen mit mir. So langweilig, daß ich mich an nichts erinnern kann. Sie schmelzen dahin wie Schneeflocken. Sind Sie sicher, daß Sie uns gestern gesehen haben? Falls wir wirklich miteinander gesprochen haben, so kann ich mich nicht daran erinnern...«

Mameha machte noch eine Zeitlang weiter mit ihrer unzulänglichen Imitation von Hatsumomo und sagte dann, ich hätte meine Sache recht gut gemacht. Ich selber war nicht ganz so zufrieden wie sie. Von Mameha ausgequetscht zu werden, auch wenn sie versuchte, sich wie Hatsumomo zu verhalten, war etwas ganz anderes, als vor Hatsumomo selbst nicht zurückzuzucken.

In den zwei Jahren, die vergangen waren, seit Mutter mich von der Schule genommen hatte, hatte ich einen großen Teil dessen, was ich gelernt hatte, gründlich vergessen. Und gelernt hatte ich damals herzlich wenig, da ich in Gedanken mit anderen Dingen beschäftigt war. Deswegen hatte ich, nachdem sich Mameha bereit erklärt hatte, meine ältere Schwester zu sein, und ich wieder zur Schule ging, das Gefühl, mit dem Unterricht noch einmal ganz von vorn zu beginnen.

Zu jener Zeit war ich elf Jahre alt und fast schon so groß wie Mameha. Älter geworden zu sein mag Ihnen als Vorteil erscheinen, aber ich kann Ihnen versichern, daß es keiner war. Die meisten Mädchen in der Schule hatten mit ihrer Ausbildung begonnen, als sie wesentlich jünger waren als ich, zum Teil schon im traditionellen Alter von drei Jahren und drei Tagen. Jene, die so früh angefangen hatten, waren zumeist Töchter von Geishas und von klein auf daran gewöhnt, daß Tanz und Teezeremonie zum Alltag gehörten – wie für mich früher das Baden im Teich.

Wie der Shamisen-Unterricht bei Lehrerin Maus aussah, habe ich bereits beschrieben, das weiß ich; doch eine Geisha muß außer dem Shamisen noch viele andere Kunstfertigkeiten erlernen. Tatsächlich bedeutet das »gei« in Geisha »Künste«, so daß das Wort »Geisha« »Künstlerin« bedeutet. Meine erste Lektion an jedem Morgen befaßte sich mit einer kleinen Trommel, die wir *tsutsumi* nennen. Womöglich fragen Sie sich, warum eine Geisha das Trommeln erlernen soll, aber die Antwort darauf ist einfach. Bei einem Bankett und bei allen möglichen zwanglosen Feiern in Gion tanzt die Geisha gewöhnlich nur zur Begleitung eines Shamisen und höchstens einer Sängerin. Bei Bühnenauftritten, wie etwa den *Tänzen der Alten Hauptstadt* in jedem Frühling, bilden sechs oder mehr Shamisen-Spielerinnen ein Ensemble, unterstützt von verschiedenen Trommeln und einer japanischen Flöte, die wir *fue* nennen. Sie sehen also, daß eine Geisha sich an all diesen Instrumenten versuchen muß, obwohl ihr letztlich geraten wird, sich auf ein oder zwei davon zu spezialisieren.

Wie gesagt, meine erste Lektion am Morgen galt der kleinen Tsutsumi. Wie alle anderen Musikinstrumente, die wir lernten, wird sie im Knien gespielt. Die Tsutsumi unterscheidet sich von den anderen Trommeln, weil sie auf der Schulter gehalten und mit der Hand geschlagen wird. Die größere *okawa* ruht auf dem Oberschenkel, und die größte Trommel von allen, die *taiko*, steht schräg auf einem Ständer und wird mit dicken Schlegeln geschlagen. Ich selbst habe nach und nach sämtliche Größen spielen gelernt. Eine Trommel mag wie ein Instrument aussehen, das jedes Kind spielen kann, in Wirklichkeit gibt es aber zahlreiche Möglichkeiten, sie zu schlagen, zum Beispiel – bei der großen Taiko –, indem man den Arm vor den Körper hält und den Schlegel sozusagen rückhändig schwingt, was wir *uchikomi* nennen, oder mit einem Arm, während wir den anderen im selben Moment heben, was wir *sarashi* nennen. Es gibt natürlich noch mehr Methoden, und jede erzeugt einen anderen Klang, doch das gelingt nur nach langem Üben. Außerdem musiziert das Orchester stets vor den Augen der Zuhörer, so daß all diese Bewegungen nicht nur synchron mit den anderen Spielerinnen ausgeführt werden, sondern darüber hinaus graziös und anziehend ausfallen müssen. Die halbe Arbeit besteht darin, den richtigen Klang hervorzubringen, die andere Hälfte in der richtigen Ausführung.

An den Trommelunterricht schloß sich eine Stunde Unterricht in japanischer Flöte und daran die Shamisen-Stunde an. Die Lehrmethode bei diesen Instrumenten war mehr oder weniger dieselbe. Die Lehrerinnen begannen etwas zu spielen, und die Schülerinnen mußten es wiederholen. Gelegentlich klang das wie das Blöken einer Horde von Tieren im Zoo, aber wirklich nicht sehr oft, denn die Lehrerinnen achteten darauf, mit möglichst einfachen Stücken zu beginnen. Bei meiner ersten Flötenstunde zum Beispiel spielte die Lehrerin einen einzigen Ton, den wir dann eine nach der anderen zu wiederholen versuchten. Und selbst an diesem einzigen Ton hatte die Lehrerin ziemlich viel auszusetzen.

»Soundso, du mußt den kleinen Finger senken, statt ihn in die Luft zu halten. Und du, Soundso – riecht deine Flöte vielleicht nicht gut? Na also, warum rümpfst du denn so furchtbar die Nase?«

Wie fast alle anderen Lehrerinnen war auch sie überaus streng, und wir hatten eine Heidenangst, Fehler zu machen. Nicht selten geschah es, daß sie einem armen Mädchen die Flöte entriß, um es damit auf die Schulter zu schlagen.

Nach den Trommeln, der Flöte und dem Shamisen kam gewöhnlich das Singen an die Reihe. Wir in Japan singen oft bei Partys, und es sind natürlich hauptsächlich die Partys, weswegen die Männer nach Gion kommen. Doch selbst wenn ein Mädchen keinen richtigen Ton herausbringt und niemals gebeten werden wird, vor Zuhörern aufzutreten, muß sie trotzdem Gesang studieren, damit sie den Tanz richtig verstehen lernt. Die Tänze sind für ein bestimmtes Musikstück choreographiert, dargeboten von einer Sängerin, die sich selbst auf dem Shamisen begleitet.

Es gibt viele verschiedene Liedertypen – weit mehr, als ich zählen könnte –, in unseren Unterrichtsstunden studierten wir aber nur fünf davon. Einige gehörten zu den populären Balladen; andere waren lange Musikstücke aus dem Kabuki-Theater, die eine Geschichte erzählten; wieder andere waren so etwas wie ein kurzes, musikalisches Gedicht. Jeder Versuch, Ihnen diese Lieder zu beschreiben, wäre sinnlos, ich kann nur sagen, daß ich die meisten bezaubernd finde, daß sie sich für Ausländer aber oft eher anhören wie Katzengeschrei in einem Tempelhof. Gewiß, der traditionelle japanische Gesang besteht zum großen Teil aus Getriller und wird häufig so tief in der Kehle gebildet, daß der Ton eher aus der Nase kommt als aus dem Mund. Ausschlaggebend ist wohl, woran das eigene Ohr gewöhnt ist.

Bei unserem Unterricht machten Musik und Tanz nur einen Teil des gesamten Lehrplans aus. Denn ein Mädchen, das die verschiedenen Künste beherrscht, wird auf einer Party dennoch scheitern, wenn es nicht gelernt hat, wie man sich richtig verhält und benimmt. Das ist einer der Gründe, warum die Lehrerinnen von ihren Schülerinnen so unnachsichtig gute Manieren und gute Haltung verlangen, selbst wenn ein Mädchen nur durch den Gang zur Toilette huscht. So wird man zum Beispiel in der Shamisen-Stunde ständig dazu angehalten, sich nur in allerbestem Japanisch auszudrücken. Sobald man einen anderen Dialekt statt die angemessene Kyoto-Sprache verwendet, nicht geradesitzt oder mit schleppenden Schritten geht, wird man gerügt. Tatsächlich gibt es den strengsten Tadel vermutlich nicht dafür, daß man sein Instrument schlecht spielt oder den Text eines Liedes nicht gelernt hat, sondern daß man schmutzige Fingernägel hat, es an Respekt fehlen läßt oder ähnliches.

Manchmal, wenn ich Ausländern von meiner Ausbildung erzählte, fragten sie mich: »Ja, aber wann haben Sie das Blumenstecken gelernt?« Die Antwort ist: niemals. Jede Geisha, die einem Mann gegenübersitzt, den sie unterhalten soll, und damit anfängt, Blumen zu arrangieren, wird, sobald sie aufblickt, feststellen müssen, daß ihm der Kopf auf den Tisch gesunken ist und er tief und fest schläft. Eine Geisha ist vor allem eine Unterhaltungs- und Vortragskünstlerin, das dürfen Sie nicht vergessen. Wir mögen einem Mann Sake oder Tee einschenken, aber wir werden niemals aufstehen, um ihm noch eine Portion eingelegtes Gemüse zu holen. Außerdem werden wir Geishas von unseren Dienerinnen so verwöhnt, daß wir uns kaum selbst versorgen oder unsere Zimmer sauberhalten, geschweige denn ein Zimmer in einem Teehaus mit Blumen dekorieren können.

Meine letzte Unterrichtsstunde am Vormittag galt der Teezeremonie. Da dies ein Thema ist, über das zahlreiche Bücher geschrieben wurden, werde ich hier nicht weiter ins Detail gehen. Im Grunde wird die Teezeremonie jedoch von ein bis zwei Personen ausgeführt, die ihren Gästen gegenübersitzen und auf streng traditionelle Art den Tee zubereiten – mit wunderschönen Tassen, kleinen Teebesen aus Bambus und so weiter. Auch die Gäste selbst sind Teil dieser Zeremonie, denn sie müssen die Tasse auf eine ganz bestimmte Art halten und daraus trinken wie vorgeschrieben. Wenn Sie glauben, man setze sich einfach hin, um eine schöne Tasse Tee zu trinken ... In Wirklichkeit gleicht die Zeremonie einer Art Tanz oder sogar einer Meditation im Knien. Der Tee wird mit Teeblättern gemacht, die zu Pulver verrieben und dann mit kochendem Wasser zu einer schaumig-grünen Mischung geschlagen werden, die wir *matcha* nennen und bei Ausländern äußerst unbeliebt ist. Ich gebe zu, daß sie wie grünes Seifenwasser aussieht und einen bitteren Geschmack hat, der gewöhnungsbedürftig ist.

Die Teezeremonie ist ein sehr wichtiger Teil der Geishaausbildung. Es ist nicht ungewöhnlich, daß auch eine Gesellschaft in einem Privathaus mit einer kurzen Teezeremonie beginnt. Und auch den Gästen, die zu den Jahreszeitentänzen nach Gion kommen, wird zuvor von einer Geisha Tee serviert.

Meine Lehrerin für die Teezeremonie war eine junge Frau von etwa fünfundzwanzig Jahren, die zwar, wie ich später erfuhr, keine besonders gute Geisha, aber von der Teezeremonie so besessen war, daß sie sie lehrte, als wäre jeder Bestandteil eine heilige Handlung. Wegen ihrer Begeisterung lernte ich ihren Unterricht schnell zu schätzen, und ich muß sagen, es war der perfekte Abschluß für die langen Vormittagsstunden, weil die Atmosphäre so ruhig und gelassen war. Selbst jetzt noch empfinde ich die Teezeremonie als ebenso erholsam wie eine durchschlafene Nacht.

Was die Ausbildung einer Geisha so schwierig macht, sind nicht nur die verschiedenen Fächer, die sie bewältigen muß, sondern es ist auch die Tatsache, daß ihr Leben so hektisch wird. Nachdem sie den ganzen Vormittag über Unterricht gehabt hat, wird von ihr erwartet, daß sie am Nachmittag und Abend genauso arbeitet wie zuvor. Dennoch bekommt sie kaum mehr als drei bis fünf Stunden Schlaf pro Nacht. Auch wenn ich mich während dieser Lehrjahre hätte zweiteilen können, wäre mein Leben immer noch zu hektisch gewesen. Ich wäre sehr dankbar gewesen, wenn Mutter mich von meinen Pflichten genauso entbunden hätte wie Kürbisköpfchen, doch aufgrund ihrer Wette mit Mameha dachte sie, glaube ich, gar nicht daran, mir mehr Zeit zum Üben und für die Ausbildung zu gewähren. Einige meiner Pflichten wurden zwar den Dienerinnen übertragen, zumeist aber lastete mehr Arbeit auf meinen Schultern, als ich bewältigen konnte, und trotzdem sollte ich am Nachmittag auch noch mindestens eine Stunde auf dem Shamisen üben. Im Winter zwang man Kürbisköpfchen und mich, unsere Hände abzuhärten, indem wir sie in Eiswasser tauchten, bis wir vor Schmerzen schrien, um anschließend draußen im eiskalten Innenhof zu spielen. Das klingt grausam, ich weiß, aber so waren die Dinge damals nun mal. Und dieses Abhärten der Hände hat mir tatsächlich geholfen, besser zu spielen. Denn sehen Sie, das Lampenfieber zieht einem das Gefühl aus den Händen, doch wenn man schon daran gewöhnt ist, mit fast tauben Händen zu spielen, ist das Lampenfieber kaum noch ein Problem.

Anfangs übten Kürbisköpfchen und ich jeden Nachmittag gleich nach unserer einstündigen Lektion in Lesen und Schreiben bei Tantchen zusammen auf dem Shamisen. Tantchen hatte uns seit meiner Ankunft Japanischunterricht erteilt, und sie hatte stets darauf bestanden, daß wir perfekte Manieren an den Tag legten. Doch wenn wir danach Shamisen spielten, hatten wir, Kürbisköpfchen und ich, immer sehr viel Spaß miteinander. Wenn wir laut auflachten, kam Tantchen oder eine der Dienerinnen wohl heraus, um uns zu tadeln, aber solange wir nur wenig Lärm machten und auf unseren Shamisens herumzupften, während wir plauderten, wurde uns von niemand verwehrt, einander Gesellschaft zu leisten. Auf diese Stunde des Tages freute ich mich stets am meisten.

Eines Tages, als Kürbisköpfchen mir zeigte, wie man Töne ineinanderfließen lassen kann, erschien Hatsumomo im Durchgang vor uns. Wir hatten nicht einmal gehört, daß sie die Okiya betrat.

»Nun sieh einer an, Mamehas zukünftige jüngere Schwester!« sagte sie zu mir. Das »zukünftig« fügte sie hinzu, weil Mameha und ich erst offiziell Schwestern wurden, wenn ich mein Debüt als Lerngeisha hinter mir hatte.

»Ich hätte dich auch ›kleines Fräulein Dummkopf‹ nennen können«, fuhr sie fort, »aber nach dem, was ich gerade gesehen habe, finde ich, daß ich das lieber für Kürbisköpfchen reservieren sollte.«

Das arme Kürbisköpfchen ließ ihr Shamisen in den Schoß sinken, wie ein Hund den Schwanz zwischen die Beine klemmt. »Habe ich etwas falsch gemacht?« fragte sie.

Ich brauchte Hatsumomo nicht direkt anzusehen, um den Zorn zu spüren, der sich auf ihrem Gesicht abzeichnete. Und sofort bekam ich furchtbare Angst vor dem, was jetzt geschehen würde.

»Ganz und gar nicht!« antwortete Hatsumomo. »Mir war nur nicht klar, was für ein hilfreicher Mensch du bist.«

»Tut mir leid, Hatsumomo«, sagte Kürbisköpfchen. »Ich wollte Chiyo nur helfen, ihr…«

»Aber Chiyo braucht deine Hilfe nicht! Wenn sie Hilfe mit ihrem Shamisen braucht, wird sie sich an die Lehrerin wenden. Ist dein Kopf wirklich so hohl wie ein dicker, riesiger Kürbis?«

Damit kniff sie Kürbisköpfchen so grausam in die Lippe, daß ihr das Shamisen vom Schoß auf den Verandagang rutschte, auf dem sie saß, und von dort auf den Hofkorridor.

»Du und ich, wir müssen uns unterhalten«, fuhr Hatsumomo fort. »Du wirst jetzt dein Shamisen einpacken, und ich werde hier stehenbleiben, um darüber zu wachen, daß du nicht noch mehr Dummheiten machst.«

Als Hatsumomo sie wieder losließ, trat Kürbisköpfchen auf den Boden hinab, um ihr Shamisen aufzuheben, und begann es auseinanderzunehmen. Sie warf mir einen mitleiderregenden Blick zu, und ich dachte, daß sie sich vielleicht beruhigen würde. Statt dessen begannen ihre Lippen zu zittern, und gleich darauf zitterte ihr ganzes Gesicht wie der Boden bei einem Erdbeben. Während ihr die Tränen über die Wangen rollten, hob sie die Hand an ihre Lippe, die schon anzuschwellen begann. Hatsumomos Miene entspannte sich, als hätte sich der zornige Himmel entladen, und mit einem selbstzufriedenen Lächeln wandte sie sich zu mir um.

»Du wirst dir eine andere Freundin suchen müssen«, sagte sie höhnisch. »Nachdem ich mit Kürbisköpfchen geredet habe, wird sie klug genug sein, nie wieder ein einziges Wort mit dir zu sprechen. Nicht wahr, Kürbisköpfchen?«

Kürbisköpfchen nickte, denn ihr blieb natürlich keine Wahl. Aber ich wußte, wie leid ihr das tat. Von da an übten wir nie wieder gemeinsam Shamisen.

Als ich Mameha das nächstemal besuchte, berichtete ich ihr von dem Zwischenfall.

»Ich hoffe, du hast dir das, was Hatsumomo zu dir gesagt hat, zu Herzen genommen«, antwortete sie. »Wenn Kürbisköpfchen kein Wort mehr mit dir sprechen darf, dann wirst auch du kein Wort mehr mit ihr sprechen. Du bringst sie sowieso nur in Schwierigkeiten, und außerdem wird sie Hatsumomo berichten müssen, was du zu ihr gesagt hast. Auch wenn du dem armen

Mädchen früher hast trauen können, von heute an ist das nicht mehr möglich.«

Als ich das hörte, war ich so traurig, daß ich eine Zeitlang zu keiner Äußerung fähig war. »Mit Hatsumomo in ein und derselben Okiya zu wohnen«, sagte ich schließlich, »das ist, als versuchte ein Schwein, im Schlachthaus zu überleben.«

Als ich das sagte, dachte ich an Kürbisköpfchen, aber Mameha hatte anscheinend den Eindruck, daß ich von mir selber sprach. »Du hast ganz recht«, stimmte sie mir zu. »Du kannst dich nur wehren, indem du erfolgreicher als Hatsumomo wirst und sie aus dem Haus vertreibst.«

»Aber alle sagen, daß sie eine der beliebtesten Geishas von Gion ist. Ich kann mir nicht vorstellen, jemals so beliebt zu werden wie sie.«

»Ich habe nicht beliebt gesagt«, gab Mameha mir zurück, »sondern erfolgreich. An möglichst vielen Partys teilzunehmen ist nicht alles. Ich lebe mit einem eigenen Dienstmädchen in einer sehr geräumigen Wohnung, während Hatsumomo – die vermutlich an ebenso vielen Partys teilnimmt wie ich – noch immer in der Nitta-Okiya lebt. Wenn ich erfolgreich sage, meine ich damit eine Geisha, die sich ihre Unabhängigkeit erkämpft hat. Bis eine Geisha ihre eigene Kimono-Sammlung zusammengetragen hat – oder bis sie von einer Okiya adoptiert wird, was ungefähr auf das gleiche hinausläuft –, wird sie ihr Leben lang von irgend jemandem abhängig sein. Du hast doch einige meiner Kimonos gesehen, nicht wahr? Was glaubst du, wie ich zu denen gekommen bin?«

»Ich hatte gedacht, daß Sie, bevor Sie diese Wohnung bezogen haben, von einer Okiya adoptiert worden seien.«

»Bis vor fünf Jahren habe ich tatsächlich in einer Okiya gelebt. Aber die Herrin dort hat eine uneheliche Tochter. Deswegen wollte sie keine andere adoptieren.«

»Haben Sie Ihre ganze Kimono-Sammlung selbst gekauft?«

»Was glaubst du, wieviel eine Geisha verdient, Chiyo? Eine vollständige Kimono-Sammlung, das heißt nicht etwa zwei bis drei Gewänder für jede Jahreszeit. Das Leben mancher Männer dreht sich ausschließlich um Gion. Die langweilen sich, wenn sie uns jeden Abend in derselben Aufmachung sehen.«

Meine Miene muß verraten haben, wie verwirrt ich darob war, denn Mameha lachte über meinen Ausdruck.

»Nur Mut, Chiyo-chan, es gibt eine Antwort auf diese Frage. Mein *danna* ist ein sehr großzügiger Mann, er hat mir die meisten Kimonos geschenkt. Und deswegen bin ich erfolgreicher als Hatsumomo. Ich habe einen sehr reichen *danna,* sie dagegen hat überhaupt keinen.«

Inzwischen war ich lange genug in Gion, um in etwa zu verstehen, was Mameha meinte, wenn sie *danna* sagte. Das ist ein Ausdruck, den die Ehefrau für ihren Ehemann benutzt – das heißt, er war es zu meiner Zeit. Wenn eine Geisha jedoch von ihrem *danna* spricht, dann meint sie damit nicht ihren Ehemann. Geishas heiraten niemals. Oder wenigstens nur jene, die dann nicht mehr als Geisha weiterarbeiten.

Denn nach einer Gesellschaft mit Geishas wollen sich manche Männer nicht mit all den Flirts zufriedengeben und wünschen sich ein wenig mehr. Manchen dieser Männer genügt es, zu Vierteln wie dem Miyagawa-cho weiterzuziehen, wo sie den Geruch ihres eigenen Schweißes in einem der abstoßenden Häuser hinterlassen, die ich an dem Abend sah, als ich meine Schwester fand. Andere Männer nehmen all ihren Mut zusammen und beugen sich mit verquollenen Augen zu der Geisha neben ihnen hinüber, um ihr die Frage zu stellen, wie hoch ihre »Gebühren« seien. Eine Geisha minderer Klasse mag auf ein solches Arrangement durchaus bereitwillig eingehen; vermutlich nimmt sie mit Freuden alles, was sie verdienen kann. Eine solche Frau kann sich zwar Geisha nennen und auch im Registerbüro eingetragen sein, aber bevor Sie entscheiden, ob sie eine richtige Geisha ist, sollten Sie sich ansehen, wie sie tanzt, wie gut sie das Shamisen spielt und was sie über die Teezeremonie weiß. Eine echte Geisha wird niemals ihren Ruf aufs Spiel setzen, indem sie sich nächteweise an Männer verkauft.

Damit will ich nicht sagen, daß eine Geisha nicht gelegentlich einem Mann nachgibt, den sie attraktiv findet. Aber ob sie das tut, ist ganz allein ihre Entscheidung. Geishas haben Gefühle wie alle anderen Menschen und machen die gleichen Fehler. Eine Geisha, die ein solches Risiko eingeht, kann nur hoffen, daß man ihr nicht auf die Schliche kommt. Denn dabei steht nicht nur ihr guter Ruf auf dem Spiel, sondern auch ihr Ansehen bei ihrem *danna*, falls sie einen hat. Vor allem aber zieht sie den Zorn der Frau auf sich, die ihre Okiya führt. Eine Geisha, die ihren Leidenschaften nachgibt, mag vielleicht ein so großes Risiko eingehen, aber mit Sicherheit nicht für Geld, das sie sich genauso leicht auf legitime Art verdienen kann.

Sie sehen also, daß eine Geisha ersten oder zweiten Ranges in Gion nicht für eine Nacht gekauft werden kann – von niemandem! Doch wenn der richtige Mann an etwas anderem interessiert ist – nicht an einer einzigen gemeinsamen Nacht, sondern an einem weit längeren Zeitraum – und wenn er bereit ist, angemessene Bedingungen zu bieten, nun, dann wird die Geisha auf ein solches Arrangement von Herzen gern eingehen. Partys und dergleichen sind wirklich sehr nett, aber richtig Geld verdient man in Gion erst mit einem *danna*, und eine Geisha, die – wie Hatsumomo – keinen hat, gleicht einer streunenden Katze auf der Straße, die keinen Herrn hat, der sie füttert.

Nun könnte man erwarten, daß sich einer so schönen Frau wie Hatsumomo jede Menge Männer als *danna* anbieten würden, und ich bin sicher, daß viele das getan haben. Tatsächlich hatte sie einst einen *danna* gehabt. Aber irgendwie hatte Hatsumomo die Herrin des Mizuki, ihres Stammteehauses, so sehr verärgert, daß die Männer, die sich nach ihr erkundigten, die Auskunft erhielten, sie stehe nicht zur Verfügung – was normalerweise bedeutet, daß sie bereits einen *danna* hat. Indem sie ihrem Verhältnis zu der Herrin schadete, hatte Hatsumomo vor allem sich selbst geschadet. Als eine sehr beliebte Geisha verdiente sie genügend Geld, um Mutter glücklich zu machen; als Geisha ohne *danna* jedoch verdiente sie nicht genug, um unabhängig zu werden und sich endgültig aus der Okiya zu verabschieden. Sie konnte nicht mal ihre Registrierung auf ein anderes Teehaus übertragen, dessen Herrin möglicherweise bereit gewesen wäre, Hatsumomo bei der Suche nach einem *danna* zu helfen, denn keine der anderen Teehausbetreiberinnen würde es wagen, ihr gutes Verhältnis zum Mizuki zu gefährden.

Natürlich sitzt eine durchschnittliche Geisha nicht so in der

Falle. Sie verbringt ihre Zeit mit charmanten Männern und hofft darauf, daß sich eines Tages einer bei der Herrin des Teehauses nach ihr erkundigt. Viele dieser Anfragen führen zu nichts, weil der Mann, wenn man Erkundigungen über ihn einzieht, möglicherweise zuwenig Geld hat; vielleicht macht er auch einen Rückzieher, wenn jemand ihm den Vorschlag macht, er möge als Zeichen seines guten Willens einen kostbaren Kimono zum Geschenk machen. Doch wenn die wochenlangen Verhandlungen zu einem erfolgreichen Abschluß führen, unterziehen sich die Geisha und ihr neuer *danna* genauso einer Zeremonie wie zwei Geishas, wenn sie Schwestern werden. In den meisten Fällen dauert diese Verbindung etwa sechs Monate, vielleicht auch länger, denn Männer langweilen sich ja so schnell. Der *danna* verpflichtet sich vermutlich dazu, einen Teil der Schulden seiner neuen Geliebten abzuzahlen, monatlich einen Teil ihrer Lebenshaltungskosten zu bestreiten – etwa für ihr Make-up, möglicherweise einen Teil ihres Schulgeldes und höchstwahrscheinlich ihre Arztkosten. Derlei Dinge. Trotz dieser hohen Ausgaben wird er ihr jedoch weiterhin das übliche Stundenhonorar bezahlen, wenn er Zeit mit ihr verbringt, wie das ihre anderen Kunden tun. Dafür genießt er allerdings auch gewisse »Privilegien«.

So sähe das Arrangement für eine durchschnittliche Geisha aus. Eine Spitzengeisha jedoch, von denen es vermutlich dreißig bis vierzig in Gion gab, würde bei weitem mehr verlangen. Zunächst einmal würde sie niemals in Betracht ziehen, ihren Ruf durch eine ganze Reihe von *dannas* zu schädigen, sondern sich in ihrem ganzen Leben höchstens einen oder zwei nehmen. Und ihr *danna* würde nicht nur ihren gesamten Lebensunterhalt wie etwa das Registrierungsgeld, das Schulgeld und ihre Mahlzeiten übernehmen, sondern sie darüber hinaus mit einem Taschengeld versorgen, Tanzaufführungen für sie sponsern und ihr Kimonos und Schmuck schenken. Und wenn er Zeit mit ihr verbringt, wird er ihr nicht das übliche Stundenhonorar zahlen, sondern als Geste des guten Willens weitaus mehr.

Mameha gehörte natürlich zu diesen Spitzengeishas; tatsächlich war sie, wie ich erfuhr, vermutlich eine der zwei oder drei bekanntesten Geishas von ganz Japan. Sie haben vielleicht von der berühmten Geisha Mametsuki gehört, die kurz vor dem Ersten Weltkrieg eine Affäre mit dem japanischen Premierminister hatte und einen wilden Skandal auslöste. Das war Mamehas ältere Schwester, und deswegen trugen beide das »Mame« in ihrem Namen. Es ist üblich, daß eine junge Geisha ihren Namen von dem ihrer älteren Schwester ableitet.

Eine ältere Schwester wie Mametsuki zu haben hätte bereits genügt, um Mameha eine erfolgreiche Karriere zu sichern. Anfang der zwanziger Jahre startete das Japanische Reisebüro jedoch eine erste internationale Werbekampagne. Die Poster zeigten ein wunderschönes Foto von der Pagode des Toji-Tempels im südöstlichen Kyoto, mit einem Kirschbaum auf der einen und einer hübschen jungen Lerngeisha auf der anderen Seite, die sehr scheu und graziös und außerordentlich zart wirkte. Diese Lerngeisha war Mameha.

Es wäre untertrieben zu sagen, daß Mameha berühmt wurde. Das Poster wurde in allen Großstädten der Welt ausgestellt, immer mit dem Werbespruch »Besuchen Sie uns im Land der Aufgehenden Sonne« in allerlei Fremdsprachen – nicht nur Englisch, sondern auch Deutsch, Französisch, Russisch und... ach, viele andere Sprachen, von denen ich noch nie gehört hatte. Mameha war damals erst sechzehn und sah sich plötzlich damit konfrontiert, zu jedem Staatsoberhaupt gerufen zu werden, das Japan besuchte, jedem Aristokraten aus England oder Deutschland und jedem Millionär aus den Vereinigten Staaten. Sie schenkte nicht nur dem großen deutschen Schriftsteller Thomas Mann Sake ein, der ihr anschließend durch einen Dolmetscher eine endlos langweilige Geschichte erzählte, die fast eine Stunde dauerte, sondern auch Charlie Chaplin, Sun Yat-sen und später Ernest Hemingway, der sich ganz furchtbar betrank und behauptete, die schönen roten Lippen in ihrem weißen Gesicht erinnerten ihn an Blut im Schnee. In den Jahren danach wurde Mameha noch berühmter, weil sie im Kabukiza-Theater in Tokyo eine Anzahl groß angekündigter Tanzdarbietungen aufführte, zu denen gewöhnlich der Premierminister und zahlreiche andere Leuchten des Landes erschienen.

Als Mameha ihre Absicht kundtat, mich als jüngere Schwester

zu nehmen, hatte ich keine Ahnung von alledem, und das war gut so. Denn sonst wäre ich so eingeschüchtert gewesen, daß ich in ihrer Gegenwart nur noch gezittert hätte.

An jenem Tag in ihrer Wohnung war Mameha so freundlich, sich mit mir hinzusetzen und mir einen großen Teil all dieser Dinge mitzuteilen. Als sie überzeugt war, daß ich sie verstanden hatte, fuhr sie fort:

»Nach deinem Debüt bist du bis zum Alter von achtzehn Jahren Lerngeisha. Danach wirst du einen *danna* brauchen, um deine Schulden zurückzuzahlen. Einen sehr wohlhabenden *danna*. Meine Aufgabe wird es sein, dafür zu sorgen, daß du bis dahin in Gion bekannt bist, aber die deine wird es sein, fleißig daran zu arbeiten, eine vollendete Tänzerin zu werden. Wenn du's bis zum Alter von sechzehn Jahren nicht bis mindestens zum fünften Grad schaffst, wird dir alles, was ich für dich tun kann, nicht helfen können, und Frau Nitta wird hocherfreut sein, ihre Wette mit mir gewonnen zu haben.«

»Aber Mameha-sen«, wandte ich ein, »ich verstehe nicht, was der Tanz damit zu tun hat.«

»Alles hat der Tanz damit zu tun«, erklärte sie mir. »Wenn du dir die erfolgreichsten Geishas von Gion ansiehst, wirst du feststellen, daß jede einzelne von ihnen eine hervorragende Tänzerin ist.«

Der Tanz ist die am höchsten geehrte Kunst der Geishas. Nur die vielversprechendsten und schönsten Geishas werden aufgefordert, sich auf den Tanz zu spezialisieren, und wenn man von der Teezeremonie einmal absieht, gibt es wohl nichts, das auf eine derart reiche Tradition zurückblicken kann wie der Tanz. Die Inoue-Schule des Tanzes, wie sie von Gions Geishas ausgeübt wird, entspringt dem Nô-Theater. Und weil Nô eine uralte Kunst ist, die schon immer vom kaiserlichen Hof gefördert wurde, halten die Tänzerinnen von Gion ihre Kunst jener Tanzschule, die im Pontocho-Viertel auf der anderen Seite des Flusses ausgeübt wird und vom Kabuki herkommt, für überlegen. Ich selbst bin eine große Bewunderin des Kabuki-Theaters und hatte sogar das Glück, zu meinen Freunden auch eine Anzahl der berühmtesten

Kabuki-Schauspieler dieses Jahrhunderts zu zählen. Aber Kabuki ist eine relativ junge Kunstform, die erst im achtzehnten Jahrhundert entstand, und wurde stets mehr vom gewöhnlichen Volk geschätzt als vom Kaiserhof. Man kann den Tanz in Pontocho einfach nicht mit der Inoue-Schule von Gion vergleichen.

Alle Geishaschülerinnen müssen den Tanz studieren, doch wie schon gesagt, werden nur die vielversprechenden und attraktiven Lerngeishas ermutigt, sich darauf zu spezialisieren und echte Tänzerinnen zu werden statt Shamisen-Spielerinnen oder Sängerinnen. Der Grund, warum Kürbisköpfchen mit ihrem weichen, runden Gesicht soviel Zeit damit verbrachte, auf dem Shamisen zu üben, war die Tatsache, daß sie leider nicht zur Tänzerin erwählt wurde. Was mich betraf, so war ich nicht so perfekt schön, daß mir gar keine andere Wahl blieb als der Tanz, wie das bei Hatsumomo der Fall war. Ich dachte, daß ich nur Tänzerin werden könnte, wenn ich meinen Lehrerinnen bewies, daß ich bereit war, so hart zu arbeiten, wie ich nur konnte.

Dank Hatsumomo hatte ich leider einen sehr schlechten Start beim Unterricht. Meine Lehrerin war eine Frau von ungefähr fünfzig Jahren, unter uns Schülerinnen bekannt als Lehrerin Steiß, weil ihre Haut unter dem Kinn so eingezogen war, daß sie ein kleines Hinterteil bildete. Lehrerin Steiß haßte Hatsumomo ebensosehr wie alle anderen in Gion, und Hatsumomo wußte das. Was meinen Sie also, was sie tat? Sie ging zu ihr – ich weiß davon, weil Lehrerin Steiß es mir einige Jahre später erzählte – und sagte:

»Lehrerin, dürfte ich Sie um eine Gefälligkeit bitten? Ich habe da eine Ihrer Schülerinnen im Auge, die überaus begabt zu sein scheint. Daher wäre ich Ihnen unendlich dankbar, wenn Sie mir sagen könnten, was Sie von ihr halten. Ihr Name ist Chiyo, und sie liegt mir wirklich sehr am Herzen. Für jede ganz spezielle Hilfe, die Sie ihr angedeihen lassen könnten, wäre ich Ihnen äußerst verbunden.«

Von da an brauchte Hatsumomo kein einziges Wort mehr zu sagen, denn Lehrerin Steiß ließ mir tatsächlich jene »ganz spezielle Hilfe« angedeihen, auf die Hatsumomo gehofft hatte. Mein Tanz war im Grunde gar nicht so schlecht, doch Lehrerin Steiß benutzte mich von Anfang an als Exempel dafür, wie man es *nicht* machen sollte. Ich erinnere mich zum Beispiel an einen Vormittag, an dem sie uns eine Bewegung zeigte, bei der man den Arm auf eine ganz bestimmte Art vor dem Körper herziehen und dann mit dem Fuß auf die Matten stampfen mußte. Diese Bewegung sollten wir alle nachmachen, doch als wir Anfängerinnen am Ende der Bewegung mit dem Fuß aufstampften, klang es, als wäre ein Tablett mit Bohnensäckchen auf den Fußboden gestürzt, denn kein einziger Fuß traf die Matten im selben Moment wie ein anderer. Ich kann Ihnen versichern, daß ich dabei nicht schlechter war als die übrigen, doch Lehrerin Steiß kam sofort herbei, baute sich mit zitterndem Hinterteil unterm Kinn vor mir auf, klopfte mit ihrem gefalteten Fächer mehrmals gegen ihren Oberschenkel, bevor sie ausholte und mir damit einen Schlag gegen den Kopf versetzte.

»Wir stampfen nicht einfach auf, wann es uns einfällt«, tadelte sie mich. »Und wir zucken nicht mit dem Kinn.«

Bei den Tänzen der Inoue-Schule muß das Gesicht in Nachahmung der Masken des No-Theaters absolut ausdruckslos bleiben. Aber daß sie mich ausgerechnet dann tadelte, als ihr eigenes Kinn vor Zorn bebte ... nun ja, ich war den Tränen nahe, weil sie mich geschlagen hatte, aber die anderen Schülerinnen lachten laut heraus. Lehrerin Steiß gab mir die Schuld an diesem Ausbruch und schickte mich zur Strafe aus dem Klassenzimmer.

Ich weiß nicht, was in ihrer Obhut aus mir geworden wäre, wenn Mameha nicht schließlich zu ihr gegangen wäre und mit ihr gesprochen hätte, um festzustellen, was wirklich geschehen war. Und so sehr Lehrerin Steiß Hatsumomo bisher schon gehaßt hatte – nachdem sie erfuhr, daß Hatsumomo sie hereingelegt hatte, haßte sie sie bestimmt noch mehr. Erfreulicherweise tat es ihr so leid, mich schlecht behandelt zu haben, daß ich schon bald zu einer ihrer Lieblingsschülerinnen wurde.

Ich will nicht sagen, daß ich irgendein angeborenes Talent gehabt hätte, weder für den Tanz noch für etwas anderes, aber ich war mit Sicherheit fest entschlossen, fleißig und zielstrebig zu arbeiten, bis ich erreichte, was ich mir vorgenommen hatte. Seit ich an jenem Frühlingstag den Direktor auf der Straße kennengelernt hatte, sehnte ich mich nach nichts so sehr wie nach der Chance,

Geisha zu werden und mir einen Platz in der Welt zu erobern. Nun, da Mameha mir diese Chance geboten hatte, war ich eifrig darauf bedacht, sie gut zu nutzen. Aber bei all meinen Lektionen, Pflichten und hohen Erwartungen fühlte ich mich während der ersten sechs Unterrichtsmonate völlig überfordert. Danach begann ich kleine Tricks zu entdecken, mit deren Hilfe alles ein wenig glatter lief. Zum Beispiel fand ich eine Möglichkeit, auf dem Shamisen zu üben, während ich Botengänge erledigte, und zwar indem ich in Gedanken ein Lied sang, während ich mir deutlich vorstellte, wie sich meine Linke auf dem Shamisen-Hals bewegen und wie das Plektrum die Saite schlagen mußte. Dadurch konnte ich, sobald ich das echte Instrument auf den Schoß nahm, manchmal ein Lied gut spielen, obwohl ich es zuvor nur ein einziges Mal gehört hatte. Manche Leute dachten, ich hätte es gelernt, ohne zu üben, in Wirklichkeit jedoch übte ich in allen Gassen und Straßen von Gion.

Um die Balladen und die anderen Lieder zu lernen, die wir in der Schule einstudierten, benutzte ich einen anderen Trick. Von Kindesbeinen an war ich in der Lage, mir ein Musikstück anzuhören und es am folgenden Tag noch gut in Erinnerung zu haben. Ich weiß nicht, warum, es war vermutlich eine Absonderlichkeit meines Gedächtnisses. Also gewöhnte ich mir an, den Text vor dem Schlafengehen auf einen Zettel zu schreiben. Wenn ich dann erwachte, las ich zuerst den Text, während mein Gedächtnis noch weich und aufnahmefähig war. Normalerweise genügte das, doch mit der Musik war es viel schwieriger. Da benutzte ich einen Trick, mir Bilder einzuprägen, die mich an die Melodie erinnerten. Ein Zweig, der von einem Baum herabfiel, erinnerte mich zum Beispiel an den Klang einer Trommel, ein Bach, der über einen Stein strömte, daran, wie man auf dem Shamisen eine Saite greift, damit der Ton höher wird, und das Lied stellte ich mir als eine Art Spaziergang durch eine Landschaft vor.

Aber die größte Herausforderung – und für mich die wichtigste – war der Tanz. Monatelang probierte ich die verschiedensten Tricks aus, die ich entdeckt hatte, aber sie waren mir alle keine Hilfe. Dann wurde Tantchen eines Tages wütend, weil ich Tee auf eine Zeitschrift verschüttet hatte, die sie las. Seltsamerweise hatte ich gerade freundliche Gedanken über sie gehegt, als sie mich anfuhr. Später war ich furchtbar traurig und mußte an meine Schwester denken, die irgendwo in Japan ohne mich lebte, an meine Mutter, die, wie ich hoffte, inzwischen ihren Frieden gefunden hatte, und an meinen Vater, der nichts dagegen hatte, uns zu verkaufen und den Rest seines Lebens allein zu verbringen. Als mir diese Gedanken durch den Kopf gingen, wurde mein ganzer Körper schwer. Also stieg ich die Treppe hinauf und betrat das Zimmer, in dem Kürbisköpfchen und ich schliefen, denn nach Mamehas Besuch in unserer Okiya hatte mich Mutter dort einquartiert. Doch statt mich auf die Tatami-Matten zu legen und zu weinen, bewegte ich den Arm mit einer ausholenden Geste vor meinem Körper. Ich weiß nicht, warum ich das tat – es war die Tanzbewegung, die wir an jenem Vormittag einstudiert hatten und die mir sehr, sehr traurig zu sein schien. Zugleich dachte ich an den Direktor und daran, wieviel schöner mein Leben wäre, wenn ich mich auf einen Mann wie ihn verlassen könnte. Als ich meinen Arm im Bogen durch die Luft führte, schien mir die Bewegung diese Gefühle der Trauer und der Sehnsucht auszudrücken. Mein Arm schien mit großer Würde dahinzugleiten – nicht wie ein Blatt, das vom Baum fällt, sondern wie ein Passagierdampfer, der auf dem Wasser einherzieht. Mit »Würde« meine ich wohl die Art Selbstsicherheit oder Zuversicht, die sich von einem leichten Windhauch oder einer kleinen Welle nicht aus dem Gleichgewicht bringen läßt.

An diesem Nachmittag entdeckte ich, daß ich mich mit großer Würde bewegen konnte, wenn sich mein Körper schwer anfühlte. Und wenn ich mir vorstellte, daß mich der Direktor beobachtete, legte ich in meine Bewegungen ein so tiefes Gefühl, daß zuweilen jede Tanzbewegung eine kleine Begegnung mit ihm auszudrücken schien. Wenn ich mich mit leicht schiefgelegtem Kopf umwandte, so konnte das die Frage darstellen: »Wo werden wir heute den Tag miteinander verbringen, Direktor?« Streckte ich den Arm aus und öffnete den Fächer, sagte ich damit, wie dankbar ich sei, daß er mich mit seiner Gesellschaft beehre. Und wenn ich später im Tanz den Fächer schloß, sagte ich ihm damit, daß mir im Leben nichts wichtiger sei, als ihm zu gefallen.

13. KAPITEL

Nachdem ich die Schule über zwei Jahre lang besucht hatte, beschlossen Hatsumomo und Mutter im Frühjahr 1934, die Zeit sei für Kürbisköpfchens Debüt als Lerngeisha gekommen. Mir wurde natürlich nichts davon gesagt, denn Kürbisköpfchen durfte nicht mit mir sprechen, und Hatsumomo und Mutter dachten gar nicht daran, auch nur einen Gedanken an so etwas zu verschwenden. Also erfuhr ich es erst, als Kürbisköpfchen die Okiya an einem frühen Nachmittag verließ und am Ende des Tages mit der Frisur einer Lerngeisha wiederkam, der sogenannten *momoware*, das heißt »gespaltener Pfirsich«. Als ich sah, wie sie die Eingangshalle betrat, war ich ganz krank vor Enttäuschung und Eifersucht. Ihr Blick begegnete dem meinen kaum länger als einen Moment. Vermutlich dachte sie daran, wie ihr Debüt auf mich wirken mußte. Ihr Haar war nun in einem schönen Bogen von den Schläfen zurückgekämmt, statt wie zuvor einfach im Nacken gebunden zu sein, und ließ sie wie eine junge Frau aussehen, obwohl sie noch immer ein Babygesicht hatte. Seit Jahren hatten sie und ich die älteren Mädchen beneidet, die eine so elegante Frisur tragen durften. Und jetzt sollte Kürbisköpfchen ihre Geishalaufbahn beginnen, während ich zurückblieb und sie nicht mal nach ihrem neuen Leben ausfragen durfte.

Dann kam der Tag, an dem Kürbisköpfchen zum erstenmal als Lerngeisha eingekleidet wurde und mit Hatsumomo zu der Zeremonie, durch die sie als Schwestern einander verbunden wurden, ins Mizuki-Teehaus ging. Mutter und Tantchen begleiteten sie, mich dagegen nahmen sie nicht mit. Aber ich stand bei ihnen in der Eingangshalle, als Kürbisköpfchen, von den Dienerinnen begleitet, die Treppe herunterkam. Sie trug einen prächtigen schwarzen Kimono mit dem Wappen der Nitta-Okiya und einem Obi in Pflaumenblau und Gold. Dazu hatte sie sich zum allererstenmal das Gesicht geschminkt. Man hätte erwarten können, daß sie mit dem Schmuck im Haar und dem leuchtenden Rot ihrer Lippen stolz und bezaubernd aussah, ich aber fand, daß sie eher beunruhigt wirkte. Das Gehen bereitete ihr Schwierigkeiten, denn der Staat einer Lerngeisha ist ziemlich schwierig. Mutter drückte Tantchen eine Kamera in die Hand und bat sie, hinauszugehen und zu fotografieren, wie sie Kürbisköpfchen zum erstenmal glückbringende Funken auf den Rücken regnen ließ. Wir übrigen blieben in der Eingangshalle, wo wir nicht gesehen wurden. Die Dienerinnen hielten Kürbisköpfchens Arme, während sie in die hohen Holzschuhe schlüpfte, die wir *okobo* nennen und die jede Lerngeisha zu tragen hat. Dann stellte sich Mutter hinter Kürbisköpfchen und tat, als wollte sie den Feuerstein sprühen lassen, obwohl diese Aufgabe in Wirklichkeit stets von Tantchen oder einer Dienerin übernommen wurde. Als das Foto schließlich geschossen war, stolperte Kürbisköpfchen ein paar Schritte zur Tür hinaus und wandte sich dann noch einmal um. Die anderen waren schon unterwegs, um sich ihr anzuschließen, doch sie sah mich an – mit einem Ausdruck, der zu sagen schien, es tue ihr leid, daß alles so gekommen sei.

Am Ende jenes Tages war Kürbisköpfchen offiziell unter ihrem neuen Geishanamen Hatsumiyo bekannt. Das »Hatsu« kam von Hatsumomo, und die Tatsache, daß Kürbisköpfchens Name von einer so bekannten Geisha wie Hatsumomo abgeleitet war, hätte ihr eigentlich weiterhelfen müssen, doch es kam ganz anders: Nur sehr wenige Leute erfuhren überhaupt ihren Geishanamen, die meisten nannten sie, genau wie wir, einfach Kürbisköpfchen.

Nur allzugern hätte ich Mameha von Kürbisköpfchens Debüt erzählt, aber sie war in letzter Zeit weitaus beschäftigter gewesen als sonst und mußte auf Geheiß ihres *danna* ständig nach Tokyo reisen, so daß wir einander fast ein halbes Jahr lang nicht gesehen hatten. Es vergingen dann noch ein paar Wochen, bis sie endlich Zeit hatte, mich in ihrer Wohnung zu empfangen. Als ich eintrat, hielt die Dienerin hörbar die Luft an, und als gleich darauf Mameha aus dem hinteren Zimmer kam, hielt sie ebenfalls die Luft an. Ich wußte nicht, was los war. Doch als ich mich dann hinkniete, um mich vor Mameha zu verneigen und ihr zu versichern, wie geehrt ich mich fühle, sie wiederzusehen, schenkte sie mir überhaupt keine Beachtung.

»Meine Güte, ist es so lange her, Tatsumo?« fragte sie ihr Mädchen. »Ich habe sie kaum wiedererkannt.«

»Ich bin froh, daß Sie das sagen, Herrin«, erwiderte Tatsumo. »Ich dachte, ich hätte was mit den Augen.«

Damals fragte ich mich wirklich, was sie wohl meinten. Aber ich hatte mich in dem halben Jahr, die wir uns nicht gesehen hatten, weit stärker verändert, als mir bewußt war. Mameha wies mich an, den Kopf hierhin und dorthin zu wenden, und sagte immer wieder: »Du meine Güte, sie ist ja eine junge Frau geworden!« Einmal befahl mir Tatsumo sogar, aufzustehen und die Arme zu heben, damit sie mit den Händen meine Taille und meine Hüften messen konnte, und sagte zu mir: »Also wirklich, kein Zweifel möglich! Ein Kimono wird dir passen wie der Strumpf an den Fuß.« Das meinte sie sicher als Kompliment, denn sie machte ein freundliches Gesicht, als sie es sagte.

Schließlich bat Mameha Tatsumo, mit mir ins hintere Zimmer zu gehen und mich in einen passenden Kimono zu kleiden. Ich war in dem blau-weißen Baumwollgewand gekommen, das ich am Vormittag zum Unterricht in der Schule getragen hatte, nun jedoch kleidete Tatsumo mich in dunkelblaue Seide mit einem Muster von winzigen Kutschrädern in verschiedenen Gelb- und Rottönen. Es war nicht der schönste Kimono, den man sich vorstellen kann, doch als ich mich in dem hohen Spiegel betrachtete, während Tatsumo mir einen leuchtendgrünen Obi um die Taille wickelte, fand ich, daß ich bis auf meine schlichte Frisur ohne weiteres als junge Lerngeisha auf dem Weg zu einer Party durchgegangen wäre. Ich war sehr stolz, als ich das Zimmer verließ, und dachte, Mameha würde wieder die Luft anhalten oder etwas Ähnliches. Aber sie erhob sich nur, steckte sich ein Taschentuch in den Ärmel und ging zur Tür, wo sie in grüne Lackzoris schlüpfte. Dann wandte sie sich um und sah mich an.

»Was ist?« sagte sie. »Willst du nicht mitkommen?«

Ich hatte keine Ahnung, wohin wir gingen, war aber bei dem Gedanken, mit Mameha auf der Straße gesehen zu werden, freudig erregt. Die Dienerin hatte mir ein Paar Lackzoris in weichem

Grau herausgestellt. Als wir auf die Straße traten, blieb eine ältere Frau stehen, um sich vor Mameha zu verneigen, und verneigte sich fast mit der gleichen Bewegung auch vor mir. Ich wußte nicht, was ich davon halten sollte, denn sonst nahm auf der Straße kaum jemand Notiz von mir. Der helle Sonnenschein hatte mich so geblendet, daß ich nicht feststellen konnte, ob ich sie kannte, verneigte mich aber ebenfalls, und gleich darauf war sie verschwunden. Ich dachte, es wäre vielleicht eine von meinen Lehrerinnen gewesen, doch kurz darauf geschah das gleiche noch einmal, diesmal mit einer jungen Geisha, die ich schon oft bewundert hatte, von der ich aber nie beachtet worden war.

Während wir die Straße entlanggingen, wechselte nahezu jeder, dem wir begegneten, ein paar Worte mit Mameha oder verneigte sich vor ihr, um mir anschließend ebenfalls zuzunicken oder sich vor mir zu verneigen. Mehrmals blieb ich stehen, um mich auch zu verneigen, mit dem Ergebnis, daß ich ein bis zwei Schritte hinter Mameha zurückblieb. Sie bemerkte die Schwierigkeit, die ich hatte, und ging mit mir in eine stille Gasse, um mir zu zeigen, wie man sich richtig fortbewegt. Mein Problem sei, wie sie erklärte, daß ich nicht gelernt hätte, die obere Körperhälfte unabhängig von der unteren zu bewegen. Wenn ich mich vor jemandem verneigen wollte, hielten meine Füße inne. »Langsamer zu gehen ist ein Zeichen von Ehrerbietung«, sagte sie. »Je langsamer du wirst, desto größer die Ehrerbietung. Ganz bleibst du nur für eine deiner Lehrerinnen stehen, sonst für niemand. Werde um Himmels willen stets nur so langsam wie unbedingt nötig, sonst wirst du überhaupt nicht weiterkommen. Bleib, wenn du kannst, bei einem steten Tempo, mach kleine Schritte, damit der Saum deines Kimonos wogt. Wenn eine Frau geht, sollte sie den Eindruck erwecken, als schlügen kleine Wellen über eine Sandbank.«

Also ging ich in der Gasse auf und ab, wie Mameha es mir beschrieben hatte, und blickte unverwandt auf meine Füße, um zu sehen, ob der Kimono auch richtig wogte. Als Mameha zufrieden war, machten wir uns wieder auf den Weg.

Die meisten unserer Begrüßungen waren, wie ich feststellte, in zwei einfache Kategorien einzuteilen. Die jungen Geishas wurden, wenn wir ihnen begegneten, gewöhnlich langsamer oder blieben ganz stehen, um Mameha mit einer tiefen Verbeugung zu begrüßen, die Mameha mit einem oder zwei freundlichen Worten und einem leichen Nicken erwiderte; dann schenkte mir die junge Geisha einen verwirrten Blick und eine unsichere Verbeugung, die ich ein wenig tiefer erwiderte, denn ich war jünger als jede Frau, die wir trafen. Wenn wir jedoch einer Frau mittleren Alters oder einer älteren Frau begegneten, verneigte sich Mameha fast immer zuerst; dann erwiderte die Frau den Gruß mit einer respektvollen Verneigung, die aber weniger tief ausfiel als Mamehas, um mich sodann von Kopf bis Fuß zu messen, bevor sie mir ein leichtes Nicken zuteil werden ließ. Auf dieses Nicken reagierte ich stets mit der tiefsten Verneigung, die ich schaffte, während meine Füße weitermarschierten.

An jenem Nachmittag erzählte ich Mameha von Kürbisköpfchens Debüt und hoffte danach noch monatelang, daß sie sagen würde, nun sei auch die Zeit für mein Debüt gekommen. Statt dessen verging der Frühling, und auch der Sommer, ohne daß sie ein Wort darüber verloren hätte. Im Gegensatz zu dem aufregenden Leben, das Kürbisköpfchen jetzt führte, blieben mir nur meine Lektionen, meine häuslichen Pflichten und die Viertelstunde, die Mameha mehrmals die Woche am Nachmittag mit mir verbrachte. Manchmal saß ich in ihrer Wohnung, während sie mich über irgend etwas belehrte, was ich wissen mußte, meist aber kleidete sie mich in einen ihrer Kimonos und spazierte mit mir in Gion herum, wo sie Besorgungen machte und ihren Wahrsager oder Perückenmacher aufsuchte. Selbst wenn es regnete und sie nichts zu erledigen hatte, spazierten wir unter Lackschirmen dahin und gingen von einem Geschäft zum anderen, um nachzusehen, ob die neue Lieferung Parfüm aus Italien eingetroffen sei oder ob eine bestimmte Kimonoreparatur schon ausgeführt sei, obwohl sie erst für die folgende Woche angesetzt worden war.

Anfangs dachte ich, Mameha nehme mich mit, damit sie mir Dinge wie die richtige Haltung beibringen könne – denn sie klopfte mir ständig mit dem geschlossenen Fächer auf den Rücken, damit ich mich geradehalte – und wie man sich den Leuten gegenüber benahm. Mameha schien nahezu jeden zu kennen und achtete darauf, für jeden ein Lächeln oder ein freundliches

Wort parat zu haben, selbst für die jüngsten Dienstmädchen, denn sie begriff sehr gut, daß sie ihre hohe Position den Menschen verdankte, die viel von ihr hielten. Doch als wir eines Tages eine Buchhandlung verließen, wurde mir schlagartig klar, was sie in Wirklichkeit tat. Sie hatte kein spezielles Interesse daran, die Buchhandlung, den Perückenmacher oder den Schreibwarenhändler aufzusuchen. Diese Besorgungen waren nicht besonders wichtig und hätten ebensogut von einer Dienerin erledigt werden können. Sie machte diese Besorgungen nur, damit die Leute in Gion uns gemeinsam auf der Straße sahen. Sie zögerte mein Debüt hinaus, um jedermann genügend Zeit zu geben, eingehend von mir Notiz zu nehmen.

An einem sonnigen Oktobernachmittag verließen wir Mamehas Wohnung und gingen stromabwärts am Ufer des Shirakawa entlang, wo wir beobachteten, wie die Blätter der Kirschbäume aufs Wasser segelten. Aus demselben Grund gingen auch viele andere Leute dort spazieren, die Mameha, wie erwartet, allesamt freundlich grüßten. Und in fast jedem Fall begrüßten sie auch mich.

«Du wirst allmählich bekannt, findest du nicht?« sagte sie zu mir.

»Ich glaube, die meisten Leute würden sogar ein Schaf grüßen, wenn es neben Mameha-san ginge.«

»Vor allem ein Schaf«, sagte sie. »Das wäre nämlich höchst ungewöhnlich. Aber wirklich, es gibt eine Menge Leute, die mich nach dem Mädchen mit den schönen grauen Augen fragen. Deinen Namen haben sie sich noch nicht gemerkt, aber das ist unwichtig. Du wirst ohnehin nicht mehr lange Chiyo heißen.«

»Will Mameha-san damit sagen, daß...«

»Ich will sagen, daß ich mit Waza-san gesprochen habe« – das war ihr Wahrsager –, »und der meint, der dritte Tag im November sei das passende Datum für dein Debüt.«

Mameha blieb stehen, um mich anzusehen. Ich stand stocksteif da, und meine Augen waren so groß wie Reiskuchen. Ich schrie nicht vor Freude, ich klatschte nicht in die Hände, ich war so glücklich, daß ich kein Wort herausbrachte. Schließlich verneigte ich mich vor Mameha und dankte ihr.

»Du wirst eine gute Geisha werden«, erklärte sie, »aber du wirst noch besser sein, wenn du dir einmal Gedanken darüber machst, welche Botschaften du mit deinen Augen aussendest.«

»Ich wußte nicht, daß ich damit überhaupt Botschaften aussende«, gab ich zurück.

»Die Augen sind das ausdrucksvollste am Körper einer Frau, vor allem in deinem Fall. Bleib doch mal einen Moment da stehen, dann zeige ich's dir.«

Mameha ging um die Ecke und ließ mich allein in der stillen Gasse stehen. Gleich darauf kam sie wieder hervor und ging mit abgewandtem Blick an mir vorbei. Ich hatte den Eindruck, sie fürchtete sich vor dem, was geschehen könnte, wenn sie mich direkt ansah.

»Also«, sagte sie. »Wenn du jetzt ein Mann wärst, was würdest du denken?«

»Ich würde denken, Sie seien so intensiv damit beschäftigt, meinem Blick auszuweichen, daß Sie an nichts anderes mehr denken können.«

»Wäre es nicht möglich, daß ich ganz einfach nur die Regenrinnen an den Mauern betrachtet habe?«

»Selbst wenn das so wäre, würde ich denken, daß Sie mich nicht ansehen wollten.«

»Genau darum geht es mir. Ein Mädchen mit einem schönen Profil wird einem Mann niemals *zufällig* eine falsche Botschaft damit vermitteln. Aber die Männer werden deine Augen bemerken und sich einbilden, daß du ihnen etwas sagen willst, obwohl das gar nicht stimmt. Und nun gib noch einmal gut acht.«

Wieder verschwand Mameha hinter der Ecke, und als sie diesmal wiederkam, hielt sie den Blick zu Boden gesenkt und ging auf eine besonders verträumte Art. Als sie mich erreichte, hob sie den Blick für einen Moment, so daß er den meinen traf, und wandte ihn dann sofort wieder ab. Ich muß sagen, daß mich ein elektrisierender Schock durchfuhr; wäre ich ein Mann gewesen, ich hätte gedacht, sie habe ganz flüchtig einem sehr starken Gefühl nachgegeben, das zu verbergen sie bemüht war.

»Wenn ich mit meinen normalen Augen solche Dinge durchblicken lassen kann«, erklärte sie mir, »dann überleg doch mal, wieviel mehr du mit den deinen ausdrücken kannst. Ich wäre nicht überrascht, wenn du erreichen könntest, daß ein Mann direkt hier auf der Straße in Ohnmacht fällt.«

»Mameha-san!« sagte ich. »Wenn es in meiner Macht läge, Männer in Ohnmacht fallen zu lassen, hätte ich das inzwischen bestimmt gemerkt.«

»Es wundert mich, daß du es noch nicht gemerkt hast. Also gut, du bekommst dein Debüt, sobald es dir gelingt, einen Mann so anzusehen, daß er auf der Stelle stehenbleibt, einverstanden?«

Ich war so begierig auf mein Debüt, daß ich sogar versucht hätte, mit meinen Blicken einen Baum zu fällen, wenn Mameha mich dazu aufgefordert hätte. Ich fragte sie, ob sie so freundlich wäre, mich zu begleiten, während ich mit einigen Männern experimentierte, und sie sagte, es wäre ihr eine Freude. Mein erstes Versuchsobjekt war ein so alter Mann, daß er aussah wie ein Kimono voller Knochen. Auf seinen Stock gestützt, schlurfte er langsam die Straße entlang, und seine Brille war so dreckverschmiert, daß es mich nicht gewundert hätte, wenn er in eine Hausecke gelaufen wäre. Er bemerkte mich überhaupt nicht. Also gingen wir weiter, in Richtung Shijo-Avenue. Schon bald entdeckte ich zwei Geschäftsleute in westlichen Anzügen, doch auch bei ihnen hatte ich kein Glück. Ich glaube, sie erkannten Mameha, aber vielleicht hielten sie sie auch nur für schöner als mich, denn sie wandten den Blick keine Sekunde von ihr.

Ich wollte schon aufgeben, als ich einen Botenjungen von etwa zwanzig Jahren sah, der ein Tablett mit aufgetürmten Essensschachteln trug. In jenen Tagen lieferten viele Restaurants in Gion außer Haus und schickten am Nachmittag einen Laufjungen los, der die leeren Schachteln wieder einsammelte. Gewöhnlich wurden sie in einer Kiste gestapelt, die entweder getragen oder auf ein Fahrrad geschnallt wurde; warum dieser junge Mann ein Tablett benutzte, wußte ich nicht. Wie dem auch sei, er war noch einen halben Block entfernt und steuerte direkt auf mich zu. Ich merkte, daß Mameha ihn ansah, dann sagte sie: »Sorge dafür, daß er das Tablett fallen läßt.«

Und bevor ich entscheiden konnte, ob das vielleicht ein Scherz war, bog sie in eine Seitenstraße ein und war verschwunden.

Ich glaube nicht, daß ein Mädchen von vierzehn Jahren – oder, was das betrifft, eine Frau jeden Alters – einen jungen Mann dazu bringen kann, etwas fallen zu lassen, nur indem sie ihn auf eine ganz bestimmte Art ansieht – solche Dinge geschehen höchstens im Kino oder in Romanen. Und ich hätte aufgegeben, ohne auch nur den Versuch zu machen, wenn mir nicht zweierlei aufgefallen wäre: Erstens beäugte mich der junge Mann bereits wie eine hungrige Katze die Maus, und zweitens hatten die meisten Straßen von Gion keine Bordsteinkanten, diese jedoch hatte eine, und der Laufjunge ging auf der Straße dicht daran entlang. Wenn ich ihm so nahe kam, daß er auf den Gehsteig treten mußte und über die Bordsteinkante stolperte, ließ er das Tablett möglicherweise fallen. Also begann ich damit, den Blick auf den Boden vor meinen Füßen zu senken, und dann versuchte ich denselben Trick, den Mameha wenige Minuten zuvor bei mir angewendet hatte. Ich hob den Blick, bis er für einen Sekundenbruchteil den des jungen Mannes traf, und wandte ihn dann sofort wieder ab. Nach ein paar weiteren Schritten wiederholte ich das Ganze. Inzwischen starrte er mich so durchdringend an, daß er das Tablett auf seinem Arm völlig vergessen zu haben schien, ganz zu schweigen von der Bordsteinkante. Als wir uns sehr nahe gekommen waren, änderte ich meinen Kurs ein winziges bißchen, so daß er nicht an mir vorbeikam, ohne auf den Gehsteig treten zu müssen. Dann sah ich ihm direkt in die Augen. Er versuchte mir auszuweichen, sein Füße verhakten sich, wie erhofft, an der Bordsteinkante, und er fiel seitlich auf den Gehsteig, so daß seine Schachteln über das Pflaster rollten. Unwillkürlich lachte ich auf. Glücklicherweise fing der junge Mann ebenfalls an zu lachen. Ich half ihm, seine Schachteln einzusammeln, und schenkte ihm noch ein leichtes Lächeln. Daraufhin verneigte er sich so tief vor mir, wie es noch nie zuvor ein Mann getan hatte, und ging seiner Wege.

Kurz darauf kam Mameha, die den kleinen Zwischenfall genau beobachtet hatte.

»Ich glaube, du bist jetzt wirklich soweit«, sagte sie. Damit führte sie mich über die Hauptstraße in die Wohnung ihres Wahrsagers Waza-san und ließ ihn für all die verschiedenen Veranstaltungen, die zu meinem Debüt führen würden – wie etwa der Besuch im Schrein, um den Göttern mein Vorhaben mitzuteilen, der erste Gang zum Friseur, um mir die Haare richten zu lassen, und die Zeremonie, die aus Mameha und mir Schwestern machen würde –, die günstigsten Daten herauszusuchen.

In jener Nacht tat ich kein Auge zu. Das, was ich mir seit so langer Zeit wünschte, war nun endlich greifbar nahe, und, o Himmel, wie sich mein Magen verkrampfte! Die Vorstellung, in die exquisiten Gewänder gekleidet zu werden, die ich so sehr bewunderte, und mich einem Raum voller Männer zu präsentieren, ließ meine Handflächen schweißnaß werden. Jedesmal, wenn ich daran dachte, spürte ich, wie mich von den Knien bis zur Brust ein köstliches, nervöses Prickeln überlief. Ich stellte mir vor, ich sei in einem Teehaus und schiebe die Tür zu einem Tatami-Zimmer auf. Die Männer wandten sich um und starrten mich an, und natürlich gehörte der Direktor zu ihnen. Manchmal stellte ich mir vor, er wäre allein in dem Zimmer und trüge keinen westlichen Anzug, sondern die japanische Kleidung, die so viele Männer am Abend bevorzugen, um sich zu entspannen. Seine Finger, so glatt wie Treibholz, umspannten die Saketasse; mehr als alles andere auf der Welt wünschte ich mir, sie für ihn füllen zu dürfen und dabei seinen Blick auf mir zu spüren.

Ich war zwar erst vierzehn, aber mir war, als hätte ich schon zwei Leben hinter mir. Mein neues Leben stand erst am Anfang, obwohl mein altes Leben schon vor einiger Zeit zu Ende gegangen war. Mehrere Jahre waren verstrichen, seit ich die traurige Nachricht über meine Familie erhalten hatte, und ich war verblüfft, wie sehr sich meine innere Landschaft verändert hatte. Wir alle wissen, daß eine tief verschneite Winterlandschaft, wo sogar die Bäume Schneeschals tragen, im folgenden Frühling nicht wiederzuerkennen ist. Aber ich hätte nie gedacht, daß eine solche Veränderung auch in uns selbst vonstatten gehen könnte. Als ich die Nachricht über meine Familie erhielt, war es, als würde ich unter einer Schneedecke begraben. Mit der Zeit jedoch schmolz diese schreckliche Kälte dahin und legte eine Landschaft frei, die ich nie zuvor gesehen oder mir auch nur vorgestellt hatte. Ich weiß nicht, ob Sie das verstehen können, aber am Vorabend meines Debüts waren meine Gedanken wie ein Garten, in dem die Blumen gerade erst durch die Erde lugten, so daß man unmöglich vorhersagen konnte, was sich daraus entwickeln würde. Ich sprudelte über vor Erregung, und in meinem inneren Garten stand genau im Mittelpunkt eine Statue: das Abbild der Geisha, die ich werden wollte.

14. KAPITEL

Ich habe sagen hören, die Woche, in der ein junges Mädchen sich auf sein Debüt als Lerngeisha vorbereitet, gleiche der Zeit, da eine Raupe sich zum Schmetterling entwickelt. Das ist eine bezaubernde Vorstellung, aber ich kann mir wirklich nicht vorstellen, wie irgend jemand auf so einen Gedanken kommt. Die Raupe braucht sich nur einen Kokon zu spinnen und für eine Weile einzuschlafen, während ich in meinem ganzen Leben keine anstrengendere Woche durchgemacht habe. Der erste Schritt darin bestand, mir die Haare im Stil der Lerngeishas aufstecken zu lassen, zu dem »Gespaltenen Pfirsich«, den ich ja schon erwähnt habe. In Gion gab es damals eine ganze Anzahl von Haarkünstlern. Mamehas Friseur arbeitete in einem schrecklich engen Zimmer über einem Aalrestaurant. Ganze zwei Stunden mußte ich warten, während sechs bis acht Geishas hier und dort, ja sogar auf dem Treppenabsatz draußen knieten. Der Geruch nach fettigem Haar war, wie ich leider sagen muß, einfach überwältigend. Die komplizierte Haartracht, welche die Geishas in jenen Tagen favorisierten, erforderte so viel Mühe und Kosten, daß keine einzige öfter als einmal die Woche zum Friseur ging, obwohl zuletzt nicht einmal die Parfüms, die sie sich ins Haar spritzten, von großem Nutzen waren.

Als ich endlich an die Reihe kam, brachte mich der Friseur über einem großen Becken in eine Position, bei der ich mich fragte, ob er mir den Kopf abhacken wollte. Dann goß er mir einen Eimer warmes Wasser über den Kopf und begann ihn mit Seife zu scheuern. Aber »scheuern« ist eigentlich noch nicht hart genug ausgedrückt, denn die Art, wie er meinen Skalp mit den Fingern bearbeitete, ließ eher an einen Bauern denken, der mit seiner Hacke den Boden aufreißt. Rückblickend ist mir auch klar, warum. Schuppen sind bei den Geishas ein großes Problem, und es gibt kaum etwas, was so unattraktiv ist und die Haare so unsauber wirken läßt. Der Friseur mag die besten Absichten gehabt haben, aber nach einer Weile fühlte sich meine Kopfhaut so geschunden an, daß mir die Tränen in den Augen standen. Schließlich sagte er zu mir: »Nur zu, du darfst ruhig weinen. Was glaubst du, warum ich dich vor ein Waschbecken gesetzt habe?«

Für ihn war das vermutlich ein guter Witz, denn nachdem er das gesagt hatte, lachte er aus vollem Hals.

Als er es satt hatte, mir seine Fingernägel in den Kopf zu graben, ließ er mich auf einer Seite der Matten Platz nehmen und riß mir einen Holzkamm durch die Haare, bis mir von der Anstrengung, gegenzuhalten, die Halsmuskeln weh taten. Schließlich vergewisserte er sich, daß alle Knoten verschwunden waren, und kämmte mir Kamelienöl ins Haar, bis es einen wunderschönen Schimmer bekam. Gerade als ich dachte, das Schlimmste sei vorbei, holte er ein Stück Wachs heraus. Und ich muß Ihnen gestehen, daß Haar und Wachs selbst mit Kamelienöl als Gleitmittel und einem heißen Eisen, das das Wachs weich hält, niemals zueinanderpassen werden. Die Tatsache, daß ein junges Mädchen bereitwillig dasitzt und einem erwachsenen Mann gestattet, ihr Wachs in die Haare zu kämmen, ohne mehr zu tun, als leise vor sich hin zu wimmern, sagt eine Menge darüber aus, wie zivilisiert die Menschen sind. Hätte man das gleiche mit einem Hund gemacht, er hätte so schnell zugeschnappt, daß der Mann seine Hände nicht mehr gebrauchen könnte.

Als mein Haar endlich gewachst war, strich der Friseur die Vorderpartie zurück und steckte den Rest zu einem dicken Knoten auf, der wie ein Nadelkissen aussah. Weil dieses Nadelkissen, von hinten gesehen, zweigeteilt ist, bezeichnet man die Frisur als »Gespaltener Pfirsich«.

Obwohl ich den »Gespaltenen Pfirsich« mehrere Jahre lang trug, gibt es etwas darüber zu sagen, was mir nie in den Kopf gekommen wäre, wenn mich nicht sehr viel später ein Mann darauf aufmerksam gemacht hätte. Der Knoten – das, was ich als »Nadelkissen« bezeichnet habe – entsteht, indem die Haare um ein Stück Stoff gewickelt werden. Hinten, wo sich der Knoten teilt, wird dieser Stoff sichtbar; er kann viele Muster und Farben haben, doch bei einer Lerngeisha – zumindest ab einem gewissen Zeitpunkt in ihrem Leben – ist es rote Seide. Eines Abends sagte ein Mann zu mir:

»Die meisten dieser unschuldigen kleinen Mädchen haben keine Ahnung, wie provokativ die Frisur des ›Gespaltenen Pfirsichs‹ eigentlich ist! Stell dir vor, du gehst hinter einer jungen Geisha her und stellst dir alle möglichen unschicklichen Dinge vor, die du mit ihr anstellen möchtest, und dann siehst du auf ihrem Kopf diesen ›Gespaltenen Pfirsich‹ mit einem grellroten Streifen im Spalt… Woran würdest du da denken?«

Nun ja, ich dachte eigentlich an gar nichts, und das sagte ich ihm auch.

»Benutz doch deine Phantasie!« sagte er.

Nach einem Moment begriff ich und wurde so rot, daß er lachen mußte.

Auf dem Rückweg in die Okiya war es mir gleichgültig, daß meine arme Kopfhaut sich anfühlte, wie der Ton sich fühlen muß, nachdem der Töpfer mit einem scharfen Stift ein Muster in ihn geritzt hat. Jedesmal, wenn ich in einer Schaufensterscheibe mein Spiegelbild sah, hatte ich das Gefühl, jemand zu sein, der ernst zu nehmen war: kein Mädchen mehr, sondern eine junge Frau. Als ich in der Okiya ankam, mußte ich Tantchen meine Frisur vorführen, und sie lobte sie sehr. Sogar Kürbisköpfchen konnte es sich nicht verkneifen, einmal bewundernd um mich herumzugehen, obwohl Hatsumomo zornig gewesen wäre, wenn sie davon gewußt hätte. Und was glauben Sie, wie Mutter reagierte? Um besser sehen zu können, stellte sie sich auf die Zehenspitzen – obwohl das wenig nutzte, weil ich inzwischen größer war als sie – und sagte tadelnd, ich hätte wohl lieber zu Hatsumomos Friseur gehen sollen statt zu Mamehas.

Auch wenn eine junge Lerngeisha anfangs stolz auf ihre Frisur ist, so beginnt sie spätestens nach drei bis vier Tagen, sie zu hassen. Denn sehen Sie, wenn ein Mädchen erschöpft vom Friseur kommt und den Kopf zu einem kurzen Nickerchen aufs Kissen legt, wie sie es noch in der Nacht zuvor getan hat, wird ihr Haar völlig zerdrückt werden. Und sobald sie erwacht, wird sie sofort abermals zum Friseur gehen müssen. Aus diesem Grund muß sich eine junge Lerngeisha, sobald ihr Haar zum erstenmal frisiert wurde, eine ganz neue Schlafposition angewöhnen. Sie darf kein gewöhnliches Kopfkissen mehr benutzen, sondern ein *takama-kura*, das ich schon einmal erwähnt habe, das »hohe Kissen«. Das ist nun nicht etwa ein Kissen, sondern eher eine Stütze für den Nacken. Die meisten sind zwar mit einem Säckchen Weizenspreu gepolstert, aber auch dann sind sie nicht viel bequemer als ein Stein. Da liegt man dann auf seinem Futon, mit den Haaren in der Luft, und denkt, alles sei in Ordnung, bis man einschläft, und wenn man aufwacht, hat man sich im Schlaf bewegt, der Kopf liegt wieder auf den Matten und die Frisur ist so flach, als hätte man sich gar nicht erst die Mühe gemacht, eine Nackenstütze zu benutzen. Tantchen trieb es mir aus, indem sie ein Tablett mit Reismehl unter meiner Frisur auf die Matten stellte. Jedesmal, wenn mein Kopf im Schlaf zurücksank, berührte mein Haar das Reismehl, das an dem Wachs klebenblieb und meine Frisur ruinierte. Ich hatte schon gesehen, wie Kürbisköpfchen diese Tortur mitmachen mußte. Jetzt war ich an der Reihe. Eine Zeitlang wachte ich jeden Morgen mit ruinierter Frisur auf und mußte beim Friseur lange warten, bis ich Gelegenheit bekam, mich nochmals foltern zu lassen.

Während der Woche vor meinem Debüt kleidete mich Tantchen jeden Nachmittag in den ganzen Staat einer Lerngeisha und ließ mich im Hofkorridor der Okiya auf und ab gehen, um mein Durchhaltevermögen zu stärken.

Anfangs konnte ich fast überhaupt nicht gehen und fürchtete hintüberzufallen. Junge Mädchen, wissen Sie, kleiden sich nämlich weitaus kostbarer als ältere Frauen, das heißt, in leuchtendere Farben und auffallendere Stoffe, aber auch mit einem längeren Obi. Eine reife Frau schlingt den Obi im Rücken zu einem sogenannten »Trommelknoten«, der eine saubere, kleine Kastenform hat und nicht besonders viel Stoff erfordert. Ein Mädchen, das jünger als etwa zwanzig ist, trägt ihren Obi dagegen in einem auffallenderen Stil. Bei einer Lerngeisha bedeutet das die auffallendste Form von allen, nämlich einen *darari-ôbi* – einen »hängenden Obi« –, der fast an den Schulterblättern geknotet wird, während die Enden nahezu auf den Boden hängen. Ganz gleich, wie leuchtend die Farben eines Kimonos sein mögen, der Obi ist fast immer noch leuchtender. Wenn eine Lerngeisha vor Ihnen auf der Straße geht, bemerken Sie nicht etwa ihren Kimono zuerst, sondern ihren leuchtend gefärbten hängenden Obi, der nur einen Streifen des Kimonos an den Schultern und an den Seiten freiläßt. Um diese Wirkung zu erreichen, muß der Obi so lang sein, daß er von einem Ende des Zimmers bis zum anderen reicht. Aber es ist nicht die Länge des Obi, die einem zu schaffen macht, sondern sein Gewicht, denn er ist fast immer aus schwerem Seidenbrokat. Ihn nur die Treppe hinaufzubringen ist unendlich anstrengend, also können Sie sich vorstellen, wie es ist, wenn man ihn trägt: Das dicke Gewirk umschließt die Taille wie eine von diesen gefährlichen Schlangen, und der schwere Stoff, der hinten herabhängt, gibt einem das Gefühl, als hätte man einen Schrankkoffer auf dem Rücken.

Zu allem Übel ist auch noch der Kimono mit seinen langen Hängeärmeln sehr schwer. Ich meine nicht die Ärmel, die über die Hand bis auf den Boden fallen. Wenn eine Frau, die einen Kimono trägt, die Arme ausstreckt, werden Sie vielleicht bemerkt haben, daß der Stoff unter dem Ärmel tief hinabhängt und so etwas wie eine Tasche bildet. Diese Beuteltasche, die wir den *furi* nennen, ist es, die am Kimono einer Lerngeisha so lang ist. Wenn das Mädchen nicht vorsichtig ist, schleift sie möglicherweise über den Boden, und beim Tanzen wird sie über die Ärmel stolpern, wenn sie sie nicht vorher mehrmals um ihre Arme gewickelt hat.

Jahre später sagte ein berühmter Naturwissenschaftler der Universität von Kyoto, als er eines Abends sehr betrunken war, etwas über die Kleidung der Lerngeishas, das ich niemals vergessen habe. »Der Mandrill aus Zentralafrika wird immer wieder als der auffallendste aller Primaten bezeichnet«, sagte er. »Ich dagegen halte die Lerngeisha von Gion für den Primaten, der die grellsten Farben aufweist.«

Endlich kam dann der Tag, an dem Mameha und ich die Zeremonie vollziehen sollten, die uns als Schwestern verband. Ich ging schon früh ins Bad und verbrachte den Vormittag damit, mich anzukleiden. Tantchen half mir, letzte Hand an mein Make-up und meine Frisur zu legen. Das Wachs und das Make-up, die mein Gesicht bedeckten, verliehen mir das seltsame Gefühl, mein Gesicht sei völlig empfindungslos geworden; jedesmal, wenn ich meine Wange berührte, spürte ich nur einen undeutlichen Druck. Das tat ich so oft, daß Tantchen mein Make-up erneuern mußte. Als ich mich später im Spiegel betrachtete, ereignete sich etwas sehr Merkwürdiges. Ich wußte, daß ich es war, die da vor dem Schminktisch kniete, aber gleichzeitig kniete da dieses völlig fremde Wesen, das mich aus dem Spiegel ansah. Ich streckte tatsächlich die Hand aus, um dieses Mädchen zu berühren, und zuckte vor dem kalten Glas zwischen uns zurück. Sie trug das prächtige Make-up einer Geisha. Ihre Lippen blühten rot in dem kalkweißen Gesicht, während die Wangen in einem sanften Rosa getönt waren. Ihr Haar war mit Seidenblumen und Reisrispen dekoriert. Sie trug einen festlichen schwarzen Kimono mit dem Wappen der Nitta-Okiya. Als ich mich schließlich losreißen konnte und mich erhob, ging ich auf den Flur hinaus und bestaunte mich im hohen Spiegel draußen. Vom Saum meines Gewandes aus wand sich bis zur Mitte des Oberschenkels ein gestickter Drache. Seine Mähne war aus Fäden geflochten, die in einem wunderschönen Rotton lackiert waren. Seine Klauen und Zähne waren silbern, die Augen aus Gold – echtem Gold. Unwillkürlich füllten sich meine Augen mit Tränen, und ich mußte schnell zur Decke blicken, damit sie mir nicht über die Wangen rollten. Bevor ich die Okiya verließ, nahm ich das Taschentuch, das mir der Direktor gegeben hatte, und steckte es mir als Glücksbringer in den Obi.

Tantchen begleitete mich zu Mamehas Wohnung, wo ich Mameha meinen Dank ausdrückte und versprach, sie zu ehren und zu respektieren. Dann gingen wir zu dritt zum Gion-Schrein, wo Mameha und ich in die Hände klatschten, um den Göttern zu verkünden, daß wir binnen kurzem als Schwestern verbunden sein würden. Ich bat um ihre Gunst in den vor mir liegenden Jahren, dann schloß ich die Augen und dankte ihnen dafür, daß sie mir den Wunsch erfüllten, den ich vor dreieinhalb Jahren vorgebracht hatte: den Wunsch, Geisha zu werden.

Die Zeremonie sollte im Ichiriki-Teehaus stattfinden, das eindeutig das bekannteste Teehaus von ganz Japan ist. Es hat eine lange Geschichte, zum Teil, weil sich Anfang des achtzehnten Jahrhunderts ein berühmter Samurai dort versteckt hatte. Vielleicht haben Sie mal die Geschichte von den Siebenundvierzig Ronin gehört, die den Tod ihres Lehnsherrn rächten und anschließend zum Selbstmord durch Seppuku verurteilt wurden: Ihr Anführer verbarg sich im Ichiriki-Teehaus, während er den Racheplan schmiedete. Die meisten erstklassigen Teehäuser von Gion sind bis auf ihren schlichten Eingang von der Straße aus nicht zu sehen, aber das Ichiriki ist so unübersehbar wie ein Apfel an einem Baum. Es liegt an einer auffälligen Ecke der Shijo-Avenue, umgeben von einer glatten, apricotfarbenen Mauer mit Ziegeldach. Auf mich wirkte es wie ein Palast.

Dort gesellten sich zwei von Mamehas jüngeren Schwestern und ihre Mutter zu uns. Nachdem wir uns im äußeren Garten versammelt hatten, führte uns eine Dienerin durch die Eingangshalle und einen wunderschön mäandernden Korridor entlang in ein kleines, rückwärtiges Tatami-Zimmer. Noch nie hatte ich eine so elegante Umgebung erlebt. Jeder Zentimeter der Holzverzierungen glänzte, jede Gipswand war makellos glatt. Ich roch den süßen, staubigen Duft des *kuroyaki* – Kohlenschwarz –, eine Art Parfüm aus Holzkohle, die zu einem weichen, grauen Pulver zermahlen wird. Es ist sehr altmodisch, und sogar Mameha, eine wirklich sehr traditionelle Geisha, bevorzugte etwas Westlicheres. Aber im Ichiriki lag das von Generationen von Geishas benutzte *kuroyaki* noch immer in der Luft. Ich besitze noch einen Rest davon, den ich in einem Holzflakon aufbewahre, und wenn ich es rieche, fühle ich mich wieder dorthin zurückversetzt.

Die Zeremonie, an der die Herrin des Ichiriki teilnahm, dauerte nur etwa zehn Minuten. Eine Dienerin brachte ein Tablett mit mehreren Sakeschalen, aus denen Mameha und ich zusammen tranken. Ich trank drei Schluck, gab dann die Schale an Mameha weiter, und sie trank ebenfalls drei Schluck. So machten wir es mit drei verschiedenen Schalen, und dann war alles schon vorbei. Von diesem Augenblick an war ich nicht mehr Chiyo, sondern die Geishanovizin Sayuri. Während der ersten Monate ihrer Lehrzeit wird die Lerngeisha als »Novizin« bezeichnet und darf ohne ihre ältere Schwester weder Tänze darbieten noch Gäste unterhalten; im Grunde tut sie fast nichts außer beobachten und lernen. Was meinen Namen Sayuri betrifft, so hatten Mameha und ihr Wahrsager lange gebraucht, bis sie ihre Wahl getroffen hatten. Es ist nämlich nicht der Klang eines Namens allein, der wichtig ist, auch die Bedeutung der Schriftzeichen spielt eine Rolle, genau wie die Zahl der Pinselstriche, den er enthält, denn es gibt glückbringende und unglückbringende Strichzahlen. Mein neuer Name war aus *sa*, das heißt »zusammen«, *yu*, dem Tierkreiszeichen für Henne – um die anderen Elemente meiner Persönlichkeit auszugleichen –, und *ri* – »Verständnis« – zusammengesetzt. Alle Kombinationen, die einen Teil von Mamehas Namen enthielten, waren vom Wahrsager leider als ungünstig verworfen worden.

Ich hielt Sayuri für einen schönen Namen, aber es war seltsam, nicht mehr Chiyo zu heißen. Nach der Zeremonie gingen wir in ein anderes Zimmer hinüber, wo wir eine Mittagsmahlzeit aus »rotem Reis«, das heißt Reis mit roten Bohnen, einnahmen. Ich stocherte lustlos darin herum, denn ich fühlte mich seltsam unsicher, und mir war gar nicht nach Feiern zumute. Erst als die Herrin des Teehauses mir eine Frage stellte und mich mit »Sayuri« ansprach, wurde mir klar, was mich so aus dem Gleichgewicht gebracht hatte. Es war, als hätte das kleine Mädchen namens Chiyo, das barfuß vom Teich zu ihrem beschwipsten Haus gelaufen war, aufgehört zu existieren. Und ich hatte das Gefühl, als hätte dieses neue Mädchen Sayuri mit ihrem leuchtendweißen Gesicht und den roten Lippen es getötet.

Mameha wollte den frühen Nachmittag damit verbringen, mich in Gion herumzuführen und den Herrinnen der verschiedenen Teehäuser und Okiyas vorzustellen, mit denen sie in Verbindung stand. Aber wir brachen nicht unmittelbar nach der Mahlzeit auf, sondern sie brachte mich in ein Zimmer des Ichirik und forderte mich auf, mich hinzusetzen. Natürlich »sitzt« eine Geisha nicht, wenn sie einen Kimono trägt; das, was wir Sitzen nennen, würden andere Leute vermutlich als knien bezeichnen. Wie dem auch sei, nachdem ich mich gesetzt hatte, verzog sie das Gesicht und forderte mich auf, es zu wiederholen. Meine Gewänder waren so hinderlich, daß es mehrerer Versuche bedurfte, bis ich es richtig machte. Mameha gab mir ein kleines Schmuckstück in Form eines Flaschenkürbis und zeigte mir, wie man es am Obi befestigt. Dieser Kürbis, hohl und leicht, soll nämlich ein Gegengewicht zum Körper abgeben, und so manche ungeschickte junge Lerngeisha hat sich darauf verlassen, daß er sie vor dem Umkippen bewahrt.

Mameha unterhielt sich eine Weile mit mir und bat mich dann, als wir schon aufbrechen wollten, ihr eine Schale Tee einzuschenken. Die Kanne war leer, aber sie wies mich an, einfach nur so zu tun. Sie wollte sehen, wie ich dabei meinen Ärmel beiseite schob. Ich glaubte genau zu wissen, worauf sie achten würde, und tat mein Bestes, aber Mameha war nicht zufrieden mit mir.

»Zunächst einmal«, begann sie, »wessen Schale willst du füllen?«

»Ihre!« sagte ich.

»Na schön, aber um Himmels willen, mich brauchst du nicht zu beeindrucken. Tu so, als wäre ich jemand anders. Bin ich ein Mann oder eine Frau?«

»Ein Mann«, entschied ich.

»Nun gut. Schenk mir noch einmal ein.«

Das tat ich, während Mameha sich fast den Hals verrenkte, um in meinen Ärmel sehen zu können, während ich den Arm ausgestreckt hielt.

»Na, wie gefällt dir das?« fragte sie mich. »Denn das ist genau das, was passieren wird, wenn du den Arm so hoch oben hältst.«

Ich versuchte abermals einzuschenken, diesmal mit tiefer gehaltenem Arm. Jetzt aber tat sie, als müsse sie gähnen, wandte sich ab und begann ein Gespräch mit einer imaginären Geisha neben ihr.

»Ich nehme an, Sie versuchen mir zu sagen, daß ich Sie langweile«, sagte ich. »Aber wie kann ich Sie langweilen, wenn ich eine Schale Tee einschenke?«

»Es gefällt dir vielleicht nicht, daß ich in deinen Ärmel schauen will, doch das bedeutet nicht, daß du zimperlich sein mußt! Jeder Mann ist nur an einer einzigen Sache interessiert. Glaub mir, du wirst nur allzubald erfahren, wovon ich rede. Bis es soweit ist, kannst du ihn bei Laune halten, indem du ihn in dem Glauben läßt, er dürfe Teile deines Körpers sehen, die kein anderer zu sehen bekommt. Wenn sich eine Lerngeisha so verhält wie du eben – Tee einschenkt, wie es eine Dienerin tun würde –, wird der Ärmste alle Hoffnung fahren lassen. Versuch's noch einmal, aber zeig mir zuerst deinen Arm.«

Also schob ich den Ärmel bis über den Ellbogen hoch und streckte den Arm aus, damit sie ihn begutachten konnte. Sie ergriff ihn und drehte ihn in ihren Händen, um ihn von oben und unten zu betrachten.

»Du hast einen bezaubernden Arm und eine wunderschöne Haut. Du solltest dafür sorgen, daß jeder Mann, der in deiner Nähe sitzt, ihn wenigstens einmal zu sehen bekommt.«

Also fuhr ich fort, immer wieder Tee einzuschenken, bis Mameha entschied, daß ich nun den Ärmel gerade eben weit genug beiseite zog, um meinen Arm sehen zu lassen, ohne daß es allzu offensichtlich wirkte. Schob ich den Ärmel bis zum Ellbogen empor, wirkte ich lächerlich: Der Trick bestand darin, so zu tun, als zupfte ich nur an ihm, ihn aber gleichzeitig ein paar Fingerbreit über mein Handgelenk hinaufzuziehen, um meinen Unterarm sehen zu lassen. Der hübscheste Teil des Arms sei die Unterseite, erklärte mir Mameha, deswegen müsse ich stets dafür sorgen, die Kanne so zu halten, daß der Mann sie sehen könne.

Sie bat mich, abermals einzuschenken, und diesmal tat ich, als füllte ich die Schale der Herrin des Ichiriki. Ich zeigte meinen Arm, wie ich es von ihr gelernt hatte, und sofort verzog Mameha das Gesicht.

»Um Himmels willen, ich bin eine Frau!« sagte sie. »Warum zeigst du mir deinen Arm? Vermutlich willst du mich unbedingt verärgern.«

»Verärgern?«

»Was soll ich denn sonst denken? Du zeigst mir, wie jung und schön du bist, während ich alt und klapprig bin. Es sei denn, du tust es nur, um vulgär zu sein…«

»Wieso ist das vulgär?«

»Warum sonst hast du dir so große Mühe gegeben, mir die Unterseite deines Arms zu zeigen? Genausogut könntest du mi deine Fußsohle zeigen oder die Innenseite deines Oberschenkels! Wenn ich zufällig hier und da einen Blick auf etwas erhasche, na schön, das ist in Ordnung. Aber es so offensichtlich darauf anzulegen!«

Also füllte ich die Schale noch ein paarmal, bis ich eine bescheidenere und angemessenere Art des Einschenkens gelernt hatte. Woraufhin Mameha verkündete, nun seien wir bereit, zusammen durch Gion zu spazieren.

Inzwischen steckte ich schon mehrere Stunden lang in der vollständigen Aufmachung einer Lerngeisha. Und nun sollte ich auch noch versuchen, in den Schuhen, die wir *okobo* nennen, in ganz Gion herumzulaufen! Diese Schuhe sind sehr hoch und bestehen aus Holz, mit wunderschönen Lackriemen, die dem Fuß Halt geben. Die meisten Leute finden es sehr elegant, daß sie sich nach unten hin verjüngen, so daß der Fußabdruck nur halb so groß ist wie der Schuh. Mir aber fiel es schwer, zierlich darin zu gehen. Ich fühlte mich, als hätte man mir Dachziegel unter die Füße geschnallt.

Ungefähr zwanzigmal machten Mameha und ich in den verschiedenen Okiyas und Teehäusern halt, verbrachten in den meisten jedoch nur wenige Minuten. Gewöhnlich wurde die Tür von einer Dienerin geöffnet; dann bat Mameha höflich, die Herrin sprechen zu dürfen. Wenn dann die Herrin kam, sagte Mameha zu ihr: »Ich möchte Ihnen meine neue jüngere Schwester Sayuri vorstellen.« Dabei verneigte ich mich möglichst tief und sagte: »Ich bitte um Ihre Gunst, Herrin.« Die Herrin unterhielt sich eine Weile mit Mameha, und wir verabschiedeten uns. Ein paarmal wurden wir zum Tee ins Haus gebeten und verbrachten dort ungefähr fünf Minuten. Aber ich zögerte, den Tee zu trinken, und netzte statt dessen nur meine Lippen. Denn die Toilette zu benutzen, während man einen Kimono trägt, gehört mit zu den schwierigsten Dingen, und ich war mir keineswegs sicher, dieses Problem schon bewältigen zu können.

Wie dem auch sei, nach einer Stunde war ich so erschöpft, daß ich beim Gehen kaum noch ein Stöhnen unterdrücken konnte. Aber wir machten im selben Tempo weiter. Es gab damals, glaube ich, dreißig bis vierzig erstklassige Teehäuser in Gion, dazu etwa hundert weniger gute. Natürlich konnten wir sie nicht alle besuchen. Wir gingen nur zu den fünfzehn bis sechzehn, in denen Mameha gewöhnlich Gäste unterhielt. Was die Okiyas betrifft, so muß es Hunderte von ihnen gegeben haben, aber wir besuchten lediglich die wenigen, mit denen Mameha irgendeine Verbindung pflegte.

Kurz nach drei Uhr waren wir fertig, und ich wäre am liebsten in die Okiya zurückgekehrt, um so richtig schön lange zu schlafen. Aber Mameha hatte schon Pläne für den bevorstehenden Abend: Ich sollte mein erstes Engagement als Geishanovizin absolvieren.

»Geh nach Hause und nimm ein Bad«, riet sie mir. »Du hast ziemlich stark geschwitzt, und dein Make-up hat auch nicht gehalten.«

Es war nämlich ein warmer Herbsttag, und ich hatte schwer geschuftet.

In der Okiya half mir Tantchen beim Auskleiden. Anschließend erbarmte sie sich und ließ mich eine halbe Stunde schlafen. Nun, da all meine törichten Fehler hinter mir lagen und meine Zukunft noch rosiger zu werden schien als Kürbisköpfchens, war ich von ihr in Gnaden wiederaufgenommen worden. Nach meinem Schläfchen weckte sie mich, und ich lief, so schnell ich konnte, ins Badehaus hinüber. Um fünf Uhr war ich mit dem Ankleiden fertig und legte mein Make-up auf. Wie Sie sich vorstellen können, war ich schrecklich aufgeregt, denn seit Jahren hatte ich Hatsumomo und in letzter Zeit auch Kürbisköpfchen zugesehen, wie sie nachmittags und abends als wunderschöne Frauen ausgingen, und nun war endlich meine Zeit gekommen. Die Gesellschaft an diesem Abend, die erste, an der ich teilnahm, war ein Bankett im Kansai International Hotel. Bankets sind äußerst steife Veranstaltungen, bei denen die Gäste dicht an dicht wie ein U an den Wänden eines großen Tatami-Raums sitzen und ihre Eßtabletts auf kleinen Tischchen vor sich stehen haben. Die Geishas, die sie dabei unterhalten sollen, bewegen sich in der Mitte des Raums – innerhalb des U, das von den Tabletts gebildet wird – und verbringen jeweils nur ein paar Minuten bei jedem Gast, mit dem sie ein wenig plaudern, während sie ihm kniend Sake einschenken. Es war wirklich kein aufregendes Ereignis, und als Novizin war meine Rolle noch weniger aufregend als Mamehas. Wie ein Schatten hielt ich mich an ihrer Seite. Jedesmal, wenn sie sich vorstellte, tat ich das gleiche, verneigte mich tief und sagte: »Mein Name ist Sayuri. Ich bin Novizin und bitte um Ihre Nachricht.« Danach sagte ich nichts mehr, und niemand sagte etwas zu mir.

Als das Bankett vorüber war, wurden die Türen an einem Ende des Saales aufgeschoben, weil Mameha und eine andere Geisha einen Tanz aufführten, der *Chi-yo no Tomo* – »Ewige Freundschaft« – genannt wird. Es ist ein wunderschöner Tanz, der von zwei hingebungsvollen Frauen handelt, die einander nach langer Zeit wiedersehen. Die meisten Männer bohrten sich dabei in den Zähnen – es waren Manager eines großen Unternehmens, das Gummiventile oder so etwas Ähnliches herstellte, Geschäftsleute, die zu ihrem Jahresbankett in Kyoto zusammengekommen waren. Ich glaube, nicht ein einziger von ihnen hätte den Unterschied zwischen Tanz und Schlafwandeln erkennen können. Ich dagegen war hingerissen. Die Geishas von Gion benutzen beim Tanz immer einen Fächer, und vor allem Mameha beherrschte die Bewegungen meisterhaft. Anfangs schloß sie den Fächer und bewegte ihn, während ihr Körper einen Kreis beschrieb, ganz sachte aus dem Handgelenk: Damit stellte sie einen Bachlauf dar, der an ihr vorüberfloß. Dann öffnete sie den Fächer, und er wurde eine Schale, die ihre Partnerin mit Sake füllte und ihr zum Trinken reichte. Wie gesagt, der Tanz war bezaubernd, und auch die Musik, die von einer schrecklich dünnen Geisha mit kleinen, wäßrigen Augen auf dem Shamisen gespielt wurde.

Da ein offizielles Bankett im allgemeinen nicht länger als zwei Stunden dauert, waren wir gegen acht Uhr wieder auf der Straße. Gerade wollte ich mich zu Mameha umdrehen, um ihr zu danken und ihr gute Nacht zu sagen, da erklärte sie: »Nun ja, ich hatte erwogen, dich jetzt nach Hause ins Bett zu schicken, aber du scheinst mir noch voller Energie zu sein. Ich gehe jetzt ins Teehaus Komoriya. Begleite mich, damit du einen ersten Eindruck von einer zwanglosen Party bekommst. Wir sollten dich wirklich so schnell wie möglich überall herumzeigen.«

Da ich kaum antworten konnte, ich sei zu müde, schluckte ich meine Gefühle hinunter und folgte ihr.

Die Party, erklärte sie mir unterwegs, werde von dem Mann gegeben, der das Nationaltheater in Tokyo leite. Er kenne alle großen Geishas aus nahezu jedem Geishaviertel von Japan, und obwohl er vermutlich äußerst freundlich sein werde, wenn Mameha mich ihm vorstelle, solle ich nicht von ihm erwarten, daß er viel rede. Ich solle nur darauf achten, immer hübsch und aufmerksam zu sein. »Du mußt unbedingt dafür sorgen, daß nichts passiert, was dich schlecht aussehen läßt«, warnte sie mich.

Als wir das Teehaus betraten, wurden wir von einer Dienerin in ein Zimmer im ersten Stock geführt. Als Mameha niederkniete und die Tür aufschob, wagte ich kaum einen Blick hineinzuwerfen, sah aber dennoch sieben bis acht Männer auf Kissen und etwa vier Geishas um einen Tisch herumsitzen. Wir verneigten uns, gingen hinein und knieten uns dann auf die Matten, um die Tür hinter uns zu schließen – so hat man als Geisha einen Raum zu betreten. Zuerst grüßten wir die anderen Geishas, wie mich Mameha angewiesen hatte, dann den Gastgeber an einer Ecke des Tisches und anschließend die übrigen Gäste.

»Mameha-san«, sagte eine der Geishas, »du bist gerade rechtzeitig gekommen, um uns die Geschichte von Konda-san, dem Perückenmacher, zu erzählen!«

»O Himmel, ich weiß nicht, ob ich mich daran erinnern kann«, gab Mameha zurück, und alle lachten. Ich allein hatte keine Ahnung, worin der Witz lag. Mameha führte mich um den Tisch herum und kniete neben dem Theaterdirektor nieder. Ich folgte ihr und nahm an ihrer Seite Platz.

»Direktor, bitte gestatten Sie mir, Ihnen meine neue jüngere Schwester vorzustellen«, sagte sie zu ihm.

Das war für mich das Stichwort, mich zu verneigen, meinen Namen zu nennen, den Direktor um Nachsicht zu bitten und so weiter. Der Direktor war sehr nervös, mit vorstehenden Augen und dünnen, zerbrechlich wirkenden Knochen. Er sah mich nicht einmal an, sondern drückte in dem fast überquellenden Aschenbecher vor ihm seine Zigarette aus und sagte:

»Was soll dieses Gerede über Konda-san, den Perückenmacher?

Den ganzen Abend redet ihr Mädchen davon, aber nicht eine von euch will sie erzählen.«

»Ehrlich, ich weiß es wirklich nicht!« sagte Mameha.

»Und das bedeutet«, warf eine der anderen Geishas ein, »daß es ihr zu peinlich ist, die Geschichte zu erzählen. Aber wenn sie's nicht tut, werde ich sie wohl erzählen müssen.«

Den Männern schien dieser Vorschlag zu gefallen, aber Mameha seufzte nur.

»Ich werde Mameha eine Tasse Sake geben, das wird ihren Nerven guttun«, sagte der Direktor. Er spülte seine Saketasse in einer Wasserschale aus, die zu diesem Zweck auf dem Tisch stand, bevor er sie ihr anbot.

»Nun«, begann die andere Geisha, »dieser Konda-san ist der beste Perückenmacher von Gion. Und Mameha-san war jahrelang seine Kundin. Sie nimmt nämlich immer nur das Beste. Das merkt man sofort, wenn man sie ansieht.«

Mameha tat, als sei sie ärgerlich.

»Na, am besten ironisch lächeln kann sie schon«, warf einer der Männer ein.

»Während einer Aufführung«, fuhr die Geisha fort, »ist der Perückenmacher stets hinter der Bühne, um beim Kostümwechsel behilflich zu sein. Denn während die Geisha das eine Gewand ablegt, um ein anderes anzuziehen, verrutscht zuweilen hier und da etwas, und dann plötzlich… eine nackte Brust! Oder eine Haarsträhne! So etwas passiert eben, wissen Sie. Jedenfalls…«

»All die Jahre habe ich in einer Bank gearbeitet«, sagte einer der Männer. »Aber jetzt wünschte ich mir, Perückenmacher zu sein!«

»Dazu gehört mehr, als nackte Frauen zu begaffen. Außerdem ist Mameha-san ohnehin sehr prüde und geht immer hinter einen Wandschirm, wenn sie sich umziehen will…«

»Laß lieber mich die Geschichte erzählen«, fiel Mameha ihr ins Wort. »Du wirst nur meinen Ruf ruinieren. Ich bin nicht prüde, aber weil Konda-san mich immer so anstarrte, als könne er's gar nicht erwarten bis zum nächsten Kostümwechsel, ließ ich mir einen Wandschirm bringen. Es ist ein Wunder, daß Konda-san nicht mit den Blicken ein Loch hineingebrannt hat, so angestrengt versuchte er, noch durch den Schirm hindurchzusehen.«

»Warum hast du ihm nicht einfach hier und da einen flüchtigen Blick erlaubt?« warf der Direktor ein. »Was kann es schon schaden, ein bißchen nett zu sein?«

»So habe ich es nie gesehen«, gab Mameha-san zurück. »Sie haben recht, Direktor. Was kann ein flüchtiger Blick schon schaden? Wie wär's, wenn Sie uns jetzt mal einen gewähren würden?«

Alle Anwesenden brachen in lautes Lachen aus. Doch gerade als sie sich wieder ein wenig beruhigten, löste der Direktor einen neuen Lachanfall aus, weil er aufstand und am Gürtel seines Kimonos nestelte.

»Aber nur, wenn du mir ebenfalls einen Blick gestattest«, sagte er zu Mameha.

»So haben wir aber nicht gewettet!« wehrte Mameha ab.

»Das ist nicht sehr großzügig von dir.«

»Großzügige Menschen werden auch nicht Geisha«, sagte Mameha, »sondern Gönner von Geishas.«

»Dann eben nicht«, sagte der Direktor und nahm wieder Platz. Ich muß gestehen, daß ich höchst erleichtert war, als er aufgab, denn obwohl die anderen sich königlich zu amüsieren schienen, war mir die ganze Geschichte peinlich.

»Wo war ich?« fragte Mameha. »Nun gut, ich ließ mir eines Tages den Wandschirm bringen und dachte, das würde genügen, um mich vor Konda-san in Sicherheit zu bringen. Doch als ich einmal von der Toilette zurückeilte, konnte ich ihn nirgendwo finden. Ich wurde nervös, denn für den nächsten Auftritt brauchte ich eine Perücke. Bald schon fanden wir ihn, wie er auf einer Truhe an der Wand saß, ganz elend wirkte und stark schwitzte. Ich fragte mich, ob er etwas mit dem Herzen hatte. Neben ihm lag meine Perücke, und als er mich sah, entschuldigte er sich und half mir, sie aufzusetzen. Später an diesem Nachmittag überreichte er mir dann ein Briefchen, das er mir geschrieben hatte ...«

An diesem Punkt unterbrach sich Mameha. Schließlich fragte einer der Männer: »Nun? Was stand darin?«

Mameha bedeckte ihre Augen mit der Hand. Sie war zu verlegen, um weiterzusprechen, und wieder brachen alle in Lachen aus.

»Na schön, ich werde Ihnen sagen, was er geschrieben hatte«, sagte die Geisha, welche die Geschichte begonnen hatte. »Der Text lautete ungefähr so: ›Liebste Mameha. Du bist die bezauberndste Geisha von ganz Gion‹, und so weiter. ›Wenn Du eine Perücke getragen hast, hege und pflege ich sie und behalte sie bei mir in der Werkstatt, um immer wieder mein Gesicht darin zu bergen und den Duft Deiner Haare einzuatmen. Doch heute auf der Toilette hast Du mir den schönsten Moment meines Lebens geschenkt. Während du drinnen warst, versteckte ich mich an der Tür, und der wunderschöne, plätschernde Klang, lieblicher als ein Wasserfall…‹«

Die Männer lachten so sehr, daß die Geisha innehalten mußte, bevor sie weitersprechen konnte.

»›… und der wunderschöne, plätschernde Klang, lieblicher als ein Wasserfall, ließ mich dort, wo ich selber plätscherte, hart und steif werden…‹«

»So hat er es nicht ausgedrückt«, unterbrach Mameha sie. »Er hat geschrieben: ›… der wunderschöne, plätschernde Klang, lieblicher als ein Wasserfall, ließ mich anschwellen und steif werden, da ich an Deinen nackten, bloßen Körper dachte…‹«

»Und dann erklärte er ihr«, fuhr die andere Geisha fort, »daß er wegen der Erregung anschließend nicht mehr in der Lage gewesen sei, aufrecht zu stehen. Und er hoffe, daß er eines Tages noch einmal so etwas erleben dürfe.«

Natürlich lachten alle, und auch ich tat, als lachte ich mit. In Wirklichkeit konnte ich nur sehr schwer glauben, daß diese Männer – die beträchtliche Summen gezahlt hatten, um hier in Gesellschaft von kostbar gewandeten Frauen sein zu dürfen – wirklich Geschichten von derselben Art hören wollten, wie sie sich damals am Teich von Yoroido die Kinder erzählt hatten. Ich hatte mir vorgestellt, ehrfürchtig einer Konversation über Literatur oder Kabuki oder etwas Ähnlichem lauschen zu dürfen. Und natürlich gab es auch solche Partys in Gion, doch meine erste gehörte zufällig zu den eher kindischen.

Während Mamehas Geschichte hatte der Mann neben mir die ganze Zeit dagesessen, sich mit den Händen das fleckige Gesicht gerieben und kaum zugehört. Jetzt betrachtete er mich sehr lange und fragte dann: »Was ist mit deinen Augen los? Oder habe ich nur zuviel getrunken?«

Getrunken hatte er allerdings zuviel, aber es hätte sich nicht gehört, ihm das zu sagen. Bevor ich jedoch antworten konnte, begannen seine Augenbrauen zu zucken, und gleich darauf hob er die Hand und kratzte sich so heftig den Kopf, daß ihm ein kleines Wölkchen Schnee auf die Schultern rieselte. Wie sich herausstellte, wurde er in Gion wegen seiner starken Schuppen »Herr Schneegeriesel« genannt. Er schien vergessen zu haben, welche Frage er mir gestellt hatte – oder er hatte gar nicht erwartet, daß ich sie beantwortete –, denn jetzt erkundigte er sich nach meinem Alter. Ich sei vierzehn, antwortete ich ihm.

»Du bist die reifste Vierzehnjährige, die ich jemals gesehen habe. Hier, nimm.« Damit reichte er mir seine leere Saketasse.

»O nein, danke Herr«, gab ich zurück, »denn ich bin noch Novizin…« Das war die Antwort, die Mameha mich gelehrt hatte, Herr Schneegeriesel hörte jedoch nicht zu. Er hielt die Tasse so lange in die Luft, bis ich sie ihm abnahm, und hob dann eine Flasche Sake, um mir einzuschenken.

Es war nicht vorgesehen, daß ich Sake trank, denn eine Lerngeisha – vor allem eine, die noch Novizin ist – sollte kindlich wirken. Ich konnte mich ihm aber schlecht widersetzen. Also streckte ich ihm die Saketasse hin. Kurz bevor er einschenkte, kratzte er sich jedoch wieder am Kopf, und ich sah zu meinem Entsetzen, daß ein paar Schuppen in die Tasse fielen. Herr Schneegeriesel füllte sie mit Sake und ermunterte mich: »Trink aus. Los doch! Das ist die erste von vielen.«

Ich schenkte ihm ein Lächeln und hatte – weil ich nicht wußte, was ich sonst tun sollte – gerade begonnen, die Tasse langsam an den Mund zu heben, als ich zum Glück von Mameha gerettet wurde.

»Heute ist dein erster Tag in Gion, Sayuri! Da wäre es nicht gut, wenn du dich betrinkst«, sagte sie, obwohl ihre Worte in Wirklichkeit Herrn Schneegeriesel galten. »Benetz einfach nur die Lippen, das reicht.«

Ich gehorchte und benetzte meine Lippen mit Sake. Und wenn ich sage, ich benetze meine Lippen, dann meine ich, ich preßte sie so fest zusammen, daß ich mir fast den Mund verrenkte, und hob dann die Saketasse, bis ich den Sake auf der Haut spürte. Schnell setzte ich die Tasse wieder ab, sagte: »Hmm! Köstlich!«, zog das Taschentuch aus meinem Obi, tupfte mir damit die Lippen ab und stellte zu meiner Erleichterung fest, daß Herr Schneegeriesel nichts gemerkt hatte, denn er beäugte gierig die volle Tasse, die vor ihm auf dem Tischchen stand. Nach einer Weile nahm er sie mit zwei Fingern und kippte sie sich mit einem Ruck in den Hals, bevor er aufstand und sich entschuldigte, um zur Toilette zu gehen.

Es gehört zu den Aufgaben einer Lerngeisha, den Mann zur Toilette und wieder zurück zu begleiten, doch von einer Novizin wird dies niemand verlangen. Wenn keine Lerngeisha anwesend ist, wird der Mann gewöhnlich allein zur Toilette gehen oder sich von einer Geisha begleiten lassen. Aber Herr Schneegeriesel stand da und blickte auf mich herab, bis mir klarwurde, daß er auf mich wartete.

Ich kannte mich nicht aus im Komoriya-Teehaus, aber Herrn Schneegeriesel war der Weg vertraut. Ich folgte ihm den Flur entlang und um eine Ecke. Er trat beiseite, während ich die Toilettentür für ihn zurückschob. Ich schloß sie hinter ihm und wartete draußen im Flur. Ich hörte, wie jemand die Treppe heraufkam, dachte mir jedoch nichts dabei. Kurz darauf war Herr Schneegeriesel fertig, und wir machten uns auf den Rückweg. Als ich das Zimmer betrat, entdeckte ich, daß sich eine weitere Geisha zu unserer Party gesellt hatte, und zwar in Begleitung einer Lerngeisha. Da die beiden mit dem Rücken zur Tür saßen, konnte ich ihre Gesichter nicht sehen, bis ich Herrn Schneegeriesel rund um den Tisch gefolgt war und wieder meinen Platz eingenommen hatte. Sie können sich sicher vorstellen, welch einen Schock ich erhielt, als ich sie zu sehen bekam, denn dort, auf der anderen Tischseite, saß die Frau, die nicht zu sehen ich alles gegeben hätte: Es war Hatsumomo, die mir zulächelte, und neben ihr saß Kürbisköpfchen!

15. KAPITEL

Wenn sie glücklich war, lächelte Hatsumomo wie jeder Mensch; doch sie war niemals glücklicher, als wenn sie einem anderen Schaden zufügen konnte. Deswegen zeigte sie auch jetzt ein so wunderschönes Lächeln, als sie ausrief:

»Du meine Güte, was für ein Zufall! Da ist ja eine Novizin! Ich sollte diese Geschichte wirklich nicht weitererzählen, sonst bringe ich das arme Kind noch in Verlegenheit!«

Ich hoffte, Mameha werde sich entschuldigen und mich mitnehmen. Aber sie warf mir nur einen besorgten Blick zu. Sie hatte offenbar das Gefühl, wenn sie Hatsumomo mit diesen Männern allein ließ, so wäre das, als liefe sie aus einem brennenden Haus davon. Statt dessen sollten wir lieber dableiben und den Schaden in Grenzen halten.

»Wirklich, ich glaube, es gibt nichts Schwierigeres, als eine Novizin zu sein«, sagte Hatsumomo. »Meinst du nicht auch, Kürbisköpfchen?«

Kürbisköpfchen war inzwischen ein richtiger Lehrling; Novizin war sie vor einem halben Jahr gewesen. Ich schaute sie mitleidheischend an, aber sie starrte, beide Hände im Schoß, stumm auf den Tisch vor ihr. Da ich sie kannte, sagte mir die kleine Falte an ihrer Nasenwurzel, daß sie verstört war.

»Ja, Herrin«, sagte sie.

»Ein so schwieriger Lebensabschnitt«, fuhr Hatsumomo fort. »Ich kann mich heute noch erinnern, wie anstrengend ich ihn fand ... Wie heißt du, kleine Novizin?«

Zum Glück antwortete Mameha für mich.

»Du hast wirklich recht damit, daß es eine schwere Zeit für dich war, Hatsumomo-san. Obwohl du natürlich sehr viel ungeschickter warst als die meisten anderen.«

»Ich will den Rest der Geschichte hören«, meldete sich einer der Männer zu Wort.

»Damit die arme Novizin in Verlegenheit gerät, die gerade zu uns gekommen ist?« fragte Hatsumomo. »Ich werde ihn nur erzählen, wenn Sie versprechen, daß Sie dabei nicht an dieses arme Mädchen denken. Stellen Sie sich also eine andere vor.«

In ihrer Bösartigkeit konnte Hatsumomo überaus erfinderisch sein. Die Männer hatten bis dahin wahrscheinlich nicht angenommen, daß diese Geschichte mir zugestoßen sei, aber von nun an würden sie das mit Sicherheit tun.

»Also, wo war ich?« begann Hatsumomo. »Ach ja. Nun, diese Novizin, die ich erwähnte... An ihren Namen kann ich mich nicht erinnern, aber ich sollte ihr einen geben, damit Sie sie nicht mit diesem armen Mädchen verwechseln. Sag mir, kleine Novizin... wie heißt du?«

»Sayuri, Herrin«, antwortete ich. Und mein Gesicht wurde so heiß vor Nervosität, daß es mich nicht gewundert hätte, wenn mein Make-up dahingeschmolzen und langsam in meinen Schoß getropft wäre.

»Sayuri. Wie hübsch! Paßt gar nicht zu dir. Nun gut, nennen wir die Novizin in dieser Geschichte ›Mayuri‹. Also, eines Tages ging ich mit Mayuri auf dem Weg zur Okiya ihrer älteren Schwester die Shijo-Avenue entlang. Es war schrecklich windig, der Sturm rüttelte an den Häusern, und die arme Mayuri hatte so wenig Erfahrung mit Kimonos. Sie war so leicht wie ein Blatt, und die weiten Ärmel können wie Segel wirken. Als wir gerade die Straße überqueren wollten, war sie auf einmal verschwunden, und ich hörte nur einen dünnen Laut hinter mir, so ähnlich wie ›Ahh... ahh‹, aber ganz schwach...«

Hatsumomo wandte sich mir zu.

»Meine Stimme ist nicht hoch genug«, sagte sie. »Laß mich hören, wie du es sagst. ›Ahh... ah...‹«

Was sollte ich tun? Ich versuchte, den Laut nachzuahmen.

»Nein, nein, viel höher... Ach, lassen wir das!« Hatsumomo wandte sich an den Mann neben ihr und sagte verhalten: »Sie ist nicht sehr helle, was?« Sie schüttelte den Kopf und fuhr fort: »Jedenfalls, als ich mich umwandte, wurde die arme Mayuri hinter mir rücklings einen ganzen Block weit die Straße entlanggeweht – mit so heftig rudernden Armen und Beinen, daß sie an einen Käfer erinnerte, der hilflos auf dem Rücken liegt. Mir platzte vor Lachen fast der Obi, aber dann stolperte sie plötzlich vom Gehsteig auf eine belebte Kreuzung, und zwar genau in dem Moment, wo ein Auto herangerast kam. Zum Glück wurde sie auf die Kühlerhaube geweht! Ihre Beine flogen in die Luft... und dann blies der Wind, stellen Sie sich das vor, unter ihren Kimono und... nun ja, ich muß Ihnen wohl nicht schildern, was dann passierte.«

»Aber natürlich mußt du das!« protestierte einer der Männer.

»Haben Sie denn gar keine Phantasie?« gab sie zurück. »Der Wind blies ihr den Kimono bis über die Hüften hoch. Da sie nicht wollte, daß alle Welt sie nackt sah, warf sie sich herum und landete so, daß ihre Beine weit gespreizt waren und ihre Geschlechtsteile gegen die Windschutzscheibe gepreßt wurden, direkt vor dem Gesicht des Fahrers...«

Inzwischen brüllten die Männer natürlich vor Lachen, auch der Direktor, der mit seiner Saketasse im Stakkato auf die Tischplatte klopfte und rief: »Warum passiert nur mir so etwas nie?«

»Wirklich, Direktor«, sagte Hatsumomo. »Das junge Mädchen war noch Novizin! Der Fahrer bekam also nicht allzuviel zu sehen. Ich meine, können Sie sich vorstellen, die Geschlechtsteile unseres Mädchens gegenüber zu betrachten?« Sie sprach natürlich von mir. »Vermutlich sieht sie nicht viel anders aus als ein Baby.«

»Mädchen kriegen manchmal schon Haare, wenn sie erst elf sind«, warf einer der Männer ein.

»Wie alt bist du, kleine Sayuri-san?« fragte mich Hatsumomo.

»Ich bin vierzehn, Herrin«, antwortete ich betont höflich. »Aber ich bin reif für mein Alter.«

Schon dies gefiel den Männern, und Hatsumomos Lächeln wurde ein wenig verkrampft.

»Vierzehn?« sagte sie. »Wie schön. Und du hast natürlich noch keine Haare...«

»O doch, aber sicher! Jede Menge!« Damit hob ich die Hand und tätschelte meine Frisur.

Das war wohl eine recht schlagfertige Antwort, obwohl ich selbst sie nicht besonders einfallsreich fand. Aber die Männer lachten sogar noch mehr, als sie über Hatsumomos Geschichte gelacht hatten. Auch Hatsumomo lachte, vermutlich weil sie nicht den Eindruck erwecken wollte, daß dieser Scherz auf ihre Kosten ging.

Als das Lachen allmählich erstarb, verließen Mameha und ich die Party. Wir hatten die Tür noch nicht ganz hinter uns geschlossen, als wir schon hörten, daß auch Hatsumomo sich entschuldigte. Sie und Kürbisköpfchen folgten uns die Treppe hinab.

»Also, Mameha-san«, sagte Hatsumomo, »das hat wirklich viel Spaß gemacht! Wir sollten öfter mal gemeinsam arbeiten!«

»Ja, es hat Spaß gemacht«, gab Mameha zurück. »Ich freue mich schon auf das, was die Zukunft bereithält.«

Danach warf mir Mameha einen überaus zufriedenen Blick zu. Es gefiel ihr, Hatsumomo am Boden zerstört zu sehen.

An jenem Abend stand ich, nachdem ich gebadet und mein Make-up entfernt hatte, in der Eingangshalle und beantwortete Tantchens Fragen über den Verlauf meines Tages, als Hatsumomo von der Straße hereinkam und sich vor mir aufbaute. Normalerweise kam sie nicht so früh nach Hause, doch in dem Moment, da ich ihre Miene sah, wußte ich, daß sie nur zurückgekommen war, um mich zur Rede zu stellen. Sie zeigte nicht einmal ihr grausames Lächeln, sondern hatte den Mund so verkniffen, daß sie fast unattraktiv wirkte. Nur einen kurzen Moment blieb sie vor mir stehen; dann holte sie aus und versetzte mir eine schallende Ohrfeige. Das letzte, was ich davor sah, waren ihre gebleckten Zähne, die einem doppelten Perlenstrang glichen.

Ich war so verblüfft, daß ich mich nicht erinnern kann, was unmittelbar darauf geschah. Aber Tantchen und Hatsumomo schienen eine Auseinandersetzung zu haben, denn als nächstes hörte ich Hatsumomo sagen: »Wenn dieses Mädchen mich noch einmal vor allen lächerlich macht, werde ich ihr auch die andere Gesichtshälfte polieren!«

»Wieso soll *ich Sie* lächerlich gemacht haben?« fragte ich sie.

»Du hast genau gewußt, was ich meine, als ich fragte, ob du Haare hast, aber du hast einen Narren aus mir gemacht. Ich schulde dir eine Gefälligkeit, kleine Chiyo. Ich werde sie dir bald zurückzahlen, darauf kannst du dich verlassen.«

Hatsumomos Zorn schien sich zu legen. Sie verließ die Okiya wieder und gesellte sich zu Kürbisköpfchen, die sie auf der Straße erwartete und sich vor ihr verneigte.

Am folgenden Tag berichtete ich Mameha davon, aber sie hörte kaum zu.

»Wo liegt das Problem?« fragte sie mich. »Hatsumomo hat zum Glück keinen Fleck auf deinem Gesicht hinterlassen. Hattest du etwa erwartet, daß sie sich über deine Bemerkung freut?«

»Ich frage mich nur, was das nächstemal passiert, wenn wir ihr begegnen«, antwortete ich.

»Was dann passieren wird, werde ich dir sagen. Wir werden auf dem Absatz kehrtmachen und verschwinden. Der Gastgeber wird sich zwar wundern, daß wir eine Party verlassen, zu der wir gerade erst gekommen sind, aber das ist immer noch besser, als Hatsumomo noch einmal Gelegenheit zu geben, dich zu demütigen. Wie dem auch sei, wenn wir sie treffen, wird das ein Segen sein.«

»Also wirklich, Mameha-san, wie könnte das ein Segen sein?«

»Wenn Hatsumomo uns zwingt, ein paar Teehäuser zu verlassen, werden wir eben auf Partys gehen. Und auf die Art wirst du in Gion noch viel schneller bekannt werden.«

Mamehas Zuversicht beruhigte mich. Und als wir später nach Gion aufbrachen, erwartete ich, daß ich am Ende des Abends, wenn ich mein Make-up entfernte, feststellen würde, daß meine Haut vor Genugtuung über den langen Abend glühte. Unsere erste Station war die Party für einen jungen Filmschauspieler, der nicht älter als achtzehn wirkte, aber kein einziges Haar auf dem Kopf hatte, nicht einmal Wimpern und Augenbrauen. Wenige Jahre später sollte er sehr berühmt werden, aber nur wegen der Umstände seines Todes: Er brachte sich mit einem Schwert um, nachdem er in Tokyo eine junge Kellnerin ermordet hatte. Wie dem auch sei, ich fand ihn ziemlich sonderbar, bis mir auffiel, daß er immer wieder zu mir herübersah. Ich hatte so lange Zeit in der Abgeschiedenheit der Okiya zugebracht, daß ich, wie ich gestehen muß, von seiner Aufmerksamkeit höchst angetan war. Wir blieben über eine Stunde, und keine Hatsumomo erschien. Allmählich kam ich zu der Ansicht, daß meine Träume vom Erfolg tatsächlich wahr wurden.

Dann besuchten wir eine Party, die der Rektor der Universität von Kyoto gab. Mameha begann sich sofort mit einem Mann zu unterhalten, den sie seit einiger Zeit nicht mehr gesehen hatte, so daß ich auf mich allein gestellt war. Der einzige Platz am Tisch, den ich fand, war neben einem alten Mann mit schmutzigem Hemd, der sehr durstig gewesen sein muß, weil er ununterbrochen Bier trank, es sei denn, er nahm das Glas vom Mund, um zu rülpsen. Gerade als ich mich neben ihn kniete, um mich ihm vorzustellen, wurde die Tür aufgeschoben. Ich hatte erwartet, daß eine Dienerin eine weitere Runde Sake brachte, doch draußen im Flur knieten Hatsumomo und Kürbisköpfchen!

»Gütiger Himmel!« hörte ich Mameha zu dem Mann sagen, mit dem sie sich unterhielt. »Geht Ihre Uhr richtig?«

»Haargenau richtig«, antwortete er. »Ich stelle sie jeden Nachmittag nach der Bahnhofsuhr.«

»Ich fürchte, Sayuri und ich müssen leider sehr unhöflich sein und uns entschuldigen. Wir wurden schon vor einer halben Stunde anderswo erwartet!«

Damit erhoben wir uns und verließen die Party im selben Moment, da Hatsumomo und Kürbisköpfchen hereinkamen.

Als wir das Teehaus verließen, zog mich Mameha in ein leeres Tatami-Zimmer. Im diffusen Licht konnte ich ihre Züge nicht ausmachen, sondern nur das schöne Oval ihres Gesichts mit der kunstvollen Haarkrone darüber. Wenn ich sie nicht sehen konnte, dann konnte sie mich auch nicht sehen. Also ließ ich verzweifelt den Kopf hängen, denn mir schien, als würde ich Hatsumomo niemals entkommen.

»Was hast du dieser gräßlichen Frau heute gesagt?« fragte mich Mameha.

»Gar nichts, Herrin!«

»Aber wie hat sie uns dann hier gefunden?«

»Ich wußte ja selbst nicht mal, daß wir hier sein würden«, gab ich zurück. »Ich hätte ihr unmöglich etwas verraten können.«

»Meine Dienerin weiß von meinen Engagements, aber ich kann mir nicht vorstellen … Nun gut, wir werden zu einer Party gehen, von der kaum jemand etwas weiß. Naga Teruomi ist letzte Woche zum Dirigenten der Tokyoter Philharmonie ernannt worden. Er ist heute nachmittag nur hergekommen, um allen Gelegenheit zu geben, ihn anzuhimmeln. Ich habe keine große Lust hinzugehen, aber... wenigstens wird Hatsumomo nicht dort sein.«

Wir überquerten die Shijo-Avenue und bogen in eine schmale Gasse ein, wo es nach Sake und gebratenen Süßkartoffeln roch. Trillerndes Lachen kam aus den hell erleuchteten Fenstern im ersten Stock über uns. Im Teehaus führte uns eine junge Dienerin in ein Zimmer im ersten Stock, wo wir den Dirigenten mit seinen dünnen, mit Öl zurückgebürsteten Haarsträhnen fanden. In der Hand hielt er eine Saketasse, die er zornig mit den Fingern streichelte. Die anderen Männer im Zimmer waren mit zwei Geishas in ein Trinkspiel vertieft, an dem sich der Dirigent nicht beteiligen wollte. Eine Zeitlang unterhielt er sich mit Mameha, dann bat er sie unvermittelt, für ihn zu tanzen. In Wirklichkeit interessierte er sich, glaube ich, gar nicht für den Tanz, es war für ihn nur eine Gelegenheit, dem Trinkspiel ein Ende zu machen und seine Gäste aufzufordern, sich wieder um ihn zu kümmern. Gerade als das Dienstmädchen ein Shamisen hereinbrachte, um es einer der Geishas zu überreichen – sogar noch bevor Mameha ihre Ausgangsposition eingenommen hatte –, wurde die Tür aufgeschoben und... Ich glaube, Sie wissen, was ich jetzt sagen werde. Sie waren wie Köter, die unserer Fährte folgten. Es waren wieder einmal Hatsumomo und Kürbisköpfchen.

Sie hätten sehen sollen, wie Mameha und Hatsumomo einander anlächelten. Man hätte fast meinen können, sie grinsten über einen privaten Scherz – während Hatsumomo in Wahrheit einfach ihren Sieg genoß, und was Mameha angeht... nun ja, ihr Lächeln war wohl eher eine Art, ihre Wut zu kaschieren. Während des Tanzes konnte ich sehen, wie sie das Kinn vorschob und die Nüstern weitete. Nach dem Tanz kam sie nicht einmal an den Tisch zurück, sondern sagte zu unserem Gastgeber:

»Ich danke Ihnen sehr, daß wir hereinschauen durften! Leider müssen Sayuri und ich uns jetzt entschuldigen...«

Ich kann Ihnen nicht schildern, wie zufrieden Hatsumomos Miene war, als wir die Tür hinter uns schlossen.

Ich folgte Mameha die Treppe hinab. Auf der untersten Stufe blieb sie stehen und wartete. Schließlich kam eine junge Dienerin in die Eingangshalle heraus, um uns hinauszubegleiten – dasselbe Mädchen, das uns zuvor in den ersten Stock geführt hatte.

»Ein sehr schweres Leben, das du als Dienerin führen mußt!« sagte Mameha zu ihr. »Du hast bestimmt viele Wünsche, und dabei so wenig Geld! Was wirst du mit dem Geld denn anfangen, das du dir gerade eben verdient hast?«

»Gar nichts habe ich verdient, Herrin«, sagte sie. An der Art, wie sie nervös schluckte, konnte ich jedoch sehen, daß sie log.

»Wieviel Geld hat Hatsumomo dir versprochen?«

Das Mädchen senkte den Blick. In diesem Moment erst begriff ich, was Mameha dachte. Wie wir einige Zeit später erfuhren, hatte Hatsumomo in der Tat mindestens eine Dienerin in jedem erstklassigen Teehaus von Gion bestochen. Wann immer Mameha und ich auf einer Party eintrafen, sollten sie Yoko anrufen – das Mädchen, das in unserer Okiya das Telefon bediente. Natürlich ahnten wir damals noch nicht, daß Yoko darin verwickelt war, aber Mameha nahm zu Recht an, daß das Mädchen aus diesem Teehaus Hatsumomo irgendwie Informationen übermittelt hatte.

Die Dienerin wagte es nicht, Mameha anzusehen. Selbst als Mameha ihr Kinn anhob, blickte das Mädchen zu Boden, als hätte sie Blei in den Augenlidern. Als wir das Teehaus verließen, hörten wir Hatsumomos Stimme aus einem der oberen Fenster – denn die Gasse war so eng, daß alles darin widerhallte.

»Ja, und wie hieß die Kleine?« fragte Hatsumomo.

»Sayuko«, antwortete einer der Männer.

»Nein, Sayuri«, widersprach ein anderer.

»Ja, ich glaube, das ist sie«, sagte Hatsumomo. »Aber nein, es ist viel zu unangenehm... Ich sollte es Ihnen wirklich nicht erzählen. Sie scheint ein so nettes Mädchen zu sein...«

»Ich habe nicht viel von ihr mitbekommen«, sagte ein Mann. »Aber sie ist sehr hübsch.«

»Sie hat ganz außergewöhnliche Augen«, sagte eine der Geishas.

»Neulich habe ich gehört, wie ein Mann etwas ganz anderes über ihre Augen gesagt hat«, sagte Hatsumomo. »Wissen Sie, was? Daß ihre Augen die Farbe zerquetschter Würmer hätten.«

»Zerquetschter Würmer? Noch nie habe ich gehört, daß jemand eine Farbe so beschrieben hat.«

»Ich werde Ihnen anvertrauen, was ich über sie gehört habe«, fuhr Hatsumomo fort. »Aber Sie müssen mir versprechen, daß Sie es nicht weitersagen werden. Sie hat irgendeine Krankheit, deswegen sieht ihr Busen aus wie der einer sehr alten Frau – schlaff und total verschrumpelt –, es ist wirklich abstoßend! Ich habe sie einmal im Badehaus gesehen...«

Mameha und ich waren stehengeblieben, um zu lauschen, doch als wir das hörten, versetzte sie mir einen leichten Stoß, und wir verließen gemeinsam die Gasse. Einen Moment blieb Mameha noch stehen, um die Straße hinauf und hinab zu blicken, dann sagte sie:

»Ich versuche zu überlegen, wohin wir noch gehen könnten, aber... mir fällt nichts ein. Wenn diese Frau uns hier gefunden hat, dann kann sie uns vermutlich überall in Gion finden. Bis wir uns einen neuen Plan ausgedacht haben, Sayuri, solltest du in deine Okiya zurückkehren.«

Eines Nachmittags während des Zweiten Weltkriegs, einige Jahre nach den Ereignissen, von denen ich Ihnen jetzt berichten will, zog ein Offizier auf einer Party unter einem Ahornbaum seine Pistole aus dem Holster und legte sie auf die Strohmatte, um mich zu beeindrucken. Ich weiß noch, daß mir auffiel, wie schön diese Waffe war. Das Metall schimmerte in mattem Grau, die Rundungen waren perfekt und glatt. Der geölte Holzgriff war reich gemasert. Doch als ich, während ich seinen Erzählungen lauschte, an ihren eigentlichen Zweck dachte, war sie auf einmal gar nicht mehr schön, sondern furchterregend.

Genau das gleiche geschah in meinen Augen mit Hatsumomo, nachdem sie meinem Debüt ein Ende gesetzt hatte. Das soll nicht heißen, daß ich sie zuvor noch nie als furchterregend empfunden hatte. Aber ich hatte sie immer um ihre Schönheit beneidet, während ich das jetzt nicht mehr tat. Statt allabendlich an Banketts und zehn bis fünfzehn Partys teilzunehmen, saß ich in der Okiya und übte mich im Tanz und Shamisen-Spiel, als hätte sich seit letztem Jahr nichts geändert. Wenn Hatsumomo in ihrem ganzen Staat an mir vorbeirauschte und ihr weiß geschminktes Gesicht über dem dunklen Gewand schimmerte wie der Mond am dunstigen Nachthimmel, hätte selbst ein Blinder sie schön gefunden. Aber ich empfand nichts als Haß, und das Blut rauschte mir in den Ohren.

Während der folgenden Tage wurde ich mehrmals zu Mameha in die Wohnung gerufen. Jedesmal hoffte ich, sie würde sagen, daß sie eine Möglichkeit gefunden habe, Hatsumomo zu umgehen, aber sie wollte nichts weiter von mir als ein paar Botengänge, die sie ihrer Dienerin nicht anvertrauen konnte. Eines Nachmittags fragte ich sie, ob sie wisse, was aus mir werden würde.

»Ich fürchte, im Moment bist du eine Verbannte, Sayuri-san«, erwiderte sie. »Ich hoffe, du bist fester denn je entschlossen, diese bösartige Frau zu vernichten! Aber bis ich einen Plan habe, wird es dir nichts nutzen, mir durch Gion zu folgen.«

Natürlich war ich tief enttäuscht, das zu hören, aber Mameha hatte recht. Hatsumomos Hohn würde mir in den Augen der Männer und auch der Frauen von Gion so sehr schaden, daß es besser war, wenn ich zu Hause blieb.

Zum Glück war Mameha sehr einfallsreich, und so gelang es ihr, von Zeit zu Zeit Engagements zu finden, an denen ich ungefährdet teilnehmen konnte. Aus Gion hatte mich Hatsumomo zwar vertrieben, doch von der Welt dahinter konnte sie mich nicht fernhalten. Wenn Mameha Gion verließ, um zu einem Engagement zu gehen, lud sie mich häufig ein mitzukommen. So fuhr ich zum Beispiel für einen Tag nach Kobe, wo Mameha bei einer Fabrikeinweihung das Band durchschnitt. Ein andermal begleitete ich mit ihr den ehemaligen Generaldirektor der Nippon Telephon & Telegraph in seiner Limousine auf einer Rundfahrt durch Kyoto. Diese Rundfahrt machte einen tiefen Eindruck auf mich, denn ich sah zum erstenmal die riesengroße Stadt Kyoto außerhalb der Grenzen unseres kleinen Gion-Viertels, ganz zu schweigen davon, daß ich zum erstenmal in einem Auto fuhr. Ich hatte gar nicht gewußt, in welcher Verzweiflung manche Menschen während dieser Jahre lebten, bis wir im Süden der Stadt am Fluß entlangfuhren und ich sah, wie schmutzige Frauen ihre Babys unter den Bäumen an der Bahnstrecke stillten, während Männer in zerlumpten Strohsandalen inmitten des Unkrauts hockten. Ich will nicht behaupten, daß niemals Arme nach Gion kamen, aber von diesen hungernden Bauern, die sogar zu arm waren, sich ein Bad zu leisten, bekamen wir kaum einen zu sehen. Ich hätte mir niemals vorstellen können, daß ich – eine Sklavin, terrorisiert von Hatsumomos Bosheit – während der Weltwirtschaftskrise ein relativ glückliches Leben geführt hatte. An jenem Tag erkannte ich jedoch, daß es so war.

Als ich eines Tages von der Schule nach Hause kam, fand ich eine Nachricht von Mameha vor, ich solle mein Make-up einpacken und sofort zu ihr in die Wohnung kommen. Als ich eintraf, stand Herr Itchoda, ein Ankleider wie Herr Bekku, mit Mameha im hinteren Zimmer vor dem großen Spiegel, um ihr den Obi zu binden.

»Beeil dich und leg dein Make-up auf«, sagte Mameha zu mir. »Im anderen Zimmer habe ich einen Kimono für dich zurechtgelegt.«

Mamehas Wohnung war für Gions Verhältnisse riesig. Außer ihrem Hauptzimmer, das sechs Tatami-Matten maß, hatte sie noch zwei weitere kleinere Zimmer: einen Ankleideraum, der zugleich Dienstbotenzimmer war, und ein Zimmer, in dem sie schlief. Im Schlafzimmer hatte die Dienerin auf dem frisch gemachten Futon ein komplettes Kimono-Ensemble für mich ausgebreitet. Der Futon gab mir Rätsel auf. Mameha hatte in den Laken bestimmt noch nicht geschlafen, denn sie waren so glatt wie frisch gefallener Schnee. Während ich in den baumwollenen Hausmantel schlüpfte, den ich mitgebracht hatte, machte ich mir Gedanken darüber. Als ich dann ins Ankleidezimmer zurückkehrte, um mich dort zu schminken, erklärte Mameha mir, warum sie mich hergerufen hatte.

»Der Baron ist wieder da«, sagte sie. »Er will zum Mittagessen herkommen. Ich möchte, daß er dich kennenlernt.«

Ich hatte bisher noch keine Gelegenheit, den Baron zu erwähnen, aber Mameha sprach von Baron Matsunaga Tsuneyoshi, ihrem *danna*. Heutzutage haben wir keine Barone und Grafen mehr in Japan, vor dem Zweiten Weltkrieg aber gab es sie noch, und Baron Matsunaga war vermutlich einer der reichsten von ihnen. Seine Familie herrschte über eine der großen Banken Japans und war sehr einflußreich in der Finanzwelt. Ursprünglich hatte sein älterer Bruder den Titel geerbt, aber der war als Finanzminister im Kabinett des Premierministers Inukai ermordet worden. Mamehas *danna*, damals bereits in den Dreißigern, hatte nicht nur den Barontitel geerbt, sondern sämtlichen Landbesitz seines Bruders, darunter ein großes Landgut in Kyoto, nicht allzuweit von Gion entfernt. Seine Geschäftsinteressen hielten ihn zumeist in Tokyo fest, aber es gab noch etwas anderes, das ihn dort hielt, denn viele Jahre später erfuhr ich, daß er eine weitere Geliebte im Geishaviertel Akasaka in Tokyo hatte. Nur wenige Männer sind reich genug, sich eine Geishageliebte leisten zu können, doch Baron Matsunaga Tsuneyoshi hatte sogar zwei.

Nun, da ich wußte, daß Mameha den Nachmittag mit ihrem *danna* verbringen würde, konnte ich mir vorstellen, warum der Futon in ihrem Schlafzimmer mit frischen Laken bezogen worden war.

Rasch streifte ich die Kleider über, die Mameha für mich herausgelegt hatte: ein hellgrünes Untergewand und einen Kimono in Rostbraun und Gelb mit einem Kiefernmuster am Saum. Inzwischen war eine von Mamehas Dienerinnen mit einem großen Lackkasten, der das Mittagessen des Barons enthielt, aus einem nahen Restaurant zurückgekommen. Die Speisen in dem Kasten waren wie in einem Restaurant auf Tellern und in Schalen zum Servieren bereit. Das größte war ein flacher Lackteller mit zwei gegrillten, gesalzenen *ayu*, die auf den Bauch gestellt waren, als schwämmen sie gemeinsam den Fluß hinunter. Auf einer Seite lagen zwei winzige, gedämpfte Krebse von der Art, die ganz gegessen wird. Eine Spur aus Salz schlängelte sich über den schwarzen Lack, um den Sand anzudeuten, den sie überquert hatten.

Wenige Minuten später kam der Baron. Ich spähte durch die Schiebetür und sah ihn draußen auf dem Treppenabsatz stehen, während Mameha seine Schuhe aufband. Mein erster Eindruck war der einer Mandel oder sonst einer Nuß, denn er war klein und rundlich, mit einer gewissen Schwere, vor allem um die Augen herum. Zu jener Zeit waren Bärte in Mode, also trug auch der Baron eine Anzahl langer, weicher Haare im Gesicht, die wohl einem Bart ähneln sollten, für mich aber eher wie eine Art Garnierung aussahen oder wie die feinen Algenstreifen, die zuweilen über eine Schale Reis gestreut werden.

»Ach, Mameha… ich bin total erschöpft«, hörte ich ihn sagen. »Wie ich diese langen Bahnfahrten hasse!«

Schließlich trat er aus seinen Schuhen und kam mit kleinen, energischen Schritten durchs Zimmer. Am Morgen hatte Mamehas Ankleider einen Polstersessel und einen Perserteppich aus einem Wandschrank auf der anderen Seite des Flurs geholt und vor dem Fenster deponiert. Darin nahm der Baron jetzt Platz, aber was anschließend geschah, weiß ich nicht, denn Mamehas Dienerin kam zu mir herüber und verneigte sich entschuldigend, bevor sie die Tür mit einem sanften Stoß vollständig schloß.

Mindestens eine Stunde verbrachte ich in Mamehas kleinem Ankleidezimmer, während das Mädchen im anderen Raum ein und aus ging, um dem Baron das Essen zu servieren. Gelegentlich hörte ich Mamehas leise Stimme, vor allem aber redete der Baron. Einmal glaubte ich, daß er böse auf Mameha sei, aber schließlich hörte ich doch genug, um zu begreifen, daß er sich über einen Mann beschwerte, den er am Tag zuvor getroffen und der ihm persönliche Fragen gestellt hatte, die ihn erzürnten. Als die Mahlzeit schließlich beendet war, trug das Mädchen Teeschalen hinein, dann bat Mameha auch mich ins Zimmer. Als ich hineinging, um vor dem Baron niederzuknien, war ich furchtbar nervös, denn ich hatte noch nie einen Aristokraten kennengelernt. Ich verneigte mich, bat um sein Wohlwollen und dachte, er würde etwas zu mir sagen. Aber er sah sich nur suchend in der Wohnung um und nahm kaum Notiz von mir.

»Mameha«, sagte er, »was ist aus der Bildrolle geworden, die du sonst in deiner Nische hängen hattest? Es war irgendeine Tuschzeichnung, viel schöner als das Ding, das du jetzt da hängen hast.«

»Die Rolle, die jetzt dort hängt, Baron, ist ein Gedicht von Matsudaira Koichis Hand, und sie hängt seit fast vier Jahren in dieser Nische.«

»Vier Jahre? War denn die Tuschzeichnung nicht da, als ich im letzten Monat bei dir war?«

»War sie nicht… Außerdem hat der Baron mich seit nahezu drei Monaten nicht mehr mit seinem Besuch beehrt.«

»Kein Wunder, daß ich mich so erschöpft fühle. Ich sage es ja, ich sollte viel mehr Zeit in Kyoto verbringen… nun ja, eins führt immer zum anderen. Zeig mir das Bild, von dem ich gesprochen habe. Ich kann einfach nicht glauben, daß bereits vier Jahre vergangen sein sollen, seit ich es zuletzt gesehen habe.«

Mameha rief ihre Dienerin und bat sie, das Bild aus dem Wandschrank zu holen. Die Aufgabe, es zu entrollen, fiel mir zu. Meine Hände zitterten so sehr, daß ich es fallen ließ, als ich es dem Baron zur Begutachtung vorhalten wollte.

»Vorsicht, Mädchen!« mahnte er mich.

Ich war so verlegen, daß ich, auch nachdem ich mich verneigt und um Entschuldigung gebeten hatte, immer wieder zu dem Baron hinüberblickte, um zu sehen, ob er ärgerlich auf mich war. Während ich die Rolle emporhielt, schien er mehr auf mich als auf das Bild zu schauen. Aber es war kein vorwurfsvoller Blick. Nach einer Weile wurde mir klar, daß es Neugier war, und das schüchterte mich nur noch mehr ein.

»Dieses Bild ist viel attraktiver als jenes, das jetzt in deiner Nische hängt, Mameha«, sagte er. Aber er schien immer noch mich anzustarren und machte auch keine Anstalten wegzusehen, als ich ihm einen flüchtigen Blick zuwarf. »Außerdem ist Kalligraphie aus der Mode gekommen«, fuhr er fort. »Du solltest das Ding in deiner Nische abnehmen und dieses Landschaftsbild wieder aufhängen.«

Mameha hatte keine Wahl – sie mußte tun, was der Baron verlangte; sie schaffte es sogar, so auszusehen, als hielte sie das für eine ausgesprochen gute Idee. Nachdem das Mädchen das Bild aufgehängt und das andere aufgerollt hatte, rief mich Mameha herüber, damit ich dem Baron Tee einschenkte. Aus der Vogelperspektive betrachtet, bildeten wir ein kleines Dreieck: Mameha, der Baron und ich. Aber nur Mameha und der Baron unterhielten sich, während ich nur dort kniete und mir vorkam wie eine Taube in einem Nest voller Falken. Zu denken, daß ich mich jemals für gut genug gehalten hatte, jene Art Männer zu unterhalten, die Mameha unterhielt, nicht nur große Aristokraten wie den

Baron, sondern auch den Direktor – idiotisch! Selbst der Theaterdirektor einige Abende zuvor hatte mir kaum einen kurzen Blick gegönnt. Ich will nicht sagen, daß ich zuvor nicht auch das Gefühl gehabt hätte, der Gesellschaft des Barons kaum würdig zu sein, aber nun hielt ich mir wieder einmal vor Augen, daß ich nur ein unwissendes Mädchen aus einem Fischerdorf war. Wenn es nach Hatsumomo ging, hielt man mich so tief geduckt, daß jeder Mann, der Gion besuchte, für immer außerhalb meiner Reichweite blieb. Da konnte es gut sein, daß ich Baron Matsunaga nie wiedersehen und dem Direktor niemals wieder begegnen würde. Wäre es nicht möglich, daß Mameha erkannte, wie aussichtslos mein Fall war und mich in der Okiya versauern ließ wie einen kleinen, wenig getragenen Kimono, der im Laden so bezaubernd ausgesehen hat? Der Baron – der, wie ich bemerkte, ein ziemlich nervöser Mann war – beugte sich vor, um etwas von Mamehas Tischplatte zu kratzen. Ich mußte an meinen Vater denken, der am letzten Tag, da ich ihn gesehen hatte, mit den Fingernägeln den Schmutz aus einer Furche im Holz kratzte. Ich fragte mich, was er wohl von mir denken würde, wenn er mich jetzt sehen könnte, wie ich in Mamehas Wohnung kniete, in einem Kimono, der kostbarer war als alles, was er je gesehen hatte, mir gegenüber ein Baron und an meiner Seite eine der berühmtesten Geishas von ganz Japan. Ich war dieser Umgebung kaum würdig. Doch dann wurde ich mir der herrlichen Seidenstoffe bewußt, in denen mein Körper steckte, und ich hatte das Gefühl, in Schönheit zu ertrinken. In diesem Moment erschien mir Schönheit an sich wie eine Art schmerzliche Melancholie.

16. KAPITEL

Eines Nachmittags, als Mameha und ich über die Brücke der Shijo-Avenue schlenderten, um im Pontocho-Viertel ein paar neue Schmuckstücke für die Frisur zu erstehen – Mameha gefielen die Haarschmuckläden in Gion nicht –, machte sie unvermittelt halt. Ein alter Schleppkahn tuckerte unter der Brücke hindurch. Ich dachte, Mameha sei nur wegen der schwarzen Dampfwolken besorgt, doch nach einer Weile wandte sie sich mit einem Ausdruck zu mir um, den ich nicht gleich enträtseln konnte.

»Was ist, Mameha-san?« fragte ich sie.

»Ich kann es dir auch gleich sagen, weil du es sonst von jemand anders erfährst«, begann sie. »Deine kleine Freundin Kürbisköpfchen hat den Nachwuchspreis gewonnen. Und man erwartet, daß sie ihn auch ein zweitesmal gewinnen wird.«

Dabei ging es um einen Preis für die Lerngeisha, die im vergangenen Monat am meisten verdient hatte. Es mag seltsam klingen, daß ein solcher Preis existierte, aber es gab einen sehr guten Grund dafür. Indem man die Lehrlinge ansporente, soviel Geld wie möglich zu verdienen, trug man dazu bei, sie zu jener Art Geisha zu formen, die in Gion am begehrtesten war – zu Geishas, die nicht nur für sich selbst viel Geld verdienten, sondern auch für alle anderen.

Mehrmals schon hatte Mameha vorausgesagt, daß sich Kürbisköpfchen ein paar Jahre lang angestrengt bemühen und dann als eine jener Geishas enden werde, die ein paar treue Kunden – keiner davon begütert – haben und sonst kaum etwas. Es war ein trauriges Bild, das sie da malte, und es freute mich zu hören, daß Kürbisköpfchen bessere Erfolge verzeichnete. Doch gleichzeitig spürte ich, wie mir die Furcht im Magen prickelte. Kürbisköpfchen schien eine der beliebtesten Lerngeishas von Gion zu sein, während ich wohl die unbekannteste war. Als ich mich zu fragen begann, was das für meine Zukunft bedeuten könnte, schien sich die Welt um mich herum wahrhaftig zu verdüstern.

Als ich dort auf der Brücke stand und darüber nachdachte, fand ich an Kürbisköpfchens Erfolg am erstaunlichsten, daß sie es geschafft haben sollte, ein exquisites junges Mädchen namens Raiha zu überflügeln, das den Preis in den vergangenen Monaten gewonnen hatte. Raihas Mutter war eine berühmte Geisha gewesen, ihr Vater gehörte zu einer der berühmtesten Familien Japans, die über einen unermeßlichen Reichtum verfügte. Jedesmal, wenn Raiha an mir vorbeischlenderte, fühlte ich mich, wie ein einfacher Stint sich fühlen muß, wenn ein Silberlachs an ihm vorübergleitet. Wie hatte es Kürbisköpfchen geschafft, sie zu überrunden? Gewiß, Hatsumomo hatte sie vom ersten Tag ihres Debüts an gnadenlos gefordert – so sehr, daß sie stark abgenommen hatte und kaum noch wie sie selbst aussah –, aber hätte Kürbisköpfchen nur durch harte Arbeit wirklich beliebter werden können als Raiha?

»Ach, nun hör aber auf!« sagte Mameha. »Mach kein so trauriges Gesicht. Du solltest dich freuen!«

»Ja, es ist wirklich sehr selbstsüchtig von mir«, gab ich zu.

»Das meine ich nicht. Hatsumomo und Kürbisköpfchen werden für diese Auszeichnung teuer bezahlen müssen. In fünf Jahren wird sich keiner mehr an Kürbisköpfchen erinnern.«

»Mir scheint«, wandte ich ein, »daß jeder sie als das Mädchen in Erinnerung behalten wird, das Raiha übertrumpft hat.«

»Niemand hat Raiha übertrumpft. Kürbisköpfchen mag im letzten Monat am meisten Geld verdient haben, doch die beliebteste Lerngeisha von Gion ist immer noch Raiha. Komm mit, ich werd's dir erklären.«

Mameha ging mit mir in ein Restaurant im Pontocho-Viertel und setzte sich mit mir an einen Tisch.

In Gion, sagte Mameha, kann eine sehr beliebte Geisha immer dafür sorgen, daß ihre jüngere Schwester mehr verdient als alle anderen – falls sie bereit ist, ihren eigenen Ruf aufs Spiel zu setzen. Der Grund dafür hat mit der Art zu tun, wie die *ohana*, das »Blumengeld«, berechnet wird. Früher, vor hundert und noch mehr Jahren, entzündete die Herrin des Teehauses jedesmal, wenn eine Geisha zur Unterhaltung der Gäste kam, ein Räucherstäbchen, das eine Stunde brannte. Dieses Stäbchen wurde *ohana* – Blume – genannt.

Der Preis einer *ohana* wird durch das Registerbüro in Gion festgesetzt. Zu meiner Lehrlingszeit waren es drei Yen, etwa der Preis von zwei Flaschen Sake. Das mag nach viel Geld klingen, doch eine unbeliebte Geisha, die eine *ohana* pro Stunde verdient, führt ein karges Leben. Vermutlich verbringt sie ganze Abende vor dem Holzkohlebecken und wartet auf ein Engagement, und selbst wenn sie zu tun hat, wird sie an einem Abend wohl kaum mehr als zehn Yen verdienen, was nicht einmal genügen würde, um ihre Schulden zurückzuzahlen. In Anbetracht des ungeheuren Reichtums, der nach Gion hineinfließt, ist sie, verglichen mit Hatsumomo oder Mameha, die sich wie Löwinnen an der Beute gütlich tun, nicht mehr als ein Insekt, das am Kadaver herumpickt. Denn eine Geisha wie Hatsumomo hat nicht nur täglich Engagements bis tief in die Nacht, sondern verlangt auch jede Viertelstunde eine *ohana* statt jede Stunde. Und in Mamehas Fall... nun ja, sie war einmalig in Gion, deswegen verlangte sie alle fünf Minuten eine *ohana*.

Natürlich behält keine Geisha all ihre Einnahmen für sich, nicht einmal Mameha. Das Teehaus, in dem sie ihre Gage verdient, bekommt einen Anteil, ein weitaus kleinerer Anteil geht an die Geishavereinigung, ein weiterer Anteil an ihren Ankleider und so weiter, bis hin zu dem Betrag, den sie an eine Okiya bezahlt, die ihre Bücher führt und ihre Termine festlegt. Sie selbst behält vermutlich nur etwas mehr als die Hälfte ihrer Einnahmen. Dennoch ist das eine enorme Summe, wenn man sie mit dem Lebensunterhalt einer unbeliebten Geisha vergleicht, die von Tag zu Tag tiefer absinkt.

Und so kann eine Geisha wie Hatsumomo bewirken, daß ihre jüngere Schwester erfolgreicher aussieht, als sie in Wirklichkeit ist: Zunächst einmal ist eine beliebte Geisha in Gion auf nahezu jeder Party willkommen, bleibt aber auf vielen nur fünf Minuten. Ihre Kunden bezahlen ihre Gage gern, auch wenn sie nur kurz bei ihnen hereinschaut. Sie wissen, daß diese Geisha sich das nächstemal, wenn sie nach Gion kommen, vermutlich für eine Weile zu ihnen an den Tisch setzen wird. Eine Lerngeisha kann sich ein solches Verhalten nicht leisten. Ihre Aufgabe ist es, Verbindungen zu knüpfen. Bis sie mit achtzehn Jahren eine vollwertige Geisha wird, darf sie nicht einmal daran denken, von einer Party zur anderen zu ziehen. Statt dessen bleibt sie eine Stunde oder länger und ruft erst dann in ihrer Okiya an, um sich zu erkundigen, wo ihre ältere Schwester sich aufhält, damit sie ein anderes Teehaus aufsuchen und sich einer neuen Gästerunde vorstellen lassen kann. Während ihre beliebte ältere Schwester an einem Abend möglicherweise bis zu zwanzig Partys aufsucht, sind es bei der Lerngeisha höchstens fünf. Hatsumomo machte es jedoch anders. Sie ließ sich von Kürbisköpfchen überallhin begleiten.

Bis zum Alter von sechzehn Jahren berechnet eine Lerngeisha eine halbe *ohana* pro Stunde. Wenn Kürbisköpfchen nur fünf Minuten auf einer Party blieb, wurde dem Gastgeber jedoch der gleiche Betrag berechnet, als wäre sie eine volle Stunde geblieben. Vermutlich machte es den Männern nichts aus, daß Hatsumomo ihre jüngere Schwester an einem oder auch zwei Abenden nur auf einen kurzen Besuch mitbrachte. Nach einer Weile würden sie sich aber bestimmt fragen, warum sie keine Zeit hatte, länger zu bleiben, und warum ihre jüngere Schwester nicht, wie es von ihr erwartet wurde, bei ihnen zurückblieb. Sie sehen also, Kürbisköpfchens Einnahmen mögen hoch gewesen sein – vielleicht sogar drei bis vier *ohana* pro Stunde –, aber sie würde genauso mit ihrem Ruf dafür bezahlen müssen wie Hatsumomo.

»Hatsumomos Verhalten beweist uns, wie verzweifelt sie ist«, fuhr Mameha fort. »Sie tut alles, damit Kürbisköpfchen gut dasteht. Und du weißt natürlich, warum – oder?«

»Nicht so genau, Mameha-san.«

»Sie will, daß Kürbisköpfchen gut dasteht, damit Frau Nitta sie adoptiert. Wenn Kürbisköpfchen zur Tochter der Okiya ernannt wird, ist ihre Zukunft gesichert, und Hatsumomos ebenfalls. Schließlich ist Hatsumomo Kürbisköpfchens Schwester, und Frau Nitta wird sie bestimmt nicht hinauswerfen. Verstehst du, was ich sagen will? Wenn Kürbisköpfchen adoptiert wird, wirst du dich niemals von Hatsumomo befreien können... es sei denn, du wirst zur Okiya hinausgeworfen.«

Ich fühlte mich, wie sich die Meereswellen fühlen müssen, wenn die Wolken sie der Wärme der Sonne berauben.

»Ich hatte gehofft, daß du eine beliebte junge Lerngeisha sein würdest«, fuhr Mameha fort, »aber Hatsumomo hat sich uns äußerst wirksam in den Weg gestellt.«

»O ja, das hat sie!«

»Nun, wenigstens lernst du, wie man Männer richtig unterhält. Du kannst von Glück sagen, daß du den Baron kennengelernt hast. Ich habe vielleicht noch keine Möglichkeit gefunden, Hatsumomo auszuschalten, aber ehrlich gesagt...« Sie unterbrach sich.

»Ja?« fragte ich.

»Lassen wir das, Sayuri. Ich wäre töricht, würde ich dir meine Gedanken mitteilen.«

Es tat mir weh, daß sie das sagte. Mameha schien sofort zu merken, was in mir vorging, denn sie fuhr hastig fort: »Du lebst unter demselben Dach wie Hatsumomo, nicht wahr? Alles, was ich zu dir sage, könnte ihr hinterbracht werden.«

»Ich bitte vielmals um Verzeihung für das, was mir Ihre schlechte Meinung eingetragen haben mag, Mameha-san«, sagte ich. »Fürchten Sie wirklich, ich würde stehenden Fußes in die Okiya zurückkehren und Hatsumomo alles brühwarm berichten?«

»Über das, was du tun wirst, mache ich mir keine Gedanken. Mäuse werden nicht gefressen, weil sie dort hinlaufen, wo die Katze schläft, und sie wecken. Du weißt genau, wie erfinderisch Hatsumomo ist. Du mußt mir einfach vertrauen, Sayuri.«

»Ja, Herrin«, antwortete ich, denn was blieb mir anderes übrig?

»Eins werde ich dir noch verraten.« Mameha beugte sich ein wenig nach vorn – vor Erregung, wie mir schien. »Du und ich, wir werden in den kommenden zwei Wochen zusammen zu einem Engagement an einen Ort gehen, wo Hatsumomo uns niemals finden wird.«

»Darf ich fragen, wo?«

»Auf gar keinen Fall! Ich sage dir nicht einmal, wann. Sieh ein-

fach zu, daß du bereit bist. Wenn es soweit ist, wirst du alles erfahren, was du wissen mußt.«

Als ich an jenem Nachmittag in die Okiya zurückkehrte, versteckte ich mich im oberen Stock, um in Ruhe in meinem Almanach blättern zu können. Innerhalb der nächsten zwei Wochen
boten sich eine ganze Reihe von Tagen an. Der eine war der kommende Mittwoch, der für Reisen in westlicher Richtung günstig
war, vielleicht hatte Mameha vor, mit mir die Stadt zu verlassen.
Ein weiterer war der folgende Montag, der zufällig der *tai-an*
war, der günstigste Tag der sechstägigen Buddhisten-Woche.
Schließlich gab es noch eine bemerkenswerte Voraussage für den
Sonntag danach: »Ein Gleichgewicht von Gut und Böse kann die
Tür zum Schicksal aufstoßen.« Das klang für mich am aufregend-
sten.

Am Mittwoch hörte ich nichts von Mameha. Ein paar Tage später rief sie mich nachmittags in ihre Wohnung – an einem Tag, der
laut Almanach ungünstig war –, aber nur, um mit mir eine Veränderung bei meinem Teezeremonie-Unterricht zu besprechen.
Eine ganze Woche verging ohne ein Wort von ihr. Und dann, am
Sonntag, hörte ich so gegen Mittag, wie die Tür der Okiya aufgeschoben wurde, und legte mein Shamisen auf den Verandagang,
wo ich etwa eine Stunde geübt hatte, um schnell zum Eingang zu
laufen. Ich erwartete, eine von Mamehas Dienerinnen zu sehen,
aber es war nur ein Mann von der Apotheke, der chinesische
Kräuter für Tantchens Arthritis lieferte. Nachdem eine unserer
älteren Dienerinnen das Päckchen entgegengenommen hatte,
wollte ich mich wieder meinem Shamisen zuwenden, als ich
merkte, daß der Mann meine Aufmerksamkeit zu erregen suchte.
Er hielt einen Zettel so in der Hand, daß nur ich ihn sehen konnte.
Unser Mädchen wollte die Tür schon wieder schließen, da sagte
er zu mir: »Verzeihen Sie, wenn ich Sie bemühe, Fräulein, aber
würden Sie das hier für mich wegwerfen?« Die Dienerin fand das
seltsam, ich aber nahm den Zettel und tat, als werfe ich ihn im
Dienstbotenzimmer weg. Es war eine unsignierte Nachricht in
Mamehas Handschrift.

»Bitte Tantchen um Erlaubnis, die Okiya verlassen zu dürfen.

Sag ihr, ich habe Arbeit für Dich in meiner Wohnung, und sei um spätestens ein Uhr hier. Sag sonst niemandem, wohin du gehst!«

Ich bin sicher, daß Mamehas Vorsichtsmaßnahmen vernünftig waren, aber Mutter aß mit einer Freundin zu Mittag, und Hatsumomo war mit Kürbisköpfchen bereits zu einem nachmittäglichen Engagement aufgebrochen. Niemand außer Tantchen und den Dienerinnen hielt sich noch in der Okiya auf. Ich ging schnurstracks in Tantchens Zimmer, wo sie gerade eine schwere Baumwolldecke über ihren Futon breitete, weil sie einen Mittagsschlaf halten wollte. Während ich mit ihr sprach, stand sie kältezitternd in ihrem Nachthemd vor mir. Kaum hörte sie, daß Mameha mich zu sich bestellt hatte, da wollte sie nicht einmal mehr den Grund dafür wissen. Sie winkte mich einfach stumm hinaus und kroch zum Schlafen unter die Decke.

Als ich Mamehas Wohnung erreichte, weilte sie noch bei einem Vormittagsengagement, doch ihre Dienerin führte mich ins Ankleidezimmer, um mir beim Schminken zu helfen, und brachte mir dann das Kimono-Ensemble, das Mameha für mich herausgelegt hatte. Inzwischen hatte ich mich daran gewöhnt, Mamehas Kimonos zu tragen, doch eigentlich ist es höchst ungewöhnlich, daß eine Geisha Gewänder aus ihrer Sammlung verleiht. Zwei Freundinnen in Gion mögen wohl einmal für ein, zwei Nächte ihre Kimonos tauschen, doch daß eine Geisha einem jungen Mädchen eine derartige Freundlichkeit erweist, ist äußerst selten. Tatsächlich machte Mameha sich meinetwegen viele Umstände, denn sie selbst trug keine Kimonos mit langen Hängeärmeln mehr und mußte sie eigens aus einem Lager herbeischaffen lassen. Oft fragte ich mich, ob sie wohl erwartete, irgendwie dafür entlohnt zu werden.

Der Kimono, den sie an jenem Tag für mich herausgelegt hatte, war der bisher schönste: aus orangeroter Seide mit einem silbernen Wasserfall, der sich auf Kniehöhe in ein schieferblaues Meer stürzte. Der Wasserfall wurde von braunen Klippen durchbrochen, und unten schwamm knotiges, mit gelacktem Faden gesticktes Treibholz. Ich wußte es natürlich nicht, aber der Kimono war in Gion gut bekannt, und die Menschen, die ihn sahen, dachten vermutlich sofort an Mameha. Indem sie mir erlaubte, ihn zu tragen, übertrug sich, glaube ich, ein wenig von ihrer Aura auf mich.

Nachdem Herr Itchoda mir den Obi gebunden hatte – rostrot und braun, mit Goldfäden durchwirkt –, legte ich letzte Hand an mein Make-up und den Schmuck in meinem Haar. Das Taschentuch des Direktors – das ich, wie so oft, aus der Okiya mitgebracht hatte – schob ich in meinen Obi und stellte mich dann vor den Spiegel, um mich zu bewundern. Und als wäre Mamehas Wunsch, mich so schön herausgeputzt zu sehen, nicht schon erstaunlich genug, legte sie nach ihrer Rückkehr in die Wohnung einen relativ schlichten Kimono an: Er war kartoffelbraun mit einer zartgrauen Schraffur, während ihr Obi ein schlichtes schwarzes Rautenmuster auf tiefblauem Grund aufwies. Wie immer strahlte sie die vornehm-zurückhaltende Schönheit einer Perle aus, doch als wir gemeinsam die Straße entlanggingen, starrten die Frauen, die sich vor Mameha verneigten, nur mich an.

Vom Gion-Schrein aus fuhren wir eine halbe Stunde lang mit einer Rikscha Richtung Norden bis in einen Teil von Kyoto, den ich nicht kannte. Unterwegs teilte mir Mameha mit, daß wir einen Sumo-Ringkampf sehen würden, und zwar als Gäste von Iwamura Ken, dem Gründer der Iwamura Electric in Osaka – übrigens die Firma, die das Heizgerät hergestellt hatte, durch das Großmama gestorben war – und seinem Partner Nobu Toshikazu, der Präsident der Gesellschaft war. Nobu war ein großer Fan des Sumo-Ringens und hatte das Turnier an diesem Nachmittag mit organisiert.

»Ich sollte dich warnen«, sagte sie zu mir. »Nobu sieht ein wenig… sonderbar aus. Sei freundlich zu ihm, wenn du ihm vorgestellt wirst, dann machst du einen guten Eindruck auf ihn.« Nachdem sie das gesagt hatte, warf sie mir einen Blick zu, als wollte sie sagen, daß sie unendlich enttäuscht von mir wäre, wenn ich ihren Rat nicht befolgte.

Wegen Hatsumomo brauchten wir uns keine Sorgen zu machen, erklärte sie. Die Eintrittskarten für die Vorführung seien schon seit Wochen ausverkauft.

Auf dem Campus der Universität von Kyoto verließen wir die Rikscha endlich. Mameha führte mich einen von kleinen Kiefern gesäumten Fußweg entlang. Links und rechts von uns standen Gebäude im westlichen Stil, deren Fenster durch lackierte Holz-leisten in viele kleine Glasquadrate geteilt wurden. Mir war nie klargeworden, wie sehr Gion mir schon zur Heimat geworden war, bis ich mich hier, an der Universität, so fehl am Platz fühlte. Rings um uns wimmelte es von glatthäutigen jungen Männern mit gescheitelten Haaren, manche davon mit Hosenträgern. Sie schie-nen Mameha und mich so exotisch zu finden, daß sie uns nach-starrten und untereinander Witze rissen. Gleich darauf passierten wir mit einer Menge älterer Herren und einer Anzahl Damen, darunter nicht wenige Geishas, ein großes Eisentor. In Kyoto gibt es nur wenige Möglichkeiten, ein Sumo-Turnier zu sehen, das nicht im Freien stattfindet, und eine davon bot die alte Festhalle der Universität von Kyoto. Heute gibt es das Gebäude nicht mehr, damals aber paßte es zu den westlichen Bauten ringsum wie ein verhutzelter alter Mann im Kimono zu einer Gruppe von Ge-schäftsleuten. Es glich einer riesigen Schachtel, deren Dach im Verhältnis nicht kräftig genug wirkte, so daß das Ganze aussah wie ein Topf mit dem falschen Deckel. Die riesigen Türen auf der einen Seite waren so stark verzogen, daß sie sich unter ihren Ei-senbeschlägen wölbten. Der Gesamteindruck war sehr rustikal und erinnerte mich an unser beschwipstes Haus, was mich für einen Moment traurig machte.

Als ich die Steinstufen zu dem Gebäude emporstieg, entdeckte ich zwei Geishas, die über den gekiesten Hof schlenderten, und verneigte mich vor ihnen. Die beiden erwiderten die Verneigung, und eine sagte etwas zur anderen. Ich fand das ziemlich eigen-artig – bis ich sie mir näher ansah. Das Herz wurde mir schwer, denn eine davon war Hatsumomos Freundin Korin. Nun, da ich sie erkannt hatte, verneigte ich mich abermals vor ihr und gab mir die größte Mühe, sie anzulächeln. Kaum hatten sie sich jedoch ab-gewandt, da flüsterte ich Mameha zu:

»Mameha-san! Gerade habe ich eine Freundin von Hatsu-momo gesehen!«

»Ich wußte gar nicht, daß Hatsumomo Freundinnen hat.«

»Es ist Korin. Sie ist da drüben … das heißt, sie war da – bis vor einem Augenblick. Zusammen mit einer anderen Geisha.«

»Ich kenne Korin. Warum bist du so besorgt? Was kann sie dir denn schon tun?«

Darauf wußte ich keine Antwort. Aber wenn Mameha nicht beunruhigt war, hatte auch ich keinen Grund, mir Sorgen zu machen.

Mein erster Eindruck der Festhalle war der eines unendlich weiten, leeren Raumes, der bis unters Dach reichte. Von hoch oben strömte Sonnenlicht durch vergitterte Fenster. Der riesige Raum hallte wider vom Lärm der Menge. Rauch von den Grillfeuern draußen, wo süße Reiskuchen mit Misopaste gebraten wurden, erfüllte die Halle. In der Mitte befand sich ein quadratisches Podium, über dem sich ein Dach im Shinto-Stil wölbte. Das war der Ring. Ein Priester umkreiste den Ring, intonierte Segenssprüche und schwenkte einen heiligen Stab, der mit gefalteten Papierstreifen geschmückt war.

Mameha führte mich zu einer Sitzreihe ganz vorn. Wir streiften die Schuhe ab und gingen auf Strümpfen auf einem schmalen Holzsteg durch die Reihe. In dieser Reihe saßen unsere Gastgeber, aber ich hatte keine Ahnung, wer sie waren, bis ich einen Mann entdeckte, der Mameha heftig zuwinkte. Das mußte Nobu sein. Denn es war offensichtlich, warum Mameha mich vor seinem Aussehen gewarnt hatte: Seine Gesichtshaut wirkte selbst aus dieser Entfernung wie geschmolzenes Wachs. Irgendwann einmal in seinem Leben mußte er schwere Verbrennungen davongetragen haben; seine ganze Erscheinung wirkte so tragisch, daß ich mir nicht vorstellen konnte, welche Qualen er hatte erdulden müssen. Bisher war mir schon ziemlich mulmig zumute gewesen, weil ich Korin über den Weg gelaufen war, jetzt begann ich zu befürchten, daß ich mich, wenn ich Nobu vorgestellt wurde, lächerlich machen würde, ohne zu begreifen, warum. Während ich Mameha folgte, konzentrierte ich meine Aufmerksamkeit nicht auf Nobu, sondern auf einen sehr eleganten Herrn, der neben ihm auf derselben Tatami-Matte saß und einen Nadelstreifen-Kimono trug. In dem Moment, da mein Blick auf diesen Mann fiel, überkam mich eine seltsame Reglosigkeit. Da er sich mit jemandem in einer anderen Loge unterhielt, konnte ich nur seinen Hinterkopf sehen. Aber er wirkte so vertraut auf mich, daß ich das, was ich da sah, vorübergehend nicht einordnen konnte. Ich wußte nur, daß er nicht hierher, nicht in diese Festhalle gehörte. Und dann, bevor ich mir über den Grund klarwerden konnte, stieg das Bild vor meinen Augen auf, wie er sich mir auf der Straße unseres Dörfchens zugewandt hatte...

Es war Herr Tanaka!

Er hatte sich auf eine Art verändert, die ich nicht zu beschreiben vermochte. Ich sah, wie er die Hand an sein graues Haar hob, und staunte, wie graziös er die Finger bewegte. Warum fand ich seinen Anblick so seltsam beruhigend? War ich vielleicht so benommen vor Überraschung, ihn hier zu sehen, daß ich kaum sagen konnte, was ich wirklich fühlte? Nun ja, wenn ich einen Menschen auf dieser Welt haßte, dann war es Herr Tanaka, das mußte ich mir schnell ins Gedächtnis rufen. Ich würde mich nicht neben ihn knien und sagen: »Ja, Herr Tanaka, welch eine Ehre, Sie wiederzusehen! Was führt Sie denn zu uns nach Kyoto?« Statt dessen würde ich mir etwas ausdenken, um ihm zu zeigen, was ich wirklich von ihm hielt, auch wenn das kaum das richtige Verhalten für eine Lerngeisha war. An Herrn Tanaka hatte ich in diesen letzten Jahren nur sehr selten gedacht. Aber ich war es mir selbst schuldig, nicht besonders freundlich zu ihm zu sein und den Sake nicht in seine Tasse zu gießen, wenn ich ihn auf sein Bein schütten konnte. Ich würde ihn anlächeln, wie es meine Pflicht war, aber ich würde so lächeln, wie ich es von Hatsumomo kannte, und dann würde ich sagen: »Ach, Herr Tanaka, dieser starke Fischgeruch... Ich kriege Heimweh, wenn ich hier neben Ihnen sitze!« Wie erschrocken er wohl sein würde! Oder vielleicht auch: »Aber Herr Tanaka, Sie sehen ja... tatsächlich beinahe distinguiert aus!« Obwohl er, als ich ihn so betrachtete – denn inzwischen hatten wir die Loge, in der er saß, fast erreicht –, tatsächlich distinguiert aussah, weit distinguierter, als ich es mir je hätte vorstellen können.

Mameha, die gerade bei ihm ankam, ließ sich auf die Knie nieder, um sich zu verneigen. Dann wandte er den Kopf, und zum erstenmal sah ich sein breites Gesicht und die scharf hervortretenden Wangenknochen… und vor allem die Augenlider, die in den Augenwinkeln so straff gefaltet, sonst aber so glatt und flach waren. Und plötzlich schien der ganze Lärm um mich herum zu verstummen, als wäre er der Wind und ich eine Wolke, die von ihm davongetragen wurde.

Er war mir so vertraut – in mancher Hinsicht vertrauter als mein eigenes Spiegelbild. Aber es war nicht Herr Tanaka. Es war der Direktor.

17. KAPITEL

Gesehen hatte ich den Direktor nur einen einzigen, kurzen Moment in meinem Leben, aber seitdem hatte ich sehr viel Zeit damit verbracht, an ihn zu denken. Er war wie ein Lied, das ich einmal kurz gehört hatte, das ich aber seitdem ständig in Gedanken sang, wobei sich die Noten im Laufe der Zeit ein wenig verändert hatten – womit ich sagen will, ich hatte erwartet, daß seine Stirn höher und sein graues Haar nicht mehr so dicht sei. Als ich ihn sah, erlebte ich einen Sekundenbruchteil der Unsicherheit, ob es sich wirklich um den Direktor handelte, aber ich fühlte mich so ruhig, daß ich ohne jeden Zweifel wußte, ich hatte ihn gefunden.

Während Mameha die beiden Herren begrüßte, stand ich hinter ihr und wartete, bis die Reihe an mir war, mich zu verneigen. Was, wenn meine Stimme, sobald ich sprechen wollte, so quietschend wie ein Lappen klang, der über blank poliertes Holz gleitet? Nobu mit seinen tragischen Narben musterte mich, aber ich war nicht sicher, ob der Direktor überhaupt bemerkt hatte, daß ich da war; ich wagte nicht, in seine Richtung zu sehen. Als Mameha ihren Platz einnahm und sich den Kimono über den Knien glattzog, sah ich, daß der Direktor mich mit einem Ausdruck betrachtete, den ich für Neugier hielt. Von all dem Blut, das mir unvermittelt ins Gesicht schoß, wurden meine Füße tatsächlich eiskalt.

»Direktor Iwamura… Präsident Nobu«, sagte Mameha, »dies ist meine neue jüngere Schwester Sayuri.«

Sie haben sicher von dem berühmten Iwamura Ken gehört, dem Gründer von Iwamura Electric. Und vermutlich haben Sie auch von Nobu Toshikazu gehört. In ganz Japan gab es wohl nirgends zwei Geschäftspartner, die so berühmt waren wie diese beiden. Sie waren wie ein Baum und seine Wurzeln, oder wie ein Tempel und das Tor, das zu ihm führt. Selbst ich als vierzehnjähriges Mädchen hatte von ihnen gehört. Aber keine Sekunde hätte ich mir träumen lassen, daß Iwamura Ken der Mann sein könnte, den ich am Ufer des Shirakawa-Baches getroffen hatte! Nun gut, ich ließ mich auf die Knie nieder, verneigte mich vor ihnen und sprach die üblichen Worte, mit denen ich sie um Nachsicht bat. Danach setzte ich mich zwischen die beiden. Nobu begann ein Gespräch mit einem Mann neben ihm, während der Direktor auf meiner anderen Seite nur dasaß und eine leere Teetasse, die auf einem Tablett vor ihm stand, umklammerte. Mameha begann mit ihm zu reden, und ich griff nach einer kleinen Teekanne und hielt meinen Ärmel aus dem Weg, um ihm einzuschenken. Zu meiner Verwunderung wanderte der Blick des Direktors zu meinem Arm. Natürlich hätte ich gern selbst gesehen, was er sah. Vielleicht kam es von dem Dämmerlicht in der Festhalle, aber die Unterseite meines Armes schien zu schimmern wie eine glänzende Perle und war von einer wunderschönen Elfenbeinfarbe. Kein Teil meines Körpers war mir jemals so schön vorgekommen. Überdeutlich war ich mir bewußt, daß der Direktor wie gebannt auf meinen Arm starrte. Und ich dachte nicht daran, ihn seinem Blick zu entziehen. Dann verstummte Mameha plötzlich. Mir schien, als hätte sie innegehalten, weil der Direktor meinen Arm betrachtete, statt ihr zuzuhören. Dann jedoch merkte ich, was der eigentliche Grund dafür war.

Die Teekanne war leer! Und war schon leer gewesen, als ich sie zur Hand nahm.

Nur einen Moment zuvor war ich mir noch strahlend schön vorgekommen, jetzt murmelte ich eine Entschuldigung und stellte die Teekanne hastig ab. Mameha lachte. »Da sehen Sie, wie entschlossen dieses Mädchen ist, Direktor«, sagte sie. »Wäre noch ein einziger Tropfen Tee in der Kanne gewesen, so hätte Sayuri ihn herausgeholt.«

»Das ist wirklich ein schöner Kimono, den deine jüngere Schwester trägt, Mameha«, sagte der Direktor. »Ist es möglich, daß ich ihn aus deiner Lehrzeit kenne?«

Hätte ich bisher noch daran gezweifelt, daß dieser Mann wirklich der Direktor war, dann waren die Zweifel beseitigt, sobald ich die vertraute Freundlichkeit in seiner Stimme vernahm.

»Es wäre möglich«, antwortete Mameha. »Aber der Direktor hat mich im Laufe der Jahre in so vielen verschiedenen Kimonos gesehen, daß ich mir nicht vorstellen kann, wie er sich an alle erinnern will.«

»Nun, ich bin nicht anders als andere Männer. Schönheit macht großen Eindruck auf mich. Diese Sumo-Ringer kann ich nicht auseinanderhalten.«

Mameha beugte sich vor und flüsterte mir zu: »In Wirklichkeit meint der Direktor damit, daß er Sumo nicht besonders schätzt.«

»Also, Mameha, wenn du versuchen willst, mir Ärger mit Nobu zu machen…«

»Aber Direktor, Nobu-san weiß schon seit Jahren, was Sie von Sumo halten.«

»Dennoch…«, gab er zurück. »Bist du zum erstenmal beim Sumo, Sayuri?«

Ich hatte auf einen Vorwand gewartet, um mit ihm zu sprechen, aber bevor ich auch nur Atem holen konnte, zuckten wir alle zusammen, weil ein ungeheures Dröhnen den großen Bau erzittern ließ. Wir drehten uns um, und die Menge verstummte, aber es war nichts weiter als der eine riesige Torflügel, der geschlossen wurde. Gleich darauf hörte ich Angeln knirschen und sah, wie der andere Torflügel, von zwei Ringern geschoben, einen Halbkreis beschrieb. Nobu hatte den Blick von mir abgewandt. Ich konnte nicht widerstehen und betrachtete die schrecklichen Verbrennungen auf seiner einen Gesichtshälfte, dem Hals und dem verstümmelten Ohr. Dann sah ich, daß sein Jackenärmel leer war. Bis dahin war ich so beschäftigt gewesen, daß ich das übersehen hatte; er war hochgeschlagen und mit einer langen Silbernadel an der Schulter festgesteckt worden.

Wenn Sie es nicht schon erraten haben, kann ich es Ihnen ruhig erzählen: Nobu war als junger Leutnant zur See bei einem Bombenangriff vor Seoul im Jahre 1910, als Korea von Japan annektiert wurde, schwer verwundet worden. Als ich ihn kennenlernte, wußte ich nichts von seinem Heldentum, obwohl die Geschichte in ganz Japan bekannt war. Hätte er sich nicht mit dem Direktor zusammengetan und wäre schließlich Präsident von Iwamura Electric geworden, wäre er als Kriegsheld vermutlich vergessen worden. So aber machten seine gräßlichen Verletzungen die Geschichte seines Erfolges um so bemerkenswerter, und die beiden wurden fast immer in einem Atemzug genannt.

Ich weiß nicht viel über Geschichte, denn in unserer kleinen Schule wurden nur die Künste gelehrt, aber ich glaube, das japanische Kaiserreich sicherte sich gegen Ende des russisch-japanischen Krieges die Kontrolle über Korea und beschloß ein paar Jahre später, Korea seinem wachsenden Machtgefüge einzuverleiben. Bestimmt waren die Koreaner darüber nicht sehr glücklich. Nobu ging als Teil einer kleinen Streitmacht dorthin, um für eine Stabilisierung der Lage zu sorgen. Eines Nachmittags begleitete er den befehlshabenden Offizier bei einem Besuch in einem Dorf bei Seoul. Auf dem Rückweg zu der Stelle, wo sie ihre Pferde festgebunden hatten, geriet die Patrouille unter Beschuß. Als sie das gräßliche Pfeifen einer näher kommenden Granate hörten, versuchte der befehlshabende Offizier in einen Graben zu steigen, aber er war ein alter Mann und bewegte sich im Schneckentempo. Sekunden bevor die Granate einschlug, versuchte er noch immer einen Halt zu finden. Um ihn zu retten, warf sich Nobu über den Offizier, aber das nahm ihm der Alte übel und wollte wieder hinausklettern. Mit einiger Anstrengung hob er den Kopf; Nobu versuchte ihn hinunterzudrücken, aber die Granate schlug ein, tötete den Offizier und fügte Nobu schwere Verletzungen zu. Bei einer späteren Operation verlor Nobu den linken Arm über dem Ellbogen.

Als ich den hochgesteckten Ärmel zum erstenmal sah, wandte ich vor Schreck unwillkürlich den Blick ab. Ich hatte noch nie einen Menschen gesehen, der eine seiner Gliedmaßen verloren hatte. Ich hatte nur einmal mitbekommen, wie Tanaka sich eines Morgens beim Fischschuppen die Fingerkuppe abschnitt. In Nobus Fall hielten viele Leute den fehlenden Arm für das kleinere Übel, denn seine Haut war eine einzige, riesige Wunde. Es ist schwer zu beschreiben, wie er aussah, und es wäre grausam für mich, es auch nur zu versuchen. Also werde ich einfach wiederholen, was ich eine andere Geisha eines Tages über ihn sagen hörte: »Jedesmal, wenn ich sein Gesicht sehe, denke ich an eine süße Kartoffel, die im Backofen Blasen geworfen hat.«

Als sich das riesige Tor geschlossen hatte, wandte ich mich wieder zum Direktor zurück, um ihm zu antworten. Als Neuling durfte ich, wenn ich wollte, so still dasitzen wie ein Blumenarrangement, aber ich war fest entschlossen, mir diese Chance nicht entgehen zu lassen. Und wenn ich auch nur einen so kleinen Eindruck bei ihm hinterließ wie ein Kinderfuß auf einem staubigen Fußboden, wäre das wenigstens ein Anfang.

»Der Direktor fragte, ob ich zum erstenmal beim Sumo bin«, begann ich. »Es ist tatsächlich das erstemal, und ich wäre überaus dankbar für alles, was mir der Direktor beim Zuschauen freundlicherweise erklären würde.«

»Wenn du wissen willst, was da vorgeht«, sagte Nobu, »solltest du dich lieber an mich halten. Wie heißt du eigentlich, Kleine? Bei dem Lärm, der hier herrscht, habe ich's nicht richtig verstanden.«

Widerstrebend wie ein hungriges Kind von einem vollen Teller wandte ich mich vom Direktor ab.

»Ich heiße Sayuri, Herr«, antwortete ich.

»Du bist doch Mamehas jüngere Schwester, nicht wahr? Warum heißt du denn nicht ›Mame‹-irgendwas?« fuhr Nobu fort. »Gehört das nicht zu euren törichten Traditionen?«

»Ja, Herr. Aber der Wahrsager hat erklärt, alle Namen mit ›Mame‹ seien ungünstig für mich.«

»Der Wahrsager!« sagte Nobu verächtlich. »Hat er den Namen für dich gewählt?«

»Ich habe den Namen für sie gewählt«, erklärte Mameha. »Der Wahrsager wählt keine Namen; er sagt uns nur, ob sie akzeptabel sind.«

»Eines Tages«, gab Nobu zurück, »werdet ihr erwachsen werden und aufhören, auf Dummköpfe zu hören.«

»Na, na, Nobu-san«, mahnte der Direktor. »Jeder, der dich reden hört, müßte dich für den modernsten Menschen der Nation halten. Dagegen kenne ich keinen einzigen, der fester an das Schicksal glaubt als du.«

»Jeder Mensch hat sein Schicksal. Aber wer muß zu einem Wahrsager gehen, um es zu erfahren? Gehe ich zu einem Koch, um herauszufinden, ob ich hungrig bin?« sagte Nobu. »Jedenfalls ist Sayuri ein sehr hübscher Name – obwohl hübsche Namen und hübsche Mädchen nicht immer ein Gespann ergeben.«

Allmählich fragte ich mich, ob seine nächste Bemerkung etwa so lauten würde wie: »Was für eine häßliche jüngere Schwester du dir doch genommen hast, Mameha!« Oder so ähnlich. Zu meiner Erleichterung sagte er jedoch:

»Dies ist allerdings ein Fall, in dem Name und Mädchen zueinander passen. Ich glaube, sie ist sogar noch hübscher als du, Mameha.«

»Aber Nobu-san! Keine Frau hört gern, daß sie nicht die Schönste im ganzen Land ist!«

»Vor allem du, eh? Nun, du solltest dich lieber daran gewöhnen. Sie hat besonders schöne Augen. Dreh dich zu mir um, Sayuri, damit ich sie mir noch einmal ansehen kann.«

Da Nobu meine Augen sehen wollte, konnte ich wohl nicht gut zu Boden blicken. Aber ohne dreist zu wirken, konnte ich ihm auch nicht direkt ins Gesicht sehen. Nachdem mein Blick ein wenig herumgeirrt war, fixierte ich schließlich sein Kinn. Hätte ich meinen Augen befehlen können, sie sollten aufhören zu sehen, so hätte ich das wirklich getan, denn Nobus Züge wirkten wie eine schlecht ausgearbeitete Tonskulptur. Sie dürfen nicht vergessen, daß ich damals noch nichts von der Tragödie wußte, die zu seiner Verstümmelung geführt hatte. Wenn ich mich fragte, was ihm wohl zugestoßen sei, überkam mich dieses schreckliche Gefühl der Schwere.

»Deine Augen haben tatsächlich einen ganz seltsamen Schimmer«, stellte er fest.

In diesem Moment ging an der Außenwand der Halle eine kleine Tür auf, und ein Mann kam herein, der einen außergewöhnlich formellen Kimono und auf dem Kopf eine hohe schwarze Mütze trug, so daß er aussah, als käme er direkt aus einem Gemälde des Kaiserhofs. Mit einem Gefolge von Ringern, so riesig, daß sie sich unter der Tür hindurchducken mußten, schritt er langsam den Mittelgang hinab.

»Was weißt du über Sumo, kleines Mädchen?« fragte mich Nobu.

»Nur, daß die Ringer so riesig wie Wale sind, Herr«, antwortete ich. »In Gion arbeitet ein Mann, der früher einmal Sumo-Ringer war.«

»Das muß Awajiumi sein. Er sitzt da drüben, hast du gesehen?« Nobu zeigte zu einer anderen Reihe hinüber, wo Awajiumi saß und über irgend etwas lachte. Neben ihm kniete Korin. Anscheinend hatte sie mich entdeckt, denn sie lächelte ein wenig und beugte sich zu Awajiumi hinüber, um ihm etwas zu sagen, woraufhin er ebenfalls in meine Richtung blickte.

»Er war nie ein großer Ringer«, sagte Nobu. »Am liebsten rammte er seine Gegner mit der Schulter. Es klappte nie, aber der dumme Kerl brach sich mehrmals das Schlüsselbein.«

Inzwischen hatten die Ringer einen Kreis um das Podium gebildet. Einer nach dem anderen wurde mit Namen aufgerufen, stieg hinauf und reihte sich in einen weiteren Kreis ein, der dem Publikum zugekehrt war. Später, als sie wieder aus der Halle auszogen, damit die Ringer der gegnerischen Seite einziehen konnten, sagte Nobu zu mir:

»Dieses Seil, das auf dem Boden einen Kreis bildet, markiert den Ring, Sayuri. Der erste Ringer, der darüber hinausgeschoben wird oder der den Boden mit etwas anderem als seinen Füßen berührt, hat verloren. Das mag einfach klingen, aber wie würde es dir gefallen, wenn du versuchen solltest, einen von diesen Giganten über das Seil hinauszuschieben?«

»Ich könnte mich mit Holzklappern an sie heranschleichen«, sagte ich, »und einfach hoffen, sie so sehr zu erschrecken, daß sie von selbst rausspringen.«

»Im Ernst«, mahnte Nobu.

Ich gebe nicht vor, daß das eine besonders witzige Antwort war, aber es war einer meiner ersten Versuche, mit einem Mann zu scherzen. Ich war so verlegen, daß mir die Worte fehlten. Da beugte sich der Direktor zu mir herüber.

»Nobu-san macht niemals Witze über Sumo«, erklärte er leise.

»Über die drei Dinge im Leben mache ich niemals Witze«, sagte Nobu. »Über Sumo, über Geschäfte und über den Krieg.«

»Meine Güte, ich glaube, das war auch eine Art Scherz«, mischte sich Mameha ein. »Bedeutet das, daß Sie sich selbst widersprechen?«

»Wenn du eine Schlacht beobachten oder auch mitten in einer Geschäftsbesprechung sitzen würdest, meinst du wirklich, du verstündest, was da vorgeht?« fragte mich Nobu.

Ich hatte keine Ahnung, was er meinte, entnahm seinem Ton jedoch, daß er von mir ein Nein erwartete. »Ganz und gar nicht«, antwortete ich.

»Genau. Ebensowenig kannst du erwarten, daß du verstehst, was sich beim Sumo abspielt. Also kannst du über Mamehas kleine Scherzchen lachen oder mir zuhören und von mir erfahren, was das alles bedeutet.«

»Jahrelang hat er versucht, mir das beizubringen«, vertraute mir der Direktor an, »aber ich scheine ein miserabler Schüler zu sein.«

»Der Direktor ist ein hochintelligenter Mann«, sagte Nobu. »Er ist nur deswegen ein schlechter Sumo-Schüler, weil es ihn nicht interessiert. Er wäre heute nachmittag nicht mal hier, wäre er nicht so großzügig gewesen, meinen Vorschlag, Iwamura Electric zum Sponsor dieser Darbietung zu machen, akzeptiert hätte.«

Inzwischen hatten beide Teams ihre Einzugszeremonien beendet. Es folgten zwei weitere Zeremonien, eine für jeden der beiden *yokozuna*. *Yokozuna* ist der höchste Grad beim Sumo-Ringen – »so ähnlich wie Mamehas Position in Gion«, wie Nobu es mir erklärte. Ich hatte keinen Grund, an seiner Kompetenz zu zweifeln, aber wenn Mameha jemals soviel Zeit für ihren Auftritt bei einer Party beansprucht hätte wie diese beiden Sumo-Champions für ihren Auftritt im Ring, wäre sie mit Sicherheit nie wieder engagiert worden. Der zweite der beiden Ringer war klein und hatte ein sehr bemerkenswertes Gesicht: nicht schlaff, sondern wie aus Stein gemeißelt und mit einem Kinn, das mich an den quadratischen Bug eines Fischerkahns erinnerte. Das Publikum bejubelte ihn so laut, daß ich mir dir Ohren zuhalten mußte. Er hieß Miyagiyama, und wenn Sie auch nur ein bißchen von Sumo verstehen, werden Sie wissen, warum die Zuschauer so jubelten.

»Er ist der größte Ringer, den ich jemals gesehen habe«, informierte mich Nobu.

Kurz bevor die Runden beginnen sollten, zählte der Ansager die Preise auf. Einer bestand in einer beträchtlichen Summe Bargeld, gestiftet von Nobu Toshikazu, Präsident der Iwamura Electric. Nobu schien verärgert zu sein, als er das hörte, und sagte: »So ein Idiot! Das Geld kommt nicht von mir, sondern von Iwamura Electric. Entschuldige, Direktor. Ich werde jemand beauftragen, den Irrtum zu berichtigen.«

»Es ist kein Irrtum, Nobu. In Anbetracht all dessen, was ich dir schulde, ist dies das wenigste, was ich für dich tun kann.«

»Der Direktor ist sehr großzügig«, sagte Nobu. »Und ich bin ihm sehr dankbar.« Damit reichte er dem Direktor eine Saketasse, füllte sie, und die beiden Herren tranken zusammen.

Als die ersten Ringer das Podium betraten, erwartete ich, der Kampf werde sofort beginnen. Statt dessen verbrachten sie fünf Minuten oder mehr damit, Salz aufs Podium zu streuen und in die Knie zu gehen, um ihren Körper von einer Seite zur anderen zu wiegen, dabei ein Bein hoch in die Luft zu heben und wuchtig mit dem Fuß aufzustampfen. Von Zeit zu Zeit duckten sie sich und funkelten einander wütend an, doch jedesmal, wenn ich dachte, sie würden angreifen, richtete sich einer von ihnen auf und schlenderte davon, um eine weitere Handvoll Salz zu holen. Als ich es dann gar nicht mehr erwartete, geschah es schließlich doch noch. Die beiden Ringer prallten aufeinander, und jeder packte den Lendenschurz des anderen; doch innerhalb weniger Sekunden hatte der eine den anderen aus dem Gleichgewicht gebracht, und der Kampf war vorüber. Das Publikum applaudierte und schrie, Nobu aber schüttelte den Kopf und erklärte: »Erbärmliche Technik.«

Während der folgenden Kämpfe hatte ich oft das Gefühl, daß eins meiner Ohren mit meinem Gehirn, das andere mit meinem Herzen verbunden war, denn auf der einen Seite lauschte ich dem, was Nobu mir erklärte – und vieles davon war interessant. Doch auf der anderen Seite lenkte mich immer wieder die Stimme des Direktors ab, der sich weiterhin mit Mameha unterhielt.

Ungefähr eine gute Stunde war vergangen, als mein Blick plötzlich auf etwas leuchtend Buntes in Awajiumis Loge fiel. Es war eine orangefarbene Seidenblume, die im Haar einer Frau wippte, als diese ihren Platz einnahm. Anfangs dachte ich, Korin habe ihren Kimono gewechselt. Dann jedoch merkte ich, daß es nicht Korin war. Es war Hatsumomo.

Sie dort zu sehen, wo ich sie niemals erwartet hätte... Es war, als hätte ich einen elektrischen Schlag erhalten. Bestimmt war es nur eine Frage der Zeit, bis sie wieder mal eine Möglichkeit fand, mich zu demütigen, selbst hier in dieser gigantischen Halle inmitten Hunderter von Menschen. Wenn es schon sein mußte, machte es mir nichts aus, vor den Augen einer großen Menschenmenge zum Narren gemacht zu werden, doch den Gedanken, in Gegenwart des Direktors wie eine Närrin dazustehen, konnte ich nicht ertragen. Meine Kehle wurde heiß, und ich brachte kaum noch die Kraft auf, so zu tun, als lauschte ich Nobus Geschichte über die beiden Ringer, die jetzt aufs Podium stiegen. Als ich Mameha ansah, ließ sie den Blick kurz zu Hatsumomo hinüberwandern und sagte dann: »Direktor, verzeihen Sie, aber ich muß mich kurz entschuldigen. Vielleicht möchte Sayuri ebenfalls hinaus.«

Sie wartete, bis Nobu fertig war, dann folgte ich ihr zur Halle hinaus.

»O Mameha-san... sie ist wie ein Dämon«, klagte ich.

»Korin ist vor über einer Stunde hinausgegangen. Sie muß Hatsumomo aufgesucht und hergeschickt haben. Eigentlich solltest du dich geschmeichelt fühlen, weil Hatsumomo sich so große Mühe gibt, dich zu quälen.«

»Aber ich kann's nicht ertragen, daß sie mich hier zum Narren macht, vor... nun ja, vor all diesen Menschen!«

»Aber wenn du etwas tust, was sie lächerlich findet, wird sie dich in Ruhe lassen, meinst du nicht auch?«

»Bitte, Mameha-san, zwingen Sie mich nicht, mich selbst in Verlegenheit zu bringen!«

Wir überquerten einen Innenhof und wollten die Treppe des Gebäudes emporsteigen, in dem die Toiletten untergebracht waren, aber Mameha führte mich statt dessen ein Stückchen weiter in einen überdachten Gang. Als wir so weit entfernt waren, daß uns niemand belauschen konnte, sagte sie mit gedämpfter Stimme zu mir:

»Nobu-san und der Direktor sind seit Jahren meine großzügigen Gönner. Nobu kann, weiß der Himmel, überaus unfreundlich sein zu Leuten, die er nicht leiden kann, seinen Freunden ist er jedoch so treu ergeben wie ein Gefolgsmann seinem Feudalherrn; und du wirst keinen vertrauenswürdigeren Menschen finden. Glaubst du etwa, daß Hatsumomo diese guten Eigenschaften erkennt? Wenn die Nobu ansieht, sieht sie doch nur … ›Herrn Eidechse‹. So nennt sie ihn. ›Mameha-san, ich habe dich gestern mit Herrn Eidechse gesehen! Meine Güte, du hast ja überall Flecken! Ich glaube, er hat auf dich abgefärbt.‹ So ungefähr. Also, es ist mir gleichgültig, was du im Moment von Nobu-san hältst. Mit der Zeit wirst du schon einsehen, was für ein guter Mensch er ist. Aber wenn sie annehmen muß, daß du ihn ins Herz geschlossen hast, wird sie dich vielleicht endlich in Ruhe lassen.«

Ich wußte nicht, wie ich darauf reagieren sollte. Ich war nicht einmal sicher, was genau Mameha von mir verlangte.

»Nobu-san hat fast den ganzen Nachmittag mit dir über Sumo gesprochen«, fuhr sie fort. »Da konnte gut der Eindruck entstehen, daß du ihn bewunderst. Und nun spielst du eben für Hatsumomo Theater. Laß sie denken, daß du von ihm so hingerissen bist wie noch von niemandem zuvor. Für sie wird das urkomisch sein. Vermutlich wird sie wollen, daß du in Gion bleibst, nur damit sie mehr davon zu sehen bekommt.«

»Aber Mameha-san, wie soll ich es anstellen, daß Hatsumomo denkt, ich wäre hingerissen von ihm?«

»Wenn du das nicht hinkriegst, habe ich dich nicht richtig ausgebildet«, erwiderte sie.

Als wir zu unserer Loge zurückkehrten, hatte Nobu ein Gespräch mit einem anderen Mann in der Nähe begonnen. Da ich ihn nicht gut unterbrechen konnte, gab ich vor, mit großem Interesse zuzusehen, wie sich die Ringer auf ihren Kampf vorbereiteten. Das Publikum schien unruhig geworden zu sein: Nobu war nicht der einzige, der sich unterhielt. Ich sehnte mich danach, mich an den Direktor zu wenden und ihn zu fragen, ob er sich an jenen Tag vor einigen Jahren erinnere, an dem er sich einem jungen Mädchen gegenüber so freundlich gezeigt hatte… aber das durfte ich natürlich nicht wagen. Außerdem würde es sich katastrophal für mich auswirken, wenn ich ein Gespräch mit ihm begann, während Hatsumomo mich beobachtete.

Bald wandte sich Nobu zu mir um und sagte: »Diese Kämpfe

sind langweilig. Erst wenn Miyagiyama herauskommt, werden wir wirklich großes Sumo sehen.«

Dies schien mir *die* Chance zu sein, mich bei ihm beliebt zu machen. »Aber was ich bis jetzt vom Ringen gesehen habe, hat auch schon großen Eindruck auf mich gemacht«, behauptete ich. »Und all die Dinge, die mir Präsident Nobu freundlicherweise erklärt hat, waren ungeheuer interessant. Ich kann mir kaum vorstellen, daß wir das Beste nicht schon gesehen haben.«

»Mach dich nicht lächerlich«, sagte Nobu. »Kein einziger von diesen Ringern hat es verdient, mit Miyagiyama im selben Ring zu kämpfen.«

Über Nobus Schulter hinweg konnte ich Hatsumomo in einer der hinteren Reihen sehen. Sie plauderte mit Awajiumi und schien mir keine Beachtung zu schenken.

»Ich weiß, es mag eine törichte Frage sein«, sagte ich, »aber wie kann ein Ringer, der so klein ist wie Miyagiyama, der größte sein?« Wenn Sie dabei mein Gesicht gesehen hätten, Sie hätten bestimmt gedacht, es gebe kein Thema, an dem ich stärker interessiert sei. Es kam mir albern vor, so zu tun, als wäre ich fasziniert von etwas so Trivialem, aber niemand, der uns beobachtete, konnte ahnen, daß wir nicht über die tiefsten Geheimnisse unserer Seele sprachen. Voll Genugtuung nahm ich zur Kenntnis, daß Hatsumomo in diesem Moment den Kopf zu mir herumwandte.

»Miyagiyama sieht nur klein aus, weil die anderen so viel dicker sind«, erklärte Nobu. »Aber er ist sehr eitel, was seinen Körperbau betrifft. Vor ein paar Jahren wurden seine Größe und sein Gewicht von der Presse absolut zutreffend angegeben, und dennoch war er tödlich beleidigt und ließ sich von einem Freund ein Brett über den Kopf ziehen, stopfte sich mit Süßkartoffeln und Wasser voll und begab sich anschließend zu den Zeitungsredakteuren, um ihnen zu beweisen, daß sie falsch berichtet hatten.«

Ich hätte vermutlich über alles gelacht, was Nobu sagte – für Hatsumomo, meine ich. Aber es war tatsächlich komisch, mir vorzustellen, wie Miyagiyama in Erwartung des Bretterhiebs die Augen zukniff. Also behielt ich das Bild im Kopf und lachte so laut heraus, wie ich es wagte, und Nobu fiel sogleich in mein Gelächter ein. Auf Hatsumomo mußten wir wie die besten

Freunde gewirkt haben, denn ich sah, wie sie begeistert in die Hände klatschte.

Kurz darauf verfiel ich auf den Gedanken, mir vorzustellen, Nobu sei der Direktor. Jedesmal, wenn er etwas sagte, überhörte ich seine Schroffheit und versuchte mir statt dessen Freundlichkeit vorzustellen. Und ganz allmählich gelang es mir auch, auf seine Lippen zu schauen und die Verfärbungen und Narben dabei zu übersehen und mir fest einzubilden, es wären die Lippen des Direktors, und jede Nuance seiner Stimme sei Ausdruck seiner Gefühle für mich. Einmal redete ich mir sogar ein, gar nicht in der Festhalle zu sein, sondern in einem stillen Zimmer neben dem Direktor zu knien. Solange ich denken konnte, hatte ich keine so wunderbare Seligkeit empfunden. Wie ein Ball, der, wenn er in die Luft geworfen wird, auf dem Scheitelpunkt stillzustehen scheint, bevor er fällt, glaubte ich mich reglos in einem Zustand stiller Zeitlosigkeit geborgen. Wenn ich mich in der Halle umsah, entdeckte ich nur die Schönheit ihrer riesigen Holzbalken und roch den Duft süßer Reiskuchen. Ich hoffte, dieser Zustand werde ewig dauern, aber dann machte ich leichtsinnigerweise eine Bemerkung, an die ich mich nicht mehr erinnere, und Nobu antwortete:

»Was redest du da? Nur ein Dummkopf könnte eine derartige Ignoranz an den Tag legen!«

Mein Lächeln erlosch, bevor ich es verhindern konnte – fast so, als hätte jemand die Fäden durchgeschnitten. Nobu sah mir offen in die Augen. Gewiß, Hatsumomo war weit entfernt, aber ich war sicher, daß sie uns beobachtete. Dann fiel mir plötzlich etwas ein: Wenn einer Geisha oder einer jungen Lerngeisha vor einem Mann die Augen feucht wurden – würde nicht nahezu jeder das für Verliebtheit halten? Ich hätte auf seine unhöfliche Bemerkung mit einer Entschuldigung reagieren können, doch statt dessen versuchte ich mir vorzustellen, es sei der Direktor, der so grob zu mir gewesen war, und sofort begann meine Unterlippe zu zittern. Ich ließ den Kopf hängen und gab mir die größte Mühe, kindlich zu wirken.

Zu meiner Überraschung fragte Nobu: »Ich habe dich gekränkt, nicht wahr?«

Es fiel mir nicht schwer, daraufhin theatralisch zu schniefen. Nobu betrachtete mich ziemlich lange und sagte dann: »Du bist ein bezauberndes Mädchen.« Ich war sicher, daß er noch etwas anderes sagen wollte, doch in diesem Moment betrat Miyagiyama die Halle, und die Menge begann zu toben.

Eine ganze Weile stapften Miyagiyama und der andere Ringer, dessen Name Saiho lautete, auf dem Podium herum, nahmen Salz auf und warfen es in den Ring oder stampften, wie es Sumo-Ringer tun, mit den Füßen. Jedesmal, wenn sie sich duckten und einander anstarrten, erinnerten sie mich an zwei Felsbrocken kurz vor dem Absturz. Miyagiyama schien sich stets ein wenig weiter vorzubeugen als Saiho, der größer und auch weit schwerer war. Wie ich befürchtete, würde der arme Miyagiyama, sobald sie aufeinanderprallten, unweigerlich zurückgedrängt werden; daß irgend jemand Saiho quer durch den Ring tragen würde, konnte ich mir nicht vorstellen. Acht- oder neunmal nahmen sie ihre Position ein, ohne daß einer der beiden angriff, dann flüsterte mir Nobu zu:

»*Hataki komi!* Er wird *hataki komi* anwenden! Du mußt seine Augen beobachten!«

Ich tat, was Nobu mir riet, stellte aber nur fest, daß Miyagiyama Saiho niemals direkt ansah. Ich glaube, es paßte Saiho nicht, daß er von ihm so ignoriert wurde, denn er funkelte seinen Gegner so bösartig an wie ein wildes Tier. Seine Kinnbacken waren so riesig, daß sein Kopf kegelförmig wirkte, und sein Gesicht wurde vor Wut krebsrot. Miyagiyama dagegen tat, als nähme er ihn kaum wahr.

»Schau genau hin – jetzt dauert es nicht mehr lange«, flüsterte mir Nobu zu.

Und in der Tat – als sie sich das nächstemal duckten und auf ihre Fäuste stützten, griff Saiho an.

Wenn man sah, wie Miyagiyama sich weit vorbeugte, hätte man wohl gedacht, er mache sich bereit, sich mit seinem ganzen Gewicht auf Saiho zu stürzen. Statt dessen nutzte er die Wucht von Saihos Attacke, um sich wieder aufzurichten. In einem Sekundenbruchteil wirbelte er wie eine Pendeltür zur Seite, und seine Hand fuhr auf Saihos Nacken nieder. Inzwischen war Saihos Gewicht so weit nach vorn verlagert worden, daß es aussah, als fiele er eine Treppe hinunter. Mit ganzer Kraft versetzte ihm Miyagiyama einen Stoß, und Saiho stolperte über das Seil zu seinen Füßen. Und dann flog dieser Berg von einem Mann über den Rand des Podiums hinaus und landete direkt in der ersten Sitzreihe. Die Zuschauer versuchten noch zu fliehen, doch als es vorüber war, stand ein Mann da und schnappte nach Luft. Anscheinend hatte ihn Saihos Schulter eingequetscht.

Der Kampf hatte kaum eine Sekunde gedauert. Saiho mußte sich von dieser Niederlage gedemütigt gefühlt haben, denn er vollführte die knappste Verbeugung aller Verlierer dieses Tages und verließ die Halle, während die Menge hinter ihm immer noch in Aufruhr war.

»Das«, dozierte Nobu, »ist der Schachzug, den man *hataki komi* nennt.«

»Ist es nicht faszinierend, daß ...«, begann Mameha leicht benommen. Sie beendete ihren Satz nicht einmal.

»Was ist faszinierend?« fragte der Direktor.

»Was Miyagiyama da gerade getan hat. So etwas habe ich noch nie gesehen.«

»Doch, hast du. Die Ringer machen so was ständig.«

»Ja, aber es hat mich auf eine Idee gebracht ...«, entgegnete Mameha.

Auf dem Rückweg nach Gion sah Mameha mich in der Rikscha aufgeregt an. »Dieser Sumo-Ringer hat mich auf eine phantastische Idee gebracht. Hatsumomo weiß es noch nicht, aber sie ist soeben aus dem Gleichgewicht gebracht worden. Und sie wird es nicht merken, bis es zu spät ist!«

»Haben Sie einen Plan? Oh, Mameha-san, sagen Sie mir, welchen – bitte!«

»Glaubst du wirklich, daß ich das tun würde?« antwortete sie. »Nicht einmal meinen eigenen Dienerinnen werde ich es verraten. Sorg du nur dafür, daß Nobu-san sich weiterhin für dich interessiert. Von ihm hängt alles ab, und noch von einem anderen Mann.«

»Von welchem anderen Mann?«

»Du kennst ihn noch nicht. Und jetzt reden wir nicht mehr davon! Ich hab' schon mehr gesagt, als ich sollte. Wie gut, daß du heute Nobu-san kennengelernt hast. Es könnte sich erweisen, daß er dein Retter ist.«

Ich muß zugeben, daß mir ein wenig übel wurde, als ich das hörte. Denn wenn ich einen Retter brauchte, dann sollte es der Direktor sein – er und kein anderer!

18. KAPITEL

Nun, da ich wußte, wer der Direktor war, begann ich noch am selben Abend jede weggeworfene Zeitschrift durchzublättern, die ich auftreiben konnte, um mehr über ihn zu erfahren. Innerhalb einer Woche hatte ich in meinem Zimmer einen so großen Stapel davon angehäuft, daß Tantchen mich ansah, als hätte ich den Verstand verloren. Wie ich feststellte, wurde er in einer ganzen Anzahl von Artikeln erwähnt, aber nur flüchtig, und nirgends fand ich das, was ich wirklich über ihn wissen wollte. Dennoch fuhr ich fort, jede Zeitschrift aus dem Abfallkorb zu angeln, die ich entdecken konnte, bis ich eines Tages auf ein verschnürtes Bündel alter Zeitungen stieß, das hinter einem der Teehäuser lag. Tief verborgen darin fand ich die zwei Jahre alte Ausgabe eines Nachrichtenmagazins, in dessen Titelstory es um Iwamura Electric ging.

Wie es schien, hatte die Firma Iwamura Electric im April 1931 ihr zwanzigjähriges Jubiläum gefeiert. Wenn ich zurückdenke, wundert es mich noch heute, aber es war genau der Monat, in dem ich dem Direktor am Ufer des Shirakawa-Baches begegnet war; hätte ich damals nur danach gesucht – ich hätte sein Gesicht in sämtlichen Zeitschriften gefunden. Nun, da ich ein Datum hatte, nach dem ich fahnden mußte, gelang es mir im Lauf der Zeit, noch viele andere Artikel über das Jubiläum zu finden. Die meisten stammten aus dem Müll, der nach dem Tod der Großmutter aus der Okiya gegenüber aussortiert worden war.

Wie ich erfuhr, war der Direktor 1890 geboren, das hieß, daß er – trotz grauer Haare – nur etwas über vierzig gewesen war, als ich ihn traf. Ich hatte damals den Eindruck gehabt, er sei Direktor einer unbedeutenden Firma, aber wie sehr hatte ich mich getäuscht! Iwamura Electric war zwar nicht ganz so groß wie Osaka Electric, laut Aussage der Zeitungsartikel ihre Hauptkonkurrentin in Westjapan, aber aufgrund ihrer berühmten Partnerschaft waren der Direktor und Nobu viel besser bekannt als die Chefs weit größerer Unternehmen. Wie dem auch sei, Iwamura Electric galt durchweg als innovativer und erfreute sich eines besseren Rufs.

Mit siebzehn hatte der Direktor bei einer kleinen Elektrofirma in Osaka angefangen. Bald schon leitete er das Team, das für die Verkabelung der Maschinen in den Fabriken jenes Landesteils zuständig war. Da sich damals die Nachfrage nach elektrischem Licht in Haushalten und Büros enorm verstärkte, konstruierte der Direktor nach Feierabend eine Fassung, die es gestattete, zwei Glühbirnen anstelle von einer zu benutzen. Da sein Chef seine Erfindung nicht in Produktion nehmen wollte, entschloß er sich 1912, im Alter von zweiundzwanzig Jahren, kurz nach seiner Heirat, eine eigene Firma zu gründen.

Einige Jahre lang hatte er sehr zu kämpfen, doch 1914 sicherte sich das neue Unternehmen den Auftrag, die elektrischen Leitungen in einem Neubau auf einem Militärstützpunkt in Osaka zu verlegen. Damals war Nobu noch beim Militär, denn durch seine Kriegsverletzungen hatte er Schwierigkeiten, anderswo einen Job zu finden. Also erhielt er die Aufgabe, die Arbeit der neuen Iwamura Electric zu überwachen. Er und der Direktor wurden schnell Freunde, und als der Direktor ihm im Jahr darauf einen Posten anbot, griff Nobu zu.

Je mehr ich über ihre Partnerschaft las, desto besser verstand ich, wie gut sie zusammenpaßten. Fast alle Artikel brachten dasselbe Foto von den beiden, auf dem der Direktor in einem eleganten Anzug aus schwerer Wolle abgebildet war und jene Doppelfassung aus Keramik in der Hand hielt, die das erste Produkt des Unternehmens gewesen war. Er betrachtete sie, als hätte sie ihm jemand eben erst in die Hand gedrückt, und er sei sich noch nicht recht schlüssig, was er damit anfangen sollte. Sein Mund stand ganz leicht offen, so daß seine Zähne zu sehen waren, und er starrte mit einem fast drohenden Blick in die Kamera. Nobu stand neben ihm, einen halben Kopf kleiner und in Habachtstellung, die Hand an der Hosennaht zur Faust geballt. Er trug einen Cut mit Nadelstreifenhose. Sein vernarbtes Gesicht war vollkommen ausdruckslos, und seine Augen blickten schläfrig. Obwohl der Direktor nur zwei Jahre älter war, hätte er – vielleicht wegen seiner vorzeitig ergrauten Haare und des Größenunterschieds – fast Nobus Vater sein können. Wie die Artikel berichteten, war der Direktor für Wachstum und Entwicklung der Firma verantwortlich. Nobu dagegen für die Leitung. Er war der unauffälligere Mann mit dem unauffälligeren Posten, doch er machte seine Arbeit so gut, daß der Direktor häufig in der Öffentlichkeit erklärte, ohne Nobus Talent hätte das Unternehmen niemals verschiedene Krisen überstehen können. Es war Nobu gewesen, der Anfang der zwanziger Jahre eine Gruppe von Investoren auftrieb und die Firma vor dem Ruin rettete. »Ich schulde Nobu so viel, daß ich es niemals zurückzahlen kann«, wurde der Direktor mehr als nur einmal zitiert.

Mehrere Wochen vergingen, bevor ich eines Tages die Nachricht erhielt, ich solle am folgenden Nachmittag zu Mameha in die Wohnung kommen. Inzwischen hatte ich mich an die kostbaren Kimono-Ensembles gewöhnt, die Mamehas Dienerin normalerweise für mich herauslegte, doch als ich diesmal eintraf und einen Herbstkimono aus schwerer scharlachroter und gelber Seide anlegte, die verstreute Blätter auf einer Wiese mit goldenen Gräsern zeigte, entdeckte ich bestürzt einen Riß im Kimono, so groß, daß man zwei Finger hindurchstecken konnte. Da Mameha noch nicht zurück war, nahm ich den Kimono auf die Arme und ging zu ihrer Dienerin.

»Tatsumo-san«, sagte ich, »etwas sehr Ärgerliches... Dieser Kimono ist ruiniert.«

»Er ist nicht ruiniert, Fräulein. Er muß nur repariert werden, weiter nichts. Die Herrin hat ihn sich heute morgen von einer Okiya weiter unten an der Straße ausgeborgt.«

»Wahrscheinlich hat sie es nicht gemerkt«, sagte ich. »Und bei meinem Ruf als Kimono-Ruiniererin wird sie denken...«

»O nein, sie weiß, daß er zerrissen ist«, fiel Tatsumo mir ins Wort. »Das Unterkleid ist auch zerrissen, und zwar an der gleichen Stelle.« Das cremefarbene Unterkleid hatte ich bereits angelegt, und als ich nach hinten griff und an meinem Schenkel herumtastete, stellte ich fest, daß Tatsumo recht hatte.

281

»Letztes Jahr ist eine Lerngeisha versehentlich an einem Nagel hängengeblieben«, erklärte mir Tatsumo. »Aber die Herrin hat ausdrücklich befohlen, daß Sie den Kimono anziehen sollen.«

Das klang für mich ziemlich unlogisch, aber ich tat, was Tatsumo sagte. Als Mameha schließlich hereingeeilt kam, fragte ich sie danach, während sie ihr Make-up auffrischte.

»Ich hatte dir doch gesagt«, begann sie, »daß nach meinem Plan zwei Männer für deine Zukunft wichtig sein werden. Nobu hast du vor ein paar Wochen kennengelernt. Der andere Mann war bis jetzt verreist, aber mit Hilfe dieses zerrissenen Kimonos wirst du ihn gleich kennenlernen. Dieser Sumo-Ringer hat mich auf eine ganz wundervolle Idee gebracht! Ich kann's kaum abwarten, bis ich sehe, wie Hatsumomo reagiert, wenn du von den Toten auferstehst. Weißt du, was sie neulich zu mir gesagt hat? Sie könne mir gar nicht genug danken dafür, daß ich dich zu dem Turnier mitgenommen habe. Die ganze Mühe, dorthin zu gelangen, habe sich gelohnt, behauptete sie, als sie gesehen habe, wie du ›Herrn Eidechse‹ schöne Augen gemacht hast. Ich bin überzeugt, daß sie dich in Ruhe lassen wird, wenn du ihn unterhältst. Sie wird höchstens kurz vorbeischauen, um sich mit eigenen Augen davon zu überzeugen. Ja, je mehr du in ihrer Gegenwart von Nobu sprichst, desto besser – nur den Mann, den du heute nachmittag kennenlernst, darfst du mit keinem Wort erwähnen.«

Als ich das hörte, begann ich mich innerlich ganz elend zu fühlen, dennoch versuchte ich verzweifelt, Freude über ihre Worte vorzutäuschen. Sie müssen wissen, daß kein Mann jemals eine intime Beziehung mit einer Geisha beginnen wird, welche die Geliebte eines nahen Bekannten war. Vor einigen Monaten hatte ich in einem Badehaus gehört, wie eine junge Frau eine andere Geisha zu trösten versuchte, die soeben erfahren hatte, daß ihr *danna* bald der Geschäftspartner des Mannes wäre, von dem sie träumte. Als ich die beiden damals beobachtete, wäre ich nie auf die Idee gekommen, daß ich eines Tages in die gleiche Lage geraten würde.

»Herrin«, sagte ich, »darf ich Sie etwas fragen? Gehört es zu Ihrem Plan, daß Nobu-san eines Tages mein *danna* wird?«

Statt einer Antwort ließ Mameha ihren Make-up-Pinsel sinken

und starrte mich im Spiegel mit einem Blick an, der mit Sicherheit einen Eisenbahnzug hätte stoppen können. »Nobu-san ist ein großartiger Mann. Willst du andeuten, du würdest dich schämen, wenn er dein *danna* wäre?« fragte sie mich.

»Nein, Herrin, so habe ich es nicht gemeint. Ich frage mich nur...«

»Nun gut. Dann möchte ich dir zwei Dinge sagen. Erstens: Du bist ein vierzehnjähriges Mädchen ohne den geringsten Ruf. Du darfst dich wirklich sehr glücklich schätzen, wenn du jemals eine Geisha mit einem solchen Status wirst, daß ein Mann wie Nobu in Erwägung zieht, sich dir als dein *danna* anzubieten. Zweitens: Nobu-san hat bisher noch keine Geisha gefunden, die ihm gut genug gefiel, um sie sich zur Geliebten zu nehmen. Wenn du die erste sein solltest, erwarte ich von dir, daß du dich überaus geschmeichelt fühlst!«

Ich errötete so sehr, daß mein Gesicht sich anfühlte, als hätte es Feuer gefangen. Mameha hatte durchaus recht; was immer in den vor mir liegenden Jahren auch aus mir werden würde – ich konnte von Glück sagen, wenn ich die Aufmerksamkeit eines Mannes wie Nobu erregte. Und wenn Nobu schon außerhalb meiner Reichweite war, wie unerreichbar mußte dann für mich erst der Direktor sein? Seit ich ihn beim Sumo-Turnier wiedergesehen hatte, waren mir alle erdenklichen Möglichkeiten, die mir das Leben bieten mochte, durch den Kopf gegangen. Nach Mamehas Worten kam ich mir nun vor, als müßte ich durch ganze Meere des Leidens waten.

In aller Eile kleidete ich mich an, und Mameha führte mich zu der Okiya, in der sie gelebt hatte, ehe sie vor sechs Jahren ihre Unabhängigkeit gewann. An der Tür wurden wir von einer ältlichen Dienerin begrüßt, die mit der Zunge schnalzte und bedauernd den Kopf schüttelte.

»Wir haben vorhin das Krankenhaus angerufen«, sagte sie. »Der Doktor geht heute um vier Uhr nach Hause. Und jetzt ist es schon fast halb vier.«

»Wir werden ihn anrufen, bevor wir aufbrechen, Kazuko-san«, erwiderte Mameha. »Ich bin sicher, daß er auf uns warten wird.«

»Na hoffentlich. Wäre doch schlimm, das arme Mädchen weiterbluten zu lassen.«

»Wer blutet?« erkundigte ich mich besorgt, aber die Dienerin warf mir nur seufzend einen Blick zu und führte uns die Treppe hinauf in einen engen, kleinen Flur im ersten Stock. In dem Raum, der so groß wie zwei Tatami-Matten war, befanden sich nun nicht nur Mameha und ich sowie die Dienerin, die uns heraufgeführt hatte, sondern noch drei andere junge Frauen und eine große, dünne Köchin mit frisch gestärkter Schürze. Sie alle musterten mich aufmerksam – bis auf die Köchin, die sich ein Handtuch über die Schulter legte und eins jener Messer zu wetzen begann, mit dem man Fischen den Kopf abschneidet. Ich kam mir vor wie ein Stück Thunfisch, das der Händler gerade geliefert hat, denn jetzt wurde mir endlich klar, daß ich es war, die hier bluten würde.

»Mameha-san…«, begann ich.

»Hör zu, Sayuri, ich weiß genau, was du sagen willst«, fiel sie mir ins Wort, und das war interessant, weil ich es selbst noch nicht wußte. »Bevor ich deine ältere Schwester wurde – hast du da nicht versprochen, alles zu tun, was ich von dir verlange?«

»Wenn ich gewußt hätte, daß das bedeutet, mir die Leber aus dem Leib schneiden zu lassen…«

»Niemand wird dir die Leber herausschneiden«, sagte die Köchin in einem Ton, der mich beruhigen sollte, aber nicht konnte.

»Wir werden dir die Haut nur ein bißchen ritzen«, erklärte Mameha. »Nur ein winziger Schnitt, damit du ins Krankenhaus gehen und einen gewissen Arzt kennenlernen kanst. Du erinnerst dich doch an den Mann, von dem ich gesprochen habe, nicht wahr? Er ist Arzt.«

»Kann ich nicht einfach so tun, als hätte ich Bauchschmerzen?«

Es war mir wirklich ernst damit, doch alle schienen zu denken, ich hätte einen Scherz gemacht, denn alle lachten, sogar Mameha.

»Aber Sayuri, wir wollen alle nur dein Bestes«, versicherte sie mir. »Wir müssen nur dafür sorgen, daß du ein bißchen blutest, gerade eben so viel, daß der Doktor sich bereit erklärt, dich zu behandeln.«

Inzwischen hatte die Köchin das Messer gewetzt und kam so

gelassen zu mir herüber, als wollte sie mir beim Schminken helfen – nur daß sie dieses verflixte Messer schwang. Kazuko, die ältliche Dienerin, die uns heraufgebracht hatte, schob mit beiden Händen meinen Kragen auseinander. Ich spürte, wie Panik in mir aufstieg, aber zum Glück mischte sich jetzt Mameha ein.

»Wir werden sie am Bein schneiden«, sagte sie.

»Nicht am Bein«, widersprach Kazuko. »Am Hals ist es viel erotischer.«

»Sayuri, bitte dreh dich um und zeig Kazuko das Loch hinten in deinem Kimono«, wies Mameha mich an. Als ich gehorchte, fuhr sie fort: »Also, Kazuko-san, wie sollen wir diesen Riß hinten in ihrem Kimono erklären, wenn sich der Schnitt am Hals befindet statt am Bein?«

»Was hat das eine mit dem anderen zu tun?« fragte Kazuko. »Sie trägt einen zerrissenen Kimono, und sie hat einen Schnitt am Hals.«

»Ich weiß nicht, was Kazuko da redet«, sagte die Köchin. »Sagen Sie mir einfach, wo ich sie schneiden soll, Mameha-san, und ich werde sie schneiden.«

Ich hätte bestimmt erfreut sein sollen, als ich das hörte, aber irgendwie gelang mir das nicht so ganz.

Mameha schickte eine der jungen Dienerinnen los, um einen Farbstift zu holen, wie man sie zum Schminken der Lippen benutzt. Sie steckte ihn durch das Loch in meinem Kimono und zeichnete schnell eine Markierung oben und hinten auf meinem Schenkel.

»Genau da mußt du schneiden«, erklärte Mameha der Köchin.

Ich machte den Mund auf, aber bevor ich etwas äußern konnte, sagte Mameha zu mir: »Du legst dich hin und bist still, Sayuri. Wenn du uns noch länger aufhältst, werde ich wirklich sehr böse werden!«

Wenn ich sage, ich hätte ihr gern gehorcht, müßte ich lügen, aber mir blieb natürlich keine Wahl. Also legte ich mich auf ein Laken, das auf dem Holzfußboden ausgebreitet wurde, und schloß die Augen, während Mameha meinen Kimono so hochschob, daß ich fast bis zur Hüfte entblößt war.

»Denk daran: Sollte der Schnitt nicht tief genug sein, kannst du ihn jederzeit tiefer machen«, sagte Mameha. »Am besten fängst du mit dem leichtesten Schnitt an, den du machen kannst.«

Als ich die Messerspitze spürte, biß ich mich auf die Lippe. Ich fürchte sogar, daß ich auch einen kleinen Schrei ausgestoßen habe, obwohl ich mir wirklich nicht sicher bin. Wie dem auch sei, ich spürte einen Druck, und dann sagte Mameha:

»Aber doch nicht *so* leicht! Du hast ja kaum die oberste Hautschicht geritzt!«

»Es sieht aus wie ein Mund«, sagte Kazuko zu der Köchin. »Du hast einen Strich in die Mitte eines roten Flecks gezogen, und das sieht aus wie ein Mund. Der Doktor wird lachen.«

Mameha stimmte ihr zu, und nachdem die Köchin ihr bestätigt hatte, daß sie die Stelle wiederfinden würde, wischte sie den Schminkfleck weg. Gleich darauf spürte ich wieder den Druck des Messers.

Ich habe Blut noch nie sehen können. Vielleicht erinnern Sie sich, wie ich ohnmächtig wurde, als ich mir an dem Tag, an dem ich Herrn Tanaka kennenlernte, die Lippe verletzt hatte. Nun, dann können Sie sich vermutlich auch vorstellen, was ich empfand, als ich mich umdrehte und sah, daß mir ein Blutfaden am Bein herunterrann und in einem Handtuch versickerte, das Mameha an die Innenseite meines Schenkels preßte. Als ich das sah, bekam ich solche Zustände, daß ich mich ab da an nichts mehr erinnere: weder daran, wie man mir in die Rikscha half, noch an die Fahrt selbst – bis wir uns dem Krankenhaus näherten und Mameha meinen Kopf von einer Seite zur anderen drehte, um meine Aufmerksamkeit zu wecken.

»Jetzt hör mir mal gut zu, Sayuri! Du hast bestimmt immer wieder gehört, daß deine Aufgabe als Lerngeisha darin besteht, auf andere Geishas einen guten Eindruck zu machen – denn die sind es, die dir bei deiner Karriere helfen – und dich nicht darum zu kümmern, was die Männer von dir halten. Also, das kannst du von nun an ruhig vergessen! In deinem Fall funktioniert das nicht. Wie schon gesagt, deine Zukunft hängt von zwei Männern ab, und einen von ihnen wirst du gleich kennenlernen. Du mußt unbedingt den richtigen Eindruck auf ihn machen. Hast du gehört?«

»Ja, Herrin, jedes Wort«, murmelte ich.

»Wenn man dich fragt, wie du dir das Bein verletzt hast, antwortest du, du seist im Kimono ins Bad gegangen und auf etwas Scharfes gefallen. Was das war, weißt du nicht, weil du ohnmächtig geworden bist. Denk dir alle möglichen Einzelheiten aus, aber achte darauf, daß du sehr kindlich klingst! Und wenn wir hineingehen – gib dich hilflos! Laß mich sehen, wie du das machst.«

Nun ja, ich legte den Kopf in den Nacken und verdrehte die Augen. Vermutlich entsprach es genau dem, was ich in dem Augenblick empfand, aber Mameha war alles andere als angetan davon.

»*Hilflos* habe ich gesagt, nicht totstellen! Etwa so…«

Mameha machte eine benommene Miene, als könnte sie sich nicht entscheiden, worauf sie ihren Blick richten sollte, und legte ihre Hand an die Wange, als fühlte sie sich sehr schwach. Dann forderte sie mich auf, diese Geste so lange zu wiederholen, bis sie zufrieden war. Ich begann mit meiner Vorstellung, als der Kuli mir bis an den Krankenhauseingang half. Mameha ging neben mir her und zupfte an meinem Kimono herum, weil sie sicher sein wollte, daß ich trotz allem attraktiv wirkte.

Wir traten durch die hölzerne Pendeltür und fragten nach dem Leiter des Krankenhauses, der uns, wie Mameha erklärte, bereits erwarte. Schließlich führte uns eine Krankenschwester einen langen Korridor entlang bis zu einem verstaubten Raum mit einem Holztisch und einem schlichten Wandschirm vor den Fenstern. Während wir warteten, nahm Mameha das Handtuch ab, das sie mir ums Bein gebunden hatte, und warf es in einen Abfallkorb.

»Vergiß nicht, Sayuri«, zischelte sie mir zu, »wir wollen, daß der Doktor dich so unschuldig und hilflos wie möglich erlebt. Leg dich hin und versuche, schwach auszusehen.«

Das bereitete mir keinerlei Schwierigkeiten. Gleich darauf ging die Tür auf, und Dr. Krebs kam herein. Natürlich hieß er nicht wirklich Dr. Krebs, aber wenn Sie ihn gesehen hätten, wäre Ihnen bestimmt derselbe Name in den Sinn gekommen, denn er hatte die Schultern hochgezogen, und seine Ellbogen standen so weit nach außen, daß er auch keine bessere Imitation eines Krebses hingekriegt hätte, wenn er es gründlich einstudiert hätte. Beim Gehen schob er sogar die eine Schulter vor – genau wie ein Krebs, der sich seitwärts fortbewegt. Er trug einen Schnurrbart und war hocherfreut, Mameha zu sehen, obwohl er das eher durch einen überraschten Ausdruck in den Augen kundtat als durch ein Lächeln.

Dr. Krebs war ein methodischer, ordentlicher Mann. Als er die Tür schloß, drehte er zuerst den Knauf, damit das Schloß kein Geräusch machte, und drückte die Tür dann noch einmal zu, um sicherzugehen, daß sie auch wirklich geschlossen war. Anschließend zog er ein Etui aus der Jackentasche und öffnete es so behutsam, als versuchte er, nichts von seinem Inhalt zu verschütten, doch es enthielt nur eine weitere Brille. Als er sie gegen die Brille, die er trug, ausgetauscht hatte, steckte er das Etui wieder in die Tasche zurück und strich sein Jackett mit den Händen glatt. Schließlich spähte er zu mir herüber und nickte andeutungsweise, woraufhin Mameha sagte:

»Es tut mir leid, daß wir Sie belästigen, Doktor. Aber Sayuri hat eine so strahlende Zukunft vor sich, und nun hat sie das Pech gehabt, sich am Bein zu verletzen! Und angesichts eventueller Narben und Infektionen und so weiter, nun ja, da dachte ich, daß Sie der einzige Mensch sind, der sie richtig behandeln kann.«

»Ganz recht«, gab Dr. Krebs zurück. »Dürfte ich jetzt vielleicht einen Blick auf die Verletzung werfen?«

»Ich fürchte, Sayuri wird schwach, wenn sie Blut sieht, Doktor«, sagte Mameha. »Vermutlich ist es am besten, wenn sie sich einfach abwendet und Ihnen gestattet, die Wunde selbst zu untersuchen. Sie befindet sich auf der Rückseite des Oberschenkels.«

»Ich verstehe. Vielleicht bittest du sie mal, sich bäuchlings auf den Untersuchungstisch zu legen.«

Ich begriff nicht, warum Dr. Krebs mich nicht selbst dazu auffordern konnte, aber um gehorsam auf ihn zu wirken, wartete ich, bis ich die Worte aus Mamehas Mund hörte. Dann schob der Doktor meinen Kimono fast bis zu den Hüften empor und holte ein Stück Stoff sowie eine übelriechende Flüssigkeit, die er mir auf den Schenkel rieb. Dann sagte er: »Sayuri-san, sei bitte so freundlich und erkläre mir, wie diese Wunde entstanden ist.«

Ich holte übertrieben tief Luft, tat also immer noch mein Bestes, um so schwach wie möglich auf ihn zu wirken. »Nun, es

macht mich ein wenig verlegen«, begann ich, »aber ich war ...
also, ich habe heute nachmittag ziemlich viel Tee getrunken ...«

»Sayuri hat gerade mit ihrer Ausbildung begonnen«, erklärte
Mameha, »und ich versuche, sie überall in Gion einzuführen.
Natürlich wurde sie von allen Männern zum Tee eingeladen.«

»Das kann ich mir vorstellen«, gab der Doktor zurück.

»Auf jeden Fall«, fuhr ich fort, »hatte ich plötzlich das Gefühl,
ich müsse ... nun ja, Sie wissen schon ...«

»Übermäßiger Teegenuß kann zu einem starken Drang führen,
die Blase zu entleeren«, stellte der Doktor fest.

»Ich danke Ihnen. Eigentlich ist ... nun ja, ›starker Drang‹ weit
untertrieben, denn ich fürchtete, daß mir jeden Moment alles gelb
vorkommen würde, wenn Sie wissen, was ich meine ...«

»Erzähl dem Doktor einfach, was geschehen ist, Sayuri«,
mahnte Mameha.

»Es tut mir leid«, sagte ich höflich. »Ich wollte nur sagen, daß
ich sehr dringend die Toilette aufsuchen mußte ... so dringend,
daß ich, als ich sie schließlich erreichte ... nun ja, ich kämpfte mit
meinem Kimono und muß dabei das Gleichgewicht verloren
haben. Als ich dann fiel, bin ich mit dem Bein auf etwas Scharfes
gestoßen. Ich habe keine Ahnung, was das war. Ich glaube, ich bin
ohnmächtig geworden.«

»Ein Wunder, daß du nicht deine Blase entleert hast, als du das
Bewußtsein verlorst«, warf der Doktor ein.

Ich hatte die ganze Zeit über auf dem Bauch gelegen, mein Gesicht aus Angst, mein Make-up zu zerstören, möglichst hoch gehalten und geredet, während der Doktor auf meinen Hinterkopf
blickte. Als Dr. Krebs jedoch die letzte Bemerkung machte, versuchte ich über die Schulter zu Mameha zu schielen. Zum Glück
konnte sie schneller denken als ich, denn sie sagte:

»Sayuri will sagen, daß sie das Gleichgewicht verlor, als sie sich
aus der Hockstellung zu erheben versuchte.«

»Ich verstehe«, sagte der Doktor. »Der Schnitt stammt von
einem sehr scharfen Gegenstand. Bist du vielleicht auf Glasscherben gefallen? Oder auf ein Stück Metall?«

»Es hat sich wirklich sehr scharf angefühlt«, sagte ich. »So
scharf wie ein Messer.«

Dr. Krebs sagte nichts mehr, sondern säuberte den Schnitt, als wollte er sehen, wieviel Schmerzen er mir zufügen konnte, und benutzte die übelriechende Flüssigkeit anschließend, um das Blut zu entfernen, das an meinem Bein getrocknet war. Schließlich versicherte er mir, der Schnitt benötige nicht mehr als ein bißchen Salbe und einen Verband und erteilte mir Anweisungen, wie ich ihn während der nächsten paar Tage behandeln sollte. Damit zog er meinen Kimono herunter und legte seine Brille ab, als würde sie zerbrechen, wenn er sie ein wenig zu hart anfaßte.

»Es tut mir sehr leid, daß du einen so schönen Kimono ruiniert hast«, sagte er. »Aber es freut mich sehr, dich kennengelernt zu haben. Wie Mameha-san weiß, bin ich immer an neuen Gesichtern interessiert.«

»Oh, aber nein! Das Vergnügen ist ganz auf meiner Seite, Doktor!« entgegnete ich.

»Vielleicht werde ich dich bald einmal abends im Ichiriki-Teehaus sehen.«

»Ehrlich gesagt, Doktor«, wandte Mameha ein, »ist Sayuri so eine Art... Sonderfall, wie Sie sich sicher vorstellen können. Sie hat schon jetzt mehr Bewunderer, als sie bewältigen kann, deswegen habe ich sie so weit wie möglich vom Ichiriki ferngehalten. Könnten wir Sie statt dessen vielleicht im Shirae-Teehaus besuchen?«

»Gewiß. Das würde ich selbst auch bevorzugen«, antwortete Dr. Krebs. Dann wiederholte er das Brillenritual in umgekehrter Reihenfolge, damit er in einem Büchlein blättern konnte, das er aus seiner Tasche zog. »Ich werde... laß mich nachschauen... übermorgen abend dort sein. Und hoffe sehr, euch dort zu sehen.«

Mameha versicherte ihm, daß wir vorbeikommen würden; dann gingen wir.

In der Rikscha auf dem Rückweg nach Gion lobte mich Mameha, daß ich mich gut gehalten hätte.

»Aber Mameha-san, ich habe doch gar nichts getan!«

»Nein? Wie erklärst du dir dann das, was wir auf der Stirn des Doktors gesehen haben?«

»Ich habe nichts gesehen, nur den Holztisch direkt vor meiner Nase.«

»Dann will ich dir sagen, während der Doktor dir das Blut vom Bein gewischt hat, war seine Stirn so schweißbedeckt, als steckten wir mitten in einem heißen Sommer. Dabei war es noch nicht mal richtig warm im Zimmer, oder?«

»Ich glaube nicht.«

»Na also!« sagte Mameha.

Ehrlich gesagt, ich wußte weder, wovon sie sprach, noch welches Ziel sie damit verfolgte, daß sie mich mit dem Doktor bekannt gemacht hatte. Aber fragen konnte ich sie nicht gut, denn schließlich hatte sie mich deutlich wissen lassen, daß sie mich nicht über ihre Pläne aufzuklären gedachte. Dann, als der Rikschakuli uns gerade wieder über die Brücke nach Gion hineinzog, unterbrach sich Mameha mitten im Satz.

»Weißt du, deine Augen sind wirklich ganz außergewöhnlich schön in diesem Kimono, Sayuri. Dieses Scharlachrot und das Gelb… sie lassen deine Augen fast silbern wirken! O Himmel, es ist unglaublich, daß mir das nicht früher eingefallen ist. Fahrer!« rief sie laut. »Wir sind zu weit gefahren. Halten Sie bitte hier.«

»Sie haben mir gesagt, Gion Tominaga-cho, Herrin. Ich kann die Stangen nicht mitten auf einer Brücke ablegen.«

»Sie lassen uns entweder hier aussteigen, oder Sie fahren bis ans Ende der Brücke und kehren dann wieder um. Darin sehe ich, offen gestanden, allerdings nicht viel Sinn.«

Der Kuli legte die Stangen dort ab, wo wir uns befanden, und Mameha und ich stiegen aus. Mehrere Radfahrer klingelten uns im Vorbeifahren wütend an, aber Mameha schien das nicht im geringsten zu kümmern. Sie war sich ihres Platzes in der Welt so sicher, daß sie sich nicht vorstellen konnte, jemand könne ihr eine Kleinigkeit wie Verkehrsbehinderung übelnehmen. Sie ließ sich Zeit und nahm eine Münze nach der anderen aus ihrer Seidenbörse, bis sie den genauen Fahrpreis entrichtet hatte, und führte mich dann über die Brücke wieder in die Richtung zurück, aus der wir gekommen waren.

»Wir gehen zu Uchida Kosaburo ins Atelier«, verkündete sie. »Er ist ein wunderbarer Künstler und wird sich bestimmt sofort in deine Augen verlieben. Manchmal ist er ein wenig… zerstreut, könnte man sagen. Und sein Atelier ist ein einziges Chaos. Es kann eine Weile dauern, bis er deine Augen bemerkt, aber halte sie einfach so auf ihn gerichtet, daß er sie jederzeit sehen kann.«

Ich folgte Mameha durch Nebenstraßen, bis wir in eine kleine Gasse kamen, an deren Ende ein kleines grellrotes Shinto-Tor zwischen zwei Häusern eingezwängt stand. Hinter dem Tor gelangten wir zwischen mehreren Pavillons hindurch zu einer Steintreppe, die unter Bäumen in leuchtenden Herbstfarben nach oben führte. Die Luft, die aus diesem kleinen, modrigen Treppen-Tunnel herauswehte, war kühl wie Wasser, so daß es mir schien, als beträte ich eine andere Welt. Ich hörte ein wischendes Geräusch, das mich an die Flut am Strand erinnerte, doch es war ein Mann, der uns den Rücken zukehrte und mit einem Besen mit schokoladenbraunen Borsten Wasser von der obersten Stufe herunterfegte.

»Aber Uchida-san!« sagte Mameha. »Haben Sie denn kein Dienstmädchen, das für Sie saubermacht!«

Der Mann stand oben im vollen Sonnenlicht, so daß er, als er sich zu uns umdrehte, vermutlich kaum mehr erkennen konnte als ein paar Schemen unter den Bäumen. Ich dagegen konnte ihn sehr gut sehen und stellte fest, daß er sehr merkwürdig aussah. In einem Winkel seines Mundes saß wie ein Speiserest ein riesiges Muttermal, und seine Augenbrauen waren so buschig, daß sie aussahen wie Raupen, die aus seinen Haaren hervorgekrochen waren, um sich auf seiner Stirn schlafen zu legen. Alles an ihm war in Unordnung, nicht nur seine grauen Haare, sondern auch sein Kimono, der wirkte, als hätte er letzte Nacht darin geschlafen.

»Wer ist da?« fragte er barsch.

»Uchida-san! Erkennen Sie nach all den Jahren immer noch nicht meine Stimme?«

»Wenn Sie mich ärgern wollen, wer immer Sie sind, dann haben Sie einen guten Zeitpunkt gewählt. Ich bin nicht in der Stimmung für Störungen! Und wenn Sie mir nicht sofort sagen, wer Sie sind, werde ich den Besen nach Ihnen werfen!«

Uchida-san sah so wütend aus, daß ich mich nicht gewundert hätte, wenn er sich das Muttermal aus dem Mundwinkel gebissen und uns damit bespuckt hätte. Aber Mameha stieg einfach weiter die Stufen empor, und ich folgte ihr, achtete aber sorgfältig darauf, daß ich hinter ihr blieb, um nicht von dem Besen getroffen zu werden.

»Begrüßen Sie Ihre Besucher immer so, Uchida-san?« fragte Mameha, während sie ins Licht trat.

Uchida musterte sie blinzelnd. »Ach, Sie sind's«, sagte er dann. »Warum können Sie nicht wie alle anderen einfach Ihren Namen nennen? Hier, nehmen Sie den Besen, und fegen Sie die Treppe. Niemand darf mein Haus betreten, bevor ich Räucherstäbchen entzündet habe. Mir ist wieder eine von meinen Mäusen gestorben, und da drinnen riecht es wie in einem Sarg.«

Mameha schien belustigt zu sein. Sie wartete, bis Uchida verschwunden war, und lehnte den Besen an einen Baum.

»Hast du jemals ein Geschwür gehabt?« fragte sie mich flüsternd. »Wenn Uchida nicht richtig arbeiten kann, wird seine Stimmung fürchterlich. Genau wie bei einem Geschwür, das man aufsticht, muß man dafür sorgen, daß er explodiert, damit er sich wieder beruhigen kann. Wenn man ihm nichts gibt, worüber er sich aufregen kann, wird er anfangen zu trinken, und dann wird alles nur noch schlimmer.«

»Hält er wirklich Mäuse?« fragte ich sie leise. »Er hat gesagt, eine seiner Mäuse sei gestorben.«

»Himmel, nein! Er läßt seine Tuscheriegel herumliegen. Dann kommen die Mäuse, fressen die Riegel und vergiften sich daran. Ich habe ihm extra ein Kästchen für seine Tuschen geschenkt, aber er will es nicht benutzen.«

In diesem Moment ging Uchidas Tür auf, weil er ihr einen heftigen Stoß versetzt hatte und gleich hineingegangen war. Mameha und ich schlüpften aus den Schuhen. Wie in einem Bauernhaus gab es nur einen einzigen großen Raum. In einer der hinteren Ecken sah ich Räucherstäbchen brennen, aber sie hatten noch immer keine Wirkung gezeigt, denn der Geruch der toten Maus schlug mir mit einer solchen Wucht ins Gesicht, als hätte mir jemand ein Stück Lehm in die Nase gestopft. Der Raum war sogar noch unordentlicher als Hatsumomos Zimmer in seinem allerschlimmsten Zustand. Überall lagen lange Pinsel herum, einige davon zerbrochen oder angenagt, sowie große Holztafeln mit halbfertigen Zeichnungen in Schwarzweiß. Mitten in diesem Durcheinander lag ein ungemachter Futon mit Tuscheflecken auf den Laken. Ich stellte mir vor, daß Uchida selbst überall mit Tuscheflecken übersät war, und als ich mich umdrehte, um ihn mir anzusehen, fragte er mich:

»Was starrst du mich so an?«

»Uchida-san, ich möchte Ihnen meine jüngere Schwester Sayuri vorstellen«, sagte Mameha. »Sie ist mit mir den weiten Weg von Gion bis hierher gefahren, nur um die Ehre zu haben, Sie kennenzulernen.«

Besonders weit war Gion ja nicht entfernt, aber ich kniete auf den Matten nieder und absolvierte das übliche Ritual, mich zu verneigen und Uchida-sans Gunst zu erbitten, obwohl ich sicher war, daß er Mameha gar nicht zugehört hatte.

»Es war ein schöner Tag für mich – bis zum Mittag«, sagte er. »Sehen Sie sich an, was dann passiert ist!« Uchida durchquerte das Zimmer und hielt eine Holztafel hoch. Darauf war mit Nadeln die Zeichnung einer Frau von hinten gesteckt, die zur Seite blickte und einen Schirm hielt – nur daß offenbar eine Katze in die Tusche getreten und über die Zeichnung gelaufen war, wo sie ein paar perfekte Pfotenabdrücke hinterlassen hatte. Die Katze lag jetzt zusammengerollt auf einem Haufen schmutziger Kleidung und schlief.

»Ich hab' sie mir wegen der Mäuse geholt – und nun sehen Sie sich das hier an!« fuhr er fort. »Am liebsten würde ich sie sofort wieder rausschmeißen.«

»Oh, aber die Abdrücke sind bezaubernd«, behauptete Mameha. »Ich finde, daß sie das Bild verschönern. Was meinst du, Sayuri?«

Ich hatte keine Lust, etwas zu sagen, weil Uchida über Mamehas Bemerkung sehr verärgert zu sein schien. In diesem Augenblick begriff ich, daß sie versuchte, »das Geschwür aufzustechen«, wie sie es formuliert hatte. Also verlieh ich meiner Stimme höchste Begeisterung und sagte:

»Es ist wirklich erstaunlich, wie hübsch die Pfotenabdrücke aussehen! Ich glaube fast, die Katze ist eine Künstlerin.«

»Ich weiß, warum Sie sie nicht mögen«, behauptete Mameha. »Sie sind eifersüchtig auf ihr Talent.«

»Eifersüchtig – ich?« sagte Uchida. »Die Katze ist keine Künstlerin. Wenn überhaupt, dann ist sie ein Dämon!«

»Verzeihung, Uchida-san«, erwiderte Mameha. »Sie haben recht. Aber sagen Sie, wollen Sie die Zeichnung etwa wegwerfen? Wenn ja, dann würde ich mich freuen, sie mitzunehmen. Würde sie nicht bezaubernd in meiner Wohnung aussehen, Sayuri?«

Als Uchida das hörte, riß er das Blatt mit der Zeichnung vom Brett und sagte: »Sie gefällt Ihnen also, ja? Na schön, dann werde ich zwei Geschenke für Sie daraus machen!« Damit riß er das Blatt mittendurch und überreichte es ihr mit den Worten: »Da haben Sie das eine! Und da haben Sie das andere! Und nun verschwinden Sie!«

»Ich wünschte, Sie hätten das nicht getan«, sagte Mameha. »Ich finde, es war die schönste Zeichnung, die Sie jemals gemacht haben!«

»Hinaus!«

»Oh, aber Uchida-san, das kann ich nicht! Ich wäre Ihnen keine Freundin, wenn ich bei Ihnen nicht ein bißchen aufräumen würde, bevor ich gehe.«

Daraufhin stürmte Uchida selbst zum Haus hinaus und ließ die Tür hinter sich weit offenstehen. Wir sahen zu, wie er dem Besen, den Mameha an den Baum gelehnt hatte, einen heftigen Tritt versetzte, und dann, als er die nassen Stufen hinunterzulaufen begann, ausrutschte und beinahe stürzte. Die nächste halbe Stunde verbrachten wir damit, das Atelier aufzuräumen, bis Uchida, genau wie Mameha es vorausgesehen hatte, in weitaus besserer Laune zurückkehrte. Er war allerdings immer noch nicht das, was ich als frohgestimmt bezeichnen würde, und hatte die Angewohnheit, ständig auf dem Muttermal in seinem Mundwinkel herumzukauen, was ihn sehr besorgt aussehen ließ. Ich glaube, sein Verhalten war ihm peinlich, denn er traute sich nicht, eine von uns direkt anzusehen. Da es schon bald deutlich wurde, daß er niemals Notiz von meinen Augen nehmen würde, fragte Mameha ihn direkt:

»Finden Sie nicht, daß Sayuri ein besonders hübsches kleines Ding ist? Haben Sie sie überhaupt schon einmal angesehen?«

Ich hielt dies für einen Akt der Verzweiflung, und als Uchida mir nicht mehr als einen flüchtigen Blick gönnte, schien Mameha tief enttäuscht zu sein. Der Nachmittag neigte sich seinem Ende zu, und wir erhoben uns. Mit einer besonders flüchtigen Verneigung verabschiedete sich Mameha von ihm. Als wir hinaustraten, blieb ich unwillkürlich einen Augenblick stehen, um den Sonnenuntergang zu betrachten, der den Himmel über den fernen Bergen in wunderschönen Rost- und Rosatönen erstrahlen ließ. Die Farben waren so eindrucksvoll wie auf dem herrlichsten Kimono – noch eindrucksvoller, denn auch der herrlichste Kimono kann die Hände niemals in orangefarbenes Licht tauchen. In diesem Sonnenuntergang schienen meine Hände jedoch mit schimmerndem Licht überzogen zu sein. Ich hob sie vor mein Gesicht und bestaunte sie lange.

»Mameha-san, sehen Sie doch!« sagte ich zu ihr, aber sie dachte, ich spräche vom Sonnenuntergang, und drehte sich gleichgültig dem Himmel zu. Uchida stand mit konzentrierter Miene wie erstarrt an seiner Tür, fuhr sich dann durch das graue Haar. Aber er betrachtete nicht den Sonnenuntergang, er betrachtete mich!

Wenn Sie jemals Uchida Kosaburos berühmte Tuschzeichnung einer jungen Frau im Kimono gesehen haben, die in einem Zustand der Verzückung mit leuchtenden Augen dasteht... nun, er behauptete von Anfang an hartnäckig, diese Idee stamme von dem, was er an jenem Nachmittag gesehen hatte. Ich habe ihm das nie so recht geglaubt. Ich kann mir nicht vorstellen, daß ein so wunderschönes Gemälde wirklich auf dem Anblick eines jungen Mädchens beruht, das im Licht des Sonnenuntergangs wie eine Närrin die eigenen Hände bestaunt.

19. KAPITEL

Nach diesem aufregenden Monat, in dem ich dem Direktor wiederbegegnet war – und Nobu, Dr. Krebs und Uchida Kosaburo kennengelernt hatte –, kam ich mir wie eine gefangene Grille vor, der es gelungen war, endlich aus ihrem Weidenkäfig zu entkommen. Zum erstenmal seit Ewigkeiten konnte ich abends mit dem Bewußtsein schlafen gehen, in Gion vielleicht doch nicht ewig so unbemerkt zu bleiben wie ein Tropfen Tee, der auf den Matten verschüttet wird. Zwar ahnte ich noch immer nicht, wie Mamehas Plan aussah, wie mir dieser Plan zu Erfolg verhelfen sollte, oder ob mich ein Erfolg als Geisha mit dem Direktor zusammenführen würde. Aber in jeder Nacht lag ich auf meinem Futon, preßte sein Taschentuch an meine Wange und durchlebte immer wieder von neuem die Begegnung mit ihm. Ich war wie eine Tempelglocke, die noch lange nachhallt, wenn sie geschlagen wird.

Als einige Wochen verstrichen, ohne daß Nachricht von einem der Herren kam, begannen Mameha und ich uns Sorgen zu machen. Doch endlich rief eines Vormittags eine Sekretärin von Iwamura Electric im Ichiriki-Teehaus an und bat für denselben Abend um meine Gesellschaft! Mameha war über diese Nachricht hocherfreut, weil sie hoffte, die Einladung komme von Nobu. Ich war ebenfalls hocherfreut, weil ich hoffte, sie komme vom Direktor. Später erzählte ich Tantchen in Hatsumomos Gegenwart, daß ich Nobu Gesellschaft leisten würde, und bat sie, mir bei der Auswahl eines Kimono-Ensembles zu helfen. Zu meiner Verwunderung kam Hatsumomo mit, um mir zur Hand zu gehen. Auf einen Fremden hätten wir bestimmt wie eine friedliche Familie gewirkt. Hatsumomo kicherte weder, noch machte sie sarkastische Bemerkungen, sondern war mir eine echte Hilfe. Ich glaube, Tantchen war darüber nicht weniger erstaunt als ich. Schließlich einigten wir uns auf einen pastellgrünen Kimono mit einem Blattmuster in Silber und Zinnoberrot und einen grauen, mit Goldfäden durchwirkten Obi. Hatsumomo versprach vorbeizuschauen, damit sie Nobu und mich zusammen sehen konnte.

Als ich an jenem Abend im Flur des Ichiriki kniete, hatte ich das Gefühl, als habe mein ganzes Leben mich auf diesen Augenblick zugeführt. Ich lauschte dem gedämpften Lachen und fragte mich, ob eine der Stimmen dem Direktor gehörte, und als ich die Tür öffnete und ihn am Kopfende des Tisches sitzen sah, während Nobu mir den Rücken zukehrte... nun, da war ich vom Lächeln des Direktors – obwohl es in Wirklichkeit nur ein Nachhall des Lachens zuvor war – so gebannt, daß ich mich energisch zusammennehmen mußte, um das Lächeln nicht zu erwidern. Zuerst begrüßte ich Mameha, dann die wenigen anderen Geishas im Raum und zuletzt die sechs oder sieben Herren. Als ich mich von den Knien erhob, ging ich, wie Mameha es von mir erwartete, direkt zu Nobu. Ich muß mich wohl dichter neben ihn gekniet haben, als mir bewußt war, denn er knallte seine Saketasse verärgert auf den Tisch und rückte ein Stückchen von mir ab. Ich entschuldigte mich bei ihm, aber er beachtete mich nicht, und Mameha runzelte nur ein wenig die Stirn. Den Rest der Zeit verbrachte ich damit, mich ausgesprochen unwohl zu fühlen. Später, als wir zusammen aufbrachen, sagte Mameha zu mir:

»Nobu-san ist sehr schnell verärgert. Sei in Zukunft also ein bißchen vorsichtiger und sieh zu, daß du ihn nicht unnötig reizt.«

»Es tut mir leid, Herrin. Anscheinend mag er mich doch nicht so sehr, wie Sie dachten...«

»O doch, er mag dich. Wenn deine Gesellschaft ihm nicht angenehm gewesen wäre, hättest du die Party in Tränen aufgelöst verlassen. Manchmal ist er so sanft wie ein Sack voll Kies, aber auf seine Art ist er wirklich ein freundlicher Mensch. Du wirst schon sehen.«

Noch in derselben Woche wurde ich von Iwamura Electric abermals ins Ichiriki-Teehaus eingeladen, und auch in den darauffolgenden Wochen immer wieder – und zwar nicht unbedingt mit Mameha zusammen. Da sie mich gewarnt hatte, niemals zu lange zu bleiben, weil ich mich sonst unbeliebt machen könnte, verneigte ich mich jedesmal nach ungefähr einer Stunde und entschuldigte mich, als müßte ich zu einer anderen Party. Wenn ich mich für diese Abende ankleidete, deutete Hatsumomo oft an, daß sie vielleicht vorbeikommen würde, doch sie erschien kein einziges Mal. Dann teilte sie mir eines Nachmittags unerwartet mit, sie habe an jenem Abend ein bißchen freie Zeit und werde mit Sicherheit kommen.

Wie Sie sich vorstellen können, war ich ziemlich nervös, und als ich das Ichiriki erreichte und feststellen mußte, daß Nobu nicht da war, schien sich die Lage noch zu verschlechtern. Es war die kleinste Party, an der ich jemals in Gion teilgenommen hatte, mit nur zwei weiteren Geishas und vier Herren. Was, wenn nun Hatsumomo kam und sah, daß ich dem Direktor ohne Nobu Gesellschaft leistete? Ich wußte noch immer nicht, was ich tun sollte, als plötzlich die Tür aufgeschoben wurde und ich mit einem Aufwallen von Furcht erkennen mußte, daß draußen im Flur Hatsumomo kniete.

Mein einziger Ausweg bestand darin, so gelangweilt zu tun, als wäre ich an keinem anderen Mann außer Nobu interessiert. Vielleicht hätte mich das an jenem Abend gerettet, aber zum Glück traf Nobu schon nach wenigen Minuten ein. Als er hereinkam, blühte Hatsumomos wunderschönstes Lächeln auf, bis ihre Lippen so voll und üppig waren wie Blutstropfen am Rand einer Wunde. Nobu machte es sich am Tisch bequem, und sofort mahnte mich Hatsumomo auf eine fast mütterliche Art, hinüberzugehen und ihm Sake einzuschenken. Ich setzte mich neben Nobu und versuchte, alle Anzeichen eines hingerissenen jungen Mädchens erkennen zu lassen. Wenn er lachte, sah ich ihn zum Beispiel an, als fände ich ihn unwiderstehlich. Hatsumomo war hocherfreut und beobachtete uns so unverhohlen, daß sie nicht einmal all die entzückten Blicke zu bemerken schien, die auf ihr ruhten; aber vielleicht war sie einfach daran gewöhnt, die Aufmerksamkeit der Männer zu erregen. Sie war faszinierend schön an jenem Abend, aber das war sie eigentlich immer. Der junge Mann am Ende des Tisches tat wenig mehr, als Zigaretten zu rauchen und sie zu beobachten. Selbst der Direktor, der die Finger graziös um eine Saketasse geschlossen hatte, warf ihr von Zeit zu Zeit verstohlene Blicke zu. Unwillkürlich fragte ich mich, ob Männer sich von Schönheit so sehr blenden ließen, daß sie es für ein Privileg hielten, ihr Leben mit einem echten Dämon zu verbringen, solange es nur ein schöner Dämon war. Auf einmal stand mir das Bild des Direktors vor Augen, wie er, einen weichen Filzhut in der Hand, spät in der Nacht die Eingangshalle unserer Okiya betrat, um sich mit Hatsumomo zu treffen, sich seines Überziehers entledigte und dabei auf mich herablächelte. Ich konnte mir nicht vorstellen, daß er von ihrer Schönheit wirklich jemals so fasziniert sein würde, um über die Spuren von Grausamkeit hinwegzusehen, die sich bald zeigen würden. An einem aber bestand wahrhaftig kein Zweifel: Wenn Hatsumomo jemals erfahren sollte, welche Gefühle ich für ihn hegte, würde sie versuchen, ihn zu verführen, und sei es nur, um mir Schmerz zuzufügen.

Plötzlich wünschte ich mir dringend, daß Hatsumomo die Party verließ. Ich wußte, daß sie gekommen war, um die »Entwicklung der Romanze« zu beobachten, wie sie es ausdrückte; also beschloß ich, ihr zu zeigen, was sie sehen wollte. Scheinbar um mein Aussehen besorgt, begann ich, mit den Fingerspitzen immer wieder meinen Hals oder meine Frisur zu berühren. Als meine Finger dabei zufällig eins meiner Haarkämmchen berührten, kam mir eine Idee. Ich wartete, bis jemand einen Scherz machte, und beugte mich, lachend und meine Frisur zurechtrückend, zu Nobu hinüber. Zugegeben, meine Frisur zurechtzurücken war eine eher seltsam anmutende Geste, denn meine Haare waren festgewachst und bedurften bestimmt keiner Korrektur. Sinn der Sache war es jedoch, einen Teil meines Haarschmucks – eine Kaskade aus gelben und orangefarbenen Saforblüten aus Seide – so zu lockern, daß es Nobu in den Schoß fiel. Wie sich herausstellte, war der Holzpfeil, der den Schmuck in meinem Haar befestigte, tiefer hineingesteckt worden, als mir klar war, schließlich aber gelang es mir doch, ihn herauszuziehen, so daß der Schmuck gegen Nobus Brust prallte und zwischen seine gekreuzten Beine auf die Tatami-Matte fiel. Fast alle hatten es bemerkt, und niemand schien zu wissen, was tun. Ich hatte auf seinen Schoß hinüberreichen und ihn mir mit mädchenhafter Verlegenheit zurückholen wollen, doch zwischen seine Beine zu greifen wagte ich nicht.

Dann hob Nobu ihn selbst auf und drehte den Pfeil langsam zwischen den Fingern. »Geh zu der jungen Dienerin, die mich empfangen hat, Sayuri«, sagte er zu mir. »Sag ihr, ich brauche das Päckchen, das ich mitgebracht habe.«

Ich gehorchte. Als ich in den Raum zurückkehrte, schienen alle zu warten. Nobu hielt immer noch den Holzpfeil des Haarschmucks so in der Hand, daß die Blüten über dem Tisch baumelten, und machte keine Anstalten, mir das Päckchen abzunehmen, das ich ihm reichte. »Ich wollte es dir eigentlich erst geben, wenn du gehst. Doch anscheinend ist es mir bestimmt, es dir jetzt schon zu überlassen«, sagte er und nickte mir mit Blick auf das Päckchen zu, es zu öffnen. Weil alle zusahen, war ich äußerst verlegen, dennoch wickelte ich das Päckchen aus und öffnete die kleine Holzschachtel. Auf einem Bett aus Seide lag ein exquisiter Zierkamm. Der leuchtendrote Kamm bildete einen Halbkreis und war mit bunten Blüten geschmückt.

»Eine Antiquität, die ich vor ein paar Tagen entdeckt habe«, erklärte Nobu.

Der Direktor, der den Schmuck in der Schachtel sinnend betrachtete, bewegte die Lippen, aber es kam kein Laut heraus. Da räusperte er sich und sagte mit einem merkwürdigen Anflug von Traurigkeit: »Ja, Nobu-san, ich hatte ja keine Ahnung, daß du so sentimental bist.«

Hatsumomo erhob sich vom Tisch. Ich dachte, es wäre mir gelungen, mich von ihr zu befreien, statt dessen kam sie zu meinem Erstaunen jedoch um den Tisch und kniete sich neben mich. Ich war nicht sicher, was ich davon halten sollte, bis sie den Kamm aus der Schachtel nahm und ihn mir an der unteren Kante des großen Nadelkissenknotens sorgfältig ins Haar steckte. Dann streckte sie die Hand aus, und Nobu gab ihr den Schmuck mit den baumelnden Saforblüten, den sie so behutsam, wie eine Mutter ihr Baby behandelt, in meiner Frisur befestigte. Ich dankte ihr mit einer leichten Verneigung.

»Ist sie nicht bezaubernd?« sagte sie und wandte sich dabei

betont an Nobu. Sie stieß einen überaus theatralischen Seufzer aus – fast so, als wären diese Minuten die romantischsten, die sie je erlebt hätte, und verließ dann, wie ich innigst gehofft hatte, endlich die Party.

Es versteht sich von selbst, daß Männer sich voneinander so stark unterscheiden können wie Sträucher, die zu verschiedenen Jahreszeiten blühen. Denn obgleich sowohl Nobu als auch der Direktor einige Wochen nach dem Sumo-Turnier Interesse an mir zeigten, verstrichen mehrere Monate, in denen wir weder von Dr. Krebs noch von Uchida hörten. Mameha schärfte mir ein, daß wir warten müßten, bis wir etwas von ihnen hörten, statt uns unter einem Vorwand wieder bei ihnen zu melden, doch schließlich konnte sie die Anspannung nicht mehr ertragen und ging eines Nachmittags zu Uchida.

Wie sich herausstellte, war seine Katze kurz nach unserem Besuch von einem Dachs gebissen worden und innerhalb weniger Tage an einer Infektion gestorben. Aus diesem Grund hatte sich Uchida sofort wieder in eine Sauforgie gestürzt. Ein paar Tage lang besuchte ihn Mameha, um ihn ein wenig aufzuheitern. Als seine Stimmung schließlich umzuschlagen schien, steckte sie mich in einen eisblauen Kimono, dessen Saum mit bunten Bändern bestickt war, legte mir einen Hauch von westlichem Make-up auf, »um die Konturen zu betonen«, wie sie es nannte, und schickte mich zu ihm – mit einem perlweißen Kätzchen, das sie wer weiß wieviel Geld gekostet hatte. Ich fand das kleine Kätzchen bezaubernd, aber Uchida beachtete es kaum, sondern saß nur da und beäugte mich von allen Seiten. Einige Tage später kam die Nachricht, daß er mich in seinem Atelier erwarte, um ihm zu sitzen. Mameha ermahnte mich, niemals das Wort an ihn zu richten, und schickte als Anstandsdame ihre Dienerin Tatsumo mit, die den ganzen Nachmittag schlummernd in einem zugigen Winkel verbrachte, während Uchida mich von einer Stelle zur anderen dirigierte, hektisch seine Tuschen anrührte und etwas auf Reispapier malte, bevor er mich dann abermals umsetzte.

Wenn Sie in Japan umherreisten, um sich Uchidas Arbeiten anzusehen, die während eines Winters und in den darauffolgenden

Jahren entstanden, als ich ihm Modell saß – zum Beispiel eins seiner wenigen noch existierenden Ölbilder, das im Konferenzsaal der Sumito-Bank in Osaka hängt –, würden Sie es sich möglicherweise sehr aufregend vorstellen, für ihn zu posieren. In Wirklichkeit aber gibt es nichts Langweiligeres als das. Fast immer mußte ich mindestens eine Stunde lang reglos und äußerst unbequem dasitzen. Vor allem ist mir mein Durst in Erinnerung geblieben, denn Uchida bot mir niemals etwas zu trinken an. Selbst als ich es mir angewöhnte, in einem versiegelten Krug meinen eigenen Tee mitzubringen, stellte er ihn ans andere Ende des Raumes, damit er ihn nicht ablenken konnte. Mamehas Instruktionen getreu, versuchte ich niemals ein Wort zu sagen, nicht einmal an einem bitterkalten Nachmittag Mitte Februar, an dem ich vermutlich doch etwas hätte sagen sollen, es aber nicht tat. Uchida hatte sich unmittelbar vor mich hingesetzt, um mir, auf dem Muttermal in seinem Mundwinkel kauend, unverwandt in die Augen zu starren. In der Hand hielt er ein paar Tuscheriegel, neben ihm stand ein wenig Wasser, das immer wieder überfror, aber sooft er die Tusche auch zu verschiedenen Kombinationen von Grau und Blau mischte, nie war er mit der Farbe zufrieden, jedesmal trug er sie hinaus, um sie in den Schnee zu kippen. Im Laufe des Nachmittags wurde er, während er mich mit seinen Blicken durchbohrte, immer zorniger und schickte mich schließlich aufgebracht fort. Über zwei Wochen lang hörte ich nichts von ihm und fand erst später heraus, daß er sich wieder in eine Sauforgie gestürzt hatte, für die Mameha mir die Schuld zuschrieb.

Was nun Dr. Krebs betraf, so hatte er zwar, als ich ihn kennenlernte, Mameha und mir so gut wie versprochen, uns im Shirae-Teehaus zu empfangen, doch sechs Wochen später hatten wir noch immer nichts von ihm gehört. Je mehr Wochen vergingen, desto besorgter wurde Mameha. Ich war noch immer nicht von ihrem Plan informiert, wie wir Hatsumomo aus dem Gleichgewicht bringen könnten, nur daß er einem Tor glich, das in zwei Angeln hing, von denen die eine Nobu, die andere Dr. Krebs war. Was sie mit Uchida wollte, erriet ich nicht, aber der kam mir vor wie ein eigener Plan und stand mit Sicherheit nicht im Mittelpunkt ihrer Pläne.

Ende Februar traf Mameha Dr. Krebs zufällig im Ichiriki-Teehaus und erfuhr, daß er mit der Eröffnung eines neuen Krankenhauses in Osaka beschäftigt gewesen war. Nun, da der größte Teil dieser Arbeit hinter ihm lag, hoffte er, die Bekanntschaft mit mir in der folgenden Woche im Shirae-Teehaus erneuern zu können. Sie werden sich bestimmt erinnern, daß Mameha behauptet hatte, wenn ich mich im Ichiriki blicken ließ, würde ich mit Einladungen überschüttet werden, und daß Dr. Krebs uns deswegen gebeten hatte, ihn statt dessen im Shirae aufzusuchen. Der eigentliche Grund für Mamehas Behauptung war natürlich, Hatsumomo aus dem Weg zu gehen, und doch fürchtete ich, als ich mich für die Begegnung mit dem Doktor zurechtmachte, daß Hatsumomo uns trotz aller Vorsicht finden werde. Sobald ich aber das Shirae sah, hätte ich fast laut aufgelacht, denn das war in der Tat ein Ort, den zu meiden Hatsumomo aber auch alles getan hätte! Es erinnerte mich an eine welke, kleine Blüte an einem Baum in voller Pracht. Selbst während der letzten Jahre der Wirtschaftskrise war Gion weiterhin ein beliebtes und belebtes Viertel gewesen, das Shirae-Teehaus dagegen, von vornherein nicht gerade besonders populär, war nur noch mehr heruntergekommen. Der einzige Grund, warum ein so wohlhabender Mann wie Dr. Krebs ein solches Haus bevorzugte, war der, daß er nicht immer so wohlhabend gewesen war. Während seiner frühen Jahre war das Shirae vermutlich das Beste gewesen, was er sich leisten konnte. Die Tatsache, daß das Ichiriki ihn schließlich akzeptierte, heißt nicht etwa, daß er seine Verbindung mit dem Shirae so einfach lösen konnte. Wenn ein Mann sich eine Geliebte nimmt, macht er nicht einfach kehrt und läßt sich von seiner Ehefrau scheiden.

An jenem Abend im Shirae schenkte ich Sake ein, während Mameha eine Geschichte erzählte und Dr. Krebs die Ellbogen im Sitzen so weit herausfuhr, daß er zuweilen mit einer von uns zusammenstieß und sich umwenden mußte, um uns entschuldigend zuzunicken. Er war, wie ich entdeckte, ein stiller Mann, der fast immer nur dasaß, durch seine kleine, runde Brille auf den Tisch starrte und hin und wieder Sashimi-Stücke unter seinen Schnauzbart schob, wobei er mich an einen Jungen erinnerte, der etwas unter dem Bodenbelag versteckt. Als wir an jenem Abend schließlich aufbrachen, war ich fest davon überzeugt, versagt zu haben und nie wieder etwas von ihm zu hören – denn normalerweise wird ein Mann, der sich so wenig amüsiert hat, niemals wieder nach Gion kommen. Wie sich jedoch herausstellte, sollten wir schon in der darauffolgenden Woche von Dr. Krebs hören, und in den folgenden Monaten in nahezu jeder einzelnen Woche.

Zunächst verlief alles glatt mit dem Doktor, bis ich an einem Nachmittag Mitte März etwas sehr Törichtes tat und dadurch fast Mamehas sorgfältige Planung zunichte gemacht hätte. Bestimmt hat so manche junge Frau sich ihre Aussichten im Leben verdorben, weil sie sich weigerte, etwas zu tun, was man von ihr erwartete, oder weil sie sich einem wichtigen Mann gegenüber schlecht benahm, aber der Fehler, den ich beging, war so trival, daß er mir nicht einmal bewußt war.

Es passierte eines eiskalten Tages im Verlauf einer kurzen Minute in der Okiya, nicht lange nach dem Mittagessen. Ich kniete mit meinem Shamisen auf dem hölzernen Verandagang, als Hatsumomo auf dem Weg zur Toilette an mir vorbeikam. Hätte ich Schuhe gehabt, so wäre ich, um ihr aus dem Weg zu gehen, auf den Hofkorridor hinuntergetreten. So aber konnte ich nichts weiter tun, als mich mit fast erfrorenen Armen und Beinen von den Knien hochzurappeln. Wäre ich schneller gewesen, hätte sich Hatsumomo vermutlich gar nicht dazu herabgelassen, mich anzusprechen. Doch während ich langsam auf die Füße kam, sagte sie:

»Der deutsche Botschafter kommt nach Gion, aber Kürbisköpfchen hat keine Zeit, ihn zu unterhalten. Du kannst ja Mameha bitten, dafür zu sorgen, daß du Kürbisköpfchens Platz einnimmst.« Dann stieß sie ein lautes Lachen aus, als sei die Vorstellung, ich könnte so etwas Absurdes tun, etwa so lächerlich wie der Versuch, dem Kaiser eine Schale voll Bucheckern vorzusetzen.

Zu jener Zeit – 1935 – erregte der deutsche Botschafter in Gion einiges Aufsehen. Kurz zuvor war in Deutschland eine neue Regierung an die Macht gekommen, und obwohl ich nie viel von Politik verstanden habe, weiß ich doch, daß sich Japan während dieser Jahre von den Vereinigten Staaten entfernte und darauf bedacht war, einen guten Eindruck auf den neuen deutschen Botschafter zu machen. In Gion fragten sich daher alle, wem die große Ehre zuteil werden würde, ihm bei seinem bevorstehenden Besuch Gesellschaft zu leisten.

Auf Hatsumomos Bemerkung hätte ich daher vor Scham den Kopf senken und lautstark den Unterschied zwischen meinem elenden Leben und dem ach so aufregenden von Kürbisköpfchen bejammern müssen. Zufällig hatte ich aber gerade darüber nachgedacht, wie sehr sich meine Aussichten doch verbessert zu haben schienen und wie erfolgreich Mameha und ich ihren Plan vor Hatsumomo geheimgehalten hatten – wie immer dieser Plan auch aussehen mochte. Mein erster Impuls war, Hatsumomos Worte mit einem Lächeln zu quittieren, statt dessen aber zwang ich mein Gesicht zu einer starren Maske und war ungeheuer zufrieden mit mir, weil ich nichts verraten hatte. Hatsumomo warf mir einen merkwürdigen Blick zu. In dem Moment hätte mir sofort klarwerden müssen, daß ihr ein Verdacht durch den Kopf schoß. Darauf trat ich hastig zur Seite, und sie ging vorbei. Damit war, was mich betraf, die Sache erledigt.

Einige Tage darauf besuchten Mameha und ich das Shirae-Teehaus, wo wir uns wieder einmal mit Dr. Krebs treffen wollten. Doch als wir die Tür aufschoben, standen wir vor Kürbisköpfchen, die gerade in ihre Schuhe schlüpfte, um das Haus zu verlassen. Ich war so verblüfft, daß ich mich fragte, was in aller Welt sie hergeführt haben mochte. Als dann auch Hatsumomo in die Eingangshalle herunterkam, wußte ich natürlich Bescheid: Hatsumomo hatte uns irgendwie überlistet.

»Guten Abend, Mameha-san«, grüßte Hatsumomo. »Und sieh mal an, wen wir da haben! Die kleine Lerngeisha, von der der Doktor so begeistert ist.«

Ich bin sicher, daß Mameha ebenso erschrocken war wie ich, aber sie ließ es sich nicht anmerken. »Nanu, Hatsumomo-san«, sagte sie. »Ich hätte dich fast nicht wiedererkannt... aber ich muß sagen, du alterst in Schönheit!«

Im Grunde war Hatsumomo noch nicht alt – höchstens acht- oder neunundzwanzig. Mameha wollte ihr nur irgend etwas Kränkendes sagen.

»Ich nehme an, ihr wollt zum Doktor«, sagte Hatsumomo. »Ein äußerst interessanter Mann! Ich hoffe nur, er wird auch jetzt noch erfreut sein, euch zu treffen. Na ja, dann auf Wiedersehen.« Als Hatsumomo ging, wirkte sie außergewöhnlich heiter, doch im Licht, das von der Avenue herüberschien, entdeckte ich auf Kürbisköpfchens Gesicht einen Ausdruck des Kummers.

Ohne ein Wort schlüpften Mameha und ich aus den Schuhen, da keine von uns wußte, was sie sagen sollte. An jenem Abend schien die düstere Atmosphäre im Shirae so dicht zu sein wie Wasser in einem Teich. Die Luft roch nach alter Schminke, und in den Winkeln des Raumes blätterte der Putz ab. Ich hätte alles darum gegeben, jetzt einfach kehrtmachen und gehen zu können.

Als wir vom Flur aus die Tür aufschoben, sahen wir, daß die Herrin des Teehauses Dr. Krebs Gesellschaft leistete. Gewöhnlich blieb sie noch ein paar Minuten, wenn wir eintrafen – vermutlich, um dem Doktor die Zeit berechnen zu können. Heute aber verabschiedete sie sich sofort, als wir hereinkamen, und sah uns im Vorbeigehen nicht an. Da Dr. Krebs uns den Rücken zukehrte, übersprangen wir die förmliche Verneigung und gingen direkt zu ihm an den Tisch.

»Sie sehen müde aus, Doktor«, sagte Mameha. »Wie geht es Ihnen heute abend?«

Dr. Krebs schwieg. Obwohl er ein sehr tüchtiger Mann war, der keinen einzigen Moment verschwendete, verschwendete er jetzt seine Zeit damit, das Bierglas, das auf dem Tisch vor ihm stand, nervös zu drehen.

»Jawohl, ich bin müde«, sagte er schließlich. »Ich habe keine rechte Lust auf Gespräche.«

Damit trank er den letzten Rest Bier aus und erhob sich. Mameha und ich sahen einander an. Als Dr. Krebs die Schiebetür erreicht hatte, wandte er sich zu uns um und sagte: »Ich finde es wirklich nicht sehr erfreulich, wenn Menschen, denen ich vertraut habe, mich irreführen.«

Dann ging er, ohne die Tür hinter sich zu schließen.

Mameha und ich waren zu verblüfft, um etwas zu sagen. Schließlich erhob sich Mameha und schob die Tür zu. An den Tisch zurückgekehrt, strich sie ihren Kimono glatt, kniff dann mit einer zornigen Grimasse die Augen zu und fragte mich: »Also, Sayuri. Was genau hast du zu Hatsumomo gesagt?«

»Nach all der vielen Mühe, Mameha-san? Ich versichere Ihnen, ich würde niemals etwas tun, womit ich mir meine Chancen verderbe.«

»Der Doktor scheint dich aber beiseite geworfen zu haben wie einen leeren Sack. Ich bin überzeugt, daß es einen Grund dafür gibt... Aber den werden wir erst erfahren, wenn wir rauskriegen, was Hatsumomo heute abend zu ihm gesagt hat.«

»Ja, aber wie können wir das?«

»Kürbisköpfchen war vorhin dabei. Du mußt unbedingt zu ihr gehen und sie fragen.«

Ich war ganz und gar nicht sicher, ob Kürbisköpfchen mit mir reden würde, versprach aber, wenigstens den Versuch zu machen, und Mameha schien sich damit zufriedenzugeben. Sie stand auf und wollte hinausgehen, ich aber blieb sitzen, wo ich war, bis sie sich umwandte, um zu sehen, wo ich blieb.

»Darf ich Ihnen eine Frage stellen, Mameha-san?« sagte ich.

»Nun, da Hatsumomo weiß, daß ich viel Zeit mit dem Doktor verbracht habe, begreift sie vermutlich auch den Grund dafür. Dr. Krebs kennt ihn mit Sicherheit. Sie kennen ihn ebenfalls. Und sogar Kürbisköpfchen weiß Bescheid! Ich bin die einzige, die keine Ahnung hat. Würden Sie bitte so freundlich sein, mir Ihren klugen Plan zu erklären?«

Mameha sah aus, als bedaure sie, daß ich diese Frage gestellt hatte. Sehr lange wich sie meinem Blick aus, dann stieß sie schließlich einen Seufzer aus und kniete sich wieder an den Tisch, um mir zu erklären, was ich wissen wollte.

»Wie du weißt«, begann sie, »betrachtet Uchida-san dich mit den Augen des Malers. Der Doktor dagegen ist an etwas ganz anderem interessiert, und Nobu ebenfalls. Weißt du, was der Ausdruck ›heimatloser Aal‹ bedeutet?«

Ich hatte keine Ahnung und sagte ihr das auch.

»Nun, weißt du, Männer haben so eine Art… nun ja, ›Aal‹ an ihrem Körper«, erklärte sie. »Frauen haben keinen, nur die Männer. Er befindet sich…«

»Ich glaube, ich weiß, wovon Sie reden«, warf ich ein, »aber ich wußte nicht, daß man das als Aal bezeichnet.«

»Es ist eigentlich auch kein Aal«, sagte Mameha, »aber wenn man so tut, als wäre es ein Aal, läßt sich vieles einfacher erklären. Also nennen wir das Ding eben so. Es geht um folgendes. Dieser Aal sucht sein Leben lang nach einer Heimstatt, und was glaubst du wohl, haben die Frauen? Eine Höhle, in der der Aal gern wohnen möchte. Diese Höhle ist es, aus der einmal im Monat das Blut kommt, wenn die ›Wolken am Mond vorüberziehen‹, wie wir zuweilen sagen.«

Ich war alt genug, um zu verstehen, was Mameha mit den Wolken meinte, die am Mond vorüberziehen, denn das kannte ich bereits seit einigen Jahren. Beim erstenmal hätte ich nicht panischer reagieren können, wenn ich geniest und Stückchen von meinem Gehirn im Taschentuch gefunden hätte. Ich hatte wirklich Angst gehabt, sterben zu müssen – bis Tantchen sah, wie ich einen blutigen Lappen auswusch, und mir erklärte, die Blutung gehöre zum Frausein dazu.

»Mag sein, daß du nichts von diesen Aalen weißt«, fuhr Mameha fort, »aber sie sind äußerst besitzergreifend. Wenn sie eine Höhle finden, die ihnen gefällt, zappeln sie eine Weile darin herum, um ganz sicherzugehen, daß… nun ja, um sicherzugehen, daß es eine schöne Höhle ist, nehme ich an. Und wenn sie ihnen dann gefällt, markieren sie die Höhle als ihr Territorium, indem sie… spucken. Hast du das verstanden?«

Hätte Mameha mir ganz einfach erzählt, was sie mir zu sagen versuchte, wäre ich sicher schockiert gewesen, aber wenigstens wäre es mir leichter gefallen, es einzuordnen. Jahre später fand ich heraus, daß Mameha von ihrer älteren Schwester mit fast genau den gleichen Worten aufgeklärt worden war.

»Und nun kommt der Teil, der dir sehr seltsam vorkommen wird«, fuhr Mameha fort, als wäre das, was sie mir bis dahin gesagt hatte, nicht schon seltsam genug gewesen. »Den Männern *gefällt* das alles sogar. Mehr noch, es gefällt ihnen sehr! Es gibt sogar Männer, die ihr ganzes Leben lang nichts anderes tun als nach immer neuen Höhlen für ihren Aal zu suchen. Und etwas ganz Besonderes ist für einen Mann die Höhle einer Frau, in der noch nie ein anderer Aal gewesen ist. Verstehst du? Das nennen wir *mizuage*.«

»Was nennen wir *mizuage*?«

»Wenn die Höhle einer Frau zum erstenmal vom Aal eines Mannes aufgesucht wird. Das heißt *mizuage*.«

Nun heißt *mizu* »Wasser«, und *age* heißt »erheben« oder »setzen, stellen, legen«, so daß der Ausdruck *mizuage* so klingt, als habe er etwas mit dem Aufsteigen von Wasser zu tun oder damit, daß man etwas auf das Wasser legt. Wenn man drei Geishas in einem Raum versammelt, wird jede von ihnen eine andere Geschichte davon erzählen, woher dieser Ausdruck kommt. Nun, da Mameha ihre Erklärung beendet hatte, war ich eigentlich noch viel verwirrter als zuvor, aber ich versuchte so zu tun, als klinge das alles durchaus logisch.

»Du kannst dir sicher denken, warum der Doktor gern in Gion ist«, fuhr Mameha fort. »In seinem Krankenhaus verdient er eine Menge Geld. Und bis auf das, was er braucht, um seine Familie zu ernähren, gibt er es für *mizuage* aus. Es dürfte dich interessieren, Sayuri-san, daß du genau die Art von jungem Mädchen bist, die er am höchsten schätzt. Ich muß es wissen, denn auch ich war eine von ihnen.«

Wie ich später erfuhr, hatte Dr. Krebs ein oder zwei Jahre vor meiner Ankunft in Gion eine Rekordsumme für Mamehas *mizuage* bezahlt – etwa sieben- oder achttausend Yen. Das scheint heute nicht sehr viel zu sein, aber damals war das ein Betrag, den selbst jemand wie Mutter – die doch immer nur an Geld dachte und daran, wie man noch mehr davon anhäufen konnte – höchstens ein- oder zweimal in ihrem Leben sah. Mamehas *mizuage* war zum Teil so kostspielig, weil sie so berühmt war, aber wie sie mir an jenem Nachmittag erklärte, gab es noch einen anderen Grund dafür: Zwei sehr reiche Männer hatten gegeneinander geboten, um ihr *mizuage*-Pate zu werden. Der eine war Dr. Krebs, der andere ein Geschäftsmann namens Fujikado. Normalerweise konkurrierten die Männer in Gion nicht auf diese Art, denn sie kannten einander und zogen es vor, sich gütlich zu einigen. Fuji-kado aber lebte am anderen Ende des Landes und kam nur gele-gentlich nach Gion. Deswegen war es ihm gleichgültig, ob er Dr. Krebs beleidigte oder nicht. Und Dr. Krebs, der behauptete, aristokratisches Blut in den Adern zu haben, haßte Selfmademen wie Fujikado – obwohl er in gewissem Maß selbst einer war.

Als Mameha beim Sumo-Turnier bemerkte, daß Nobu von mir eingenommen zu sein schien, fiel ihr augenblicklich auf, wie sehr Nobu Fujikado ähnelte – ein Selfmademan, den Dr. Krebs ab-stoßend finden würde. Da Hatsumomo mich herumscheuchte wie eine Hausfrau die Kakerlaken, würde ich mit Sicherheit nicht so berühmt werden wie Mameha und infolgedessen keinen so hohen Beitrag für meine *mizuage* kassieren können. Doch wenn mich diese beiden Männer anziehend genug fanden, könnte dar-aus ein Bietwettbewerb entstehen, der mich genauso in die Lage versetzen würde, meine Schulden zurückzuzahlen, wie wenn ich von Anfang an eine beliebte Lerngeisha gewesen wäre. Genau das hatte Mameha gemeint, als sie sagte, wir würden »Hatsumomo aus dem Gleichgewicht bringen«. Hatsumomo war hocherfreut, daß Nobu mich anziehend fand. Was sie nicht in Betracht zog, war die Tatsache, daß dies den Preis für meine *mizuage* wohl in die Höhe schnellen ließ.

Wir mußten Dr. Krebs' Zuneigung zu mir unbedingt wieder-beleben. Ohne ihn konnte Nobu für meine *mizuage* bieten, was immer er wollte – das heißt, falls er daran überhaupt interessiert war. Ich war mir da nicht sicher, aber Mameha erklärte, daß kein Mann die Bekanntschaft einer fünfzehnjährigen Lerngeisha pflegte, wenn er nicht an ihre *mizuage* dachte.

»Daß es nicht deine Konversation ist, die ihn interessiert, steht ja wohl fest«, erklärte sie mir.

Ich versuchte so zu tun, als wäre ich davon nicht schmerzlich berührt.

20. KAPITEL

Rückblickend erkenne ich, daß dieses Gespräch mit Mameha mein Weltbild veränderte. Bis dahin hatte ich noch nichts von der *mizuage* gewußt, war ich noch immer ein naives kleines Mädchen gewesen, das nichts begriff. Von da an begann ich jedoch zu erkennen, was ein Mann wie Dr. Krebs sich von der vielen Zeit und dem vielen Geld versprach, das er in Gion ausgab. Sobald man derartige Dinge weiß, kann man sie nicht mehr vergessen. Und ich konnte ihn nie wieder so sehen wie früher.

Als ich später an jenem Abend wieder in der Okiya war, wartete ich in meinem Zimmer darauf, daß Hatsumomo und Kürbisköpfchen die Treppe heraufkamen. Als ich sie schließlich hörte, war es ungefähr eine Stunde nach Mitternacht. An der Art, wie Kürbisköpfchens Hände auf die Stufen klatschten – denn manchmal kam sie die steile Treppe auf allen vieren heraufgekrochen wie ein Hund –, erkannte ich, daß sie müde war. Bevor Hatsumomo die Tür ihres gemeinsamen Zimmers schloß, rief sie eine der Dienerinnen und bestellte sich ein Bier.

»He, warte mal!« sagte sie. »Bring lieber gleich zwei. Ich will, daß Kürbisköpfchen mittrinkt.«

»Bitte, Hatsumomo-san«, hörte ich Kürbisköpfchen sagen, »dann würde ich schon lieber Spucke trinken.«

»Aber du mußt mir vorlesen, während ich mein Bier trinke, da kannst du ebensogut auch eins trinken. Außerdem hasse ich es, wenn die Leute zu nüchtern sind. Das macht mich krank.«

Als die Dienerin nach einer Weile wieder heraufkam, hörte ich Gläser auf dem Tablett klirren, das sie in den Händen trug.

Eine ganze Zeitlang saß ich da, drückte das Ohr an meine Zimmertür und lauschte Kürbisköpfchens Stimme, während sie einen Artikel über einen neuen Kabuki-Schauspieler vorlas. Schließlich trat Hatsumomo schwankend auf den Flur hinaus und schob die Tür zu der Toilette im oberen Stockwerk auf.

»Kürbisköpfchen!« hörte ich sie rufen. »Hast du nicht auch Appetit auf eine Schale Nudeln?«

»Nein, Herrin.«

»Sieh zu, daß du einen Nudelverkäufer auftreibst. Und kauf auch für dich eine Portion, damit du mir Gesellschaft leisten kannst.«

Kürbisköpfchen seufzte, stieg aber gehorsam die Treppe hinab. Ich dagegen mußte warten, bis Hatsumomo in ihr Zimmer zurückgekehrt war, bevor ich ihr auf Zehenspitzen nachschleichen konnte. Womöglich hätte ich Kürbisköpfchen niemals eingeholt, aber sie war so erschöpft, daß sie höchstens so schnell gehen konnte, wie zäher Schlamm einen Abhang hinabrinnt, und mit ebensoviel Energie. Als ich sie schließlich einholte und sie mich sah, machte sie ein besorgtes Gesicht und fragte, was passiert sei.

»Nichts ist passiert«, antwortete ich, »ich wollte nur... ich brauche dringend deine Hilfe.«

»Ach, Chiyo-chan«, sagte sie zu mir – ich glaube, sie war der einzige Mensch, der mich immer noch so nannte –, »ich habe keine Zeit! Ich muß Nudeln für Hatsumomo suchen, und sie will mich zwingen, ebenfalls welche zu essen. Ich fürchte, daß ich sie von oben bis unten vollkotzen werde.«

»Armes Kürbisköpfchen«, sagte ich. »Du siehst aus wie Eis, das gerade zu schmelzen beginnt.« Ihre Gesichtszüge hingen müde herab, und das Gewicht ihrer schweren Kleider schien sie zum Erdboden hinabzuziehen. Ich sagte ihr, sie solle sich setzen, ich würde die Nudeln suchen und sie ihr bringen. Sie war so müde, daß sie nicht einmal protestierte, sondern mir einfach das Geld aushändigte und sich auf eine Bank am Shirakawa-Bach setzte.

Es dauerte einige Zeit, bis ich einen Nudelverkäufer gefunden hatte, doch schließlich kehrte ich mit zwei Schalen dampfendheißer Nudeln zurück. Kürbisköpfchen war fest eingeschlafen. Sie hatte den Kopf in den Nacken gelegt, und ihr Mund stand offen, als hoffte sie, ein paar Regentropfen einzufangen. Es war etwa zwei Uhr morgens, und es waren immer noch Leute unterwegs. Eine Gruppe von Männern schien der Ansicht zu sein,

Kürbisköpfchen sei wohl das Komischste, was sie seit Wochen zu sehen bekommen hatten – und ich muß zugeben, daß der Anblick einer Lerngeisha, die in vollem Staat auf einer Bank sitzt und schnarcht, tatsächlich ein wenig sonderbar wirkte.

Nachdem ich die Schalen neben ihr abgestellt und sie so sanft wie möglich geweckt hatte, sagte ich: »Kürbisköpfchen, ich muß dich um einen Gefallen bitten, aber... ich fürchte, du wirst nicht glücklich sein, wenn ich dir sage, worum es geht.«

»Egal«, gab sie zurück. »Mich macht ohnehin nichts mehr glücklich.«

»Du warst heute abend mit im Zimmer, als Hatsumomo mit dem Doktor gesprochen hat. Nun fürchte ich, daß dieses Gespräch meine ganze Zukunft beeinflussen kann. Hatsumomo muß ihm etwas über mich erzählt haben, das nicht der Wahrheit entspricht, denn jetzt will mich der Doktor plötzlich nicht mehr sehen.«

Sosehr ich Hatsumomo haßte, sosehr ich wissen wollte, was sie an jenem Abend getan hatte – ich bereute es sofort, zu Kürbisköpfchen mit diesem Thema gekommen zu sein. Sie schien so ungeheuer zu leiden, daß sich selbst dieser sanfte Anstoß, den ich ihr gab, als zuviel erwies. Sofort rollten ihr ein paar dicke Tränen über die runden Wangen – fast so, als hätten sie sich seit Jahren in ihr angesammelt.

»Ich wußte nichts davon, Chiyo-chan!« sagte sie und fingerte in ihrem Obi nach einem Taschentuch. »Ehrlich, ich hatte keine Ahnung!«

»Was Hatsumomo sagen würde, meinst du? Aber woher hätte irgend jemand das wissen können?«

»Das ist es nicht. Ich wußte nicht, daß ein Mensch so böse sein kann! Ich begreife es nicht... Sie tut Dinge, ohne einen Grund dafür zu haben, nur um den Menschen weh zu tun. Und das Schlimmste ist, daß sie meint, ich bewundere sie und möchte genauso sein wie sie. Aber ich hasse sie! Noch nie habe ich jemand so sehr gehaßt wie sie!«

Inzwischen war das gelbe Taschentuch des armen Kürbisköpfchens ganz und gar mit weißem Make-up verschmiert. Hatte sie vorher einem Eiswürfel geglichen, der anfing zu schmelzen, ähnelte sie jetzt einer Wasserpfütze.

»Bitte, Kürbisköpfchen, hör mir zu!« flehte ich sie an. »Ich würde dich nicht damit belästigen, wenn ich eine andere Möglichkeit sähe. Aber ich will nicht mein Leben lang Dienerin sein, und genau das wird passieren, wenn Hatsumomo sich durchsetzt. Sie wird nicht nachlassen, bis sie mich wie eine Kakerlake unter ihrer Schuhsohle gefangen hat. Und wenn du mir nicht hilfst, wird sie mich zertreten!«

Das fand Kürbisköpfchen komisch, und wir beide fingen an zu lachen. Während sie zwischen Lachen und Weinen schwankte, nahm ich ihr Taschentuch und versuchte, ihr Make-up zu retten. So tief gerührt war ich, mein altes Kürbisköpfchen wiederzusehen, die früher einmal meine Freundin gewesen war, daß auch mir die Augen naß wurden und wir uns in die Arme fielen.

»Ich will dir ja helfen, Chiyo«, sagte sie schließlich, »aber ich bin schon viel zu lange weg. Wenn ich nicht sofort nach Hause laufe, wird Hatsumomo mich suchen kommen. Und wenn sie uns zusammen findet…«

»Ich habe nur ein paar Fragen, Kürbisköpfchen. Sag mir nur, wie Hatsumomo herausgefunden hat, daß ich den Doktor im Shirae-Teehaus unterhalten habe.«

»Ach, das«, sagte Kürbisköpfchen. »Sie hatte vor ein paar Tagen versucht, dich mit dem deutschen Botschafter aufzuziehen, aber es schien dir egal zu sein. Du warst so gelassen, daß sie überzeugt war, Mameha und du, ihr müßtet irgendeinen Plan haben. Also ging sie zu Awajiumi-san ins Registerbüro und fragte ihn, für welche Teehäuser du eingetragen bist. Als sie hörte, daß das Shirae darunter war, hat sie ein schlaues Gesicht gemacht, und am selben Abend zogen wir los, um den Doktor zu suchen. Wir mußten zweimal hingehen, bis wir ihn schließlich fanden.«

Im Shirae verkehren nur wenige Herren von Stand. Und an Dr. Krebs hatte Hatsumomo sofort gedacht, weil er, wie ich nun wußte, in ganz Gion als der *mizuage*-Spezialist bekannt war. Hatsumomo konnte sich vermutlich sofort zusammenreimen, was Mameha im Schilde führte.

»Aber was hat sie heute abend zu ihm gesagt? Als wir den Doktor aufsuchten, nachdem ihr gegangen wart, wollte er nicht einmal mit uns sprechen.«

»Na ja«, sagte Kürbisköpfchen, »sie haben eine Weile geplaudert, und dann gab Hatsumomo plötzlich vor, daß irgend etwas sie an eine Geschichte erinnere. ›Ich kenne da eine junge Lerngeisha namens Sayuri‹, sagte sie. ›Sie lebt in meiner Okiya.‹ Als der Doktor deinen Namen hörte... wie von einer Wespe gestochen ist er hochgefahren, sage ich dir. ›Du kennst sie?‹ Und Hatsumomo antwortete ihm: ›Selbstverständlich kenne ich sie, Doktor. Sie lebt schließlich in meiner Okiya!‹ Dann sagte sie etwas, an das ich mich nicht erinnere, und dann: ›Ich sollte nicht über Sayuri sprechen, weil ich... Nun ja, ich helfe ihr, ein großes Geheimnis zu bewahren!‹«

Als ich das hörte, lief es mir eiskalt über den Rücken. Ich war überzeugt, daß Hatsumomo sich etwas wirklich Gräßliches hatte einfallen lassen.

»Welches Geheimnis, Kürbisköpfchen?«

»Na ja, ich weiß nicht recht«, antwortete Kürbisköpfchen. »Mir schien es nicht besonders wichtig zu sein. Es gebe da einen jungen Mann, hat Hatsumomo gesagt, der in der Nähe der Okiya wohnt, und Mutter habe nun mal was gegen Verehrer. Du und dieser Junge, hat Hatsumomo gesagt, ihr wärt ineinander verliebt, und es mache ihr nichts aus, euch beide zu decken, weil sie finde, daß Mutter zu streng sei. Sie habe euch beide sogar allein in ihrem Zimmer gelassen, als Mutter mal nicht da war. Und dann sagte sie etwa: ›Oh, aber Doktor, das hätte ich Ihnen nun wirklich nicht erzählen sollen! Was ist, wenn es nun Mutter zu Ohren kommt, nachdem wir uns so große Mühe gegeben haben, Sayuris großes Geheimnis zu wahren?‹ Aber der Doktor sagte, er sei Hatsumomo dankbar, daß sie ihm alles erzählt habe, und werde das Geheimnis selbstverständlich für sich behalten.«

Ich konnte mir gut vorstellen, wie sehr Hatsumomo ihre kleine Intrige genossen haben muß. Ich fragte Kürbisköpfchen, ob es vielleicht noch mehr gebe, aber sie verneinte.

Ich dankte ihr vielmals dafür, daß sie mir geholfen hatte, und versicherte ihr, es tue mir unendlich leid, daß sie die letzten Jahre als Hatsumomos Sklavin gelebt habe.

»Ach, weißt du«, sagte Kürbisköpfchen, »etwas Gutes ist schließlich doch dabei herausgekommen. Vor ein paar Tagen hat

Mutter mir mitgeteilt, daß sie mich adoptieren will. Also könnte mein Traum, einen Platz fürs Leben zu finden, doch noch wahr werden.«

Obwohl ich ihr sagte, wie sehr ich mich für sie freue, wurde mir bei ihren Worten fast übel. Ich freute mich wirklich für Kürbisköpfchen, aber gleichzeitig wußte ich, wie wichtig es für Mamehas Plan war, daß Mutter statt dessen mich adoptierte.

Am folgenden Tag berichtete ich Mameha in ihrer Wohnung, was ich von Kürbisköpfchen erfahren hatte. Kaum hörte sie von diesem Verehrer, begann sie angewidert den Kopf zu schütteln. Ich hatte zwar bereits begriffen, doch sie erklärte mir noch einmal, daß Hatsumomo einen sehr klugen Weg gefunden habe, Dr. Krebs den Gedanken in den Kopf zu setzen, daß meine »Höhle« sozusagen bereits vom »Aal« eines anderen erkundet worden sei.

Noch verstörter war Mameha, als sie von Kürbisköpfchens bevorstehender Adoption erfuhr.

»Ich denke«, sagte sie, »daß uns bis zur Adoption noch ein paar Monate bleiben. Und das heißt, daß für dich, Sayuri, die Zeit der *mizuage* gekommen ist, ob du nun schon dazu bereit bist oder nicht.«

In jener Woche ging Mameha zu einem Zuckerbäcker und bestellte in meinem Namen süße Reiskuchen von der Art, die wir *ekubo* nennen, das ist das japanische Wort für Grübchen. *Ekubo* nennen wir sie, weil sie obendrauf ein Grübchen mit einem kleinen roten Kreis in der Mitte haben; manche Leute finden, daß das sehr vielsagend aussieht. Ich dagegen habe immer gefunden, daß sie wie ein winziges, leicht eingedrücktes Kopfkissen aussehen, als hätte eine Frau darauf geschlafen und in der Mitte einen Fleck Lippenstift hinterlassen, weil sie vielleicht zu müde war, sich vor dem Schlafengehen abzuschminken. Wie dem auch sei, wenn eine Lerngeisha für die *mizuage* bereit ist, schenkt sie jedem ihrer Gönner eine Schachtel *ekubo*. Die meisten verschenken sie an mindestens ein Dutzend Männer, für mich aber gab es ausschließlich Nobu und den Doktor – falls wir Glück hatten. Ich war sehr traurig darüber, daß ich dem Direktor keine schenken konnte; doch andererseits kam mir das Ganze so geschmacklos vor, daß ich nicht allzu deprimiert darüber war, ihn davon auszuschließen zu müssen.

Nobu die *ekubo* zu überreichen war nicht schwierig. Die Herrin des Ichiriki sorgte dafür, daß er eines Abends ein bißchen früher kam, so daß Mameha und ich uns mit ihm in einem kleinen Zimmer treffen konnten, das auf die Eingangshalle hinausging. Ich dankte ihm für seine großzügige Aufmerksamkeit, denn er war in den vergangenen sechs Monaten überaus freundlich zu mir gewesen und hatte mich nicht nur immer wieder zu Partys gebeten, auch wenn der Direktor nicht anwesend war, sondern mir außer dem Schmuckkamm an jenem Abend, an dem Hatsumomo kam, noch zahlreiche andere Geschenke gemacht. Nachdem ich mich bei ihm bedankt hatte, griff ich nach der Schachtel mit *ekubo*, die in ungebleichtes Papier verpackt und mit grobem Bindfaden verschnürt war, verneigte mich vor ihm und schob sie über den Tisch. Er nahm sie an, und nun dankten Mameha und ich ihm noch mehrmals für seine Freundlichkeit und verneigten uns immer wieder, bis mir fast schwindlig davon wurde. Die kleine Zeremonie war nur kurz, und bald darauf trug Nobu die Schachtel zum Zimmer hinaus. Als ich später auf seiner Party war, machte er keinerlei Anspielung darauf. Im Grunde war ihm das Ganze wohl ein bißchen unangenehm.

Dr. Krebs dagegen war ein ganz anderer Fall. Mameha mußte damit beginnen, bei den größten Teehäusern von Gion herumzufragen und die Herrinnen zu bitten, sie zu benachrichtigen, falls sich der Doktor dort blicken ließ. Wir mußten einige Tage warten, bis uns gemeldet wurde, er sei als Gast eines anderen Herrn in einem Teehaus namens Yashino aufgetaucht. Sofort hastete ich zu Mameha in die Wohnung, um mich umzuziehen, und machte mich dann mit einer in Seide verpackten Schachtel *ekubo* zum Yashino auf.

Das Yashino war ein relativ neues Teehaus, ganz im westlichen Stil gehalten. Die Räume waren auf ihre Art recht elegant, doch das Zimmer, in das ich an jenem Abend geführt wurde, war statt mit Tatami-Matten und von Kissen umgebenen Tischen mit einem Fußboden aus Hartholz, einem dunklen Perserteppich, einem

Couchtisch und ein paar Polstersesseln ausgestattet. Ich muß zugeben, daß es mir niemals eingefallen wäre, mich in einen der Sessel zu setzen. Statt dessen kniete ich mich, obwohl der Boden für meine Knie unangenehm hart war, auf den Teppich und wartete auf Mameha. In dieser Position befand ich mich auch noch, als sie nach einer halben Stunde hereinkam.

»Was tust du da?« fragte sie mich. »Dies ist kein japanisches Zimmer. Setz dich in einen dieser Sessel und versuch so auszusehen, als sei das für dich das Natürlichste der Welt.«

Ich gehorchte. Doch als sie sich mir gegenüber niederließ, schien sie genauso von Unbehagen erfüllt zu sein wie ich.

Der Doktor nahm, wie es schien, an einer Party im Nebenzimmer teil. Mameha hatte ihm bereits einige Zeit Gesellschaft geleistet. »Ich schenke ihm Unmengen von Bier ein, damit er bald zur Toilette muß«, erklärte sie mir. »Sobald er das tut, werde ich ihn im Flur abfangen und bitten, kurz hier hereinzukommen. Dann mußt du ihm sofort die *ekubo* überreichen. Ich weiß nicht, wie er reagieren wird, aber dies ist unsere einzige Chance, den Schaden auszubügeln, den Hatsumomo angerichtet hat.«

Mameha ging, und ich saß lange in meinem Sessel und wartete. Mir war heiß, ich war nervös, und ich fürchtete, der Schweiß würde mein weißes Make-up in ein zerknittertes Chaos verwandeln. Ich suchte nach einer Möglichkeit, mich abzulenken, aber das einzige, was ich tun konnte, war, von Zeit zu Zeit aufzustehen und einen Blick in den Spiegel zu werfen, der an der Wand hing.

Schließlich hörte ich Stimmen, es klopfte, und Mameha öffnete.

»Nur einen Moment, Doktor, wenn ich bitten darf«, sagte sie.

Ich konnte Dr. Krebs im Halbdunkel des Flurs stehen sehen. Er blickte so streng drein wie die Herren auf den alten Porträts, die man in Banken hängen sieht. Er musterte mich durch seine Brille. Ich wußte nicht recht, was ich tun sollte; normalerweise hätte ich mich auf den Matten vor ihm verneigt. Also kniete ich mich auf den Teppich, um mich dort zu verneigen, obwohl ich sicher war, daß es Mameha nicht besonders gefiel. Ich glaube, der Doktor sah mich nicht einmal an.

»Ich ziehe es vor, auf die Party zurückzukehren«, sagte er zu Mameha. »Bitte, entschuldige mich.«

»Sayuri hat etwas für Sie, Doktor«, erklärte Mameha. »Einen Moment nur, wenn ich bitten darf.«

Mit einer Geste forderte sie ihn auf, das Zimmer zu betreten, und sorgte dafür, daß er es sich in einem der Polstersessel bequem machte. Dann jedoch schien sie vergessen zu haben, was sie mir kurz zuvor erklärt hatte, denn plötzlich knieten wir beide auf dem Teppich, jede an einer Seite von Dr. Krebs. Bestimmt hat es dem Doktor große Genugtuung bereitet, zwei so kostbar gekleidete Frauen zu seinen Füßen knien zu sehen!

»Es tut mir leid, daß ich Sie schon seit mehreren Tagen nicht mehr gesehen habe«, sagte ich zu ihm. »Das Wetter wird bereits wärmer. Mir ist, als sei eine ganze Jahreszeit vergangen.«

Der Arzt reagierte nicht, sondern spähte nur zu mir herunter.

»Bitte, nehmen Sie diese *ekubo* entgegen, Doktor«, sagte ich und stellte die Schachtel mit einer Verneigung auf einen Beistelltisch neben dem Sessel.

Er legte die Hände in den Schoß, als wollte er mir zu verstehen geben, daß er sie gewiß nicht anrühren werde.

»Warum willst du mir das geben?«

Jetzt mischte sich Mameha ein. »Es tut mir sehr leid, Doktor. Ich habe Sayuri den Eindruck vermittelt, es würde Sie freuen, *ehubo* von ihr zu erhalten. Ich hoffte doch, daß ich mich nicht irre!«

»Du irrst dich. Möglicherweise kennst du dieses Mädchen nicht ganz so gut, wie du meinst. Ich halte sehr viel von dir, Mameha-san, doch wenn du mir dieses Mädchen empfiehlst, so wirft das ein schlechtes Licht auf dich.«

»Das tut mir leid, Doktor«, entgegnete sie. »Ich hatte keine Ahnung, daß Sie so denken. Ich hatte viel eher den Eindruck, daß Sie Sayuri mögen.«

»Na schön. Da nun alles geklärt ist, kann ich zu meiner Party zurückkehren.«

»Darf ich Ihnen noch eine Frage stellen? Hat Sayuri Sie irgendwie beleidigt? Die Lage hat sich ziemlich plötzlich verändert.«

»Das hat sie allerdings. Wie ich schon sagte, fühle ich mich beleidigt, wenn jemand versucht, mich zu hintergehen.«

»Aber Sayuri-san, wie schändlich von dir, den Doktor zu hintergehen!« sagte Mameha zu mir. »Du mußt ihm irgend etwas erzählt haben, das, wie du wohl wußtest, nicht stimmt. Was war das?«

»Ich weiß es nicht!« anwortete ich so unschuldig wie möglich. »Es sei denn vor ein paar Wochen, als ich sagte, das Wetter scheine wärmer zu werden, während es…«

Als ich das sagte, warf mir Mameha einen kurzen Blick zu – ich glaube, es gefiel ihr nicht.

»Das betrifft nur euch beide«, sagte der Doktor. »Mich geht es nichts an. Bitte, entschuldigt mich.«

»Aber Doktor, bevor Sie gehen…«, sagte Mameha schnell. »Könnte es sein, daß das Ganze ein Mißverständnis ist? Sayuri ist ein ehrliches Mädchen und würde nie einen Menschen bewußt irreführen. Vor allem keinen, der so freundlich zu ihr war wie Sie.«

»Dann solltest du sie mal nach dem Jungen in ihrer Nachbarschaft fragen«, sagte der Doktor.

Ich war sehr erleichtert, daß er dieses Thema endlich aufs Tapet brachte. Da er ein äußerst reservierter Mensch war, hätte es mich nicht gewundert, wenn er es überhaupt nicht angeschnitten hätte.

»Das also ist das Problem«, sagte Mameha zu ihm. »Sie haben vermutlich mit Hatsumomo gesprochen.«

»Ich sehe nicht ein, was das damit zu tun hat«, gab er zurück.

»Sie hat diese Geschichte in ganz Gion verbreitet. Und es ist eine einzige Lüge! Seit dem Moment, wo Sayuri eine wichtige Bühnenrolle bei den *Tänzen der Alten Hauptstadt* bekommen hat, verwendet Hatsumomo ihre ganze Energie darauf, sie überall zu verleumden.«

Die *Tänze der Alten Hauptstadt* waren alljährlich das größte Ereignis in Gion. Die Eröffnung sollte Anfang April stattfinden, und bis dahin waren es nur noch sechs Wochen. Sämtliche Tanzrollen waren schon seit Monaten vergeben, und es wäre mir eine große Ehre gewesen, eine davon übernehmen zu dürfen. Eine meiner Lehrerinnen hatte mich sogar vorgeschlagen, aber soweit ich wußte, würde ich höchstens im Orchester auftreten, nicht aber auf der Bühne. Um Hatsumomo nicht zu provozieren, hatte Mameha das unbedingt vermeiden wollen.

Als der Doktor mich jetzt ansah, gab ich mir die größte Mühe, wie jemand auszusehen, der eine wichtige Tanzrolle übernommen hatte.

»Es tut mir leid, daß ich dies sagen muß, Doktor, doch Hatsumomo ist für ihre Lügen weithin bekannt«, fuhr Mameha fort. »Ihr überhaupt je Glauben zu schenken ist ein Risiko.«

»Daß Hatsumomo eine Lügnerin sein soll, habe ich ja noch nie gehört.«

»Niemand würde auch nur im Traum daran denken, Ihnen so etwas zu erzählen«, behauptete Mameha so leise, als fürchtete sie, daß jemand lausche. »So viele Geishas sind unehrlich! Niemand will die erste sein, die eine Beschuldigung ausspricht. Aber entweder belüge ich Sie jetzt, oder Hatsumomo hat gelogen, als sie Ihnen diese Geschichte auftischte. Es kommt darauf an, welche von uns Sie besser kennen, Doktor, und welcher von uns Sie mehr vertrauen.«

»Ich begreife nicht, wieso Hatsumomo sich eine solche Geschichte ausdenken sollte, nur weil Sayuri eine Bühnenrolle erhalten hat.«

»Sie haben doch sicher Kürbisköpfchen kennengelernt, Hatsumomos jüngere Schwester, nicht wahr? Hatsumomo hatte gehofft, daß Kürbisköpfchen eine bestimmte Rolle erhält, aber statt dessen wurde sie Sayuri gegeben. Und ich bekam die Rolle, die Hatsumomo selbst wollte! Aber das ist alles unwichtig, Doktor. Wenn Sie Zweifel an Sayuris Integrität haben, kann ich verstehen, daß Sie es vorziehen, die *ekubo*, die sie Ihnen schenken möchte, nicht anzunehmen.«

Der Doktor sah mich lange an. Dann sagte er: »Ich werde einen meiner Ärzte im Krankenhaus bitten, sie zu untersuchen.«

»Ich käme Ihnen da ja gern entgegen«, erwiderte Mameha, »aber es würde mir Schwierigkeiten bereiten, das zu arrangieren, da Sie sich noch nicht bereit erklärt haben, Sayuris *mizuage*-Pate zu sein. Und wenn Sie Zweifel an ihrer Integrität haben ... nun, Sayuri wird ihre *ekubo* zahlreichen Herren anbieten. Und ich bin überzeugt, die meisten werden den Geschichten, die sie von Hatsumomo hören, äußerst skeptisch gegenüberstehen.«

Das schien die Wirkung zu haben, die Mameha sich erhoffte.

Dr. Krebs saß eine Weile ganz still da. Dann sagte er: »Ich weiß nicht recht, was ich tun soll. Was ist das Richtige? Ich befinde mich zum erstenmal in einer so merkwürdigen Situation.«

»Bitte nehmen Sie die *ekubo* an, Doktor, und denken wir nicht mehr an Hatsumomos törichtes Verhalten.«

»Ich habe immer wieder von unehrlichen Mädchen gehört, die eine *mizuage* auf jene Zeit im Monat ansetzen, da ein Mann leicht zu täuschen ist. Ich aber bin Arzt, mich kann man nicht so leicht irreführen.«

»Aber niemand versucht Sie irrezuführen!«

Er blieb noch einen Moment sitzen, erhob sich dann mit hochgezogenen Schultern und marschierte, Ellbogen voran, zum Zimmer hinaus. Ich war zu eifrig damit beschäftigt, mich verabschiedend zu verneigen, um zu sehen, ob er die *ekubo* mitnahm, aber nachdem er und Mameha verschwunden waren, blickte ich zum Tisch hinüber und sah, daß die Schachtel nicht mehr da war.

Als Mameha meine Bühnenrolle erwähnte, dachte ich, sie habe sich diese Geschichte spontan ausgedacht, um zu erklären, warum Hatsumomo diese Lügengeschichte über mich verbreitete. Daher können Sie sich vorstellen, wie überrascht ich war, als ich am nächsten Tag erfuhr, daß sie die Wahrheit gesagt hatte. Und wenn es nicht direkt die Wahrheit war, so war Mameha jedenfalls fest davon überzeugt gewesen, daß ihre Behauptung sich noch vor dem Wochenende bewahrheiten werde.

Damals, Mitte der dreißiger Jahre, arbeiteten in Gion annähernd sieben- bis achthundert Geishas, und da in jedem Frühjahr für die Aufführung der *Tänze der Alten Hauptstadt* nicht mehr als sechzig gebraucht wurden, zerstörte der Konkurrenzkampf um die Rollen im Laufe der Jahre mehr als nur ein paar Freundschaften. Als Mameha sagte, sie habe Hatsumomo eine Rolle weggenommen, war sie nicht ganz ehrlich gewesen, denn Mameha gehörte zu den ganz wenigen Geishas von Gion, denen jedes Jahr eine Solorolle garantiert wurde. Hingegen traf es tatsächlich zu, daß Hatsumomo sich verzweifelt gewünscht hatte, Kürbisköpfchen auf der Bühne zu sehen. Ich weiß nicht, wie sie auf die Idee kam, so etwas wäre überhaupt möglich – Kürbisköpfchen mochte ja den Nachwuchspreis und andere Ehrungen errungen haben, aber beim Tanzen hatte sie sich niemals hervorgetan. Ein paar Tage bevor ich dem Doktor meine *ekubo* präsentierte, war eine siebzehnjährige Lerngeisha, die eine Solorolle bekommen hatte, die Treppe hinuntergefallen und hatte sich das Bein verletzt. Die Ärmste war niedergeschmettert, doch jede andere Lerngeisha von Gion war natürlich mit Wonne bereit, den Unglücksfall zu nutzen und anzubieten, für die Rolle einzuspringen. Diese Rolle bekam dann ich. Ich war damals erst knapp fünfzehn Jahre und hatte noch nie auf der Bühne getanzt, aber das heißt nicht, daß ich nicht bereit dazu war. Ich hatte so viele Abende in der Okiya verbracht, statt wie die meisten Lerngeishas von einer Party zur anderen zu ziehen, und Tantchen hatte mich so häufig auf dem Shamisen begleitet, damit ich mich im Tanz üben konnte, daß ich im Alter von fünfzehn Jahren bereits den elften Grad erreicht hatte, obwohl ich als Tänzerin kaum mehr Talent besaß als die anderen. Hätte Mameha mich nicht wegen Hatsumomo so energisch vor den Augen der Öffentlichkeit abgeschirmt, ich hätte schon im Jahr zuvor eine Rolle bei diesen Tänzen bekommen können.

Da ich die Rolle erst Mitte März erhielt, blieb mir nur etwa ein Monat, um sie einzustudieren. Zum Glück war mir meine Tanzlehrerin behilflich und arbeitete an den Nachmittagen immer wieder privat mit mir. Da Hatsumomo ihr natürlich nichts davon gesagt hatte, erfuhr Mutter erst mehrere Tage später gerüchteweise bei einem Mah-Jongg-Spiel davon. Als sie in die Okiya zurückkehrte, fragte sie mich, ob es wahr sei, daß ich die Rolle erhalten hätte. Nachdem ich ihre Frage bejaht hatte, ging sie davon – mit einem so verblüfften Ausdruck auf dem Gesicht, als hätte sie ihren Hund Taku dabei erwischt, wie er die Zahlen in ihren Kontobüchern für sie addierte.

Hatsumomo schäumte natürlich vor Wut, aber das kümmerte Mameha wenig. Die Zeit war gekommen, Hatsumomo – wie sie es ausdrückte – aus dem Ring zu werfen.

21. KAPITEL

Etwa eine Woche später kam Mameha während einer Probenpause am Nachmittag zu mir. Aus irgendeinem Grund war sie sehr aufgeregt. Wie es schien, hatte der Baron ihr am Tag zuvor beiläufig mitgeteilt, er werde am kommenden Wochenende für einen gewissen Kimono-Schneider namens Arashino eine Party geben. Der Baron besaß eine der bekanntesten Kimono-Sammlungen von ganz Japan. Die meisten seiner Stücke waren Antiquitäten, hin und wieder jedoch kaufte er das besonders schöne Werk eines lebenden Künstlers. Der Entschluß, einen Kimono von Arashino zu kaufen, hatte ihn zu der Party inspiriert.

»Ich dachte, der Namen Arashino käme mir bekannt vor«, sagte Mameha zu mir, »doch als der Baron mir von ihm erzählte, konnte ich ihn anfangs nicht unterbringen. Er ist einer von Nobus besten Freunden! Erkennst du die phantastischen Möglichkeiten? Ich bin erst heute darauf gekommen, aber ich werde den Baron dazu überreden, Nobu und den Doktor zu dieser kleinen Party einzuladen. Die beiden werden einander auf Anhieb verabscheuen. Und sobald das Bieten für deine *mizuage* beginnt, kannst du sicher sein, daß keiner von ihnen stillhalten wird, da er doch weiß, daß die Beute dem anderen zufallen könnte!«

Ich war sehr müde, aber um Mamehas willen klatschte ich fröhlich in die Hände und versicherte, wie dankbar ich ihr sei, daß sie sich einen so klugen Plan ausgedacht habe. Und es war sicher auch ein kluger Plan, der eigentliche Beweis ihrer Klugheit war jedoch, daß sie nicht daran zweifelte, den Baron überreden zu können, ausgerechnet diese beiden Herren zu seiner Party einzuladen. Bestimmt würden sie beide nur allzugern kommen – Nobu, weil der Baron ein Aktionär von Iwamura Electric war, obwohl ich das damals noch nicht wußte, und Dr. Krebs, weil... nun ja, weil sich der Doktor für einen Aristokraten hielt – obwohl er vermutlich nur einen einzigen obskuren Vorfahren besaß, der blaublütig war – und es daher als seine Pflicht ansah, an jedweder Festlichkeit teilzunehmen, zu der ihn der Baron einzuladen geruhte. Doch warum der Baron sich einverstanden erklären sollte, die beiden einzuladen – ich weiß nicht recht. Nobu mochte er nicht; das taten nur sehr wenige Männer. Und was Dr. Krebs betraf, so kannte ihn der Baron bis jetzt noch nicht und hätte ebensogut einen Mann von der Straße einladen können.

Doch ich kannte Mamehas wundersame Überredungskünste. Die Party wurde arrangiert, und sie brachte meine Tanzlehrerin dazu, mich am folgenden Sonnabend von den Proben zu befreien, damit ich daran teilnehmen konnte. Das Fest sollte am Nachmittag beginnen und bis nach dem Abendessen dauern, Mameha und ich sollten jedoch erst eintreffen, wenn die Party schon in vollem Gange war. Daher war es ungefähr drei Uhr, als wir schließlich eine Rikscha bestiegen und Kurs auf das Landgut des Barons nahmen, das am Fuß der Berge nordöstlich der Stadt lag. Es war mein erster Besuch auf einem so luxuriösen Anwesen, daher war ich einfach überwältigt von allem, was ich dort sah. Man halte sich die Sorgfalt vor Augen, die auf jedes Detail eines Kimonos verwendet wird – etwa die gleiche Sorgfalt war auf den Entwurf und die Pflege des gesamten Besitzes verwendet worden, auf dem der Baron lebte. Das Haupthaus ging auf die Zeit seines Großvaters zurück, aber die Gärten, die mir wie ein riesiger Brokat aus verschiedenen Gewebestrukturen erschienen, waren von seinem Vater entworfen und angelegt worden. Offenbar hatten Haus und Gärten nie so recht zueinander gepaßt, bis der ältere Bruder des Barons ein Jahr vor seiner Ermordung den Teich verlegt und außerdem einen Moosgarten mit Trittsteinen geschaffen hatte, die vom Mondpavillon neben dem Haus herüberführten. Schwarze Schwäne glitten mit einer so stolzen Haltung über das Wasser, daß ich mich schämte, einer so plumpen Gattung wie den Menschen anzugehören.

Da wir die Teezeremonie vorbereiten sollten, an der die Herren teilnehmen würden, sobald sie dazu bereit waren, war ich ein wenig verwirrt, als wir durch das Haupttor kamen und nicht zum Teepavillon gingen, sondern direkt zum Ufer des Teichs, wo wir ein kleines Boot bestiegen. Das Boot war ungefähr so groß wie ein kleines Zimmer. Der meiste Platz wurde von Holzbänken am Rand eingenommen, aber an einem Ende erhob sich ein kleiner überdachter Pavillon mit einer Tatami-Plattform. Die Papierschiebewände waren geöffnet, um Luft hereinzulassen. In der Mitte lag eine mit Sand gefüllte Holzvertiefung, die uns als Feuerstelle diente. Dort entzündete Mameha die Holzkohleblöcke, mit denen sie das Wasser in einem schön geformten eisernen Teekessel erhitzte. Während sie damit beschäftigt war, versuchte ich mich nützlich zu machen, indem ich die Gerätschaften für die Zeremonie ordnete. Ich war schon jetzt ziemlich nervös, dann aber wandte sich Mameha, nachdem sie den Kessel aufs Feuer gesetzt hatte, zu mir um und sagte:

»Du bist doch ein kluges Mädchen, Sayuri. Ich brauche dir nicht zu sagen, was aus dir wird, wenn Dr. Krebs oder Nobu das Interesse an dir verlieren. Du mußt vermeiden, daß einer der beiden denkt, du schenkst dem anderen zuviel Aufmerksamkeit. Aber ein bißchen Eifersucht kann natürlich nicht schaden. Ich bin sicher, daß du das geschickt bewältigen wirst.«

Ich selbst war mir da zwar nicht so sicher, aber ich würde es wenigstens versuchen müssen.

Eine halbe Stunde verging, bevor der Baron und seine zehn Gäste vom Haus herübergeschlendert kamen. Immer wieder blieben sie stehen, um die Berge aus den verschiedensten Blickwinkeln zu betrachten. Als sie an Bord des Bootes kamen, stakte uns der Baron mit einer Stange in die Teichmitte. Mameha bereitete den Tee, während ich den Gästen ihre Teeschalen servierte.

Später machten wir gemeinsam mit den Herren einen Spaziergang durch den Garten und kamen schon bald an eine hölzerne Plattform über dem Wasser, wo mehrere Dienerinnen, die alle in den gleichen Kimonos steckten, Sitzkissen für die Herren arrangierten und auf Tabletts Fläschchen mit warmem Sake bereitstellten. Ich sorgte dafür, daß ich neben Dr. Krebs kniete, und überlegte gerade, was ich sagen könnte, als der Doktor sich zu meinem Erstaunen als erster an mich wandte.

»Ist die Wunde an deinem Bein zufriedenstellend verheilt?« erkundigte er sich.

Das war im März, verstehen Sie, und das Bein hatte ich mir im

November verletzt. In den dazwischenliegenden Monaten hatte ich Dr. Krebs so oft gesehen, daß ich es nicht mehr zählen konnte, und ich habe keine Ahnung, warum er so lange damit gewartet und sich ausgerechnet diesen Moment ausgesucht hatte, mich danach zu fragen, überdies noch in Gegenwart so vieler Leute. Zum Glück hatte ihn niemand sonst gehört, deswegen senkte ich meine Stimme, als ich ihm antwortete.

»Vielen Dank, Doktor. Mit Ihrer Hilfe ist sie vollständig verheilt.«

»Ich hoffe, die Wunde hat keine allzu dicke Narbe hinterlassen«, sagte er.

»O nein, nur einen winzigen Strich.«

Hier hätte ich das Gespräch beenden können, indem ich ihm noch etwas Sake nachschenkte oder einfach das Thema wechselte, aber zufällig entdeckte ich, daß er sich den Daumen der einen mit den Fingern der anderen Hand rieb. Der Doktor war ein Mann, der nie eine unnötige Bewegung machte, und wenn er sich den Daumen auf diese Art rieb, während er an mein Bein dachte... Nun ja, ich hielt es für töricht, in diesem Moment das Thema zu wechseln.

»Es ist keine dicke Narbe«, fuhr ich fort. »Manchmal, wenn ich im Bad sitze, streiche ich mit dem Finger darüber und... Es ist wirklich nur eine winzige Erhebung. Ungefähr so.«

Mit dem Zeigefinger strich ich über einen meiner Handknöchel und streckte die Hand dann dem Doktor hin, damit er es mir nachmachte. Er hob schon die Hand, zögerte dann aber. Ich sah, wie sein Blick zu dem meinen emporzuckte. Schnell zog er seine Hand zurück und strich statt dessen über seinen eigenen Knöchel.

»Ein solcher Schnitt hätte ganz glatt verheilen müssen«, erklärte er mir.

»Vielleicht ist die Erhebung nicht so groß, wie ich sagte. Aber schließlich ist mein Bein sehr... nun ja, empfindlich, verstehen Sie? Schon wenn ein Regentropfen darauf fällt, beginne ich vor Kälte zu zittern.«

Ich will nicht so tun, als hätte mein Gerede irgendeinen Sinn ergeben. Eine Narbe wirkt nicht dicker, nur weil das Bein empfindlich ist, und außerdem – wann hatte ich zum letztenmal einen

Regentropfen auf meinem nackten Bein gespürt? Doch nun, da ich wußte, warum sich Dr. Krebs für mich interessierte, war ich, wie ich vermute, halb abgestoßen und halb fasziniert, während ich mir überlegte, was wohl in seinem Kopf vorging. Wie dem auch sei, der Doktor räusperte sich und beugte sich zu mir hinüber.

»Und … hast du inzwischen geübt?«

»Geübt?«

»Du hast dir diesen Schnitt geholt, weil du die Balance verloren hast, als du … nun ja, du weißt schon, was ich meine. Und du willst doch sicher nicht, daß dir das noch einmal passiert. Deswegen denke ich mir, daß du geübt hast. Aber wie übt man so etwas?«

Dann lehnte er sich zurück und schloß die Augen. Mir wurde klar, daß er von mir eine Antwort erwartete, die länger war als nur ein bis zwei Wörter.

»Nun, Sie werden mich vermutlich für sehr dumm halten, doch jeden Abend …«, begann ich und mußte einen Moment überlegen. Das Schweigen zog sich in die Länge, aber der Doktor machte die Augen nicht wieder auf. Er wirkte auf mich wie ein Vogeljunges, das blind auf den Schnabel der Mutter wartet. »Jeden Abend«, fuhr ich fort, »bevor ich ins Bad steige, übe ich, in allen möglichen Positionen das Gleichgewicht zu halten. Manchmal zittere ich von der kalten Luft auf meiner nackten Haut, aber auf diese Art verbringe ich stets fünf bis zehn Minuten.«

Der Doktor räusperte sich, was ich für ein gutes Zeichen hielt.

»Zuerst versuche ich auf einem Fuß zu balancieren, dann auf dem anderen. Aber das Dumme ist, …«

Bis zu diesem Moment hatte sich der Baron auf der anderen Seite der Plattform mit den übrigen Gästen unterhalten, doch er beendete seine Geschichte sehr unvermittelt, so daß die nächsten Worte, die ich sprach, so deutlich zu hören waren, als hätte ich auf einem Podium gestanden und sie lauthals verkündet.

»… wenn ich nichts anhabe …«

Hastig schlug ich mir die Hand vor den Mund, aber bevor ich mir überlegen konnte, was ich tun sollte, sagte der Baron: »Du meine Güte! Was immer ihr beiden da drüben euch zu erzählen

329

habt – es klingt wahrhaftig interessanter als das, wovon wir hier gesprochen haben!«

Als die Männer das hörten, lachten sie. Danach war der Doktor so freundlich, ihnen eine Erklärung zu geben.

»Sayuri-san kam Ende letzten Jahres mit einer Beinverletzung zu mir«, sagte er, »die sie sich bei einem Sturz zugezogen hatte. Aus diesem Grund schlug ich ihr vor, ihren Gleichgewichtssinn durch Übungen zu verbessern.«

»Sie hat wirklich sehr fleißig daran gearbeitet«, ergänzte Mameha, »denn diese schweren Kimonos behindern weit mehr, als man es sich vorstellen kann.«

»Dann sollte sie ihn sofort ausziehen!« verlangte einer der Männer – aber das war natürlich nur ein Scherz, und alle lachten.

»O ja, bitte!« sagte der Baron. »Im Grunde kann ich nicht verstehen, warum die Frauen sich die Mühe machen, überhaupt erst einen Kimono anzuziehen. Nichts ist so schön wie eine Frau ohne einen Faden am Leib.«

»Das gilt aber nicht für die Kimonos meines lieben Freundes Arashino«, behauptete Nobu.

»Nicht mal Arashinos Kimonos sind so bezaubernd wie das, was sie verdecken«, sagte der Baron und versuchte seine Saketasse auf die Plattform zu stellen, wobei er jedoch alles verschüttete. Er war nicht unbedingt berauscht, hatte mit Sicherheit aber weit mehr getrunken, als ich je von ihm erwartet hätte. »Mißverstehen Sie mich nicht«, fuhr er fort. »Ich finde Arashinos Kimonos wunderschön. Sonst würde er jetzt nicht hier neben mir sitzen – oder? Doch wenn Sie mich fragen, ob ich mir lieber einen Kimono ansehe oder eine nackte Frau ... na ja!«

»Es fragt Sie aber niemand«, gab Nobu zurück. »Ich persönlich würde gern wissen, woran Arashino gerade arbeitet.«

Doch Arashino hatte keine Gelegenheit zu einer Antwort, denn der Baron, der gerade einen letzten Schluck Sake trank, wäre beinahe daran erstickt, so eilig hatte er es, ihm zuvorzukommen.

»Mmmh ... Augenblick mal«, protestierte er. »Trifft es nicht zu, daß jeder Mann auf der Welt gern nackte Frauen sieht? Ich meine, Nobu, wollten Sie etwa sagen, daß ein nackter Frauenleib Sie nicht interessiert?«

»Das wollte ich ganz und gar nicht sagen«, entgegnete Nobu. »Ich wollte sagen, daß ich meine, wir sollten Arashino bitten, uns genau zu schildern, woran er in der letzten Zeit gearbeitet hat.«

»Ach ja, das interessiert mich sicherlich auch«, sagte der Baron. »Aber wissen Sie, ich finde es wirklich faszinierend, daß wir Männer, so unterschiedlich wir auch sein mögen, einander im Grunde gleichen. Auch Sie können nicht vorgeben darüberzustehen. Nobu-san. Wir wissen Bescheid, meinen Sie nicht? Es gibt keinen Mann, der nicht ein hübsches Sümmchen Geld ausgeben würde für die Chance, Sayuri beim Baden zuzusehen. Eh? Ich muß zugeben, das ist eine meiner ganz speziellen Phantasien. Also los! Tun Sie nicht so, als ginge es Ihnen da anders!«

»Die arme Sayuri ist erst eine Lerngeisha«, mischte sich Mameha ein. »Vielleicht sollten wir ihr dieses Gespräch ersparen.«

»Aber auf gar keinen Fall!« widersprach der Baron. »Je früher sie die Welt so sieht, wie sie wirklich ist, desto besser. Viele Männer tun, als seien sie nicht hinter den Weibern her, um ihnen unter all diese Röcke zu kommen, aber hör gut zu, Sayuri: Es gibt nur eine einzige Sorte Mann! Und da wir gerade beim Thema sind: Jeder Mann, der hier sitzt, hat irgendwann an diesem Nachmittag daran gedacht, wieviel Freude es ihm machen würde, dich nackt zu sehen. Was hältst du davon?«

Ich saß da, die Hände im Schoß, starrte auf die hölzerne Plattform und versuchte, schüchtern auszusehen. Irgendwie mußte ich auf das reagieren, was der Baron gesagt hatte, vor allem da alle anderen sich so still verhielten, doch bevor mir etwas einfiel, tat Nobu etwas sehr, sehr Nettes. Er stellte seine Saketasse auf die Plattform und erhob sich, um sich zu entschuldigen.

»Tut mir leid, Baron, aber ich kenne den Weg zur Toilette nicht«, sagte er. Das war natürlich das Stichwort für mich, ihn zu begleiten.

Ich kannte den Weg zur Toilette nicht besser als Nobu, aber ich wollte mir die Gelegenheit nicht entgehen lassen, mich aus der Runde zurückzuziehen. Als ich auf die Füße gekommen war, erbot sich eine Dienerin, mir den Weg zu zeigen, und führte mich um den Tisch herum, während Nobu wiederum mir folgte.

Im Haus gingen wir durch einen langen Flur aus hellem Holz.

An einer Seite standen, hell erleuchtet vom Sonnenschein, der durch die Fensterfront auf der anderen Seite drang, Ausstellungsvitrinen mit Glasplatten. Ich wollte Nobu bis ans Ende des Flures führen, aber er blieb vor einer Vitrine mit einer Anzahl antiker Schwerter stehen. Er tat, als sähe er sich die Waffen an, trommelte jedoch zumeist mit den Fingern auf dem Glas herum und blies immer wieder Luft durch die Nase, denn er war noch immer sehr zornig. Auch ich war ärgerlich über das, was geschehen war. Aber ich war ihm auch sehr dankbar dafür, daß er mich gerettet hatte, und wußte nicht recht, wie ich meiner Dankbarkeit Ausdruck verleihen sollte. Bei der nächsten Vitrine mit einer Sammlung geschnitzter *netsuke*-Köpfe aus Elfenbein fragte ich ihn, ob er Antiquitäten mochte.

»Antiquitäten wie den Baron, meinst du? Ganz und gar nicht!«

Der Baron war kein besonders alter Mann, er war sogar weit jünger als Nobu. Aber ich wußte, was er meinte: Er betrachtete den Baron als Relikt der Feudalzeit.

»Verzeihung«, sagte ich, »aber ich dachte an die Antiquitäten hier in der Vitrine.«

»Wenn ich die Schwerter da drüben sehe, muß ich an den Baron denken. Wenn ich die *netsuke* hier sehe, muß ich an den Baron denken. Er unterstützt unsere Firma, und ich stehe tief in seiner Schuld. Aber wenn ich es vermeiden kann, verschwende ich nicht gern meine Zeit mit Gedanken an ihn. Beantwortet das deine Frage?«

Ich verneigte mich wortlos vor ihm, und er schritt so schnell den Gang zu den Toiletten hinunter, daß ich zu spät kam, um ihm die Tür aufzuhalten.

Als wir später an den Teich zurückkehrten, sah ich erfreut, daß sich die Party aufzulösen begann. Nur ein paar Herren blieben zum Abendessen. Die anderen wurden von Mameha und mir zum Haupttor geleitet, wo ihre Chauffeure in einer Nebenstraße auf sie warteten. Verabschiedend verneigten wir uns vor dem letzten Gast, dann wandte ich mich um, und wir ließen uns von einem Diener des Barons ins Haus führen.

Die nächste Stunde verbrachten Mameha und ich im Dienstbotenquartier, wo es ein wundervolles Abendessen gab, zu dem auch *tai no usugiri* gehörte, papierdünne Scheiben von der Meerbrasse, fächrig auf einer blattförmigen Keramikplatte arrangiert und mit *ponzu*-Sauce serviert. Ich hätte die Speisen aus vollem Herzen genossen, wäre Mameha nicht so düsterer Stimmung gewesen. Sie aß nur ein paar Bissen von der Meerbrasse und starrte ständig durchs Fenster in die Dämmerung hinaus. Irgend etwas an ihrer Miene ließ mich vermuten, daß sie gern wieder zum Teich hinabgegangen wäre, sich dort hingesetzt, sich vielleicht auf die Lippen gebissen und voll Zorn zum Abendhimmel emporgestarrt hätte.

Anschließend gesellten wir uns wieder zu dem Baron und seinen Gästen, die ihr Essen in dem vom Baron so genannten »kleinen Bankettsaal« schon halbwegs hinter sich gebracht hatten. In Wirklichkeit hätte der »kleine Bankettsaal« vermutlich zwanzig bis fünfundzwanzig Personen gefaßt, doch da die Party weitgehend geschrumpft war, saßen dort nur noch die Herren Arashino, Nobu und Dr. Krebs. Als wir eintraten, aßen alle in tiefem Schweigen. Der Baron war so betrunken, daß seine Augen in den Höhlen herumzuschwappen schienen.

Gerade als Mameha ein Gespräch beginnen wollte, wischte Dr. Krebs sich mit der Serviette zweimal den Schnauzbart und entschuldigte sich, um zur Toilette zu gehen. Ich führte ihn denselben Gang entlang, den Nobu und ich zuvor durchmessen hatten. Nun, da der Abend gekommen war, konnte ich die Objekte kaum ausmachen, weil die Deckenlichter sich im Glas der Vitrinen spiegelten. Doch Dr. Krebs blieb vor dem Schaukasten mit den Schwertern stehen und drehte den Kopf so lange, bis er sie erkennen konnte.

»Du kennst dich gut aus im Haus des Barons«, bemerkte er.

»Aber nein, Herr, ich fühle mich ganz verloren in einem so großen Palast. Diesen Weg kenne ich nur, weil ich vorhin Nobu-san durch diesen Gang geführt habe.«

»Ich wette, er ist wie ein Sturmwind hier durchgebraust«, sagte der Doktor. »Ein Mann wie Nobu weiß so kostbare Dinge, wie diese Vitrinen sie enthalten, kaum zu schätzen.«

Ich wußte nicht, was ich dazu sagen sollte, aber der Doktor sah mich durchdringend an.

»Du hast noch nicht viel von der Welt gesehen«, fuhr er fort, »doch mit der Zeit wirst du lernen, dich vor jedem zu hüten, der so arrogant ist, eine Einladung von einem Mann wie dem Baron zu akzeptieren, um dann später in seinem eigenen Haus so unhöflich mit ihm umzugehen, wie Nobu es heute nachmittag getan hat.«

Ich verneigte mich, und als klar war, daß Dr. Krebs nichts weiter zu sagen hatte, führte ich ihn zu den Toiletten.

Als wir in den Bankettsaal zurückkehrten, waren die Herren dank Mamehas geschickter Hilfestellung in ein eifriges Gespräch vertieft. Mameha saß im Hintergrund und schenkte Sake ein. Sie sagte oft, die Rolle einer Geisha sei manchmal nur, die Suppe umzurühren. Wenn Sie je gesehen haben, wie Miso sich auf dem Grund einer Schale in einer Wolke niederschlägt, sich nach ein paar Schlägen mit den Eßstäbchen jedoch sofort wieder auflöst – genau das meinte sie damit.

Bald wandte sich das Gespräch dem Thema Kimonos zu, und wir alle begaben uns nach unten in das unterirdische Museum des Barons. Riesige Paneele an den Wänden öffneten sich, um Kimonos freizugeben, die an Gleitstangen hingen. Der Baron saß – immer noch triefäugig – auf einem Hocker mitten im Raum, hatte die Ellbogen auf die Knie gestützt und sprach kein Wort, während Mameha uns durch die Sammlung führte. Der spektakulärste Kimono war, wie wir alle entschieden, ein Gewand, das eine Landschaft der Stadt Kobe darstellen sollte, hingestreckt am Hang eines hohen Berges, der zum Ozean hin steil abfiel. Das Muster begann an den Schultern mit blauem Himmel und weißen Wolken, die Knie repräsentierten den Berghang, und darunter lief der Kimono in einer langen Schleppe aus, die das Blaugrün des Meeres darstellte, betupft mit wunderschönen Goldwellen und winzigen Schiffen.

»Mameha«, sagte der Baron, »ich glaube, den solltest du zu meiner Blütenparty nächste Woche in Hakone tragen. Das wäre großartig, nicht wahr?«

»Das wäre wirklich schön«, antwortete Mameha. »Aber wie

ich bereits neulich erwähnte, werde ich dieses Jahr leider nicht an Ihrer Party teilnehmen können.«

Ich sah deutlich, daß der Baron sehr ungehalten war, denn er runzelte finster die Stirn. »Was soll das heißen? Wer hat dir ein Engagement geboten, das du nicht lösen kannst?«

»Ich würde nur zu gern kommen, Baron. Aber in diesem einen Jahr fürchte ich, daß es nicht möglich sein wird. Ich habe einen Arzttermin, der sich mit der Party überschneidet.«

»Einen Arzttermin? Was in aller Welt soll das bedeuten? Diese Ärzte können jederzeit Termine ändern. Du wirst das gleich morgen früh arrangieren und nächste Woche, genau wie immer, zu meiner Party kommen!«

»Ich bitte vielmals um Entschuldigung«, entgegnete Mameha, »doch mit Erlaubnis des Barons habe ich schon vor einigen Wochen einen Arzttermin verabredet, und den kann ich nun nicht mehr verschieben.«

»Ich kann mich nicht daran erinnern, dir meine Erlaubnis gegeben zu haben! Jedenfalls ist es ja doch wohl nicht so, als ginge es um eine Abtreibung oder dergleichen…«

Nun folgte ein langes, verlegenes Schweigen. Mameha zupfte an ihren Ärmeln herum, während wir anderen so still dastanden, daß nur noch Herrn Arashinos keuchendes Schnaufen zu hören war. Nobu, der bisher nicht zugehört hatte, drehte sich um und wartete auf die Reaktion des Barons.

»Nun ja«, sagte der Baron schließlich, »jetzt, wo du es erwähnst… Das muß ich wohl vergessen haben. Wir können doch nicht überall kleine Barone rumlaufen lassen, oder? Aber wirklich, Mameha, ich begreife nicht, warum du mich nicht unter vier Augen daran erinnern konntest…«

»Es tut mir leid, Baron.«

»Wie dem auch sei, wenn du nicht nach Hakone kommen kannst, dann kannst du eben nicht. Aber was ist mit euch anderen? Es wird eine wunderschöne Gesellschaft werden – nächstes Wochenende auf meinem Anwesen in Hakone. Ihr müßt alle kommen! Ich gebe sie jedes Jahr zur Kirschblüte.«

Der Doktor und Arashino waren beide verhindert. Nobu antwortete nicht, doch als der Baron ihn drängte, sagte er: »Sie glauben doch nicht allen Ernstes, Baron, daß ich den ganzen Weg nach Hakone zurücklegen werde, nur um mir ein paar Kirschblüten anzusehen – oder?«

»Ach, die Kirschblüte ist doch nur ein Vorwand für die Party«, gab der Baron zurück. »Aber es spielt keine Rolle. Wir werden ja Ihren Direktor bei uns haben. Der kommt jedes Jahr zu mir.«

Ich war überrascht, daß mich bei der Erwähnung des Direktors Verwirrung überfiel, denn ich hatte den ganzen Nachmittag über immer wieder an ihn gedacht. Einen Moment lang fühlte ich mich, als wäre mein Geheimnis ans Licht gezerrt worden.

»Es stimmt mich traurig, daß keiner von Ihnen kommen will«, fuhr der Baron fort. »Es war ein wunderschöner Abend, bis Mameha anfing, von Dingen zu sprechen, die man lieber privat behandeln sollte. Nun, Mameha, ich habe die angemessene Strafe für dich. Du wirst in diesem Jahr nicht zu meiner Party eingeladen. Dafür wünsche ich, daß du an deiner Stelle Sayuri schickst.«

Ich dachte, der Baron mache einen Scherz, aber ich muß gestehen, ich dachte sofort, wie schön es wäre, mit dem Direktor durch den Park eines herrlichen Besitzes zu wandern, ohne Nobu, ohne Dr. Krebs und sogar ohne Mameha.

»Eine hübsche Idee, Baron«, antwortete Mameha, »aber leider ist Sayuri mit den Proben beschäftigt.«

»Unsinn!« sagte der Baron. »Ich erwarte sie dort. Warum weist du mich jedesmal zurück, wenn ich eine Gefälligkeit von dir erbitte?«

Er wirkte tatsächlich zornig, und weil er so betrunken war, floß ihm eine große Menge Speichel aus dem Mund. Er versuchte ihn mit dem Handrücken wegzuwischen, verschmierte ihn aber nur in seinen langen schwarzen Barthaaren.

»Kann ich dich nicht wenigstens einmal um etwas bitten, ohne daß du mich zurückweist?« fuhr er fort. »Ich möchte Sayuri in Hakone sehen. Du könntest doch erwidern: ›Ja, gern, Baron‹, und damit hat sich's.«

»Ja, gern, Baron.«

»Gut«, sagte der Baron. Wieder lehnte er sich auf seinem Hocker zurück, zog ein Taschentuch heraus und trocknete sich das Gesicht.

Mameha tat mir unendlich leid. Aber es wäre untertrieben zu behaupten, ich sei bei der Aussicht, an der Party des Barons teilzunehmen, in freudige Erregung geraten. Jedesmal, wenn ich bei der Rückfahrt nach Gion in der Rikscha daran dachte, spürte ich, wie mir die Ohren heiß wurden. Ich fürchtete, Mameha würde das merken, aber sie hatte den Blick abgewandt und sprach bis ans Ende der Fahrt kein Wort. Da drehte sie sich zu mir um und sagte: »Du mußt in Hakone sehr vorsichtig sein, Sayuri.«

»Ja, Herrin, das werde ich«, gab ich zurück.

»Und vergiß niemals, daß eine Lerngeisha kurz vor der *mizuage* einer Mahlzeit gleicht. Kein Mann wird sie anrühren, wenn er auch nur andeutungsweise hört, daß ein anderer Mann schon einen Bissen davon probiert hat.«

Als sie das sagte, konnte ich ihr nicht in die Augen sehen. Ich wußte genau, daß sie den Baron meinte.

22. KAPITEL

Zu jener Zeit wußte ich nicht einmal, wo Hakone lag; heute dagegen kann ich Ihnen erklären, daß es in Ostjapan liegt, also ziemlich weit von Kyoto entfernt. Die ganze Woche lang war ich von dem äußerst angenehmen Gefühl meiner Wichtigkeit erfüllt, weil ein so prominenter Mann wie der Baron mich eingeladen hatte, von Kyoto her anzureisen, um an einer Party teilzunehmen. Ja, ich konnte kaum meine Aufregung verbergen, als ich endlich meinen Platz in einem hübschen Abteil zweiter Klasse einnahm, während Herr Itchoda, Mamehas Ankleider, am Durchgang saß, um jeden, der mich etwa ansprechen wollte, höflich daran zu hindern. Ich tat, als vertriebe ich mir die Zeit mit dem Lesen einer Zeitschrift, in Wirklichkeit blätterte ich jedoch nur die Seiten um, denn ich war damit beschäftigt, aus den Augenwinkeln zu beobachten, wie die Leute, die durch den Gang kamen, langsamer wurden, um mich anzusehen. Ich genoß ihre Aufmerksamkeit. Doch als wir kurz nach zwölf Uhr mittags Shizuoka erreichten und auf den Zug nach Hakone warteten, spürte ich, wie plötzlich unangenehme Erinnerungen in mir aufwallten. Den ganzen Tag über hatte ich es aus meinem Bewußtsein verdrängt, nun aber stand mir nur allzu deutlich das Bild vor Augen, wie ich auf einem anderen Bahnsteig stand, um eine andere Bahnreise anzutreten – damals mit Herrn Bekku –, und zwar an dem Tag, an dem meine Schwester und ich aus unserem Elternhaus geholt worden waren. Beschämt muß ich gestehen, daß ich mir all diese Jahre große Mühe gegeben hatte, nicht an Satsu zu denken, an meine Eltern und an unser beschwipstes Haus auf den Meeresklippen. Ich war wie ein Kind gewesen, dessen Kopf in einem Sack steckt. Alles, was ich täglich zu sehen bekommen hatte, war Gion – bis ich zu der Überzeugung gelangt war, Gion sei alles, sei das einzig Wichtige auf der Welt. Nun aber, da ich mich außerhalb Kyotos befand, entdeckte ich, daß das Leben der meisten Menschen nicht das geringste mit Gion zu tun hatte, und natürlich mußte ich da an jenes andere Leben denken, das ich früher einmal geführt hatte. Kummer ist ein seltsames Gefühl: Wir sind ihm so hilflos ausgeliefert. Er ist wie ein Fenster, das sich plötzlich ganz von selbst auftut. Es wird kalt im Zimmer, und wir können nichts anderes tun als zittern. Aber jedesmal öffnet es sich ein bißchen weniger, und eines Tages fragen wir uns, wo es wohl geblieben ist.

Am späten Vormittag des folgenden Tages wurde ich von einem der Automobile des Barons in dem kleinen Gasthof mit Blick auf den Fujiyama abgeholt und zu seinem Sommerhaus in einem wunderschönen Wäldchen am Ufer eines Sees gebracht. Als wir in einer kreisrunden Auffahrt hielten und ich im vollen Staat einer Lerngeisha aus Kyoto ausstieg, wandten sich viele Gäste des Barons neugierig um und starrten mich an. Unter ihnen entdeckte ich eine Anzahl Frauen, manche im Kimono, andere in westlicher Kleidung. Später wurde mir klar, daß es sich zumeist um Geishas aus Tokyo handelte, denn bis Tokyo waren es nur ein paar Zugstunden. Dann erschien der Baron persönlich. Er kam in Begleitung mehrerer Herren aus dem Wald.

»Also *das* ist es, worauf wir alle gewartet haben!« sagte er. »Dieses bezaubernde Ding ist Sayuri aus Gion, die eines Tages vermutlich ›die große Sayuri aus Gion‹ sein wird. Nie wieder werden Sie Augen sehen wie die ihren, das kann ich Ihnen versichern. Und warten Sie nur, bis Sie sehen, wie sie sich bewegt… Ich habe dich hierher eingeladen, Sayuri, damit all diese Herren Gelegenheit haben, dich anzusehen, du hast also eine wichtige Aufgabe zu übernehmen. Du mußt überall umherwandern – im Haus, unten am See, durch den Wald, einfach überall! Und nun machst du dich schnell an die Arbeit!«

Also begann ich, wie der Baron von mir verlangte, zwischen den Kirschbäumen mit ihren schweren Blütenzweigen auf dem Grundstück umherzuwandern, verneigte mich hier und da vor den Gästen und versuchte, nicht allzu auffallend nach dem Direktor Ausschau zu halten. Ich kam nur ziemlich langsam voran, denn alle paar Schritte hielt mich der eine oder andere Mann an und sagte so etwas wie: »Du lieber Himmel! Eine Lerngeisha aus Kyoto!« Dann holte er seine Kamera heraus und bat jemanden, ein Foto von uns beiden zu machen, oder spazierte mit mir an den See zu dem kleinen Mondpavillon oder wohin auch immer, damit er mich seinen Freunden vorführen konnte, als wäre ich ein prähistorisches Wesen, das er im Netz gefangen hatte. Mameha hatte vorausgesagt, daß alle von mir fasziniert sein würden, denn nichts kommt einer Lerngeisha aus Gion gleich. Gewiß, in den besseren Geshavierteln von Tokyo wie etwa Shimbashi oder Akasaka müssen die Mädchen die Künste genauso beherrschen, wenn sie ihr Debüt machen wollen, doch viele der Geishas in Tokyo waren damals sehr modern in ihren Neigungen und trugen deswegen auf dem Besitz des Barons westliche Kleidung.

Die Party des Barons schien kein Ende zu nehmen. Am Nachmittag hatte ich die Hoffnung, den Direktor zu finden, so gut wie ganz aufgegeben und ging ins Haus, um mir einen stillen Ort zu suchen, wo ich mich ein wenig ausruhen konnte. Doch kaum hatte ich die Eingangshalle betreten, fühlte ich mich wie gelähmt. Denn wer kam da, ins Gespräch mit einem anderen Herrn vertieft, aus einem Tatami-Zimmer? Kein anderer als der Direktor! Die beiden verabschiedeten sich voneinander, dann wandte sich der Direktor mir zu.

»Sayuri!« sagte er. »Wie hat der Baron dich denn den ganzen Weg von Kyoto hierhergelockt? Ich wußte nicht mal, daß du ihn kennst.«

. Mir war klar, daß ich den Blick vom Direktor lösen mußte, aber das war, als versuche man mit der Hand Nägel aus der Wand zu ziehen. Als es mir schließlich doch gelang, verneigte ich mich vor ihm und antwortete:

»Mameha-san hat mich an ihrer Stelle hergeschickt. Es freut mich sehr, daß ich die Ehre habe, den Direktor hier zu sehen.«

»Ja, und ich freue mich auch, dich zu sehen. Du könntest mir übrigens deine Meinung zu einem Geschenk sagen, das ich dem Baron mitgebracht habe. Ich bin versucht, mich zu verabschieden, ohne es ihm zu überreichen.«

Wie ein Drachen, der an einer Schnur gezogen wird, folgte ich ihm in das Tatami-Zimmer. Hier war ich, in Hakone, unendlich weit von allem entfernt, was mir bekannt war, und verbrachte ein paar Minuten mit dem Mann, an den ich öfter und intensiver gedacht hatte als an alle anderen, und dieser Gedanke nahm mir den Atem. Während er vor mir herging, bewunderte ich unwillkürlich die Ungezwungenheit, mit der er sich in seinem Maßanzug aus Wollstoff bewegte. Ich konnte seine Waden unter dem Stoff ausmachen, ja sogar sein Kreuz, das der Vertiefung am Fuß eines Baumes glich, wo sich die Wurzeln teilen. Er nahm einen Gegenstand vom Tisch und reichte ihn mir. Anfangs dachte ich, es sei ein verzierter Goldbarren, doch wie sich herausstellte, handelte es sich um ein antikes Kosmetikkästchen. Dieses stammte, wie mir der Direktor erklärte, von Arata Gonroku, einem Künstler aus der Edo-Zeit. Es war ein kissenförmiges Goldlackkästchen mit einem weich gezeichneten schwarzen Dekor aus fliegenden Kranichen und hoppelnden Hasen. Als er es mir in die Hände legte, war ich so überwältigt, daß ich den Atem anhielt, während ich es betrachtete.

»Meinst du, daß sich der Baron darüber freuen wird?« fragte er mich. »Ich habe es letzte Woche gesehen und dabei sofort an ihn gedacht, aber...«

»Aber Direktor! Können Sie sich etwa vorstellen, daß sich der Baron *nicht* darüber freuen würde?«

»Ach, der Mann sammelt alles mögliche. Das hier betrachtet er vielleicht als drittklassig.«

Ich versicherte dem Direktor, daß bestimmt niemand auf einen solchen Gedanken käme, und als ich ihm das Kästchen zurückgab, verpackte er es wieder in einem Seidentuch und nickte zur Tür, damit ich ihm folge. In der Eingangshalle half ich ihm in seine Schuhe. Während ich seinen Fuß mit den Fingerspitzen dirigierte, stellte ich mir unwillkürlich vor, wir hätten den Nachmittag zusammen verbracht und vor uns liege ein langer Abend. Dieser Gedanke versetzte mich in einen solchen Zustand, daß ich nicht weiß, wieviel Zeit verging, bis ich wieder zu mir kam. Der Direktor ließ keinerlei Anzeichen von Ungeduld erkennen, aber ich war trotzdem sehr befangen, als ich in meine *okobo* schlüpfen wollte und weit länger als nötig brauchte.

Er führte mich zum See hinunter, wo der Baron mit drei Geishas aus Tokyo unter einem Kirschbaum auf einer Matte saß. Alle vier erhoben sich, obwohl der Baron einige Probleme damit hatte.

Sein Gesicht war vom Alkohol rot gefleckt, so daß es aussah, als habe ihn jemand immer wieder mit einem Stock geschlagen.

»Direktor!« sagte der Baron. »Ich freue mich sehr, daß Sie zu meiner Party kommen. Ich freue mich immer, wenn ich Sie hier begrüßen darf, wußten Sie das? Ihr Unternehmen hört ja überhaupt nicht mehr auf zu wachsen, nicht wahr? Hat Sayuri Ihnen erzählt, daß Nobu letzte Woche auf meiner Party in Kyoto war?«

»Nobu hat mir alles davon erzählt, und ich bin sicher, daß er so war wie immer.«

»Das war er allerdings«, bestätigte der Baron. »Merkwürdiger kleiner Mann, was?«

Ich weiß nicht, was sich der Baron dabei dachte, denn er selbst war sogar noch kleiner als Nobu. Dem Direktor schien seine Bemerkung nicht zu gefallen, denn er verengte die Augen.

»Ich wollte sagen…«, begann der Baron, aber der Direktor fiel ihm ins Wort.

»Ich bin gekommen, um Ihnen zu danken und mich zu verabschieden, aber zuvor möchte ich Ihnen etwas geben.« Damit überreichte er das Kosmetikkästchen. Da der Baron zu betrunken war, um das Seidentuch zu entknoten, gab er es an eine der Geishas weiter, die ihm dieses Problem abnahm.

»Eine wunderschöne Arbeit!« sagte der Baron. »Findet ihr nicht auch? Seht euch das an! Also, das ist ja fast schöner als dieses exquisite Wesen, das da neben Ihnen steht, Direktor. Kennen Sie Sayuri? Wenn nicht, werde ich Sie Ihnen vorstellen.«

»Oh, wir kennen uns gut, Sayuri und ich«, entgegnete der Direktor.

»Wie gut, Direktor? Gut genug, um mich neidisch zu machen?« Der Baron lachte über seinen Scherz, doch niemand folgte seinem Beispiel. »Jedenfalls erinnert mich dieses großzügige Geschenk daran, daß ich etwas für dich habe, Sayuri. Leider kann ich es dir erst geben, wenn die anderen Geishas gegangen sind, denn sonst wollen sie alle gleich auch etwas haben. Du wirst also warten müssen, bis die anderen nach Hause gegangen sind.«

»Der Baron ist zu liebenswürdig«, sagte ich, »aber ich möchte wirklich nicht lästig fallen.«

»Wie ich sehe, hast du von Mameha gelernt, wie man zu allem

möglichen nein sagt. Erwarte mich also in der Eingangshalle, nachdem meine anderen Gäste gegangen sind. Bitte reden Sie ihr gut zu, Direktor, wenn sie Sie zu Ihrem Wagen begleitet.«

Wäre der Baron nicht so betrunken gewesen, hätte er den Direktor sicher selbst hinausbegleitet. Aber die beiden Herren verabschiedeten sich, und ich folgte dem Direktor zum Haus zurück. Während der Chauffeur ihm den Wagenschlag aufhielt, verneigte ich mich und dankte ihm für seine Freundlichkeit. Gerade wollte er einsteigen, da hielt er noch einmal kurz inne.

»Sayuri«, begann er, schien dann aber nicht weiterzuwissen. »Was hat Mameha dir über den Baron erzählt?«

»Nicht sehr viel, Herr. Das heißt… Nun ja, ich weiß nicht genau, was der Direktor meint.«

»Ist Mameha dir eine gute ältere Schwester? Lehrt sie dich all die Dinge, die du wissen mußt?«

»Aber ja, Direktor. Mameha hat mir mehr geholfen, als ich Ihnen sagen kann.«

»Nun gut«, sagte er. »Ich an deiner Stelle wäre sehr vorsichtig, wenn ein Mann wie der Baron sagt, er wolle mir etwas geben.«

Ich hatte keine Ahnung, wie ich darauf reagieren sollte, deswegen sagte ich, es sei sehr freundlich von dem Baron gewesen, überhaupt an mich zu denken.

»Ja, ja, sehr freundlich, gewiß. Sei aber bitte trotzdem vorsichtig.« Einen Moment sah er mich durchdringend an; dann stieg er in sein Automobil.

Die nächste Stunde verbrachte ich damit, unter den wenigen verbleibenden Gästen umherzuwandern und mir immer wieder alles ins Gedächtnis zu rufen, was der Direktor während unserer Begegnung zu mir gesagt hatte. Statt mir Gedanken über die Warnung zu machen, die er mir hatte zukommen lassen, war ich beglückt, daß er sich so lange mit mir unterhalten hatte. Ja, in meinem Kopf war überhaupt kein Platz für die bevorstehende Zusammenkunft mit dem Baron, bis ich schließlich im matten Spätnachmittagslicht mutterseelenallein in der Eingangshalle stand. Ich nahm mir die Freiheit, ein nahe gelegenes Tatami-Zimmer aufzusuchen, mich auf die Knie niederzulassen und auf den Park hinauszusehen. Zehn bis fünfzehn Minuten verstrichen, bis der Baron die Eingangshalle betrat. Bei seinem Anblick wurde mir fast übel, denn er trug nichts als einen Hausmantel aus Baumwollstoff. In einer Hand hielt er ein Handtuch, mit dem er die langen schwarzen Haare in seinem Gesicht frottierte, die angeblich ein Bart sein sollten. Offensichtlich kam er direkt aus dem Bad. Ich erhob mich, um mich zu verneigen.

»Ich bin ein furchtbarer Dummkopf, Sayuri«, sagte er zu mir. »Ich habe viel zuviel getrunken.« Dieser Teil stimmte. »Ich hatte vergessen, daß du hier auf mich wartest! Hoffentlich vergibst du mir, wenn du siehst, was ich für dich habe.«

Der Baron ging den Flur entlang ins Hausinnere. Offensichtlich erwartete er von mir, daß ich ihm folgte. Eingedenk Mamehas Bemerkung, eine Lerngeisha kurz vor ihrer *mizuage* sei so etwas wie ein appetitliches Mahl, blieb ich zurück.

Der Baron hielt inne. »Nun komm schon!« forderte er mich auf.

»Ach bitte, Baron, ich sollte wirklich nicht. Gestatten Sie mir, hier zu warten.«

»Ich habe ein Geschenk für dich. Komm einfach mit in meine Privaträume und setz dich. Sei doch kein so dummes Mädchen!«

»Aber Baron«, gab ich zurück, »ich kann nicht anders, als ein dummes Mädchen zu sein. Denn genau das bin ich.«

»Morgen stehst du wieder unter Mamehas Aufsicht, eh? Aber hier ist keiner, der dich beobachtet.«

Hätte ich in jenem Moment meinen gesunden Menschenverstand beisammen gehabt, ich hätte dem Baron dafür gedankt, daß er mich zu seiner bezaubernden Party eingeladen hatte, und ihm erklärt, wie sehr ich es bedaure, jetzt noch sein Automobil in Anspruch nehmen zu müssen, damit es mich in das Gasthaus zurückbringe. Aber inzwischen war alles unwirklich für mich geworden... Wie ich vermute, war ich in eine Art Schockzustand geraten. Alles, was ich noch wahrnahm, war meine Angst.

»Komm mit mir hinein, während ich mich ankleide«, sagte der Baron. »Hast du heute nachmittag viel Sake getrunken?«

Eine ganze Weile verstrich. Mein Gesicht fühlte sich an, als trüge es überhaupt keinen Ausdruck, sondern hinge einfach an meinem Kopf herab.

»Nein, Herr«, brachte ich schließlich heraus.

»Das habe ich mir gedacht. Ich werde dir soviel geben, wie du nur magst. Und jetzt komm.«

»Baron«, sagte ich, »bitte! Ich bin sicher, daß man mich im Gasthaus erwartet.«

»Erwartet? Wer erwartet dich denn?«

Ich antwortete nicht.

»Wer dich erwartet, habe ich gefragt! Ich begreife nicht, warum du dich so anstellst. Ich habe ein Geschenk für dich, das ich dir geben möchte. Soll ich etwa losgehen und es dir holen?«

»Es tut mir leid«, sagte ich.

Der Baron starrte mich sprachlos an. »Du wartest hier«, sagte er dann und kehrte ins Haus zurück. Kurze Zeit später kam er wieder und hielt ein flaches, in Leinenpapier gewickeltes Päckchen in der Hand. Ich brauchte nicht näher hinzusehen, um zu erkennen, daß es ein Kimono war.

»Also«, sagte er zu mir, »da du darauf bestehst, ein dummes Mädchen zu sein, habe ich dir dein Geschenk gebracht. Fühlst du dich jetzt besser?«

Wieder versicherte ich dem Baron, daß es mir leid tue.

»Wie ich neulich festgestellt habe, hast du diesen Kimono besonders bewundert. Deswegen möchte ich ihn dir schenken.«

Der Baron legte das Päckchen auf den Tisch, löste die Schnur und öffnete es. Ich dachte, es wäre der Kimono mit der Landschaft von Kobe und war deswegen ebenso besorgt wie freudig erregt, denn ich hatte keine Ahnung, was ich mit einem so kostbaren Gewand anfangen und wie ich Mameha erklären sollte, warum der Baron es mir gegeben hatte. Als der Baron die Verpackung öffnete, sah ich statt dessen jedoch einen prächtigen, dunklen Stoff mit Lackfäden und silbernen Stickereien. Er nahm den Kimono heraus und hielt ihn an den Schultern empor. Es war ein Kunstwerk, das eigentlich in ein Museum gehörte: Er stammte aus den sechziger Jahren des letzten Jahrhunderts, wie der Baron mir erklärte, und war für die Nichte des allerletzten Shogun Tokugawa Yoshinobu angefertigt worden. Das Muster zeigte Silbervögel am Nachthimmel, und vom Saum her breitete sich eine Landschaft aus dunklen Bäumen und Felsen aus.

»Du mußt mit mir hineinkommen und ihn anprobieren«, sagte er. »Nun sei doch kein so dummes Mädchen! Ich habe reichlich Erfahrung im Obi-Binden. Im Handumdrehen haben wir dich wieder in deinen eigenen Kimono gesteckt, und kein Mensch wird je davon erfahren.«

Mit Freuden hätte ich den Kimono, den der Baron mir schenken wollte, gegen einen Ausweg aus dieser Situation eingetauscht. Aber er war ein Mann mit soviel Autorität, daß sogar Mameha ihm den Gehorsam nicht verweigern konnte. Und wenn sie keine Möglichkeit sah, sich seinen Wünschen zu verschließen – wie sollte es dann mir gelingen? Schon spürte ich, wie er die Geduld verlor. Er war in den Monaten seit meinem Debüt wirklich freundlich zu mir gewesen: Er hatte mir gestattet, ihm aufzuwarten, während er zu Mittag aß, hatte Mameha erlaubt, mich zu der Party auf seinem Landgut bei Kyoto mitzubringen, und nun wollte er mir auch noch diesen phantastischen Kimono schenken!

Letztlich kam ich wohl zu dem Schluß, daß mir gar nichts anderes übrigblieb, als ihm zu gehorchen und die Folgen, wie immer sie auch aussehen mochten, tapfer zu tragen. Voll Scham senkte ich den Blick auf die Matten, und in dem traumähnlichen Zustand, in dem ich mich schon die ganze Zeit befand, merkte ich, daß der Baron meine Hand ergriff und mich durch die Flure in den hinteren Teil des Hauses führte. Einmal kam ein Diener auf den Gang heraus, der sich aber, als er uns bemerkte, wortlos verneigte und sofort wieder verschwand. Der Baron äußerte kein einziges Wort, sondern führte mich weiter, bis wir in einem geräumigen Tatami-Zimmer angelangt waren, in dem eine Wand nur aus Spiegeln bestand. Das war sein Ankleidezimmer. Gegenüber befanden sich Wandschränke, die alle geschlossen waren.

Meine Hände zitterten vor Angst, doch falls der Baron es merkte, verlor er kein einziges Wort darüber. Er stellte mich vor die Spiegel und hob meine Hand an seine Lippen. Ich dachte schon, er wolle sie küssen, aber er drückte nur meinen Handrücken an die Borsten in seinem Gesicht und tat etwas, was ich äußerst merkwürdig fand: Er zog meinen Ärmel über das Handgelenk hoch und sog den Duft meiner Haut ein. Sein Bart kitzelte mich am Arm, doch irgendwie spürte ich das nicht. Ich schien überhaupt nichts mehr zu spüren, es war, als läge ich unter Schichten von Angst, Verwirrung und Grauen begraben… Dann riß mich der Baron plötzlich aus meinem Schockzustand, indem er hinter mich trat und um meinen Brustkorb griff, um mein *obijime* zu lösen, das Band, das meinen Obi an Ort und Stelle hielt.

Nun, da ich sah, daß der Baron mich tatsächlich entkleiden wollte, geriet ich in Panik. Ich versuchte etwas zu sagen, aber meine Lippen bewegten sich so schwerfällig, daß ich sie nicht kontrollieren konnte; außerdem stieß der Baron Laute aus, die mich zum Schweigen bringen sollten. Immer wieder versuchte ich ihn mit den Händen abzuwehren, aber er stieß sie beiseite, bis es ihm schließlich gelang, mein *obijime* zu entfernen. Danach trat er zurück und fingerte eine Weile am Knoten des Obi zwischen meinen Schulterblättern herum. Obwohl meine Kehle so trocken war, daß ich, als ich zu sprechen versuchte, anfangs keinen Ton herausbrachte, flehte ich ihn an, den Obi nicht abzunehmen. Aber er hörte nicht auf mich und begann gleich darauf, den breiten Obi abzuwickeln, indem er mit seinen Armen immer wieder um meine Taille griff. Ich sah, wie das Taschentuch des Direktors sich aus den Stoffalten löste und zu Boden flatterte. Gleich darauf ließ der Baron den Obi einfach auf die Matten fallen, um sodann mein *datejime* – das Taillenband darunter – zu öffnen. Es war ein schreckliches Gefühl, als sich mein Kimono von der Taille löste. Ich hielt ihn mit den Armen zusammen, doch der Baron zwang sie auseinander. Ich konnte meinen Anblick im Spiegel nicht mehr ertragen. Das letzte, woran ich mich erinnere, bevor ich ergeben die Augen schloß, war das Rascheln des Seidenstoffs, als mir das schwere Gewand von den Schultern genommen wurde.

Der Baron schien erreicht zu haben, was er sich vorgenommen hatte. Zumindest ging er vorerst nicht weiter. Ich spürte seine Hände an meiner Taille, wie sie den Stoff meines Unterkleides streichelten. Als ich endlich wieder die Augen öffnete, stand er noch immer hinter mir und atmete den Duft meiner Haare und meines Halses ein. Sein Blick war fest auf den Spiegel gerichtet, oder vielmehr, wie es mir vorkam, auf das Taillenband, das mein Unterkleid zusammenhielt. Jedesmal, wenn sich seine Finger bewegten, versuchte ich sie mit der Macht meiner Gedanken zurückzuhalten, aber schon bald krabbelten sie wie Spinnen über meinen Bauch, und gleich darauf hatten sie mein Taillenband gefunden und begannen daran zu ziehen. Mehrmals versuchte ich mich zu wehren, aber wie zuvor stieß der Baron meine Hände einfach beiseite. Schließlich war das Taillenband gelöst, und der Baron ließ es zu Boden fallen. Meine Knie zitterten, und das Zimmer war nur noch ein verschwommener Fleck für mich, als er an den Säumen meines Unterkleides zu ziehen begann. Abermals versuchte ich, seine Hände wegzuzerren.

»Sei nicht so ängstlich, Sayuri!« flüsterte mir der Baron ins Ohr. »Um Himmels willen, ich werde dir nichts tun! Ich möchte dich nur ansehen, verstehst du? Das ist doch bestimmt nicht verboten. Das würde jeder tun.«

Als er das sagte, kitzelte mich eine seiner Gesichtsborsten am Ohr, so daß ich den Kopf zur Seite neigen mußte. Vermutlich interpretierte er das als eine Art Zustimmung, denn nun begannen sich seine Hände sehr viel zielbewußter zu bewegen. Er zog mein Unterkleid auseinander. Ich spürte seine Finger auf meinen Rippen, als er versuchte, die Schnüre zu lösen, die mein Kimono-Unterkleid zusammenhielten. Gleich darauf hatte er es geschafft. Ich konnte den Gedanken an das, was der Baron da sehen würde, nicht ertragen; dennoch versuchte ich, während ich den Kopf abgewandt hielt, aus den Augenwinkeln in den Spiegel zu schielen. Mein Kimono-Unterkleid hing offen und gab einen langen Streifen Haut auf meinem Oberkörper frei.

Inzwischen waren die Hände des Barons zu meinen Hüften gewandert, wo sie sich an meinem *koshimaki* zu schaffen machten. Am Vormittag, als ich das *koshimaki* anlegte und es mehrmals um den Körper wickelte, hatte ich es in der Taille fester als nötig zusammengesteckt. Deswegen bereitete es dem Baron Schwierigkeiten, den Anfang zu finden, aber nachdem er mehrfach daran gezogen hatte, löste sich das Hüfttuch, so daß er es mit einem kräftigen Ruck ganz und gar unter meinem Unterkleid hervorziehen konnte. Als die Seide über meine Haut glitt, entrang sich meiner Kehle ein Laut, der einem Schluchzen gleichkam. Meine Hände griffen nach dem *koshimaki*, doch der Baron entriß es mir und warf es auf den Boden. Dann zog er mit einer langsamen,

348

atemlosen Bewegung, wie wenn man die Decke von einem schlafenden Kind ziehen würde, die Säume meines Unterkleides auseinander, als enthüllte er etwas ganz Kostbares. Ich spürte ein Brennen in der Kehle, an dem ich erkannte, daß ich gleich in Tränen ausbrechen würde, doch den Gedanken, daß mich der Baron nackt und in Tränen aufgelöst sehen würde, konnte ich nicht ertragen. Also hielt ich die Tränen irgendwie zurück und betrachtete den Spiegel so angestrengt, daß ich eine Weile das Gefühl hatte, die Zeit sei stehengeblieben. Noch nie hatte ich mich selbst so nackt gesehen. Zwar hatte ich noch immer die geknöpften Socken an den Füßen, doch nun, da die Säume meines Unterkleids weit auseinandergehalten wurden, fühlte ich mich weitaus nackter als im Badehaus, wo ich mich vollständig auszog. Ich beobachtete, wie die Blicke des Barons hier und dort auf meinem Spiegelbild ruhten. Zunächst öffnete er das Unterkleid noch weiter, um die Rundung meiner Taille zu betrachten. Dann senkte er den Blick auf die dunkle Stelle, die mir während der Jahre in Kyoto gewachsen war. Dort verweilte sein Blick sehr lange; schließlich aber wanderte er gemächlich wieder nach oben, über den Bauch, an den Rippen entlang und bis zu den beiden pflaumenfarbenen Kreisen – zuerst zu dem einen, dann zu dem anderen. Nun nahm der Baron eine seiner Hände weg, so daß mein Unterkleid auf jener Seite wieder herabfiel. Was er mit der Hand tat, kann ich nicht sagen, doch ich bekam sie nicht wieder zu sehen. Einmal empfand ich einen Moment der Panik, weil ich sah, daß eine nackte Schulter aus seinem Bademantel hervorlugte. Ich wußte nicht, was er da tat – jetzt könnte ich eine ziemlich zutreffende Vermutung äußern, aber ich ziehe es vor, nicht darüber nachzudenken. Ich weiß nur noch, daß mir sein heißer Atem auffiel, der mir über den Nacken strich. Danach sah ich überhaupt nichts mehr. Der Spiegel wurde zu einem verschwommenen Silberfleck, und ich konnte die Tränen nicht mehr zurückhalten.

An einem gewissen Punkt wurde der Atem des Barons wieder langsamer. Meine Haut war vor Angst so heiß und feucht geworden, daß ich, als er mein Unterkleid schließlich herabfallen ließ, den Lufthauch an meinem Körper fast wie eine kühle Brise empfand. Dann war ich allein im Raum. Der Baron war hinausgegangen, ohne daß ich es bemerkt hatte. Nun, da er gegangen war, versuchte ich mich in so großer Hast anzukleiden, daß ich, während ich auf dem Boden kniete, um meine Kleidungsstücke einzusammeln, in Gedanken ein hungerndes Kind vor mir sah, das Speisereste aufsammelt.

Mit zitternden Händen kleidete ich mich an, so gut es ging. Doch ohne Hilfe konnte ich nicht mehr tun, als mein Unterkleid zu schließen und es mit dem Taillenband zu befestigen. Also wartete ich vor dem Spiegel und betrachtete mit einiger Sorge mein verschmiertes Make-up. Ich war bereit, falls nötig, eine ganze Stunde zu warten. Doch es vergingen nur wenige Minuten, bis der Baron zu mir zurückkehrte. Er hatte sich den Gürtel seines Bademantels wieder fest um den dicken Bauch gezurrt. Wortlos half er mir in den Kimono und sicherte ihn, genau wie Herr Itchoda es getan hätte, mit meinem *datejime*. Während er meinen endlos langen Obi in den Armen hielt und ihn in Schlaufen legte, um mich sodann hineinzuwickeln, machte sich ein furchtbares Gefühl in mir breit, das ich zuerst nicht einordnen konnte. Es durchdrang mich, wie ein Fleck Stoff durchdringt, und dann verstand ich es: Es war das Gefühl, einen furchtbaren Fehler begangen zu haben. Zwar wollte ich im Beisein des Barons nicht weinen, aber ich konnte einfach nicht anders – und außerdem hatte er mir, seit er ins Zimmer zurückgekommen war, kein einziges Mal in die Augen gesehen. Ich versuchte mir vorzustellen, ich wäre einfach ein Haus, das im Regen steht und an dessen Vorderseite das Wasser herunterrauscht. Aber der Baron mußte es gesehen haben, denn er ging hinaus, und als er gleich darauf zurückkam, hatte er ein Taschentuch mit seinem Monogramm mitgebracht. Er sagte, ich könne es behalten, aber nachdem ich es benutzt hatte, ließ ich es einfach auf dem Tisch liegen.

Schließlich führte er mich in den vorderen Teil des Hauses und entfernte sich, ohne ein Wort mit mir zu sprechen. Kurz darauf erschien ein Diener mit dem wieder in Leinenpapier gewickelten antiken Kimono, den er mir mit einer Verbeugung überreichte. Dann begleitete er mich zum Automobil des Barons. Auf der Rückfahrt ins Gasthaus weinte ich im Fond leise vor mich hin, doch der Chauffeur gab vor, es nicht zu bemerken. Ich weinte jetzt nicht mehr über das, was mir zugestoßen war, denn mir lag etwas anderes viel schwerer auf dem Herzen: Was würde geschehen, wenn Herr Itchoda mein verschmiertes Make-up bemerkte, wenn er mir beim Auskleiden half und den schlecht geschürzten Knoten meines Obi sah, wenn er dann das Päckchen öffnete und das kostbare Geschenk entdeckte, das ich erhalten hatte? Bevor ich den Wagen verließ, trocknete ich mir mit dem Taschentuch des Direktors das Gesicht, aber das nutzte auch nicht mehr viel. Herr Itchoda warf mir nur einen einzigen Blick zu und kratzte sich am Kinn, als wüßte er genau, was geschehen war. Während er im oberen Zimmer meinen Obi löste, fragte er mich:

»Hat der Baron dich entkleidet?«

»Es tut mir leid«, antwortete ich.

»Er hat dich entkleidet und im Spiegel betrachtet. Aber er hat sich nicht mit dir vergnügt, dich berührt oder sich auf dich gelegt, oder?«

»Nein, Herr.«

»Dann ist es gut«, sagte Herr Itchoda und blickte starr geradeaus. Danach wurde zwischen uns beiden kein einziges Wort mehr gesprochen.

23. KAPITEL

Ich will nicht behaupten, daß ich mich ganz beruhigt hatte, als der Zug früh am folgenden Morgen in den Bahnhof von Kyoto einfuhr. Wenn man einen Stein ins Wasser wirft, bebt das Wasser schließlich auch noch weiter, wenn der Stein zu Boden gesunken ist. Doch als ich die Holztreppe zum Bahnsteig hinabgestiegen war – Herr Itchoda immer einen Schritt hinter mir –, bekam ich einen so großen Schock, daß ich für eine Weile alles andere vergaß.

Denn dort hing in einem Glaskasten das neue Werbeplakat für die *Tänze der Alten Hauptstadt* der diesjährigen Saison, und ich blieb stehen, um es mir anzusehen. Zwei Wochen waren es noch bis zu dem großen Ereignis. Das Plakat war erst am Tag zuvor verteilt worden, vielleicht während ich auf dem Anwesen des Barons umherwanderte und hoffte, dem Direktor zu begegnen. Der Tanz hat jedes Jahr ein spezielles Thema, etwa »Die Farben der vier Jahreszeiten in Kyoto« oder »Berühmte Orte aus der *Heike-Geschichte*«. In diesem Jahr lautete das Thema »Das schimmernde Licht der Morgensonne«. Das Plakat, natürlich von Uchida Kosaburo gezeichnet, der seit 1919 nahezu jedes Plakat geschaffen hatte, zeigte eine Lerngeisha, die in einem bezaubernden grün und orange gemusterten Kimono an einer geschwungenen Holzbrücke steht. Ich war erschöpft nach meiner langen Reise und hatte im Zug nur schlecht geschlafen, deswegen blieb ich eine Zeitlang wie gelähmt vor dem Plakat stehen und betrachtete die hübschen Grün- und Goldtöne des Hintergrundes, bevor ich meine Aufmerksamkeit auf das Mädchen im Kimono lenkte. Sie blickte direkt ins strahlende Licht des Sonnenaufgangs, und ihre Augen waren von einem auffallenden Grau. Ich mußte meine Hand aufs Geländer legen, um mich festzuhalten. Denn das Mädchen, das Uchida dort auf der Brücke gemalt hatte, war ich selbst.

Auf dem Heimweg vom Bahnhof wies mich Herr Itchoda auf jedes Plakat hin, an dem wir vorbeikamen, und bat sogar den Rikschakuli, einen Umweg zu machen, damit wir am alten Daimaru-Warenhaus eine ganze Wand mit diesen Plakaten bewundern könnten. Mich selbst so über die ganze Stadt verteilt zu sehen war aber doch nicht ganz so aufregend, wie ich es mir eingebildet hatte, denn immer wieder stellte ich mir vor, wie das arme Mädchen vom Plakat vor einem Spiegel stand, während ein älterer Mann ihren Obi löste. Auf jeden Fall aber erwartete ich im Verlauf der folgenden Tage, alle möglichen Gratulationen zu hören, erfuhr aber schon bald, daß eine so große Ehre wie diese stets auch einen gewissen Preis hat. Seit Mameha mir eine Rolle bei den Tänzen verschafft hatte, waren mir immer wieder unfreundliche Bemerkungen über mich zu Ohren gekommen. Nach dem Plakat wurde es noch viel schlimmer. Am nächsten Morgen wandte zum Beispiel eine junge Lerngeisha, die noch eine Woche zuvor freundlich zu mir gewesen war, den Kopf ab, als ich mich zum Gruß vor ihr verneigte.

Als ich jedoch Mameha in ihrer Wohnung besuchte, wo sie sich erholte, war sie genauso stolz, als wäre sie es, die auf dem Plakat abgebildet war. Von meiner Reise nach Hakone war sie gewiß nicht sehr begeistert, aber sie schien sich meinem Erfolg ebenso eifrig zu widmen wie vorher – seltsamerweise vielleicht sogar noch mehr. Eine Zeitlang befürchtete ich, sie könnte meine schauerliche Begegnung mit dem Baron als Verrat werten. Bestimmt hatte Herr Itchoda ihr davon erzählt ... Doch wenn das so war, so schnitt sie das Thema mir gegenüber niemals an, und ich tat es natürlich auch nicht.

Zwei Wochen später wurden die Festtänze eröffnet. Am ersten Tag sprudelte ich in der Garderobe des Kaburenjo-Theaters vor Erregung fast über, denn Mameha hatte mir erzählt, der Direktor und Nobu würden im Zuschauerraum sitzen. Während ich mein Make-up auflegte, schob ich das Taschentuch des Direktors unter meinen Schminkkittel, damit es auf der nackten Haut lag. Die Haare hatte ich mir wegen der Perücken, die ich tragen mußte, mit einem Seidenstreifen fest um den Kopf gebunden, und als ich mich ohne den vertrauten Rahmen meiner Haare im Spiegel betrachtete, entdeckte ich in meinen Wangen und rund um die Augen Konturen, die mir noch nie zuvor aufgefallen waren. Es mag merkwürdig erscheinen, doch als mir klarwurde, daß mich die Form meines eigenen Gesichts überraschte, kam mir unvermittelt die Erkenntnis, daß nichts im Leben je so einfach ist, wie wir es uns vorstellen.

Eine Stunde später stand ich, bereit für den Eröffnungstanz, mit den anderen Lerngeishas in den Theaterkulissen. Wir trugen alle Kimonos in Gelb und Rot, mit Obis in Orange und Gold, so daß jede einzelne von uns wie ein schimmerndes Abbild des Sonnenlichts wirkte. Als die Musik mit dem ersten Dröhnen der Trommeln und dem näselnden Klang der vielen Shamisens einsetzte und wir wie eine Perlenkette gemeinsam hinaustanzten – Arme ausgestreckt, die Fächer aufgeklappt in den Händen –, empfand ich mich so stark wie nie zuvor als Teil eines Ganzen.

Nach der Eröffnungsnummer eilte ich nach oben, um meinen Kimono zu wechseln. Der Tanz, in dem ich als Solotänzerin auftreten sollte, nannte sich »Die Morgensonne auf den Wellen« und handelte von einem jungen Mädchen, das am Morgen im Meer schwimmen geht und sich in einen verzauberten Delphin verliebt. Mein Kostüm war ein herrlicher pinkfarbener Kimono mit einem Wassermuster in Grau, und in der Hand hielt ich blaue Seidenbänder, die das wirbelnde Wasser hinter mir symbolisierten. Der verzauberte Delphinprinz wurde von einer Geisha namens Umiyo gespielt, außerdem gab es noch Rollen für Geishas, die Wind, Sonnenlicht und Gischt darstellen sollten, sowie für ein paar Lerngeishas mit anthrazitgrauen und blauen Kimonos weit hinten auf der Bühne, die Delphine spielten, die ihren Prinzen zu sich zurückrufen.

Mein Kostümwechsel ging so flink vonstatten, daß mir noch ein paar Minuten blieben, um ins Publikum hinauszuspähen. Ich folgte dem vereinzelten Dröhnen der Trommeln zu einem schmalen, dunklen Gang, der hinter einer der beiden Orchesterlogen des Theaters entlangführte. Dort belagerten schon ein paar Lerngeishas und Geishas die Schlitze in den Schiebetüren. Ich gesellte mich zu ihnen und entdeckte den Direktor und Nobu, die nebeneinandersaßen, obwohl mir schien, der Direktor habe Nobu den besseren Platz überlassen. Nobu blickte konzentriert auf die Bühne, doch zu meiner Überraschung mußte ich feststellen, daß der Direktor einzuschlafen schien. Als ich an der Musik erkannte, daß nun Mamehas Tanz begann, begab ich mich zum anderen Ende des Ganges, wo die Türschlitze einen Blick auf die Bühne boten.

Ich sah Mameha nicht länger als ein paar Minuten zu, und dennoch hinterließ ihr Tanz bei mir einen unauslöschlichen Eindruck. Die meisten Tänze der Inoue-Schule erzählen eine Geschichte, und die Geschichte dieses Tanzes – mit dem Titel »Ein Höfling kehrt zu seiner Ehefrau zurück« – beruhte auf einem chinesischen Gedicht über einen Höfling, der eine lange Liebschaft mit einer Dame im kaiserlichen Palast unterhält. Eines Nachts versteckt sich die Ehefrau des Höflings in der Umgebung des Palastes, um herauszufinden, wo ihr Ehemann seine Zeit verbringt. Schließlich, der Morgen dämmert schon, beobachtet sie aus einem Gebüsch heraus, wie sich ihr Ehemann von seiner Geliebten verabschiedet – aber inzwischen ist sie von der furchtbaren Kälte krank geworden und stirbt bald darauf.

Für unsere Frühlingstänze wurde die Geschichte nach Japan verlegt, davon abgesehen verlief sie jedoch genauso wie in China. Mameha spielte die Ehefrau, die an der Kälte und an gebrochenem Herzen stirbt, während die Geisha Kanako die Rolle des Ehemanns übernahm. Ich sah den Tanz von dem Moment an, da der Höfling sich von seiner Geliebten verabschiedet. Allein schon das Bühnenbild war wunderschön, mit dem sanften Morgenlicht und dem getragenen Rhythmus der Shamisen-Musik, der wie ein Herzschlag im Hintergrund wirkte. Der Höfling vollführte einen bezaubernden Tanz für seine Geliebte, mit dem er ihr für die gemeinsame Nacht dankte, und ging dann dem Licht der aufgehenden Sonne entgegen, um deren Wärme für sie einzufangen. Das war der Augenblick, da Mameha, vor Ehemann und Geliebter auf einer Seite der Bühe verborgen, ihre unendlich traurige Klage zu tanzen begann. Ob es daran lag, daß Mamehas Tanz so überwältigend schön war, oder ob es die Geschichte selbst war, kann ich nicht beurteilen, doch als ich ihr zusah, empfand ich so abgrundtiefen Kummer, als wäre ich selbst das Opfer dieses schrecklichen

Verrats. Zum Schluß war die Bühne ganz von Sonnenlicht erfüllt, und Mameha ging zu einer Baumgruppe hinüber, um dort ihre schlichte Todesszene zu tanzen. Was dann geschah, kann ich Ihnen nicht sagen. Ich war zu überwältigt, um länger zuzusehen, und mußte außerdem hinter die Bühne zurückkehren, um mich auf meinen eigenen Auftritt vorzubereiten.

Während ich in den Kulissen wartete, hatte ich das seltsame Gefühl, das Gewicht des ganzen Gebäudes laste auf mir, denn Traurigkeit war mir schon immer als etwas merkwürdig Schweres vorgekommen. Eine gute Tänzerin trägt ihre weißen, geknöpften Socken oft eine Nummer zu klein, damit sie mit ihren Füßen die Ritzen der Bühnenbretter spüren kann. Aber als ich dort stand, um Kraft für meinen Tanz zu sammeln, war mir, als trüge ich ein so schweres Gewicht, daß ich nicht nur die Ritzen der Bühnenbretter, sondern sogar die Fäden in den Socken spürte. Schließlich hörte ich die Musik der Trommeln und Shamisen und das Rascheln der Gewänder, als andere Tänzerinnen an mir vorbei- und auf die Bühne huschten. An alles, was dann kam, kann ich mich nur noch undeutlich erinnern. Ich bin sicher, daß ich die Arme, den geschlossenen Fächer in der Hand, emporhob und die Knie beugte, denn das war meine Ausgangsposition. Später hörte ich keinerlei Kritik, daß ich etwa einen Einsatz verpaßt hätte, doch erinnern kann ich mich nur daran, wie ich meine eigenen Arme beobachtete und über die Sicherheit und das Gleichmaß staunte, mit denen sie sich bewegten. Ich hatte diesen Tanz viele Male geprobt, und vermutlich hatte das ausgereicht. Denn obwohl mein Verstand sich völlig abgeschottet hatte, spielte ich meine Rolle ohne Schwierigkeit und Nervosität.

Bei jeder Aufführung bis zum Ende des Monats bereitete ich mich von da an vor, indem ich mich so lange auf »Ein Höfling kehrt zu seiner Ehefrau zurück« konzentrierte, bis ich spürte, daß sich die Traurigkeit schwer auf mich legte. Es ist uns menschlichen Wesen gegeben, uns auf bemerkenswerte Weise an alles zu gewöhnen, doch wenn ich mir vorstellte, wie Mameha, vor den Blicken ihres Ehemanns und seiner Geliebten verborgen, ihre langsame Klage tanzte, hätte ich mich genausowenig daran hindern können, diese Traurigkeit selbst zu spüren, wie Sie sich daran hindern könnten, den Duft eines Apfels wahrzunehmen, der aufgeschnitten vor Ihnen auf dem Tisch liegt.

Eines Tages in der letzten Aufführungswoche blieben Mameha und ich noch lang in der Garderobe und plauderten mit einer anderen Geisha. Als wir das Theater verließen, erwarteten wir nicht, draußen noch jemand anzutreffen, und die Zuschauer waren tatsächlich alle verschwunden. Als wir jedoch die Straße erreichten, stieg ein livrierter Chauffeur aus einem Wagen und öffnete den hinteren Schlag. Mameha und ich wollten schon schnurstracks daran vorbeigehen, als wir sahen, daß Nobu aus dem Wagen stieg.

»Ja, Nobu-san!« sagte Mameha. »Ich fürchtete schon, daß Sie nicht mehr an Sayuris Gesellschaft interessiert sind! Tagtäglich hatten wir in diesem Monat gehofft, etwas von Ihnen zu hören…«

»Du willst dich beschweren, weil du warten mußtest? Ich bin es doch, der jetzt schon fast eine Stunde vor diesem Theater wartet!«

»Kommen Sie gerade aus der Vorstellung?« fragte Mameha. »Sayuri ist ein richtiger Star geworden.«

»Ich komme keineswegs ›gerade‹ aus der Vorstellung«, grollte Nobu. »Ich bin vor über einer Stunde aus der Vorstellung gekommen. Es ist genug Zeit vergangen, um einen Anruf zu machen und meinen Chauffeur in die Stadt zu schicken, wo er etwas für mich abgeholt hat.«

Nobu schlug heftig gegen das Wagenfenster und erschreckte den armen Chauffeur damit so sehr, daß diesem die Mütze vom Kopf fiel. Der Chauffeur kurbelte das Fenster herunter und reichte Nobu eine winzige Einkaufstüte westlichen Stils, die aus einem Material wie Silberfolie bestand. Nobu wandte sich zu mir um, und ich verneigte mich tief vor ihm und versicherte ihm, wie glücklich ich sei, ihn wiederzusehen.

»Du bist eine sehr begabte Tänzerin, Sayuri. Ich pflege Geschenke nicht ohne Grund zu verteilen«, sagte er, obwohl ich nicht glaube, daß das der Wahrheit entsprach. »Vermutlich bin ich deswegen bei Mameha und anderen Geishas in Gion nicht so beliebt wie andere Männer.«

»Aber Nobu-san!« sagte Mameha. »Wer hat Ihnen denn das eingeredet?«

»Ich weiß genau, was euch Geishas gefällt. Solange ein Mann euch Geschenke macht, werdet ihr jeden Unsinn von ihm ertragen.«

Nobu streckte mir das Päckchen hin.

»Also Nobu-san«, entgegnete ich, »was für ein Unsinn ist das wohl, den zu ertragen *Sie* mir jetzt zumuten?« Das war natürlich als Scherz gemeint, doch Nobu schien das nicht zu begreifen.

»Habe ich nicht soeben gesagt, daß ich nicht bin wie andere Männer?« grollte er. »Warum glaubt ihr Geishas niemals das, was ich euch sage? Wenn du dieses Päckchen willst, solltest du es lieber nehmen, bevor ich's mir anders überlege.«

Ich dankte Nobu und nahm das Päckchen entgegen. Er hämmerte wieder ans Wagenfenster, und der Chauffeur sprang heraus, um ihm den Schlag aufzuhalten.

Wir verneigten uns, bis der Wagen um die Ecke gebogen war. Mameha führte mich in den Garten des Kaburenjo-Theaters zurück, wo wir uns auf eine Steinbank am Karpfenteich setzten und neugierig in die Tüte spähten, die Nobu mir gegeben hatte. Sie enthielt nur eine winzige Schachtel, eingewickelt in goldfarbenes, mit dem Namen eines berühmten Juweliers bedrucktes Papier und verschnürt mit einem roten Band. Als ich sie öffnete, fand ich darin einen einzelnen Edelstein, einen Rubin, so groß wie ein Pfirsichkern. Er glich einem riesigen Blutstropfen, der im Sonnenlicht über dem Teich funkelte. Als ich ihn in den Fingern drehte, sprang das Funkeln von einer Facette zur anderen, und ich spürte jeden Sprung tief drinnen im Herzen.

»Ich kann mir vorstellen, wie fasziniert du bist«, sagte Mameha, »und ich freue mich sehr für dich. Aber freu dich bitte nicht *zu* sehr. Du wirst im Leben noch mehr Juwelen bekommen, Sayuri, eine ganze Menge sogar, möchte ich meinen. Diese Chance jedoch wird dir nie wieder geboten. Nimm diesen Rubin mit in die Okiya und schenke ihn Mutter.«

Da hatte ich nun dieses wunderschöne Juwel vor mir, und das Licht, das er verströmte, färbte meine Hand rosa – und dabei an Mutter mit ihren kränklich-gelben Augen und den fleischroten

Lidrändern zu denken! Ihr dieses Schmuckstück zu schenken kam mir fast so vor, als wollte man einen Dachs in Seide hüllen. Aber ich mußte Mameha natürlich gehorchen.

»Wenn du ihn ihr gibst«, fuhr sie fort, »mußt du besonders liebenswürdig sein und sagen: ›Ich habe wirklich keine Verwendung für einen so kostbaren Stein, und es wäre mir eine Ehre, wenn Sie ihn von mir annehmen könnten, weil ich Ihnen im Lauf der Jahre soviel Ärger verursacht habe.‹ Aber mehr solltest du nicht sagen, sonst wird sie noch denken, du wärst sarkastisch.«

Als ich später in meinem Zimmer saß und Tusche anrührte, um Nobu einen Dankesbrief zu schreiben, wurde meine Stimmung immer düsterer. Wenn mich Mameha um den Rubin gebeten hätte, hätte ich ihn ihr mit Freuden geschenkt! Aber Mutter? Ich mochte Nobu, und es tat mir leid, sein kostbares Geschenk einer solchen Frau zu überlassen. Wäre der Rubin vom Direktor gekommen, hätte ich ihn bestimmt nicht hergeben können. Nun, jedenfalls beendete ich diesen Brief und ging zu Mutter ins Zimmer hinüber, um mit ihr zu sprechen. Sie saß in der matten Beleuchtung an ihrem Tisch, tätschelte ihren Hund und rauchte.

»Was willst du?« fragte sie mich. »Ich will mir gerade eine Kanne Tee kommen lassen.«

»Es tut mir leid, wenn ich Sie störe, Mutter. Doch als Mameha und ich heute nachmittag das Theater verließen, wartete Präsident Nobu Toshikazu auf mich...«

»Auf Mameha-san, meinst du wohl.«

»Ich weiß es nicht, Mutter. Er gab mir dieses Geschenk. Es ist wunderschön, aber ich habe leider keine Verwendung dafür.«

Ich wollte noch sagen, daß es mir eine Ehre wäre, wenn sie das Geschenk annähme, aber Mutter hörte mir nicht zu. Sie legte ihre Pfeife auf den Tisch und nahm mir die Schachtel aus der Hand, bevor ich sie ihr überreichen konnte. Wieder versuchte ich ihr alles zu erklären, aber Mutter kippte die Schachtel einfach um, und der Rubin fiel ihr in die öligen Finger.

»Was ist das?« fragte sie mich.

»Das Geschenk, das mir Präsident Nobu gab. Nobu Toshikazu von Iwamura Electric, meine ich.«

»Glaubst du, ich wüßte nicht, wer Nobu Toshikazu ist?«

Sie erhob sich von ihrem Tisch und ging ans Fenster, wo sie den Papierschirm beiseite schob, um den Rubin in die Strahlen der Spätnachmittagssonne zu halten. Sie tat genau das, was ich auf der Straße getan hatte: Sie drehte und wendete den Edelstein und beobachtete, wie das Funkeln von einer Facette zur anderen sprang. Schließlich schob sie das Fenster wieder zu und kehrte zu mir zurück.

»Du mußt ihn mißverstanden haben. Hat er dich gebeten, ihn Mameha zu geben?«

»Aber Mameha war die ganze Zeit dabei.«

Wie ich sah, glichen Mutters Gedanken einer Kreuzung, die von zu dichtem Verkehr verstopft ist. Sie legte den Rubin auf den Tisch und begann an ihrer Pfeife zu ziehen. Ich sah in jedem Rauchwölkchen einen kleinen, verwirrten Gedanken, der in die Luft entlassen wurde.

Schließlich sagte sie zu mir: »Also zeigt Nobu Toshikazu Interesse an dir. Stimmt's?«

»Er beehrt mich schon seit einiger Zeit mit Aufmerksamkeit.«

Da legte sie die Pfeife wieder auf den Tisch, als wollte sie sagen, daß unser Gespräch jetzt ein wenig ernsthafter werde. »Ich habe dich nicht so genau beobachtet, wie ich es hätte tun sollen«, sagte sie. »Falls du jemals einen Freund gehabt hast, wäre es jetzt an der Zeit, es mir zu erzählen.«

»Ich habe nie auch nur einen einzigen Freund gehabt, Mutter.«

Ich weiß nicht, ob sie mir das glaubte, aber sie entließ mich. Bisher hatte ich ihr den Rubin noch nicht angeboten, wie Mameha es mir geraten hatte, deswegen überlegte ich, wie ich das Thema anschneiden könnte. Doch als ich einen Blick auf die Tischplatte warf, wo der Edelstein lag, muß sie wohl gedacht haben, ich wolle ihn zurückfordern. Denn ohne mir Zeit für eine Erklärung zu lassen, streckte sie die Hand aus und riß ihn an sich.

Nur wenige Tage danach geschah es dann. Mameha kam in die Okiya, ging mit mir in den Empfangssalon und berichtete mir, das Bieten für meine *mizuage* habe begonnen. Am Vormittag habe sie die Nachricht von der Herrin des Ichiriki erhalten.

»Ich bin sehr unglücklich über den Termin«, sagte Mameha,

»denn ich muß noch heute nachmittag nach Tokyo. Aber du wirst mich hier nicht brauchen. Du wirst es merken, wenn die Gebote in die Höhe gehen, denn dann werden die Dinge in Gang kommen.«

»Das verstehe ich nicht«, gab ich zurück. »Was für Dinge?«

»Alle möglichen Dinge«, antwortete sie und ging, ohne auch nur eine Tasse Tee getrunken zu haben.

Sie blieb drei Tage fort. Anfangs raste mein Herz jedesmal, wenn ich hörte, daß eine der Dienerinnen zu mir kam. Aber zwei Tage vergingen, ohne daß sich etwas ereignete. Am dritten Tag kam Tantchen dann zu mir in den Flur, um mir zu sagen, daß Mutter mich oben zu sehen wünschte.

Als ich gerade den Fuß auf die erste Stufe gesetzt hatte, hörte ich, wie eine Tür aufgeschoben wurde, und plötzlich kam Kürbisköpfchen heruntergelaufen. Sie kam wie Wasser, das aus einem Eimer gegossen wird – so schnell, daß ihre Füße kaum die Stufen berührten, und auf halber Höhe verhakte sich ihr Finger im Treppengeländer. Es muß weh getan haben, denn sie stieß einen Schrei aus und blieb unten an der Treppe stehen, um sich den verletzten Finger zu halten.

»Wo ist Hatsumomo?« fragte sie. Sie hatte offensichtlich Schmerzen. »Ich muß mit ihr sprechen!«

»Mir scheint, du leidest schon genug Schmerzen«, sagte Tantchen. »Mußt du zu Hatsumomo gehen, damit sie dir noch mehr weh tun kann?«

Kürbisköpfchen wirkte furchtbar erregt, und das nicht nur wegen ihres Fingers, doch als ich sie fragte, was denn los sei, lief sie wortlos durch die Eingangshalle und stürzte zum Haus hinaus.

Als ich das Zimmer betrat, saß Mutter an ihrem Tisch. Sie begann ihre Pfeife zu stopfen, überlegte es sich dann aber doch anders und packte sie fort. Auf dem Regal mit den Kontobüchern stand oben eine wunderschöne Uhr im europäischen Stil unter einem Glassturz. Mutter sah immer wieder hinauf, aber ein paar Minuten vergingen, und sie hatte noch immer nichts zu mir gesagt. Schließlich faßte ich mir ein Herz. »Es tut mir leid, wenn ich Sie störe, Mutter, aber man sagte mir, daß Sie mich sprechen wollten.«

»Der Doktor hat sich verspätet«, gab sie zurück. »Wir werden auf ihn warten.«

Ich dachte, sie spreche von Dr. Krebs und meinte, daß er in die Okiya kommen würde, um die Arrangements für meine *mizuage* zu besprechen. Da ich so etwas nicht erwartet hatte, verspürte ich ein seltsames Kribbeln im Bauch. Mutter verbrachte die Wartezeit damit, Taku zu streicheln, der ihrer Aufmerksamkeit aber schnell müde wurde und ein leises Knurren von sich gab.

Schließlich hörten wir, daß die Dienerinnen jemanden in der Eingangshalle unten begrüßten, und Mutter stieg die Treppe hinab. Als sie wenige Minuten darauf zurückkehrte, brachte sie nicht etwa Dr. Krebs mit, sondern einen weit jüngeren Mann mit glattem Silberhaar und einer schwarzen Ledertasche.

»Das ist das Mädchen«, erklärte ihm Mutter.

Ich verneigte mich vor dem jungen Arzt, der sich vor mir ebenfalls verneigte.

»Herrin«, wandte er sich an Mutter, »wo sollen wir...?«

Mutter anwortete, das Zimmer, in dem wir uns befänden, sei durchaus geeignet. Ich ahnte, daß mir etwas Unangenehmes bevorstand. Sie begann meinen Obi zu lösen und auf dem Tisch zu falten. Dann nahm sie mir den Kimono von den Schultern und hängte ihn auf einen Ständer in der Ecke. In meinem gelben Unterkleid stand ich so gelassen da, wie ich nur konnte, doch gleich darauf begann Mutter das Taillenband aufzuknoten, das mein Unterkleid zusammenhielt. Unwillkürlich wehrte ich sie mit den Armen ab, aber sie schob sie einfach beiseite, was mich an den Baron erinnerte, und das machte mich ganz krank. Nachdem sie das Taillenband entfernt hatte, griff sie hinein und zog mein *koshimaki* heraus – wiederum so, wie es in Hakone geschehen war. Mir gefiel das überhaupt nicht, doch statt mein Unterkleid wie der Baron auseinanderzuschlagen, wickelte sie mich wieder hinein und befahl mir, mich auf die Matten zu legen.

Der Doktor kniete zu meinen Füßen nieder, entschuldigte sich und schlug mein Unterkleid auseinander, um meine Beine freizulegen. Mameha hatte mir nur wenig über die *mizuage* erzählt, aber mir schien, daß ich jetzt gleich einiges erfahren würde. War das Bieten schon vorüber und dieser junge Arzt als Sieger daraus hervorgegangen? Was war mit Dr. Krebs und Nobu? Es kam mir sogar in den Sinn, daß Mutter absichtlich Mamehas Pläne durchkreuzte. Der junge Doktor rückte meine Beine zurecht und griff mit seiner Hand dazwischen, die, wie ich festgestellt hatte, so glatt und elegant war wie die des Direktors. Ich fühlte mich so sehr gedemütigt und entblößt, daß ich mein Gesicht bedecken mußte. Ich wollte meine Beine schließen, fürchtete aber, daß alles, was dem Arzt die Aufgabe erschwerte, die Sache nur in die Länge ziehen würde. Also lag ich mit fest zugekniffenen Augen da und hielt den Atem an. Ich fühlte mich, wie der kleine Taku sich gefühlt haben mußte, als er an einer Nadel zu ersticken drohte und Tantchen seine Schnauze offenhielt, während Mutter ihm den Finger in den Rachen steckte. Einmal fingerte der Doktor, glaube ich, mit beiden Händen zwischen meinen Beinen herum, doch dann ließ er mich endlich in Ruhe und legte mein Unterkleid wieder zusammen. Als ich die Augen öffnete, sah ich, daß er sich die Hände an einem Tuch abtrocknete.

»Das Mädchen ist intakt«, verkündete er.

»Nun, das sind gute Nachrichten«, erwiderte Mutter. »Wird es sehr viel Blut geben?«

»Wahrscheinlich überhaupt keins. Ich habe sie nur visuell untersucht.«

»Nein, ich meine bei der *mizuage*.«

»Das kann ich nicht sagen. Die übliche Menge, denke ich mir.«

Als sich der junge, silberhaarige Doktor verabschiedet hatte, half Mutter mir beim Ankleiden und wies mich an, am Tisch Platz zu nehmen. Dann packte sie mich ohne Vorwarnung am Ohrläppchen und zog so fest daran, daß ich aufschrie. So hielt sie mich fest, zerrte meinen Kopf ganz nah an den ihren und sagte zu mir:

»Du bist eine sehr kostbare Ware, Kleine. Ich habe dich unterschätzt. Ich bin froh, daß nichts passiert ist. Aber von nun an werde ich besser auf dich aufpassen, darauf kannst du dich verlassen. Wenn ein Mann etwas von dir will, wird er gut dafür bezahlen. Hast du mich verstanden?«

»Ja, Herrin!« sagte ich. Natürlich hätte ich zu allem ja gesagt, solange sie so kräftig an meinem Ohr zerrte.

»Wenn du einem Mann gratis gibst, wofür er eigentlich bezahlen müßte, betrügst du diese Okiya. Dann wirst du ihr Geld schulden, und ich werde es mir von dir holen. Und ich spreche nicht nur davon!« Jetzt machte Mutter mit ihrer freien Hand ein grausiges Geräusch: Sie rieb die Finger an ihrer Handfläche, so daß ein schmatzender Laut entstand.

»Dafür werden die Männer bezahlen«, fuhr sie fort. »Aber sie werden auch bezahlen, wenn sie nur mit dir plaudern wollen. Wenn ich feststelle, daß du dich davonschleichst, um dich mit einem Mann zu treffen, und sei es nur zu einem kurzen Gespräch…« Diesmal beendete sie ihren Satz, indem sie noch einmal kräftig an meinem Ohrläppchen riß, bevor sie es endlich losließ.

Es kostete mich Mühe, zu Atem zu kommen. Als ich meinte, wieder sprechen zu können, versicherte ich ihr: »Ich habe wirklich nichts getan, worüber Sie erzürnt sein müßten, Mutter!«

»Noch nicht. Und wenn du ein vernünftiges Mädchen bist, wirst du es auch niemals tun.«

Ich wollte mich empfehlen, aber Mutter befahl mir, sitzen zu bleiben. Sie klopfte ihre Pfeife aus, obwohl sie leer war, und sagte, als sie sie anschließend stopfte: »Ich bin zu einem Entschluß gekommen. Dein Status hier in der Okiya wird sich demnächst ändern.«

Das beunruhigte mich, und ich wollte etwas sagen, aber Mutter hinderte mich daran.

»Du und ich, wir beiden werden uns nächste Woche einer Zeremonie unterziehen. Von da an wirst du meine Tochter sein, als wärst du von mir geboren worden. Ich habe den Entschluß gefaßt, dich zu adoptieren. Eines Tages wird die Okiya dir gehören.«

Ich wußte nicht, was ich sagen sollte, und an das, was dann geschah, erinnere ich mich auch nur undeutlich. Mutter fuhr fort, mir zu erklären, daß ich als Tochter der Okiya irgendwann in das größere Zimmer ziehen würde, in dem jetzt Hatsumomo und Kürbisköpfchen wohnten, die sich von nun an das kleinere Zimmer teilen müßten, das bisher mein Reich gewesen war. Ich hörte nur mit halbem Ohr zu, bis mir allmählich dämmerte, daß ich als Mutters Tochter nicht mehr unter Hatsumomos Tyrannei zu leiden hätte. Das war von vornherein Mamehas Plan gewesen, ich aber hätte nicht einmal im Traum daran gedacht, daß es jemals soweit kommen könnte. Mutter hörte nicht auf, mich zu belehren. Ich starrte auf ihre hängende Lippe und auf die gelblichen Augen. Sie war zwar eine hassenswerte Frau, aber als Tochter dieser hassenswerten Frau wäre ich außerhalb von Hatsumomos Reichweite.

Plötzlich wurde die Tür aufgeschoben, und Hatsumomo höchstselbst stand draußen im Flur.

»Was willst du?« fragte Mutter barsch. »Ich bin beschäftigt.«

»Verschwinde«, sagte Hatsumomo zu mir. »Ich muß mit Mutter sprechen.«

»Wenn du mit mir sprechen willst«, entgegnete Mutter, »darfst du Sayuri höflich fragen, ob sie so freundlich sein würde, hinauszugehen.«

»Sei bitte so freundlich und geh hinaus, Sayuri«, sagte Hatsumomo ironisch.

Und dann gab ich ihr zum erstenmal im Leben Widerworte, ohne zu fürchten, daß sie mich dafür bestrafen würde.

»Ich werde gehen, wenn Mutter das möchte«, erklärte ich.

»Mutter, würden Sie bitte so freundlich sein und unserem Fräulein Dummkopf hier befehlen, uns allein zu lassen?« fragte Hatsumomo.

»Sei nicht so lästig«, sagte Mutter. »Komm rein und sag mir, was du willst.«

Das gefiel Hatsumomo zwar gar nicht, aber sie kam trotzdem herein und setzte sich an den Tisch. Sie saß zwischen Mutter und mir, aber nahe genug, daß ich ihr Parfüm riechen konnte.

»Das arme Kürbisköpfchen ist völlig aufgelöst zu mir gekommen«, begann sie. »Ich habe ihr fest versprochen, mit Ihnen zu reden. Sie hat mir etwas sehr Sonderbares erzählt. ›O Hatsumomo‹, sagte sie. ›Mutter hat es sich anders überlegt!‹ Aber ich habe sie beruhigt, das könne nicht stimmen.«

»Ich weiß nicht, wovon sie gesprochen hat. Ich habe mir in jüngster Zeit überhaupt nichts anderes überlegt.«

»Genau das habe ich ihr erklärt: daß Sie ein einmal gegebenes Wort nicht brechen. Aber es wäre mir wirklich lieb, Mutter, wenn Sie ihr das selbst sagen könnten.«

»Was sagen?«

»Daß Sie sich die Sache mit ihrer Adoption nicht anders überlegt haben.«

»Wie kommst du denn auf so etwas? Ich hatte niemals auch nur die geringste Absicht, sie zu adoptieren.«

Es war für mich äußerst schmerzlich, das zu hören, denn ich dachte unwillkürlich daran, wie Kürbisköpfchen in so großer Erregung die Treppe hinabgehetzt war... Und das war kein Wunder, denn nun konnte niemand sagen, was aus ihr werden würde. Hatsumomo hatte das Lächeln aufgesetzt, mit dem sie aussah wie ein kostbares Stück Porzellan, doch Mutters Worte hatten sie schwer getroffen. Haßerfüllt sah sie mich an.

»Dann stimmt es also! Sie wollen *sie* adoptieren! Wissen Sie nicht mehr, daß Sie erst letzten Monat gesagt haben, Sie wollen Kürbisköpfchen adoptieren, Mutter? Sie haben mich sogar gebeten, ihr die gute Nachricht zu überbringen!«

»Was du Kürbisköpfchen erzählt hast, ist nicht meine Sache. Außerdem hast du Kürbisköpfchens Lehrzeit nicht so gut gehandhabt, wie ich es erwartet hätte. Eine Weile hat sie ihre Sache gut gemacht, aber in letzter Zeit...«

»Sie haben es versprochen, Mutter«, sagte Hatsumomo in einem Ton, der mich erschreckte.

»Mach dich nicht lächerlich! Du weißt genau, daß ich seit Jahren ein Auge auf Sayuri habe. Warum sollte ich mich jetzt anders entscheiden und Kürbisköpfchen adoptieren?«

Ich wußte genau, daß Mutter log. Aber nun ging sie sogar so weit, sich an mich zu wenden und mich zu fragen:

»Sayuri-san, wann habe ich zum erstenmal mit dir über die Adoption gesprochen? Vor ungefähr einem Jahr?«

Wenn Sie jemals gesehen haben, wie eine Katzenmutter ihren Jungen das Jagen beibringt – wie sie eine hilflose Maus nimmt und sie zerreißt –, nun ja, ich hatte das Gefühl, als böte Mutter mir die Chance zu lernen, wie ich genauso wie sie werden könnte. Ich brauchte jetzt nur zu lügen wie sie und zu sagen: »Aber ja, Mutter, Sie haben oft mit mir darüber gesprochen!« Das wäre der erste Schritt meiner Verwandlung in eine gelbäugige, alte Frau gewesen, die mit ihren Kontobüchern in einem düsteren Zimmer lebt. Ich konnte weder Mutters Partei ergreifen noch Hatsumomos. Also hielt ich den Blick auf die Matten gerichtet, damit ich keine von beiden ansehen mußte, und behauptete, ich könne mich nicht erinnern.

Hatsumomos Gesicht war rotfleckig vor Zorn. Sie stand auf und ging zur Tür, aber Mutter hielt sie noch einmal zurück.

»In einer Woche wird Sayuri meine Tochter«, sagte sie. »Bis dahin mußt du lernen, sie mit Respekt zu behandeln. Wenn du hinuntergehst, schickst du eine der Dienerinnen mit Tee für Sayuri und mich herauf.«

Hatsumomo vollführte eine angedeutete Verneigung, dann war sie verschwunden.

»Mutter«, sagte ich, »es tut mir sehr leid, Auslöser für so großen Ärger gewesen zu sein. Ich bin sicher, daß Hatsumomo sich hinsichtlich Ihrer Pläne für Kürbisköpfchen irrt, aber … Darf ich Ihnen eine Frage stellen? Wäre es nicht möglich, uns beide zu adoptieren?«

»Oho, jetzt kennst du dich also auch schon im Geschäft aus, wie?« gab sie zurück. »Willst du mir vorschreiben, wie ich die Okiya führen soll?«

Ein paar Minuten später kam eine Dienerin mit einem Tablett, auf dem eine Teekanne und eine Teetasse standen – nicht zwei Tassen, sondern nur eine einzige –, doch Mutter schien das nicht weiter zu kümmern. Ich füllte ihre Tasse, sie trank daraus und starrte mich mit ihren rotumränderten Augen an.

24. KAPITEL

Als Mameha am folgenden Tag zurückkehrte und erfuhr, daß
Mutter sich entschlossen hatte, mich zu adoptieren, schien
sie nicht so erfreut zu sein, wie ich erwartet hatte. Gewiß, sie
nickte und machte ein zufriedenes Gesicht, aber ein Lächeln
konnte ich nicht entdecken. Ich fragte, ob etwa nicht alles so gelaufen sei, wie sie es sich erhofft hatte.

»O nein, das Bieten zwischen Dr. Krebs und Nobu verlief genauso, wie ich es gehofft hatte«, antwortete sie. »Da es sich beim
letzten Gebot um eine beträchtliche Summe handelte, war mir,
sobald ich es erfuhr, sofort klar, daß Frau Nitta dich adoptieren
würde. Ich freue mich wirklich!«

Das sagte sie jedenfalls. Die Wahrheit sah, wie ich in den darauffolgenden Jahren nach und nach erfuhr, ganz anders aus. Denn
erstens war das Bieten nicht zum Wettstreit zwischen Dr. Krebs
und Nobu, sondern zum Kampf zwischen Dr. Krebs und dem
Baron geworden. Ich kann nicht nachfühlen, was Mameha dabei
empfunden haben muß, aber ich bin überzeugt, daß dies der
Grund war, warum sie kurzzeitig so kühl zu mir war und warum
sie die Wahrheit für sich behielt.

Damit will ich nicht sagen, daß Nobu überhaupt nicht beteiligt
war. Im Gegenteil, er hatte anfangs höchst aggressiv für meine *mizuage* geboten, aber wirklich nur während der ersten paar Tage,
ehe der Betrag auf über achttausend Yen stieg. Als er dann paßte,
geschah das vermutlich nicht, weil der Betrag zu hoch für ihn
wurde, denn Mameha hatte von Anfang an gewußt, daß Nobu,
wenn er wollte, gegen jedes andere Gebot mithalten konnte. Was
Mameha dagegen nicht erwartet hatte, war die Tatsache, daß
Nobu gar nicht so brennend an meiner *mizuage* interessiert war.
Schließlich verschwendet nur eine bestimmte Art von Mann Zeit
und Geld darauf, einer *mizuage* nachzujagen, und wie sich
herausstellte, gehörte Nobu nicht dazu. Wie Sie sich erinnern

werden, hatte Mameha mir erklärt, daß kein Mann jemals die Bekanntschaft mit einer fünfzehnjährigen Lerngeisha pflegen würde, wenn er nicht an ihrer *mizuage* interessiert sei. Und im Verlauf ebendieses Gesprächs hatte sie mir versichert: »Daß es nicht deine Konversation ist, die ihn interessiert, steht ja wohl fest.« Im Hinblick auf die Konversation mag sie recht gehabt haben; ich weiß es nicht. Aber was immer es war, weswegen sich Nobu zu mir hingezogen fühlte – meine *mizuage* war es auch nicht.

Was dagegen Dr. Krebs betraf, so war er ein Mann, der vermutlich lieber auf altmodische Art Selbstmord begangen hätte, als zuzulassen, daß ein Mann wie Nobu ihm eine *mizuage* wegschnappte. Natürlich bot er nach den ersten Tagen nicht mehr gegen Nobu, aber das wußte er nicht, und die Herrin des Ichiriki hatte beschlossen, es ihm nicht zu sagen. Sie wollte den Preis so hoch wie möglich treiben. Wenn sie mit ihm telefonierte, sagte sie daher Dinge wie: »Ach, Doktor, ich habe gerade Nachricht aus Osaka bekommen; es gibt ein Gebot über fünftausend Yen.« Sie hatte wahrscheinlich wirklich Nachricht aus Osaka erhalten, denn die Herrin ließ es sich angelegen sein, niemals wirklich direkt zu lügen. Aber sobald sie Osaka und irgendein Angebot im selben Atemzug erwähnte, mußte Dr. Krebs natürlich annehmen, das Gebot komme von Nobu, obgleich es in Wirklichkeit vom Baron kam.

Der Baron wiederum wußte genau, daß der Doktor sein Konkurrent war, aber das war ihm gleichgültig. Er wollte die *mizuage* für sich gewinnen und schmollte wie ein kleiner Junge, als ihm klarwurde, daß ihm das möglicherweise nicht gelingen würde. Einige Zeit später berichtete mir eine Geisha von einem Gespräch, das sie mit ihm etwa zu jener Zeit geführt hatte. »Hast du gehört, was geschehen ist?« hatte der Baron sie gefragt. »Ich versuche eine *mizuage* zu ersteigern, doch ein gewisser lästiger Doktor versucht mich daran zu hindern. Eine bisher unentdeckte Region kann immer nur von einem einzigen Mann erforscht werden, und dieser Mann will unbedingt ich sein! Aber was soll ich machen? Der törichte Doktor scheint nicht zu begreifen, daß die Zahlen, mit denen er um sich wirft, echtes Geld darstellen!«

Als die Gebote immer höher wurden, begann der Baron vom Aussteigen zu reden. Aber die Summe hatte sich schon so sehr einem neuen Rekord genähert, daß die Herrin des Ichiriki beschloß, sie noch ein bißchen in die Höhe zu treiben, indem sie den Baron genauso irreführte, wie sie den Doktor irregeführt hatte. Am Telefon erklärte sie ihm, der »andere Herr« habe ein sehr hohes Gebot gemacht, und setzte hinzu: »Aber viele Leute meinen, daß er nicht mehr höher gehen wird.« Ich bin sicher, daß es Leute gegeben hat, die das von dem Doktor glaubten, aber die Herrin gehörte nicht dazu. Sie wußte, daß der Doktor den Baron, sobald dieser sein letztes Gebot abgegeben hatte – wie hoch es auch ausfallen mochte –, noch überbieten würde.

Schließlich erklärte sich Dr. Krebs einverstanden, elftausendfünfhundert Yen für meine *mizuage* zu bezahlen. Bis zu jenem Zeitpunkt war das die höchste Summe, die in Gion je für eine *mizuage* bezahlt worden war, und vermutlich auch in allen anderen Geishavierteln Japans. Vergessen Sie nicht, daß die Geisha für eine Stunde ihrer Zeit damals etwa vier Yen bekam und daß ein extravaganter Kimono ungefähr anderthalbtausend Yen kostete. Das mag nach nicht sehr viel klingen, war aber doch weit mehr, als ein Arbeiter in einem Jahr verdienen konnte.

Ich muß gestehen, daß ich nicht sehr viel von Gelddingen verstehe. Die meisten Geishas brüsten sich damit, niemals Bargeld mit sich herumzutragen, sondern überall anschreiben zu lassen. Sogar jetzt in New York lebe ich immer noch genauso. Ich kaufe in den Geschäften, in denen man mich vom Sehen kennt und wo die Verkäufer so freundlich sind, sich die Dinge, die ich brauche, aufzuschreiben. Wenn dann am Monatsende die Rechnung kommt, habe ich eine bezaubernde Assistentin, die das alles für mich bezahlt. Sie sehen also, daß ich Ihnen wirklich nicht sagen könnte, wieviel Geld ich ausgegeben habe oder wieviel teurer als eine Zeitschrift eine Flasche Parfüm ist. Daher bin ich wohl denkbar schlecht geeignet, irgend etwas zu erklären, was mit Geld zu tun hat. Aber ich werde Ihnen das weitergeben, was mir ein guter Freund einmal gesagt hat, der mit Sicherheit wußte, wovon er redete, denn er war in den sechziger Jahren Japans stellvertretender Finanzminister. Bargeld, hat er gesagt, ist oft in einem Jahr weniger wert als im Jahr zuvor, und deswegen hat Mamehas *mizuage* im Jahre 1929 in Wirklichkeit mehr gekostet als meine im Jahr 1935, obwohl meine elftausendfünfhundert Yen eingebracht hat und Mamehas nur sieben- oder achttausend.

Zu dem Zeitpunkt, da meine *mizuage* verkauft wurde, spielte das alles natürlich keine Rolle. Soweit es die anderen betraf, hatte ich einen neuen Rekord aufgestellt, und den hielt ich bis 1951, als Katsumiyo kam, die ich für eine der größten Geishas unseres Jahrhunderts halte. Meinem Freund, dem stellvertretenden Finanzminister zufolge, hielt den wahren Rekord bis in die sechziger Jahre Mameha. Doch ob der wahre Rekord nun mir gehörte oder Katsumiyo oder Mameha – oder sogar Mamemitsu damals in den 1890ern –, man kann sich unschwer vorstellen, daß es in Mutters kleinen Wurstfingern zu jucken begann, als sie von dieser Rekordsumme hörte.

Es versteht sich von selbst, daß sie mich deshalb adoptierte. Das Geld für meine *mizuage* war mehr als genug, um meine Schulden in der Okiya zurückzuzahlen. Wenn Mutter mich nicht adoptiert hätte, wäre einiges von diesem Geld mir selbst zugefallen. Und was Mutter davon hielt, können Sie sich sicher vorstellen. Als ich die Tochter der Okiya wurde, wurden meine Schulden gelöscht, weil die Okiya sie schluckte. Doch meine Einnahmen gingen ebenfalls vollständig an die Okiya – nicht nur damals, zur Zeit meiner *mizuage*, sondern bis in alle Ewigkeit.

Die Adoption fand in der folgenden Woche statt. Mein Vorname war bereits in Sayuri abgeändert worden, nun sollte sich auch noch mein Familienname ändern. Früher, in meinem beschwipsten Haus an der Küste, hatte ich Sakomoto Chiyo geheißen. Nun lautete mein Name Nitta Sayuri.

Unter all den wichtigen Ereignissen im Leben einer Geisha rangiert die *mizuage* bestimmt nicht unter den letzten. Die meine fand Anfang Juli 1935 statt, als ich fünfzehn Jahre alt war. Sie begann am Nachmittag, zuerst tranken Dr. Krebs und ich bei einer Zeremonie, die uns miteinander verbinden sollte, gemeinsam Sake. Der Grund für diese Zeremonie ist der, daß Dr. Krebs, obwohl die *mizuage* selbst schnell vorüber sein würde, bis zum

Ende seines Lebens mein *mizuage*-Pate sein würde – auch wenn ihm das keinerlei Privilegien brachte, verstehen Sie? Die Zeremonie wurde im Ichiriki-Teehaus in Gegenwart von Mutter, Tantchen und Mameha vollzogen. Die Herrin des Ichiriki nahm auch daran teil, ebenso Herr Bekku, mein Ankleider, denn der Ankleider ist stets an derartigen Zeremonien beteiligt, weil er die Interessen der Geisha vertritt. Ich trug das festlichste Gewand der Lerngeisha: einen schwarzen Kimono mit fünf Wappen, mit einem Untergewand in Rot, der Farbe des Neubeginns. Mameha wies mich an, so ernst zu sein, als hätte ich überhaupt keinen Humor. In Anbetracht meiner Nervosität fiel mir das nicht schwer, als ich den Flur des Ichiriki-Teehauses entlangschritt, während die Schleppe meines Kimonos um meine Füße wogte.

Nach der Zeremonie gingen wir alle zusammen zum Abendessen in ein Restaurant namens Kitcho. Da auch dies ein feierliches Ereignis war, sprach ich nur wenig und aß noch weniger. Während Dr. Krebs beim Essen saß, dachte er vermutlich schon an den Moment, der später kommen würde, und dennoch habe ich nie einen Mann erlebt, der so gelangweilt aussehen konnte. Ich selbst hielt – da ich unschuldig tun mußte – während der gesamten Mahlzeit die Augen niedergeschlagen, doch jedesmal, wenn ich verstohlen zu ihm hinüberblickte, entdeckte ich, daß er durch seine Brille stierte wie ein Mann bei einer geschäftlichen Konferenz.

Nach dem Essen begleitete mich Herr Bekku in einer Rikscha zu einem wunderschönen Gasthof auf dem Gelände des Nanzenji-Tempels. Er selbst war schon einmal dort gewesen, um in einem Nebenzimmer meine Kleidung zurechtzulegen. Er half mir aus dem Kimono und zog mir einen etwas leichteren an – mit einem Obi, dessen Knoten kein Polster benötigte, denn ein Polster wäre dem Doktor hinderlich. Er band den Knoten so, daß er sich besonders leicht aufziehen ließ. Nachdem ich fertig angekleidet war, wurde ich so nervös, daß Herr Bekku mir ins Zimmer zurückhelfen und mich in der Nähe der Tür plazieren mußte, wo ich die Ankunft des Doktors erwarten sollte. Als er mich allein dort zurückließ, empfand ich eine schreckliche Angst – fast so, als sollten mir gleich die Leber oder eine Niere herausoperiert werden.

Bald darauf erschien Dr. Krebs und bat mich, Sake für ihn zu bestellen, während er im angrenzenden Badezimmer ein Bad nahm. Ich glaube, er hatte vielleicht erwartet, daß ich ihm beim Auskleiden half, denn er warf mir einen seltsamen Blick zu. Aber meine Hände waren so kalt und unbeholfen, daß ich es wohl nicht fertiggebracht hätte. Wenige Minuten später kam er in einem Schlafrock heraus und schob die Türen zum Garten auf. Wir setzten uns auf einen kleinen Holzbalkon, tranken Sake und lauschten dem Gezirpe der Grillen und dem Gemurmel des kleinen Baches unmittelbar unter uns. Ich verschüttete Sake auf meinen Kimono, aber der Doktor bemerkte es nicht. Ehrlich gesagt, schien er überhaupt sehr wenig zu bemerken – außer einem Fisch, der im nahen Teich plätscherte, worauf er mich hinwies, als hätte ich so etwas noch nie gesehen. Während wir dasaßen, kam eine Dienerin, um unsere Futons nebeneinander auszulegen.

Schließlich ließ mich der Doktor auf dem Balkon zurück und ging hinein. Ich setzte mich so, daß ich ihn aus den Augenwinkeln sehen konnte. Er holte zwei weiße Handtücher aus seinem Koffer, legte sie auf den Tisch und arrangierte sie immer wieder neu, bis er endlich zufrieden war. Das gleiche tat er mit den Kopfkissen auf einem der Futons. Dann kam er herüber und blieb an der Tür stehen, bis ich mich von den Knien erhob und ihm folgte.

Während ich noch stand, entfernte er meinen Obi und sagte mir, ich solle es mir auf einem der Futons bequem machen. Das alles wirkte so fremdartig und beängstigend auf mich, daß ich es, egal, was ich tat, niemals hätte bequem finden können. Aber ich legte mich auf den Rücken und stopfte mir ein mit Bohnen gefülltes Kissen unter den Hals. Der Doktor öffnete den Kimono, ließ sich sehr viel Zeit damit, die Gewänder Schritt um Schritt zu lösen, und rieb mir mit den Händen die Beine, womit er mir, glaube ich, helfen wollte, mich zu entspannen. Damit verging eine sehr lange Zeit, doch dann holte er die beiden weißen Handtücher, die er zuvor aus dem Koffer genommen hatte. Er befahl mir, die Hüften zu heben, und breitete sie unter mir aus.

»Damit wird das Blut aufgesaugt«, erklärte er mir.

Bei einer *mizuage* fließt natürlich eine gewisse Menge Blut, doch niemand hatte mir genau erklärt, warum. Ich hätte sicher-

373

lich den Mund halten oder dem Doktor sogar danken sollen, daß
er so rücksichtsvoll war und Handtücher ausbreitete, statt dessen
stieß ich jedoch hervor: »Was für Blut?« Weil meine Kehle so
trocken war, geriet meine Stimme dabei ein wenig ins Quietschen.
Sofort begann Dr. Krebs mir zu erklären, daß das Hymen – was
immer das sein mochte – sehr reich an Blutgefäßen sei … und dies,
und das, und jenes … Ich glaube, ich war so bestürzt, als ich das
alles hörte, daß ich mich ein wenig von dem Futon aufrichtete,
denn der Doktor legte mir die Hand auf die Schulter und drückte
mich sanft wieder hinunter.

So manchem Mann wäre bei unserem Gespräch wohl die Lust
vergangen, nicht aber dem Doktor. Als er mit seinen Erklärungen
fertig war, sagte er: »Heute kann ich dir übrigens schon zum zwei-
tenmal eine Blutprobe abnehmen. Darf ich es dir zeigen?«

Wie mir aufgefallen war, hatte er nicht nur sein ledernes Hand-
köfferchen mitgebracht, sondern dazu einen kleinen Holzkasten.
Der Doktor zog einen Schlüsselring aus der Tasche seiner Hose
im Schrank und schloß den Kasten auf. Er brachte ihn zu mir
herüber und öffnete ihn in der Mitte, so daß eine Art freistehende
Vitrine entstand. Auf beiden Seiten befanden sich Regale mit winzigen Phiolen, die mit Korken verschlossen waren und von Rie-
men an Ort und Stelle gehalten wurden. Auf dem untersten Regal
lagen ein paar Instrumente, unter anderem Scheren und Pinzet-
ten, aber der Rest des Kastens war mit diesen Phiolen angefüllt,
etwa vierzig bis fünfzig insgesamt. Bis auf ein paar leere auf dem
obersten Regal schienen sie alle etwas zu enthalten, aber ich hatte
keine Ahnung, was. Erst als der Doktor die Lampe vom Tisch
herüberbrachte, sah ich weiße Etiketten auf jeder Phiole, die mit
dem Namen verschiedener Geishas beschriftet waren. Ich entdeckte sowohl Mamehas Namen als auch jenen der großen Ma-
mekichi und eine ganze Anzahl vertrauter Namen, darunter den
von Hatsumomos Freundin Korin.

»Diese hier«, sagte der Doktor und nahm eine der Phiolen heraus, »ist deine.«

Er hatte den Namen falsch geschrieben, mit einem anderen
Schriftzeichen für das »ri« von Sayuri. Doch in der Phiole konnte
ich nur ein verschrumpeltes Ding ausmachen, das meiner Ansicht

nach einer eingelegten Pflaume glich, obwohl es eher bräunlich als bläulich war. Der Doktor entfernte den Korken und zog das Ding mit der Pinzette heraus.

»Das ist ein Wattebausch, der in dein Blut getaucht wurde«, erklärte er. »Damals, als du dir das Bein verletzt hattest, weißt du noch? Normalerweise bewahre ich das Blut von Patienten nicht auf, aber ich war... sehr stark von dir eingenommen. Nachdem ich diese Probe genommen hatte, beschloß ich, dein *mizuage*-Pate zu werden. Ich denke, du wirst mir beipflichten, daß es höchst ungewöhnlich ist, nicht nur eine bei deiner *mizuage* genommene Blutprobe zu besitzen, sondern darüber hinaus eine Probe von dem Schnitt an deinem Bein einige Monate zuvor.«

Während der Doktor begann, mir mehrere andere Phiolen zu zeigen, darunter Mamehas, gab ich mir Mühe, meine Abscheu zu verbergen. Mamehas Probe bestand nicht nur aus einem Wattebausch, sondern außerdem aus einem weißen Stoffetzen, der rostrot eingefärbt und inzwischen ganz steif geworden war. Dr. Krebs schien all diese Proben faszinierend zu finden, ich dagegen... Nun ja, um höflich zu sein, wandte ich zwar mein Gesicht in ihre Richtung, doch wenn der Doktor mich nicht ansah, richtete ich den Blick schnell anderswohin.

Endlich machte er den Kasten zu und stellte ihn beiseite, bevor er seine Brille abnahm, zusammenklappte und auf den Tisch legte. Wie ich fürchtete, schien nunmehr der kritische Moment gekommen zu sein, und tatsächlich zwängte Dr. Krebs meine Beine auseinander und ließ sich dazwischen nieder. Mein Herz klopfte, glaube ich, etwa so schnell wie das einer Maus. Als der Doktor den Gürtel seines Schlafrocks löste, schloß ich die Augen und hob die Hand, um meinen Mund damit zu bedecken, überlegte es mir im letzten Moment jedoch anders, weil das vielleicht einen schlechten Eindruck machte, und legte die Hand statt dessen neben meinen Kopf.

Eine Zeitlang wühlte der Doktor mit den Händen herum und verursachte mir genausoviel Unbehagen wie der junge, silberhaarige Doktor einige Wochen zuvor. Dann senkte er sich nieder, bis sein Körper sich unmittelbar über dem meinen befand. Ich bot meine ganze innere Stärke auf, um eine Art mentaler Barriere zwischen dem Doktor und mir zu errichten, doch das genügte nicht, um nicht zu spüren, wie sein »Aal« gegen die Innenseite meines Schenkels schlug. Die Lampe brannte noch, also suchte ich in den Schatten an der Decke nach etwas, das mich vielleicht ablenken konnte, denn mittlerweile stieß der Doktor so fest zu, daß mein Kopf auf dem Kopfkissen verrutschte. Da ich nicht so recht wußte, was ich mit den Händen machen sollte, packte ich das Kopfkissen und kniff die Augen fest zu. Bald gab es eine ganze Menge Aktivität über mir, und in mir spürte ich ebenfalls alle möglichen Bewegungen. Es muß eine große Menge Blut geflossen sein, denn die Luft roch unangenehm metallisch. Ich sagte mir immer wieder, wieviel der Doktor für dieses Privileg bezahlt hatte, und an einem gewissen Punkt hoffte ich, er genieße das Ganze mehr als ich. Ich jedenfalls empfand nicht mehr Vergnügen dabei, als wenn jemand die Innenseite meines Oberschenkels mit einer Feile bearbeitet hätte, bis es blutete.

Schließlich markierte der heimatlose Aal, wie ich annehme, sein Territorium, und der Doktor blieb schwer und schweißnaß auf mir liegen. Da es mir überhaupt nicht paßte, ihm so nahe zu sein, tat ich, als könnte ich nicht atmen, weil ich hoffte, daß er sein Gewicht dann von mir nehmen werde. Ziemlich lange rührte er sich nicht; dann richtete er sich unvermittelt auf und war wieder ganz geschäftsmäßig. Ich beobachtete ihn nicht, sah aus den Augenwinkeln jedoch unwillkürlich, daß er sich mit einem der Handtücher unter mir reinigte. Er band seinen Schlafrock zu, setzte die Brille auf, ohne einen kleinen Blutschmierer am Rand eines Glases zu bemerken, und begann mit Handtüchern, Wattetupfern und so weiter zwischen meinen Beinen herumzuwischen, als wären wir wieder im Behandlungsraum seines Krankenhauses. Die schlimmsten Schmerzen waren für mich jetzt vorbei, und ich muß zugeben, daß ich trotz meiner provokativ gespreizten Beine beinahe fasziniert zusah, wie er den Holzkasten öffnete und die Schere herausholte. Er schnitt ein Stück des blutigen Handtuchs unter mir ab und stopfte es zusammen mit einem Wattetupfer, den er benutzt hatte, in die Phiole mit meinem falsch geschrieben Namen. Dann verneigte er sich sehr formell und sagte: »Ich danke dir.« Im Liegen konnte ich mich nicht gut verneigen, aber das machte nichts, denn der Doktor erhob sich sofort und verschwand wieder im Bad.

Ich hatte es selbst nicht gemerkt, aber vor lauter Nervosität hatte ich sehr hektisch zu atmen begonnen. Nun, da es vorüber war und ich wieder zu Atem kam, sah ich vermutlich aus, als würde gerade an mir herumoperiert, doch ich empfand eine so große Erleichterung, daß ich strahlend zu lächeln begann. Irgend etwas an diesem Erlebnis schien mir unendlich lächerlich zu sein: Je mehr ich darüber nachdachte, desto komischer wirkte es auf mich, und gleich darauf mußte ich lachen. Ich mußte leise sein, weil der Doktor im Nebenzimmer war. Aber zu denken, daß mein ganzes Leben verändert worden sein sollte – durch das hier? Ich stellte mir vor, wie die Herrin des Ichiriki während der Bietphase mit Nobu und dem Baron telefonierte, dachte an all das Geld, das ausgegeben worden war, an all die Mühe. Wie seltsam wäre es mit Nobu gewesen, denn ich betrachtete ihn allmählich als Freund. Wie es mit dem Baron gewesen wäre, versuchte ich mir gar nicht erst vorzustellen.

Während der Doktor noch im Bad war, klopfte ich leise an die Tür zu Herrn Bekkus Zimmer. Eine Dienerin kam hereingeeilt, um die Bettlaken zu wechseln, und Herr Bekku half mir, ein Schlafgewand anzulegen. Später, nachdem der Doktor eingeschlafen war, stand ich noch einmal auf und nahm leise ein Bad. Mameha hatte mir eingeschärft, daß ich, für den Fall, daß der Doktor aufwachen und noch etwas brauchen sollte, die ganze Nacht wachbleiben sollte. Infolgedessen gab ich mir zwar große Mühe, nicht einzuschlafen, nickte aber dennoch immer wieder ein. Am Morgen schaffte ich es gerade noch, so rechtzeitig aufzustehen, daß ich mich ankleiden konnte, bevor mich der Doktor zu sehen bekam.

Nach dem Frühstück begleitete ich Dr. Krebs zur Haustür des Gasthofs und half ihm in die Schuhe. Kurz bevor er davonging, dankte er mir für den Abend und überreichte mir ein kleines Päckchen. Ich überlegte, ob es einen Edelstein enthalten könnte, wie Nobu ihn mir geschenkt hatte, oder ein paar Fetzen von dem blutigen Handtuch der letzten Nacht. Doch als ich mir ein Herz faßte und es im Zimmer öffnete, stellte sich der Inhalt als ein

Päckchen chinesischer Kräuter heraus. Ich wußte nicht, was ich damit anfangen sollte, doch als ich Herrn Bekku fragte, erklärte er mir, ich solle mir einmal am Tag einen Tee aus den Kräutern machen, um einer Schwangerschaft vorzubeugen.

»Geh vorsichtig mit ihnen um, denn sie sind sehr teuer«, sagte er. »Aber sei auch nicht zu vorsichtig, denn sie sind immer noch billiger als eine Abtreibung.«

Es ist seltsam und fast nicht zu erklären, doch nach der *mizuage* sah die Welt anders für mich aus. Da Kürbisköpfchen die ihre noch vor sich hatte, erschien sie mir jetzt, obwohl sie doch älter war als ich, irgendwie unerfahren und kindlich. Mutter, Tantchen, Hatsumomo und Mameha hatten das alles auch durchgemacht, aber mir war natürlich weit intensiver bewußt als ihnen, daß wir diese merkwürdige Sache gemeinsam hatten. Nach der *mizuage* trägt eine Lerngeisha eine andere Frisur, und den Nadelkissenknoten schmückt statt des gemusterten ein rotes Seidenband. Eine Zeitlang schaute ich nur darauf, wer rote Haarbänder trug und wer gemusterte, so daß ich kaum etwas anderes bemerkte, wenn ich auf der Straße oder in den Fluren der kleinen Schule war. Ich empfand neuen Respekt für jene, deren Frisur verkündete, daß sie die *mizuage* hinter sich hatten, und fühlte mich viel welterfahrener als jene, denen das alles noch bevorstand.

Bestimmt fühlen sich alle Lerngeishas durch das Erlebnis der *mizuage* ähnlich verändert wie ich. Für mich war es jedoch nicht nur so, daß ich die Welt mit anderen Augen sah, durch Mutters neues Verhältnis zu mir veränderte sich auch mein Alltag. Wie Ihnen sicher aufgefallen ist, war sie ein Mensch, der die Dinge nur wahrnahm, wenn sie Preisschilder trugen. Wenn ich mit ihr durch die Straßen ging, funktionierte ihr Gehirn vermutlich wie ein Abakus: »Oh, da ist die kleine Yukiyo, deren Dummheit ihre arme ältere Schwester letztes Jahr fast einhundert Yen gekostet hat! Und da kommt Ichimitsu, die vermutlich sehr erfreut darüber ist, wieviel ihr neuer *danna* zahlt.« Wenn Mutter an einem lieblichen Frühlingstag, an dem man fast zusehen könnte, wie die Schönheit von den Zweigen der Kirschbäume ins Wasser tropft, am Shirakawa-Bach spazierenginge, würde sie vermutlich nichts davon wahrnehmen, es sei denn... ich weiß nicht... sie plante, mit dem Verkauf dieser Bäume Geld zu verdienen.

Vor meiner *mizuage* schien es Mutter nicht zu kümmern, daß Hatsumomo mir in Gion das Leben schwermachte. Nun aber, da ich ein hohes Preisschild trug, setzte sie Hatsumomos Quälereien ein Ende, ohne daß ich sie darum bitten mußte. Ich weiß nicht, wie sie es tat. Vermutlich sagte sie einfach: »Hatsumomo, wenn dein Verhalten Sayuri in Schwierigkeiten bringt und diese Okiya Geld kostet, wirst du es sein, die dafür bezahlt!« Seit meine Mutter krank geworden war, hatte ich ein schwieriges Leben geführt, nun aber wurde es für eine Weile erstaunlich unkompliziert. Ich will nicht sagen, daß ich nie müde oder enttäuscht war, im Gegenteil, ich war fast immer todmüde. Das Leben in Gion ist für Frauen, die sich dort ihren Lebensunterhalt verdienen, nicht sehr erholsam. Aber es war zweifellos eine große Erleichterung, von der Bedrohung durch Hatsumomo befreit zu sein. Und auch innerhalb der Okiya wurde das Leben beinahe angenehm. Als adoptierte Tochter aß ich, wann immer ich wollte. Ich wählte als erste meinen Kimono, statt Kürbisköpfchen den Vortritt zu lassen, und kaum hatte ich meine Wahl getroffen, da ging Tantchen ans Werk, um die Säume auf die entsprechende Länge zu bringen und den Kragen an mein Unterkleid zu nähen, bevor sie Hatsumomos auch nur anrührte. Es machte mir nichts aus, wenn Hatsumomo mich aufgrund der Sonderbehandlung, die mir jetzt zuteil wurde, mit Groll und Haß musterte. Doch wenn Kürbisköpfchen in der Okiya mit bekümmerter Miene an mir vorbeiging und den Blick abwandte, wenn wir uns gegenüberstanden, tat mir das sehr weh. Ich hatte immer das Gefühl gehabt, unsere Freundschaft wäre wirklich gewachsen, wenn die Umstände es zugelassen hätten. Jetzt aber hatte ich dieses Gefühl nicht mehr.

Nach meiner *mizuage* verschwand Dr. Krebs fast vollständig aus meinem Leben. Ich sage »fast«, weil ich ihm, obwohl Mameha und ich ihn nicht mehr im Shirae-Teehaus aufsuchten, gelegentlich noch bei Partys in Gion begegnete. Den Baron dagegen bekam ich nie wieder zu sehen. Damals wußte ich noch nichts von der Rolle, die er gespielt hatte, um den Preis meiner *mizuage* in die Höhe zu treiben, doch rückblickend kann ich verstehen, warum Mameha uns auseinanderhalten wollte. Vermutlich hätte ich mich in Gegenwart des Barons ebenso unbehaglich gefühlt wie Mameha, wenn ich dort gewesen wäre. Wie dem auch sei, ich kann nicht behaupten, daß mir einer der beiden Männer gefehlt hätte.

Aber natürlich gab es einen Mann, den ich unbedingt wiedersehen wollte, und ich brauche Ihnen natürlich nicht zu erklären, daß ich damit den Direktor meine. Da er in Mamehas Plan keine Rolle gespielt hatte, erwartete ich nicht, daß mein Verhältnis zu ihm sich verändern würde, nur weil ich meine *mizuage* hinter mir hatte. Dennoch muß ich zugeben, daß ich sehr erleichtert war, als ich wenige Wochen später erfuhr, Iwamura Electric habe wieder einmal um meine Gesellschaft gebeten. Als ich an jenem Abend kam, waren beide, der Direktor und Nobu, anwesend. Bis dahin hätte ich mich selbstverständlich zu Nobu gesetzt; nun aber, da Mutter mich adoptiert hatte, war ich nicht länger verpflichtet, in ihm meinen Retter zu sehen. Zufällig war ein Platz neben dem Direktor frei, den ich mit einem frohen Gefühl der Erregung sofort einnahm. Der Direktor war sehr freundlich, als ich ihm Sake einschenkte, und dankte mir, indem er die Tasse hob, bevor er trank, sah mich aber den ganzen Abend lang kein einziges Mal an. Während mich Nobu jedesmal, wenn ich in seine Richtung blickte, anfunkelte, als wäre ich der einzige Mensch im Raum, den er wahrnahm. Da ich ja wußte, wie es war, sich nach einem Menschen zu sehnen, verbrachte ich, bevor der Abend vorüber war, ein wenig Zeit mit ihm. Und von da an hütete ich mich, ihn zu ignorieren.

Etwa ein Monat war vergangen, als ich Nobu gegenüber eines Abends auf einer Party erwähnte, Mameha habe dafür gesorgt, daß ich auf einem Festival in Hiroshima auftreten dürfe. Ich war nicht sicher, ob er mir zugehört hatte, aber als ich am folgenden Tag nach dem Unterricht in die Okiya zurückkehrte, fand ich in meinem Zimmer eine neue Reisetruhe aus Holz, die er mir als Geschenk übersandt hatte. Die Truhe war viel vornehmer als jene, die ich mir damals für die Party des Barons in Hakone von Tantchen ausgeborgt hatte. Ich schämte mich sehr dafür, daß ich gedacht hatte, ich könnte Nobu nun, da ich in irgendwelchen Plänen, die sich Mameha ausgedacht hatte, keine Rolle mehr spielte, einfach aus meinem Leben streichen. Ich schrieb ihm einen Dankesbrief und teilte ihm mit, ich freute mich darauf, ihm meine Dankbarkeit persönlich ausdrücken zu können, sobald ich ihm ihn der folgenden Woche auf einer großen Party begegnen würde, die Iwamura Electric schon einige Monate im voraus geplant hatte.

Dann jedoch geschah etwas Seltsames. Kurz vor der Party erhielt ich die Nachricht, daß meine Gesellschaft doch nicht gebraucht werde. Yoko, die das Telefon in unserer Okiya bediente, hatte den Eindruck, die ganze Party sei abgesagt worden. Zufällig mußte ich an jenem Abend zu einer anderen Party ins Ichiriki gehen. Als ich im Flur kniete, um einzutreten, sah ich, wie die Tür zu einem großen Bankettsaal am anderen Ende aufging und eine junge Geisha namens Katsue herauskam. Und bevor sie die Tür wieder schloß, glaubte ich mit Sicherheit das Lachen des Direktors zu hören. Das verwirrte mich so sehr, daß ich mich erhob, um Katsue einzuholen, bevor sie das Teehaus verließ.

»Bitte verzeihen Sie, daß ich Sie belästige«, sagte ich, »aber kommen Sie gerade von der Party der Iwamura Electric?«

»Ja, es ist eine sehr lebhafte Party. Es müssen mindestens fünfundzwanzig Geishas dort sein und an die fünfzig Herren...«

»Und... sind Direktor Iwamura und Nobu-san auch dabei?« fragte ich sie.

»Nobu nicht. Der ist heute vormittag anscheinend nach Hause gegangen, weil er krank ist. Er wird sehr enttäuscht sein, daß er die Party verpaßt hat. Aber der Direktor ist tatsächlich dort. Warum fragen Sie?«

Leise murmelte ich irgend etwas – ich weiß nicht mehr, was –, und sie ging.

Bis zu jenem Moment hatte ich irgendwie angenommen, der Direktor schätze meine Gesellschaft so sehr wie Nobu. Nun mußte ich mich leider fragen, ob ich mir das nur eingebildet hatte und ob Nobu der einzige war, dem ich gefiel.

25. KAPITEL

Ihre Wette mit Mutter hatte Mameha zwar schon gewonnen, an meiner Zukunft nahm sie aber immer noch regen Anteil. So arbeitete sie während der folgenden Jahre daran, nicht nur all ihre besten Kunden mit meinem Gesicht vertraut zu machen, sondern ebenso die anderen Geishas. Da wir uns zu jener Zeit immer noch von der Weltwirtschaftskrise erholten, gab es in Gion nicht mehr so oft formelle Banketts, wie es Mameha lieb gewesen wäre. Aber sie nahm mich zu zahllosen informellen Zusammenkünften mit, nicht nur zu Partys in Teehäusern, sondern darüber hinaus zu Badeausflügen, Besichtigungsfahrten, Kabuki-Aufführungen und so weiter. Während der Sommerhitze, wo sich alle ein wenig entspannter fühlten, machten diese zwanglosen Veranstaltungen oft sehr viel Spaß, sogar jenen von uns, für die Unterhaltung harte Arbeit bedeutete. So beschloß etwa eine Gruppe von Herren, mit einem Kanalboot den Kamo-Fluß hinabzufahren, Sake zu trinken und dabei die Beine ins Wasser baumeln zu lassen. Da ich zu jung war, um an dem Trinkgelage teilzunehmen, fiel mir häufig die Aufgabe zu, Eis für Eistüten zu schaben, aber es war dennoch eine vergnügliche Abwechslung.

Manchmal veranstalteten wohlhabende Geschäftsleute oder Aristokraten am Abend Geishapartys für sich allein. Dann verbrachten sie den Abend damit, oft bis lange nach Mitternacht mit den Geishas zu tanzen, zu singen und zu trinken. Einmal stand die Ehefrau unseres Gastgebers an der Tür, um uns beim Hinausgehen Kuverts mit großzügigen Trinkgeldern in die Hand zu drücken. Mameha gab sie zwei und bat sie, das zweite der Geisha Tomizuru zu überbringen, die »schon früher nach Hause gegangen ist, weil sie Kopfschmerzen hatte«, wie sie es ausdrückte. In Wirklichkeit wußte sie genausogut wie wir, daß Tomizuru die Geliebte ihres Ehemanns war und sich mit ihm für den Rest der Nacht in einen anderen Flügel des Hauses zurückgezogen hatte.

Viele der glanzvollen Partys in Gion wurden von berühmten Malern, Schriftstellern und Kabuki-Schauspielern besucht, und manchmal waren sie richtig aufregend. Leider muß ich gestehen, daß die durchschnittliche Geishaparty ein wenig prosaischer war. Der Gastgeber war zumeist Abteilungsleiter eines kleineren Unternehmens, der Gast einer seiner Lieferanten oder auch ein Angestellter, der gerade befördert worden war, oder etwas Ähnliches. Hin und wieder ermahnte mich eine wohlmeinende Geisha, meine Aufgabe als Lerngeisha sei es, hübsch auszusehen und still dazusitzen und den Gesprächen zu lauschen, um hoffentlich eines Tages selbst eine kluge Gesellschafterin zu werden. Nun ja, die meisten Gespräche, die ich auf diesen Partys hörte, kamen mir nicht besonders intelligent vor. Ein Mann wandte sich zum Beispiel an die Geisha neben ihm und sagte: »Das Wetter ist wirklich ganz außergewöhnlich warm, meinst du nicht?« Dann antwortete die Geisha etwa: »O ja, sehr warm!« Daraufhin animierte sie ihn zu einem Trinkspiel oder versuchte, die Männer zum Singen zu überreden, und so dauerte es nicht lange, bis der Mann, der sie angesprochen hatte, viel zu betrunken war, um zu merken, daß er sich nicht so gut amüsierte, wie er sich erhofft hatte. Ich für meinen Teil habe das immer für eine schreckliche Verschwendung gehalten. Wenn ein Mann nur deswegen nach Gion kommt, um sich zu entspannen, und man dann so kindische Spielchen wie Schere, Stein, Papier mit ihm treibt... nun, dann hätte er meiner Ansicht nach besser daran getan, zu Hause zu bleiben und mit seinen Kindern oder Enkeln zu spielen, die vermutlich weit intelligenter sind als diese arme, langweilige Geisha, neben der er unglücklicherweise landete.

Hin und wieder hatte ich jedoch das Privileg, einer der Geishas zuzuhören, die wirklich klug waren, und dazu gehörte ganz zweifellos auch Mameha. Aus ihren Gesprächen lernte ich sehr viel. Wenn ein Mann zum Beispiel zu ihr sagte: »Warmes Wetter, meinst du nicht auch?«, hatte sie darauf mindestens ein Dutzend Antworten parat. War er alt und lüstern, sagte sie zu ihm etwa: »Warum? Vielleicht kommt das daher, daß Sie von so vielen bezaubernden Frauen umgeben sind!« War er dagegen ein arroganter junger Geschäftsmann, der nicht zu wissen schien, wo sein

Platz war, nahm sie ihm den Wind aus den Segeln, indem sie sagte: »Hier sitzen Sie mit einem halben Dutzend der besten Geishas von Gion zusammen, und Ihnen fällt kein besseres Gesprächsthema ein als das Wetter?« Einmal, als ich sie beobachtete, kniete Mameha neben einem sehr jungen Mann, der höchstens neunzehn oder zwanzig Jahre alt war. Wäre der Gastgeber nicht sein Vater gewesen, so hätte er vermutlich gar nicht an dieser Party teilgenommen. Er wußte natürlich nicht, was er sagen und wie er sich in Gegenwart einer Geisha verhalten sollte, und ich bin sicher, daß er nervös war, aber er wandte sich sehr tapfer an Mameha und sagte zu ihr: »Warm heute, nicht wahr?« Sie senkte die Stimme und antwortete ihm folgendes:

»Ja. Sie haben wahrhaftig recht, es ist sehr warm. Sie hätten mich sehen sollen, wie ich heute morgen aus dem Bad stieg. Wenn ich ganz nackt bin, fühle ich mich normalerweise kühl und entspannt. Doch heute morgen war meine ganze Haut mit kleinen Schweißperlen bedeckt, von unten bis oben: meine Schenkel, mein Bauch und ... nun ja, andere Stellen ebenfalls.«

Als dieser arme Junge die Saketasse auf den Tisch stellte, zitterten seine Finger. Ich glaube, er hat diese Geishaparty sein Leben lang nicht vergessen.

Wenn Sie mich fragen, warum die meisten dieser Partys so langweilig waren, so gibt es meiner Meinung nach zwei Gründe dafür. Erstens: Nur weil ein junges Mädchen von ihrer Familie verkauft und von Kindesbeinen an zur Geisha erzogen wurde, bedeutet das noch lange nicht, daß sie sich als klug erweist oder etwas Interessantes zu sagen hat. Und zweitens: Das gilt ebenso für die Männer. Nur weil ein Mann genug Geld verdient, um nach Gion zu kommen und es zu verschwenden, wie er gerade Lust hat, bedeutet das noch lange nicht, daß er ein guter Gesellschafter ist. Tatsächlich sind es viele Männer gewöhnt, mit großem Respekt behandelt zu werden. Sie sitzen da, die Hände auf den Knien und finstere Falten auf der Stirn, und das ist ihr ganzer Beitrag zur Abendunterhaltung. Einmal hörte ich, wie Mameha eine ganze Stunde damit verbrachte, einem Mann Geschichten zu erzählen, der sie nicht ein einziges Mal ansah, sondern stets nur die anderen Leute im Raum beobachtete. Seltsamerweise war dies genau das, was er wollte, und jedesmal, wenn er nach Gion kam, fragte er immer nur nach Mameha.

Nach zwei Jahren, die ausgefüllt waren mit Partys und Ausflügen, während ich gleichzeitig mit meinen Studien fortfuhr und an Tanzaufführungen teilnahm, wann immer ich konnte, schaffte ich endlich den Übergang zur regulären Geisha. Das war im Sommer 1938, als ich achtzehn Jahre alt war. Wir nennen diesen Übergang den »Kragenwechsel«, weil die Lerngeisha einen roten Kragen trägt, die Geisha dagegen einen weißen. Doch wenn Sie eine Lerngeisha und eine Geisha Seite an Seite sehen, werden die Kragen der beiden vermutlich das letzte sein, worauf Sie achten. Die Lerngeisha mit ihrem komplizierten Kimono und dem tief herabhängenden Obi würde Sie möglicherweise wohl an eine japanische Puppe erinnern, wohingegen Sie die Geisha vielleicht schlichter, aber auch weiblicher fänden.

Der Tag, an dem ich meinen Kragen wechselte, war einer der glücklichsten in Mutters Leben, das heißt, sie gab sich zufriedener, als ich sie jemals gesehen hatte. Damals verstand ich es noch nicht, heute dagegen ist mir klar, was sie damals gedacht haben muß. Denn sehen Sie, anders als eine Lerngeisha steht eine vollwertige Geisha einem Mann für weitaus mehr zur Verfügung als nur zum Tee-Einschenken – vorausgesetzt natürlich, die Bedingungen sind akzeptabel. Wegen meiner Verbindung mit Mameha und meiner Beliebtheit in Gion hatte ich so gute Chancen, daß Mutter allen Grund hatte, zufrieden zu sein – wobei Zufriedenheit in Mutters Fall ein Synonym für Geld war.

Seit ich in New York bin, habe ich erfahren, was das Wort »Geisha« für die meisten Westler bedeutet. Von Zeit zu Zeit werde ich auf vornehmen Partys der einen oder anderen jungen Frau mit eleganter Toilette und kostbarem Schmuck vorgestellt. Sobald sie hört, daß ich früher einmal Geisha in Kyoto war, verzieht sie den Mund zu einer Art Lächeln, obwohl die Mundwinkel nicht ganz so weit nach oben zeigen, wie sie sollten. Sie weiß nicht, was sie sagen soll! Und dann fällt die Bürde der Konversation dem Herrn oder der Dame zu, die uns bekannt gemacht hat, denn selbst nach so vielen Jahren habe ich noch nicht besonders gut Englisch gelernt. An diesem Punkt lohnt jedoch nicht einmal der Versuch, denn die Frau denkt: »Großer Gott... ich unterhalte mich mit einer Prostituierten...« Gleich darauf wird sie von ihrem Begleiter gerettet, einem reichen Mann, der dreißig bis vierzig Jahre älter ist als sie. Nun, ich frage mich immer wieder, warum sie nicht merkt, daß wir eigentlich sehr viel gemeinsam haben. Denn sie wird genauso ausgehalten wie ich damals.

Ich bin sicher, daß es vieles gibt, was ich über diese jungen Frauen in ihren prächtigen Kleidern nicht weiß, aber ich habe häufig das Gefühl, daß viele von ihnen ohne ihren reichen Ehemann oder Freund Mühe hätten, sich durchzuschlagen, und dann vielleicht auch nicht mehr ganz so stolz auf sich wären. Das gleiche gilt natürlich auch für eine erstklassige Geisha. Es ist schön und gut, wenn eine Geisha von einer Party zur anderen eilt und bei vielen Männern beliebt ist, doch eine Geisha, die ein Star werden will, ist ganz und gar von einem *danna* abhängig. Selbst Mameha, die aufgrund einer Werbekampagne aus eigener Kraft berühmt wurde, hätte ihren Status wohl bald verloren und wäre wieder eine Geisha unter vielen geworden, wenn der Baron nicht die Kosten für die Förderung ihrer Karriere getragen hätte.

Knapp drei Wochen nachdem ich meinen Kragen gewechselt hatte, kam Mutter zu mir, während ich im Empfangszimmer ein schnelles Mittagessen einnahm, und setzte sich pfeiferauchend mir gegenüber an den Tisch. Ich hatte in einer Zeitschrift gelesen, legte sie aber höflich beiseite, obwohl Mutter anfangs offenbar nicht viel zu mir zu sagen hatte. Nach einer Weile legte sie die Pfeife hin und sagte: »Du solltest dieses gelbe Gemüse nicht essen. Davon kriegst du schlechte Zähne. Sieh nur, was es aus meinen gemacht hat.«

Es wäre mir nie in den Sinn gekommen, daß Mutter glauben könnte, ihre verfärbten Zähne hätten etwas mit eingelegtem Gemüse zu tun. Nachdem sie mir einen ausgiebigen Blick in ihren Mund vergönnt hatte, griff sie wieder nach ihrer Pfeife und inhalierte.

»Tantchen liebt gelbes Gemüse, Mutter«, sagte ich, »und ihre Zähne sind in Ordnung.«

»Wen kümmert's, ob Tantchens Zähne in Ordnung sind? Mit

ihrem hübschen kleinen Mund verdient sie kein Geld. Sag der Köchin, daß sie dir keins mehr geben soll. Jedenfalls bin ich nicht hergekommen, um mit dir über eingelegtes Gemüse zu sprechen. Ich will dir nur sagen, daß du nächsten Monat um diese Zeit einen *danna* haben wirst.«

»Einen *danna*? Aber Mutter, ich bin doch erst achtzehn…«

»Hatsumomo hatte erst mit zwanzig einen *danna*, und lang gehalten hat es auch nicht. Du solltest dich freuen.«

»Oh, ich freue mich. Aber wird es mich nicht sehr viel Zeit kosten, einen *danna* glücklich zu machen? Mameha meint, daß ich zunächst meinen Ruf festigen sollte, wenigstens ein paar Jahre lang.«

»Mameha! Was versteht die denn schon vom Geschäft? Wenn ich das nächstemal auf einer Party kichern will, werde ich zu ihr gehen und sie um Rat fragen.«

Heutzutage ist es für junge Mädchen sogar in Japan üblich, einfach vom Tisch aufzuspringen und ihre Mütter anzuschreien, zu meiner Zeit jedoch verneigten wir uns höflich vor ihr, sagten: »Ja, Mutter« und entschuldigten uns dafür, daß wir ihnen Ärger bereitet hatten. Genauso reagierte jetzt auch ich.

»Überlaß die geschäftlichen Entscheidungen nur mir«, fuhr Mutter fort. »Nur eine Närrin würde ein Angebot ausschlagen, wie Nobu Toshikazu es gemacht hat.«

Als ich das hörte, drohte mir das Herz stehenzubleiben. Vermutlich war vorauszusehen, daß sich Nobu mir eines Tages als *danna* anbieten würde, denn schließlich hatte er vor mehreren Jahren für meine *mizuage* geboten und seitdem weit öfter um meine Gesellschaft gebeten als jeder andere. Ich kann nicht behaupten, mir wäre diese Möglichkeit nicht auch schon in den Sinn gekommen, aber das soll nicht heißen, daß ich je daran geglaubt hätte, es würde wirklich geschehen. An dem Tag, an dem ich Nobu bei dem Sumo-Turnier kennenlernte, hatte ich in meinem Almanach gelesen: »Ein Gleichgewicht von gut und böse kann die Tür zum Schicksal aufstoßen.« Seitdem hatte ich, so oder so, fast jeden Tag daran gedacht. Gut und böse… also, das waren Mameha und Hatsumomo, es waren meine Adoption und die *mizuage*, die sie ausgelöst hatte, und es waren natürlich der Direk-

tor und Nobu. Ich will nicht sagen, daß ich Nobu nicht mochte –
ganz im Gegenteil. Aber wenn ich seine Geliebte wurde, hätte ich
damit den Direktor für immer aus meinem Leben verbannt.

Mutter muß etwas von dem Schock bemerkt haben, den ihre
Worte bei mir auslösten, auf jeden Fall war sie über meine Reaktion nicht gerade erfreut. Bevor sie jedoch reagieren konnte, hörten wir im Flur ein Geräusch, das sich anhörte, als unterdrückte
jemand ein Husten, und gleich darauf trat Hatsumomo an die of-
fene Tür. Sie hielt eine Schale Reis in der Hand, und das war sehr
ungezogen von ihr: Sie hätte damit den Tisch nicht verlassen dürfen. Als sie hinuntergeschluckt hatte, stieß sie ein Lachen aus.

»Mutter!« sagte sie. »Wollen Sie vielleicht, daß ich ersticke?«
Anscheinend hatte sie unserem Gespräch gelauscht und dabei ihr
Mittagessen verzehrt. »Die berühmte Sayuri wird also Nobu To-
shikazu zum *danna* bekommen«, fuhr sie fort. »Ist das nicht süß?«

»Wenn du hergekommen bist, um mir etwas Vernünftiges zu
sagen, dann raus damit«, schimpfte Mutter.

»Ja, das bin ich«, antwortete Hatsumomo ernst. Sie kam herein
und kniete sich an den Tisch. »Sayuri-san, es ist dir vielleicht nicht
klar, aber eins der Dinge, die sich zwischen einer Geisha und
ihrem *danna* abspielen, kann dazu führen, daß die Geisha
schwanger wird, verstehst du? Und jeder Mann wird furchtbar
wütend, wenn seine Geliebte das Kind eines anderen zur Welt
bringt. In deinem Fall mußt du besonders vorsichtig sein, denn
wenn das Kind zufällig zwei Arme hat wie wir alle, wird Nobu
sofort wissen, daß es unmöglich von ihm sein kann!«

Hatsumomo fand ihren kleinen Scherz unendlich komisch.

»Du solltest dir einen Arm abschneiden lassen, Hatsumomo«,
entgegnete Mutter. »Dann wirst du vielleicht genauso erfolgreich
werden wie Nobu Toshikazu.«

»Und vielleicht würde es auch helfen, wenn mein Gesicht so
aussehen würde!« sagte Hatsumomo lächelnd und hielt mir ihre
Reisschale vor die Nase, damit ich sehen konnte, was sie enthielt.
Sie aß Reis mit roten Azukibohnen, und das sah auf widerliche
Art so aus wie blasse Haut.

Im Laufe des Nachmittags wurde mir schwindlig, und ein seltsames Summen begann in meinem Kopf, also machte ich mich auf den Weg zu Mamehas Wohnung, um in Ruhe mit ihr zu sprechen. Ich saß an ihrem Tisch, trank meinen eisgekühlten Gerstentee – denn es herrschte Sommerhitze – und versuchte, mir nicht anmerken zu lassen, was ich empfand. Meine einzige Hoffnung, die Hoffnung, die mich während meiner gesamten Ausbildung motiviert hatte, war es gewesen, irgendwann in die Nähe des Direktors zu gelangen. Wenn mein Leben nur noch aus Nobu bestehen sollte, den Tanzaufführungen und einem Abend in Gion nach dem anderen, wußte ich nicht, warum ich mir so große Mühe gegeben hatte.

Mameha wartete schon eine ganze Weile darauf zu erfahren, warum ich gekommen war, doch als ich mein Teeglas auf den Tisch setzte, fürchtete ich, meine Stimme würde brechen, sobald ich zu sprechen versuchte. Es dauerte ein paar Sekunden, bis ich mich ausreichend gefaßt hatte, dann schluckte ich und brachte heraus: »Mutter hat mir gesagt, daß ich in einem Monat wahrscheinlich einen *danna* haben werde.«

»Ich weiß. Und dieser *danna* wird Nobu Toshikazu sein.«

Inzwischen konzentrierte ich mich so intensiv darauf, nicht zu weinen, daß ich überhaupt nichts mehr sagen konnte.

»Nobu-san ist ein guter Mann«, sagte sie, »und er hat dich sehr gern.«

»Ja, aber Mameha-san… ich weiß nicht, wie ich das sagen soll… So hatte ich es mir nicht vorgestellt!«

»Was soll das heißen? Nobu-san hat dich immer sehr freundlich behandelt.«

»Ja, aber Mameha-san, ich will keine Freundlichkeit!«

»Nicht? Ich dachte, wir alle wünschten uns Freundlichkeit. Vielleicht meinst du, du wünschst dir etwas mehr als Freundlichkeit. Und das wäre dann etwas, was dir nicht zusteht.«

Natürlich hatte Mameha recht. Als ich diese Worte hörte, durchbrachen meine Tränen ungehemmt die dünne Mauer, die ich vor ihnen errichtet hatte, und ich legte, unendlich beschämt, den Kopf auf den Tisch. Erst als ich mich wieder völlig gefangen hatte, ergriff Mameha das Wort.

»Was hattest du denn erwartet, Sayuri?« fragte sie mich.

»Etwas anderes.«

»Ich kann verstehen, wenn du findest, Nobu biete keinen besonders schönen Anblick. Aber...«

»Das ist es nicht, Mameha-san. Nobu-san ist ein guter Mann, genau wie Sie sagen. Es ist einfach nur, daß...«

»Es ist nur, daß du dir ein Schicksal wie das von Shizue wünschst. Ist es das?«

Shizue war zwar keine übermäßig beliebte Geisha, doch sie galt in ganz Gion als glücklichste aller Frauen. Seit dreißig Jahren war sie die Geliebte eines Apothekers. Er war kein reicher Mann, und sie keine Schönheit, aber man hätte in ganz Kyoto suchen können und doch keine zwei Menschen gefunden, die so gern zusammen waren wie diese beiden. Und wie gewöhnlich war Mameha damit der Wahrheit näher gekommen, als ich zugeben wollte.

»Du bist achtzehn Jahre alt, Sayuri«, fuhr sie fort. »Weder du noch ich können dein Schicksal voraussagen. Du wirst es vielleicht niemals erfahren! Das Schicksal ist nicht immer wie eine Party am Ende des Abends. Manchmal ist es nichts weiter als der alltägliche Lebenskampf.«

»Aber Mameha, das ist grausam!«

»Gewiß ist es grausam«, sagte sie. »Aber keiner von uns kann seinem Schicksal entgehen.«

»Bitte, es geht nicht darum, meinem Schicksal zu entgehen. Nobu-san ist, wie Sie gesagt haben, ein guter Mann. Ich weiß, ich sollte dankbar für sein Interesse an mir sein, aber... es gibt so viele Dinge, von denen ich geträumt habe...«

»Und du fürchtest, wenn Nobu dich einmal berührt hat, werden sie nie wahr werden, wie? Wirklich, Sayuri, wie hattest du dir das Leben als Geisha denn vorgestellt? Wie einen Liebesroman? Wir werden nicht Geishas, damit wir ein schönes Leben führen können. Wir werden Geishas, weil wir keine andere Wahl haben.«

»Ach, Mameha-san... bitte... ist es wirklich so töricht, mir die Hoffnung zu erhalten, ich könnte vielleicht doch eines Tages...«

»Junge Mädchen erhoffen sich alle möglichen törichten Dinge, Sayuri. Hoffnungen sind wie Haarschmuck. Mädchen wollen immer zuviel davon tragen, doch wenn sie alte Frauen werden, sehen sie schon lächerlich aus, wenn sie nur einen einzigen tragen.«

Ich war fest entschlossen, nicht noch einmal die Fassung zu verlieren. Und so schaffte ich es, meine Tränen zurückzuhalten – bis auf ein paar, die mir aus den Augen quollen wie der Saft aus einem Baum.

»Mameha-san«, fragte ich, »haben Sie... tiefe Gefühle für den Baron?«

»Der Baron war mir immer ein guter *danna*.«

»Ja, natürlich. Das stimmt. Aber haben Sie Gefühle für ihn als Mann? Ich meine, manche Geishas haben doch Gefühle für ihren *danna* – oder?«

»Die Verbindung mit dem Baron ist bequem für ihn und überaus lohnend für mich. Wenn unser Verhältnis von Leidenschaft getrübt würde... nun ja, Leidenschaft kann sehr schnell in Eifersucht umschlagen, sogar in Haß. Ich kann es mir nicht leisten, einen mächtigen Mann zu verärgern. Ich habe jahrelang darum gekämpft, mir einen Platz in Gion zu erobern, doch wenn sich ein mächtiger Mann vornimmt, mich zu vernichten, dann wird er es auch tun! Wenn du erfolgreich sein willst, Sayuri, mußt du ganz sicher sein, daß du die Kontrolle über die Gefühle des Mannes behältst. Der Baron mag manchmal schwierig sein, aber er hat eine Menge Geld und keine Hemmungen, es auszugeben. Außerdem will er, dem Himmel sei Dank, keine Kinder. Nobu wird mit Sicherheit eine Herausforderung für dich sein. Er weiß zu gut, was er will. Ich wäre nicht überrascht, wenn er von dir mehr erwartet als der Baron von mir.«

»Aber Mameha-san, was ist mit Ihren eigenen Gefühlen? Ich meine, hat es denn nie einen Mann gegeben...«

Ich hatte fragen wollen, ob es jemals einen Mann gegeben habe, der Gefühle der Leidenschaft in ihr geweckt hatte. Doch ich merkte, daß sich ihre Verärgerung über mich, die bis dahin nur eine Knospe gewesen war, jetzt zu voller Blüte entfaltete. Beide Hände im Schoß, richtete sie sich hoch auf, um mich zu tadeln. Weil ich mich aber sofort für meine Unhöflichkeit entschuldigte, sank sie wieder zurück.

»Du und Nobu, ihr habt ein *en*, Sayuri, und dem werdet ihr nicht entkommen«, sagte sie.

Schon damals wußte ich, daß sie recht hatte. Ein *en* ist ein Schicksalsband, das ein Leben lang hält. Heutzutage scheinen viele Menschen zu glauben, ihr Leben liege in ihrer eigenen Hand, zu meiner Zeit sahen wir uns jedoch als Lehmfiguren, die auf ewig die Fingerabdrücke eines jeden tragen, der sie berührt. Nobus Berührung hatte einen tieferen Abdruck auf mir hinterlassen als die meisten anderen. Niemand konnte mir sagen, ob er mein endgültiges Schicksal wäre, aber ich hatte immer das *en* zwischen uns gespürt. In der Landschaft meines Lebens würde Nobu wohl immer gegenwärtig bleiben, aber... konnte es wirklich sein, daß von allen Lektionen, die ich gelernt hatte, die schwerste noch vor mir lag? Mußte ich wirklich all meine Hoffnungen nehmen und dort vergraben, wo niemand, nicht einmal ich, sie je wiedersehen würde?

»Geh in die Okiya zurück, Sayuri«, sagte Mameha. »Bereite dich auf den Abend vor, der vor dir liegt. Es gibt nichts Besseres als Arbeit, um eine Enttäuschung zu überwinden.«

Mit dem Gedanken, es mit einem letzten Appell zu versuchen, blickte ich zu ihr auf, doch als ich den Ausdruck auf ihrem Gesicht sah, ließ ich sofort davon ab. Ich kann nicht sagen, was sie dachte, aber sie schien ins Leere zu starren, während sich vor Anstrengung kleine Fältchen in den Augen- und Mundwinkeln ihres vollkommen ovalen Gesichts zeigten. Dann stieß sie einen schweren Seufzer aus und sah mit einem Blick, den ich für bitter hielt, auf ihre Teetasse hinab.

Eine Frau, die in einem großen Herrenhaus lebt, mag auf all ihre schönen Besitztümer stolz sein, in dem Moment jedoch, da sie das Knistern eines Feuers vernimmt, muß sie in großer Eile entscheiden, welche davon für sie am wertvollsten sind. In den Tagen nach dem Gespräch mit Mameha war mir tatsächlich zumute, als brenne das Leben rings um mich herum nieder, doch wenn ich versuchte, irgend etwas zu finden, was mir noch wichtig wäre, sobald Nobu mein *danna* geworden war, muß ich leider gestehen, daß mir nichts einfiel. Eines Abends, als ich im Ichiriki-Teehaus am Tisch kniete und mich bemühte, nicht zu oft an mein großes Elend zu denken, stand mir plötzlich das Bild eines Kindes vor Augen, das sich im weißen, winterlichen Wald verlaufen hat, und als ich aufblickte und all die weißhaarigen Männer sah, denen ich Gesellschaft leistete, wirkten sie auf mich so sehr wie schneebedeckte Bäume, daß ich mich einen schrecklichen Moment lang fragte, ob ich vielleicht das letzte lebende Wesen auf der Welt sei.

Die einzigen Partys, auf denen ich mir noch einreden konnte, mein Leben habe vielleicht noch ein bißchen Sinn, und sei es auch noch so wenig, waren jene, zu denen Soldaten kamen. Schon im Jahre 1938 hatten wir uns alle an die täglichen Heeresberichte über den Krieg in der Mandschurei gewöhnt und wurden täglich durch Dinge wie das Mittagsmahl der Aufgehenden Sonne – eine eingelegte Pflaume in der Mitte einer Schachtel voll Reis, so daß es aussah wie eine japanische Flagge – an unsere Truppen in Übersee erinnert. Seit mehreren Generationen schon kamen Offiziere des Heeres und der Marine nach Gion, um sich zu entspannen. Nun aber begannen sie uns nach ihrer siebten oder achten Tasse Sake tränenden Auges zu erzählen, daß nichts ihre Moral so stärken könne wie ein Besuch in Gion. Vermutlich sagen Offiziere allen Frauen, mit denen sie sich unterhalten, etwas Ähnliches. Doch die Vorstellung, daß ich – die ich doch nichts weiter war als ein kleines Mädchen von der Küste – tatsächlich einen wichtigen Beitrag zum Wohle der Nation leisten könnte ... Ich will nicht vorgeben, daß diese Partys meine Qualen linderten, aber sie halfen mir, nicht zu vergessen, wie egoistisch mein Kummer im Grunde war.

Einige Wochen vergingen. Dann erklärte mir Mameha eines Abends in einem Flur des Ichiriki, die Zeit sei gekommen, ihren Wettgewinn bei Mutter einzufordern. Sicherlich erinnern Sie sich, daß die beiden miteinander gewettet hatten, ob meine Schulden zurückgezahlt werden könnten, bis ich zwanzig war. Inzwischen stand fest, daß sie zurückgezahlt worden waren, und das, obwohl ich erst achtzehn war. »Nun, da du deinen Kragen gewechselt hast«, sagte Mameha zu mir, »sehe ich keinen Grund mehr, noch länger zu warten.«

Das sagte sie, aber die Wahrheit war wohl komplizierter. Mameha wußte, daß Mutter es haßte, Schulden zu begleichen, und je größer die Summe war, desto größer war ihr Unwillen. Sobald ich mir einen *danna* genommen hatte, würden meine Einnahmen beträchtlich steigen, und Mutter würde dann noch hartnäckiger um ihr Einkommen kämpfen. Ich bin überzeugt, daß Mameha es für das Beste hielt, das, was ihr zustand, möglichst bald zu kassieren und sich den Kopf über zukünftige Einnahmen später zu zerbrechen.

Einige Tage später wurde ich ins Empfangszimmer unserer Okiya hinuntergerufen, wo Mameha und Mutter sich am Tisch gegenübersaßen und über das Sommerwetter plauderten. Neben Mameha saß eine grauhaarige Frau namens Frau Okada, der ich schon mehrmals begegnet war. Sie war die Herrin der Okiya, in der Mameha früher gelebt hatte, und kümmerte sich gegen einen Anteil am Einkommen um Mamehas Kontoführung. So ernst wie heute hatte ich sie noch nie erlebt. Sie starrte auf den Tisch hinab, ohne das geringste Interesse an dem Gespräch erkennen zu lassen.

»Da bist du ja«, sagte Mutter zu mir. »Deine ältere Schwester stattet uns freundlicherweise einen Besuch ab und hat auch Frau Okada mitgebracht. Du bist ihnen wenigstens die Höflichkeit deiner Anwesenheit schuldig.«

Jetzt sagte Frau Okada, ohne den Blick von der Tischplatte zu heben: »Frau Nitta, wie Mameha vielleicht am Telefon erwähnt hat, ist dies alles andere als ein Höflichkeitsbesuch. Es ist nicht nötig, daß Sayuri dabei ist. Ich bin sicher, daß sie anderweitig zu tun hat.«

»Ich werde nicht dulden, daß sie es Ihnen beiden gegenüber an Respekt fehlen läßt«, gab Mutter zurück. »Sie wird uns während der paar Minuten Ihres Besuchs Gesellschaft leisten.«

Also ließ ich mich neben Mutter nieder, und die Dienerin kam herein, um uns Tee zu servieren. Anschließend sagte Mameha: »Sie müssen sehr stolz auf das sein, Frau Nitta, was Ihre Tochter erreicht hat. Ihr Erfolg übersteigt alle Erwartungen! Meinen Sie nicht auch?«

»Nun ja, was weiß ich von Ihren Erwartungen, Mameha-san?« entgegnete Mutter. Dann biß sie die Zähne zusammen, stieß ihr seltsames Lachen aus und ließ den Blick von einer zur anderen wandern, um sich zu vergewissern, ob wir ihre Klugheit zu schätzen wußten. Niemand stimmte in ihr Lachen ein. Frau Okada rückte ihre Brille zurecht und räusperte sich. Schließlich setzte Mutter hinzu: »Was meine eigenen Erwartungen betrifft, so würde ich allerdings nicht sagen, daß Sayuri sie übertroffen hat.«

»Als wir vor mehreren Jahren zum erstenmal über ihre Aussichten sprachen«, sagte Mameha, »hatte ich den Eindruck, daß Sie nicht viel von ihr erwarteten. Ja, Sie wollten nicht einmal erlauben, daß ich ihre Ausbildung übernahm.«

»Ich wußte nicht recht, ob es klug sei, Sayuris Schicksal in die Hände einer Person von außerhalb der Okiya zu legen, wenn Sie mir bitte verzeihen wollen«, sagte Mutter. »Wir haben schließlich unsere Hatsumomo.«

»Also hören Sie, Frau Nitta!« sagte Mameha auflachend. »Hatsumomo hätte das arme Mädchen eher erwürgt als ausgebildet!«

»Ich muß zugeben, daß Hatsumomo schwierig sein kann. Aber wenn man ein Mädchen wie Sayuri entdeckt, das sich ein wenig von den anderen unterscheidet, muß man Sorge tragen, daß man zum richtigen Zeitpunkt die richtigen Entscheidungen trifft – wie jenes Arrangement zwischen Ihnen und mir, Mameha-san. Vermutlich sind Sie heute hergekommen, um mit mir abzurechnen – nicht wahr?«

»Frau Okada war so freundlich, die Zahlen aufzuschreiben«, antwortete Mameha. »Ich wäre Ihnen dankbar, wenn Sie einen Blick darauf werfen würden.«

Frau Okada rückte ihre Brille zurecht und zog ein Kontobuch aus einer Tasche neben ihren Knien. Mameha und ich schwiegen, während sie es auf dem Tisch aufschlug und Mutter die Zahlenkolonnen erklärte.

»Diese Zahlen von Sayuris Einnahmen im vergangenen Jahr«, fiel Mutter ihr ins Wort. »Du meine Güte, ich wünschte nur, sie wären wirklich so gut, wie Sie es anzunehmen scheinen! Die sind ja höher als die gesamten Einnahmen unserer Okiya.«

»Ja, die Zahlen sind recht eindrucksvoll«, bestätigte Frau Okada. »Aber ich bin sicher, daß sie richtig sind. Ich habe die Unterlagen im Registerbüro von Gion gründlich durchgesehen.«

Daraufhin biß Mutter die Zähne zusammen und lachte – vermutlich war es ihr peinlich, bei einer Lüge ertappt worden zu sein. »Vielleicht habe ich die Konten nicht ganz so sorgfältig beobachtet, wie ich es hätte tun sollen«, räumte sie ein.

Nach zehn bis fünfzehn Minuten einigten sich die beiden Frauen auf eine Zahl, die meine Einnahmen seit meinem Debüt bezifferte. Frau Okada zog einen kleinen Abakus aus ihrer Tasche und stellte ein paar Kalkulationen an, um auf einer leeren Seite des Kontobuchs die errechneten Zahlen zu notieren. Schließlich schrieb sie die Endsumme auf und unterstrich sie. »So. Das ist der Betrag, der Mameha-san zusteht.«

»Wenn man bedenkt, wie sehr sie Sayuri geholfen hat«, sagte Mutter, »hätte Mameha-san sicherlich noch mehr verdient. Leider hat Mameha unserer Abmachung entsprechend zugestimmt, die Hälfte dessen zu nehmen, was eine Geisha in ihrer Position normalerweise nimmt – so lange, bis Sayuri ihre Schulden beglichen hat. Nun, da die Schulden zurückgezahlt sind, steht Mameha natürlich die andere Hälfte zu, so daß sie den vollen Betrag bekommen hat.«

»Meiner Meinung nach hat sich Mameha zwar tatsächlich bereit erklärt, sich mit der Hälfte des Honorars zufriedenzugeben«, erwiderte Frau Okada, »sollte letztlich aber das Doppelte erhalten. Nur deswegen war sie einverstanden, ein so großes Risiko einzugehen. Wäre es Sayuri nicht gelungen, ihre Schulden zurückzuzahlen, hätte Mameha nichts weiter erhalten als das halbe Honorar. Da Sayuri es aber geschafft hat, steht Mameha nunmehr das Doppelte zu.«

»Also wirklich, Frau Okada! Können Sie sich vorstellen, daß ich mich auf derartige Bedingungen einlassen würde?« sagte Mutter. »Jedermann in Gion weiß, wie vorsichtig ich mit Geld umgehe. Gewiß, Mameha hat Sayuri sehr geholfen. Aber den doppelten Betrag kann ich Ihnen unmöglich zahlen, daher mache ich Ihnen den Vorschlag, daß ich zehn Prozent drauflege. Das halte ich für großzügig, wenn man bedenkt, daß unsere Okiya kaum in der Lage ist, leichtsinnig mit Geld um sich zu werfen.«

Das Wort einer Frau in Mutters Position hätte als Garantie genügen müssen, und bei jeder anderen Frau hätte es auch genügt – nur nicht bei Mutter. Da sie sich nun einmal entschlossen hatte zu lügen... Nun ja, wir saßen lange schweigend da. Endlich sagte Frau Okada: »Frau Nitta, ich sehe mich in einer schwierigen Lage. Ich erinnere mich sehr deutlich an das, was Mameha mir erzählt hat.«

»Natürlich, ich glaube Ihnen«, sagte Mutter. »Mameha hat ihre Erinnerung an das Gespräch, und ich habe meine. Was wir brauchen, ist eine dritte Partei, und die sitzt ja zum Glück mit am Tisch. Sayuri war zu jener Zeit zwar noch ein Kind, aber sie hat einen guten Kopf für Zahlen.«

»Ich bin überzeugt, daß ihr Erinnerungsvermögen ganz ausgezeichnet ist«, bemerkte Frau Okada, »aber man kann wohl kaum behaupten, daß sie keine persönlichen Interessen hat. Schließlich ist sie die Tochter der Okiya.«

»Das ist sie«, bestätigte Mameha, die nach einiger Zeit zum erstenmal wieder das Wort ergriff. »Aber sie ist außerdem ein ehrliches Mädchen. Ich bin bereit, ihre Antwort zu akzeptieren – vorausgesetzt, daß Frau Nitta sie ebenfalls akzeptiert.«

»Natürlich werde ich das«, sagte Mutter und legte ihre Pfeife hin. »Also, Sayuri, wie ist es denn nun?«

Hätte man mich gefragt, ob ich lieber nochmals vom Dach rutschen und mir den Arm brechen wolle wie damals als Kind oder in diesem Zimmer sitzen, bis ich mit einer Antwort aufwartete, ich wäre schnurstracks zur Treppe marschiert und die Leiter zum Dach hinaufgestiegen. Von allen Frauen in Gion waren Mameha und Mutter die beiden einflußreichsten in meinem Leben, und mir war durchaus klar, daß ich eine von ihnen erzürnen würde. Ich wußte genau, was die Wahrheit war, aber ich mußte auch weiterhin mit Mutter in der Okiya zusammenleben. Mameha hatte natürlich mehr für mich getan als jeder andere in Gion. Daher war es mir praktisch unmöglich, jetzt gegen sie Mutters Partei zu ergreifen.

»Nun?« fragte Mutter.

»Wie ich mich erinnere, hat Mameha den halben Lohn akzeptiert, aber Sie haben zugesagt, ihr letztlich das Doppelte zu zahlen, Mutter. Es tut mir leid, aber so war es nun mal.«

Eine Pause trat ein. Dann sagte Mutter: »Nun, ich bin auch

nicht mehr so jung. Es ist nicht das erstemal, daß mein Gedächtnis mich im Stich läßt.«

»Wir alle haben dann und wann derartige Probleme«, gab Frau
Okada zurück. »Nun, Frau Nitta, wie war das noch mit Ihrem
Angebot, Mameha zusätzlich zehn Prozent zu bezahlen? Ich
nehme an, Sie meinen, zehn Prozent auf den doppelten Betrag,
den Sie ihr ursprünglich zahlen wollten.«

»Wenn ich nur in der glücklichen Lage wäre, das zu tun.«

»Aber Sie haben es ihr erst vor wenigen Minuten angeboten. So
schnell können Sie doch Ihre Meinung nicht ändern!«

Jetzt starrte Frau Okada nicht mehr auf die Tischplatte, sondern Mutter direkt ins Gesicht. Nach einer längeren Pause sagte
sie: »Nun, ich denke, das lassen wir vorläufig. Für heute haben
wir genug erreicht. Über die endgültige Summe können wir ein
andermal verhandeln.«

Mutter zeigte eine verkniffene Miene, verneigte sich aber ganz
leicht und dankte den beiden für ihren Besuch.

»Sie müssen wirklich sehr erfreut sein«, sagte Frau Okada,
während sie ihren Abakus und das Kontobuch einpackte, »daß
Sayuri bald einen *danna* bekommt. Und das mit achtzehn Jahren!
Sehr jung für einen so wichtigen Schritt.«

»Mameha hätte gut daran getan, selbst auch in diesem Alter
einen *danna* zu nehmen«, antwortete Mutter.

»Für die meisten Mädchen ist achtzehn tatsächlich ein bißchen
jung«, sagte Mameha, »aber in Sayuris Fall hat Frau Nitta sicher
die richtige Entscheidung getroffen.«

Mutter paffte einen Augenblick ihre Pfeife und musterte Mameha über den Tisch hinweg. »Mameha-san«, sagte sie, »ich
würde Ihnen raten, daß Sie sich darauf beschränken, Sayuri zu
unterrichten, wie man verführerisch die Augen rollt. Die geschäftlichen Entscheidungen sollten Sie lieber mir überlassen.«

»Niemals würde ich mich erdreisten, mit Ihnen über Geschäfte
zu sprechen, Frau Nitta. Ich bin überzeugt, daß Ihre Entscheidung die beste ist... Aber darf ich Sie etwas fragen? Trifft es zu,
daß das großzügigste Angebot von Nobu Toshikazu kommt?«

»Das einzige Angebot. Also höchstwahrscheinlich auch das
großzügigste.«

»Das einzige Angebot? Wie schade... Sobald mehrere Männer konkurrieren, ergeben sich viel günstigere Arrangements. Meinen Sie nicht auch?«

»Wie schon gesagt, Mameha-san, die geschäftlichen Entscheidungen dürfen Sie getrost mir überlassen. Ich habe einen sehr einfachen Plan, um mit Nobu Toshikazu zu einem günstigeren Arrangement zu kommen.«

»Wenn es Ihnen nichts ausmacht«, sagte Mameha, »würde ich den wirklich gern hören.«

Mutter legte ihre Pfeife auf den Tisch. Ich dachte, sie wolle Mameha zurechtweisen, aber dann sagte sie: »Ja, Mameha-san, nun, da Sie es erwähnen, bin ich gern bereit, es Ihnen zu erzählen. Möglicherweise können Sie mir helfen. Ich habe mir überlegt, daß Nobu Toshikazu wahrscheinlich weit großzügiger sein wird, wenn er hört, daß Großmama durch einen Heizofen der Iwamura Electric ums Leben gekommen ist. Sind Sie nicht ebenfalls dieser Meinung?«

»Oh, ich kenne mich sehr wenig mit Geschäften aus, Frau Nitta.«

»Vielleicht könnten Sie oder Sayuri ein Wort darüber fallenlassen, wenn Sie das nächstemal mit ihm sprechen. Ihn wissen lassen, welch ein harter Schlag das für uns war. Ich denke, er wird das gern wiedergutmachen wollen.«

»Ja, das ist bestimmt eine gute Idee«, sagte Mameha. »Dennoch ist es eine Enttäuschung... Ich hatte den Eindruck, daß sich noch ein anderer Mann für Sayuri interessiert.«

»Hundert Yen sind hundert Yen, ob sie von diesem Mann kommen oder von einem anderen.«

»Das trifft wohl in den meisten Fällen zu«, räumte Mameha ein, »aber der Mann, von dem ich spreche, ist General Tottori Junnosuke...«

An diesem Punkt der Konversation verlor ich die Übersicht über das, was die beiden sagten, denn mir wurde klar, daß Mameha bemüht war, mich vor Nobu zu retten. Das hatte ich gewiß nicht erwartet. Ich hatte keine Ahnung, ob sie ihre Meinung geändert hatte oder ob sie mir dafür danken wollte, daß ich gegen Mutter ihre Partei ergriffen hatte... Natürlich war es auch möglich, daß sie mir gar nicht wirklich helfen wollte, sondern etwas ganz anderes im Sinn hatte. Mein Kopf wirbelte vor all diesen Überlegungen, bis ich auf einmal spürte, daß Mutter mich mit dem Stiel ihrer Pfeife auf den Unterarm tippte.

»Nun?« fragte sie mich.

»Ja, Mutter?«

»Ich habe gefragt, ob du den General kennst?«

»Ich bin ihm ein paarmal begegnet, Mutter«, antwortete ich. »Er kommt sehr oft nach Gion.«

Ich weiß nicht, warum ich ihr diese Antwort gegeben habe, denn in Wirklichkeit war ich dem General weit mehr als nur ein paarmal begegnet. Jede Woche kam er nach Gion, um auf Partys zu gehen, allerdings immer als Gast eines anderen Mannes. Er war von eher kleiner Statur, kleiner sogar als ich. Aber er war kein Mensch, den man leicht übersehen konnte – genausowenig, wie man ein Maschinengewehr übersehen kann. Er bewegte sich sehr energisch und paffte eine Zigarette nach der anderen, so daß er immer eine Rauchfahne hinter sich herzog – wie ein Zug, der auf den Schienen träge dahinrattert. Als er eines Abends angetrunken war, hatte der General mich endlos über die verschiedenen militärischen Ränge belehrt und es sehr komisch gefunden, daß ich sie dann immer noch durcheinanderbrachte. General Tottoris eigener Rang war *sho-jo*, das heißt »kleiner General« – also der niedrigste Generalsrang –, und als das naive Mädchen, das ich war, hielt ich es für keinen besonders hohen Rang. Möglich, daß er die Bedeutung seines Ranges aus Bescheidenheit herunterspielte, und ich hatte keine Veranlassung, ihm nicht zu glauben.

Inzwischen erklärte Mameha Mutter, der General habe erst vor kurzem eine neue Position errungen. Er sei Leiter einer Einrichtung geworden, die sich »Heeresversorgungsamt« nannte, obwohl sein Job so, wie Mameha ihn schilderte, eher an den Markteinkauf einer Hausfrau erinnerte. Wenn dem Militär zum Beispiel die Stempelkissen ausgingen, war es die Aufgabe des Generals, dafür zu sorgen, daß es die Stempelkissen erhielt, die es brauchte, und zwar zu einem möglichst günstigen Preis.

»In seiner neuen Position«, sagte Mameha, »ist der General nunmehr in der Lage, sich zum erstenmal eine Geliebte zu nehmen. Und ich bin ganz sicher, daß er Interesse an Sayuri bekundet hat.«

»Warum sollte es mich kümmern, daß er Interesse an Sayuri zeigt?« fragte Mutter. »Diese Militärs sind niemals in der Lage, eine Geisha so zu versorgen, wie es einem Geschäftsmann oder Aristokraten möglich wäre.«

»Das mag zutreffen, Frau Nitta. Aber ich glaube, Sie werden feststellen, daß General Tottoris neue Position für die Okiya von großem Vorteil sein könnte.«

»Unsinn! Ich brauche keine Hilfe bei der Versorgung der Okiya! Ich brauche nichts weiter als ein gesichertes, großzügiges Einkommen, und das kann mir ein Offizier nicht garantieren.«

»Wir hier in Gion haben bisher Glück gehabt«, widersprach Mameha. »Aber wenn der Krieg weitergeht, werden auch wir von den Engpässen betroffen sein ...«

»Sicher, *falls* der Krieg weitergeht«, gab Mutter zu. »Aber der wird spätestens in einem halben Jahr vorüber sein.«

»Und dann wird das Militär eine noch stärkere Position einnehmen als zuvor. Bitte vergessen Sie nicht, Frau Nitta, daß General Tottori der Mann ist, der über sämtliche Ressourcen des Militärs befiehlt. In ganz Japan gibt es niemanden, der besser in der Lage wäre, Sie mit allem zu versorgen, was Sie brauchen, ob nun der Krieg weitergeht oder nicht. Er genehmigt jedes Stück Ware, das in den Häfen von Japan durch den Zoll geht.«

Wie ich später erfuhr, entsprach das, was Mameha über General Tottori sagte, nicht ganz der Wahrheit. Er leitete nur einen von fünf großen Verwaltungsbezirken. Doch da er älter als die Männer war, welche die anderen Bezirke leiteten, könnte man dennoch sagen, daß er die Gesamtleitung hatte. Wie dem auch sei, Sie hätten sehen sollen, was Mutter tat, nachdem Mameha ihr das erklärt hatte. Man konnte fast sehen, wie es in ihrem Kopf arbeitete, während sie sich vorstellte, über die Hilfe eines Mannes in General Tottoris Position zu verfügen. Sie warf einen Blick auf die Teekanne, und ich konnte mir gut vorstellen, was sie dabei dachte: »Nun gut, bis jetzt hab' ich noch immer genügend Tee bekommen – bis jetzt ... Obwohl, der Preis ist tatsächlich gestiegen ...« Und dann schob sie, vermutlich ohne zu merken, was sie tat, eine

Hand in ihren Obi und drückte an ihrem seidenen Tabaksbeutel herum, als wollte sie prüfen, wieviel Tabak er noch enthielt.

Die folgende Woche verbrachte Mutter damit, in Gion herumzulaufen und ein Telefonat nach dem anderen zu führen, um soviel wie möglich über General Tottori in Erfahrung zu bringen. So vertieft war sie in diese Aufgabe, daß sie mich nicht zu hören schien, wenn ich mit ihr sprach. Ich glaube, sie war dermaßen angestrengt mit ihren Überlegungen beschäftigt, daß ihr Verstand so schwer arbeitete wie eine Lokomotive, die zu viele Waggons ziehen muß.

Während dieser Zeit begegnete ich Nobu jedesmal, wenn er nach Gion kam, und gab mir größte Mühe, so zu tun, als hätte sich nichts verändert. Vermutlich hatte er erwartet, daß ich spätestens Mitte Juli seine Geliebte wäre. Ich selbst hatte das jedenfalls erwartet, doch als sich der Monat dem Ende zuneigte, schienen seine Verhandlungen immer noch zu nichts geführt zu haben. Mehrmals während der folgenden Wochen merkte ich, daß er mich nachdenklich ansah. Und dann grüßte er die Herrin des Ichiriki-Teehauses auf die rüdeste Art, die ich jemals erlebt hatte: Er ging an ihr vorbei, ohne ihr auch nur zuzunicken. Die Herrin, die Nobu als Gast immer geschätzt hatte, warf mir einen Blick zu, der sowohl überrascht als auch beunruhigt war. Als ich mich zu Nobus Party gesellte, fielen mir sofort Zeichen des Zornes auf: ein tanzender Muskel an seinem Unterkiefer, eine gewisse Knappheit der Gesten, wenn er sich Sake in den Mund kippte. Ich konnte ihm dieses Verhalten nicht übelnehmen. Er mußte mich für herzlos halten, weil ich ihm die vielen Zeichen seiner Freundschaft mit Vernachlässigung vergalt. Bei diesen Überlegungen überfiel mich eine ungemein traurige Stimmung, bis das Geräusch einer Saketasse, die mit einem *klack* vor mir auf den Tisch gestellt wurde, mich unvermittelt in die Realität zurückriß. Als ich aufblickte, sah ich, daß Nobu mich beobachtete. Rings um ihn herum lachten und amüsierten sich die Gäste, während er, den Blick auf mich gerichtet, dasaß, als wäre er genauso in Gedanken versunken wie ich. Wir glichen zwei nassen Flecken inmitten glühendheiß brennender Holzkohle.

26. KAPITEL

Im September jenes Jahres, während ich noch achtzehn war, tranken General Tottori und ich bei einer Zeremonie im Ichi-riki-Teehaus zusammen Sake. Es war die gleiche Zeremonie wie jene, die Mameha zu meiner älteren Schwester gemacht hatte und später Dr. Krebs zu meinem *mizuage*-Paten. In den darauffolgenden Wochen wurde Mutter von allen dafür beglückwünscht, daß sie eine so vorteilhafte Verbindung geschlossen hatte.

Am ersten Abend nach der Zeremonie begab ich mich auf Anweisung des Generals in ein kleines Gasthaus namens Suruya nordwestlich von Kyoto, in dem es nur drei Zimmer gab. Ich war inzwischen so sehr an Luxus gewöhnt, daß mich die schäbige Umgebung überraschte. Im Zimmer roch es nach Schimmel, und die Tatamis waren vor Alter so trocken und vergilbt, daß sie unter meinen Füßen zerbröselten. In einer Ecke war Putz von der Wand gefallen. Im Nebenzimmer hörte ich, wie ein alter Mann laut einen Zeitschriftenartikel las. Je länger ich dort kniete, desto unbehaglicher fühlte ich mich, so daß ich ungeheuer erleichtert war, als der General endlich eintraf – obwohl er, nachdem ich ihn begrüßt hatte, nichts weiter tat, als das Radio einzuschalten und ein Bier zu trinken.

Nach einiger Zeit ging er hinunter, um ein Bad zu nehmen. Als er danach wieder heraufkam, zog er sofort den Bademantel aus und marschierte, während er sich die Haare frottierte, splitternackt im Zimmer umher. Unter der Brust ragte sein kleiner, runder Bauch hervor, und darunter wuchs ein dickes Büschel Haare. Bis dahin hatte ich noch nie einen nackten Mann gesehen und fand das hängende Hinterteil des Generals fast schon komisch. Doch als er sich mir zuwandte, glitt mein Blick, wie ich zugeben muß, sofort dorthin, wo ... nun ja, wo ich eigentlich seinen »Aal« erwartet hatte. Dort schlenkerte zwar etwas hin und her, kam aber erst richtig zum Vorschein, als der General sich auf dem Rücken ausstreckte und mir befahl, mich auszuziehen. Er war ein seltsamer, kleiner, verrückter Mann, doch ohne jedes Schamgefühl, wenn es darum ging, mir zu sagen, was ich tun sollte. Ich hatte befürchtet, daß ich selbst einen Weg finden müßte, wie ich ihn befriedigen konnte, doch wie sich herausstellte, brauchte ich nur seinen Befehlen zu folgen. In den drei Jahren, die seit meiner *mizuage* vergangen waren, hatte ich vergessen, wie groß mein Entsetzen gewesen war, als sich der Doktor schließlich auf mich herabsenkte. Jetzt erinnerte ich mich wieder daran, aber merkwürdigerweise empfand ich weniger Entsetzen als vielmehr eine unbestimmte Übelkeit. Der General ließ das Radio an und auch das Licht – fast so, als wollte er sichergehen, daß ich deutlich erkannte, wie schäbig das Zimmer war: in allen Einzelheiten, bis hin zu dem häßlichen Wasserfleck an der Decke.

Im Laufe der Monate verschwand die Übelkeit, und meine Begegnungen mit dem General waren für mich nichts weiter als eine zweimal wöchentlich anstehende unschöne Pflicht. Manchmal fragte ich mich, wie es wohl mit dem Direktor sein würde, und ehrlich gesagt hatte ich ein bißchen Angst, es könnte genauso unangenehm sein wie mit dem Doktor und dem General. Doch dann geschah plötzlich etwas, was mich die Dinge in einem ganz anderen Licht sehen ließ. Ungefähr zu jener Zeit begann ein Mann namens Yasuda Akira regelmäßig nach Gion zu kommen. Sämtliche Zeitschriften hatten über ihn berichtet, weil er mit einer neuartigen Fahrradlampe, die er erfunden hatte, sehr großen Erfolg gehabt hatte. Im Ichiriki war er zwar noch nicht willkommen und hätte es sich wohl auch nicht leisten können, doch er verbrachte drei bis vier Abende die Woche in einem kleinen Teehaus namens Tatematsu im Tominaga-cho-Teil von Gion, nicht weit von unserer Okiya entfernt. Ich selbst lernte ihn bei einem Bankett im Frühjahr 1939 kennen, als ich neunzehn Jahre alt war. Er war so viel jünger als die Männer um ihn herum – vermutlich höchstens dreißig –, daß er mir sofort auffiel, als er das Zimmer betrat. Er strahlte die gleiche Würde aus wie der Direktor. Ich fand ihn überaus attraktiv, wie er mit aufgekrempelten Hemdsärmeln dasaß, das Jackett hinter sich auf den Matten. Einen Moment beobachtete ich einen alten Mann in seiner Nähe, der mit seinen Eßstäbchen ein kleines Stück geschmorten Tofu aufnahm, während er den Mund schon so weit aufgerissen hatte, daß ich an eine Tür denken mußte, die aufgeschoben wird, damit eine Schildkröte gemächlich hindurchmarschieren kann. Dagegen wurden mir fast die Knie weich, wenn ich sah, wie Yasuda-san mit seinem herrlich geformten Arm sich einen Bissen Schmorfleisch in den sinnlichen Mund schob.

Ich machte meine Runde bei den im Kreis sitzenden Herren, und als ich zu ihm kam und mich vorstellte, sagte er: »Ich hoffe, du wirst mir verzeihen.«

»Verzeihen? Wieso? Was haben Sie getan?« fragte ich ihn.

»Ich war sehr unhöflich«, antwortete er. »Ich habe den ganzen Abend den Blick nicht von dir losreißen können.«

Spontan griff ich in meinem Obi nach dem Kartentäschchen aus Brokat, das ich dort aufbewahrte, zog diskret eine Karte heraus und überreichte sie ihm. Genau wie Geschäftsleute ihre Geschäftskarten, haben die Geishas stets Namenskarten bei sich. Die meine war sehr klein, halb so groß wie eine normale Visitenkarte und aus schwerem Reispapier, auf das in kunstvoller Schönschrift die Wörter »Gion« und »Sayuri« geschrieben standen. Da wir Frühling hatten, war der Hintergrund meiner Karte mit einem bunt gemalten Zweig Pflaumenblüten verziert. Yasuda bewunderte sie einen Moment und schob sie in seine Hemdtasche. Da ich das Gefühl hatte, kein einziges Wort, das wir wechselten, könne so vielsagend sein wie diese kleine Interaktion, verneigte ich mich vor ihm und begab mich zum nächsten Gast.

Von jenem Tag an ließ mich Yasuda-san jede Woche ins Tatematsu-Teehaus bitten, um ihm Gesellschaft zu leisten. Etwa drei Monate nachdem wir uns kennengelernt hatten, schenkte er mir einen Kimono. Ich fühlte mich sehr geschmeichelt, obwohl es kein besonders kostbares Gewand war: Er war aus einer Seide minderer Qualität gewebt und zeigte ein ziemlich gewöhnliches Muster aus Blumen und Schmetterlingen. Er wünschte sich, daß ich ihn bald einmal an einem Abend für ihn tragen möge, und das versprach ich ihm natürlich. Doch als ich den Kimono an jenem Abend in die Okiya mitbrachte, entdeckte Mutter, daß ich ein Päckchen mit nach oben nehmen wollte, und entriß es mir, um sich den Inhalt anzusehen. Als sie den Kimono sah, lächelte sie höhnisch und sagte, sie wolle mich niemals in etwas so Unattraktivem sehen. Am Tag darauf verkaufte sie ihn.

Als ich herausfand, was sie getan hatte, erklärte ich ihr so energisch, wie ich es wagte, der Kimono sei mir geschenkt worden und nicht der Okiya, und sie habe kein Recht gehabt, ihn zu verkaufen.

»Natürlich war es dein Kimono«, entgegnete sie, »aber du bist die Tochter der Okiya. Was der Okiya gehört, gehört dir, und umgekehrt.«

Daraufhin war ich so zornig auf Mutter, daß ich es nicht fertigbrachte, sie anzusehen. Yasuda-san, der mich in dem Kimono sehen wollte, erklärte ich, wegen der Farben und dem Schmetterlingsmotiv dürfe ich ihn nur zu Frühlingsanfang tragen, und da wir inzwischen schon Sommer hatten, würde er noch fast ein Jahr warten müssen, bis er mich darin sehen könne. Er schien sich nicht allzuviel daraus zu machen.

»Was ist schon ein Jahr!« sagte er und musterte mich durchdringend. »Ich würde noch weit länger warten, je nachdem, worauf ich warte.«

Wir waren allein im Zimmer, und Yasuda-san stellte sein Bierglas auf eine Art und Weise auf den Tisch, die mich erröten ließ. Er griff nach meiner Hand, und ich reichte sie ihm in der Erwartung, er werde sie längere Zeit in den seinen halten, bevor er sie wieder freigab. Zu meiner Überraschung jedoch hob er sie rasch an die Lippen und begann die Innenseite meines Handgelenks so leidenschaftlich zu küssen, daß ich es bis in meine Knie spürte. Ich halte mich für eine gehorsame Frau, und bis dahin hatte ich im allgemeinen das getan, was Mutter, Mameha oder – wenn es nicht zu vermeiden war – Hatsumomo mir befahlen, doch im Moment empfand ich eine so seltsame Mischung von Zorn auf Mutter und Sehnsucht nach Yasuda-san, daß ich mir auf der Stelle vornahm, genau das zu tun, was Mutter mir ausdrücklich verboten hatte. Ich bat ihn, sich mit mir um Mitternacht in ebendiesem Zimmer zu treffen, und ließ ihn dort allein.

Kurz vor Mitternacht kam ich wieder ins Teehaus zurück und sprach zunächst mit einer jungen Dienerin. Ich versprach ihr eine unanständig hohe Geldsumme, wenn sie dafür sorgen würde, daß Yasuda-san und ich im oberen Zimmer mindestens eine halbe Stunde lang nicht gestört wurden. Ich wartete bereits dort, als die Dienerin die Tür aufschob und Yasuda-san eintrat. Er warf seinen weichen Filzhut auf die Matten und zog mich auf die Füße, bevor noch die Tür geschlossen war. Meinen Körper an den seinen zu drängen war so wundervoll wie eine Mahlzeit nach einer langen Fastenzeit. Er konnte sich noch so fest an mich drücken, ich erwiderte den Druck. Irgendwie war ich überhaupt nicht schockiert, als ich spürte, wie geschickt seine Hände darin waren, sich durch die Kleiderschichten bis auf meine nackte Haut durchzuarbeiten. Ich will nicht behaupten, daß ich keinen jener tölpelhaften Momente erlebte, die ich vom General gewohnt war, aber ich nahm sie nicht auf dieselbe Art wahr. Meine Begegnungen mit dem General erinnerten mich an meine Kinderzeit, als ich versuchte, auf einen Baum zu klettern und ein ganz bestimmtes Blatt weit oben zu pflücken. Das Ganze erforderte vor allem vorsichtige Bewegungen und Durchhaltevermögen, bis ich schließlich mein Ziel erreichte. Bei Yasuda-san dagegen fühlte ich mich wie ein Kind, das fröhlich einen Hang hinabrennt. Irgendwann später, als wir erschöpft auf den Matten lagen, schob ich seinen Hemdzipfel beiseite und legte ihm die Hand auf den Bauch, um seinen Atem zu spüren. Noch nie im Leben war ich einem anderen Menschen so nahe gewesen, obwohl wir kein einziges Wort gewechselt hatten.

In jenem Moment erkannte ich: Es war eine Sache, für den Doktor oder den General still auf dem Futon zu liegen, doch mit dem Direktor würde es etwas ganz anderes sein.

Wenn sie sich einen *danna* genommen haben, verändert sich für die meisten Geishas ihr tägliches Leben drastisch; ich dagegen spürte kaum eine Veränderung. Abends machte ich, genau wie in den letzten paar Jahren, noch immer die Runde in Gion. Von Zeit zu Zeit nahm ich nachmittags an Ausflügen teil, unter anderem an ein paar äußerst seltsamen, zum Beispiel einen Mann zu einem Besuch bei seinem Bruder im Krankenhaus zu begleiten. Und was die Veränderungen betraf, die ich eigentlich erwartet hatte – die berühmten Tanzaufführungen, für die mein *danna* bezahlte, großzügige und reichliche Geschenke von ihm, ja sogar ein oder zwei Tage bezahlten Urlaub –, nun, so etwas gab es bei ihm nicht. Es war genau, wie Mutter gesagt hatte: Soldaten kümmerten sich nicht so um eine Geisha, wie Geschäftsleute und Aristokraten es taten.

In meinem Leben mochte der General nur wenig verändert haben, dagegen bewahrheitete es sich, daß die Verbindung mit ihm für die Okiya schlechthin unbezahlbar war – wenigstens von Mutters Standpunkt aus. Er kam, wie es für *dannas* üblich ist, für einen großen Teil meiner Ausgaben auf – unter anderem zahlte er meinen Unterricht, meine alljährliche Registrierungsgebühr, meine Arztkosten und… ach, ich weiß nicht, vermutlich sogar meine Socken. Wichtig war aber vor allem, daß sich seine neue Position als Leiter des Heeresversorgungsamtes als genauso profitabel herausstellte, wie Mameha es vorausgesagt hatte, so daß er uns versorgen konnte, wie es keinem anderen *danna* möglich gewesen wäre. Zum Beispiel, als Tantchen im März 1939 krank wurde: Wir machten uns große Sorgen um sie, und die Ärzte waren keine Hilfe, doch nach einem Anruf beim General kam ein bekannter Arzt aus dem Lazarett in der Kamigyo-Kaserne bei uns vorbei und brachte Tantchen ein Paket mit Medizin, die sie gesund machte. Obwohl der General mich nicht zu Tanzaufführungen nach Tokio schickte oder mir kostbare Steine schenkte, konnte also niemand behaupten, daß unsere Okiya schlecht mit ihm fuhr. Er schickte uns regelmäßig Lieferungen von Tee und Zucker und sogar Schokolade – alles Dinge, die selbst in Gion inzwischen knapp wurden. Und natürlich hatte sich Mutter gründlich geirrt mit ihrer Voraussage, nach einem halben Jahr sei der Krieg vorbei. Wir hätten es damals nicht geglaubt, aber wir hatten noch kaum den Anfang der schweren Jahre erlebt.

In jenem Herbst, in dem der General mein *danna* wurde, hörte Nobu gänzlich auf, mich zu den Partys einzuladen, auf denen ich ihm so oft Gesellschaft geleistet hatte. Bald mußte ich feststellen, daß er überhaupt nicht mehr ins Ichiriki kam. Ich konnte mir sein

Verhalten nicht anders erklären, als daß er mir aus dem Weg gehen wolle. Seufzend stimmte mir die Herrin des Ichiriki zu, daß das wohl der Grund sein müsse. Zu Neujahr schrieb ich Nobu, wie all meinen Kunden, eine Karte, aber er reagierte nicht. Rückblickend fällt es mir leicht zu erzählen, wie viele Monate vergingen, damals jedoch war ich von tiefem Schmerz erfüllt. Ich hatte das Gefühl, einen Mann schlecht behandelt zu haben, der immer freundlich zu mir gewesen war, einen Mann, den ich inzwischen für meinen Freund hielt. Und schlimmer noch: Ohne Nobu als Gönner wurde ich nicht mehr zu den Partys der Iwamura Electric eingeladen, und das bedeutete, daß es für mich kaum eine Möglichkeit gab, dem Direktor zu begegnen.

Obwohl sich Nobu nicht mehr blicken ließ, kam der Direktor natürlich weiterhin regelmäßig ins Ichiriko. Eines Abends sah ich ihn im Flur, wo er leise einen jungen Mitarbeiter zurechtwies und seine Worte dabei mit dem Füllfederhalter unterstrich, aber ich wagte nicht, ihn zu unterbrechen, nur um ihm guten Abend zu sagen. An einem anderen Abend brachte ihn Naotsu, eine besorgt dreinblickende junge Lerngeisha mit einem sehr häßlichen Unterbiß, zur Toilette, als er mich sah. Er ließ Naotsu einfach stehen und kam herüber, um mit mir zu plaudern. Wir tauschten die üblichen Höflichkeiten aus. In seinem verhaltenen Lächeln glaubte ich die Art Stolz zu entdecken, die Männer oft zu empfinden scheinen, wenn sie ihre Kinder betrachten. Bevor er zu seinen Gästen zurückkehrte, sagte ich zu ihm: »Wenn es einmal einen Abend gibt, Direktor, an dem die Gesellschaft der einen oder anderen Geisha hilfreich wäre ...«

Das war sehr aufdringlich von mir, aber zu meiner Erleichterung nahm es mir der Direktor nicht übel.

»Das ist eine gute Idee, Sayuri«, sagte er. »Ich werde bestimmt an dich denken.«

Aber die Wochen vergingen, und er meldete sich nicht.

Eines Abends Ende März kam ich zu einer sehr lustigen Party, die der Gouverneur der Präfektur von Kyoto in einem Teehaus namens Shonju gab. Dort entdeckte ich den Direktor, der gerade ein Trinkspiel zu verlieren schien – mit der gelockerten Krawatte und den hochgekrempelten Hemdsärmeln wirkte er sehr er-

schöpft. Eigentlich hatte der Gouverneur viel mehr Runden verloren, vertrug aber den Alkohol besser als der Direktor.

»Ich bin froh, daß du hier bist, Sayuri«, sagte er zu mir. »Du
mußt mir helfen. Ich habe Probleme.«

Als ich die roten Flecken auf seinem glatten Gesicht sah und die
nackten Arme mit den aufgekrempelten Hemdsärmeln, mußte
ich gleich an Yasuda-san in jener Nacht im Tatematsu-Teehaus
denken. Einen flüchtigen Moment hatte ich das Gefühl, als sei
alles ringsumher im Raum verschwunden außer dem Direktor
und mir und als würde ich mich ihm in seinem angetrunkenen
Zustand zuwenden, bis er die Arme um mich legte, damit ich
seinen Mund mit meinen Lippen berühren konnte. Ganz kurz verspürte ich sogar eine gewisse Verlegenheit, weil meine Gedanken
womöglich so offensichtlich waren, daß der Direktor sie leicht zu
lesen vermochte... Doch wenn dem so war, so ließ er es sich nicht
anmerken. Um ihm zu helfen, verabredete ich mit einer anderen
Geisha, das Tempo des Spiels ein wenig zu bremsen. Dafür schien
mir der Direktor dankbar zu sein, und als alles vorüber war, setzte
er sich zu mir, trank Unmengen von Wasser, um nüchtern zu werden, und unterhielt sich mit mir. Schließlich zog er ein Taschentuch heraus, das jenem in meinem Obi glich, trocknete sich damit
die Stirn und strich sich das kräftige Haar zurück, bevor er zu mir
sagte:

»Wann hast du das letztemal mit deinem alten Freund Nobu
gesprochen?«

»Das ist schon eine ganze Weile her, Direktor«, antwortete ich.
»Ehrlich gesagt, ich habe den Eindruck, daß Nobu zornig auf
mich ist.«

Der Direktor blickte auf sein Taschentuch hinab, das er sorgfältig zusammenlegte. »Freundschaft ist etwas sehr Kostbares,
Sayuri«, sagte er. »Man darf sie nicht einfach wegwerfen.«

In den darauffolgenden Wochen dachte ich oft über dieses Gespräch nach. Als ich mich eines Tages Ende April für eine Aufführung der *Tänze der Alten Hauptstadt* schminkte, kam eine
junge Lerngeisha zu mir, die unbedingt mit mir sprechen wollte.
Ich legte meinen Make-up-Pinsel hin und erwartete, daß sie mich

um einen Gefallen bat, denn unsere Okiya war noch immer wohl-versorgt mit Dingen, auf die andere in Gion inzwischen verzich-ten mußten. Statt dessen sagte sie:

»Es tut mir furchtbar leid, wenn ich Sie belästige, Sayuri-san, aber ich heiße Takazuru. Ich wollte Sie fragen, ob Sie mir viel-leicht helfen können. Ich weiß, daß Sie einmal sehr gut mit Nobu-san befreundet waren...«

Nach den vielen Monaten, in denen ich mir Gedanken über ihn gemacht und mich furchtbar geschämt hatte für das, was ich ge-tan hatte, genügte es, Nobus Namen ganz unerwartet zu hören, um mir das Gefühl zu geben, als wären Sturmläden geöffnet wor-den, um einen ersten frischen Luftzug hereinzulassen.

»Wir müssen einander helfen, wann immer es möglich ist, Takazuru«, sagte ich. »Und wenn es um Nobu-san geht, bin ich besonders daran interessiert. Ich hoffe nur, daß es ihm gutgeht.«

»Ja, Herrin, es geht ihm gut; das heißt, ich glaube es wenigstens. Er besucht das Awazumi-Teehaus im Osten von Gion. Kennen Sie es?«

»Gewiß, natürlich kenne ich es«, antwortete ich. »Aber ich hatte keine Ahnung, daß Nobu dort Gast ist.«

»O ja, sehr oft sogar«, sagte Takazuru. »Aber... Darf ich Ihnen eine Frage stellen, Sayuri-san? Sie kennen ihn doch schon sehr lange, und... Nun ja, Nobu-san ist doch ein freundlicher Mann, oder?«

»Warum fragst du mich das, Takazuru-san? Wenn du ihm Ge-sellschaft geleistet hast, mußt du doch wissen, ob er freundlich ist oder nicht!«

»Ich höre mich sicher töricht an. Aber ich bin so furchtbar ver-wirrt! Jedesmal, wenn er nach Gion kommt, fragt er nach mir, und meine ältere Schwester versichert mir, er sei ein so guter Kunde, wie ihn ein Mädchen sich nur wünschen kann. Aber jetzt ist er wütend auf mich, weil ich ein paarmal in seiner Gegenwart ge-weint habe. Ich weiß, daß ich das nicht tun sollte, aber ich kann nicht versprechen, daß es nicht noch einmal passiert.«

»Ist er grausam zu dir?«

Statt einer Antwort preßte die arme Takazuru jedoch nur die Lippen zusammen, und gleich darauf quollen die Tränen unter ihren Lidern hervor – so heftig, daß ihre kleinen, runden Augen aus zwei Pfützen zu mir emporzublicken schienen.

»Manchmal ist Nobu-san sich nicht im klaren darüber, wie grob er wirkt«, erklärte ich ihr. »Aber er scheint dich doch zu mögen, Takazuru-san. Sonst würde er sicher nicht immer wieder nach dir fragen!«

»Ich glaube, er will mich nur, weil er zu mir gemein sein kann«, entgegnete sie. »Einmal hat er gesagt, mein Haar rieche sauber, doch gleich darauf hat er zu mir gesagt, das sei eine angenehme Abwechslung.«

»Eigentlich seltsam, daß du ihn so häufig triffst«, sagte ich. »Während ich seit Monaten hoffe, ihm zu begegnen.«

»Oh, bitte nicht, Sayuri! Er sagt doch jetzt schon immer wieder, daß an mir nichts so perfekt ist wie an Ihnen. Wenn er Sie wiedersieht, wird er nur noch schlechter von mir denken. Ich weiß, ich sollte Sie nicht mit meinen Problemen belasten, Herrin, aber... Ich dachte, Sie wüßten vielleicht, was ich tun könnte, um ihn endlich einmal zufriedenzustellen. Er liebt anregende Gespräche, aber ich weiß einfach nie, was ich sagen soll. Alle sagen mir, daß ich nicht besonders intelligent bin.«

Die Einwohner von Kyoto sind darauf getrimmt, so etwas zu sagen, doch bei diesem Mädchen hatte ich den Verdacht, daß es stimmte. Es hätte mich nicht erstaunt, wenn Nobu sie nur als einen Baum betrachtet hätte, an dem der Tiger seine Krallen schärft. Da mir nichts anderes einfiel, machte ich ihr schließlich den Vorschlag, ein Buch über irgendein historisches Ereignis zu lesen, das Nobu möglicherweise interessant finden könnte, und ihm die Geschichte bei der nächsten Begegnung Stück für Stück zu erzählen. Ich selbst hatte so etwas auch schon verschiedentlich getan, denn es gab Männer, die sich am liebsten mit tränenden, halb geschlossenen Augen zurücklehnten, um einer Frauenstimme zu lauschen. Ich war nicht sicher, ob das auch bei Nobu wirkte, doch Takazuru schien mir für diesen Tip dankbar zu sein.

Nun, da ich wußte, wo ich Nobu finden konnte, war ich fest entschlossen, dorthin zu gehen und mit ihm zu sprechen. Es tat mir unendlich leid, daß er zornig auf mich war, und außerdem würde ich den Direktor ohne ihn nie wiedersehen. Ich wollte Nobu natürlich nicht weh tun, aber ich dachte, wenn ich ihm irgendwo begegnete, könnte es vielleicht eine Möglichkeit geben, unsere alte Freundschaft wiederzubeleben. Das Problem bestand darin, daß ich das Awazumi nicht ungeladen betreten konnte, denn offiziell hatte ich mit diesem Teehaus keine Verbindung. Also beschloß ich einfach, wann immer es mir möglich war, daran vorbeizugehen in der Hoffnung, Nobu draußen zu begegnen. Ich war mit seinen Gewohnheiten gut genug vertraut, um einschätzen zu können, wann er ungefähr dort eintreffen würde.

Acht oder neun Wochen lang verfolgte ich diesen Plan, bis ich ihn eines Abends endlich entdeckte, wie er in der dunklen Gasse vor mir aus dem Fond einer Limousine stieg. Ich erkannte ihn sofort, weil ihm der leere, aufgesteckte Ärmel seines Jacketts eine unverwechselbare Silhouette verlieh. Während ich näher kam, reichte der Chauffeur ihm seine Tasche. Ich blieb im Licht einer Laterne stehen und stieß einen kleinen, überraschten Laut aus, der Freude signalisieren sollte. Und wie ich es mir erhofft hatte, blickte Nobu in meine Richtung.

»Sieh an!« sagte er. »Man vergißt, wie hübsch eine Geisha aussehen kann.« Er sagte es so beiläufig, daß ich mich unwillkürlich fragte, ob er mich erkannt hatte.

»Nun, Herr, Sie hören sich an wie mein alter Freund Nobu-san«, sagte ich, »aber der können Sie nicht sein, denn ich hatte den Eindruck, daß er gänzlich aus Gion verschwunden ist.«

Während der Chauffeur den Wagenschlag schloß, blieben wir schweigend stehen, bis das Automobil verschwunden war.

»Ich bin sehr erleichtert, Nobu-san endlich wiederzusehen!« fuhr ich dann fort. »Und welch ein Glück für mich, daß er im Schatten steht statt im Licht.«

»Manchmal habe ich nicht die geringste Ahnung, wovon du redest, Sayuri. Das mußt du von Mameha gelernt haben. Aber vielleicht bringen sie das ja auch allen Geishas bei.«

»Solange Nobu-san im Schatten steht, kann ich seine zornige Miene nicht sehen.«

»Ach so«, sagte er. »Du glaubst also, daß ich zornig auf dich bin?«

»Was soll ich denn sonst denken, wenn ein alter Freund so viele Monate lang verschwindet? Vermutlich werden Sie mir jetzt erzählen, daß Sie zuviel zu tun hatten, um ins Ichiriki zu kommen.«

»Warum sagst du das so, als könnte es unmöglich stimmen?«

»Weil ich zufällig weiß, daß Sie sehr oft in Gion waren. Aber fragen Sie mich nicht, woher ich das weiß. Ich werde es Ihnen nicht verraten, es sei denn, Sie begleiten mich jetzt gleich auf einem kleinen Spaziergang.«

»Na schön. Da es ein so angenehmer Abend ist…«

»O bitte, Nobu-san, sagen Sie das nicht! Es wäre mir lieber, Sie würden sagen: ›Da ich unerwartet einer alten Freundin begegnet bin, die ich lange nicht gesehen habe, kann ich mir nichts Schöneres vorstellen, als einen Spaziergang zu machen.‹«

»Ich werde mit dir spazierengehen«, sagte er. »Was meine Gründe betrifft, so kannst du darüber denken, was du willst.«

Ich verneigte mich zustimmend, und wir gingen die Gasse Richtung Maruyama-Park hinunter. »Wenn Nobu-san nicht will, daß ich glaube, er sei zornig auf mich«, sagte ich, »sollte er ein wenig freundlicher sein, statt sich wie ein Panther zu benehmen, der seit Monaten nichts mehr gefressen hat. Kein Wunder, daß die arme Takazuru so große Angst hat…«

»Dann hat sie also mit dir gesprochen – oder?« fragte Nobu. »Wenn sie mir nur nicht so auf die Nerven ginge…«

»Wenn Sie sie nicht mögen, warum bitten Sie dann jedesmal um ihre Gesellschaft, wenn Sie nach Gion kommen?«

»Das habe ich doch gar nicht, kein einziges Mal! Aber ihre ältere Schwester drängt sie mir immer wieder auf. Schlimm genug, daß du mich an sie erinnerst. Jetzt willst du die Tatsache, daß du mir heute abend zufällig über den Weg gelaufen bist, auch noch dazu ausnutzen, um mir so lange ein schlechtes Gewissen einzureden, bis ich sie mag!«

»In Wirklichkeit bin ich Ihnen gar nicht über den Weg gelaufen, Nobu-san. Ich gehe seit Wochen durch diese Gasse, nur um Sie endlich wiederzufinden.«

Das schien Nobu nachdenklich zu stimmen, denn eine Weile ging er schweigend weiter. Schließlich sagte er: »Das sollte mich nicht wundern. Du bist eine ganz und gar durchtriebene Person.«

»Aber Nobu-san! Was sollte ich denn tun?« fragte ich. »Ich dachte, Sie wären endgültig verschwunden. Wäre Takazuru nicht in Tränen aufgelöst zu mir gekommen, um mir zu sagen, wie schlecht Sie sie behandeln, hätte ich niemals erfahren, wo ich Sie finden kann.«

»Na schön, ich war wohl etwas zu grob zu ihr. Aber sie ist nicht so intelligent wie du – und übrigens auch nicht so hübsch. Und wenn du glaubst, ich sei zornig auf dich, dann hast du durchaus recht.«

»Darf ich fragen, womit ich meinen alten Freund so verärgert habe?«

Nobu blieb stehen und sah mich mit furchtbar traurigem Ausdruck an. Ich spürte, wie eine Welle der Zuneigung zu ihm in mir aufstieg, wie ich sie in meinem Leben nur für sehr wenige Männer empfunden habe. Ich dachte daran, wie sehr ich ihn vermißt und wie übel ich ihm mitgespielt hatte. Aber obwohl ich mich schämte, es zuzugeben, meine Zuneigung zu ihm war mit einer Spur Mitleid vermischt.

»Nach beträchtlichen Mühen ist es mir gelungen herauszufinden, wer dein *danna* ist«, sagte er.

»Hätte Nobu-san mich direkt gefragt, so hätte ich es ihm gern gesagt.«

»Das glaube ich dir nicht. Ihr Geishas seid die verschwiegensten Menschen, die ich kenne. In ganz Gion habe ich nach deinem *danna* gefragt, und eine nach der anderen tat, als wüßte sie es nicht. Und ich hätte es wohl nie erfahren, wenn ich Michizono nicht gebeten hätte, mir eines Abends Gesellschaft zu leisten, nur wir zwei ganz allein.«

Michizono, damals ungefähr fünfzig, war eine Art Legende in Gion. Sie war nicht schön, konnte aber zuweilen selbst Nobu in gute Laune versetzen – nur durch die Art, wie sie die Nase krauste, wenn sie sich zur Begrüßung verneigte.

»Ich habe Trinkspiele mit ihr gemacht«, fuhr er fort. »Dabei habe ich ununterbrochen gewonnen, bis die arme Michizono sternhagelvoll war. Sie hätte mir alles erzählt.«

»Soviel Mühe!« sagte ich.

»Unsinn! Sie war sehr unterhaltsam – Mühe hat mir da gar

nichts gemacht. Aber soll ich dir was sagen? Nachdem ich erfahren habe, daß dein *danna* ein kleiner Mann in Uniform ist, den niemand bewundert, habe ich den Respekt vor dir verloren.«

»Nobu-san spricht, als hätte ich bei der Wahl meines *danna* ein Wort mitzureden gehabt. Das einzige, was ich mir je aussuchen darf, ist der Kimono, den ich tragen will. Aber selbst dabei…«

»Weißt du, warum der Mann eine Schreibtischarbeit hat? Weil man ihm nichts Wichtiges anvertrauen kann. Ich kenne mich gut aus beim Militär, Sayuri. Seine eigenen Vorgesetzten können ihn nicht brauchen. Genausogut könntest du eine Verbindung mit einem Bettler eingehen! Wirklich, früher hatte ich dich richtig gern, aber…«

»Früher? Hat Nobu-san mich denn nicht mehr gern?«

»Für Dummköpfe habe ich nichts übrig.«

»Was für eine unfreundliche Bemerkung! Versuchen Sie vielleicht, mich zum Weinen zu bringen? Ach, Nobu-san! Bin ich ein Dummkopf, nur weil mein *danna* ein Mann ist, den Sie nicht bewundern können?«

»Ihr Geishas! Ihr könnt einem wirklich auf die Nerven gehen! Ständig lauft ihr herum, konsultiert euren Almanach und sagt: ›Oh, aber heute darf ich nicht nach Osten gehen, weil mein Horoskop sagt, daß das Unglück bringt!‹ Aber wenn es um eine Angelegenheit geht, die euer ganzes Leben beeinflussen wird, wendet ihr einfach den Blick ab.«

»Wir wenden nicht den Blick ab, wir verschließen die Augen vor etwas, was wir nicht verhindern können.«

»Ach ja? Nun, an dem Abend, an dem ich mich mit Michizono unterhalten habe, habe ich einiges in Erfahrung gebracht. Du bist die Tochter der Okiya, Sayuri. Du kannst nicht behaupten, gar keinen Einfluß zu haben. Und es ist deine Pflicht, den Einfluß, den du besitzt, zu nutzen, wenn du dich nicht durchs Leben treiben lassen willst wie ein Fisch, der mit dem Bauch nach oben im Fluß schwimmt.«

»Ich wünschte, ich könnte daran glauben, daß das Leben wirklich mehr ist als ein Fluß, der uns mit dem Bauch nach oben dahinträgt.«

»Na schön, wenn es ein Fluß ist, bleibt dir immer noch die Freiheit, in diesem Teil davon zu schwimmen oder in jenem, richtig? Das Wasser wird sich immer wieder teilen. Wenn du um dich schlägst, dich kräftig wehrst und jeden Vorteil nutzt…«

»O ja, das ist sicher wunderbar – wenn man Vorteile hat.«

»Die kann man überall finden, man muß nur hinsehen! Was mich betrifft, so würde ich, selbst wenn ich nicht mehr hätte als – ich weiß nicht – einen abgelutschten Pfirsichkern oder etwas Ähnliches, diesen jedenfalls nicht einfach wegwerfen. Denn wenn es Zeit wird, ihn wegzuwerfen, werde ich dafür sorgen, daß ich damit jemanden treffe, den ich nicht mag!«

»Wollen Sie mir etwa raten, mit Pfirsichkernen um mich zu werfen, Nobu-san?«

»Mach dich nicht lustig, du weißt genau, was ich sagen will. Wir sind uns sehr ähnlich, Sayuri. Ich weiß, daß die Leute mich ›Herr Eidechse‹ nennen – und du bist das bezauberndste Wesen von ganz Gion. Aber als ich dich bei diesem Sumo-Turnier zum erstenmal sah – wie alt warst du damals? Vierzehn? –, war mir sofort klar, was alles in dir steckt.«

»Ich war schon immer der Ansicht, daß Nobu-san mehr von mir hält, als ich wirklich wert bin.«

»Möglich, daß du recht hast. Ich hatte ein bißchen mehr von dir erwartet, Sayuri. Du begreifst ja nicht einmal, wo dein Schicksal liegt. Dein Leben an einen Mann wie den General zu binden! Ich hätte gut für dich gesorgt, weißt du. Es macht mich wütend, wenn ich nur daran denke! Wenn dieser General aus deinem Leben verschwindet, wird er dir nichts hinterlassen, was dich an ihn erinnert. Ist dies die Art, wie du deine Jugend zu verschwenden gedenkst? Eine Frau, die wie ein Dummkopf handelt, ist auch ein Dummkopf. Meinst du nicht auch?«

Wenn man einen Stoff zu oft reibt, wird er bald fadenscheinig werden. Nobus Worte hatten so lang an mir gekratzt, daß ich die glänzende Lackfassade, hinter der ich mich auf Mamehas Rat ständig zu verbergen trachtete, nicht länger aufrechthalten konnte. Ich war froh, daß ich im Schatten stand, denn wenn er meinen Kummer mitbekam, würde Nobu bestimmt noch weniger von mir halten. Mein Schweigen schien mich jedoch zu verraten, denn er packte mich an der Schulter und drehte mich ein wenig, bis Licht auf mein Gesicht fiel. Als er mir dann in die Augen sah, stieß er einen langen Seufzer aus, den ich zunächst für Enttäuschung hielt.

»Warum wirkst du soviel älter auf mich, Sayuri?« fragte er nach einem Moment. »Manchmal vergesse ich, daß du noch ein Mädchen bist. Jetzt wirst du mir wieder vorwerfen, daß ich zu hart mit dir umgesprungen bin.«

»Ich kann nicht erwarten, daß Nobu-san sich anders verhält als Nobu-san«, gab ich zurück.

»Enttäuschungen kann ich eben nicht gut verkraften, Sayuri. Das solltest du wissen. Ob du mich nun enttäuscht hast, weil du zu jung bist, oder weil du nicht die Frau bist, für die ich dich gehalten hatte… In jedem Fall hast du mich enttäuscht, nicht wahr?«

»Bitte, Nobu-san, es macht mir angst, wenn Sie so etwas sagen. Ich weiß nicht, ob ich Ihren Maßstäben jemals gerecht werden kann…«

»Was sind das schon für Maßstäbe? Ich erwarte, daß du mit offenen Augen durchs Leben gehst! Wenn du deine Zukunft im Auge behältst, wird jeder Augenblick im Leben zur Chance, dich weiter darauf zuzubewegen. Von einem törichten Mädchen wie Takazuru würde ich eine solche Erkenntnis nicht erwarten, aber…«

»Hat Nobu-san mich nicht den ganzen Abend immer wieder als Dummkopf bezeichnet?«

»Wenn ich wütend bin, solltest du nicht auf das hören, was ich sage, das weißt du.«

»Dann ist Nobu-san also nicht mehr zornig? Dann wird er kommen und mich im Ichiriki-Teehaus besuchen? Oder mich zu sich einladen? Übrigens, auch heute abend habe ich es nicht besonders eilig. Falls Nobu-san mich darum bittet, könnte ich gleich mit ihm hineingehen.«

Inzwischen waren wir um den Häuserblock gewandert und standen wieder vor dem Eingang zum Teehaus. »Aber ich werde dich nicht darum bitten«, erklärte er und schob die Tür auf.

Als ich das hörte, stieß ich unwillkürlich einen großen Seufzer aus, und ich nenne es einen großen Seufzer, weil er viele kleine

Seufzer enthielt – einen Seufzer der Enttäuschung, einen der Frustration, einen der Traurigkeit... und ich weiß nicht, was sonst noch alles.

»Ach, Nobu-san«, sagte ich, »es fällt mir manchmal so schwer, Sie zu verstehen.«

»Ich bin aber sehr leicht zu verstehen, Sayuri«, sagte er. »Ich mag es nicht, wenn man mir Dinge unter die Nase hält, die ich nicht haben kann.«

Und bevor ich etwas darauf erwidern konnte, betrat er das Teehaus und schob die Tür hinter sich zu.

27. KAPITEL

Während des Sommers im Jahre 1939 wurde ich so von Engagements, sporadischen Zusammenkünften mit dem General, Tanzaufführungen und so weiter in Atem gehalten, daß ich mich, wenn ich mich morgens von meinem Futon erheben wollte, häufig fühlte wie ein Eimer voll Nägel. Normalerweise gelang es mir am Spätnachmittag, die Erschöpfung zu vergessen, aber ich fragte mich oft genug, wieviel ich mit dieser Schufterei eigentlich verdiente. Im Grunde hatte ich mich damit abgefunden, daß ich das niemals erfahren würde, deswegen war ich ziemlich erstaunt, als Mutter mich eines Nachmittags zu sich befahl und mir erklärte, ich hätte in den vergangenen sechs Monaten mehr verdient als Hatsumomo und Kürbisköpfchen zusammen.

»Und das bedeutet, es wird Zeit, daß ihr die Zimmer tauscht«, fuhr sie fort.

Als ich das hörte, war ich bei weitem nicht so erfreut, wie Sie sich möglicherweise vorstellen. Hatsumomo und ich hatten in den letzten paar Jahren im selben Haus leben können, weil wir uns voneinander fernhielten. Doch ich betrachtete sie als schlafende Tigerin, nicht als besiegte. Hatsumomo würde Mutters Plan mit Sicherheit nicht als »Zimmertausch« empfinden, sondern das Gefühl haben, man hätte ihr das Zimmer weggenommen.

Als ich Mameha an jenem Abend traf, erzählte ich ihr, was Mutter gesagt hatte, und erwähnte auch meine Furcht, das Feuer in Hatsumomo könne wieder aufflammen.

»Ach, das ist gar nicht schlecht«, sagte Mameha. »Diese Frau wird erst dann besiegt sein, wenn Blut fließt. Und das ist noch nicht passiert. Geben wir ihr eine kleine Chance und warten wir ab, was sie sich diesmal wieder einbrockt.«

Früh am folgenden Morgen kam Tantchen in der Okiya in den ersten Stock, um die Regeln für das Umräumen unserer Habseligkeiten festzulegen. Als erstes führte sie mich in Hatsumomos

Zimmer und verkündete, daß eine bestimmte Ecke von nun an mir gehöre; dort dürfe ich alles hinräumen, was ich wollte, und kein anderer dürfe es berühren. Dann führte sie Hatsumomo und Kürbisköpfchen ins kleinere Zimmer und richtete ihnen dort eine entsprechende Ecke ein. Sobald wir alle unsere Sachen umgeräumt hatten, wäre der Tausch vollzogen.

Noch am selben Nachmittag machte ich mich ans Werk und schleppte meine Sachen über den Flur. Ich wünschte, ich könnte behaupten, eine ähnliche Kollektion schöner Dinge angesammelt zu haben, wie es Mameha in meinem Alter vermutlich geschafft hatte, aber die Lage hatte sich gravierend verändert. Die Militärregierung hatte vor kurzem Kosmetika und Dauerwellen als Luxusartikel verboten, obwohl wir in Gion, die wir das Spielzeug der Mächtigen waren, immer noch mehr oder weniger taten, wozu wir Lust hatten. Da großzügige Geschenke inzwischen fast völlig unüblich geworden waren, hatte ich im Laufe der Jahre nicht mehr zusammengetragen als ein paar Schriftrollen, Tuschreibsteine und Schalen sowie eine Sammlung von Doppelbildern berühmter Panoramen mitsamt einem wundervollen Stereoskop aus Sterlingsilber, das mir der Kabuki-Schauspieler Onoe Yoegoro XVII. geschenkt hatte. Jedenfalls trug ich all diese Dinge – zusammen mit meinen Schminkutensilien, der Unterwäsche, den Büchern und Zeitschriften – über den Flur und stapelte sie in der Zimmerecke. Hatsumomo und Kürbisköpfchen hatten jedoch selbst am Abend des folgenden Tages noch nicht damit begonnen, ihre Sachen umzuräumen. Als ich zur Mittagszeit des dritten Tages von der Schule nach Hause ging, faßte ich den Entschluß, wenn Hatsumomos Flaschen und Salben immer noch den gesamten Schminktisch füllten, zu Tantchen zu gehen und sie um Hilfe zu bitten.

Als ich die Treppe hinaufgestiegen war, sah ich zu meiner Überraschung, daß sowohl Hatsumomos als auch meine Tür offenstanden. Auf dem Fußboden im Flur lag ein zerbrochener Topf mit weißer Salbe. Irgend etwas schien nicht zu stimmen, und als ich mein Zimmer betrat, erkannte ich sofort, was los war: Hatsumomo saß an meinem kleinen Tisch, trank, wie es schien, aus einem kleinen Glas Wasser – und las ein Notizbuch, das mir gehörte!

Von den Geishas wird erwartet, daß sie im Hinblick auf die Männer, die sie kennen, äußerste Diskretion bewahren, daher werden Sie sich vielleicht darüber wundern, daß ich vor mehreren Jahren, als ich noch Lerngeisha war, einmal ein Schreibwarengeschäft aufgesucht und mir ein wunderschönes Buch mit leeren Seiten gekauft hatte, um Tagebuch zu führen. Natürlich war ich nicht so töricht, Dinge niederzuschreiben, die eine Geisha niemals verraten darf. Ich schrieb lediglich über meine Gedanken und Gefühle. Wenn ich etwas über einen bestimmten Mann zu sagen hatte, gab ich ihm einen anderen Namen. Nobu nannte ich zum Beispiel »Herr Tsu«, denn manchmal stieß er mit dem Mund kleine, verächtliche Geräusche aus, die wie »Tsu!« klangen. Der Direktor war bei mir »Herr Haa«, weil er bei einer Gelegenheit ganz tief Luft geholt und sie dann mit einem Geräusch wieder ausgestoßen hatte, das wie »Haa« klang; in dem Moment hatte ich mir gerade vorgestellt, neben ihm aufzuwachen, so daß es einen besonders starken Eindruck auf mich gemacht hatte. Nie wäre ich auf die Idee gekommen, daß irgend jemand lesen würde, was ich in diesem Tagebuch niedergeschrieben hatte!

»O Sayuri, wie schön, daß du kommst!« sagte Hatsumomo. »Ich wollte dir sagen, wieviel Freude es mir macht, in deinem Tagebuch zu lesen. Manche Eintragungen sind wirklich *äußerst* interessant... Und dein Stil – wirklich bezaubernd! Von deiner Kalligraphie bin ich zwar nicht besonders begeistert, aber...«

»Haben Sie zufällig das interessante Wort gelesen, das ich auf die Titelseite geschrieben habe?«

»Ich glaube nicht. Moment mal... ›Geheim‹. Nun, das ist ein Paradebeispiel für das, was ich soeben über deine Schönschrift sagte.«

»Bitte, legen Sie das Buch auf den Tisch, Hatsumomo, und verlassen Sie das Zimmer!«

»Also wirklich! Ich bin entsetzt über dich, Sayuri. Ich will dir doch nur helfen! Hör mir einen Moment aufmerksam zu, und du wirst sehen, was ich meine. Zum Beispiel: Warum nennst du Nobu Toshikazu bloß ›Herr Tsu‹? Der Name paßt überhaupt nicht zu ihm. Ich finde, du hättest ihn ›Herr Beule‹ nennen sollen, oder vielleicht auch ›Herr Einarm‹. Meinst du nicht auch? Wenn du möchtest, kannst du's ja ändern, du brauchst dich auch nicht bei mir zu bedanken.«

»Ich weiß nicht, wovon Sie sprechen, Hatsumomo. Ich habe überhaupt nichts über Nobu geschrieben.«

Hatsumomo seufzte, als wollte sie sagen, was für eine schlechte Lügnerin ich doch sei, und begann in meinem Tagebuch zu blättern. »Wenn es nicht Nobu ist, über den du geschrieben hast, möchte ich wissen, wen du dann meinst. Sehen wir mal ... Ach ja, hier ist es: ›Manchmal sehe ich, wie Herrn Tsus Gesicht sich vor Ärger rötet, wenn eine Geisha ihn anstarrt. Ich dagegen kann ihn ansehen, solange ich will, das scheint ihn sogar noch zu freuen. Ich glaube, seine Zuneigung zu mir entspringt dem Gefühl, daß ich den Anblick seiner Haut und seines fehlenden Armes nicht als so befremdend und unheimlich empfinde wie viele andere junge Mädchen.‹ Also muß ich wohl denken, daß du mir sagen willst, du kennst jemand, der *genauso* aussieht wie Nobu. Du solltest die beiden miteinander bekannt machen! Denk doch, wieviel sie gemeinsam haben.«

Mir war inzwischen ganz elend ums Herz geworden – besser kann ich's nicht beschreiben. Es ist schon schlimm genug, wenn die Geheimnisse, die man bewahrt, plötzlich ans Licht gezerrt werden, aber wenn auch noch die eigene Dummheit dafür verantwortlich ist ... Nun, wenn ich jemand beschimpfen wollte, dann höchstens mich selbst, erstens weil ich überhaupt Tagebuch geführt hatte, und zweitens, weil ich es so versteckt hatte, daß Hatsumomo es finden konnte. Ein Ladenbesitzer, der sein Fenster offenstehen läßt, darf nicht auf das Gewitter schimpfen, das seine Waren ruiniert.

Ich ging zum Tisch, um Hatsumomo das Tagebuch wegzunehmen, aber sie preßte es an ihre Brust und erhob sich. Mit der anderen Hand griff sie nach dem Glas, das, wie ich geglaubt hatte, Wasser enthielt. Jetzt, da ich ganz nahe bei ihr war, konnte ich plötzlich Sake riechen. Also war es gar kein Wasser. Sie war betrunken.

»Aber Sayuri, *natürlich* willst du dein Tagebuch zurückhaben, und *natürlich* werde ich es dir zurückgeben«, sagte sie. Doch während sie das sagte, ging sie zur Tür. »Das Dumme ist nur, daß ich es noch nicht ganz gelesen habe. Also werde ich es auf mein Zimmer mitnehmen... Es sei denn, du willst, daß ich es Mutter zeige. Die wird sich bestimmt sehr über die Passagen freuen, die du über sie geschrieben hast.«

Ich hatte vorhin erwähnt, daß im Flur ein zerbrochenes Salbentöpfchen auf dem Boden lag. So war es bei Hatsumomo immer: Sie richtete ein Chaos an und machte sich nicht mal die Mühe, die Dienerinnen davon zu unterrichten. Doch jetzt, da sie mein Zimmer verließ, bekam sie endlich, was sie verdiente. Wahrscheinlich hatte sie das Töpfchen vergessen, weil sie betrunken war; wie dem auch sei, sie trat mitten in die Glasscherben und stieß einen Schrei aus. Ich sah, wie sie einen Augenblick ihren Fuß betrachtete und leise aufkeuchte, dann aber ging sie sofort weiter.

Ich geriet in Panik, als sie ihr Zimmer betrat. Ich erwog, ihr das Buch mit Gewalt abzunehmen, doch dann erinnerte ich mich an die Idee, die Mameha beim Sumo-Turnier gekommen war. Hatsumomo nachzulaufen wäre das Offensichtliche gewesen. Besser abwarten, bis sie sich allmählich entspannte, weil sie den Kampf schon gewonnen glaubte, und ihr das Tagebuch wegnehmen, wenn sie am wenigsten damit rechnete.

Das schien mir eine gute Idee zu sein. Doch dann stellte ich mir vor, daß sie es an einem Platz versteckte, den ich vielleicht nie ausfindig machen würde.

Da sie inzwischen die Tür geschlossen hatte, stellte ich mich davor und rief leise: »Hatsumomo-san, es tut mir leid, wenn ich zornig auf Sie gewirkt haben sollte. Darf ich hereinkommen?«

»Nein, darfst du nicht«, gab sie zurück.

Dennoch schob ich die Tür ein Stück weit auf. Im Zimmer herrschte ein schreckliches Durcheinander, weil Hatsumomo bei ihrem Umzugsversuch ihre Sachen überall verstreut hatte. Das Tagebuch lag auf dem Tisch, während Hatsumomo ein Handtuch auf ihren Fuß preßte. Ich hatte keine Ahnung, wie ich sie ablenken sollte, war aber felsenfest entschlossen, das Zimmer nicht ohne das Tagebuch zu verlassen.

Sie mag den Charakter einer Wasserratte gehabt haben, aber dumm war Hatsumomo nicht. Wäre sie nüchtern gewesen, ich hätte nicht einmal den Versuch gemacht, sie in diesem Moment zu

überlisten. In Anbetracht ihres gegenwärtigen Zustands jedoch...
Suchend musterte ich die Kleiderberge, die auf dem Boden lagen,
die Parfümflaschen und all die anderen Dinge, die sie überall verstreut hatte. Der Wandschrank stand offen, ebenso die winzige
Kassette, in der sie ihren Schmuck aufbewahrte. Der Inhalt quoll
auf die Matten, als hätte sie früher am Morgen dort gesessen,
etwas getrunken und die Stücke anprobiert. Da fiel mir ein
Schmuckstück ins Auge, als wäre es der einzige Stern an einem
tiefschwarzen Himmel.

Es war eine Smaragd-Obibrosche – jene, die ich Hatsumomo
vor Jahren gestohlen haben sollte, und zwar an jenem Abend, als
ich sie und ihren Freund im Dienstbotenzimmer überraschte.
Nie hätte ich erwartet, sie wiederzusehen. Also marschierte ich
schnurstracks zum Schrank und griff hinein, um sie mir aus den
anderen Schmuckstücken, die da herumlagen, herauszugreifen.

»Eine großartige Idee!« höhnte Hatsumomo. »Nur zu, stiehl
mir ein Stück von meinem Schmuck. Ehrlich, das Geld, das du
mir dafür wirst zahlen müssen, ist mir weitaus lieber.«

»Es freut mich ja so sehr, daß es Ihnen nichts ausmacht«, gab
ich zurück. »Wieviel werde ich wohl für das hier bezahlen müssen?«

Damit ging ich zu ihr hinüber und hielt ihr die Brosche unter
die Nase. Das strahlende Lächeln, das sie aufgesetzt hatte, wich
aus ihrem Gesicht wie die Dunkelheit aus einem Tal, wenn die
Sonne aufgeht. In dem Moment, als Hatsumomo wie betäubt dasaß, streckte ich einfach die andere Hand aus und holte mir das
Tagebuch zurück.

Ich hatte keine Ahnung, wie Hatsumomo reagieren würde,
aber ich ging zur Tür hinaus und schob sie hinter mir zu. Ich erwog, geradewegs zu Mutter zu gehen und ihr zu zeigen, was ich
gefunden hatte, aber das ging natürlich nicht, solange ich das Tagebuch in der Hand hielt. So schnell es ging, öffnete ich die Tür
zu dem Wandschrank, in dem die Kimonos für die jeweilige Jahreszeit aufbewahrt wurden, und stopfte das Tagebuch zwischen
zwei in Seidenpapier gepackte Gewänder. Das dauerte nur wenige
Sekunden, und dennoch kribbelte es mir im Rücken, weil ich
ständig befürchtete, Hatsumomo könne ihre Tür öffnen und

mich ertappen. Nachdem ich die Schranktür wieder geschlossen hatte, lief ich hastig in mein Zimmer und begann die Schubladen meines Schminktischchens zu öffnen und wieder zu schließen, damit Hatsumomo den Eindruck bekam, ich hätte das Tagebuch dort versteckt.

Als ich wieder auf den Flur hinaustrat, beobachtete sie mich leicht lächelnd von ihrer Zimmertür aus, als fände sie die Situation belustigend. Ich gab mir Mühe, beunruhigt zu wirken – was mir nicht allzu schwerfiel –, und ging mit der Brosche in Mutters Zimmer, wo ich sie vor ihr auf den Tisch legte. Sie ließ die Zeitschrift sinken, in der sie las, und griff nach dem Schmuck, um ihn zu bewundern.

»Ein hübsches Stück«, sagte sie, »doch auf dem Schwarzmarkt heutzutage nicht viel wert. Keiner will für derartige Dinge jetzt noch viel Geld bezahlen.«

»Hatsumomo wird sehr teuer dafür bezahlen müssen, da bin ich sicher«, entgegnete ich. »Erinnern Sie sich an die Brosche, die ich ihr vor Jahren gestohlen haben soll und die meinen Schulden zugerechnet wurde? Das hier ist sie. Ich habe sie soeben neben ihrem Schmuckkasten auf dem Boden gefunden.«

»Wissen Sie was?« sagte Hatsumomo, die ins Zimmer gekommen war und direkt hinter mir stand. »Ich glaube, Sayuri hat recht. Das ist die Brosche, die ich verloren hatte! Zumindest sieht sie so aus. Ich hätte nie gedacht, daß ich sie noch einmal wiedersehen würde.«

»O ja, es fällt schwer, Dinge wiederzufinden, wenn man die ganze Zeit betrunken ist«, sagte ich. »Wenn Sie nur einmal gründlich in Ihrem Schmuckkasten nachgesehen hätten!«

Mutter legte die Brosche auf den Tisch und funkelte Hatsumomo erbost an.

»Ich habe sie in ihrem Zimmer gefunden«, behauptete Hatsumomo. »Sie hatte sie in ihrem Schminktisch versteckt.«

»Und was hattest du in ihrem Schminktisch herumzuwühlen?« fragte Mutter.

»Ich wollte es Ihnen ja nicht sagen, Mutter, aber Sayuri hatte etwas auf ihrem Tisch liegenlassen, das ich für sie verstecken wollte. Ich weiß, ich hätte es Ihnen sofort bringen müssen, aber…

Sie führt nämlich ein Tagebuch. Letztes Jahr hat sie es mir gezeigt. Darin hat sie ein paar sehr belastende Dinge über gewisse Männer geschrieben und … ehrlich gesagt, auch über Sie.«

Ich überlegte, ob ich protestieren sollte, aber im Grunde spielte es keine Rolle mehr. Hatsumomo saß in der Patsche, und nichts, was sie jetzt noch sagte, konnte ihre Lage verbessern. Vor zehn Jahren, als sie die Haupteinnahmequelle der Okiya gewesen war, hätte sie mir vermutlich alles anhängen können, was sie nur wollte. Sie hätte behaupten können, ich hätte die Tatami-Matten in ihrem Zimmer aufgefressen, und Mutter hätte mir die Anschaffungskosten für neue Matten aufs Konto geschrieben. Inzwischen aber hatte sich der Wind endlich gedreht, und Hatsumomos glänzende Karriere verdorrte, während die meine gerade erst aufzublühen begann. Ich war die Tochter der Okiya und die erste Geisha des Hauses. Ich glaube fast, daß Mutter gar nicht an der Wahrheit interessiert war.

»Es gibt kein Tagebuch, Mutter«, entgegnete ich. »Das denkt sich Hatsumomo nur aus.«

»Ach, wirklich?« sagte Hatsumomo. »Dann werde ich es jetzt holen gehen, und während Mutter es durchliest, kannst du ihr erklären, wieso ich mir das ausgedacht haben soll.«

Hatsumomo marschierte in mein Zimmer hinüber, und Mutter folgte ihr. Der Boden im Flur sah furchtbar aus. Hatsumomo hatte nicht nur das Salbentöpfchen zerbrochen und war dann mitten hineingetreten, sie hatte die Salbe und das Blut auch auf dem ganzen Flur herumgetragen und – weit schlimmer – auch die Tatami-Matten in ihrem eigenen Zimmer, in Mutters Zimmer und nun in meinem beschmutzt. Als ich hineinblickte, kniete sie vor meinem Ankleideschrank, schob sehr langsam die Schubladen zu und wirkte ein wenig niedergeschlagen.

»Welches Tagebuch meint Hatsumomo eigentlich?« fragte mich Mutter.

»Wenn es ein Tagebuch gibt, wird Hatsumomo es mit Sicherheit finden«, antwortete ich.

Daraufhin ließ Hatsumomo mit einem kleinen Auflachen die Hände in den Schoß sinken und tat, als wäre das Ganze eine Art Spiel gewesen, bei dem man sie geschickt ausmanövriert hatte.

»Hatsumomo«, wandte sich Mutter an sie, »du wirst Sayuri das Geld für die Brosche, die sie dir angeblich gestohlen hat, zurückzahlen. Außerdem dulde ich nicht, daß die Tatamis dieser Okiya mit Blut besudelt werden. Sie werden alle ersetzt werden, und zwar auf deine Kosten. Dies war bis jetzt ein recht teurer Tag für dich, dabei haben wir erst kurz nach Mittag. Soll ich mit dem Zusammenrechnen deiner Schulden vielleicht noch warten – nur für den Fall, daß du damit noch nicht fertig bist?«

Ich weiß nicht, ob Hatsumomo gehört hat, was Mutter sagte, denn sie war viel zu sehr damit beschäftigt, mich böse anzufunkeln. Sie zog ein so wütendes Gesicht, wie ich es selten zu sehen bekam.

Wenn Sie mich als junge Frau gefragt hätten, welches der Wendepunkt in meinem Verhältnis zu Hatsumomo war, hätte ich gesagt, es sei meine *mizuage* gewesen. Aber obwohl es zutrifft, daß mich meine *mizuage* für Hatsumomo unerreichbar machte, hätten wir durchaus im selben Haus wohnen bleiben können, bis wir alte Frauen waren – wenn nicht etwas vorgefallen wäre. Deswegen glaube ich nun, daß der eigentliche Wendepunkt der Tag war, an dem Hatsumomo mein Tagebuch las und ich die Obibrosche entdeckte, die ich ihren Angaben nach gestohlen haben sollte.

Um zu erklären, warum das so ist, möchte ich Ihnen etwas erzählen, was Admiral Yamamoto Isoroku eines Abends im Ichiriki-Teehaus sagte. Ich kann nicht behaupten, daß Admiral Yamamoto – der gewöhnlich als Vater der japanisch-kaiserlichen Marine bezeichnet wird – ein guter Bekannter von mir war, doch ich hatte das Privileg, mehrmals zu Partys gebeten zu werden, auf denen er anwesend war. Er war ein kleiner Mann, aber vergessen Sie nicht, daß eine Stange Dynamit ebenfalls klein ist. Sobald der Admiral eintraf, wurde es auf allen Partys geräuschvoller. An jenem Abend befanden sich er und ein anderer Mann in der letzten Runde eines Trinkspiels und hatten verabredet, daß der Verlierer in der nächsten Apotheke ein Kondom kaufen müsse – ganz einfach, weil es so peinlich war, verstehen Sie, einen anderen Grund gab es nicht. Der Admiral gewann natürlich, und alle Gäste brachen in Jubelrufe und heftigen Beifall aus.

»Gut, daß Sie nicht verloren haben, Admiral«, sagte einer seiner Adjutanten. »Stellen Sie sich vor, der arme Apotheker sieht plötzlich Admiral Yamamoto Isoroku auf der anderen Seite seines Ladentisches stehen!«

Alle hielten das für furchtbar komisch, aber der Admiral erwiderte, er habe keinen Moment daran gezweifelt, daß er gewinnen werde.

»Also, hören Sie!« sagte eine der Geishas. »Jeder Mensch muß mal verlieren, sogar Sie, Admiral!«

»Es trifft vermutlich zu, daß jeder mal verliert«, sagte er. »Aber ich – niemals!«

Manche der Anwesenden mögen diese Behauptung vielleicht für arrogant gehalten haben, ich dagegen gehörte nicht dazu. Der Admiral schien mir ein Mann zu sein, der es gewöhnt war zu gewinnen. Später fragte ihn jemand nach dem Geheimnis seines Erfolges.

»Ich trachte niemals danach, den Menschen, mit dem ich kämpfe, zu besiegen«, erklärte er. »Ich versuche sein Selbstvertrauen zu besiegen. Jemand, der von Zweifeln geplagt wird, kann sich nicht auf den Weg zum Sieg konzentrieren. Zwei Männer sind sich nur ebenbürtig – *wirklich* ebenbürtig –, wenn sie beide gleichviel Selbstvertrauen besitzen.«

Ich glaube nicht, daß es mir damals bewußt war, doch nachdem ich mich mit Hatsumomo über mein Tagebuch gestritten hatte, begann sie – wie es der Admiral ausgedrückt hatte – von Zweifeln geplagt zu werden. Sie wußte, daß Mutter nicht länger ihre Partei gegen mich ergreifen würde, und deswegen glich sie einem Stoff, der aus dem warmen Schrank genommen und draußen im Freien aufgehängt wird, wo ihn die Unbilden des Wetters allmählich zerfressen.

Könnte Mameha hören, daß ich die Dinge auf diese Weise beschreibe, würde sie bestimmt Einspruch erheben, da sie Hatsumomo ganz anders als ich einschätzte. Sie hielt Hatsumomo für eine Frau, die der Selbstzerstörung entgegenging, und wir brauchten sie lediglich auf den Weg zu locken, den sie in jedem Fall gewählt hätte. Vielleicht hatte Mameha recht, ich weiß es nicht. Es stimmt, daß Hatsumomo in den Jahren nach meiner *mi-*

zuage nach und nach von einer Art Krankheit des Charakters heimgesucht wurde – falls es so etwas gibt. Sie hatte zum Beispiel nicht nur die Kontrolle über ihre Trinkerei, sondern auch über ihre Anfälle von Grausamkeit verloren. Bis ihr Leben in Scherben zu fallen drohte, hatte sie ihre Grausamkeit, wie der Samurai sein Schwert, immer zu einem bestimmten Zweck eingesetzt: nicht um wahllos um sich zu schlagen, sondern um ihre Feinde zu treffen. Doch inzwischen schien Hatsumomo den Blick dafür verloren zu haben, wer ihr Feind war, denn sie schlug zuweilen sogar auf das arme Kürbisköpfchen ein. Auf Partys äußerte sie manchmal sogar beleidigende Kommentare über die Männer, denen sie Gesellschaft leistete. Und noch etwas: Sie war nicht mehr so schön, wie sie gewesen war. Ihre Haut wirkte wächsern, ihr Gesicht aufgedunsen. Vielleicht sah auch nur ich sie so. Ein Baum mag so schön aussehen wie immer, doch wenn man die Insekten bemerkt, die ihn zerfressen, und sieht, wie die Spitzen seiner Zweige durch Krankheit braun werden, scheint selbst der Stamm etwas von seiner imponierenden Größe zu verlieren.

Ein verwundeter Tiger ist, wie jeder weiß, äußerst gefährlich. Aus diesem Grund bestand Mameha darauf, daß wir Hatsumomo während der nächsten paar Wochen abends durch Gion folgten. Zum Teil, weil Mameha sie im Auge behalten wollte, denn wir wären keineswegs überrascht gewesen, wenn sie Nobu aufgesucht hätte, um ihm den Inhalt meines Tagebuchs und all meine heimlichen Gefühle für »Herrn Haa« zu verraten, den Nobu vielleicht als den Direktor hätte identifizieren können. Vor allem wollte Mameha Hatsumomo jedoch das Leben schwermachen.

»Um ein Brett durchzuschlagen«, belehrte mich Mameha, »genügt es nicht, es in der Mitte zu knicken. Du wirst erst dann Erfolg haben, wenn du mit aller Kraft darauf herumspringst, bis es in zwei Hälften zerbricht.«

Also kam Mameha, falls sie kein wichtiges Engagement hatte, jeden Abend in der Dämmerung zu unserer Okiya und wartete geduldig, um Hatsumomo, sobald sie die Okiya verließ, auf dem Fuß zu folgen. Mameha und ich konnten natürlich nicht immer zusammenbleiben, aber gewöhnlich gelang es einer von uns, ihr während einiger Stunden von einem Engagement zum nächsten auf den Fersen zu bleiben. Am ersten Abend, an dem wir dies taten, tat Hatsumomo noch belustigt. Am Ende des vierten Abends musterte sie uns zornig aus zusammengekniffenen Augen und hatte offensichtlich Mühe, auf die Männer, die sie unterhalten sollte, fröhlich zu wirken. Anfang der darauffolgenden Woche fuhr sie in einer Gasse urplötzlich zu uns herum und kam auf uns zu.

»Laßt mich mal überlegen«, sagte sie. »Hunde folgen ihrem Herrn. Und da ihr beiden mir überall schnuppernd und schnobernd nachfolgt, muß ich daraus schließen, daß ihr wie Hunde behandelt werden wollt! Soll ich euch zeigen, was ich mit Hunden mache, die ich nicht mag?«

Damit holte sie aus und versetzte Mameha einen heftigen Schlag auf den Kopf. Ich schrie auf und schien Hatsumomo damit zur Besinnung gebracht zu haben. Mit glühenden Augen starrte sie mich eine Weile an, bis das Feuer in ihnen erlosch und sie wortlos davonging. Alle in der Gasse hatten bemerkt, was passiert war, und einige kamen herüber, um sich zu vergewissern, daß es Mameha gutging. Sie versicherte ihnen, daß alles in Ordnung sei, und sagte dann traurig:

»Die arme Hatsumomo! Es ist offenbar so, wie es der Arzt gesagt hat. Sie scheint wirklich den Verstand zu verlieren.«

Natürlich gab es keinen Arzt, aber Mamehas Worte zeitigten die beabsichtigte Wirkung. Schon bald machte in Gion das Gerücht die Runde, der Arzt habe Hatsumomo als geistig verwirrt bezeichnet.

Seit Jahren schon stand Hatsumomo dem berühmten Kabuki-Schauspieler Bando Shojiro VI. nahe. Shojiro war das, was wir als *onna-gata* bezeichnen, das heißt, er spielte immer nur Frauenrollen. Einmal sagte er in einem Interview für eine Zeitschrift, Hatsumomo sei die schönste Frau, die er je gesehen habe, und auf der Bühne imitiere er häufig ihre Gesten, damit er selbst möglichst noch verführerischer wirke. Also können Sie sich vorstellen, daß Hatsumomo Shojiro stets besuchte, wenn er sich wieder mal in Gion aufhielt.

Eines Nachmittags erfuhr ich, daß Shojiro abends an einer Party in einem Teehaus im Geishaviertel Pontocho auf der gegenüberliegenden Flußseite teilnehmen werde. Ich erfuhr davon, als ich für eine Gruppe Marineoffiziere auf Urlaub eine Teezeremonie vorbereitete. Anschließend eilte ich in die Okiya zurück, doch Hatsumomo war bereits angekleidet und hatte sich eilig davongestohlen. Sie tat das, was einst ich getan hatte: Sie brach früh auf, damit ihr niemand folgen konnte.

Da ich Mameha unbedingt berichten wollte, was ich erfahren hatte, ging ich geradewegs in ihre Wohnung. Leider informierte mich ihre Dienerin, daß sie eine halbe Stunde zuvor fortgegangen sei, um »zu beten«. Ich wußte sehr gut, was das bedeutete: Mameha war zu einem kleinen Tempel am Ostrand von Gion gegangen, um vor den drei winzigen *jizo*-Statuen zu beten, die sie dort hatte errichten lassen. Ein *jizo* ehrt die Seele eines verstorbenen Kindes. In Mamehas Fall standen sie für die drei Kinder, die sie auf Verlangen des Barons abgetrieben hatte. Unter anderen Umständen wäre ich ihr vielleicht gefolgt, doch in einem so intimen Moment konnte ich sie unmöglich stören. Außerdem hätte sie vielleicht nicht gewollt, daß ich erfuhr, wo sie war. Also blieb ich in ihrer Wohnung sitzen und ließ mir von Tatsumo Tee servieren. Schließlich kehrte Mameha mit leicht abgespanntem Ausdruck nach Hause zurück. Da ich das Thema nicht gleich anschneiden wollte, plauderten wir eine Weile über das bevorstehende Fest der Zeitalter, in dem Mameha die Hofdame Murasaki Shikibu darstellen sollte, Autorin der klassischen *Geschichte des Prinzen Genji*. Schließlich blickte Mameha von ihrer Tasse Schwarztee auf – Tatsumo hatte Teeblätter geröstet, als ich eintraf –, und ich erzählte ihr, was ich im Lauf des Nachmittags erfahren hatte.

»Wunderbar!« sagte sie. »Hatsumomo wird entspannt sein und glauben, daß sie uns abgeschüttelt hat. Bei all der Aufmerksamkeit, die Shojiro ihr auf der Party zukommen lassen wird, fühlt sie sich vermutlich wie neugeboren. Dann werden wir beiden, du und ich, wie ein übler Geruch von der Gasse hereinkommen und ihr den ganzen Abend verderben.«

Nachdem mich Hatsumomo so viele Jahre lang so grausam behandelt hatte und nachdem ich sie so von Herzen haßte, hätte mich dieser Plan eigentlich entzücken müssen. Doch irgendwie verschaffte mir die Intrige gegen Hatsumomo nicht soviel Vergnügen, wie ich mir vorgestellt hatte. Ich mußte unwillkürlich an ein Erlebnis aus meiner Kindheit denken: Ich badete gerade im Teich bei unserem beschwipsten Haus, als ich plötzlich ein heftiges Brennen in meiner Schulter verspürte. Eine Biene hatte mich gestochen und versuchte sich von meiner Haut zu lösen. Ich war zu sehr damit beschäftigt, laut zu schreien, um etwas zu unternehmen, doch einer der Jungen zog die Biene heraus und hielt sie an den Flügeln auf einem Stein fest, wo wir uns alle versammelten, um zu besprechen, wie wir sie umbringen sollten. Die Biene war schuld daran, daß ich starke Schmerzen hatte, deswegen war ich ihr alles andere als freundlich gesonnen. Doch das Wissen, daß sich dieses winzige, zappelnde Wesen vor dem unmittelbar bevorstehenden Tod nicht retten konnte, verursachte mir ein schreckliches Gefühl der Schwäche in der Brust. Das gleiche Mitleid empfand ich jetzt auch mit Hatsumomo. An den Abenden, an denen wir ihr durch Gion folgten, bis sie, nur um uns zu entkommen, in die Okiya zurückkehrte, hatte ich nahezu das Gefühl, daß wir sie folterten.

Wie dem auch sei, an jenem Abend überquerten wir gegen neun Uhr die Brücke zum Pontocho-Viertel. Anders als Gion, das sich über viele Häuserblocks erstreckt, besteht Pontocho aus einer einzigen langen Gasse, die sich am Flußufer entlangzieht. Wegen dieser Form wird es von den Leuten auch häufig als »Schlafstätte der Aale« bezeichnet. Die Herbstluft war an jenem Abend ein wenig frisch, Shojiros Party fand aber dennoch draußen auf einer Holzveranda statt, die auf Stelzen über dem Flußwasser stand. Niemand schenkte uns groß Beachtung, als wir durch die Glastür traten. Die Veranda wurde von Papierlaternen beleuchtet, der Fluß schimmerte im Licht eines Restaurants am anderen Ufer wie Gold. Alle hörten Shojiro zu, der mit seiner Singsangstimme eine Geschichte erzählte, aber Hatsumomos Miene verdüsterte sich, als sie uns entdeckte. Ich mußte unwillkürlich an eine beschädigte Biene denken, die ich am Tag zuvor in der Hand gehalten hatte, denn Hatsumomos Gesicht wirkte inmitten all der fröhlichen Gesichter wie eine angefaulte Stelle.

Mameha begab sich zu Hatsumomo und kniete sich neben sie, was ich ziemlich mutig von ihr fand. Ich selbst setzte mich ans andere Ende der Veranda neben einen sanftmütig wirkenden alten Mann, der sich als der Kotospieler Tachibana Zensaku entpuppte, dessen verkratzte, uralte Schallplatten ich noch heute besitze. Wie ich an jenem Abend entdeckte, war Tachibana blind. Obwohl ich aus ganz anderen Gründen gekommen war, hätte ich nur allzugern den ganzen Abend im Gespräch mit ihm verbracht, denn er war ein faszinierender, liebenswürdiger Mann. Aber wir hatten kaum mit dem Gespräch begonnen, als plötzlich alle in lautes Lachen ausbrachen.

Shojiro war ein höchst bemerkenswerter Mime. Er war so schlank wie ein Weidenast, mit eleganten, bedächtigen Fingern und einem sehr langen Gesicht, das er auf ganz außerordentliche Art zu verziehen verstand; er hätte eine ganze Horde Affen dazu bringen können, ihn als einen der ihren zu betrachten. In diesem Moment imitierte er die Geisha neben ihm, eine Frau in den Fünfzigern. Mit seinen weibischen Gesten – er schürzte die Lippen, er rollte die Augen – gelang es ihm, ihr so ähnlich zu sehen, daß ich nicht wußte, ob ich lachen oder einfach dasitzen und mir vor Staunen die Hand vor den Mund halten sollte. Ich hatte Shojiro zwar auf der Bühne gesehen, das hier fand ich jedoch bei weitem besser.

Tachibana beugte sich zu mir herüber und fragte mich flüsternd: »Was macht er?«

»Er imitiert eine ältere Geisha, die neben ihm sitzt.«

»Ach«, sagte Tachibana, »das wird wohl Ichiwari sein.« Dann berührte er mich mit dem Handrücken, um meine Aufmerksamkeit zu erregen. »Der Direktor des Minami-za-Theaters«, sagte er und spreizte unter dem Tisch, wo niemand es sehen konnte, den kleinen Finger ab. Wenn man in Japan den kleinen Finger hebt, so bedeutet das »Freund« oder »Freundin«. Tachibana teilte mir mit, daß die ältere Geisha, die Ichiwari hieß, die Geliebte des Theaterdirektors sei. Und tatsächlich, auch der Direktor war anwesend und lachte lauter als alle anderen.

Einen Augenblick später, noch immer mitten in seiner Possenreißerei, steckte Shojiro sich einen Finger in die Nase. Dabei lachten sie alle so laut, daß die ganze Veranda bebte. Ich wußte es damals noch nicht, aber es war eine von Ichiwaris stadtbekannten Angewohnheiten, sich in der Nase zu bohren. Als sie das sah, wurde sie puterrot und hielt sich den Ärmel ihres Kimonos vors Gesicht. Shojiro, der eine beträchtliche Menge Sake getrunken hatte, machte auch das umgehend nach. Die Anwesenden lachten höflich, doch nur Hatsumomo schien es wirklich komisch zu finden, denn Shojiro übertrat allmählich die Grenze zur Grausamkeit. Schließlich sagte der Theaterdirektor: »Schon gut, Shojiro-san, spar dir deine Energie für die Aufführung morgen. Außerdem – wußtest du nicht, daß du in der Nähe einer der besten Tänzerinnen von Gion sitzt? Ich schlage vor, daß wir sie um eine kleine Kostprobe bitten.«

Der Direktor meinte natürlich Mameha.

»Himmel, nein! Ich möchte jetzt keinen Tanz sehen«, sagte Shojiro. Wie ich im Laufe der Jahre erkennen sollte, zog er es vor, selbst im Mittelpunkt zu stehen. »Außerdem amüsiere ich mich gerade so gut.«

»Shojiro-san, wir sollten uns die Gelegenheit nicht entgehen lassen, die berühmte Mameha tanzen zu sehen«, sagte der Direktor, und zwar diesmal ohne die geringste Spur von Humor. Auch ein paar Geishas stimmten ihm bei, und schließlich wurde Shojiro überredet, Mameha persönlich um einen Tanz zu bitten, was er so schmollend wie ein kleiner Junge tat. Schon jetzt sah ich, daß Hatsumomo mißmutig dreinblickte. Sie füllte Shojiro noch einmal die Saketasse, während er ihr nachschenkte. Die beiden tauschten einen langen Blick, als wollten sie sagen, daß ihnen die Party gründlich verleidet sei.

Einige Minuten vergingen, während eine Dienerin ein Shamisen holte, und eine Geisha es stimmte und zum Spielen vorbereitete. Dann nahm Mameha ihren Platz vor dem Hintergrund des Teehauses ein und zeigte ein paar sehr kurze Stücke. Nahezu jedermann hätte mir darin zugestimmt, daß Mameha eine bezaubernde Frau war, aber nur sehr wenige Leute hätten sie schöner als Hatsumomo gefunden, deswegen kann ich nicht genau sagen, was Shojiro an ihr ins Auge stach. Vielleicht war es der Sake, den er getrunken hatte, und vielleicht war es Mamehas ganz außergewöhnliche Tanzkunst, denn Shojiro war selbst Tänzer. Was immer es jedoch war, als Mameha zu uns an den Tisch zurückkam, schien Shojiro ziemlich von ihr eingenommen zu sein und bat sie, sich neben ihn zu setzen. Als sie das tat, schenkte er ihr eine Tasse Sake ein und kehrte Hatsumomo den Rücken, als wäre sie nichts weiter als eine ihn anhimmelnde Lerngeisha.

Nun, Hatsumomo kniff den Mund zusammen, und ihre Augen verengten sich. Und was Mameha betraf, so habe ich sie nie herausfordernder mit einem Mann flirten sehen als jetzt mit Shojiro. Ihre Stimme wurde ganz weich und hoch, und ihre Augen wanderten von seiner Brust zu seinem Gesicht und wieder zurück. Von Zeit zu Zeit strich sie mit den Fingerspitzen quer über ihre Halsgrube, als wäre ihr die fleckige Röte peinlich, die sich dort ausgebreitet hatte. Im Grunde war da gar keine Röte, aber sie schauspielerte so überzeugend, daß man das nicht entdeckt hätte, wenn man nicht genau hinsah. Dann fragte eine der Geishas Shojiro, wie es Bajiru-san gehe.

»Bajiru-san«, sagte Shojiro betont dramatisch, »hat mich verlassen!«

Ich hatte keine Ahnung, wovon Shojiro redete, doch Tachibana, der alte Kotospieler, war so freundlich, mir flüsternd zu erklären, daß mit »Bajiru-san« der englische Schauspieler Basil Rathbone gemeint sei, von dem ich damals noch nie gehört hatte. Einige Jahre zuvor hatte Shojiro eine Reise nach London unternommen und dort ein Kabuki-Stück aufgeführt. Der Schauspieler Basil Rathbone hatte ihn dabei so sehr bewundert, daß die beiden mit Hilfe eines Dolmetschers Freundschaft schlossen. Shojiro mag Frauen wie Hatsumomo oder Mameha mit seiner Aufmerksamkeit überschüttet haben, doch er war homosexuell. Seit seiner Englandreise war es ein ständiger Witz, daß ihm das Herz brechen würde, weil Basil sich nicht für Männer interessierte.

»Es macht mich traurig«, sagte eine der Geishas leise, »eine Romanze sterben zu sehen.«

Alle lachten, bis auf Hatsumomo, die fortfuhr, Shojiro wütend anzustarren.

»Der Unterschied zwischen mir und Bajiru-san ist folgender. Ich werde es euch zeigen«, sagte Shojiro. Damit erhob er sich und bat Mameha mitzukommen. Er führte sie zu einer Seite des Raumes, wo sie ein bißchen mehr Platz hatten.

»Wenn ich arbeite, sehe ich so aus«, erklärte er, tänzelte, den Fächer mit einem unendlich biegsamen Handgelenk haltend, von einer Seite der Terrasse zur anderen und ließ dabei den Kopf vor- und zurückrollen wie einen Ball auf einer Wippe. »Während Bajiru-san, wenn er arbeitet, so aussieht.« Jetzt griff er sich Mameha, und Sie hätten den verblüfften Ausdruck auf ihrem Gesicht sehen sollen, als er sie mit einer Geste, die eine leidenschaftliche Umarmung nachahmte, fast bis zum Boden hinunterbog und ihr Gesicht mit Küssen bedeckte. Alle Anwesenden jubelten und applaudierten. Alle außer Hatsumomo.

»Was macht er?« erkundigte sich Tachibana leise. Ich glaubte nicht, daß irgendein anderer das gehört hatte, aber bevor ich antworten konnte, rief Hatsumomo laut:

»Er macht sich zum Narren! Das macht er.«

»Aber Hatsumomo-san«, sagte Shojiro, »bist du etwa eifersüchtig?«

»Natürlich ist sie das«, sagte Mameha. »Und jetzt müssen Sie uns zeigen, wie Sie beide sich versöhnen. Nur zu, Shojiro-san, nicht so schüchtern! Sie müssen ihr die gleichen Küsse geben wie eben mir! Das ist nur fair. Und auf genau die gleiche Art.«

Es war keine einfache Aufgabe für Shojiro, doch es gelang ihm, Hatsumomo auf die Füße zu stellen. Dann nahm er sie unter dem Beifall der Gäste in die Arme und bog sie rückwärts. Gleich darauf fuhr er jedoch wieder hoch und griff nach seiner Lippe, denn Hatsumomo hatte ihn gebissen; nicht so stark, daß es blutete, aber stark genug, um ihm einen Schock zu versetzen. Mit wutverkniffenen Augen und gebleckten Zähnen stand sie da, dann holte sie aus und versetzte ihm eine Ohrfeige. Ich vermute, der viele Sake, den sie getrunken hatte, mußte ihr Zielvermögen beeinträchtigt haben, denn statt sein Gesicht traf sie nur seine Kopfseite.

»Was ist passiert?« fragte mich Tachibana. Seine Worte klangen in der Stille, die im Raum herrschte, so laut und deutlich, als hätte jemand eine Glocke geläutet. Ich antwortete nicht, denn als er Shojiros Wimmern und Hatsumomos schweres Keuchen vernahm, mußte er von selbst verstanden haben.

»Hatsumomo-san – bitte«, sagte Mameha mit einer so ruhigen Stimme, daß sie hier völlig fehl am Platze wirkte, »mir zuliebe... versuch dich zu beruhigen!«

Ich weiß nicht, ob Mamehas Worte genau die Wirkung zeitigten, die sie sich erhoffte, oder ob Hatsumomos Verstand bereits zerrüttet war: Hatsumomo stürzte sich auf Shojiro und begann blindlings auf ihn einzuschlagen. Ich glaube, daß sie irgendwie durchdrehte. Es war nicht nur so, daß ihr Verstand gelitten zu haben schien, nein, in diesem Moment schien sie auch völlig losgelöst. Der Theaterdirektor erhob sich vom Tisch und eilte hinüber, um sie zurückzuhalten. Irgendwie gelang es Mameha inmitten dieses Durcheinanders hinauszulaufen, denn gleich darauf kam sie mit der Herrin des Teehauses zurück. Inzwischen hatte der Theaterdirektor Hatsumomo von hinten gepackt. Ich dachte, daß die Krise bewältigt sei, aber nun schrie Shojiro Hatsumomo so laut an, daß wir das Echo von den Gebäuden am anderen Flußufer zurückhallen hörten.

»Du Ungeheuer!« kreischte er. »Du hast mich gebissen!«

Ich weiß nicht, was wir alle getan hätten, hätte die Herrin des Teehauses nicht die Ruhe bewahrt. Auf Shojiro redete sie beruhigend ein, während sie zugleich dem Theaterdirektor ein Zeichen gab, Hatsumomo fortzuführen. Wie ich später erfuhr, brachte er sie nicht nur von der Veranda ins Teehaus hinein, sondern auch gleich die Treppe zur Haustür hinunter und auf die Straße hinaus.

Hatsumomo blieb die ganze Nacht über weg. Als sie am Tag darauf endlich in die Okiya zurückkehrte, roch sie, als wäre ihr übel geworden, und ihre Frisur war zerstört. Sie wurde sofort zu Mutter ins Zimmer gerufen und blieb sehr lange Zeit dort.

Einige Tage später verließ Hatsumomo die Okiya, bekleidet mit einem einfachen Baumwollkimono, den Mutter ihr gegeben hatte. Ihr Haar hing ihr in einer wilden Mähne auf die Schultern, was ich an ihr noch nie gesehen hatte. Sie trug eine Tasche mit ihren Habseligkeiten und ihrem Schmuck und verabschiedete sich von keiner von uns, sondern ging einfach auf die Straße hinaus. Sie ging nicht freiwillig. Mutter hatte sie hinausgeworfen. Und Mameha glaubte sogar, Mutter habe schon seit Jahren versucht, Hatsumomo loszuwerden. Ob das nun zutrifft oder nicht, ich bin überzeugt, daß Mutter froh war, einen Mund weniger stopfen zu müssen, denn Hatsumomo verdiente nicht mehr das, was sie früher einmal verdient hatte, und es wurde immer schwerer, überhaupt an Lebensmittel zu gelangen.

Wäre Hatsumomo nicht für ihre Bösartigkeit bekannt gewesen, wäre sie vielleicht selbst nach dem Zwischenfall mit Shojiro noch von einer anderen Okiya aufgenommen worden. Aber sie glich einem Teekessel, der selbst an guten Tagen die Hand, die ihn benutzt, verbrühen kann. Und das wußte ganz Gion.

Was letztlich aus ihr geworden ist, weiß ich nicht genau. Einige Jahre nach dem Krieg hörte ich, daß sie sich als Prostituierte im Miyagawa-cho-Viertel durchschlug. Aber sie kann dort nicht lange gewesen sein, denn an dem Abend, als ich das hörte, schwor ein Mann auf derselben Party, wenn Hatsumomo eine Prostituierte sei, werde er sie suchen und ihr ein bißchen was zu verdienen geben. Er zog los, um sie zu suchen, aber sie war nirgends zu finden. Im Laufe der Jahre hatte sie es vermutlich geschafft, sich zu Tode zu trinken. Da wäre sie nicht die erste Geisha gewesen.

Wir in der Okiya hatten uns an Hatsumomo gewöhnt, wie man sich an ein schlimmes Bein gewöhnen kann. Auch nachdem sie weg war, dauerte es noch eine ganze Weile, bis wir begriffen, wie sehr ihre Gegenwart uns beeinträchtigt hatte. Doch dann begannen Dinge, von denen wir nicht gewußt hatten, daß sie uns schmerzten, ganz allmählich zu heilen. Sogar wenn Hatsumomo nichts weiter tat, als in ihrem Zimmer zu schlafen, hatten die Dienerinnen gewußt, daß sie dort war und daß sie im Lauf des Tages herauskommen und sie beschimpfen würde. Sie alle lebten und litten unter jener Spannung, die man empfindet, wenn man über einen zugefrorenen Teich geht, dessen Eis jeden Moment brechen kann. Und was Kürbisköpfchen betrifft, so glaube ich, daß sie von ihrer älteren Schwester abhängig geworden war und sich ohne sie seltsam verloren vorkam.

Zum wertvollsten Aktivposten der Okiya war inzwischen ich geworden, obwohl selbst ich einige Zeit brauchte, um all die merkwürdigen Gewohnheiten abzulegen, die ich Hatsumomos wegen angenommen hatte. Lange Zeit noch fragte ich mich, wenn mich ein Mann seltsam ansah, ob er vielleicht von ihr etwas Nachteiliges über mich gehört hatte. Wenn ich die Treppe zum ersten Stock der Okiya hinaufstieg, senkte ich den Blick, da ich befürchtete, daß Hatsumomo oben an der Treppe auf jemand wartete, den sie beschimpfen könnte. Ich weiß nicht, wie oft mir auf der letzten Stufe dann aufging, daß es keine Hatsumomo mehr gab und auch nie mehr geben würde. Ich wußte, daß sie fort war, und dennoch schien gerade der leere Flur auf ihre Gegenwart hinzudeuten. Selbst jetzt, als ältere Frau, nehme ich zuweilen den Brokatvorhang vom Spiegel meines Schminktischs und werde flüchtig von dem Gedanken gestreift, daß sie mir dort im Spiegel auflauert, um mich höhnisch anzugrinsen.

28. KAPITEL

Auf japanisch nennen wir die Zeit von der Weltwirtschaftskrise bis zum Ende des Zweiten Weltkriegs *kurotani* – das
dunkle Tal –, Jahre, in denen viele Menschen lebten wie Kinder,
die mit dem Kopf unter Wasser geraten waren. Und wie so oft
mußten wir in Gion auch damals nicht ganz so schwer leiden wie
die anderen. Während die meisten Japaner zum Beispiel die
ganzen dreißiger Jahre hindurch im dunklen Tal lebten, genossen
wir in Gion immer noch ein bißchen Sonnenwärme. Warum, das
muß ich Ihnen ja wohl nicht erklären: Frauen, die die Geliebten
von Kabinettsministern und hohen Marineoffizieren sind, erfreuen sich enormer Vorteile und geben diese Vorteile an andere
weiter. Man könnte sagen, Gion sei wie ein Bergsee, der von zahlreichen Quellflüssen gespeist wird. An einigen Stellen fließt ihm
mehr Wasser zu als an anderen, gleichwohl steigt der Wasserspie-
gel im ganzen See.

Wegen General Tottori war unsere Okiya eine der Stellen, an
denen das Quellwasser hereingeströmt kam. Um uns wurde die
Lage im Lauf der Jahre immer schlechter, wir aber erhielten noch
lange nach Beginn der Rationierung zahlreicher Waren regelmäßig Lieferungen von Lebensmitteln, Tee, Wäsche und sogar
Luxusartikeln wie Kosmetika und Schokolade. Nun hätten wir all
diese Dinge für uns behalten und uns von den anderen abschot-
ten können, in Gion aber ist das unmöglich. Deswegen gab Mutter einen großen Teil unserer Vorräte weiter und betrachtete diese
Gaben als gut angelegt – natürlich nicht, weil sie ein großzügiger
Mensch war, sondern weil wir alle wie Spinnen waren, die dicht
gedrängt im selben Netz zusammenhocken. Wenn von Zeit zu
Zeit Leute kamen, die uns um Hilfe baten, waren wir ihnen, so
weit wir konnten, gern behilflich. Einmal, im Herbst 1941, fand
die Militärpolizei zum Beispiel eine Dienerin mit einer Schachtel,
die etwa zehnmal so viele Lebensmittelmarken enthielt, als ihrer

Okiya zustanden. Ihre Herrin sandte sie zu uns, damit wir sie so lange aufnahmen, bis alles Notwendige veranlaßt worden war, um sie aufs Land zu schicken, denn in Gion wurden diese Marken natürlich von jedermann gehamstert: je besser die Okiya, desto mehr hatte sie gewöhnlich davon gehortet. Zu uns wurde diese Dienerin geschickt, weil General Tottori die Militärpolizei angewiesen hatte, uns nicht zu behelligen. Sie sehen also, daß wir in diesem Bergsee namens Gion die Fische waren, die im wärmsten Wasser schwammen.

Während sich die Dunkelheit immer tiefer auf Japan herabsenkte, kam schließlich der Zeitpunkt, da selbst der winzige Lichtpunkt, in dem wir überlebt hatten, plötzlich verlosch. Es geschah innerhalb eines kurzen Augenblicks, an einem Nachmittag nur wenige Wochen vor Neujahr, im Dezember 1942. Ich saß gerade beim Frühstück – oder vielmehr, meiner ersten Mahlzeit an diesem Tag, denn ich hatte geholfen, die Okiya zur Vorbereitung auf das neue Jahr gründlich zu putzen –, als am Eingang eine Männerstimme ertönte. Ich dachte, er bringe vielleicht nur eine Lieferung, deswegen fuhr ich mit meiner Mahlzeit fort. Kurz darauf wurde ich jedoch von der Dienerin unterbrochen, die mir mitteilte, ein Militärpolizist wolle mit Mutter sprechen.

»Ein Militärpolizist?« fragte ich. »Sag ihm, daß Mutter nicht da ist.«

»Das habe ich, Herrin. Deswegen will er mit Ihnen sprechen.«

Als ich die Eingangshalle betrat, sah ich, daß der Polizist im Eingang seine Stiefel auszog. Die meisten Leute wären vermutlich erleichtert gewesen, wenn sie gesehen hätten, daß die Pistole noch fest in ihrer Ledertasche steckte, doch unsere Okiya war zu jenem Moment anderes gewohnt. Normalerweise hätte sich ein Polizist noch mehr entschuldigt als die meisten anderen Besucher, weil er wußte, daß sein Auftritt uns womöglich in Angst und Schrecken versetzte. Aber der Anblick, wie er an seinen Stiefeln zog ... Nun, das war seine Art, uns zu verkünden, daß er das Haus betreten werde, ob es uns nun paßte oder nicht.

Ich verneigte mich und begrüßte ihn, er aber hatte nur einen kurzen Blick für mich übrig – fast so, als werde er mich später vornehmen. Schließlich zog er sich die Socken hoch und die Mütze herunter, stieg in die Eingangshalle hinauf und sagte, er wünsche unseren Gemüsegarten zu sehen. Einfach so, ohne ein Wort der Entschuldigung. Damals hatten nämlich fast alle Bewohner von Kyoto und vermutlich des ganzen Landes ihre Ziergärten zu Gemüsegärten umfunktioniert – das heißt, alle, bis auf Leute wie wir. General Tottori versorgte uns so reichlich mit Lebensmitteln, daß wir unseren Garten nicht umpflügen mußten und uns weiterhin an Haarmoos, Speerblumen und dem winzigen Ahornbaum in der Ecke erfreuen konnten. Da es Winter war, hoffte ich, der Polizist werde nur einen kurzen Blick auf die Stellen im gefrorenen Boden werfen, wo die Gewächse abgestorben waren, und sich sagen, wir hätten Kürbis und Süßkartoffeln zwischen den Zierpflanzen gezogen. Deshalb sagte ich, nachdem ich ihn in den Innenhof geführt hatte, kein einziges Wort, sondern sah schweigend zu, wie er niederkniete und die Erde mit den Fingern berührte. Vermutlich wollte er erkunden, ob der Boden zum Bepflanzen umgegraben worden war.

Da ich unbedingt etwas sagen wollte, stieß ich das erstbeste hervor, was mir einfiel: »Erinnert der mit Schnee überstäubte Boden Sie nicht an Meeresgischt?« Er antwortete nicht, sondern richtete sich zu voller Größe auf und fragte mich, welches Gemüse wir angepflanzt hätten.

»Herr Offizier«, sagte ich, »es tut mir wirklich sehr leid, aber wir hatten keine Gelegenheit, überhaupt Gemüse anzupflanzen. Und nun, da der Boden so hart gefroren ist…«

»Ihr Nachbarschaftsverband hatte ganz recht mit dem, was er über Sie sagte!« sagte er und nahm sein Käppi ab. Dann zog er ein Blatt Papier aus der Tasche und las mir eine lange Liste der Missetaten unserer Okiya vor. Ich kann mich gar nicht mehr an alle erinnern: Horten von Baumwollstoff, das Versäumnis, Waren aus Metall oder Gummi für die Kriegsanstrengungen abzuliefern, Mißbrauch von Lebensmittelmarken und so weiter. Es stimmt, daß wir das alles getan hatten – wie jede andere Okiya in Gion. Unser Verbrechen bestand vermutlich darin, daß wir mehr Glück gehabt hatten und länger und in besserer Verfassung überleben konnten als die anderen, bis auf einige wenige.

Zum Glück kam in diesem Augenblick Mutter nach Hause. Sie schien keineswegs überrascht zu sein, einen Militärpolizisten anzutreffen; im Gegenteil, sie war höflicher zu ihm, als sie es jemals zu einem anderen Menschen gewesen war. Sie führte ihn in unser Empfangszimmer und servierte ihm eine Tasse von unserem unrechtmäßig erworbenen Tee. Obwohl die Tür geschlossen war, hörte ich sie sehr lange reden. Einmal, als sie herauskam, um etwas zu holen, nahm sie mich hastig beiseite und erklärte mir:

»General Tottori wurde heute morgen verhaftet. Du solltest schnell unsere kostbarsten Sachen verstecken, sonst werden sie morgen schon verschwunden sein.«

Zu Hause in Yoroido ging ich an kühlen Frühlingstagen oft schwimmen und legte mich anschließend auf die Steine am Teich, um mich von der Sonne wärmen zu lassen. Wenn sich die Sonne, wie es immer wieder geschah, plötzlich hinter einer Wolke versteckte, schien sich die kalte Luft wie eine Metallfolie um meine Haut zu schließen. Als ich nun in der Eingangshalle stand und vom unglückseligen Schicksal des Generals erfuhr, hatte ich genau dasselbe Gefühl. Es war, als sei die Sonne verschwunden, möglicherweise für immer, und ich sei dazu verurteilt, naß und bloß in der eisigen Luft zu stehen. Wenige Wochen nach dem Besuch des Polizisten hatte man unserer Okiya all das genommen, was andere Familien schon lange entbehren mußten, etwa die Lebensmittelvorräte, die Unterwäsche und so weiter. Wir waren stets Mamehas Bezugsquelle für Tee gewesen. Ich glaube, sie hat ihn benutzt, um Gefälligkeiten zu erkaufen. Inzwischen hatte sie mehr Hamstervorräte als wir, und nun wurde sie für uns die Bezugsquelle. Gegen Ende jenes Monats begann der Nachbarschaftsverband immer wieder einige von unseren Keramiken und Schriftrollen zu konfiszieren, um sie auf dem sogenannten »Grauen Markt« zu verkaufen, der etwas ganz anderes war als der Schwarzmarkt. Auf dem Schwarzmarkt wurden Waren wie Benzin, Metalle und so weiter verhökert – fast ausschließlich Waren, die rationiert waren oder nicht verkauft werden durften. Der Graue Markt dagegen war legaler, denn auf ihm konnten vor allem die Hausfrauen ihre kostbaren Besitztümer verkaufen, um an ein wenig Bargeld zu gelangen. In unserem Fall wurden die Sachen jedoch vor allem verkauft, um uns zu bestrafen, und der Bargelderlös kam anderen Leuten zugute. Der Leiterin des Nachbarschaftsverbandes, Herrin einer nahen Okiya, tat es aufrichtig leid, wenn sie wieder einmal kam, um uns etwas wegzunehmen. Die Militärpolizei habe es befohlen, und der müsse man gehorchen.

Waren die ersten Kriegsjahre noch wie eine spannende Seereise gewesen, wurde uns Mitte 1943 allen klar, daß die Wellen für unser Schiff einfach zu gewaltig wurden. Wir waren überzeugt, daß wir ertrinken würden – allesamt, und viele von uns kamen ja auch um. Es war nicht einfach so, daß unser tägliches Leben immer elender wurde. Niemand wagte es zuzugeben, aber ich glaube, wir begannen uns alle um den Ausgang des Krieges zu sorgen. Niemand mochte sich mehr amüsieren, manche Leute schienen gar das Gefühl zu haben, Frohsinn sei unpatriotisch. Das, was während dieser Zeit einem Scherz am nächsten kam, hörte ich eines Abends von der Geisha Raiha. Seit Monaten hatte es Gerüchte gegeben, die Militärregierung wolle alle Geishaviertel in Japan schließen, und allmählich war uns klargeworden, daß uns das wahrhaftig bevorstand. Wir fragten uns, was aus uns werden sollte, und dann meldete sich plötzlich Raiha zu Wort:

»Wir dürfen unsere Zeit nicht verschwenden, indem wir über derartige Dinge nachdenken«, sagte sie. »Nichts ist trostloser als die Zukunft, es sei denn vielleicht die Vergangenheit.«

Für Sie mag das nicht komisch klingen, doch an jenem Abend lachten wir, bis uns die Tränen in den Augenwinkeln standen. Irgendwann in der nächsten Zeit würden die Geishaviertel geschlossen werden. Wenn das geschah, landeten wir mit Sicherheit als Arbeiterinnen in einer Fabrik. Um Ihnen eine Vorstellung vom Leben in der Fabrik zu geben, möchte ich Ihnen von Hatsumomos Freundin Korin erzählen.

Im Winter davor war Korin die Katastrophe, vor der sich jede Geisha in Gion am meisten fürchtete, tatsächlich zugestoßen: Eine Dienerin, die das Bad in ihrer Okiya versorgte, hatte versucht, Zeitungen zu verbrennen, um Wasser zu erhitzen, aber das Feuer war außer Kontrolle geraten. Die ganze Okiya brannte nieder – mitsamt ihrer kostbaren Kimono-Sammlung. Korin mußte in einem optischen Werk südlich der Stadt arbeiten, wo sie Linsen in einen Apparat einbaute, der dazu diente, Bomben aus Flugzeugen abzuwerfen. Im Lauf der Monate kam sie immer wieder einmal zu Besuch nach Gion, und wir waren entsetzt darüber, wie sie sich verändert hatte. Nicht nur, daß sie immer unglücklicher wirkte – unglücklich waren wir alle zuweilen gewesen und daher stets darauf vorbereitet. Aber sie hatte einen Husten, der zu ihr gehörte wie der Gesang zu einem Vogel, und ihre Haut war verfärbt, als hätte man sie in Tusche getaucht, denn die Kohle, die in den Fabriken verwendet wurde, war äußerst minderwertig und bedeckte beim Verbrennen alles in der Umgebung mit Ruß. Die arme Korin war gezwungen, Doppelschichten zu fahren, während sie nur einmal am Tag eine Schale mit sehr dünner Fleischbrühe und ein paar Nudeln oder wäßrigem, mit Kartoffelschalen gewürztem Reisbrei bekam.

Sie können sich also vorstellen, wie groß unsere Angst vor den Fabriken war. Wir waren für jeden Tag dankbar, den Gion noch offen war.

Als ich eines Tages im Januar des folgenden Jahres mit den Lebensmittelmarken in der Hand vor dem Reisladen im Schneegestöber Schlange stand, steckte der Ladenbesitzer nebenan den Kopf zur Tür heraus und rief in die eisige Kälte hinein:

»Es ist passiert!«

Verblüfft sahen wir uns alle an. Ich war zu benommen vor Kälte, um mich zu fragen, wovon er redete, denn ich trug nur ein dickes Tuch über meiner Bauernkleidung; Kimonos trug tagsüber schon lange keiner mehr. Schließlich wischte sich die Geisha vor mir den Schnee von den Augenbrauen und fragte den Mann, was er meine. »Der Krieg ist doch nicht etwa aus – oder?«

»Die Regierung hat verkündet, daß die Geishaviertel geschlossen werden«, antwortete er. »Ihr sollt euch alle morgen vormittag im Registerbüro melden.«

Einen Moment lauschten wir dem Radio in seinem Geschäft. Dann wurde die Tür wieder geschlossen, und wir vernahmen nichts als das sanfte Fallen des Schnees. Ich sah die Verzweiflung in den Gesichtern der anderen Geishas und wußte sofort, daß wir alle denselben Gedanken hatten: Welcher der Männer, die wir kannten, würde uns vor dem Leben in der Fabrik retten?

Obwohl General Tottori bis zum vergangenen Jahr mein *danna* gewesen war, stand für mich fest, daß ich nicht die einzige Geisha war, die seine Bekanntschaft gemacht hatte. Also mußte ich ihn schnell erreichen, damit mir keine andere zuvorkam. Zwar war ich für dieses Wetter nicht angemessen gekleidet, aber ich steckte meine Lebensmittelmarken in die Tasche meiner Bauernhose zurück und machte mich unverzüglich auf den Weg in den Nordwesten der Stadt. Dort wohnte der General angeblich im Gasthaus Suruya, demselben, in dem wir uns so viele Jahre lang an zwei Abenden die Woche getroffen hatten.

Ungefähr eine Stunde später traf ich dort ein – brennend vor Kälte und von Kopf bis Fuß voll Schnee. Doch als ich die Herrin begrüßte, musterte sie mich mit einem langen Blick, bevor sie sich entschuldigend verneigte und erklärte, sie habe keine Ahnung, wer ich sei.

»Ich bin's, Herrin – Sayuri! Ich möchte den General sprechen.«

»Sayuri-san… gütiger Himmel! Nie hätte ich gedacht, ich müßte erleben, daß Sie wie eine Bauersfrau aussehen!«

Sie führte mich sofort hinein, wollte mich aber nicht zum General bringen, bevor sie mich mit hinaufgenommen und in einen ihrer Kimonos gesteckt hatte. Sie legte mir sogar ein bißchen gehamstertes Make-up auf, damit mich der General erkannte, wenn er mich sah.

Als ich dann kurz darauf sein Zimmer betrat, saß General Tottori am Tisch und lauschte einem Hörspiel im Radio. Sein Baumwollkimono stand offen, so daß man seine knochige Brust und die dünnen, grauen Haare sah. Wie ich feststellte, hatten ihn seine Leiden im vergangenen Jahr weit schlimmer mitgenommen als mich die meinen. Schließlich hatte man ihn ganz schrecklicher Verbrechen angeklagt: Nachlässigkeit, Inkompetenz, Machtmißbrauch und so weiter; manche Leute fanden, er könne von Glück sagen, daß ihm das Gefängnis erspart geblieben war. Ein Zeitungsartikel hatte ihm sogar die Schuld an den Niederlagen der kaiserlichen Marine im Südpazifik gegeben, weil er es versäumt habe, den Transport des Nachschubs zu überwachen. Nun ja, manche Menschen ertragen Ungemach eben besser als andere, und ein Blick auf den General genügte mir, um zu erkennen, daß das Gewicht des vergangenen Jahres so schwer auf ihm gelastet hatte, daß seine Knochen brüchig geworden waren. Selbst sein Gesicht wirkte ein wenig verformt. Früher hatte er nach eingelegtem Gemüse gerochen. Als ich mich jetzt auf den Matten in seiner Nähe vor ihm verneigte, nahm ich einen anderen säuerlichen Geruch an ihm wahr.

»Sie sehen gut aus, General«, sagte ich, obwohl das natürlich gelogen war. Der General schaltete das Radio ab. »Du bist nicht die erste, die zu mir kommt«, gab er zurück. »Ich kann nichts für dich tun, Sayuri.«

»Aber ich bin doch sofort hierhergelaufen! Ich kann mir nicht vorstellen, daß jemand schneller gewesen sein soll als ich.«

»Seit letzter Woche hat mich nahezu jede Geisha aufgesucht, die ich kenne, aber ich habe keine Freunde in Machtpositionen mehr. Außerdem weiß ich nicht, warum eine Geisha mit deinem Status ausgerechnet zu mir kommen sollte. Es gibt so viele einflußreiche Männer, die dich mögen.«

»Gemocht werden und wahre Freunde haben, die bereit sind zu helfen, sind zwei verschiedene Dinge«, erklärte ich ihm.

»O ja, das stimmt. Welche Art Hilfe hast du überhaupt von mir erwartet?«

»Irgendeine, General. Dieser Tage wird in Gion von nichts anderem gesprochen als davon, wie unerträglich das Leben in einer Fabrik sein wird.«

»Für jene, die Glück haben, wird das Leben unerträglich sein. Die übrigen werden das Kriegsende nicht mehr erleben.«

»Das verstehe ich nicht.«

»Jetzt werden bald die Bomben fallen«, sagte der General. »Und du kannst sicher sein, daß die Fabriken ein gerüttelt Maß davon abkriegen. Wenn du den Krieg überleben willst, solltest du dir jemanden suchen, der dich an einem sicheren Ort verstecken kann. Es tut mir leid, doch dieser Jemand bin ich nicht. Den geringen Einfluß, den ich noch besitze, habe ich bereits verbraucht.«

Der General erkundigte sich nach Mutters und Tantchens Gesundheit und sagte mir kurz darauf Lebwohl. Erst sehr viel später erfuhr ich, was er mit dem verbrauchten Einfluß meinte. Die Besitzerin des Suruya hatte eine junge Tochter, und der General hatte dafür gesorgt, daß sie in eine Stadt im Norden Japans geschickt wurde.

Auf dem Rückweg in die Okiya wurde mir klar, daß es für mich Zeit wurde zu handeln, nur hatte ich keine Ahnung, was ich tun sollte. Selbst die simple Aufgabe, meine panische Angst auf Armeslänge von mir fernzuhalten, kam mir zu schwierig vor. Ich machte einen kurzen Besuch in der Wohnung, in der Mameha inzwischen lebte, denn ihre Verbindung mit dem Baron war einige Monate zuvor zu Ende gegangen, und sie war in eine weit kleinere Behausung umgezogen. Ich dachte mir, daß sie vielleicht wüßte, was zu tun sei; statt dessen empfand sie eine fast ebenso große Panik wie ich.

»Der Baron will mir nicht helfen«, sagte sie mit angstbleichem Gesicht. »Und die anderen Männer, an die ich dachte, habe ich nicht erreichen können. Du solltest dir schnell jemanden einfallen lassen, Sayuri, und auf der Stelle zu ihm gehen.«

Mit Nobu hatte ich zu jener Zeit seit über vier Jahren keinen Kontakt mehr gehabt, deswegen war mir klar, daß ich mich nicht an ihn wenden konnte. Und was den Direktor betraf... nun ja, ich hätte jede Gelegenheit genutzt, nur um ein paar Worte mit ihm zu wechseln, doch um eine Gefälligkeit hätte ich ihn nie und nimmer bitten können. So herzlich er sich mir gegenüber draußen im Flur gab – ich wurde niemals zu seinen Partys gebeten, obwohl zahlreiche weniger gute Geishas Einladungen von ihm erhielten. Das kränkte mich tief, aber was sollte ich tun? Und selbst wenn mir der Direktor hätte helfen wollen, waren seine Auseinandersetzungen mit der Militärregierung in letzter Zeit Thema zahlreicher Presseartikel gewesen. Er hatte genug eigene Probleme.

Also verbrachte ich den Rest jenes Nachmittags damit, in der bitteren Kälte von einem Teehaus zum anderen zu ziehen und mich nach ein paar Gästen zu erkundigen, die ich seit Wochen oder sogar seit Monaten nicht mehr gesehen hatte. Keine der Herrinnen wußte, wo sie waren.

An jenem Abend fanden im Ichiriki mehrere Abschiedspartys statt. Es war faszinierend, wie unterschiedlich die Geishas auf die

Nachricht reagierten. Manche blickten drein, als wäre alles Leben aus ihnen gewichen, andere glichen Buddha-Statuen: gelassen und schön, doch überschattet von einem Hauch Traurigkeit. Wie ich selbst wirkte, kann ich nicht sagen, doch mein Gehirn arbeitete wie ein Abakus. So vertieft war ich in dieses Pläneschmieden – in Überlegungen, an welchen Mann ich herantreten könnte und wie ich das am besten anstellen sollte –, daß ich kaum zuhörte, als eine Dienerin mir mitteilte, ich werde in einem anderen Raum verlangt. Ich vermutete, daß eine Gruppe von Männern meine Gesellschaft verlangte, aber sie führte mich in den ersten Stock hinauf und durch einen Gang in den hinteren Teil des Teehauses. Dort öffnete sie die Tür eines Tatami-Zimmers, das ich noch nie zuvor betreten hatte. Und da, allein am Tisch, mit einem Glas Bier vor sich, saß Nobu.

Bevor ich mich verneigen oder ein Wort sprechen konnte, sagte er: »Du enttäuschst mich, Sayuri-san.«

»Du meine Güte! Seit vier Jahren hatte ich nicht mehr die Ehre Ihrer Gesellschaft, Nobu-san, und kaum bin ich hier, da habe ich Sie auch schon enttäuscht. Was hätte ich denn in der kurzen Zeit tun können?«

»Ich habe mit mir selbst gewettet, daß dir der Mund offenstehen bleibt, wenn du mich siehst.«

»Ehrlich gesagt, ich bin zu perplex, um mich auch nur zu rühren!«

»Dann komm herein, damit die Dienerin die Tür schließen kann. Aber sag ihr vorher noch, daß sie ein zweites Glas und noch ein Bier bringen soll. Es gibt etwas, worauf wir beide trinken müssen.«

Ich gehorchte und kniete mich dann so ans Ende des Tisches, daß eine Ecke der Tischplatte zwischen uns lag. Ich spürte Nobus Blicke auf meinem Gesicht fast so, als berührte er mich tatsächlich. Ich errötete, wie man wohl im warmen Schein der Sonne errötet, denn ich hatte vergessen, wie schmeichelhaft es war, bewundert zu werden.

»Ich sehe Konturen in deinem Gesicht, die ich nie zuvor bemerkt habe«, stellte er fest. »Sag nur nicht, daß du genauso hungern mußt wie alle anderen. So etwas hätte ich nie von dir erwartet.«

»Nobu-san sieht selbst ein bißchen schmaler aus.«

»Ich habe genug zu essen, leider nur keine Zeit dazu.«

»Wenigstens freut es mich, daß Sie so vielbeschäftigt sind.«

»Das ist das Merkwürdigste, was ich jemals gehört habe. Wenn du einen Mann siehst, der nur überlebt, indem er den Kugeln ausweicht, freust du dich für ihn, daß er etwas hat, womit er sich die Zeit vertreibt?«

»Nobu-san will doch hoffentlich nicht sagen, daß er *tatsächlich* um sein Leben fürchtet…«

»Es gibt keinen, der mich ermorden will, wenn du das meinst. Aber wenn Iwamura Electric mein Leben ist, dann fürchte ich tatsächlich darum. Und nun beantworte mir eine Frage: Was ist aus deinem *danna* geworden?«

»Dem General geht es vermutlich genauso wie uns allen. Sehr freundlich von Ihnen, danach zu fragen.«

»Oh, freundlich war das keineswegs gemeint.«

»Nur sehr wenige Menschen wünschen ihm heutzutage Gutes. Aber um das Thema zu wechseln, Nobu-san – muß ich annehmen, daß Sie Abend für Abend hierher ins Ichiriki gekommen sind, sich aber vor mir versteckt haben, indem Sie diesen seltsamen Raum im ersten Stock benutzten?«

»Es ist wirklich ein seltsamer Raum, was? Ich glaube, es ist der einzige hier ohne Blick auf einen Garten. Wenn du den Papierschirm wegschiebst, siehst du die Straße.«

»Nobu-san scheint das Zimmer gut zu kennen.«

»Eigentlich nicht. Ich benutze es zum erstenmal.«

Als er das sagte, verzog ich das Gesicht, um ihm zu zeigen, daß ich ihm nicht glaubte.

»Du kannst denken, was du willst, Sayuri, aber es stimmt: Ich bin noch nie zuvor in diesem Zimmer gewesen. Ich glaube, es ist ein Schlafzimmer, falls die Herrin Übernachtungsgäste hat. Als ich ihr erklärte, warum ich gekommen bin, war sie so freundlich, es mir für heute abend zu überlassen.«

»Wie geheimnisvoll… Sie sind also zu einem bestimmten Zweck hergekommen. Werde ich erfahren, was dieser Zweck ist?«

»Ich höre, daß die Dienerin mit unserem Bier heraufkommt«,

sagte Nobu. »Sobald sie wieder gegangen ist, wirst du es erfahren.«

Die Tür wurde aufgeschoben, und die Dienerin stellte das Bier auf den Tisch. Bier war zu jener Zeit ein seltener Genuß, deswegen war es äußerst befriedigend mit anzusehen, wie die goldene Flüssigkeit im Glas emporstieg. Nachdem die Dienerin wieder hinausgegangen war, hoben wir die Gläser, und Nobu sagte:

»Ich bin gekommen, um auf deinen *danna* zu trinken!«

Als ich das hörte, setzte ich mein Bierglas ab. »Ich muß schon sagen, Nobu-san, es gibt nur wenige Dinge, über die man sich freuen kann. Aber es würde mich Wochen kosten, mir auch nur annähernd vorzustellen, warum Sie auf meinen *danna* trinken wollten.«

»Ich hätte mich deutlicher ausdrücken sollen. Ich trinke auf die Torheit deines *danna*! Vor vier Jahren habe ich dir erklärt, er sei ein unwürdiger Mann, und ich hatte recht. Stimmt's?«

»Ehrlich gesagt … er ist nicht mehr mein *danna*.«

»Genau das meine ich! Und selbst wenn er es noch wäre, er könnte überhaupt nichts für dich tun, nicht wahr? Ich weiß, daß Gion geschlossen werden soll und daß alle in panischer Angst leben. Ich habe heute in meinem Büro einen Anruf von einer bestimmten Geisha erhalten – ich werde dir nicht verraten, wie sie heißt … aber stell dir mal vor, sie hat gefragt, ob ich ihr eine Arbeit bei Iwamura Electric besorgen könnte!«

»Und was haben Sie geantwortet, wenn ich fragen darf?«

»Daß ich für niemanden eine Arbeit habe, sogar kaum noch für mich selbst. Und auch der Direktor wird möglicherweise bald arbeitslos sein und im Gefängnis landen, wenn er nicht endlich anfängt, die Befehle der Regierung zu befolgen. Er hat sie überzeugt, daß wir keine Möglichkeit haben, Bajonette und Granathülsen herzustellen, aber jetzt wollen sie sogar, daß wir Jagdflugzeuge entwerfen und bauen! Also wirklich! Manchmal frage ich mich, was sich diese Leute eigentlich denken!«

»Nobu-san sollte nicht so laut sprechen!«

»Wer soll mich hier schon hören? Dein General etwa?«

»Da wir gerade vom General sprechen«, sagte ich. »Heute bin ich zu ihm gegangen und habe ihn um Hilfe gebeten.«

»Du kannst von Glück sagen, daß er noch am Leben ist und dich empfangen kann.«

»War er denn krank?«

»Krank nicht. Aber er wird es schon schaffen, daß er sich eines Tages umbringt. Falls er überhaupt den Mut dazu aufbringt.«

»Bitte, Nobu-san!«

»Er hat dir nicht geholfen, stimmt's?«

»Nein. Er sagte, den geringen Einfluß, über den er verfüge, habe er bereits verbraucht.«

»Dazu war sicher nicht viel nötig. Warum hat er diesen geringen Einfluß denn nicht für dich genutzt?«

»Ich habe ihn über ein Jahr nicht mehr gesehen...«

»Mich hast du seit über vier Jahren nicht mehr gesehen. Ich aber habe meinen besten Einfluß für dich genutzt. Warum bist du nicht schon früher zu mir gekommen?«

»Aber ich habe doch all die Jahre gedacht, daß Sie mir böse sind! Sehen Sie sich doch an, Nobu-san! Wie hätte ich zu Ihnen kommen können?«

»Wie denn nicht? Ich kann dich vor den Fabriken bewahren. Ich habe Zugang zu einem perfekten Zufluchtsort. Und glaube mir, er ist genauso perfekt wie ein warmes Nest für einen Vogel. Du bist die einzige, der ich ihn geben möchte, Sayuri. Und auch dir werde ich ihn nicht geben, wenn du dich nicht hier vor mir auf dem Boden verneigst und zugibst, wie sehr du dich vor vier Jahren geirrt hast. Du hast ganz recht, ich bin dir böse! Kann sein, daß wir beide, bevor wir uns wiedersehen können, tot sind. Durchaus möglich, daß ich die einzige Chance verloren habe, die ich hatte. Und nicht nur, daß du mich zurückgestoßen hast, du hast auch die besten Jahres deines Lebens auf einen Dummkopf verschwendet, auf einen Mann, der nicht bezahlen will, was er seinem Vaterland schuldet – und dir erst recht nicht. Er lebt weiter, als hätte er nichts Unrechtes getan!«

Sie können sich vorstellen, wie mir inzwischen zumute war, denn Nobu war ein Mann, der seine Worte wie Steine zu schleudern wußte. Es waren nicht nur die Worte selbst, auch nicht ihre Bedeutung, sondern es war die Art, wie er sie aussprach. Anfangs war ich fest entschlossen gewesen, keine einzige Träne zu vergießen, ganz gleich, was er sagte, bald aber kam es mir in den Sinn, daß Weinen genau das war, was Nobu von mir erwartete. Und es erschien mir so leicht, als ließe ich ein Blatt Papier aus den Fingern fallen. Jede Träne, die über meine Wangen rollte, vergoß ich aus einem anderen Grund. Es gab soviel zu betrauern! Ich weinte um Nobu, aber genauso um mich selbst, ich weinte über die Frage, was aus uns allen werden würde. Ich weinte sogar um General Tottori und um Korin, die vom Leben in der Fabrik so grau und hohlwangig geworden war. Und dann tat ich, was Nobu von mir verlangte: Ich rutschte ein Stückchen vom Tisch zurück und verneigte mich bis zum Boden.

»Verzeihen Sie mir meine Dummheit«, flehte ich.

»Ach komm, steh auf! Es genügt, wenn du mir versprichst, einen solchen Fehler nicht noch mal zu machen.«

»Das werde ich nicht.«

»Jeder Moment, den du mit diesem Mann verbracht hast, war verschwendet! Und genau das habe ich dir vorausgesagt, nicht wahr? Vielleicht hast du inzwischen dazugelernt, damit du in Zukunft deinem Schicksal folgst.«

»Ich werde meinem Schicksal folgen, Nobu-san. Es gibt nichts, was ich mir vom Leben inniger wünsche.«

»Freut mich, das zu hören. Und wohin wird dich dein Schicksal führen?«

»Zu dem Mann, der Iwamura Electric leitet«, antwortete ich. Dabei dachte ich natürlich an den Direktor.

»So ist es«, sagte Nobu. »Und nun wollen wir unser Bier trinken.«

Ich befeuchtete mir nur die Lippen, denn ich war viel zu verwirrt und aufgewühlt, um Durst zu verspüren. Anschließend erzählte mir Nobu von dem Nest, das er vorbereitet hatte. Es war das Haus seines guten Freundes Arashino Isamu, des Kimono-Schneiders. Ich weiß nicht, ob Sie sich an ihn erinnern – er war Ehrengast auf der Party, die der Baron vor Jahren auf seinem Besitz gegeben hatte und zu der auch Nobu und Dr. Krebs geladen waren. Sein Haus, das zugleich seine Werkstatt war, lag am Kamo-Fluß bei den Untiefen, ungefähr fünf Kilometer stromaufwärts von Gion. Bis vor wenigen Jahren hatten er, seine Frau und seine Tochter Kimonos in dem bezaubernden Yuzen-Stil angefertigt, für die er berühmt war. In letzter Zeit mußten die Kimono-Schneider jedoch Fallschirme nähen, denn schließlich waren sie im Verarbeiten von Seide geübt. Es sei eine Arbeit, die ich schnell lernen werde, versicherte mir Nobu, und die Familie Arashino sei gern bereit, mich aufzunehmen. Nobu selbst werde sich um die notwendigen Schritte bei den Behörden kümmern. Dann schrieb er mir die Adresse von Herrn Arashinos Haus auf ein Blatt Papier, das er mir überreichte.

Immer wieder versicherte ich Nobu, wie dankbar ich ihm sei. Und je länger ich es ihm versicherte, desto selbstzufriedener wirkte er. Gerade als ich ihm einen Spaziergang im frisch gefallenen Schnee vorschlagen wollte, warf er einen Blick auf seine Uhr und leerte sein Glas mit einem einzigen Zug.

»Sayuri«, sagte er dann, »ich weiß weder, wann wir uns wiedersehen werden, noch weiß ich, wie die Welt dann aussehen wird. Bis dahin mögen wir beide viele furchtbare Dinge gesehen haben. Aber jedesmal, wenn ich mich davon überzeugen muß, daß es noch Schönheit und Güte auf dieser Welt gibt, werde ich an dich denken.«

»Nobu-san! Vielleicht hätten Sie Dichter werden sollen!«

»Du weißt genau, daß ich nichts von einem Dichter habe.«

»Sollen Ihre bezaubernden Worte bedeuten, daß Sie mich verlassen wollen? Ich hatte gehofft, daß wir einen Spaziergang zusammen machen.«

»Dazu ist es viel zu kalt. Aber du darfst mich zur Tür begleiten, und wir werden uns dort verabschieden.«

Ich folgte Nobu die Treppe hinab und kauerte mich im Eingang des Teehauses nieder, um ihm in seine Schuhe zu helfen. Anschließend schlüpfte ich in die hohen hölzernen *geta*, die ich wegen des vielen Schnees trug, und brachte Nobu bis zur Straße. Vor Jahren hätte dort eine Limousine auf ihn gewartet, doch nun durften nur Regierungsbeamte ein Auto benutzen, denn Benzin war knapp. Ich erbot mich, ihn bis zur Straßenbahn zu begleiten.

»Im Moment wünsche ich deine Begleitung nicht«, erwiderte Nobu. »Ich muß zu einer Besprechung mit unserem Händler in Kyoto. Ich habe ohnehin schon viel zuviel zu bedenken.«

»Ich muß sagen, Nobu-san, daß mir Ihre Abschiedsworte oben im Zimmer weit lieber waren.«

»Dann solltest du das nächstemal oben bleiben.«

Ich verneigte mich und sagte Nobu Lebewohl. Die meisten Männer hätten sich irgendwann umgedreht, um zu mir zurück-zublicken, Nobu aber stapfte bis zur Straßenecke durch den Schnee, bog in die Shijo-Avenue ein und war verschwunden. Ich hielt den Zettel mit Herrn Arashinos Adresse in der Hand. Wie ich feststellte, preßte ich ihn in meiner Hand so fest zusammen, daß ich ihn, wäre das möglich gewesen, völlig zerdrückt hätte. Ich wußte nicht, warum ich so nervös und ängstlich war. Nachdem ich jedoch einen Moment in den Schnee hinausgestarrt hatte, der noch immer um mich herum fiel, betrachtete ich Nobus tiefe Fußstapfen, die bis zur Straßenecke führten, und glaubte genau zu wissen, was mich verstörte. Wann würde ich Nobu je wieder-sehen? Oder den Direktor? Oder Gion selbst? Schon einmal, als Kind, war ich aus meiner gewohnten Umgebung gerissen wor-den. Wahrscheinlich war es die Erinnerung an jene schrecklichen Jahre, die bewirkte, daß ich mich auf einmal entsetzlich einsam fühlte.

29. KAPITEL

Vermutlich denken Sie jetzt, da ich eine erfolgreiche junge Geisha mit zahlreichen Bewunderern war, hätte sich ein anderer erboten, mir zu helfen, wenn Nobu sich nicht gemeldet hätte. Doch eine Geisha in Not ist beileibe kein Edelstein, der auf der Straße herumliegt, wo sich jedermann nur allzugern nach ihm bückt. Jede einzelne der vielen hundert Geishas in Gion suchte in jenen letzten Wochen einen Zufluchtsort, aber nur wenigen war es vergönnt, auch einen zu finden. Sie sehen also, warum ich mich mit jedem Tag, den ich bei der Familie Arashino verbrachte, tiefer in Nobus Schuld fühlte.

Erst als ich im Frühling des darauffolgenden Jahres erfuhr, daß die Geisha Raiha in dem Brandbombenangriff auf Tokyo gestorben war, merkte ich, wie glücklich ich mich in Wirklichkeit schätzen konnte. Es war Raiha gewesen, die uns zum Lachen gebracht hatte, als sie erklärte, nichts sei so trostlos wie die Zukunft, es sei denn die Vergangenheit. Sie und ihre Mutter waren prominente Geishas gewesen, ihr Vater war Mitglied einer berühmten Kaufmannsfamilie; von allen Bewohnern Gions hätte Raiha den Krieg am ehesten überleben müssen. Kurz vor dem Tod hatte sie ihren kleinen Neffen auf dem Anwesen ihres Vaters im Denenchofu-Viertel von Tokyo ein Buch vorgelesen und sich wahrscheinlich so sicher gefühlt wie in Kyoto. Seltsamerweise starb bei demselben Luftangriff, dem Raiha zum Opfer fiel, auch der große Sumo-Ringer Miyagiyama. Beide hatten in relativem Luxus gelebt. Kürbisköpfchen dagegen, die auf mich so verloren gewirkt hatte, überlebte den Krieg, obwohl das Optikwerk am Stadtrand von Osaka, in dem sie arbeitete, fünf- oder sechsmal bombardiert wurde. Ich selbst lernte in jenem Jahr, daß nichts so unvorhersehbar ist wie die Frage, wer einen Krieg überlebt und wer nicht. Mameha überlebte als Schwesternhelferin in einem kleinen Krankenhaus in der Fukui-Präfektur, ihre Dienerin Tatsumo dagegen wurde von der schrecklichen Bombe auf Nagasaki getötet, während Herr Itchoda, ihr Ankleider, bei einer Luftschutzübung an einem Herzanfall starb. Herr Bekku dagegen arbeitete auf einem Marinestützpunkt in Osaka und überlebte irgendwie. Genau wie General Tottori, der bis zu seinem Tod Mitte der fünfziger Jahre im Suruya-Gasthaus wohnte. Und der Baron. Obwohl ich leider sagen muß, daß der Baron sich während der ersten Jahre der Alliierten-Besatzung in seinem herrlichen Teich ertränkte, nachdem ihm nicht nur der Adelstitel, sondern auch zahlreiche seiner Besitzungen weggenommen worden waren. Vermutlich war er außerstande, eine Welt zu ertragen, in der er nicht mehr all seinen Launen nachgeben konnte.

Was Mutter betrifft, so hatte ich nie einen Zweifel daran, daß sie überleben würde. Mit ihrer hochentwickelten Fähigkeit, vom Leiden anderer zu profitieren, begann sie so selbstverständlich auf dem grauen Markt zu arbeiten, daß es aussah, als hätte sie das ihr Leben lang getan: Sie verbrachte den Krieg damit, anderer Leute Erbstücke zu kaufen und zu verkaufen und immer reicher und reicher statt immer ärmer zu werden. Wann immer Herr Arashino einen Kimono aus seiner Sammlung verkaufte, um zu Bargeld zu kommen, bat er mich, Mutter zu benachrichtigen, damit sie ihn für ihn retten konnte. Denn ein großer Teil aller Kimonos, die in Kyoto verkauft wurden, ging unfehlbar durch ihre Hände. Vermutlich hoffte Herr Arashino, daß Mutter auf ihren Profit verzichten und seine Kimonos ein paar Jahre zurückhalten würde, bis er sie ihr wieder abkaufen konnte; aber sie konnte diese Kimonos niemals finden – das behauptete sie jedenfalls.

Während der Jahre, die ich in ihrem Haus verbrachte, behandelten die Arashinos mich überaus freundlich. Tagsüber half ich ihnen beim Nähen von Fallschirmen. In der Nacht schlief ich neben ihrer Tochter und ihrem Enkelsohn auf Futons, die auf dem Fußboden der Werkstatt ausgebreitet wurden. Wir hatten so wenig Holzkohle, daß wir, um es ein wenig warm zu haben, gepreßtes Laub, Zeitungen oder Zeitschriften verbrannten – alles, was wir finden konnten. Noch knapper waren natürlich die Lebensmittel geworden. Sie können sich nicht vorstellen, was wir alles essen lernten, etwa die Sojakleie, mit der sonst das Vieh gefüttert wurde, und etwas ganz Gräßliches namens *nukapan*, das aus gebratener Reiskleie mit Weizenmehl bestand. Es sah wie altes, verschrumpeltes Leder aus, obwohl ich mir nicht sicher bin, ob Leder nicht doch besser geschmeckt hätte. Sehr selten gab es kleine Mengen Kartoffeln oder Süßkartoffeln, getrocknetes Walfleisch, Wurst aus Seehunden und manchmal Sardinen, die man in Japan sonst nur als Dünger benutzte. In diesen Jahren magerte ich so sehr ab, daß mich in Gion niemand mehr auf der Straße erkannt hätte. An manchen Tagen weinte Juntaro, der kleine Enkel der Arashinos, vor Hunger, was Herr Arashino jedesmal zum Anlaß nahm, wieder einen Kimono aus seiner Sammlung zu verkaufen. Diese Art zu leben wurde von uns Japanern als »Zwiebelleben« bezeichnet: Man schälte eine Schicht nach der anderen herunter, während man ständig dabei weinte.

Eines Nachts im Frühling 1944, als ich drei, vier Monate bei den Arashinos war, erlebten wir unseren ersten Luftangriff. Die Sterne waren so klar, daß wir die Silhouetten der Bomber erkennen konnten, die über uns hinwegflogen, und außerdem natürlich die »Sternschnuppen« – so kamen sie uns vor –, die vom Boden aus emporstiegen und in ihrer Nähe explodierten. Ständig fürchteten wir, dieses grauenhafte Pfeifen zu hören und mit ansehen zu müssen, wie ganz Kyoto um uns herum in Flammen aufging, und wenn es so gekommen wäre, hätte das unserem Leben auf jeden Fall ein Ende gesetzt, ob wir nun umgekommen wären oder nicht. Denn Kyoto ist so zart wie ein Schmetterlingsflügel, und wenn es vernichtet worden wäre, hätte es sich nie wieder erholen können wie Osaka und Tokyo und so viele andere Städte. Aber die Bomber flogen über uns hinweg, nicht nur in jener Nacht, sondern von da an Nacht für Nacht. An vielen Abenden beobachteten wir, wie sich der Mond von den Bränden in Osaka rot färbte, und manchmal sahen wir Ascheflocken wie fallendes Laub durch die Luft wirbeln – sogar bei uns in Kyoto, fünfzig Kilometer entfernt. Sie können sich vorstellen, wie verzweifelt ich mich um den Direktor und Nobu sorgte, deren Firma ihren Hauptsitz in Osaka hatte und die beide Privathäuser sowohl dort als auch in Kyoto besaßen.

Außerdem fragte ich mich, was wohl aus meiner Schwester Satsu werden sollte, wo immer sie war. Ich glaube, es ist mir nie richtig bewußt geworden, doch seit der Woche, in der sie davongelaufen war, trug ich insgeheim die Vorstellung mit mir herum, daß unser Lebensweg uns eines Tages wieder zusammenführen würde. Vielleicht schickt sie mir ja über die Nitta-Okiya einen Brief oder kommt nach Kyoto zurück, um mich zu suchen, dachte ich. Doch dann, eines Nachmittags, als ich mit dem kleinen Juntaro einen Spaziergang am Fluß entlang machte, wo wir am Ufer Steine aufsasen und ins Wasser zurückwarfen, wurde mir auf einmal klar, daß Satsu niemals nach Kyoto zurückkehren würde, um mich zu suchen. Jetzt, da ich selbst ein armseliges Leben führte, sah ich ein, daß eine Reise – egal, aus welchem Grund – in eine weit entfernte Stadt einfach unmöglich war. Und selbst wenn sie käme, würden wir uns auf der Straße nicht wiedererkennen. Und was meine Phantasievorstellung betraf, daß sie mir einen Brief schreiben könnte… nun ja, auch dabei kam ich mir plötzlich töricht vor. Hatte ich wirklich all diese Jahre gebraucht, um zu begreifen, daß Satsu nicht einmal den Namen der Nitta-Okiya kannte? Auch wenn sie gewollt hätte – sie hätte mir nicht schreiben können, es sei denn, sie setzte sich mit Herrn Tanaka in Verbindung, und das würde sie bestimmt nicht tun. Während der kleine Juntaro immer weiter Steine ins Wasser warf, hockte ich neben ihm und ließ mit einer Hand Wasser auf mein Gesicht tropfen, während ich ihm zulächelte und so tat, als brauchte ich eine Abkühlung. Meine kleine List muß wohl gewirkt haben, denn Juntaro schien keine Ahnung zu haben, daß etwas nicht stimmte.

Not gleicht einem starken Wind. Damit meine ich nicht nur, daß sie uns von Orten fernhält, die wir sonst wohl aufgesucht hätten. Nein, sie entreißt uns auch alles bis auf das, was uns nicht entrissen werden kann, so daß wir danach dastehen, wie wir wirklich sind, und nicht so, wie wir vielleicht gern wären. Herrn Arashinos Tochter zum Beispiel verlor den Ehemann durch den Krieg und konzentrierte sich von da an ausschließlich auf zwei Dinge: ihren kleinen Sohn zu versorgen und Fallschirme für die Soldaten zu nähen. Nur dafür schien sie noch zu leben. Als sie dann dünner und dünner wurde, wußte man genau, wohin jedes einzelne Gramm von ihr ging. Bei Kriegsende klammerte sie sich an dieses Kind, als wäre der Junge der Klippenrand, der verhinderte, daß sie unten auf die Felsen stürzte.

Weil ich schon einmal Not erlebt hatte, war das, was ich über mich selbst erfuhr, wie eine Erinnerung an etwas, was ich früher einmal gewußt, dann aber nahezu vergessen hatte – nämlich, daß mein Leben unter der eleganten Kleidung, der vollendeten Tanzkunst und der klugen Konversation im Grunde keineswegs komplex war, sondern so einfach wie ein Stein, der zu Boden fällt. Mein einziges Ziel bei allem, was ich während der vergangenen zehn Jahre getan hatte, war es gewesen, die Zuneigung des Direktors zu gewinnen. Tag für Tag beobachtete ich, wie die flinken Wellen der Kamo-Stromschnellen an der Werkstatt vorübereilten. Manchmal warf ich ein Blütenblatt oder einen Strohhalm hinein, weil ich wußte, sie würden ganz bis nach Osaka getragen werden, bevor sie ins Meer hinausgespült wurden. Ich fragte mich, ob der Direktor vielleicht eines Nachmittags, wenn er am Schreibtisch saß, zum Fenster hinausblicken und dieses Blütenblatt oder jenen Strohhalm sehen und dabei möglicherweise an mich denken würde. Bald schon kam mir jedoch ein beunruhigender Gedanke. Es konnte ja sein, daß der Direktor das Blütenblatt sah – obwohl ich das bezweifelte –, aber selbst wenn er es sah und sich zurücklehnte, um an all die Dinge zu denken, die dieser Anblick ihm in Erinnerung rief, war es möglich, daß ich überhaupt nicht dazugehörte. Gewiß, er war immer sehr freundlich zu mir gewesen, aber er war eben ein freundlicher Mensch. Er hatte nie auch nur im geringsten erkennen lassen, ob er in mir das Mädchen erkannte, das er einst so liebevoll getröstet hatte, oder ob er merkte, daß ich etwas für ihn empfand und an ihn dachte.

Eines Tages gelangte ich zu einer Erkenntnis, die in gewisser Hinsicht sogar noch schmerzlicher war als meine plötzliche Einsicht, daß Satsu und ich uns niemals wiedersehen würden. Ich hatte die Nacht zuvor über einem beunruhigenden Gedanken gebrütet und mich zum erstenmal gefragt, was wohl geschehen würde, wenn ich ans Ende meines Lebens kam und der Direktor noch immer keine Notiz von mir genommen hätte. Am folgenden Morgen zog ich sofort meinen Almanach zu Rate, weil ich hoffte, ein Zeichen zu finden, daß mein Leben nicht ganz ohne Sinn bleiben würde. Ich war so niedergeschlagen, daß es sogar Herrn Arashino aufzufallen schien, denn er schickte mich aus, um in dem dreißig Minuten entfernten Kurzwarengeschäft Nähnadeln zu kaufen. Als ich auf dem Rückweg bei Sonnenuntergang am Straßenrand entlangwanderte, wäre ich fast von einem Militärlastwagen überfahren worden. Noch nie war ich so nahe daran gewesen, getötet zu werden. Am nächsten Morgen erst entdeckte ich, daß mich mein Almanach davor gewarnt hatte, in Richtung der Ratte zu reisen, das heißt genau in die Richtung, in der das Kurzwarengeschäft lag. Weil ich nur nach einem Zeichen für den Direktor Ausschau hielt, hatte ich die Warnung übersehen. Nach diesem Erlebnis begriff ich die große Gefahr, die darin liegt, wenn man sich nur auf etwas konzentriert, was *nicht* da ist. Was wäre, wenn ich ans Ende meines Lebens gelangte und erkennen müßte, daß ich Tag für Tag nach einem Mann Ausschau gehalten hatte, der niemals zu mir kommen würde? Wie unerträglich traurig, wenn ich einsehen müßte, daß ich die Dinge, die ich aß, niemals richtig genossen, die Orte, an denen ich gewesen war, niemals richtig gesehen hatte, weil ich an nichts anderes als an den Direktor dachte, während mir das Leben durch die Finger rann! Und doch, wenn ich meine Gedanken von ihm zurückhielt, was für ein Leben wäre das für mich gewesen? Ich wäre wie eine Tänzerin gewesen, die seit ihrer Kindheit für eine Vorstellung geprobt hat, die sie niemals geben wird.

Für uns endete der Krieg im August 1945. Fast alle, die während dieser Zeit in Japan lebten, werden Ihnen erklären, daß dies der schlimmste Augenblick in einer langen Nacht der Dunkelheit war. Unser Land war nicht einfach besiegt, es war vernichtet worden – und damit meine ich nicht die Bomben, so schrecklich sie auch gewesen waren. Wenn das eigene Land einen Krieg verliert und fremde Besatzungstruppen hereinströmen, fühlt man sich, als werde man selbst zum Hinrichtungsplatz geführt, wo man mit gefesselten Händen niederknien und auf das Schwert warten muß, das herniedergesaust kommt. Ungefähr ein Jahr lang hörte ich niemanden lachen, es sei denn den kleinen Juntaro, der es ja nicht besser wußte. Und wenn er lachte, winkte sein Großvater sofort mit der Hand, damit er still war. Immer wieder habe ich beobachtet, daß Männer und Frauen, die während dieser Jahre Kinder waren, eine gewisse Ernsthaftigkeit an sich hatten – weil in ihrer Kindheit zuwenig gelacht wurde.

Im Frühjahr 1946 hatten wir alle eingesehen, daß wir die Qual der Niederlage durchstehen mußten. Ja, es gab sogar einige, die daran glaubten, daß Japan eines Tages erneuert werde. All die Geschichten über amerikanische Besatzungssoldaten, die vergewaltigten und mordeten, hatten sich als falsch herausgestellt, und wir gelangten allmählich zu der Einsicht, daß die Amerikaner im großen und ganzen bemerkenswert freundlich waren. Eines Tages kam ein Trupp Amerikaner auf ihren Lastwagen vorbei. Mit den anderen Frauen unserer Nachbarschaft stand ich am Straßenrand und beobachtete sie. In meinen Gion-Jahren hatte ich mich als Bewohnerin einer besonderen Welt sehen gelernt, einer Welt, die mich von den anderen Frauen trennte, und tatsächlich hatte ich mich all die Jahre so abgeschirmt gefühlt, daß ich mich nur selten fragte, wie wohl andere Frauen lebten, sogar die Ehefrauen jener Männer, denen ich Gesellschaft leistete. Dennoch stand ich jetzt in einer zerrissenen Arbeitshose da, und die Haare hingen mir strähnig über den Rücken. Ich hatte seit mehreren Tagen nicht mehr gebadet, denn wir hatten nicht genug Brennmaterial, um öfter als ein paarmal pro Woche Wasser zu erhitzen. In den Augen der amerikanischen Soldaten, die an uns vorüberfuhren, unterschied ich mich in nichts von den anderen Frauen – und wie sollte ich auch? Wenn man keine Blätter, keine Borke und keine Wurzeln mehr hat, kann man sich dann noch als Baum bezeichnen? »Ich bin eine Bäuerin«, sagte ich mir, »und keine Geisha mehr.« Es war ein furchtbares Gefühl, meine Hände zu betrachten und zu sehen, wie rauh sie waren. Um mich von diesem Schrecken abzulenken, richtete ich meine Aufmerksamkeit auf die Wagenladungen von Soldaten, die an uns vorüberfuhren. Waren das nicht dieselben Amerikaner, die zu hassen man uns gelehrt hatte? Die unsere Städte mit so entsetzlichen Waffen bombardiert hatten? Und jetzt fuhren sie durch unser Viertel und warfen den Kindern Schokolade zu.

Binnen eines Jahres nach der Kapitulation hatte man Herrn Arashino ermuntert, wieder Kimonos zu schneidern. Ich wußte von Kimonos nur, wie man sie trägt, deswegen wurde mir die Aufgabe übertragen, im Werkstattanbau die Farbbottiche zu kontrollieren, während sie kochten. Es war eine widerliche Arbeit, zum Teil, weil wir uns kein anderes Brennmaterial als *tadon* leisten konnten, eine Art Kohlestaub, vermischt mit Teer. Sie können sich nicht vorstellen, wie das stinkt, wenn es verbrennt! Im Lauf der Zeit zeigte mir Herrn Arashinos Ehefrau, wie man die richtigen Blätter, Stengel und Borkenstücke sammelt, um die Farbstoffe herzustellen – man möchte meinen, eine Art Beförderung. Und das wäre es gewesen, hätten einige dieser Materialien – welche, habe ich nie herausgefunden – nicht die seltsame Eigenschaft gehabt, meine Haut zu beizen. Meine zarten Tänzerinnenhände, die ich früher mit feinsten Cremes verwöhnt hatte, begannen sich nun zu pellen wie die papierähnliche Außenhaut einer Zwiebel und nahmen die Farbe von Blutergüssen an. Zu jener Zeit hatte ich – vermutlich weil ich mich so einsam fühlte – ein romantisches Verhältnis mit einem jungen Tatami-Flechter namens Inoue, der, wie ich fand, so aussah, wie der Direktor mit ungefähr zwanzig Jahren ausgesehen haben mußte: mit zarten Augenbrauen, die sich auf seiner glatten Haut wölbten, und wundervoll weichen Lippen. Ein paar Wochen lang stahl ich mich bei Nacht des öfteren lautlos in den Anbau, um ihn einzulassen. Mir wurde erst klar, wie grauenvoll meine Hände aussahen, als einmal das Feuer unter den Bottichen so hell brannte, daß wir einander sehen konnten. Nachdem Inoue einen Blick auf meine Hände geworfen hatte, wollte er sich nicht mehr von mir berühren lassen.

Um meiner Haut ein wenig Erleichterung zu verschaffen, übertrug mir Herr Arashino in diesem Sommer die Aufgabe, Tradeskantien zu sammeln. Die Tradeskantie ist eine Pflanze, mit deren Saft man Seide bemalt, bevor diese gestärkt und anschließend eingefärbt wird. Sie wachsen zumeist während der Regenzeit am Ufer von Teichen und Seen. Ich hielt dies für eine angenehme Aufgabe, daher machte ich mich, voll Vorfreude auf einen kühlen, trockenen Tag, eines Morgens im Juli mit meinem Rucksack auf den Weg, doch bald schon mußte ich entdecken, daß die Tradeskantie eine teuflisch hinterlistige Pflanze ist. Soweit ich feststellen konnte, hatte sie sich jedes Insekt im westlichen Japan zum Verbündeten gemacht. Jedesmal, wenn ich eine Handvoll Blüten abriß, wurde ich von ganzen Geschwadern von Zecken und Mücken angegriffen, und zu allem Übel trat ich auch noch auf einen widerwärtigen kleinen Frosch. Nachdem ich dann eine elende Woche lang Blüten gesammelt hatte, übernahm ich das, was ich mir als eine weitaus leichtere Aufgabe vorstellte, und füllte sie in eine Presse, um den Saft aus ihnen herauszuquetschen. Doch wenn Sie noch nie erlebt haben, wie der Saft einer Tradeskantie riecht... Nun ja, ich war überglücklich, als ich am Ende der Woche wieder zum Farbenkochen zurückkehren durfte.

Während dieser Jahre mußte ich sehr schwer arbeiten. Doch jeden Abend, wenn ich zu Bett ging, dachte ich an Gion. Alle Geishaviertel von Japan waren nur wenige Monate nach der Kapitulation wieder geöffnet worden, doch ich durfte nicht nach Gion zurückkehren, bis Mutter mich zu sich rief. Sie machte gute Geschäfte, indem sie den amerikanischen Soldaten Kimonos, Kunstgewerbe und japanische Schwerter verkaufte. Deswegen blieben sie und Tantchen auf dem kleinen Bauernhof westlich von Kyoto, wo sie ihr Geschäft eingerichtet hatten, während ich weiterhin bei der Familie Arashino lebte und arbeitete.

Nachdem Gion nur wenige Kilometer entfernt war, halten Sie es vermutlich für selbstverständlich, daß ich es des öfteren besuchte. Doch in den nahezu fünf Jahren, die ich außerhalb von Gion verbrachte, ging ich nur ein einziges Mal dorthin, an einem Frühlingsnachmittag etwa ein Jahr nach Kriegsende. Ich befand mich auf dem Rückweg vom Kamigyo-Kreiskrankenhaus, wo ich für den kleinen Juntaro Medikamente geholt hatte. Ich ging die Kawaramachi-Avenue bis zur Shijo entlang, dann überquerte ich von dort die Brücke nach Gion. Ich war entsetzt, wie viele Familien sich in tiefster Armut am Flußufer zusammendrängten.

In Gion erkannte ich zwar mehrere Geishas, aber sie erkannten mich natürlich nicht. Ich sprach sie nicht an, da ich das Viertel einmal vom Standpunkt einer Außenseiterin betrachten wollte. Doch ich konnte Gion kaum sehen, als ich durch die Straßen schlenderte, weil ich statt dessen geisterhafte Erinnerungen sah.

Als ich am Ufer des Shirakawa-Baches entlangging, dachte ich an die vielen Nachmittage, an denen Mameha und ich dort entlanggeschlendert waren. In der Nähe stand die Bank, auf der Kürbisköpfchen und ich an dem Abend, wo ich sie um Hilfe bat, mit zwei Schalen Nudeln gesessen hatten. Nicht weit entfernt davon lag die Gasse, in der Nobu mich getadelt hatte, weil ich mir den General zum *danna* genommen hatte. Von dort ging ich einen halben Block bis zur Ecke der Shijo-Avenue weiter, wo ich den Laufburschen dazu gebracht hatte, die Schachteln fallen zu lassen. An all diesen Orten hatte ich das Gefühl, viele Stunden nach Vorstellungsende auf einer Bühne zu stehen, während die Stille so schwer auf dem leeren Theater lastete wie eine dichte Schneedecke. Ich ging zu unserer Okiya und starrte mit sehnsüchtigem Blick auf das schwere, eiserne Vorhängeschloß an der Tür. Als ich dort eingeschlossen war, wollte ich hinaus. Jetzt, da sich mein Leben so sehr verändert hatte und ich mich ausgesperrt fand, wollte ich wieder hinein. Und doch war ich inzwischen eine erwachsene Frau, der es, wenn sie so wollte, freistand, Gion auf der Stelle zu verlassen und nie wieder zurückzukehren.

Als ich mir eines bitterkalten Nachmittags im November, drei Jahre nach Kriegsende, über den Farbbottichen im Anbau die Hände wärmte, kam Frau Arashino herunter, um mir zu sagen, daß mich jemand zu sprechen wünsche. An ihrer Miene erkannte ich, daß der Besuch nicht etwa eine der Frauen aus dem Viertel war. Doch können Sie sich meine Überraschung vorstellen, als ich oben an der Treppe ankam und Nobu sah? Er saß bei Herrn Arashino in der Werkstatt und hielt eine leere Teetasse in der Hand, als hätten die beiden dort bereits einige Zeit geplaudert. Als Herr Arashino mich sah, erhob er sich.

»Ich habe noch im Nebenzimmer zu tun, Nobu-san«, erklärte er. »Ihr beide könnt gern hierbleiben und miteinander reden. Ich freue mich sehr, daß du uns besuchen kommst!«

»Mach dir nichts vor, Arashino«, gab Nobu zurück. »Es ist Sayuri, die ich besuchen will.«

Ich fand es sehr unhöflich von Nobu, so etwas zu sagen, doch Arashino lachte nur und zog die Werkstattür hinter sich zu.

»Ich hatte den Eindruck, daß sich die ganze Welt verändert hätte«, sagte ich. »Aber das kann nicht sein, denn mindestens Nobu-san ist immer noch der alte.«

»Ich werde mich niemals verändern«, gab er zurück. »Aber ich bin nicht hergekommen, um mit dir zu plaudern. Ich will wissen, was mit dir los ist.«

»Gar nichts ist mit mir los. Hat Nobu-san denn meine Briefe nicht erhalten?«

»Deine Briefe sind wie Gedichte. Nie sprichst du über etwas anderes als ›das schöne, tröpfelnde Wasser‹ und ähnlichen Unsinn.«

»Aber Nobu-san! Ihnen schreibe ich keinen Brief mehr!«

»Wäre mir auch lieber, wenn sie alle so sind. Warum kannst du mir nicht einfach das erzählen, was ich wissen will, zum Beispiel, wann du wieder nach Gion kommst? Jeden Monat rufe ich im Ichiriki an, um mich nach dir zu erkundigen, und jedesmal hat die Herrin die eine oder andere Ausrede. Ich dachte schon, du hättest irgendeine gräßliche Krankheit. Du bist dünner geworden, glaube ich, aber auf mich wirkst du relativ gesund. Was hält dich zurück?«

»Ich denke jeden Tag an Gion.«

»Deine Freundin Mameha ist seit über einem Jahr wieder da. Sogar Michizono – alt, wie sie ist – kam am selben Tag zurück, als Gion wiedereröffnet wurde. Aber niemand konnte mir sagen, warum Sayuri nicht zurückkehren will.«

»Ehrlich gesagt, die Entscheidung liegt nicht bei mir. Ich warte darauf, daß Mutter die Okiya wieder eröffnet. Ich möchte genauso gern nach Gion zurückkehren, wie Nobu-san mich dort wiedersehen will.«

»Dann ruf doch deine Mutter an und sag ihr, daß es langsam Zeit wird. Während der letzten sechs Monate habe ich mich in Geduld geübt. Hast du denn nicht begriffen, was ich dir in meinen Briefen gesagt habe?«

»Als Sie sagten, Sie wollten mich in Gion sehen, da dachte ich, Sie meinten, daß Sie hoffen, mich dort bald wiederzusehen.«

»Wenn ich sage, ich möchte dich in Gion sehen, meine ich, daß du deine Siebensachen packen und nach Gion zurückkehren sollst. Außerdem sehe ich wirklich nicht ein, warum du auf deine Mutter warten solltest. Wenn die noch nicht wieder da ist, ist sie strohdumm.«

»Nur wenige Menschen haben etwas Gutes über sie zu sagen, aber ich kann Ihnen versichern, daß sie alles andere als strohdumm ist. Wenn er sie richtig kennenlernen könnte, würde Nobu-san sie vielleicht sogar bewundern. Sie macht sehr gute Geschäfte, indem sie den amerikanischen Soldaten Souvenirs verkauft.«

»Die Soldaten werden nicht ewig hierbleiben. Sag ihr, dein guter Freund Nobu wünscht, daß du nach Gion zurückkehrst.« Damit nahm er ein Päckchen und warf es auf die Matten neben mir. Ohne weiteres Wort trank er dann seinen Tee und sah mich an.

»Was wirft Nobu-san da nach mir?« fragte ich ihn.

»Ein Geschenk. Mach's auf!«

»Wenn Nobu-san mir ein Geschenk macht, muß ich zuerst mein Geschenk für ihn holen.«

Ich ging in die Zimmerecke, in der die Truhe mit meinen Habseligkeiten stand, und holte einen Fächer heraus, den ich Nobu schon sehr lange schenken wollte. Ein Fächer mag wie ein sehr einfaches Geschenk für einen Mann erscheinen, der mich vor der Fabrik gerettet hat. Aber uns Geishas sind die Fächer, die wir beim Tanz benutzen, heilig, und dieser hier war kein gewöhnlicher Tänzerinnenfächer, sondern der, den meine Lehrerin mir geschenkt hatte, als ich im Inoue-Tanzstil den *shisho*-Grad erreichte. Ich hatte noch nie gehört, daß sich eine Geisha von einem solchen Erinnerungsstück trennte, und genau das war der Grund, warum ich beschlossen hatte, ihm den Fächer zu schenken.

Ich wickelte den Fächer in ein Stück Baumwollstoff und ging zurück, um ihm das Päckchen zu überreichen. Als er es öffnete, war er verwirrt, was ich vorausgesehen hatte. Ich gab mir die größte Mühe, ihm zu erklären, warum ich wollte, daß er ihn bekam.

»Das ist sehr lieb von dir«, antwortete er, »aber ich bin dieser Gabe nicht würdig. Gib ihn lieber einem, der den Tanz besser zu schätzen weiß als ich.«

»Es gibt keinen außer Ihnen, dem ich den Fächer schenken würde. Er ist ein Teil von mir, und ich habe ihn Nobu-san gegeben.«

»Nun, dann bin ich dir sehr dankbar. Ich werde ihn wirklich in Ehren halten, und nun öffne dein Geschenk.«

Eingewickelt in Papier und Bindfaden und eingebettet in Schichten von Zeitungspapier lag ein ungefähr faustgroßer Steinbrocken. Beim Anblick dieses Steinbrockens war ich bestimmt ebenso verdutzt wie Nobu, als ich ihm den Fächer gab. Als ich das Ding jedoch näher betrachtete, entdeckte ich, daß es kein Stein-, sondern ein Betonbrocken war.

»Was du da in der Hand hältst, ist ein Trümmerstück von unserer Fabrik in Osaka«, erklärte mir Nobu. »Zwei von unseren vier Werken wurden zerstört. Es besteht die Gefahr, daß unser Unternehmen die nächsten paar Jahre nicht übersteht. Du siehst also, wenn du mir mit diesem Fächer ein Stück von dir geschenkt hast, habe ich dir vermutlich jetzt auch ein Stück von mir geschenkt.«

»Wenn es ein Stück von Nobu-san ist, werde ich es in Ehren halten.«

»Du sollst es nicht in Ehren halten. Es ist schließlich nichts als ein Brocken Beton! Ich will, daß du mir hilfst, ihn in einen wunderschönen Edelstein zu verwandeln, der dir gehört.«

»Wenn Nobu-san weiß, wie man das macht – bitte, erklären Sie es mir. Dann werden wir alle zusammen reich.«

»Ich habe eine Aufgabe für dich in Gion. Wenn es sich so entwickelt, wie ich hoffe, wird unsere Firma in ungefähr einem Jahr wieder auf den Beinen sein. Sobald ich dich bitte, mir diesen Betonbrocken zurückzugeben, und ihn durch einen Edelstein ersetze, wird der Zeitpunkt gekommen sein, daß ich endlich dein *danna* werde.«

Als ich das hörte, wurde meine Haut so kalt wie Glas, aber ich ließ mir nichts anmerken. »Wie geheimnisvoll, Nobu-san! Eine Aufgabe, die *ich* erfüllen kann, sollte Iwamura Electric helfen können?«

»Ich will dir nichts vormachen, es ist eine widerwärtige Aufgabe. Während der letzten zwei Jahre, bevor Gion geschlossen wurde, gab es dort einen Mann namens Sato, der als Gast des Präfekten von Kyoto Partys besuchte. Ich möchte, daß du zurückkehrst und ihn unterhältst.«

Als ich das hörte, mußte ich lachen. »Das soll eine widerwärtige Aufgabe sein? So abstoßend Nobu-san ihn auch finden mag, ich habe bestimmt schon Schlimmeres erlebt.«

»Wenn du dich an ihn erinnerst, wäre dir klar, wie widerwärtig er ist. Er geht jedem auf die Nerven, und er benimmt sich wie ein Schwein. Wie er mir sagte, hat er immer dir gegenüber Platz genommen, damit er dich anstarren kann. Du bist das einzige, wovon er redet – das heißt, wenn er überhaupt etwas sagt, denn meistens sitzt er einfach nur stumm da. Vielleicht hast du in den letzten Monaten in den Zeitschriften von ihm gelesen; er ist zum stellvertretenden Finanzminister ernannt worden.«

»Du meine Güte!« sagte ich. »Dann muß er ja wohl sehr tüchtig sein.«

»Ach, über fünfzehn Leute sind stellvertretende Finanzminister. Ich weiß, daß er sich Sake in den Hals schütten kann – etwas anderes habe ich ihn noch nicht tun sehen. Eine Tragödie, daß die Zukunft eines großen Unternehmens wie des unseren von einem solchen Mann abhängt! Wir leben in einer schrecklichen Zeit, Sayuri.«

»Aber Nobu-san! So etwas dürfen Sie nicht sagen.«

»Warum in aller Welt nicht? Hier hört mich doch keiner.«

»Es kommt nicht darauf an, ob jemand Sie hört. Es geht um Ihre Einstellung. Sie sollten wirklich nicht so denken.«

»Und warum nicht? Die Firma war noch nie in einem so desolaten Zustand. Während des ganzen Krieges hat sich der Direktor geweigert, das zu tun, was die Regierung von ihm verlangt hat. Als er sich dann schließlich doch zur Mitarbeit entschloß, war der Krieg fast vorbei, und nichts von dem, was wir für sie hergestellt haben – kein einziges Stück –, wurde im Kampf eingesetzt. Das hat die Amerikaner jedoch nicht davon abgehalten, Iwamura Electric genauso als *zaibatsu* einzustufen wie Mitsubishi. Es ist lächerlich! Im Vergleich zu Mitsubishi waren wir wie ein Sperling, der einen Löwen beobachtet. Und weißt du was? Wenn wir sie nicht von unserer Aufrichtigkeit überzeugen können, wird Iwamura Electric beschlagnahmt und mit sämtlichen Aktiva verkauft werden, um Reparationen zu zahlen! Vor zwei Wochen hätte ich gesagt, das sei schon schlimm genug, aber nun haben sie diesen Sato aufgefordert, sein Urteil über unseren Fall abzugeben. Die Amerikaner halten sich für clever, weil sie einen Japaner damit beauftragen. Aber ich hätte lieber einen Hund für diese Aufgabe gehabt als diesen Kerl.« Unvermittelt hielt Nobu-san inne. »Was in aller Welt ist mit deinen Händen passiert?«

Seit ich aus dem Anbau heraufgekommen war, hatte ich meine Hände, so gut es ging, versteckt gehalten. Jetzt hatte Nobu sie wohl doch irgendwie zu Gesicht bekommen. »Herr Arashino war so freundlich, mich mit der Herstellung der Farben zu betrauen.«

»Hoffentlich weiß er, wie man diese Flecken entfernt«, sagte Nobu. »So kannst du wirklich nicht nach Gion zurückkehren.«

»Ach, Nobu-san, meine Hände sind das geringste meiner Probleme. Ich bin nicht sicher, ob ich überhaupt nach Gion zurückkehren kann. Ich werde mir Mühe geben, Mutter zu überreden, doch ehrlich gesagt liegt die Entscheidung darüber nicht bei mir. Außerdem bin ich sicher, daß es andere Geishas gibt, die Ihnen weiterhelfen können…«

»Da täuschst du dich! Hör zu, neulich bin ich mit dem stellvertretenden Minister und einem halben Dutzend Gäste in ein Teehaus gegangen. Eine Stunde lang hat er kein Wort gesprochen, dann hat er sich endlich geräuspert und gesagt: ›Das hier ist nicht das Ichiriki.‹ Ich antwortete: ›Da haben Sie völlig recht, das ist es nicht!‹ Daraufhin grunzte er wie ein Schwein und sagte dann: ›Im Ichiriki ist Sayuri.‹ Also habe ich ihn aufgeklärt. ›Nein, Minister, wenn sie überhaupt in Gion wäre, würde sie sofort herkommen und uns Gesellschaft leisten. Aber wie ich Ihnen sagte – sie ist nicht in Gion!‹ Also griff er nach seiner Saketasse…«

»Ich hoffe, daß Sie ihm gegenüber höflicher waren«, sagte ich.

»Ganz gewiß nicht! Ich kann ihn nicht länger als eine halbe Stunde ertragen. Danach bin ich für das, was ich sage, nicht mehr verantwortlich. Und genau das ist der Grund, warum ich dich dort brauche! Und behaupte bitte nicht, daß die Entscheidung nicht bei dir liegt. Du bist es mir schuldig, und das weißt du genau. Außerdem möchte ich, ehrlich gesagt, selbst einige Zeit mit dir verbringen...«

»Und ich würde gern Zeit mit Nobu-san verbringen.«

»Wenn du kommst, solltest du deine Illusionen aber zu Hause lassen.«

»Nach diesen letzten Jahren habe ich keine Illusionen mehr, das dürfen Sie mir glauben. Aber denkt Nobu-san an etwas Bestimmtes?«

»Erwarte nicht, daß ich in einem Monat schon dein *danna* werde, daran habe ich dabei nicht gedacht. Bis Iwamura Electric sich erholt hat, bin ich nicht in der Lage, dir ein solches Angebot zu machen. Ich mache mir große Sorgen um die Zukunft des Unternehmens. Aber ehrlich gesagt, Sayuri, nachdem ich mit dir gesprochen habe, fühle ich mich schon viel besser.«

»Nobu-san! Wie freundlich von Ihnen!«

»Sei nicht albern, ich hatte nicht die Absicht, dir zu schmeicheln. Dein Schicksal und das meine sind eng miteinander verknüpft. Aber wenn Iwamura Electric sich nicht erholt, werde ich niemals dein *danna* werden. Vielleicht liegt das – genau wie unsere erste Begegnung – in den Händen der Vorsehung!«

Während der letzten Kriegsjahre hatte ich gelernt, nicht darüber nachzudenken, was mir vorherbestimmt war und was nicht. Den Frauen in unserem Viertel hatte ich immer wieder erklärt, daß ich nicht sicher sei, ob ich nach Gion zurückkehren wolle, aber eigentlich hatte ich immer gewußt, daß ich es tun würde. Denn nur dort wartete mein Schicksal auf mich, oder wie immer man es nennen will. In den Jahren meiner Abwesenheit hatte ich gelernt, das ganze Wasser in meinem Wesen zurückzuhalten, indem ich es sozusagen zu Eis gefrieren ließ. Nur indem ich auf diese Art den natürlichen Fluß meiner Gedanken anhielt, konnte ich das Warten ertragen. Und als ich jetzt hörte, daß Nobu von meiner Bestimmung sprach... nun ja, da hatte ich das Gefühl, als bräche das Eis in meinem Innern auf, um meine Wünsche wieder zum Leben zu erwecken.

»Nobu-san«, sagte ich, »wenn es so wichtig ist, einen guten Eindruck auf den Minister zu machen, sollten Sie vielleicht den Direktor dazubitten, wenn Sie ihn in ein Teehaus einladen.«

»Der Direktor ist ein vielbeschäftigter Mann.«

»Aber wenn der Minister für die Zukunft des Unternehmens so wichtig ist, wird er doch sicher…«

»Mach du dir Gedanken darüber, wie du nach Gion zurückkommst, ich werde mich um das kümmern, was für die Firma am besten ist. Wenn du nicht bis Ende des Monats wieder in Gion bist, werde ich von dir sehr enttäuscht sein.«

Nobu erhob sich, um zu gehen, denn er mußte vor dem Abend wieder in Osaka sein. Ich begleitete ihn zur Haustür, um ihm in Mantel und Schuhe zu helfen und ihm den Filzhut auf den Kopf zu drücken. Als ich das getan hatte, blieb er noch eine Weile stehen und sah mich nachdenklich an. Ich dachte, er werde mir sagen, daß er mich schön finde, denn das war eine Bemerkung, die er oft machte, wenn er mich grundlos musterte.

»Himmel, Sayuri, du siehst aus wie ein Bauernweib!« sagte er mit finsterer Miene. Damit wandte er sich ab.

30. KAPITEL

Während die Arashinos schon schliefen, schrieb ich an jenem Abend im Licht des *tadon*, das unter den Farbbottichen brannte, einen Brief an Mutter. Ob nun mein Schreiben seine Wirkung getan hatte oder ob Mutter ohnehin bereit war, die Okiya wieder zu öffnen, weiß ich nicht, doch eine Woche später hörte ich die Stimme einer alten Frau vor dem Haus der Arashinos, und als ich die Tür aufschob, stand Tantchen vor mir. Ihre Wangen waren über dem zahnlosen Mund eingesunken, und das kränkliche Grau ihrer Haut erinnerte mich an ein Stück Sashimi, das man über Nacht draußen auf dem Teller liegenlassen hatte. Aber ich sah, daß sie noch immer eine starke Frau war, denn sie trug einen Sack Kohle in der einen und Lebensmittel in der anderen Hand, um den Arashinos für ihre Freundlichkeit mir gegenüber zu danken.

Am folgenden Tag verabschiedete ich mich unter Tränen und kehrte endlich nach Gion zurück, wo Mutter, Tantchen und ich uns sofort daranmachten, überall gründlich aufzuräumen. Als ich mich in der Okiya umsah, schoß mir der Gedanke durch den Kopf, das Haus wolle uns für die jahrelange Vernachlässigung bestrafen. Wir brauchten allein vier oder fünf Tage, um nur die wichtigsten Probleme zu beheben: den Staub abzuwischen, der sich wie eine dicke Schicht Gaze über das Gebälk gelegt hatte; die Überreste verendeter Nagetiere aus dem Brunnen zu fischen und Mutters Zimmer im ersten Stock zu reinigen, wo die Vögel die Tatami-Matten zerfetzt und mit dem Stroh Nester in der Wandnische gebaut hatten. Zu meinem Erstaunen arbeitete Mutter ebenso hart wie wir anderen – zum Teil, weil wir uns nur eine Köchin und eine erwachsene Dienerin leisten konnten; dafür hatten wir noch ein kleines Mädchen namens Etsuko, die Tochter des Mannes, auf dessen Bauernhof Mutter und Tantchen gelebt hatten. Und wie um mir ins Gedächtnis zu rufen, wie viele Jahre vergangen waren, seit ich als Neunjährige nach Kyoto gekommen war, zählte Etsuko ebenfalls neun Jahre. Obwohl ich ihr bei jeder Gelegenheit freundlich zulächelte, schien sie mir gegenüber die gleiche Scheu zu empfinden, die ich damals vor Hatsumomo gehabt hatte. Sie war so lang und dünn wie ein Besenstiel, mit langen Haaren, die hinter ihr herwehten, wenn sie eilig umherlief. Und ihr Gesicht war schmal wie ein Reiskorn, so daß ich unwillkürlich dachte, daß sie, wie einst ich, eines Tages in den Topf geworfen und weiß und rund und duftig herauskommen würde, bereit zum Verzehr.

Als die Okiya wieder bewohnbar war, machte ich mich auf, um mich überall in Gion respektvoll zurückzumelden. Ich begann mit Mameha, die nun in einer Einzimmerwohnung über einer Apotheke beim Gion-Schrein wohnte; seit sie vor einem Jahr zurückgekehrt war, hatte sie keinen *danna* gehabt, der ihr etwas Geräumigeres finanzierte. Als sie mich sah, war sie, wie sie mir sagte, zunächst erschrocken darüber, daß meine Wangenknochen so weit vorstanden. Ehrlich gesagt, war ich jedoch genauso erschrocken über den Anblick, den sie bot. Das schöne Oval ihres Gesichts war zwar unverändert, aber ihr Hals wirkte sehnig und viel zu alt für sie. Das Seltsamste aber war, daß sie manchmal wie eine alte Frau die Lippen spitzte, weil ihre Zähne während des Krieges sehr locker geworden waren und ihr noch immer Schmerzen bereiteten, obwohl ich keinen Unterschied erkennen konnte.

Wir unterhielten uns lange, und dann fragte ich sie, ob die *Tänze der Alten Hauptstadt* ihrer Meinung nach im bevorstehenden Frühling wieder aufgeführt werden würden. Die letzte Aufführung hatte vor fünf Jahren stattgefunden.

»Warum denn nicht?« gab sie zurück. »Dann könnte das Thema ›Tänze im Strom‹ lauten!«

Wenn Sie jemals ein Heilbad mit heißen Quellen oder etwas Ähnliches besucht haben und dort von Frauen unterhalten wurden, die sich als Geishas ausgaben, in Wirklichkeit aber Prostituierte waren, werden Sie Mamehas kleinen Scherz verstehen. Eine Frau, die den »Tanz im Strom« aufführt, macht in Wirklichkeit eine Art Striptease. Sie tut, als wate sie immer tiefer ins Wasser hinein, während sie ihren Kimono, damit der Saum nicht naß wird, immer höher zieht, bis die Männer schließlich das sehen, worauf sie gewartet haben, zu johlen beginnen und einander mit Sake zuprosten.

»Bei den vielen amerikanischen Soldaten, die es heutzutage in Gion gibt, wirst du mit Englisch weiter kommen als mit dem Tanzen«, erklärte sie mir. »Außerdem ist aus dem Kaburenjo-Theater ein *kyabarei* geworden.«

Dieses Wort, das sich vom englischen »Cabaret« herleitete, hatte ich noch nie gehört, doch ich erfuhr schon bald, was es bedeutete. Selbst als ich bei den Arashinos lebte, hatte ich Geschichten über die amerikanischen Soldaten und ihre lärmenden Partys gehört. Trotzdem war ich schockiert, als ich am selben Nachmittag den Eingangsbereich eines Teehauses betrat und – statt der gewohnten Reihe von Herrenschuhen an der Treppenstufe – ein wirres Durcheinander von Militärstiefeln vorfand, die mir alle so groß vorkamen wie Mutters kleiner Hund Taku. Das erste, was ich in der vorderen Eingangshalle sah, war ein Amerikaner in Unterwäsche, der sich unter dem Regalbrett in eine Nische zu drücken suchte, während zwei Geishas lachend bemüht waren, ihn daraus hervorzuziehen. Als ich die dunklen Haare auf seinen Armen und seiner Brust und sogar auf seinem Rücken erblickte, hatte ich das Gefühl, noch niemals etwas so Abstoßendes gesehen zu haben. Seine Kleidung hatte er vermutlich bei einem Trinkspiel verloren und versuchte sich zu verstecken, gleich darauf aber ließ er sich von den Frauen bei den Armen herausziehen und den Flur entlang und durch eine Tür führen. Als er den Raum betrat, hörte ich drinnen Pfeifen und Johlen.

Ungefähr eine Woche nach meiner Rückkehr war ich endlich bereit, meinen ersten Auftritt als Geisha zu wagen. Den Tag verbrachte ich damit, vom Friseur zum Wahrsager zu hasten, meine Hände einzuweichen, um den letzten Rest der Flecken zu entfernen und in ganz Gion nach dem Make-up zu fahnden, das ich unbedingt benötigte. Inzwischen ging ich auf die Dreißig zu und brauchte das weiße Make-up nur noch bei ganz besonderen Anlässen zu tragen. Dennoch verbrachte ich an jenem Tag eine halbe Stunde an meinem Schminktisch und versuchte unter Verwendung verschiedener Schattierungen von westlichem Gesichtspuder zu verbergen, wie mager ich geworden war. Als Herr Bekku kam, um mich anzukleiden, stand die kleine Etsuko daneben und schaute zu, wie ich damals Hatsumomo zugeschaut hatte, und es war vor allem die Bewunderung in ihren Augen, die mich überzeugte, daß ich tatsächlich wieder wie eine Geisha aussah.

Als ich an jenem Abend das Haus verließ, war ganz Gion von einer Decke aus blütenweißem Schnee überzogen, der so pudrig war, daß schon der kleinste Windhauch die Dächer blank putzte. Da ich einen Kimono-Schal und einen Lackschirm trug, war ich sicher, genauso unkenntlich zu sein wie an dem Tag, an dem ich in Gion war und aussah wie eine Bäuerin. Ich selbst erkannte nur die Hälfte der Geishas, denen ich begegnete. Diejenigen, die schon vor dem Krieg in Gion gelebt hatten, waren leicht auszumachen, denn sie vollführten im Vorübergehen eine höfliche Verbeugung, auch wenn sie mich nicht zu erkennen schienen. Die anderen hatten höchstens ein Kopfnicken für mich übrig.

Da ich auf der Straße hier und da Soldaten sah, fürchtete ich mich vor dem, was ich vorfinden würde, wenn ich ins Ichiriki kam. Aber der Eingang war von spiegelblanken schwarzen Schuhen gesäumt, wie die Offiziere sie trugen, und im Teehaus schien es seltsamerweise ruhiger zu sein als in der Zeit meiner Geishaausbildung. Obwohl Nobu noch nicht eingetroffen war – wenigstens sah ich keine Spur von ihm –, wurde ich direkt in eins der großen Zimmer im Parterre geführt, und man sagte mir, er werde bald kommen. Normalerweise hätte ich im Dienstbotenquartier weiter hinten gewartet, wo ich mir die Hände wärmen und eine Tasse Tee trinken konnte, denn keine Geisha läßt sich gern beim Nichtstun überraschen. Aber es machte mir nichts aus, auf Nobu zu warten, und außerdem betrachtete ich es als Privileg, in einem solchen Raum ein paar Minuten allein zu sein. Nach den vergangenen fünf Jahren war ich regelrecht ausgehungert nach Schönheit, und dies war ein Raum, über dessen Schönheit Sie mit Sicherheit gestaunt hätten. Die Wände waren mit blaßgelber Seide bespannt, deren Struktur eine gewisse Ausstrahlung hatte, so daß sie mir das Gefühl verlieh, dort so sicher geborgen zu sein wie das Ei in seiner Schale.

Ich hatte erwartet, daß Nobu allein kommen würde, doch als ich ihn endlich draußen im Flur hörte, war mir sofort klar, daß er den Minister mitgebracht hatte. Wie schon gesagt, machte es mir nichts aus, daß Nobu mich warten sah, doch wenn der Minister den Eindruck bekommen sollte, daß ich unbeliebt sei, konnte sich das für mich katastrophal auswirken. Also schlüpfte ich rasch durch eine zweite Tür in einen angrenzenden Raum. Wie sich herausstellte, hatte ich dadurch Gelegenheit, mit anzuhören, wie Nobu sich bemühte, liebenswürdig zu sein.

»Ist das nicht ein großartiges Zimmer, Minister?« fragte er. Als Antwort hörte ich nur ein Grunzen. »Ich habe es eigens für Sie bestellt. Dieses Gemälde im Zen-Stil ist wirklich prächtig, finden Sie nicht?« Nach einer langen Pause setzte Nobu dann hinzu: »O ja, es ist eine wunderschöne Nacht. Ach, habe ich Sie schon gefragt, ob Sie bereits die ganz spezielle Sakemarke probiert haben, die hier im Ichiriki-Teehaus serviert wird?«

So ging es weiter, wobei sich Nobu vermutlich so unbehaglich fühlte wie ein Elefant, der versucht, sich wie ein Schmetterling zu verhalten. Als ich schließlich auf den Flur hinaustrat und die Tür aufschob, schien Nobu bei meinem Anblick überaus erleichtert zu sein.

So richtig ansehen konnte ich den Minister erst, nachdem ich mich vorgestellt hatte und zum Tisch ging, um mich dort auf die Knie niederzulassen. Obwohl er behauptete, mich viele Stunden lang angestarrt zu haben, kam er mir ganz und gar nicht vertraut vor. Wie ich es fertiggebracht hatte, ihn zu vergessen, kann ich mir nicht erklären, denn er war eine wirklich auffällige Erscheinung – ich habe noch nie einen Menschen gesehen, der solche Schwierigkeiten hat, auch nur den Kopf zu drehen. Er hielt das Kinn aufs Brustbein gesenkt, als könnte er den Kopf nicht oben halten, und hatte einen ganz sonderbaren Unterkiefer, der so weit vorragte, daß er den Atem direkt in die Nase zu blasen schien. Nachdem er mir ein leichtes Nicken geschenkt und seinen Namen genannt hatte, dauerte es endlos lange, bis ich etwas anderes von ihm hörte als weitere Grunzlaute, denn das Grunzen schien seine einzig verfügbare Reaktion zu sein.

Ich gab mir größte Mühe, Konversation zu machen, bis uns die

Dienerin mit einem Tablett voll Sake rettete. Nachdem ich die Tasse des Ministers gefüllt hatte, sah ich zu meiner Verwunderung, daß er den Sake ungefähr so in seinen Unterkiefer kippte, als schüttete er ihn in einen Ausguß. Sekundenlang schloß er den Mund, dann öffnete er ihn wieder, und der Sake war verschwunden – ohne ein einziges der üblichen Zeichen, die die Menschen von sich geben, wenn sie schlucken. Ich wußte nicht mal, ob er überhaupt geschluckt hatte, bis er mir die leere Tasse unter die Nase hielt.

So ging es etwa eine Viertelstunde weiter, während ich den Minister bei Laune zu halten versuchte, indem ich ihm Geschichten und Scherze erzählte und ihm ein paar Fragen stellte. Bald jedoch hatte ich das Gefühl, daß es den »Minister bei Laune« möglicherweise gar nicht gab. Auf meine Fragen erhielt ich von ihm höchstens ein einziges Wort als Antwort. Ich schlug ihm ein Trinkspiel vor, ich fragte ihn sogar, ob er gern singe. Den längsten Wortwechsel hatten wir während der ersten halben Stunde, als der Minister fragte, ob ich tanzen könne.

»Aber natürlich kann ich das. Würde der Minister gern eine kurze Kostprobe meines Könnens sehen?«

»Nein«, gab er zurück. Und damit hatte es sich.

Nun gut, der Minister hielt vielleicht nicht viel davon, den Menschen ins Gesicht zu sehen, aber wie ich entdeckte, nachdem die Dienerin den beiden Herren das Abendessen serviert hatte, hielt er eine Menge davon, das Essen auf seinem Teller zu studieren. Bevor er irgend etwas in den Mund steckte, hielt er es sich mit den Stäbchen vor die Augen, drehte es hierhin und dorthin und musterte es eingehend. Und wenn er es dann immer noch nicht erkannt hatte, fragte er mich, was es war. »Das ist ein Stück Yamswurzel, in Sojasauce und Zucker gekocht«, antwortete ich, als er etwas Orangefarbenes aufnahm. In Wirklichkeit hatte ich keine Ahnung, ob es Yamswurzel war oder ein Stück Walleber oder etwas anderes, aber das wollte der Minister sicher nicht hören. Als er später ein Stück mariniertes Rindfleisch emporhielt und mich danach fragte, beschloß ich, ihn ein wenig zu necken.

»Oh, das ist ein Streifen mariniertes Leder«, sagte ich. »Eine Spezialität des Hauses! Es ist Elefantenhaut. Also könnte man es wohl als Elefantenleder bezeichnen.«

»Elefantenleder?«

»Also, Minister! Sie wissen, daß ich einen Scherz gemacht habe! Es ist ein Stück Rindfleisch. Warum betrachten Sie Ihr Essen eigentlich so genau? Fürchten Sie etwa, man könnte Ihnen hier Hundefleisch vorsetzen, oder etwas in der Art?«

»Hundefleisch kenne ich«, gab er zurück.

»Das ist sehr interessant! Aber hier bekommen wir heute abend kein Hundefleisch. Also brauchen Sie Ihre Stäbchen auch nicht mehr so genau zu untersuchen.«

Kurz darauf begannen wir mit einem Trinkspiel. Nobu haßte Trinkspiele, hielt aber den Mund, nachdem ich ihm eine Grimasse geschnitten hatte. Möglich, daß wir den Minister ein bißchen öfter verlieren ließen als nötig, denn als wir später versuchten, ihm die Regeln eines Trinkspiels zu erklären, das er noch nicht kannte, wurden seine Augen so unsicher wie Korken, die willenlos auf der Brandung tanzen. Dann stand er unvermittelt auf und strebte einer Zimmerecke zu.

»Hören Sie, Minister«, sagte Nobu zu ihm, »was genau haben Sie da vor?«

Die Antwort des Ministers war ein lauter Rülpser, was ich für eine sehr adäquate Antwort hielt, denn es war nicht zu übersehen, daß er kurz davor war, sich zu erbrechen. Nobu und ich eilten hinüber, um ihm zu helfen, aber er hielt sich eisern die Hand vor den Mund. Wäre er ein Vulkan gewesen, er hätte inzwischen zu rauchen begonnen; deswegen blieb uns nichts anderes übrig, als die Türen zum Garten zurückzuschieben, damit er sich in den Schnee erbrechen konnte. Vielleicht finden Sie die Vorstellung, daß sich ein Mann in einen dieser ganz exquisiten Ziergärten erbricht, ziemlich abstoßend, doch der Minister war mit Sicherheit nicht der erste. Wir Geishas versuchen immer, den Mann durch den Flur zur Toilette zu begleiten, zuweilen aber ist uns das ganz einfach nicht möglich. Wenn wir einer der Dienerinnen sagen, ein Herr habe soeben den Garten aufgesucht, wissen alle genau, was wir meinen, und kommen sofort mit ihren Reinigungsgeräten.

Nobu und ich versuchten nach Kräften, den Minister in seiner knienden Position, den Kopf über den Schnee gebeugt, festzuhalten. Trotz unserer Bemühungen stürzte er jedoch schon bald kopfüber hinunter. Ich versuchte ihn zur Seite zu schieben, damit er wenigstens nicht dort im Schnee landete, wo sein Erbrochenes lag. Doch der Minister war so schwer wie ein massiger Klumpen Fleisch. Ich erreichte nur, daß er im Fallen umkippte.

Beim Anblick des Ministers, der stocksteif wie ein vom Baum gefallener Ast im tiefen Schnee lag, sahen Nobu und ich uns hilflos an.

»Nobu-san«, sagte ich zu ihm, »ich wußte ja gar nicht, wie lustig Ihr Gast sein würde.«

»Ich glaube, wir haben ihn umgebracht. Und wenn du mich fragst – er hat es verdient. Was für ein unangenehmer Mensch!«

»Behandeln Sie so Ihre Ehrengäste? Sie müssen mit ihm auf die Straße gehen und eine Weile mit ihm herumgehen, damit er aufwacht. Die Kälte wird ihm guttun.«

»Er liegt im Schnee. Ist das nicht kalt genug?«

»Aber Nobu-san!« sagte ich. Und ich vermute, daß das Vorwurf genug war, denn Nobu stieß einen Seufzer aus, stieg auf Strümpfen in den Garten und begann mit dem Versuch, die Lebensgeister des Ministers zu wecken. Während er damit beschäftigt war, machte ich mich auf die Suche nach einer Dienerin, die uns helfen konnte, denn mir war klar, daß Nobu den Minister mit seinem einen Arm nicht ins Teehaus zurückhieven konnte. Anschließend holte ich trockene Socken für die beiden Herren und ermahnte eine Dienerin, den Garten in Ordnung zu bringen.

Als ich ins Zimmer zurückkehrte, saßen Nobu und der Minister schon wieder am Tisch. Sie können sich sicher vorstellen, wie der Minister aussah – und roch. Ich mußte ihm eigenhändig die nassen Socken von den Füßen ziehen, hielt mich dabei aber möglichst von ihm fern. Sobald ich fertig war, sackte er auf die Matten zurück und verlor eine Sekunde darauf abermals das Bewußtsein.

»Meinen Sie, er kann uns hören?« fragte ich Nobu flüsternd.

»Ich glaube, er kann uns nicht mal hören, wenn er bei Bewußtsein ist«, sagte Nobu. »Hast du jemals einen größeren Dummkopf gesehen?«

»Leise, Nobu-san«, flüsterte ich. »Glauben Sie wirklich, daß es ihm heute abend gefallen hat? Ich meine, ist dies ein Abend, wie Sie ihn sich vorgestellt haben?«

»Es kommt nicht darauf an, was ich mir vorgestellt habe. Es kommt darauf an, was er wollte.«

»Ich hoffe nur, das heißt nicht, daß wir diesen Abend nächste Woche wiederholen.«

»Wenn dem Minister dieser Abend gefallen hat, hat mir dieser Abend auch gefallen.«

»Also wirklich, Nobu-san! Er hat Ihnen doch nicht gefallen. Sie haben so unglücklich ausgesehen, wie ich es noch nie erlebt habe. Bei diesem Zustand des Ministers können wir wohl davon ausgehen, daß es auch für ihn nicht der schönste Abend seines Lebens war...«

»Wenn es um den Minister geht, so kann man von gar nichts ausgehen.«

»Bestimmt wird er sich wohler fühlen, wenn wir die Atmosphäre ein wenig... nun ja, irgendwie festlicher gestalten. Finden Sie nicht auch?«

»Wenn du meinst, daß das hilft, bring doch nächstesmal ein paar Geishas mit«, sagte Nobu. »Am nächsten Wochenende werden wir wiederkommen. Bring deine ältere Schwester mit!«

»Mameha ist wirklich überaus klug, aber den Minister zu unterhalten kostet viel Kraft. Wir brauchen eine Geisha, die... na ja, ich weiß nicht, einfach viel Lärm macht! Alle ablenkt. Ich meine... ich habe das Gefühl, daß wir auch noch einen Gast benötigen, nicht nur eine weitere Geisha.«

»Dazu sehe ich keinen Grund.«

»Wenn der Minister damit beschäftigt ist, Sake zu trinken und mich anzustarren, und Sie damit beschäftigt sind, ihn immer ärgerlicher zu finden, werden wir keinen festlichen Abend haben«, erklärte ich ihm. »Ehrlich gesagt, Nobu-san, vielleicht sollten Sie nächstesmal den Direktor mitbringen.«

Sie mögen sich fragen, ob ich von Anfang an geplant hatte, auf diesen Punkt hinzusteuern. Es ist ja auch wirklich wahr, daß ich mir von meiner Rückkehr nach Gion vor allem Möglichkeiten erhoffte, mit dem Direktor zusammenzusein. Nicht, daß ich erwartete, mit ihm in einem Raum zusammenzusein, mich zu ihm hinüberzubeugen, ihm meine Bemerkungen ins Ohr zu flüstern und den Duft seiner Haut einzuatmen. Wenn derartige Momente die einzige Freude waren, die das Leben für mich bereithielt, hätte ich besser daran getan, diese einzige strahlende Lichtquelle auszublenden, damit sich meine Augen an die Dunkelheit gewöhnten. Vielleicht trifft es ja zu – jedenfalls scheint es mir heute so –, daß mein Leben Nobu entgegenfiel. Auf jeden Fall war ich nicht so töricht, den Lauf meines Schicksals ändern zu wollen. Aber genausowenig konnte ich den letzten Rest Hoffnung aufgeben.

»Ich habe erwogen, den Direktor mitzubringen«, antwortete Nobu. »Der Minister war sehr beeindruckt von ihm. Aber ich weiß nicht, Sayuri. Ich habe es dir schon einmal gesagt. Er ist ein vielbeschäftigter Mann.«

Der Minister auf den Matten zuckte zusammen, als hätte ihn jemand in die Rippen gestoßen, dann gelang es ihm, sich mühsam aufzurichten, bis er wieder bei uns am Tisch saß. Nobu fühlte sich so abgestoßen vom Anblick seiner Kleidung, daß er mich bat, eine Dienerin mit einem feuchten Handtuch zu holen. Nachdem die Dienerin das Jackett des Ministers gesäubert hatte und wieder hinausgegangen war, sagte Nobu:

»Nun, Minister, dies war wirklich ein großartiger Abend! Das nächstemal werden wir noch mehr Spaß haben, denn statt nur mir etwas vorzukotzen, werden Sie vielleicht sogar dem Direktor vorkotzen können, oder ein, zwei Geishas.«

Ich war hocherfreut, daß Nobu den Direktor erwähnte, wagte aber keine Reaktion zu zeigen.

»Ich mag die Geisha da«, erklärte der Minister. »Ich will keine andere.«

»Sie heißt Sayuri, und Sie sollten Sie lieber beim Namen nennen, sonst wird sie sicher nicht wiederkommen. Und jetzt stehen Sie auf, Minister! Es wird Zeit, Sie endlich nach Hause zu bringen.«

Ich begleitete die beiden bis zum Eingang, wo ich ihnen in Mäntel und Schuhe half, und beobachtete dann noch, wie sie in den Schnee hinausstapften. Der Minister war so unsicher, daß er direkt ins Tor gelaufen wäre, wenn Nobu ihn nicht beim Ellbogen gepackt und kraftvoll gesteuert hätte.

Später am selben Abend ging ich noch mit Mameha zu einer Party mit amerikanischen Offizieren. Als wir eintrafen, war der Dolmetscher schon nicht mehr einsatzfähig, weil sie ihn gezwungen hatten, zuviel zu trinken; die Offiziere aber schienen Mameha alle zu kennen. Erstaunt sah ich, daß sie auf einmal zu summen begannen und ihr mit wedelnden Armen zeigten, daß sie von ihr einen Tanz sehen wollten. Nun erwartete ich, daß wir alle still dasitzen und ihr zusehen würden, aber kaum hatte sie begonnen, da sprangen mehrere Offiziere auf und begannen neben ihr einherzustolzieren. Wenn Sie mir gesagt hätten, daß das geschehen würde, wäre mir zuvor schon ein wenig unbehaglich zumute gewesen, aber als ich das so unvorbereitet sah ... Nun ja, ich prustete laut los und amüsierte mich mehr, als es mir seit langer Zeit möglich gewesen war. Schließlich spielten wir noch ein Spiel, bei dem Mameha und ich abwechselnd das Shamisen spielten, während die amerikanischen Offiziere um den Tisch tanzten. Jedesmal, wenn die Musik abbrach, mußten sie an ihre Plätze eilen. Wer sich als letzter hinsetzte, mußte zur Strafe ein Glas Sake trinken.

Während die Party weiterging, sagte ich zu Mameha, es sei doch seltsam, mit anzusehen, wie sehr sich alle amüsierten, ohne dieselbe Sprache zu sprechen, während ich vorher auf einer Party mit Nobu und einem anderen Japaner gewesen sei, die einfach schrecklich gewesen sei. Sie stellte mir einige Fragen über die Party.

»Drei Personen können oft zuwenig sein«, erklärte sie mir, nachdem ich ihr alles geschildert hatte. »Vor allem, wenn eine davon Nobu in schlechter Stimmung ist.«

»Ich habe ihm vorgeschlagen, das nächstemal den Direktor mitzubringen. Und außerdem brauchen wir noch eine andere Geisha, meinen Sie nicht auch? Irgendeine, die laut und komisch ist.«

»Ja«, antwortete Mameha, »vielleicht komme ich einen Moment vorbei ...«

Anfangs war ich verwirrt, als ich sie das sagen hörte, denn kein Mensch würde Mameha als »laut und komisch« einstufen. Gerade wollte ich ihr noch einmal erklären, was ich meinte, als sie das Mißverständnis schon zu begreifen schien und sagte: »Ja, ich komme gern vorbei … aber wenn du jemanden brauchst, der laut und komisch ist, solltest du vielleicht mit unserer alten Freundin Kürbisköpfchen sprechen.«

Seit ich nach Gion zurückgekehrt war, begegneten mir überall die Erinnerungen an Kürbisköpfchen. Sobald ich die Okiya betreten hatte, mußte ich an den Tag denken, an dem Gion geschlossen wurde und sie in der offiziellen Eingangshalle stand, um sich so steif vor mir zu verneigen, wie es sich der Adoptivtochter gegenüber gehörte. Ja, während der ganzen Putzwoche mußte ich immer wieder an sie denken. Einmal, als ich der Dienerin half, den Staub von den Holzbohlen zu wischen, war mir, als sähe ich Kürbisköpfchen direkt vor mir auf dem Verandagang Shamisen üben. Der leere Platz schien eine furchtbare Traurigkeit auszustrahlen. War es wirklich schon so viele Jahre her, daß wir hier als kleine Mädchen herumgesprungen waren? Vermutlich hätte ich das Ganze mühelos verdrängen können, aber die Enttäuschung darüber, daß unsere Freundschaft erkaltet war, hatte ich nie so recht verwinden können. Das führte ich auf jene furchtbare Rivalität zurück, die Hatsumomo uns aufgezwungen hatte. Meine Adoption war natürlich der Todesstoß gewesen, und dennoch fühlte ich mich unwillkürlich schuldig. Kürbisköpfchen war zu mir immer freundlich gewesen. Ich hätte eine Möglichkeit finden müssen, ihr dafür zu danken.

Seltsamerweise hatte ich nie daran gedacht, mich an Kürbisköpfchen zu wenden, bis Mameha es mir vorschlug. Ich war mir zwar sicher, daß die erste Begegnung ein bißchen unangenehm wäre, aber ich dachte die ganze Nacht darüber nach und entschied, daß Kürbisköpfchen sich möglicherweise darüber freuen würde, zur Abwechslung von den Soldatenpartys in einen etwas eleganteren Kreis eingeführt zu werden. Natürlich hatte ich auch noch einen anderen Beweggrund, denn nun, nachdem so viele Jahre vergangen waren, würde es vielleicht gelingen, unsere Freundschaft wieder zu kitten.

Da ich über Kürbisköpfchens Lebensumstände so gut wie gar nichts wußte – nur, daß sie wieder in Gion war –, ging ich zu Tantchen, die einige Jahre zuvor einen Brief von ihr erhalten hatte. Wie sich herausstellte, hatte Kürbisköpfchen in diesem Brief gebeten, wieder in der Okiya aufgenommen zu werden, wenn sie eröffnet wurde, weil sie sonst nie wieder einen Platz auf Dauer finden würde. Tantchen wäre dazu bereit gewesen, aber Mutter weigerte sich mit der Begründung, daß Kürbisköpfchen eine schlechte Geldanlage sei.

»Sie lebt in einer schäbigen, kleinen Okiya drüben im Hanami-cho-Viertel«, teilte mir Tantchen mit. »Aber zerfließ bloß nicht vor Mitleid mit ihr und hol sie zu einem Besuch hierher. Mutter wird sie nicht sehen wollen. Und ich halte es für töricht, daß du überhaupt mit ihr sprechen willst.«

»Ich muß gestehen«, sagte ich, »daß ich bei allem, was zwischen Kürbisköpfchen und mir vorgefallen ist, kein gutes Gefühl hatte...«

»Zwischen euch ist doch gar nichts vorgefallen. Kürbisköpfchen hat versagt, und du hattest Erfolg. Wie dem auch sei, jetzt geht es ihr gut. Wie ich höre, können die Amerikaner gar nicht genug von ihr kriegen. Sie ist ungehobelt, weißt du, genau die Richtige für diese Soldaten.«

Am selben Nachmittag noch überquerte ich die Shijo-Avenue ins Viertel Hanami-cho und suchte die schäbige kleine Okiya, von der Tantchen mir erzählt hatte. Wenn Sie sich an Hatsumomos Freundin Korin erinnern, deren Okiya Jahre vor dem Krieg niederbrannte... Nun, das Feuer hatte auch die Okiya gleich nebenan beschädigt, und genau dort lebte Kürbisköpfchen jetzt. Die Außenwände waren an einer Stelle angekohlt, und den Teil des Ziegeldaches, das verbrannt war, hatte man mit Holzbrettern geflickt. In gewissen Vierteln von Tokyo oder Osaka wäre die Okiya vermutlich das besterhaltene Haus gewesen, mitten in Kyoto aber hob sie sich stark von ihrer Umgebung ab.

Eine junge Dienerin führte mich in ein Empfangszimmer, in dem es nach feuchter Asche roch, und kam später wieder, um mir eine Tasse schwächlichen Tee zu servieren. Ich mußte sehr lange warten, bis Kürbisköpfchen schließlich erschien und die Tür aufschob. Im dunklen Flur draußen konnte ich sie kaum erkennen, aber allein schon das Bewußtsein, daß sie da war, erfüllte mich mit einer so freudigen Wärme, daß ich mich vom Tisch erhob, um ihr entgegenzugehen und sie zu umarmen. Sie war ein paar Schritte weit ins Zimmer hereingekommen, nun aber kniete sie nieder und verneigte sich so formell vor mir, als wäre ich Mutter. Darüber erschrak ich so sehr, daß ich stehenblieb, wo ich war.

»Also wirklich, Kürbisköpfchen... ich bin's doch nur!« sagte ich.

Sie wollte mich nicht einmal ansehen, sondern hielt den Blick auf den Boden gerichtet wie eine Dienerin, die ihre Befehle erwartet. Ich war tief enttäuscht und kehrte zu meinem Platz am Tisch zurück.

Als wir uns eine Weile vor Kriegsende zum letztenmal gesehen hatten, war Kürbisköpfchens Gesicht noch genauso rund und pausbäckig wie in ihrer Kindheit, wenngleich es einen traurigeren Ausdruck trug. Doch seither hatte sie sich sehr verändert. Damals wußte ich es noch nicht, aber als das Optikwerk, in dem Kürbisköpfchen angestellt war, seine Pforten schloß, arbeitete sie über zwei Jahre als Prostituierte in Osaka. Ihr Mund schien kleiner geworden zu sein – vielleicht kniff sie die Lippen zusammen, ich weiß es nicht. Und obwohl ihr Gesicht immer noch breit war, waren ihre vollen Wangen schmaler geworden, was ihr eine karge Eleganz verlieh, die mich sehr erstaunte. Ich will damit nicht sagen, daß Kürbisköpfchen eine solche Schönheit wie Hatsumomo geworden sei, aber ihr Gesicht zeigte eine gewisse Weiblichkeit, die es vorher hatte vermissen lassen.

»Sicher waren die letzten Jahre schwierig, Kürbisköpfchen«, sagte ich, »aber du siehst sehr hübsch aus.«

Kürbisköpfchen antwortete nicht, sondern neigte nur ganz leicht den Kopf, um anzudeuten, daß sie mich verstanden hatte. Ich beglückwünschte sie zu ihrer Beliebtheit und versuchte sie über ihr Leben nach dem Krieg auszufragen, aber sie verhielt sich so abwehrend, daß es mir fast leid tat, hergekommen zu sein.

Nach einer Weile begann sie dann aber doch zu sprechen.

»Bist du nur hergekommen, um mit mir zu plaudern, Sayuri? Denn ich habe dir nichts zu sagen, was dich interessieren könnte.«

»Ehrlich gesagt«, gab ich zurück, »ich habe neulich Nobu Toshikazu getroffen und... Weißt du, Kürbisköpfchen, er bringt von Zeit zu Zeit einen gewissen Herrn nach Gion mit. Und ich dachte, du könntest vielleicht so freundlich sein und uns helfen, ihm Gesellschaft zu leisten.«

»Aber nun, da du mich siehst, hast du deine Meinung natürlich geändert.«

»Nein. Wieso?« protestierte ich sofort. »Ich weiß nicht, warum du das sagst. Nobu Toshikazu und der Direktor – Iwamura Ken, meine ich... Direktor Iwamura – würden sich sehr über deine Gesellschaft freuen. So einfach ist das.«

Einen Augenblick blieb Kürbisköpfchen schweigend knien und starrte auf die Matten hinab. »Ich glaube nicht mehr daran, daß das Leben ›so einfach‹ ist«, sagte sie schließlich. »Ich weiß, du hältst mich für dumm...«

»Kürbisköpfchen!«

»... aber ich glaube, du hast noch einen anderen Grund, von dem du mir nichts sagen willst.«

Kürbisköpfchen verneigte sich leicht, was ich ziemlich rätselhaft fand. Entweder war das eine Entschuldigung für das, was sie gerade gesagt hatte, oder sie wollte sich verabschieden.

»Ich denke schon, daß ich noch einen anderen Grund habe«, räumte ich ein. »Ehrlich gesagt, ich hatte gehofft, daß wir nach all den Jahren vielleicht wieder Freundinnen sein könnten, wie früher. Wir haben so vieles zusammen erlebt... unter anderem Hatsumomo! Da scheint es doch nur natürlich, daß wir einander wiedersehen.«

Kürbisköpfchen schwieg.

»Direktor Iwamura und Nobu werden den Minister am nächsten Samstag wieder ins Ichiriki-Teehaus einladen«, erklärte ich ihr. »Wenn du dich zu uns gesellen willst, würde ich mich aufrichtig darüber freuen.«

Ich hatte ihr ein Päckchen Tee mitgebracht, das ich jetzt aus dem Seidentuch nahm, in dem ich es hergetragen hatte, und auf den Tisch legte. Als ich aufstand, versuchte ich ein paar freundliche Worte zu finden, bevor ich hinausging. Aber sie wirkte so perplex, daß ich es für das beste hielt, einfach zu gehen.

31. KAPITEL

Ungefähr fünf Jahre lang hatte ich den Direktor nicht mehr gesehen, wußte aber aus der Presse, mit welchen Problemen er sich herumschlagen mußte – während des Krieges hatte er Schwierigkeiten mit der Militärregierung, und nun mußte er alle Kräfte einsetzen, um die Besatzungsmacht von der Enteignung seines Unternehmens abzubringen. Es hätte mich nicht erstaunt, wenn er nach all diesem Ungemach stark gealtert wäre. Ein Foto von ihm in der Yomiuri-Zeitung zeigte Sorgenfältchen um seine Augen – er sah aus wie Herrn Arashinos Nachbar, der oft mit zusammengekniffenen Augen zum Himmel aufgesehen hatte, um nach Bombern Ausschau zu halten. Wie dem auch sei, als sich das Wochenende näherte, mußte ich mir immer wieder sagen, daß Nobu nicht fest vesprochen hatte, den Direktor mitzubringen. Also konnte ich nichts anderes tun als hoffen.

Am Samstagmorgen erwachte ich früh und schob den Papierschirm vor meinem Fenster beiseite: Draußen prasselte kalter Regen gegen das Glas. In der schmalen Gasse unten rappelte sich gerade eine junge Dienerin auf, die auf dem vereisten Kopfsteinpflaster ausgerutscht war. Es war ein so trüber, trostloser Tag, daß ich sogar zögerte, meinen Almanach zu Rate zu ziehen. Gegen Mittag war die Temperatur noch weiter gefallen, und als ich im Empfangszimmer das Mittagessen einnahm, konnte ich meinen Atem sehen, während der Eisregen gegen das Fenster klopfte. Eine Anzahl von Partys an diesem Abend wurden abgesagt, weil die Straßen zu gefährlich waren, und gegen Abend rief Tantchen im Ichiriki an, um sich zu vergewissern, daß die Iwamura-Electric-Party trotz allem stattfand. Wie die Herrin uns mitteilte, waren sämtliche Telefonleitungen nach Osaka ausgefallen, so daß sie uns nichts Genaueres sagen konnte. Also badete ich, kleidete mich an und ging am Arm von Herrn Bekku, der sich ein Paar Gummigaloschen geliehen hatte, zum Ichiriki hinüber.

Als wir im Ichiriki eintrafen, herrschte dort Chaos. Im Quartier der Dienstboten war ein Wasserrohr geplatzt, und die Dienerinnen waren so hektisch, daß ich keine einzige auf mich aufmerksam machen konnte. Also ging ich langsam den Flur bis zu dem Zimmer entlang, in dem ich in der Woche zuvor Nobu und dem Minister Gesellschaft geleistet hatte. Im Grund erwartete ich nicht, dort jemanden zu treffen, denn Nobu und der Direktor mußten vermutlich von Osaka anreisen, und auch Mameha war nicht in der Stadt und hatte möglicherweise Schwierigkeiten, zurückzukehren. Um meine Nerven zu beruhigen, kniete ich einen Moment mit geschlossenen Augen und einer Hand auf dem Magen nieder, bevor ich die Tür aufschob. Dabei fiel mir auf, daß es im Flur viel zu still war. Nicht mal im Zimmer hörte ich ein Murmeln. Zutiefst enttäuscht sagte ich mir, der Raum müsse leer sein. Ich wollte schon aufstehen und gehen, als ich beschloß, für alle Fälle wenigstens die Tür zu öffnen. Das tat ich und sah drinnen am Tisch, eine Zeitschrift in beiden Händen, den Direktor, der mich über den Rand seiner Lesebrille hinweg musterte. Ich war so überrascht, ihn zu sehen, daß ich kein Wort herausbrachte. Schließlich stieß ich mühsam hervor:

»Du meine Güte, Direktor! Wer hat Sie denn hier mutterseelenallein sitzenlassen? Die Herrin wird sehr verärgert sein.«

»Aber sie war es, die mich hier sitzengelassen hat«, sagte er und klappte die Zeitschrift zu. »Ich habe mich schon gefragt, was aus ihr geworden ist.«

»Sie haben ja nicht mal was zu trinken! Warten Sie, ich werde Ihnen Sake holen.«

»Genau das hat die Herrin auch gesagt. Vermutlich wirst auch du nicht wiederkommen, und ich werde den ganzen Abend diese Zeitschrift lesen müssen. Deine Gesellschaft wäre mir lieber.« Damit nahm er die Lesebrille ab, und während er sie in seiner Tasche verstaute, musterte er mich durchdringend.

Der weitläufige Raum mit seinen blaßgelben Seidenwänden kam mir sehr klein vor, als ich aufstand, um zum Direktor hinüberzugehen, denn ich hatte den Eindruck, daß kein Raum je groß genug sein würde, um all das, was ich fühlte, in sich aufzunehmen. Ihn nach so langer Zeit wiederzusehen rief in mir eine gewisse

Verzweiflung wach. Zu meinem Erstaunen merkte ich, daß ich traurig war statt so glücklich, wie ich es mir eigentlich vorgestellt hatte. Zuweilen hatte ich mich besorgt gefragt, ob der Direktor während des Krieges, genau wie Tantchen, plötzlich gealtert sei. Sogar vom anderen Ende des Zimmers her fiel mir auf, daß seine Augenfältchen tiefer waren, als ich sie in Erinnerung hatte. Und auch die Haut um seinen Mund herum wurde allmählich ein wenig schlaff, obwohl das seinem kraftvollen Kinn, wie mir schien, eine gewisse Würde verlieh. Als ich, während ich am Tisch kniete, verstohlen zu ihm aufblickte, sah ich, daß er mich noch immer ausdruckslos anstarrte. Gerade wollte ich ein Gespräch beginnen, als der Direktor als erster das Wort ergriff.

»Du bist eine bezaubernde Frau, Sayuri.«

»Aber Direktor«, gab ich zurück. »Ich werde nie wieder ein Wort von dem glauben, was Sie sagen. Eine halbe Stunde mußte ich heute an meinem Schminktisch verbringen, um meine hohlen Wangen zu kaschieren.«

»Ich bin sicher, daß du in den vergangenen Jahren Schlimmeres durchmachen mußtest als einen kleinen Gewichtsverlust. Bei mir jedenfalls war das so.«

»Wenn ich das bitte sagen darf, Direktor... Von Nobu-san habe ich ein wenig über die Probleme gehört, vor denen Ihre Firma steht...«

»Ach je, nun, darüber wollen wir jetzt lieber nicht reden. Manchmal, Sayuri, überstehen wir Notzeiten nur, indem wir uns vorstellen, wie schön die Welt wäre, wenn unsere Träume wahr werden könnten.«

Er schenkte mir ein trauriges Lächeln, welches ich so schön fand, daß ich den Blick nicht von dem vollkommenen Schwung seiner Lippen losreißen konnte.

»Jetzt hast du Gelegenheit, deinen Charme einzusetzen und das Thema zu wechseln«, sagte er.

Ich hatte mit meiner Antwort noch nicht mal begonnen, als die Tür aufgeschoben wurde und Mameha, mit Kürbisköpfchen auf den Fersen, zu uns hereinkam. Ich war überrascht, Kürbisköpfchen zu sehen, denn ich hatte nicht mit ihr gerechnet. Mameha wiederum war offenbar gerade erst aus Nagoya zurückgekehrt und sofort ins Ichiriki geeilt, weil sie fürchtete, zu spät zu kommen. Die erste Frage, die sie stellte – nachdem sie den Direktor begrüßt und sich bei ihm für etwas bedankt hatte, was er in der Woche zuvor für sie getan hatte –, lautete, warum Nobu und der Minister nicht da seien. Der Direktor erwiderte, auch er habe sich diese Frage gestellt.

»Was für ein seltsamer Tag das heute war«, sagte Mameha, fast zu sich selbst. »Mein Zug ist vor dem Bahnhof von Kyoto fast eine Stunde stehengeblieben, und wir konnten nicht aussteigen. Schließlich sind zwei junge Männer durchs Fenster gesprungen. Einer von ihnen hat sich dabei, glaube ich, verletzt. Und als ich das Ichiriki endlich erreicht hatte, schien keiner hier zu sein. Nur das arme Kürbisköpfchen ist ziellos durch die Gänge geirrt und wußte nicht recht, wohin. Sie kennen Kürbisköpfchen doch, nicht wahr, Direktor?«

Bis jetzt hatte ich Kürbisköpfchen noch gar nicht richtig wahrgenommen. Nun sah ich, daß sie einen ganz außergewöhnlichen aschgrauen Kimono trug, der unterhalb der Taille mit glitzernden Goldpunkten bestickt war, in denen ich Glühwürmchen erkannte, die vor einem Panorama von Bergen und Wasser im Mondschein umherschwirrten. Weder mein noch Mamehas Kimono konnten damit konkurrieren. Und der Direktor schien ihn genauso hinreißend zu finden wie ich, denn er bat sie, aufzustehen und ihm den Kimono vorzuführen. Sie erhob sich bescheiden und drehte sich einmal um sich selbst.

»Ich dachte, daß ich in einem Haus wie dem Ichiriki nicht in einem der Kimonos auftreten kann, die ich sonst trage«, erklärte sie. »Die meisten, die meine Okiya besitzt, sind nicht besonders kostbar, aber die Amerikaner scheinen den Unterschied nicht zu erkennen.«

»Wenn du nicht so freimütig gewesen wärst«, sagte Mameha, »hätten wir gedacht, daß du immer so gekleidet bist.«

»Machen Sie Witze? In meinem ganzen Leben hab' ich noch nie einen so schönen Kimono getragen. Ich habe ihn mir von einer Okiya in meiner Straße ausgeliehen. Sie glauben ja nicht, wieviel die von mir dafür verlangen, aber da ich das Geld ohnehin nicht habe, macht es eigentlich keinen Unterschied, nicht wahr?«

Wie ich sah, war der Direktor amüsiert, obwohl eine Geisha in Gegenwart eines Mannes niemals von etwas so Unfeinem wie dem Preis eines Kimonos zu sprechen pflegt. Mameha wollte etwas zu ihm sagen, doch Kürbisköpfchen fiel ihr ins Wort.

»Ich dachte, heute sollte hier ein hohes Tier herkommen.«

»Du meinst vielleicht den Direktor«, antwortete Mameha. »Findest du nicht, daß er ein ›hohes Tier‹ ist?«

»Der weiß selber, ob er ein hohes Tier ist. Um ihm das zu sagen, braucht er mich nicht.«

Der Direktor sah Mameha mit ironisch-überrascht emporgezogenen Brauen an. »Jedenfalls hat mir Sayuri von einem anderen Mann erzählt«, fuhr Kürbisköpfchen fort.

»Sato Noritaka, Kürbisköpfchen«, sagte der Direktor. »Er ist der stellvertretende Finanzminister.«

»Ach, den kenne ich! Der sieht aus wie ein fettes Schwein.«

Darüber mußten wir alle lachen. »Also wirklich, Kürbisköpfchen«, sagte Mameha, »die Ausdrücke, die du gebrauchst…«

In diesem Moment ging die Tür auf, und Nobu kam mit dem Minister herein, beide Herren rot von der Kälte. Nach ihnen kam eine Dienerin mit einem Tablett voll Sake und Snacks. Nobu stand da, preßte seinen Arm an den Körper und stampfte mit den Füßen, doch der Minister drängte sich unwirsch an ihm vorbei und kam an den Tisch. Er ließ einen Grunzer auf Kürbisköpfchen los und machte eine Kopfbewegung, die bedeutete, sie solle beiseite rücken, damit er sich neben mich setzen konnte. Alle wurden einander vorgestellt, dann sagte Kürbisköpfchen: »He, Minister, ich wette, Sie erinnern sich nicht mehr an mich, aber ich weiß 'ne Menge über Sie.«

Ich hatte dem Minister inzwischen Sake eingeschenkt. Er nahm die Tasse, kippte sie sich in den Mund und blickte Kürbisköpfchen mit einer Miene an, die finster wirkte.

»Was weißt du denn?« erkundigte sich Mameha. »Erzähl uns davon!«

»Ich weiß, daß der Minister eine jüngere Schwester hat, die mit dem Bürgermeister von Tokyo verheiratet ist«, sagte Kürbisköpfchen. »Und ich weiß, daß er Karate gelernt und sich einmal dabei die Hand gebrochen hat.«

Der Minister schien leicht überrascht zu sein, woraus ich schloß, daß die Informationen zutreffend waren.

»Außerdem, Minister, kenne ich ein Mädchen, das Sie auch mal gekannt haben«, fuhr Kürbisköpfchen fort. »Nao Itsuko. Wir haben beide in einer Fabrik außerhalb von Osaka gearbeitet. Und wissen Sie, was die mir erzählt hat? Daß Sie mit ihr ein paarmal ›Sie-wissen-schon-was‹ gemacht haben.«

Ich fürchtete, der Minister würde zornig werden, doch sein Ausdruck wurde freundlicher, bis ich etwas zu erkennen glaubte, das wie ein Schimmer von Stolz wirkte. Er schüttete sich die letzten Tropfen Sake in den Mund und stellte die Tasse auf den Tisch.

»Sie war ein hübsches Ding, diese Itsuko«, sagte er und sah Nobu mit einem angedeuteten Lächeln an.

»Ja, Minister!« gab Nobu zurück. »Ich hätte nie gedacht, daß Sie so gut mit den Damen umgehen können!« Seine Worte klangen aufrichtig, aber ich nahm den kaum verhohlenen Anflug von Abscheu auf seinem Gesicht wahr. Der Blick des Direktors begegnete dem meinen. Er schien diesen Wortwechsel amüsant zu finden.

Kurz darauf wurde die Tür aufgeschoben, und drei Dienerinnen brachten das Abendessen für die Herren herein. Weil ich selbst auch ein wenig hungrig war, mußte ich mich von dem gelben Pudding mit Gingko-Nüssen abwenden, der in wunderschönen jadegrün glasierten Schälchen serviert wurde. Später brachten die Dienerinnen Platten mit gegrillten Tropenfischen auf einem Bett aus Kiefernnadeln. Nobu schien bemerkt zu haben, wie hungrig ich dreinblickte, denn er bestand darauf, daß ich davon kostete. Daraufhin bot der Direktor Mameha einen Bissen an, und anschließend Kürbisköpfchen, die dankend verzichtete.

»Nicht um alles in der Welt würde ich diesen Fisch anrühren«, erklärte Kürbisköpfchen. »Nicht einmal ansehen möchte ich ihn.«

»Was hast du dagegen?« erkundigte sich Mameha.

»Wenn ich es euch erzähle, lacht ihr mich nur aus.«

»Bitte erzähl, Kürbisköpfchen«, sagte Nobu.

»Warum sollte ich es euch erzählen? Es ist eine ewig lange Geschichte, und ihr würdet mir ja doch nicht glauben.«

»Lügner!« sagte ich.

Damit nannte ich Kürbisköpfchen nicht etwa wirklich eine Lügnerin. Bevor Gion geschlossen wurde, spielten wir gern ein Spiel namens »Lügner«, bei dem jeder zwei Geschichten erzählen mußte, von denen nur die eine wahr war. Anschließend mußten die anderen Spieler erraten, welche wahr war und welche nicht, und jene, die falsch geraten hatten, mußten zur Strafe ein Glas Sake trinken.

»Ich spiele nicht mit«, verkündete Kürbisköpfchen.

»Dann erzähl uns einfach die Fischgeschichte«, bat Mameha. »Eine andere brauchst du nicht zu erzählen.« Das schien Kürbisköpfchen nicht zu gefallen, doch nachdem Mameha und ich sie eine Weile finster angestarrt hatten, begann sie zu erzählen.

»Na schön. Sie geht so: Ich bin in Sapporo geboren, und da gab es einen alten Fischer, der eines Tages einen Fisch fing, der ganz unheimlich ausschaute und sprechen konnte.«

Mameha und ich sahen uns an und lachten laut heraus.

»Lacht ihr nur«, sagte Kürbisköpfchen, »aber es ist wirklich wahr.«

»Erzähl weiter, Kürbisköpfchen. Wir hören zu«, sagte der Direktor.

»Na ja, der Fischer legte den Fisch hin, um ihn zu säubern, und der begann Laute von sich zu geben, die sich genauso anhörten wie ein Mensch, der spricht, nur daß der Fischer ihn nicht verstehen konnte. Er rief ein paar andere Fischer zu sich, und sie alle hörten dem Fisch eine Weile zu. Der Fisch war inzwischen schon halbtot, weil er so lange nicht mehr im Wasser gewesen war, deswegen beschlossen sie, ihn zu töten. In diesem Moment drängte sich ein alter Mann durch die Menge und sagte, er könne jedes Wort verstehen, was der Fisch sagte, weil der nämlich, wie sich herausstellte, russisch sprach.«

Wir brachen alle in Gelächter aus, und selbst der Minister ließ ein paar Grunzlaute hören. Als wir uns wieder beruhigt hatten, sagte Kürbisköpfchen: »Ich wußte, daß ihr mir nicht glauben würdet, aber es ist wirklich wahr!«

»Ich möchte wissen, was der Fisch gesagt hat«, verlangte der Direktor.

»Er war schon fast tot, deswegen flüsterte er fast nur noch. Also beugte sich der Alte zu ihm hinunter und hielt sein Ohr an die Lippen des Fisches, und er...«

»Fische haben keine Lippen!« sagte ich.

»Na schön, dann eben an das, was die Fische haben«, fuhr Kürbisköpfchen fort. »An den Rand des Fischmauls. Und der Fisch sagte: ›Sag ihnen, sie sollen mich nur aufschneiden. Ich habe nichts, wofür ich noch leben könnte. Der Fisch da drüben, der eben gestorben ist, war meine Frau.‹«

»Dann scheinen Fische also zu heiraten!« sagte Mameha. »Und haben Ehefrauen und Ehemänner!«

»Das war vor dem Krieg«, warf ich ein. »Seit Kriegsende können sie es sich nicht mehr leisten zu heiraten. Sie schwimmen herum und suchen Arbeit.«

»Diese Geschichte ist vor dem Krieg passiert«, erklärte Kürbisköpfchen. »Lange, lange vor dem Krieg. Sogar schon bevor meine Mutter geboren wurde.«

»Woher weißt du dann, daß sie wahr ist?« fragte Nobu. »Der Fisch kann es dir ja wohl nicht gesagt haben.«

»Der Fisch ist gleich darauf gestorben! Wie hätte er es mir sagen können, wenn ich noch nicht mal geboren war? Außerdem spreche ich kein russisch.«

»Na schön, Kürbisköpfchen«, sagte ich, »du glaubst also, daß der Fisch des Direktors hier ebenfalls ein sprechender Fisch ist.«

»Das habe ich nicht gesagt. Aber er sieht genauso aus. Und wenn ich am Verhungern wäre, ich würde ihn nicht essen!«

»Wenn du noch nicht geboren warst«, wandte der Direktor ein, »und wenn noch nicht mal deine Mutter geboren war, woher willst du dann wissen, wie der Fisch aussah?«

»Sie wissen doch, wie der Premierminister aussieht, oder?« antwortete sie. »Aber haben Sie ihn je kennengelernt? Ach ja, Sie bestimmt. Ein anderes Beispiel: Sie wissen genau, wie der Kaiser aussieht, obwohl Sie noch nie die Ehre gehabt haben, ihn persönlich zu sehen!«

»Der Direktor hatte die Ehre, Kürbisköpfchen«, sagte Nobu.

»Sie wissen schon, was ich meine. Jeder weiß, wie der Kaiser aussieht. Das versuche ich damit zu sagen.«

»Es gibt Bilder vom Kaiser«, sagte Nobu. »Von dem Fisch kannst du kein Bild gesehen haben.«

»Der Fisch ist in meiner Heimat berühmt. Meine Mutter hat mir von ihm erzählt, und ich sage Ihnen jetzt: *Er sieht aus wie das Ding da auf dem Tisch!*«

»Dem Himmel sei Dank für Menschen wie dich, Kürbisköpfchen«, sagte der Direktor. »Neben dir wirken wir anderen ziemlich langweilig.«

»Also, das war meine Geschichte. Eine andere erzähle ich nicht. Wenn ihr also ›Lügner‹ spielen wollt, kann jetzt jemand anders anfangen.«

»Ich fange an«, meldete sich Mameha. »Und dies ist meine erste Geschichte. Als ich ungefähr sechs Jahre alt war, ging ich eines Morgens hinaus, um am Brunnen unserer Okiya Wasser zu holen. Da hörte ich, wie sich ein Mann räusperte und hustete. Das Geräusch kam *aus* dem Brunnen. Ich weckte die Herrin, und sie kam heraus, um sich das ebenfalls anzuhören. Als wir eine Laterne über den Brunnen hielten, fanden wir keine Menschenseele darin, aber wir hörten den Mann, bis die Sonne aufgegangen war. Dann hörte das Husten auf, und wir haben es nie wieder gehört.«

»Die andere Geschichte muß die wahre sein«, erklärte Nobu, »und die habe ich noch nicht mal gehört.«

»Sie müssen beide hören«, fuhr Mameha fort. »Hier ist meine zweite Geschichte. Einmal ging ich mit mehreren anderen Geishas nach Osaka, um im Haus von Akita Masaichi zu arbeiten.« Das war ein bekannter Geschäftsmann, der vor dem Krieg ein Vermögen gemacht hatte. »Nachdem wir stundenlang gesungen und getrunken hatten, schlief Akita-san auf den Matten ein, und eine der anderen Geishas schlich mit uns ins Nebenzimmer, wo sie eine große Truhe öffnete, die bis obenhin mit Pornographie gefüllt war. Zahlreiche pornographische Holzschnitte gab es da, darunter einige von Hiroshige ...«

»Hiroshige hat doch keine pornographischen Drucke hergestellt!« sagte Kürbisköpfchen.

»Doch, hat er, Kürbisköpfchen«, widersprach der Direktor. »Ich habe selbst einige davon gesehen.«

»Und außerdem«, fuhr Mameha fort, »hatte er alle möglichen

497

Fotos von dicken europäischen Männern und Frauen, und sogar ein paar Filmrollen.«

»Ich habe Akita Masaichi gut gekannt«, sagte der Direktor. »Der hatte bestimmt keine pornographische Sammlung. Die andere Geschichte ist wahr.«

»Also wirklich, Direktor!« sagte Nobu. »Du glaubst die Geschichte mit der Männerstimme, die aus dem Brunnen kommt?«

»Ich muß sie nicht glauben. Hauptsache ist, daß Mameha sie für wahr hält.«

Kürbisköpfchen und der Direktor stimmten für den Mann im Brunnen. Der Minister und Nobu stimmten für die Pornographie. Was mich betrifft, so hatte ich beide Geschichten schon öfter gehört und wußte, daß der Mann im Brunnen die wahre war. Der Minister leerte sein Glas klaglos, aber weil Nobu die ganze Zeit murrte, bestimmten wir, daß nunmehr er an der Reihe sei.

»Ich spiele nicht mit«, sagte er.

»Sie werden mitspielen, oder Sie müssen bei jeder Runde zur Strafe ein Glas Sake trinken«, erklärte Mameha.

»Also gut, ihr wollt zwei Geschichten, ihr kriegt zwei Geschichten«, lenkte er ein. »Hier ist die erste. Ich habe einen kleinen weißen Hund namens Kubo. Als ich eines Abends nach Hause kam, war Kubos Fell ganz blau geworden.«

»Das glaube ich«, sagte Kürbisköpfchen. »Vermutlich wurde er von irgendeinem Dämon entführt.«

Nobu blickte drein, als könnte er sich nicht vorstellen, daß Kürbisköpfchen ihre Worte ernst meinte. »Am Tag darauf geschah es wieder«, fuhr er ein wenig zweifelnd fort, »nur diesmal war Kubos Fell knallrot.«

»Eindeutig Dämonen«, behauptete Kürbisköpfchen. »Dämonen lieben Rot. Weil es die Farbe des Blutes ist.«

Als er das hörte, schien Nobu regelrecht zornig zu werden. »Hier ist meine zweite Geschichte. Letzte Woche ging ich so früh ins Büro, daß meine Sekretärin noch nicht eingetroffen war. Also, welche von den beiden ist wahr?«

Natürlich waren wir alle für die Sekretärin – bis auf Kürbisköpfchen, die zur Strafe ein Glas Sake trinken mußte. Und ich meine nicht etwa die kleinen Täßchen, ich meine ein Glas. Der

Minister schenkte ihr persönlich ein und fügte noch, als das Glas bereits voll war, Tropfen um Tropfen hinzu, bis es überzulaufen drohte. Kürbisköpfchen mußte am Tisch einen Schluck heruntertrinken, bevor sie es aufnehmen konnte. Ich war ziemlich beunruhigt, als ich das sah, denn sie vertrug nicht viel Alkohol.

»Ich kann mir nicht vorstellen, daß die Geschichte von dem Hund nicht wahr ist«, sagte sie, nachdem sie das Glas geleert hatte. Schon glaubte ich zu hören, daß sie ein wenig zu lallen begann. »Wie könnte sich jemand so was ausdenken?«

»Wie ich mir das ausdenken konnte? Die Frage ist, wie du das glauben konntest! Hunde werden nicht blau. Oder rot. Und Dämonen gibt es nicht.«

Jetzt war ich an der Reihe. »Meine erste Geschichte lautet folgendermaßen: Eines Abends vor ein paar Jahren war der Kabuki-Schauspieler Yoegoro sehr betrunken und erklärte mir, er habe mich schon immer schön gefunden.«

»Das ist nicht wahr«, triumphierte Kürbisköpfchen. »Ich kenne Yoegoro.«

»Das glaube ich dir gern. Aber dennoch hat er mir gesagt, daß er mich schön findet, und seit jenem Abend hat er mir von Zeit zu Zeit immer mal Briefe geschrieben. In jeden Brief hat er außerdem in die Ecke ein kleines, krauses schwarzes Haar geklebt.«

Der Direktor lachte darüber, aber Nobu richtete sich zornig auf und sagte: »Also wirklich, diese Kabuki-Schauspieler! Äußerst ärgerliche Menschen!«

»Ich verstehe das nicht. Was soll das heißen, ein *krauses* Haar?« fragte Kürbisköpfchen, doch man sah ihr an, daß sie die Antwort bereits wußte.

Alle verstummten und warteten auf meine zweite Geschichte. Sie ging mir im Kopf herum, seit wir mit dem Spiel begonnen hatten, aber ich war sehr nervös und auch unsicher, ob es richtig war, sie zu erzählen.

»Einmal, als Kind«, begann ich, »war ich eines Tages sehr traurig; ich ging ans Ufer des Shirakawa-Baches und fing an zu weinen...«

Als ich mit dieser Geschichte begann, hatte ich fast das Gefühl, als streckte ich den Arm über den Tisch aus, um die Hand des Direktors zu berühren. Denn mir schien, als würde kein anderer im Zimmer an dem, was ich sagte, etwas Besonderes finden, während der Direktor diese sehr persönliche Geschichte sofort verstehen würde – wenigstens hoffte ich das. Ich hatte das Gefühl, als führte ich ein weit intimeres Gespräch mit ihm, als wir es jemals geführt hatten, und ich spürte, wie mir beim Sprechen warm wurde. Kurz bevor ich weitersprach, blickte ich auf und erwartete zu sehen, daß mich der Direktor fragend anblickte. Doch er schien mir nicht einmal zuzuhören. Plötzlich fühlte ich mich unendlich enttäuscht, fast so wie ein kleines Mädchen, das sich für eine begeisterte Menge in Positur stellt und majestätisch dahinschreitet, nur um dann erkennen zu müssen, daß die Straße menschenleer ist.

Ich bin sicher, daß alle Anwesenden es inzwischen müde waren, auf mich zu warten, denn Mameha sagte: »Ja – und? Erzähl weiter!« Auch Kürbisköpfchen murmelte etwas, aber ich konnte sie nicht verstehen.

»Ich werde euch eine andere Geschichte erzählen«, sagte ich. »Erinnert ihr euch an die Geisha Okaichi? Sie ist während des Krieges bei einem Unfall ums Leben gekommen. Viele Jahre zuvor unterhielt ich mich eines Tages mit ihr, und sie erzählte mir, sie befürchte ständig, daß ihr eine Holzkiste auf den Kopf fallen und sie töten werde. Und genauso ist sie gestorben. Von einem Regal fiel ihr eine Kiste voll Altmetall auf den Kopf.«

Ich war so in Gedanken versunken gewesen, daß mir erst in diesem Moment klarwurde, daß keine meiner Geschichten wahr war. Sie waren beide teilweise wahr, aber das störte mich nicht besonders, weil die meisten Leute bei diesem Spiel schummelten. Also wartete ich, bis der Direktor sich für eine Geschichte entschieden hatte – es war die von Yoegoro und dem krausen Haar –, und erklärte, er habe recht. Kürbisköpfchen und der Minister mußten zur Strafe ein Glas Sake trinken.

Danach kam die Reihe an den Direktor.

»Ich verstehe mich nicht sehr gut auf diese Art Spiele«, sagte er. »Nicht so gut wie ihr Geishas, die ihr im Lügen ja so geschickt seid.«

»Aber Direktor!« sagte Mameha, doch das war natürlich nicht ernst gemeint.

»Ich mache mir Sorgen um Kürbisköpfchen, deswegen werde ich es euch leichtmachen. Wenn sie noch ein Glas Sake trinken muß, wird sie es, glaube ich, nicht mehr schaffen.«

Es stimmte. Kürbisköpfchen konnte nicht mehr klar sehen. Ich glaube, sie hörte nicht mal, was der Direktor sagte, bis er ihren Namen aussprach.

»Hör gut zu, Kürbisköpfchen. Hier ist meine erste Geschichte: Heute abend ging ich zu einer Party im Ichiriki-Teehaus. Und hier ist meine zweite: Vor ein paar Tagen kam ein Fisch in mein Büro stolziert... ach nein, vergessen wir das. Du glaubst womöglich an gehende Fische. Wie wär's damit: Als ich vor ein paar Tagen meine Schreibtischschublade öffnete, sprang ein Männlein in Uniform heraus und begann vor meinen Augen zu singen und zu tanzen. Also, was ist – welche Geschichte ist wahr?«

»Erwarten Sie wirklich, daß ich glaube, ein Männlein wäre aus Ihrer Schreibtischschublade gesprungen?« fragte Kürbisköpfchen.

»Wähle einfach eine von beiden Geschichten. Welche ist wahr?«

»Die andere. Ich weiß nicht mehr, wie sie ging.«

»Dafür sollten wir Sie mit einem Glas Sake bestrafen, Direktor«, sagte Mameha.

Als Kürbisköpfchen die Worte ›mit einem Glas Sake bestrafen‹ hörte, muß sie angenommen haben, daß sie etwas falsch gemacht hatte, denn ehe wir uns versahen, hatte sie ein halbes Glas leergetrunken und sah überhaupt nicht mehr gut aus. Der Direktor war der erste, dem das auffiel, deswegen nahm er ihr das Glas aus der Hand.

»Du bist keine Regenrinne, Kürbisköpfchen«, sagte der Direktor. Sie starrte ihn so verständnislos an, daß er sie fragte, ob sie ihn hören könne.

»Mag sein, daß sie dich hört«, sagte Nobu, »aber sehen kann sie dich bestimmt nicht mehr.«

»Nun komm schon, Kürbisköpfchen«, sagte der Direktor. »Ich werde dich nach Hause bringen. Oder tragen, falls es sein muß.«

Mameha bot ihre Hilfe an, und so führten sie Kürbisköpfchen zu zweit hinaus, während Nobu und der Minister mit mir am Tisch sitzen blieben.

»Nun, Minister«, fragte Nobu schließlich, »wie hat Ihnen der Abend gefallen?«

Ich glaube, der Minister war genauso betrunken wie Kürbisköpfchen, aber er murmelte, der Abend sei sehr erfreulich gewesen. »Wirklich sehr erfreulich«, wiederholte er und nickte dazu mehrere Male. Dann streckte er mir seine Saketasse hin, damit ich ihm einschenkte, doch Nobu nahm sie ihm aus der Hand.

32. KAPITEL

Den ganzen Winter und den folgenden Frühling über brachte Nobu den Minister einmal oder sogar zweimal die Woche zu uns nach Gion. In Anbetracht der vielen Zeit, die die beiden während dieser Monate miteinander verbrachten, hätte man meinen sollen, der Minister hätte endlich gemerkt, daß Nobus Gefühle ihm gegenüber in etwa denen glichen, die ein Eispickel einem Eisblock entgegenbringt, doch falls dem so war, ließ er sich nichts anmerken. Ehrlich gesagt, schien der Minister nie besonders viel zu merken, es sei denn, ob ich neben ihm kniete und ob seine Tasse voll Sake war. Seine Ergebenheit machte mein Leben zuweilen recht problematisch, denn wenn ich dem Minister zuviel Aufmerksamkeit schenkte, zeigte sich Nobu gereizt, und die weniger vernarbte Hälfte seines Gesichts wurde vor Zorn blutrot. Deswegen war es mir so wichtig, daß der Direktor, Mameha und Kürbisköpfchen dabei waren. Sie übernahmen die Rolle der Strohschichten in einer Packkiste.

Natürlich war mir die Anwesenheit des Direktors noch aus einem anderen Grund wichtig. Während dieser Monate begegnete ich ihm öfter, als ich ihn früher gesehen hatte, und mit der Zeit wurde mir klar, daß das Bild, das ich mir von ihm gemacht hatte und das mir vor Augen stand, wenn ich mich abends auf meinen Futon legte, nicht ganz realistisch war. Zum Beispiel hatte ich mir seine Augenlider stets glatt und fast ohne Wimpern vorgestellt, doch in Wirklichkeit waren sie mit einem dichten Kranz weicher Härchen besetzt, die wie kleine Pinsel wirkten. Und sein Mund war weit ausdrucksvoller, als ich gedacht hatte – ja, so ausdrucksvoll, daß er seine Gefühle manchmal nur sehr unzulänglich zu kaschieren vermochte. Wenn er über irgend etwas belustigt war, sich das aber nicht anmerken lassen wollte, konnte ich trotzdem ein leises Zucken seiner Mundwinkel wahrnehmen. Oder wenn er in Gedanken versunken war – vielleicht über ein Problem nachdachte, das sich ihm im Laufe des Tages gestellt hatte –, drehte er seine Saketasse immer wieder in den Händen, und wenn er sie an die Lippen führte, bildeten sich neben seinem Mund zwei tiefe Falten, die sich bis zum Kinn hinabzogen. Immer wenn er in diesem Zustand war, glaubte ich ihn unbemerkt beobachten zu können. Irgend etwas an dieser Miene, diesen tiefen Furchen in seinem Gesicht, fand ich unaussprechlich anziehend. Es schien zu zeigen, wie gründlich er über die Dinge nachdachte und wie ernst er von allen Menschen genommen wurde. Eines Abends, als Mameha eine lange Geschichte erzählte, starrte ich den Direktor ganz hingerissen an, und erst als ich wieder zu mir kam, ging mir auf, daß sich alle, die mich beobachtet hatten, über mich wundern mußten. Zum Glück war der Minister zu betrunken, um etwas zu merken, und Nobu kaute auf irgendeinem Bissen herum und stocherte mit seinen Stäbchen in den Speisen auf seinem Teller, ohne mir oder Mameha Beachtung zu schenken. Kürbisköpfchen dagegen schien mich die ganze Zeit aufmerksam beobachtet zu haben. Als ich sie ansah, zeigte sie mir ein Lächeln, das ich nicht so recht deuten konnte.

Eines Abends gegen Ende Februar bekam Kürbisköpfchen eine Grippe und konnte nicht zu uns ins Ichiriki kommen. Da sich der Direktor an jenem Abend verspätete, verbrachten Mameha und ich eine Stunde damit, Nobu und den Minister allein zu unterhalten. Schließlich beschlossen wir, einen Tanz vorzuführen, jedoch eher für uns selbst als für die Herren. Nobu war ohnehin kein begeisterter Anhänger des Tanzes, und der Minister zeigte überhaupt kein Interesse. Dies war für uns zwar nicht der schönste Zeitvertreib, aber uns wollte kein anderer einfallen.

Zunächst zeigte Mameha ein paar kurze Stücke, während ich sie auf dem Shamisen begleitete. Dann tauschten wir die Plätze. Als ich gerade die Ausgangsposition für meinen ersten Tanz einnahm – mit gebeugtem Oberkörper, so daß mein Fächer bis auf den Boden reichte, einen Arm seitlich ausgestreckt –, wurde die Tür aufgeschoben, und der Direktor trat ein. Wir begrüßten ihn und warteten, bis er seinen Platz am Tisch einnahm. Ich freute mich, daß er gekommen war, denn er hatte mich zwar auf der

Bühne erlebt, mir aber noch nie in einem so intimen Rahmen wie diesem zugesehen. Anfangs wollte ich ein kurzes Stück tanzen, das »Schimmernde Herbstblätter« hieß, nun jedoch änderte ich meine Absicht und bat Mameha, »Grausamer Regen« zu spielen. »Grausamer Regen« erzählt von einer jungen Frau, die zutiefst bewegt ist, als ihr Geliebter sich die Kimono-Jacke auszieht, um sie während eines Gewitters zu wärmen, denn sie weiß, daß er ein verzauberter Geist ist, dessen Körper dahinschmelzen wird, sobald er naß wird. Meine Lehrerinnen hatten mir oft zu der Art gratuliert, wie ich die Trauer der jungen Frau darstellte. Während des Teils, da ich langsam in die Knie sinken mußte, zitterten meine Beine – im Gegensatz zu den Beinen anderer Tänzerinnen – so gut wie gar nicht. Vermutlich habe ich es schon erwähnt, doch bei den Tänzen der Inoue-Schule ist der Gesichtsausdruck genauso wichtig wie die Bewegung der Arme und Beine. Deswegen mußte ich, obwohl ich nur allzugern verstohlen zum Direktor hinübergesehen hätte, beim Tanzen den Blick stets in die vorgeschriebene Richtung lenken, so daß mir kein flüchtiger Seitenblick möglich war. Um meinem Tanz möglichst viel Gefühl zu verleihen, konzentrierte ich mich statt dessen auf das Traurigste, was ich mir ausdenken konnte, und das war der Gedanke, daß mein *danna* hier bei mir im Zimmer war – nicht der Direktor, sondern Nobu. In dem Moment, da ich diesem Gedanken Form verlieh, schien alles um mich herum schwer zum Boden herabzuhängen. Draußen im Garten tropfte der Regen von den Dachbalken wie Perlen aus schwerem Glas. Sogar die Matten selbst schienen schwer auf dem Fußboden zu lasten. Ich erinnere mich noch, daß ich bewußt nicht den Schmerz einer jungen Frau tanzte, die ihren Geliebten aus der Geisterwelt verloren hat, sondern den Schmerz, den ich selbst empfinden würde, wenn mir das Leben plötzlich das raubte, dem meine tiefsten Gefühle galten. Auch an Satsu mußte ich plötzlich denken und tanzte die Bitterkeit unserer ewigen Trennung. Am Ende fühlte ich mich vom Schmerz fast überwältigt, aber auf das, was ich sah, als ich mich zum Direktor umwandte, war ich nicht vorbereitet.

Da er dicht an der Tischecke saß, konnte nur ich ihn sehen. Anfangs dachte ich, sein Ausdruck sei erstaunt, weil seine Augen so groß waren. Aber genau wie sein Mund zuweilen zuckte, wenn er ein Lächeln zu unterdrücken suchte, bebte er, wie ich nun erkannte, unter dem Einfluß eines anderen Gefühls. Ich war nicht ganz sicher, aber ich hatte den Eindruck, seine Augen seien voller Tränen. Er blickte zur Tür, tat so, als kratzte er sich an der Nase, damit er sich mit dem Finger ganz kurz den Augenwinkel auswischen konnte, und glättete seine Augenbrauen, als wären sie die Quelle seines Unbehagens. Ich war so erschrocken über den Schmerz des Direktors, daß ich vorübergehend fast die Orientierung verlor. Unsicher kehrte ich an den Tisch zurück, wo Mameha und Nobu ein Gespräch begannen. Nach einer Weile wurden sie vom Direktor unterbrochen.

»Wo ist Kürbisköpfchen heute abend?«

»Oh, die ist krank, Direktor«, antwortete Mameha.

»Was soll das heißen? Wird sie denn gar nicht kommen?«

»Nein«, sagte Mameha, »und das ist auch gut so, denn sie hat eine Magen-Darm-Grippe.«

Dann sprach Mameha weiter. Ich sah, wie der Direktor auf seine Armbanduhr sah und dann mit unsicherer Stimme sagte:

»Mameha, du wirst mich entschuldigen müssen. Ich fühle mich auch nicht besonders wohl heute abend.«

Als der Direktor die Tür zuschob, sagte Nobu etwas so Komisches, daß alle lachten. Mir aber kam ein Gedanke, der mich ängstigte. Bei meinem Tanz hatte ich versucht, den Schmerz des Verlustes auszudrücken. Mich selbst hatte ich dadurch tief aufgewühlt, aber den Direktor offensichtlich auch – war es möglich, daß er dabei an Kürbisköpfchen dachte, weil er sie vermißte? Ich konnte mir nicht vorstellen, daß er über Kürbisköpfchens Krankheit Tränen vergoß, aber vielleicht hatte ich ein paar dunklere, kompliziertere Emotionen geweckt. Ich wußte nur, daß der Direktor sich nach meinem Tanz nach Kürbisköpfchen erkundigt und das Haus verlassen hatte, als er von ihrer Krankheit erfuhr. Ich konnte es kaum glauben. Hätte ich entdeckt, daß der Direktor Gefühle für, sagen wir, Mameha entwickelt hätte, so wäre ich nicht erstaunt gewesen. Aber Kürbisköpfchen? Wie konnte sich der Direktor nach einer Frau sehnen, der es… nun ja, so sehr an kultiviertem Benehmen mangelte?

Sie meinen vielleicht, daß jede Frau mit gesundem Menschenverstand an diesem Punkt die Hoffnung aufgegeben hätte. Und eine Zeitlang ging ich täglich zum Wahrsager und las meinen Almanach besonders sorgfältig, weil ich auf der Suche nach einem Zeichen war, ob ich mich in mein scheinbar unvermeidliches Schicksal fügen sollte. Natürlich lebten wir Japaner in einem Jahrzehnt zerstörter Hoffnungen. Da hätte es mich nicht überrascht, wenn die meinen genauso dahingewelkt wären wie die so vieler anderer Menschen. Andererseits glaubten viele daran, daß sich das Land eines Tages erholen werde, dies aber, wie wir alle wußten, keinesfalls geschehen würde, wenn wir uns endgültig damit abfanden, auf ewig in den Trümmern zu leben. Jedesmal, wenn ich in der Zeitung von irgendeiner kleinen Werkstatt las, die, sagen wir, vor dem Krieg Fahrradteile hergestellt hatte und nun wieder im Geschäft war, als hätte es den Krieg niemals gegeben, redete ich mir ein, wenn unsere ganze Nation aus ihrem tiefen, dunklen Tal herauskam, bestünde mit Sicherheit die Hoffnung, daß ich das meine ebenfalls überwinden werde.

Seit Anfang März hatten Mameha und ich den ganzen Frühling hindurch mit den *Tänzen der Alten Hauptstadt* zu tun, die zum erstenmal wieder aufgeführt werden sollten, seit Gion geschlossen worden war. Zufällig waren der Direktor und Nobu während dieser Monate ebenfalls sehr beschäftigt und brachten den Minister nur zweimal nach Gion. Dann hörte ich in der ersten Juniwoche plötzlich, daß meine Gesellschaft von Iwamura Electric früh am selben Abend im Ichiriki-Teehaus gewünscht werde. Da ich für diesen Abend schon vor Wochen ein Engagement gebucht hatte, kam ich, als ich endlich die Tür aufschob, um mich zu der Party zu gesellen, eine gute halbe Stunde zu spät. Zu meinem Erstaunen fand ich statt der gewohnten Gruppe nur Nobu und den Minister vor.

Ich sah sofort, daß Nobu zornig war. Natürlich dachte ich, er sei zornig auf mich, weil er meinetwegen soviel Zeit mit dem Minister hatte verbringen müssen – obwohl die beiden, ehrlich gesagt, kaum mehr »Zeit miteinander verbrachten« wie ein Eichhörnchen mit den Insekten, die im selben Baum hausen. Nobu, der mit den Fingern auf die Tischplatte trommelte, zog eine äußerst finstere Miene, während der Minister am Fenster stand und in den Garten hinausblickte.

»Na schön, Minister!« sagte Nobu, als ich mich am Tisch niedergelassen hatte. »Jetzt haben Sie lange genug zugesehen, wie die Büsche wachsen. Sollen wir hier etwa den ganzen Abend lang sitzen und auf Sie warten?«

Der Minister schrak zusammen und entschuldigte sich mit einer leichten Verneigung, bevor er herüberkam, um auf dem Kissen Platz zu nehmen, das ich für ihn bereitgelegt hatte. Normalerweise wollte mir kaum etwas einfallen, womit ich ein Gespräch mit ihm beginnen konnte, doch da ich ihn so lange nicht gesehen hatte, fiel mir diese Aufgabe heute leichter.

»Sie mögen mich anscheinend nicht mehr, Minister!« sagte ich.

»Eh?« fragte der Minister, dem es mit Mühe gelang, seine Züge so anzuordnen, daß dabei ein Ausdruck der Überraschung herauskam.

»Sie waren seit über einem Monat nicht mehr hier! War das, weil Nobu-san unfreundlich zu Ihnen war und Sie nicht so oft nach Gion mitgebracht hat, wie er es hätte tun sollen?«

»Nobu-san ist nicht unfreundlich zu mir«, widersprach der Minister. Dann blies er sich mehrmals in die Nase, bevor er ergänzte: »Ich habe schon viel zuviel von ihm verlangt.«

»Nachdem er Sie über einen Monat von hier ferngehalten hat? Das ist doch wohl sehr unfreundlich von ihm. Wir haben jetzt viel aufzuholen.«

»O ja«, fiel mir Nobu ins Wort. »Vor allem beim Trinken.«

»Du meine Güte, ist Nobu-san heute abend schlecht gelaunt! War er den ganzen Abend so? Und wo sind der Direktor, Mameha und Kürbisköpfchen? Werden sie heute abend denn nicht kommen?«

»Der Direktor hat heute abend keine Zeit«, antwortete Nobu. »Was mit den anderen ist, weiß ich nicht. Das ist dein Problem, nicht meins.«

Gleich darauf wurde die Tür aufgeschoben, und zwei Dienerinnen erschienen mit Tabletts voll Speisen für die Herren. Ich gab mir die größte Mühe, ihnen beim Essen Gesellschaft zu leisten – das heißt, eine Zeitlang versuchte ich immer wieder, Nobu zum Reden zu bringen, aber der war nicht in der Stimmung dazu; dann versuchte ich es mit dem Minister, aber es wäre natürlich leichter gewesen, der gegrillten Elritze auf seinem Teller ein Wort zu entlocken. Also gab ich es schließlich auf und plauderte über alles, was mir gerade einfiel, bis ich das Gefühl hatte, eine alte Dame zu sein, die sich mit ihren beiden Hunden unterhält. Und während der ganzen Zeit schenkte ich den beiden Herren reichlich Sake ein. Nobu trank nicht viel, doch der Minister reichte mir jedesmal dankbar seine Tasse. Gerade als der Minister allmählich seinen gewohnt glasigen Blick bekam, stellte Nobu, plötzlich energisch wie ein Mann, der soeben wach geworden ist, seine Tasse auf den Tisch zurück, tupfte sich den Mund mit der Serviette ab und sagte:

»Also gut, Minister, das reicht für heute abend. Zeit für Sie, nach Hause zu gehen.«

»Aber Nobu-san!« sagte ich erstaunt. »Ich habe den Eindruck, daß Ihr Gast gerade erst anfängt, sich zu amüsieren.«

»Er hat sich lange genug amüsiert. Jetzt werden wir ihn zur Abwechslung mal zeitig nach Hause verfrachten – dem Himmel sei Dank! Nun kommen Sie schon, Minister! Ihre Frau wird sich freuen!«

»Ich bin nicht verheiratet«, sagte der Minister. Aber er zog bereits seine Socken hoch und begann sich zu erheben.

Ich begleitete Nobu und den Minister durch den Flur zum Eingang und half dem Minister in die Schuhe. Da Taxis wegen der Benzinknappheit noch selten waren, rief die Dienerin eine Rikscha, und ich half dem Minister einzusteigen. Ich hatte schon bemerkt, daß er sich ein wenig seltsam verhielt, doch an diesem Abend hielt er den Blick auf seine Knie gerichtet und wollte nicht einmal auf Wiedersehen sagen. Nobu blieb am Eingang stehen und starrte so finster in die Nacht hinaus, als beobachtete er, wie dunkle Sturmwolken aufzogen, während es doch eine sternklare Nacht war. Als der Minister abgefahren war, fragte ich ihn: »Was in aller Welt ist bloß mit euch beiden los, Nobu-san?«

Er sah mich angewidert an und kehrte ins Teehaus zurück. Ich fand ihn in unserem Zimmer, wo er mit seiner leeren Saketasse auf den Tisch klopfte. Ich dachte, er wünsche Sake, doch als ich ihn fragte, ignorierte er mich, und außerdem war das Fläschchen ohnehin leergetrunken. Ich wartete eine Weile ab, ob er mir etwas mitteilen wollte, dann sagte ich schließlich:

»Nun sehen Sie sich an, Nobu-san! Sie haben eine Falte zwischen den Augen, die so tief wie die Furche in einem Ackerweg ist.«

Er entspannte die Muskeln rings um seine Augen, so daß die Falte zu verschwinden schien. »Ich bin nicht mehr so jung wie früher, das weißt du doch«, erklärte er mir.

»Und was soll das heißen?«

»Es heißt, daß ich ein paar dauerhafte Falten bekommen habe, die nicht einfach verschwinden, nur weil du es verlangst.«

»Es gibt gute Falten und schlechte, Nobu-san. Vergessen Sie das nicht.«

»Du selbst bist auch nicht mehr so jung, wie du mal warst, weißt du.«

»Jetzt sinken Sie auch noch so tief, daß Sie mich beleidigen! Ihre Laune ist ja noch schlimmer, als ich befürchtet hatte. Warum gibt es hier keinen Alkohol? Sie brauchen was zu trinken!«

»Ich beleidige dich keineswegs. Ich stelle lediglich Tatsachen fest.«

»Es gibt gute Falten und schlechte Falten, und es gibt gute Tatsachen und schlechte Tatsachen«, sagte ich. »Die schlechten Tatsachen sollte man tunlichst vermeiden.«

Ich suchte die Dienerin und bat sie, uns ein Tablett mit Scotch und Wasser sowie ein paar getrocknete Tintenfische als Imbiß zu bringen, denn es war mir aufgefallen, daß Nobu kaum etwas gegessen hatte. Als das Tablett gebracht wurde, goß ich Scotch in ein Glas, füllte es mit Wasser auf und stellte es vor ihn hin.

»So«, sagte ich, »und jetzt tun Sie, als wäre es Medizin und trinken es schön brav leer.« Er trank einen Schluck, aber nur einen sehr kleinen. »Alles!« befahl ich.

»Ich trinke so schnell, wie ich will!«

»Wenn ein Arzt dem Patienten befiehlt, eine Medizin einzunehmen, nimmt der Patient die Medizin ein. Und nun trinken Sie aus!«

Nobu leerte das Glas, ohne mich dabei anzuschauen. Anschließend schenkte ich ihm abermals ein und befahl ihm, noch einmal auszutrinken.

»Du bist kein Arzt!« sagte er zu mir. »Ich trinke, wann und wie schnell ich will.«

»Na, na, Nobu-san! Jedesmal, wenn Sie den Mund aufmachen, machen Sie alles nur noch schlimmer. Je kränker der Patient ist, desto mehr Medizin muß er schlucken.«

»Ich will aber nicht! Ich hasse es, allein zu trinken.«

»Na schön, dann leiste ich Ihnen Gesellschaft«, lenkte ich ein. Ich gab ein paar Eiswürfel in ein Glas und reichte es Nobu, um es zu füllen. Als er mir das Glas abnahm, lächelte er ein wenig – das erste Lächeln, das ich an jenem Abend von ihm sah – und schenkte mir bedächtig doppelt soviel Scotch ein, wie ich ihm eingeschenkt hatte, aufgefüllt mit einem Spritzer Wasser. Ich nahm ihm sein Glas weg, leerte es in eine Schale in der Mitte des Tisches und füllte es dann mit der gleichen Menge, die er mir eingeschenkt hatte, plus einem kleinen Extraspritzer zur Strafe.

Als wir unsere Gläser leerten, verzog ich unwillkürlich das Gesicht, denn für mich schmeckt Scotch ungefähr so wie Regenwasser aus dem Straßengraben. Offenbar erfüllte diese Grimasse ihren Zweck, denn anschließend blickte Nobu weit freundlicher drein. Als ich wieder zu Atem kam, sagte ich keuchend: »Ich weiß nicht, was heute abend in Sie gefahren ist. Und in den Minister.«

»Sprich bitte nicht von diesem Kerl! Ich hatte ihn gerade vergessen, und du mußt mich wieder an ihn erinnern. Weißt du, was er vorhin zu mir gesagt hat?«

»Nobu-san«, erwiderte ich, »es ist meine Pflicht, Sie aufzuheitern, ob Sie nun noch mehr Scotch wollen oder nicht. Sie haben Abend für Abend zugesehen, wie sich der Minister betrunken hat. Jetzt wird es Zeit, daß Sie sich selbst mal betrinken.«

Nobu schenkte mir einen weiteren finsteren Blick, griff aber nach seinem Glas wie ein Mann, der den weiten Weg zum Hinrichtungsplatz antritt, und betrachtete es lange, bevor er es bis zum letzten Tropfen leerte. Er stellte es auf den Tisch, um sich anschließend mit dem Handrücken die Augen zu reiben, als müßte er einen Schleier wegwischen.

»Sayuri«, sagte er, »ich muß dir etwas sagen. Früher oder später wirst du es ja doch erfahren. In der vergangenen Woche haben der Minister und ich mit der Herrin des Ichiriki gesprochen, weil wir uns erkundigen wollten, ob es möglich wäre, daß der Minister dein *danna* wird.«

»Der Minister?« fragte ich ungläubig. »Das verstehe ich nicht, Nobu-san. Ist das vielleicht Ihr Wunsch?«

»Keineswegs. Aber der Minister hat uns unendlich viel geholfen, und mir blieb einfach keine Wahl. Die Besatzungsmacht war drauf und dran, endgültig ihr Urteil *gegen* Iwamura Electric zu sprechen, weißt du. Dann wäre die Firma beschlagnahmt worden. Vermutlich hätten der Direktor und ich dann lernen müssen, Beton zu gießen oder etwas Ähnliches, denn man hätte uns nie wieder erlaubt, Geschäfte zu machen. Der Minister hat sie jedoch dazu überredet, unseren Fall neu aufzurollen, und sie davon überzeugt, daß man uns viel zu hart beurteilt hat. Was ja auch zutrifft, wie du weißt.«

»Und dennoch hat Nobu-san alle erdenklichen Schimpfwörter für den Minister«, warf ich ein. »Mir scheint…«

»Er verdient jedes einzelne Schimpfwort, das ich mir nur denken kann! Ich kann den Kerl nicht leiden, Sayuri. Und es hilft auch nicht viel, daß ich weiß, wie tief wir in seiner Schuld stehen.«

»Ach so«, sagte ich. »Also sollte ich dem Minister überlassen werden, weil…«

»Niemand hat versucht, dich dem Minister zu überlassen. Außerdem hätte er es sich niemals leisten können, dein *danna* zu werden. Ich habe ihm eingeredet, daß Iwamura Electric ihm die Sache bezahlen wolle, doch dazu wären wir natürlich niemals bereit gewesen. Ich kannte die Antwort schon vorher, sonst hätte ich die Frage niemals gestellt. Der Minister war furchtbar enttäuscht, weißt du. Einen Moment hat er mir fast leid getan.«

Was Nobu gesagt hatte, war wirklich nicht komisch, und dennoch mußte ich unwillkürlich lachen, weil ich mir plötzlich den Minister als meinen *danna* vorstellte, wie er sich mir mit seinem vorspringenden Kinn immer mehr zuneigte, bis er seinen Atem auf einmal *mir* in die Nase blies.

»Aha, du findest das also komisch, wie?« fragte mich Nobu.

»Nein, wirklich, Nobu-san... Es tut mir leid, aber wenn ich mir vorstelle, der Minister...«

»Ich wünsche nicht, daß du dir den Minister vorstellst! Es ist schlimm genug, daß ich hier neben ihm sitzen und mit der Herrin des Ichiriki reden mußte.«

Ich mixte einen weiteren Scotch mit Wasser für Nobu, während er einen für mich machte. Das war das letzte, was ich wollte, denn schon jetzt schien mir der Raum im Nebel zu verschwimmen. Doch Nobu hob das Glas, und mir blieb nichts anderes übrig, als mit ihm zu trinken. Anschließend trocknete er sich den Mund mit der Serviette und sagte: »Wir leben in einer schlimmen Zeit, Sayuri.«

»Aber Nobu-san! Ich dachte, wir trinken, um uns ein wenig aufzumuntern.«

»Wir kennen uns nun schon eine sehr lange Zeit, Sayuri. Ungefähr... fünfzehn Jahre? Ist das richtig?« fragte er. »Nein, nein, antworte nicht. Ich möchte dir etwas sagen, und du wirst still dasitzen und mich anhören. Ich habe dir dies schon längst sagen wollen, aber jetzt ist der richtige Zeitpunkt gekommen. Ich hoffe, du hörst gut zu, denn ich werde es nur einmal sagen. Es geht um folgendes: Ich mag eigentlich keine Geishas, das wirst du vermutlich bereits wissen. Aber ich hatte immer das Gefühl, daß du, Sayuri, nicht so bist wie alle anderen.«

Ich wartete einen Augenblick, ob Nobu weitersprechen wollte, aber das tat er nicht.

»Ist es das, was Nobu-san mir sagen wollte?« erkundigte ich mich.

»Nun, legt das nicht nahe, daß ich alles mögliche für dich hätte tun sollen? Zum Beispiel – ha –, zum Beispiel hätte ich dir Schmuck schenken sollen.«

»Aber Sie haben mir doch Schmuck geschenkt! Im Grunde sind Sie immer viel zu freundlich gewesen. Zu mir, meine ich. Zu anderen sind Sie allerdings nicht sehr freundlich.«

»Nun, ich hätte dir mehr schenken sollen. Wie dem auch sei, das ist es nicht, was ich sagen wollte. Ich finde nur schwer die richtigen Worte. Was ich sagen will, ist, daß ich endlich begriffen habe, wie töricht ich bin. Du hast vorhin über die Vorstellung gelacht, den Minister zum *danna* zu haben. Aber nun sieh mich an: ein Einarmiger mit einer Haut wie... wie nennt man mich doch? Die Eidechse?«

»Aber Nobu-san, so etwas dürfen Sie nicht sagen...«

»Der Moment ist endlich gekommen. Ich habe seit Jahren darauf gewartet. Ich habe gewartet, während du diesen General hattest. Jedesmal, wenn ich mir vorstellte, daß du mit ihm... Nun ja, ich mag selbst jetzt nicht daran denken. Und dann die Vorstellung, dieser idiotische Minister... Habe ich dir erzählt, was er heute abend zu mir gesagt hat? Das ist das Schlimmste von allem. Nachdem er erfahren hatte, daß er nicht dein *danna* werden kann, saß er lange da wie ein Haufen Dreck, und dann hat er gesagt: ›Ich dachte, Sie hätten mir gesagt, ich könne Sayuris *danna* werden.‹ Also, das hatte ich bestimmt nicht zu ihm gesagt! ›Wir haben unser Möglichstes getan, Minister, aber es hat nicht geklappt‹, habe ich ihm erklärt. Und dann fragte er: ›Könnten Sie es denn nicht wenigstens ein einziges Mal arrangieren?‹ – ›Was arrangieren?‹ erkundigte ich mich. ›Daß Sie ein einziges Mal Sayuris *danna* sein dürfen? Einen einzigen Abend, meinen Sie?‹ Und weißt du was? Er hat genickt. ›Also‹, habe ich gesagt, ›hören Sie mir gut zu, Minister! Es war schlimm genug, der Herrin dieses Teehauses einen Mann wie Sie als *danna* für eine Frau wie Sayuri zu präsentieren. Das habe ich nur getan, weil ich wußte, daß es nicht dazu kommen würde. Doch wenn Sie denken...‹«

»Das haben Sie nicht gesagt!«

»Das habe ich wohl gesagt. ›Doch wenn Sie denken‹, habe ich gesagt, ›ich würde dafür sorgen, daß Sie auch nur eine Viertelsekunde mit ihr allein sind... Warum sollte ich sie Ihnen überlassen? Und außerdem habe ich nicht das Recht, über sie zu verfügen, stimmt's? Es ist eine Zumutung, daß ich zu ihr gehen und sie um so etwas bitten soll!‹«

»Aber Nobu-san, hoffentlich hat der Minister Ihnen das nicht allzu übel genommen, nach allem, was er für Ihr Unternehmen getan hat.«

»Moment mal! Ich möchte nicht, daß du mich für undankbar hältst. Der Minister hat uns geholfen, weil es seine Aufgabe war, uns zu helfen. Ich habe ihn während der letzten Monate stets gut behandelt und werde damit jetzt nicht aufhören. Aber das muß nicht heißen, daß ich etwas aufgeben muß, worauf ich über zehn Jahre gewartet habe! Was wäre passiert, wenn ich zu dir gekommen und dich um das gebeten hätte, was er verlangte? Hättest du etwa gesagt: ›Schon gut, Nobu-san, ich werde es tun – für Sie‹?«

»O bitte ... Wie kann ich eine solche Frage beantworten?«

»Sehr leicht. Sag mir nur, daß du so etwas niemals getan hättest.«

»Aber Nobu-san, ich stehe so tief in Ihrer Schuld ... Wenn Sie mich um eine Gefälligkeit bäten, könnte ich Sie niemals leichtfertig zurückweisen.«

»Nun, das ist mir neu. Hast du dich verändert, Sayuri, oder war dies schon immer ein Teil deines Wesens, den ich nicht kannte?«

»Ich habe immer wieder gedacht, daß Nobu-san eine viel zu hohe Meinung von mir hat ...«

»Ich irre mich nicht in der Beurteilung von Menschen. Wenn du nicht die Frau bist, für die ich dich halte, dann ist die Welt nicht so, wie ich dachte. Willst du behaupten, du könntest es auch nur in Betracht ziehen, dich einem Mann wie dem Minister hinzugeben? Hast du nicht das Gefühl, daß es Recht und Unrecht auf dieser Welt gibt, und Gut und Böse? Oder hast du zuviel Zeit in Gion verbracht?«

»Du meine Güte, Nobu-san ... es ist Jahre her, daß ich Sie so wütend gesehen habe ...«

Damit hatte ich offenbar genau das Falsche gesagt, denn sofort flammte Nobus Gesicht vor Zornesröte auf. Er packte sein Glas und knallte es so hart auf den Tisch, daß es zersprang und die Eiswürfel auf die Tischplatte kullerten. Als Nobu seine Hand umdrehte, sahen wir, daß quer über die Innenfläche ein Blutstreifen verlief.

»O Nobu-san!«

»Antworte!«

»Jetzt kann ich mich nicht einmal mehr an die Frage erinnern ... Bitte, ich muß etwas für Ihre Hand holen ...«

»Würdest du dich dem Minister hingeben, egal, wer dich darum bittet? Wenn du zu so etwas fähig wärst, wünsche ich, daß du sofort diesen Raum verläßt und nie wieder mit mir sprichst.«

Ich konnte nicht begreifen, warum der Abend eine so gefährliche Wendung genommen hatte, aber es war mir absolut klar, daß es nur eine Antwort gab. Ich wollte unbedingt sofort ein Tuch für Nobus Hand holen – sein Blut tropfte bereits auf den Tisch –, aber er sah mich so durchdringend an, daß ich mich nicht zu rühren wagte.

»So etwas würde ich niemals tun«, sagte ich.

Ich dachte, das würde ihn beruhigen, aber er starrte mich noch einen sehr langen, beängstigenden Augenblick finster an. Schließlich stieß er den Atem aus.

»Das nächstemal mach bitte den Mund auf, bevor ich mich verletzen muß, um eine Antwort von dir zu erhalten.«

Ich eilte hinaus, um die Herrin zu holen, die mit mehreren Dienerinnen, einer Schüssel Wasser und Handtüchern kam. Nobu ließ nicht zu, daß sie einen Arzt rief, und der Schnitt war auch nicht so schlimm, wie ich befürchtet hatte. Nachdem die Herrin wieder gegangen war, verhielt sich Nobu sonderbar still. Ich versuchte ein Gespräch zu beginnen, aber er zeigte kein Interesse.

»Zuerst kann ich Sie nicht beruhigen«, sagte ich schließlich, »und jetzt kann ich Sie nicht zum Sprechen bringen. Ich weiß nicht, ob ich Sie auffordern soll, mehr zu trinken, oder ob der Alkohol selbst das Problem ist.«

»Wir haben genug getrunken, Sayuri. Es wird jetzt Zeit, daß du mir den Stein zurückgibst.«

»Welchen Stein?«

»Den Stein, den ich dir im letzten Herbst gegeben habe. Den Betonbrocken von der Fabrik. Also lauf los und geh ihn holen!«

Als ich das hörte, wurde meine Haut zu Eis, denn ich wußte sehr genau, was er damit sagen wollte: daß für Nobu die Zeit gekommen sei, sich mir als *danna* anzubieten.

»Ehrlich, Nobu-san, ich habe soviel getrunken, daß ich nicht weiß, ob ich überhaupt noch gehen kann«, wandte ich ein. »Vielleicht erlaubt Nobu-san mir, ihn mitzubringen, wenn wir uns das nächstemal sehen, ja?«

»Du wirst ihn noch heute abend holen! Was glaubst du wohl, warum ich geblieben bin, nachdem der Minister gegangen ist? Du gehst ihn jetzt holen, während ich hier auf dich warte.«

Ich erwog, eine Dienerin nach dem Stein zu schicken, aber ich würde ihr nie richtig beschreiben können, wo er lag. Also begab ich mich unter Schwierigkeiten in den Hausflur hinunter, schob die Füße in meine Schuhe und schlurfte – so zumindest kam es mir in meiner Trunkenheit vor – durch die Straßen von Gion.

Als ich die Okiya erreichte, ging ich geradewegs in mein Zimmer hinauf und holte den Betonbrocken, der, in ein Stück Seidenstoff gewickelt, auf einem Regal in meinem Wandschrank lag. Ich wickelte ihn aus und ließ die Seide zu Boden fallen, obwohl ich nicht wußte, warum ich das tat. Als ich hinausging, begegnete ich im oberen Flur Tantchen – die wohl gehört hatte, daß ich stolperte, und herauskam, um nachzusehen, was los war –, und sie fragte mich, warum ich diesen Stein in der Hand trug.

»Den muß ich Nobu-san bringen, Tantchen«, antwortete ich. »Bitte hindern Sie mich daran!«

»Du bist betrunken, Sayuri! Was ist heute abend bloß in dich gefahren?«

»Ich muß ihn Nobu-san zurückgeben. Und wenn ich das tue, wird das für mich das Ende meines Lebens bedeuten. Bitte halten Sie mich zurück!«

»Betrunken und auch noch verheult! Du bist ja schlimmer als Hatsumomo! So kannst du nicht dorthin zurückkehren.«

»Dann rufen Sie bitte im Ichiriki an. Die sollen Nobu-san ausrichten, daß ich nicht kommen werde. Bitte – ja?«

»Warum sollte Nobu-san darauf warten, daß du ihm einen Steinbrocken bringst?«

»Das kann ich Ihnen nicht erklären. Ich kann nicht…«

»Ist ja auch egal. Wenn er auf dich wartet, mußt du gehen«, erklärte sie mir und führte mich in mein Zimmer zurück, wo sie mir das Gesicht mit einem Handtuch trocknete und mir beim Licht einer elektrischen Laterne das Make-up auffrischte. Dabei war ich so schlaff, daß sie mit der Hand mein Kinn anheben mußte, damit mein Kopf nicht hin und her rollte. Schließlich wurde sie so ungeduldig, daß sie mit beiden Händen meinen Kopf packte und mir klarmachte, daß ich stillhalten sollte.

»Ich hoffe nur, daß ich dich nie wieder in einem solchen Zustand sehen muß, Sayuri. Der Himmel weiß, was in dich gefahren ist!«

»Ich bin ein Dummkopf, Tantchen.«

»Heute abend bist du mit Sicherheit ein Dummkopf«, gab sie zurück. »Mutter wird sehr zornig werden, wenn du etwas getan hast, womit du dir Nobu-sans Zuneigung verscherzt.«

»Bis jetzt noch nicht«, sagte ich. »Aber wenn Ihnen irgend etwas einfällt, womit ich das…«

»So redet man nicht«, ermahnte mich Tantchen. Und sprach von da an kein einziges Wort mehr, bis sie mit meinem Make-up fertig war.

Danach kehrte ich, den schweren Betonbrocken in beiden Händen, zögernd ins Ichiriki-Teehaus zurück. Ich weiß nicht, ob der Stein so schwer war oder ob meine Arme vom vielen Alkohol zu schlaff geworden waren. Doch als ich wieder zu Nobu ins Zimmer trat, hatte ich das Gefühl, die ganze Energie verbraucht zu haben, die mir zur Verfügung stand. Falls er davon sprechen sollte, daß ich seine Geliebte werden sollte, war ich nicht sicher, ob ich meine Gefühle noch unterdrücken konnte.

Ich legte den Stein auf den Tisch. Nobu packte ihn mit den Fingern und hielt ihn in dem Handtuch, das um seine Hand gewickelt war.

»Hoffentlich habe ich dir nicht einen Edelstein in dieser Größe versprochen«, sagte er. »Soviel Geld habe ich nämlich nicht. Jetzt aber sind Dinge möglich, die zuvor nicht möglich waren.«

Ich verneigte mich und gab mir Mühe, nicht verzweifelt zu wirken. Nobu brauchte mir nicht zu erklären, was er mit seinen Worten meinte.

33. KAPITEL

Als ich in jener Nacht auf meinem Futon lag und sich das Zimmer um mich drehte, beschloß ich, mich wie der Fischer zu verhalten, der mit seinem Netz Stunde um Stunde Fische aus dem Wasser zieht. Sobald mir Gedanken an den Direktor kamen, würde ich sie herausziehen, wieder und wieder herausziehen, bis schließlich keine mehr übrig waren. Das wäre sicher ein cleveres System gewesen, wenn es mir möglich gewesen wäre, es in die Tat umzusetzen. Aber sobald mir ein Gedanke an ihn kam, entwischte er mir, bevor ich ihn einfangen konnte, und führte mich genau zu dem Ort, den ich aus meinen Gedanken verbannt hatte. Immer wieder gebot ich mir Einhalt und sagte mir: Denk nicht an den Direktor, denk lieber an Nobu! Und dann stellte ich mir ganz bewußt vor, wie ich irgendwo in Kyoto Nobu traf. Gleich darauf ging jedoch immer etwas schief. Zum Beispiel war der Ort, den ich mir vorstellte, vielleicht einer, an dem ich mich in meinen Träumen oft mit dem Direktor gesehen hatte... und schon war ich wieder mitten in den Gedanken an den Direktor.

Wochenlang versuchte ich, mich auf diese Art umzupolen. Manchmal, wenn ich eine Weile von den Gedanken an den Direktor loskam, begann ich mich zu fühlen, als hätte sich in mir ein Abgrund aufgetan. Ich hatte keinen Appetit, nicht einmal, als die kleine Etsuko eines späten Abends kam und mir eine Schale klare Brühe brachte. Die paar Male, da es mir gelang, meine Gedanken ausschließlich auf Nobu zu konzentrieren, ließen mich so erstarren, daß ich überhaupt nichts mehr zu empfinden schien. Während ich mein Make-up auflegte, schien mein Gesicht an mir zu hängen wie ein Kimono an seinem Ständer. Tantchen behauptete, ich sähe aus wie ein Gespenst. Zwar ging ich, wie gewohnt, zu Partys und Banketts, kniete dort aber schweigend am Tisch und hielt die Hände auf dem Schoß gefaltet.

Da ich wußte, daß Nobu kurz davor stand, sich mir als *danna* anzubieten, wartete ich tagtäglich auf die Nachricht. Aber die Wochen gingen dahin, ohne daß ich etwas hörte. Dann brachte Mutter mir eines heißen Nachmittags Ende Juni – fast einen Monat nachdem ich den Stein zurückgegeben hatte –, die Tageszeitung und schlug sie auf, um mir einen Artikel mit der Überschrift »Iwamura Electric sichert sich Finanzierung durch die Mitsubishi-Bank« zu zeigen. Ich erwartete natürlich, alle möglichen Hinweise auf Nobu, den Minister und vor allem auf den Direktor zu finden, doch der Artikel brachte nur eine Unmenge Informationen, an die ich mich nicht mehr erinnern kann. Wie es hieß, war die Einstufung von Iwamura Electric durch die Besatzungsmacht der Alliierten von ... ich weiß nicht mehr, irgendeiner Klasse in irgendeine andere Klasse erfolgt, und das hieß, wie der Artikel weiterhin erklärte, daß das Unternehmen von nun an ungehindert Verträge abschließen, Kredite aufnehmen und alles mögliche andere tun konnte. Dann folgten einige Abschnitte über Zinsfuß und Kreditlinien und schließlich über einen sehr hohen Kredit, der am Tag zuvor mit der Mitsubishi-Bank ausgehandelt worden sei. Der Artikel war sehr schwer zu lesen, weil er von Zahlen und Geschäftsausdrücken nur so strotzte. Als ich ihn gelesen hatte, blickte ich zu Mutter auf, die mir am Tisch gegenüberkniete.

»Das Schicksal von Iwamura Electric hat sich hundertprozentig gewendet«, sagte sie. »Warum hast du mich nicht davon unterrichtet?«

»Ich habe ja kaum etwas von dem verstanden, was ich eben gelesen habe, Mutter.«

»Kein Wunder, daß wir in den letzten Tagen so oft von Nobu Toshikazu gehört haben. Er hat sich nämlich als dein *danna* angeboten. Ich hatte erwogen, ihn abzulehnen, denn wer will schon einen Mann mit einer unsicheren Zukunft? Jetzt weiß ich auch, warum du in den letzten Wochen so zerstreut warst! Na schön, jetzt kannst du dich beruhigen. Es ist endlich soweit. Wir alle wissen doch, wie sehr dir Nobu all die Jahre am Herzen gelegen hat.«

Wie es sich für eine Tochter gehörte, fuhr ich fort, auf die Tischplatte zu starren. Doch der Schmerz stand mir anscheinend ins Gesicht geschrieben, denn gleich darauf fuhr Mutter fort:

»Du darfst nicht so teilnahmslos sein, wenn Nobu dich in seinem Bett haben will. Vielleicht ist mit deiner Gesundheit etwas nicht in Ordnung. Sowie du aus Amami zurück bist, werde ich einen Arzt kommen lassen.«

Das einzige Amami, von dem ich jemals gehört hatte, war ein Inselchen unweit von Okinawa; ich konnte mir nicht vorstellen, daß dies der Ort sein sollte, von dem sie sprach. Doch dann berichtete mir Mutter, die Herrin des Ichiriki habe an diesem Morgen einen Anruf der Iwamura Electric erhalten, bei dem es um einen Ausflug auf die Insel Amami am folgenden Wochenende ging. Ich war dazu eingeladen worden, dazu Mameha, Kürbisköpfchen und eine andere Geisha, an deren Namen sich Mutter nicht erinnern konnte. Wir sollten am kommenden Freitagnachmittag abreisen.

»Aber Mutter... das ergibt doch alles keinen Sinn«, protestierte ich. »Ein Wochenendausflug bis nach Amami? Allein die Bootsfahrt dauert ja schon den ganzen Tag!«

»Keine Bange! Iwamura Electric hat dafür gesorgt, daß ihr alle mit dem Flugzeug dorthin gebracht werdet.«

Sofort vergaß ich meine Ängste wegen Nobu und fuhr hoch, als hätte mich jemand mit einer Nadel gestochen. »Aber Mutter!« rief ich aus. »Ich kann unmöglich mit einem Flugzeug reisen!«

»Wenn du da drinsitzt und das Ding abhebt, wirst du gar nicht anders können!« gab sie zurück. Sie muß ihren kleinen Scherz wohl sehr komisch gefunden haben, denn sie stieß wieder einmal ihr heiser keuchendes Lachen aus.

Da das Benzin so knapp war, konnten sie uns unmöglich ein Flugzeug besorgen, sagte ich mir und beschloß, mir keine Gedanken mehr zu machen. Am folgenden Tag sprach ich jedoch mit der Herrin des Ichiriki. Wie es schien, flogen einige amerikanische Offiziere auf der Insel Okinawa an ein paar Wochenenden im Monat nach Osaka. Normalerweise kehrte die Maschine dann leer nach Hause zurück und holte sie einige Tage später wieder ab. Deswegen hatte es Iwamura Electric so einrichten können, daß unsere Gruppe auf dem Rückflug mitgenommen wurde. Nach Amami flogen wir nur, weil der Flug verfügbar war; sonst hätten wir vermutlich ein Heilbad mit heißen Quellen gewählt und nicht um unser Leben fürchten müssen. Das letzte, was mir die Herrin sagte, war: »Ich bin nur froh, daß Sie es sind, die mit dem Ding fliegen muß, und nicht ich.«

Als der Freitagmorgen gekommen war, fuhren wir mit dem Zug nach Osaka. Außer Herrn Bekku, der mitkam, um sich bis zum Flughafen um unser Gepäck zu kümmern, bestand unsere kleine Gruppe aus Mameha, Kürbisköpfchen und mir sowie einer älteren Geisha namens Shizue. Shizue kam nicht aus Gion, sondern aus dem Pontocho-Viertel. Sie trug eine wenig attraktive Brille und hatte silbergraue Haare, die sie noch älter wirken ließen, als sie war. Noch schlimmer war, daß ihr Kinn von einem tiefen Grübchen geteilt war, so daß es aussah wie zwei Brüste. Shizue schien uns andere zu betrachten wie eine Zeder das Unkraut, das zu ihren Füßen wächst. Sie sah fast immer nur zum Zugfenster hinaus, doch hin und wieder öffnete sie den Verschluß einer orangeroten Handtasche, nahm ein Stück Schokolade heraus und musterte uns, als wäre es nicht einzusehen, warum wir sie mit unserer Gegenwart belästigen mußten.

Zum Flughafen fuhren wir vom Bahnhof Osaka aus mit einem kleinen Bus, der kaum größer war als ein Automobil, mit Kohle betrieben wurde und furchtbar schmutzig war. Nach einer Stunde stiegen wir endlich vor einem silbrigen Flugzeug mit zwei riesigen Propellern an den Flügeln aus. Das winzige Rad, auf dem das Heck ruhte, trug nicht gerade dazu bei, mich zu beruhigen, und als wir einstiegen, verlief der Mittelgang so schräg nach unten, daß ich dachte, das Flugzeug müsse zerbrochen sein.

Die Herren waren bereits an Bord. Sie saßen auf den rückwärtigen Plätzen und besprachen geschäftliche Dinge. Außer dem Direktor und Nobu war der Minister anwesend sowie ein älterer Herr, der, wie ich später erfuhr, Regionaldirektor der Mitsubishi-Bank war. Neben ihm saß ein Mann in den Dreißigern, der Shizues Kinn und eine ebenso dicke Brille hatte. Wie sich herausstellte, war Shizue die langjährige Geliebte des Bankdirektors, und der jüngere Mann war ihr Sohn.

Wir hatten unsere Plätze im vorderen Teil der Maschine und überließen die Herren ihren langweiligen Gesprächen. Bald hörte ich ein hustendes Geräusch, und die Maschine begann zu zittern... und als ich zum Fenster hinausblickte, sah ich, daß sich der riesige Propeller draußen zu drehen begann. Innerhalb weniger Sekunden wirbelten seine schwerterscharfen Blätter nur wenige Zollbreit von meinem Gesicht entfernt und machten dabei ein hektisch wirkendes, summendes Geräusch. Ich war sicher, daß sie die Seitenwand der Maschine aufschlitzen und mich mitten durchschneiden würden. Mameha hatte mir den Platz am Fenster überlassen, weil sie dachte, der Ausblick würde mich beruhigen, sobald wir in der Luft waren; doch als sie sah, was der Propeller da machte, weigerte sie sich, den Platz mit mir zu tauschen. Der Lärm der Motoren wurde immer schlimmer, und dann begann das Flugzeug vorwärtszuholpern, während es sich hierhin und dorthin drehte. Schließlich erreichte der Lärm einen furchtbaren Höhepunkt, und der Mittelgang verlief plötzlich horizontal. Kurz darauf rumste es, und wir hoben ab. Erst als der Boden tief unter uns lag, erklärte mir irgend jemand, der Flug sei siebenhundert Kilometer weit und würde nahezu vier Stunden dauern. Als ich das hörte, füllten sich meine Augen mit Tränen, und alle anderen lachten mich aus.

Ich zog den Vorhang vor das Fenster und versuchte mich zu beruhigen, indem ich eine Zeitschrift las. Als ich eine ganze Weile später aufblickte – Mameha war auf dem Platz neben mir längst eingeschlafen –, stand Nobu neben mir im Mittelgang.

»Ist alles in Ordnung, Sayuri?« fragte er leise, um Mameha nicht zu wecken.

»Ich glaube nicht, daß Nobu-san mir je zuvor eine solche Frage gestellt hat«, antwortete ich. »Er scheint wohl bester Stimmung zu sein.«

»Noch nie war die Zukunft so vielversprechend.«

Da sich Mameha bei unserem Geflüster unruhig bewegte, sagte Nobu nichts weiter, sondern ging durch den Mittelgang zur Toilette. Unmittelbar bevor er die Tür öffnete, blickte er zurück zu den anderen Herren. Sekundenlang sah ich ihn aus einem Blickwinkel, der mir nicht vertraut war und der ihn finster-konzentriert wirken ließ. Als sein Blick dann in meine Richtung wanderte, dachte ich, er würde mir vielleicht ansehen, daß ich mir über meine Zukunft genauso große Sorgen machte, wie er sich auf die seine zu freuen schien. Wenn ich darüber nachdachte, erschien es mir seltsam, daß Nobu mich so wenig verstand. Gewiß, eine Geisha, die von ihrem *danna* Verständnis erwartet, gleicht einer Maus, die von einer Schlange Mitgefühl verlangt. Und außerdem – wie sollte Nobu mich verstehen, wo er mich doch ausschließlich als Geisha gesehen hatte, die ihr wirkliches Ich sorgfältig kaschierte? Der Direktor war der einzige Mann, dem ich als Geisha Sayuri Gesellschaft geleistet hatte und der mich schon als Chiyo kannte – obwohl es ein seltsames Gefühl war, die Sache so zu sehen, denn von diesem Gesichtspunkt aus hatte ich sie noch nie betrachtet. Was hätte Nobu wohl getan, wenn er mich an jenem Tag beim Shirakawa-Bach gefunden hätte? Er wäre bestimmt an mir vorbeigegangen... und um wieviel einfacher wäre wohl alles für mich geworden, wenn er das getan hätte! Ich müßte mich nicht ganze Nächte lang nach dem Direktor sehnen. Ich würde nicht von Zeit zu Zeit in Parfümerien vorbeischauen, um den Talkumduft zu riechen und mich an seine Haut zu erinnern. Ich würde mir nicht immer wieder vorstellen, an einem imaginären Ort mit ihm zusammenzusein. Wenn Sie mich gefragt hätten, warum ich das alles wollte, so hätte ich Ihnen vermutlich geantwortet: Warum schmeckt eine reife Dattelpflaume so köstlich? Warum riecht das Holz nach Rauch, wenn es brennt?

Aber da tat ich es schon wieder – wie ein Mädchen, das mit der Hand Mäuse zu fangen versucht. Warum konnte ich nicht aufhören, an den Direktor zu denken?

Bestimmt hatte sich mein Kummer noch deutlich auf meinem Gesicht abgezeichnet, als sich kurz darauf die Toilettentür öffnete und das Licht ausging. Da ich es nicht ertragen konnte, daß Nobu mich so sah, lehnte ich den Kopf ans Fenster und tat, als wäre ich eingeschlafen. Nachdem er vorbeigegangen war, schlug ich die Augen wieder auf. Wie ich feststellte, hatte ich mit dem Kopf den Vorhang ein wenig geöffnet, so daß ich seit jenem kurzen Blick nach dem Start zum erstenmal hinaussehen konnte. Tief unten breitete sich das aquamarinblaue, jadegrün marmorierte Meer aus. Das Grün erinnerte mich an einen Haarschmuck, den Mameha zuweilen trug. Nie hätte ich gedacht, daß das Meer grüne

Flecken haben könnte. Von den Meeresklippen in Yoroido aus hatte es immer nur schiefergrau ausgesehen. Hier erstreckte sich das Meer weit, weit bis an einen schmalen Strich, der sich dort, wo der Himmel begann, wie ein Wollfaden quer übers Wasser zog. Dieser Anblick war überhaupt nicht erschreckend, sondern unaussprechlich schön. Selbst der Propeller besaß eine ganz eigene Schönheit, und der Silberflügel mit den Symbolen der amerikanischen Kampfflugzeuge wirkte auch irgendwie grandios. Wie merkwürdig, diese Symbole dort zu sehen, wenn man an die Welt vor nur fünf Jahren dachte! Wir hatten einen brutalen Krieg gegeneinander geführt – und nun? Wir hatten unsere Vergangenheit aufgegeben, das war etwas, was ich gut verstand, denn das hatte ich selbst auch einmal getan. Wenn ich nur eine Möglichkeit wüßte, wie man die Zukunft aufgeben kann…

Auf einmal stand mir ein erschreckendes Bild vor Augen: Ich sah, wie ich das Schicksalsband durchschnitt, das mich an Nobu fesselte, und wie er tief, tief ins Meer hinabstürzte.

Ich meine nicht etwa, daß dies nur eine Idee oder eine Art Tagtraum war. Ich meine, daß ich urplötzlich begriff, wie ich es verwirklichen könnte. Natürlich wollte ich Nobu nicht tatsächlich ins Meer stürzen, aber so plötzlich, als wäre in meinem Kopf ein Fenster aufgestoßen worden, wußte ich, was ich tun mußte, um meine Verbindung mit ihm für immer zu zerstören. Ich wollte Nobus Freundschaft nicht verlieren, aber er war mir bei meinen Bemühungen, den Direktor für mich zu gewinnen, ein Hindernis, das zu umgehen ich keine Möglichkeit gesehen hatte. Und doch konnte ich dafür sorgen, daß er von den Flammen seines eigenen Zorns verzehrt wurde. Nobu selbst hatte mir vor ein paar Wochen verraten, was ich tun mußte – nachdem er sich in jener Nacht im Ichiriki-Teehaus in die Hand geschnitten hatte. Wenn ich zu jener Sorte Frauen gehöre, die sich dem Minister hingaben, hatte er gesagt, wünsche er, daß ich sofort den Raum verlasse und nie wieder mit ihm spreche.

Das Gefühl, das mich angesichts dieser Möglichkeit überkam… es war, als hätte ich plötzlich eine Krankheit überwunden. Ich war am ganzen Körper verschwitzt. Ich war dankbar, daß Mameha neben mir schlief. Bestimmt hätte sie sich gefragt, was mit

mir los sei, weil ich so außer Atem war und mir mit den Fingerspitzen den Schweiß von der Stirn wischte. Doch dieser Einfall –
würde ich ihn wirklich in die Tat umsetzen können? Damit meine
ich nicht die Verführung des Ministers; daß mir die leichtfallen
würde, wußte ich. Es würde etwa so sein, als ginge ich zum Arzt,
um mir eine Spritze geben zu lassen. Ich würde einfach den Kopf
abwenden, und dann wäre es vorbei. Aber konnte ich Nobu das
antun? Welch eine schreckliche Art, ihm seine Freundlichkeit zu
danken! Verglichen mit den Männern, die die Geishas im Lauf der
Jahre erduldet hatten, war Nobu vermutlich ein äußerst begeh-
renswerter *danna*. Aber würde ich es ertragen können, weiterzu-
leben, wenn all meine Hoffnungen endgültig zunichte gemacht
worden waren? Wochenlang hatte ich mich bemüht, mir einzureden, daß ich es könnte, aber konnte ich es wirklich? Vielleicht,
dachte ich, ist es mir jetzt möglich, zu begreifen, wie Hatsumomo
zu ihrer bitteren Grausamkeit und Großmama zu ihrer Gemeinheit gekommen waren. Sogar Kürbisköpfchen, die doch kaum
dreißig war, zeigte seit vielen Jahren eine enttäuschte Miene. Das
einzige, was mich bis jetzt davor bewahrt hatte, war die Hoffnung; doch konnte ich jetzt, um mir meine Hoffnungen zu bewahren, wirklich eine so abstoßende Tat vollbringen? Ich spreche
nicht von der Verführung des Ministers, ich spreche davon, daß
ich Nobus Vertrauen mißbrauchen würde.

Den restlichen Flug verbrachte ich damit, mich mit diesen Gedanken herumzuschlagen. Nie hätte ich mir vorstellen können,
daß ich eines Tages Ränke schmieden würde, doch mit der Zeit
plante ich jeden einzelnen Schritt so genau wie bei einem Brett-
spiel: Ich würde den Minister im Gasthaus beiseite nehmen – oder
nein, nicht im Gasthaus, sondern anderswo – und es so einrichten, daß Nobu uns ertappte... Oder würde es genügen, wenn er
durch andere davon erfuhr? Sie können sich sicher vorstellen, wie
ausgelaugt ich am Ende des Fluges war! Selbst nachdem wir die
Maschine verlassen hatten, muß ich noch ziemlich verstört gewirkt haben, denn Mameha versicherte mir immer wieder, der
Flug sei vorüber und ich endlich in Sicherheit.

Etwa eine Stunde vor Sonnenuntergang trafen wir in unserem
Gasthaus ein. Die anderen bewunderten den Raum, in dem wir

untergebracht werden sollten, ich aber war so aufgeregt, daß ich nur noch so tun konnte, als bewunderte ich ihn. Er war so geräumig wie das größte Zimmer im Ichiriki-Teehaus und wunderschön im japanischen Stil mit Tatami-Matten und blankpoliertem Holz eingerichtet. Eine lange Wand bestand ganz aus Glastüren. Dahinter wuchsen außergewöhnliche Tropenpflanzen, einige davon mit Blättern, so groß wie ein Mann. Ein überdachter Steg führte zwischen diesen Pflanzen hindurch zum Ufer eines Baches.

Als das Gepäck in Ordnung gebracht worden war, hatten wir alle Lust auf ein Bad. Das Gasthaus hatte uns Wandschirme zur Verfügung gestellt, die wir im Raum anordneten, um ein wenig Intimsphäre zu schaffen. Wir schlüpften in unsere Baumwollgewänder und gingen über eine Folge überdachter Stege, die durch den dichten Dschungel führten, zu einem luxuriösen heißen Quellbecken am anderen Ende des Gasthaus-Komplexes. Die Eingänge für Männer und Frauen waren durch Trennwände abgeschirmt und boten separate Fliesenräume zum Waschen. Aber sobald wir in das dunkle Quellwasser tauchten und über den Bereich des Raumteilers hinauskamen, waren Männer und Frauen gemeinsam im Wasser. Der Bankdirektor machte sich ständig über Mameha und mich lustig, indem er uns nacheinander bat, einen bestimmten Stein, einen Zweig oder ähnliches aus dem Gehölz am Rand der Quellen zu holen, wobei der Witz natürlich war, daß er uns unbedingt nackt sehen wollte. Währenddessen war sein Sohn in ein Gespräch mit Kürbisköpfchen vertieft, und wir brauchten wahrhaftig nicht lange, um zu begreifen, warum, denn Kürbisköpfchens Brüste, die ziemlich groß waren, trieben immer wieder nach oben und zeigten sich auf dem Wasser, während sie, wie gewohnt, drauflosschwatzte und nichts bemerkte.

Vielleicht finden Sie es sonderbar, daß wir alle zusammen badeten, Männer und Frauen, und daß wir später im selben Raum schlafen würden. Doch die Geishas tun so etwas ständig mit ihren besten Kunden – das heißt, zu meiner Zeit. Eine Geisha, die auf ihren Ruf achtet, wird sich bestimmt nicht allein mit einem Mann erwischen lassen, der nicht ihr *danna* ist. Aber in einer Gruppe wie der unseren gemeinsam zu baden, während das dunkle Wasser uns verbarg... Und was das Schlafen in einer Gruppe betrifft, so haben wir sogar ein Wort dafür – *zakone* – »Fischschlafen«. Wenn man sich einen Schwarm Makrelen zusammen in einem Korb vorstellt – ich glaube, das trifft es ziemlich genau.

Das Gruppenbaden war also, wie gesagt, eine recht unschuldige Angelegenheit. Doch das bedeutet nicht, daß sich nie eine Hand dorthin verirrte, wo sie nichts zu suchen hatte, und diese Vorstellung beschäftigte mich sehr, als ich mich im heißen Quellwasser entspannte. Wäre Nobu ein Mensch gewesen, der andere gern neckte, hätte er sich zu mir herübertreiben lassen und hätte mich, wenn wir eine Zeitlang geplaudert hatten, plötzlich um die Hüfte gepackt, oder... nun ja, ehrlich gesagt, wo er nur wollte. Daraufhin hätte ich dann kreischen müssen, Nobu hätte gelacht, und damit wäre Schluß gewesen. Aber Nobu war kein Mensch, der andere gern neckte. Er hatte schon eine Weile im Bad gelegen und sich mit dem Direktor unterhalten, saß nun aber auf einem Stein und ließ nur die Beine ins Wasser hängen. Um die Hüften hatte er sich ein kleines, nasses Handtuch drapiert und schenkte keinem von uns Beachtung. Zerstreut rieb er seinen Armstumpf und starrte ins braune Wasser. Inzwischen war die Sonne untergegangen, und das Tageslicht war fast dem Abend gewichen, doch Nobu saß im Schein einer Papierlaterne. Noch nie hatte ich ihn so schutzlos gesehen. Die Brandnarben, von denen ich angenommen hatte, sie seien im Gesicht am schlimmsten, waren auf seiner Schulter nicht weniger schlimm, obwohl die andere Schulter so wunderschön glatt war wie eine Eierschale. Und sich jetzt vorzustellen, daß ich auch nur erwog, ihn zu verraten... Er würde glauben, daß ich es nur aus einem einzigen Grund getan hätte, und die Wahrheit niemals begreifen. Ich konnte den Gedanken, Nobu weh zu tun oder seine Zuneigung zu mir zu zerstören, nicht ertragen. Ich war ganz und gar nicht sicher, ob ich meinen Plan in die Tat umsetzen konnte!

Am folgenden Morgen machten wir alle nach dem Frühstück einen Spaziergang durch den Tropenwald zu den nahen Meeresklippen, wo sich der Bach, der von unserem Gasthaus kam, über einen malerischen kleinen Wasserfall ins Meer ergoß. Lange blieben wir dort stehen und bewunderten das Panorama, und selbst als wir anderen alle bereit waren, weiterzugehen, konnte sich der Direktor kaum von dem Anblick losreißen. Auf dem Rückweg ging ich neben Nobu, der noch immer fröhlicher war, als ich ihn je erlebt hatte. Als wir die Insel später auf einem mit Bänken ausgestatteten Militärlastwagen umrundeten, entdeckten wir Bananen und Ananas, die auf den Bäumen wuchsen, und viele wunderschöne Vögel. Von den Berggipfeln sah das Meer wie eine zerknitterte türkisblaue Decke mit dunkelblauen Flecken aus.

Als wir am Nachmittag durch die ungepflasterten Straßen des kleinen Dorfes wanderten, stießen wir schon bald auf ein altes Holzgebäude mit schrägem Reetdach, das wie ein Lagerhaus wirkte. Schließlich gingen wir um das Haus herum, wo Nobu ein paar Steinstufen emporstieg und eine Tür an der Ecke des Gebäudes öffnete, durch die das Sonnenlicht auf eine verstaubte, aus Brettern genagelte Bühne fiel. Das Bauwerk war offensichtlich einmal ein Speicher gewesen, diente dem Ort aber jetzt als Theater. Als ich das Haus betrat, dachte ich nicht weiter darüber nach. Nachdem jedoch die Tür hinter uns zugefallen war und wir wieder auf die Straße hinausgingen, fühlte ich mich abermals, als hätte ich eine Krankheit überwunden, denn in Gedanken hatte ich mir vorgestellt, wie ich mit dem Minister auf dem verrotteten Holzboden lag, während die Tür aufging und Sonnenlicht auf uns fiel. Wir würden keine Möglichkeit haben, uns zu verstecken, Nobu konnte uns unmöglich übersehen. In vieler Hinsicht war es genau der Ort, den ich mehr oder weniger zu finden gehofft hatte. Daran dachte ich zu jenem Zeitpunkt allerdings nicht, eigentlich dachte ich überhaupt nicht, sondern war vielmehr bemüht, meine Gedanken irgendwie zu ordnen, weil sie mir vorkamen wie Reis, der aus einem Loch im Sack rinnt.

Während wir den Hügel zu unserem Gasthaus hinaufstiegen, mußte ich ein wenig zurückbleiben, um das Taschentuch aus meinem Ärmel zu ziehen. Es war wirklich sehr heiß dort auf der Straße, wo uns die Nachmittagssonne direkt ins Gesicht schien. Ich war nicht die einzige, die schwitzte. Aber Nobu kam zu mir zurück und erkundigte sich, ob alles in Ordnung sei. Als ich ihm nicht sofort antwortete, hoffte ich, er werde das dem anstrengenden Aufstieg zuschreiben.

»Du siehst schon das ganze Wochenende nicht gut aus, Sayuri. Vielleicht hättest du in Kyoto bleiben sollen.«

»Aber wie hätte ich dann diese schöne Insel sehen können?«

»Du warst doch bestimmt noch nie so weit von zu Hause fort, nicht wahr? Wir sind jetzt genauso weit von Kyoto entfernt wie Hokkaido.«

Die anderen waren schon um die nächste Kurve gebogen. Über Nobus Schulter hinweg sah ich den Giebel des Gasthauses über das Laubwerk der Bäume ragen. Ich wollte ihm antworten, hatte jedoch denselben Gedanken wie zuvor im Flugzeug – daß Nobu mich nicht verstand. Kyoto war nicht mein Zuhause, nicht in dem Sinn, wie Nobu es meinte, nämlich der Ort, wo ich aufgewachsen war, und ein Ort, den ich niemals verlassen hatte. In diesem Moment, während ich ihm in der heißen Sonne ins Gesicht sah, faßte ich den Entschluß, diesen Plan, vor dem ich mich fürchtete, auszuführen. Ich würde Nobu verraten, obwohl er jetzt dastand und mich freundlich musterte. Mit zitternden Händen steckte ich mein Taschentuch ein, und ohne ein Wort stiegen wir weiter den Hügel hinauf.

Als ich das große Zimmer erreichte, hatten der Direktor und Mameha bereits am Tisch Platz genommen und mit einem Spiel Go gegen den Bankdirektor begonnen, während Shizue und ihr Sohn zusahen. Die Glastüren an der hinteren Wand standen offen, der Minister stützte sich auf einen Ellbogen, starrte hinaus und pellte die Hülle von einem kurzen Stück Zuckerrohr, das er sich mitgebracht hatte. Ich fürchtete sehr, Nobu würde mich in ein Gespräch verwickeln, dem ich mich nicht versagen konnte, aber er ging direkt zum Tisch und begann eine Unterhaltung mit Mameha. Noch hatte ich keine Ahnung, wie ich den Minister mit mir zusammen in das Theater locken konnte, und noch weniger, wie ich es anstellen sollte, daß Nobu uns dort ertappte. Vielleicht würde Kürbisköpfchen Nobu auf einem Spaziergang dorthin führen, wenn ich sie darum bat, Mameha mochte ich nicht um diese Gefälligkeit bitten, aber Kürbisköpfchen und ich waren fast zusammen aufgewachsen, und obwohl ich sie nicht unbedingt als ungehobelt bezeichnen würde, wie Tantchen es getan hatte, lag in Kürbisköpfchens Wesen doch eine gewisse Primitivität, so daß sie über meinen Plan vermutlich nicht so entsetzt wäre. Ich würde sie ausdrücklich anweisen müssen, mit Nobu ins alte Theater zu gehen, denn rein zufällig würden sie uns nicht aufstöbern.

Eine Zeitlang kniete ich da, starrte auf das sonnenbeschienene Laub hinaus und wünschte, ich könnte den schönen tropischen Nachmittag genießen. Immer wieder fragte ich mich, ob es nicht doch Wahnsinn sei, einen solchen Plan in Erwägung zu ziehen; aber wie groß meine Bedenken auch sein mochten, es genügte nicht, um mich an der Durchführung zu hindern. Natürlich würde nichts geschehen, bis es mir gelang, den Minister beiseite zu nehmen, und dabei konnte ich es mir nicht leisten, Aufmerksamkeit zu erregen. Kurz zuvor hatte der Minister die Dienerin gebeten, ihm einen kleinen Imbiß zu bringen; jetzt saß er da, winkelte die Beine um ein Tablett, kippte sich Bier in den Mund und schaufelte sich mit den Stäbchen Berge von gesalzenem Tintenfischgekröse in den Rachen. Das hört sich vielleicht widerlich an, aber ich versichere Ihnen, daß Sie in ganz Japan Bars und Restaurants finden können, wo es gesalzenes Tintenfischgekröse gibt. Es war eine Leibspeise meines Vaters gewesen, aber ich habe dieses Gericht nie essen können und mochte dem Minister dabei nicht mal zusehen.

»Minister«, wandte ich mich leise an ihn, »wäre es Ihnen lieber, wenn ich Ihnen etwas Appetitlicheres hole?«

»Nein«, sagte er, »ich bin nicht hungrig.« Ich muß gestehen, daß ich mich daraufhin schon fragte, warum er eigentlich aß. Inzwischen waren Mameha und Nobu, in ein Gespräch vertieft, zur Hintertür hinausgegangen, und die anderen, darunter Kürbisköpfchen, hatten sich um den Tisch mit dem Go-Brett versammelt. Wie mir schien, war dies die Gelegenheit für mich.

»Wenn Sie aus Langeweile essen, Minister«, fragte ich ihn, »hätten Sie dann nicht eher Lust, mit mir das Gasthaus zu erkunden? Ich wollte es mir schon die ganze Zeit ansehen, aber bisher hatten wir keine Zeit dazu.«

Ich wartete seine Antwort nicht ab, sondern erhob mich und verließ den Raum. Zu meiner Erleichterung kam er einen Augenblick später zu mir auf den Flur heraus. Schweigend gingen wir den Korridor entlang, bis wir zu einer Ecke kamen, wo ich sehen konnte, daß aus beiden Richtungen niemand kam. Ich blieb stehen.

»Entschuldigen Sie, Minister«, begann ich, »aber... wollen wir nicht lieber zusammen ins Dorf hinuntergehen?«

Meine Worte schienen ihn sichtlich zu verwirren.

»Wir haben noch ungefähr eine Stunde, bis der Nachmittag vorüber ist«, fuhr ich fort, »und ich erinnere mich an etwas, das ich mir unbedingt noch einmal ansehen möchte.«

Nach einer langen Pause sagte der Minister: »Dann werde ich zuvor noch die Toilette aufsuchen müssen.«

»Ja, gut«, erklärte ich. »Gehen Sie und suchen Sie die Toilette auf. Wenn Sie fertig sind, warten Sie genau hier auf mich, und wir werden einen Spaziergang machen. Gehen Sie nicht weg, bis ich komme und Sie abhole.«

Dem Minister schien dies recht zu sein, denn er machte sich auf und ging den Korridor entlang. Ich selbst kehrte in unser Zimmer zurück. Dabei war ich so benommen – weil ich meinen Plan tatsächlich auszuführen gedachte –, daß ich, als ich die Hand an die Tür legte, um sie aufzuschieben, kaum spürte, daß meine Finger etwas berührten.

Kürbisköpfchen saß nicht mehr am Tisch. Sie wühlte in ihrem Reisekoffer und schien etwas zu suchen. Anfangs, als ich sie ansprechen wollte, brachte ich keinen Ton heraus. Ich mußte mich räuspern und versuchte es dann noch einmal.

»Entschuldige, Kürbisköpfchen«, sagte ich, »wenn du einen Augenblick Zeit für mich hättest...«

Sie schien keine große Lust zu haben, mit dem, was sie tat, aufzuhören, ließ aber dennoch von ihrem Koffer ab und ging mit mir aus dem Zimmer. Ich führte sie ein Stück den Flur entlang, wandte mich zu ihr um und sagte:

»Kürbisköpfchen, ich muß dich um einen Gefallen bitten.«

Ich erwartete, sie werde antworten, es werde ihr eine Freude sein, mir zu helfen, aber sie stand einfach da und starrte mich an.

»Ich hoffe, es macht dir nichts aus, wenn ich dich bitte...«

»Nur zu«, sagte sie.

»Der Minister und ich wollen einen Spaziergang machen. Ich werde mit ihm ins alte Theater gehen und...«

»Wieso?«

»Damit ich mit ihm allein sein kann.«

»Mit dem Minister?« fragte Kürbisköpfchen ungläubig.

»Das erkläre ich dir ein andermal, aber ich möchte, daß du folgendes tust: Ich möchte, daß du mit Nobu dorthin kommst und... Dies wird dich wundern. Kürbisköpfchen, aber ich möchte, daß ihr uns erwischt.«

»Was soll das heißen, euch erwischen?«

»Ich möchte, daß du Nobu unter irgendeinem Vorwand dorthin führst und die Hintertür öffnest, die wir vorhin gesehen haben, damit... er uns sehen kann.«

Während ich ihr das erklärte, hatte Kürbisköpfchen durch das Blattwerk entdeckt, daß der Minister auf einem überdachten Steg wartete. Jetzt richtete sie den Blick wieder auf mich.

»Was führst du im Schilde, Sayuri?« fragte sie mich.

»Ich habe jetzt keine Zeit, dir alles zu erklären. Aber es ist furchtbar wichtig, Kürbisköpfchen. Ehrlich gesagt, meine ganze Zukunft liegt in deiner Hand. Aber sorge bitte dafür, daß du nur mit Nobu kommst, nicht mit dem Direktor – um Himmels willen nicht! – oder einem anderen. Ich werde mich dafür so revanchieren, wie du es wünschst.«

Daraufhin starrte sie mich sehr lange an. »Ist wohl mal wieder an der Zeit, Kürbisköpfchen um einen Gefallen zu bitten, ja?« sagte sie. Ich wußte nicht recht, was sie damit meinte, aber statt es mir zu erklären, ging sie ohne ein weiteres Wort davon.

Ich war mir nicht sicher, ob Kürbisköpfchen nun zugesagt hatte oder nicht. Zu diesem Zeitpunkt konnte ich jedoch nichts weiter tun, als zum Arzt zu gehen, mir meine Spritze zu holen und zu hoffen, daß sie mit Nobu kommen würde. Ich ging auf den Minister im Korridor zu, und wir machten uns auf den Weg hügelabwärts.

Als wir die Wegbiegung hinter uns gebracht hatten und das Gasthaus nicht mehr sehen konnten, dachte ich unwillkürlich an den Tag, da Mameha mir einen Schnitt ins Bein beibringen ließ und mit mir zu Dr. Krebs gegangen war. An jenem Nachmittag hatte ich das Gefühl gehabt, in einer Art Gefahr zu schweben, die ich nicht ganz begreifen konnte, und jetzt hatte ich genau dasselbe Gefühl. Mein Gesicht war in der Nachmittagssonne so heiß geworden, als hätte ich zu nahe am Feuerbecken gesessen, und als ich den Minister ansah, entdeckte ich, daß ihm der Schweiß an den Schläfen herab bis auf den Hals hinunterrann. Wenn alles gutging, würde er diesen Hals schon bald an mich pressen... Bei diesem Gedanken zog ich meinen Fächer aus dem Obi und schwenkte ihn, bis mich der Arm schmerzte, um mir und dem Minister Kühlung zu verschaffen. Die ganze Zeit plauderte ich unentwegt, bis wir wenige Minuten darauf vor dem alten Theater mit dem Reetdach standen. Der Minister sah mich verständnislos an. Dann räusperte er sich und blickte zum Himmel hinauf.

»Würden Sie einen Moment mit mir hineinkommen, Minister?« bat ich ihn.

Er schien nicht zu wissen, was er davon halten sollte, doch als ich den Pfad neben dem Gebäude einschlug, trottete er gefügig hinter mir her. Ich erklomm die Steinstufen, öffnete die Tür und hielt sie ihm einladend auf. Er zögerte nur einen Moment und trat dann ein. Wäre er ein ständiger Besucher in Gion gewesen, hätte er sofort gewußt, was ich im Sinn hatte, denn eine Geisha, die einen Mann zu einem entlegenen Ort lockt, setzt ihren Ruf aufs Spiel, was eine erstklassige Geisha niemals leichtfertig täte. Doch der Minister stand innerhalb des Theaters im Sonnenschein wie ein Mann, der auf den Bus wartet. Meine Hände zitterten so stark, daß ich meinen Fächer falten und in den Obi zurückstecken mußte. Ich war mir ganz und gar nicht sicher, ob ich meinen Plan nun ausführen konnte. Der einfache Handgriff, die Tür zu schließen, kostete mich all meine Kraft. Dann standen wir in dem dunstigen Licht, das unter den Dachbalken hereindrang, und der Minister stand noch immer reglos da, den Blick auf einen Haufen Strohmatten in einer Ecke der Bühne gerichtet.

»Minister...«, sagte ich.

Meine Stimme hallte in dem kleinen Saal so stark wider, daß ich von da an leiser sprach.

»Wie ich hörte, haben Sie mit der Herrin des Ichiriki über mich gesprochen, nicht wahr?«

Er holte tief Luft, sagte dann aber doch nichts.

»Wenn ich darf, Minister«, fuhr ich fort, »würde ich Ihnen gern die Geschichte von einer Geisha namens Kazuyo erzählen. Sie lebt zwar nicht mehr in Gion, aber früher habe ich sie gut gekannt. Ein sehr bedeutender Mann – ganz ähnlich wie Sie, Minister – lernte Kazuyo eines Abends kennen und genoß ihre Gesellschaft so sehr, daß er jeden Abend nach Gion kam, um sie zu sehen. Nach ein paar Monaten bat er dann, Kazuyos *danna* werden zu dürfen, aber die Herrin des Teehauses entschuldigte sich und erklärte, das sei nicht möglich. Der Mann war tief enttäuscht. Eines Nachmittags ging Kazuyo mit ihm aber zu einem verschwiegenen Ort, wo sie allein sein konnten. Zu einem Ort, der diesem leeren Theater glich. Und dort erklärte sie ihm, daß er … obwohl er nicht ihr *danna* werden könne …«

Kaum hatte ich die letzten Worte ausgesprochen, da veränderte sich die Miene des Ministers wie ein Tal, wenn sich die Wolken verziehen und das Sonnenlicht darüber hinwegstreicht. Unbeholfen trat er einen Schritt auf mich zu. Sofort begann mir das Herz wie Trommeln in den Ohren zu dröhnen. Ich mußte den Blick von ihm abwenden und die Augen schließen. Als ich sie wieder öffnete, war mir der Minister so nahe gekommen, daß wir uns fast berührten, und gleich darauf spürte ich sein feuchtes, fleischiges Gesicht an meiner Wange. Ganz langsam schob er sich an mich heran, bis wir aneinandergepreßt dastanden. Er nahm meinen Arm – vermutlich, um mich auf den Boden zu zerren –, ich aber entzog mich ihm.

»Die Bühne ist zu staubig«, erklärte ich. »Bitte holen Sie uns eine Matte von dem Stapel da drüben.«

»Dann gehen wir eben da rüber«, sagte der Minister.

Hätten wir uns auf die Matten in der Ecke gelegt, hätte Nobu uns nicht im Sonnenlicht sehen können, wenn er die Tür des Gebäudes öffnete.

»Nein, nein«, widersprach ich. »Bitte, holen Sie eine Matte hierher.«

Der Minister gehorchte und blieb dann mit herabhängenden Händen stehen, um mich zu betrachten. Bis zu diesem Moment hatte ich mir noch vorgestellt, daß uns irgend etwas aufhalten könnte, doch jetzt merkte ich, daß das nicht geschehen würde. Die Zeit schien zu gerinnen. Meine Füße schienen einer anderen zu gehören, als ich aus meinen Lackzoris schlüpfte und auf die Matte trat.

Fast sofort schleuderte der Minister seine Schuhe von den Füßen und preßte sich an mich, schlang die Arme um mich und zerrte am Knoten meines Obi. Ich weiß nicht, was er sich dabei dachte, denn ich war ganz und gar nicht bereit, meinen Kimono auszuziehen. Also versuchte ich ihn daran zu hindern. Als ich mich an jenem Morgen ankleidete, war ich noch immer unentschlossen gewesen, hatte aber vorsichtshalber – weil ich dachte, es werde möglicherweise noch vor dem Ende des Tages Flecken davontragen – ein graues Unterkleid angezogen, das mir nicht besonders gut gefiel, sowie einen lavendelfarben und blau gemusterten Kimono aus Seidenchiffon und einen robusten Silberobi. Was meine Untergewänder betraf, so hatte ich mein *koshimaki* – mein Hüfttuch – verkürzt, indem ich es in der Taille einrollte, so daß der Minister, falls ich ihn denn tatsächlich verführen sollte, keine Mühe hatte, den Weg hinein zu finden. Als ich jetzt seine Hände von mir löste, sah er mich verständnislos an, vermutlich weil er glaubte, ich wolle ihn zurückweisen. Als ich mich auf die Matte legte, wirkte er sehr erleichtert. Es war keine Tatami-Matte, sondern nur ein simples Strohgeflecht, durch das ich den harten Boden spürte. Mit einer Hand schlug ich Kimono und Unterkleid zur Seite, so daß meine Beine bis zu den Knien entblößt waren. Der Minister, immer noch voll angekleidet, warf sich so heftig auf mich, daß sich der Knoten des Obi in meinen Rücken drückte und ich eine Hüfte anheben mußte, um es mir ein wenig bequemer zu machen. Auch den Kopf hatte ich zur Seite gewandt, und zwar, weil ich eine Frisur trug, die *tsubushi shimada* genannt wurde, mit einem riesigen Knoten am Hinterkopf, der völlig zerstört worden wäre, wenn ich mich daraufgelegt hätte. Es war eine höchst unbequeme Position, doch das war nichts im Vergleich zu dem Unbehagen und der Sorge, die ich empfand. Unvermittelt fragte ich mich, ob ich überhaupt klar gedacht hatte, als ich mich in diese mißliche Lage brachte. Der Minister hob den Arm und begann in meinem Kimono herumzufingern und mir die Schenkel mit seinen Fingernägeln zu zerkratzen. Ohne zu überlegen, was ich tat, legte ich ihm die Hände auf die Schultern, um ihn zurückzustoßen... doch dann stellte ich mir Nobu als meinen *danna* und das hoffnungslose Leben vor, das ich dann würde führen müssen, und ließ die Hände auf die Matte sinken. Die Finger des Ministers waren inzwischen an der Innenseite meiner Schenkel immer höher emporgekrochen, so daß es mir unmöglich war, sie zu ignorieren. Ich versuchte mich abzulenken, indem ich angestrengt auf die Tür starrte. Vielleicht wurde sie ja geöffnet, bevor der Minister noch weiter ging, doch im selben Moment hörte ich das Klirren seines Gürtels, gleich darauf, wie er den Reißverschluß seiner Hose öffnete, und dann drängte er sich in mich hinein. Irgendwie kam ich mir wieder vor wie eine Fünfzehnjährige, denn dieses Gefühl erinnerte mich auf höchst unangenehme Weise an Dr. Krebs. Ich hörte mich sogar wimmern. Der Minister hatte sich so auf die Ellbogen gestützt, daß sein Gesicht direkt über meinem war und ich ihn nur aus dem Augenwinkel sehen konnte. So aus der Nähe betrachtet, mit seinem Kinn, das sich mir entgegenreckte, wirkte er eher wie ein Tier als wie ein Mensch. Aber das war noch nicht das Schlimmste, denn durch dieses vorgereckte Kinn wurde die Unterlippe des Ministers zu einem Gefäß, in dem sich reichlich Speichel sammelte. Ich weiß nicht, ob es von dem Tintenfischgekröse kam, das er gegessen hatte, aber sein Speichel war so grau und zähflüssig, daß er mich an die Rückstände erinnerte, die sich beim Ausnehmen eines Fisches auf dem Tisch ansammeln.

Als ich mich an jenem Morgen ankleidete, hatte ich mir mehrere Schichten saugfähiges Reispapier hinten in den Obi gesteckt. Eigentlich hatte ich erwartet, sie erst hinterher zu benötigen, wenn sich der Minister damit reinigen wollte – das heißt, falls ich mich tatsächlich entschloß, den Plan auszuführen. Jetzt aber schien es, als würde ich schon sehr viel früher einen Papierbogen brauchen, und zwar, um mein Gesicht von dem Speichel zu säubern, der auf mich herabtropfte. Bei seinem schweren Gewicht, das auf meine Hüften drückte, wollte es mir jedoch nicht gelingen, die Hand hinten in meinen Obi zu schieben. Während ich mich abmühte, begann ich ziemlich stark zu keuchen, und der

Minister interpretierte das wohl leider als Erregung, auf jeden Fall wurde er immer energischer, und plötzlich wurde der Speichelteich in seiner Unterlippe durch einen so heftigen Stoß erschüttert, daß ich mich wunderte, wieso er dennoch an Ort und Stelle blieb, statt sich als Wasserfall auf mich zu ergießen. Ich konnte nur noch die Augen zukneifen und abwarten. Mir war so übel, als läge ich auf dem Boden eines kleinen Bootes, das von den Wogen umhergeworfen wird, so daß mein Kopf immer wieder gegen die Seiten gerammt wurde. Dann stieß der Minister plötzlich ein Grunzen aus, hielt einen Moment lang inne, und dann fühlte ich, wie sich der Speichel auf meine Wange ergoß.

Wieder versuchte ich das Reispapier aus meinem Obi zu ziehen, nun aber lag der Minister zusammengesackt auf mir und keuchte so stark, als hätte er ein Wettrennen hinter sich. Gerade wollte ich ihn von mir stemmen, als ich draußen ein scharrendes Geräusch vernahm. Der Abscheu in mir war so stark gewesen, daß er alles andere übertönte. Nun aber, da ich mich an Nobu erinnerte, spürte ich wieder, wie mein Herz klopfte. Abermals vernahm ich ein Scharren: Es war das Geräusch von Schritten auf den Stufen draußen. Der Minister schien keine Ahnung zu haben, was ihm sogleich widerfahren würde. Er hob den Kopf und deutete damit so wenig interessiert zur Tür, als erwartete er höchstens einen Vogel zu sehen. Dann ging die Tür auf, und Sonnenlicht flutete herein. Ich mußte die Augen zusammenkneifen, um draußen zwei Gestalten ausmachen zu können. Da stand Kürbisköpfchen; sie war, wie ich es gehofft hatte, ins Theater gekommen. Aber der Mann, der neben ihr hereinspähte, war nicht Nobu! Ich hatte keine Ahnung, warum sie es getan hatte, aber Kürbisköpfchen hatte statt dessen den Direktor mitgebracht.

34. KAPITEL

An das, was geschah, nachdem die Tür aufging, kann ich mich kaum noch erinnern. Ich glaube, mir wich das Blut vollständig aus dem Körper, so kalt und gefühllos wurde ich. Daß der Minister von mir herunterstieg, weiß ich, aber vielleicht habe ich ihn auch weggestoßen. Ich erinnere mich, daß ich weinte und ihn fragte, ob er dasselbe gesehen hatte wie ich, ob es wirklich der Direktor war, der da in der Tür gestanden hatte. Da die Nachmittagssonne hinter ihm stand, hatte ich den Gesichtsausdruck des Direktors nicht erkennen können, doch als die Tür wieder zuschlug, bildete ich mir ein, an ihm ein wenig von dem Schock entdeckt zu haben, den ich selbst empfand. Ich weiß nicht, ob er wirklich schockiert war – ich möchte es bezweifeln. Aber wenn wir Schmerz empfinden, scheinen für uns selbst die blühenden Bäume gramgebeugt zu sein, und nachdem ich den Direktor dort gesehen hatte … Nun ja, ich hätte meinen eigenen Schmerz einfach in allem widergespiegelt gesehen, was ich anblickte.

Wenn man bedenkt, daß ich den Minister einzig zu dem Zweck in jenes leere Theater gelockt hatte, um mich in Gefahr zu begeben – damit das Schwert sozusagen auf den Hackklotz herabsauste –, werden Sie sicher verstehen, daß ich inmitten des Kummers, der Angst und des Abscheus, die mich fast überwältigten, auch noch eine gewisse Erregung empfand. In dem Augenblick bevor die Tür aufging, konnte ich fast spüren, wie mein Leben sich erweiterte wie ein Fluß, dessen Wasser zu steigen beginnen, denn nie zuvor hatte ich einen so drastischen Schritt unternommen, um den Lauf meines Lebens zu verändern. Ich glich einem Kind, das auf Zehenspitzen an einem Abgrund am Meer entlangbalanciert. Und dennoch hatte ich mir irgendwie nicht vorstellen können, daß eine riesige Woge kommen, mich überspülen und alles einfach davonschwemmen würde.

Als das Chaos der Gefühle nachließ und ich allmählich wieder zu mir kam, kniete Mameha neben mir. Verwirrt entdeckte ich, daß ich mich nicht mehr im alten Theater befand, sondern vom Tatami-Boden eines kleinen, dunklen Zimmers im Gasthaus zu ihr emporblickte. Ich erinnere mich nicht, das Theater verlassen zu haben, doch irgendwie mußte ich das wohl getan haben. Später berichtete mir Mameha, ich sei zum Gastwirt gegangen und habe ihn um einen entlegenen Platz zum Ausruhen gebeten. Er habe erkannt, daß ich mich nicht wohl fühlte, und sei gleich darauf Mameha suchen gegangen.

Zum Glück schien Mameha bereitwillig zu glauben, daß ich wirklich krank war, und ließ mich dort ruhen. Als ich später, noch immer benommen und mit einem schrecklichen Gefühl der Angst, in den großen Raum zurückkehrte, sah ich, wie Kürbisköpfchen vor mir auf den überdachten Steg hinaustrat. Als sie mich sah, blieb sie stehen, doch statt herbeizueilen und sich zu entschuldigen, wie ich es fast erwartet hatte, richtete sie ihren Blick so langsam auf mich wie eine Schlange, die eine Maus entdeckt hat.

»Ach, Kürbisköpfchen«, sagte ich leise, »ich hatte dich doch gebeten, Nobu mitzubringen, nicht den Direktor. Ich begreife nicht...«

»Ja, Sayuri, es muß schwer für dich sein zu begreifen, daß im Leben nicht immer alles perfekt klappt.«

»Perfekt? Schlimmer hätte es nicht kommen können... Hast du mich vielleicht falsch verstanden?«

»Du hältst mich tatsächlich für dumm!« stellte sie fest.

Ich war verwirrt und blieb lange schweigend stehen. »Ich dachte, du wärst meine Freundin«, sagte ich schließlich.

»Ich hatte früher auch einmal gedacht, du wärst meine Freundin. Aber das ist lange her.«

»Du redest, als hätte ich dir etwas angetan, Kürbisköpfchen, dabei...«

»O nein, so etwas würdest du nie tun, was? Doch nicht das perfekte Fräulein Nitta Sayuri! Für dich spielt es vermutlich keine Rolle, daß du meinen Platz als Tochter der Okiya eingenommen hast, wie? Erinnerst du dich daran, Sayuri? Nachdem ich mir so große Mühe gegeben hatte, dir mit diesem Doktor zu helfen – wie immer er geheißen hat. Nachdem ich riskiert hatte, daß Hatsumomo wütend auf mich wurde, weil ich dir geholfen hatte! Und dann einfach alles verdreht und mir gestohlen, was mir gehörte. All die Monate habe ich mich gefragt, warum du mich in diesen kleinen Kreis um den Minister geholt hast. Tut mir aufrichtig leid, daß es dir diesmal nicht so leichtgefallen ist, mich auszunutzen ...«

»Aber Kürbisköpfchen«, fiel ich ihr ins Wort, »hättest du dich nicht einfach weigern können, mir zu helfen? Warum mußtest du den Direktor mitbringen?«

Sie richtete sich zu voller Höhe auf. »Ich weiß genau, was du für ihn empfindest«, erklärte sie. »Jedesmal, wenn niemand hinsieht, kleben deine Blicke an ihm wie das Fell an einem Hund.«

Sie war so zornig, daß sie sich auf die Lippe gebissen hatte. Ich sah einen Fleck Lippenstift auf ihren Zähnen. Also hatte sie sich vorgenommen, mich auf die schlimmstmögliche Art zu verletzen, das war mir jetzt klar.

»Du hast mir vor langer Zeit etwas weggenommen, Sayuri. Weißt du jetzt, was für ein Gefühl das ist?« sagte sie. Ihre Nasenflügel bebten, und ihr Gesicht wurde vom Zorn verzerrt wie ein brennender Zweig. Es war, als hätte Hatsumomos Geist all die Jahre in ihr geschlummert und wäre nun endlich freigekommen.

Der Rest des Abends war für mich nur noch ein verschwommener Ablauf von Ereignissen, und ich fürchtete mich vor jedem einzelnen Moment, der vor mir lag. Während die anderen trinkend und lachend am Tisch saßen, vermochte ich das Lachen nur vorzutäuschen. Ich muß den ganzen Abend lang hochrot gewesen sein, denn Mameha berührte von Zeit zu Zeit meinen Hals, um zu prüfen, ob ich Fieber hatte. Damit sich unsere Blicke nicht begegneten, hatte ich mich so weit wie nur möglich vom Direktor entfernt niedergelassen, und so gelang es mir, den Abend durchzustehen, ohne ihn anzuschauen. Doch später, als wir uns alle zum Schlafengehen bereit machten, trat ich in den Flur hinaus, gerade als er ins Zimmer zurückkehrte. Ich hätte ihm ausweichen müssen, aber ich war so tief beschämt, daß ich statt dessen mit einer kleinen Verbeugung an ihm vorbeieilte und keinen Versuch machte, meinen Kummer zu verbergen.

Es war ein äußerst qualvoller Abend, von dem mir nur eins in Erinnerung geblieben ist: Irgendwann, nachdem alle anderen schliefen, wanderte ich benommen in die Nacht und bis zu den Meeresklippen hinaus, wo ich in die Dunkelheit starrte, während unter mir die Wellen brausten. Das Donnern des Meeres klang wie eine bittere Klage. Mir war, als entdeckte ich unter allem eine Schicht Grausamkeit, von deren Existenz ich bisher nie etwas geahnt hatte – als hätten sich die Bäume, der Wind und sogar die Felsen, auf denen ich stand, mit meiner alten Kindheitsfeindin Hatsumomo verbündet. Das Heulen des Windes und das Zittern der Bäume – alles schien mich zu verspotten. War es möglich, daß sich der Fluß meines Lebens tatsächlich für immer geteilt hatte? Ich zog das Taschentuch des Direktors aus dem Ärmel, denn ich hatte es an jenem Abend mit ins Bett genommen, damit es mir zum letztenmal Trost spende. Ich trocknete mein Gesicht damit und hielt es hoch in den Wind. Gerade wollte ich es in die Dunkelheit hinaustanzen lassen, als mir die winzigen Totentäfelchen einfielen, die Herr Tanaka mir vor so vielen Jahren geschickt hatte. Wir müssen immer etwas zur Erinnerung an jene zurückbehalten, die uns verlassen haben. Die Totentäfelchen in der Okiya waren alles, was von meiner Kindheit geblieben war. Das Taschentuch des Direktors war das, was vom Rest meines Lebens zurückbleiben würde.

Wieder in Kyoto zurück, ließ ich mich vom Strom meiner Aktivitäten über die nächsten paar Tage tragen. Mir blieb nichts anderes übrig, ich mußte wie immer mein Make-up auflegen und Engagements in den Teehäusern wahrnehmen, als hätte sich nichts auf der Welt verändert. Immer wieder sagte ich mir, was Mameha mir früher einmal gesagt hatte: daß nichts so gut über eine Enttäuschung hinweghelfen könne wie die Arbeit. Doch meine Arbeit schien mir nicht im geringsten zu helfen. Jedesmal, wenn ich ins Ichiriki-Teehaus ging, mußte ich daran denken, daß Nobu demnächst auftauchen würde, um mir mitzuteilen, daß endlich alles arrangiert sei. Nachdem er die vergangenen Monate so stark beschäftigt gewesen war, erwartete ich nicht, allzu bald von ihm zu hören, frühestens in ein oder zwei Wochen. Aber am Mittwochmorgen, drei Tage nach unserer Rückkehr von Amami, wurde ich benachrichtigt, daß Iwamura Electric im Ichiriki-Tee-haus angerufen und um meine Anwesenheit am selben Abend ge-beten habe.

An jenem Spätnachmittag wählte ich einen gelben Kimono aus Seidenbatist mit einem grünen Unterkleid und einem tiefblauen, mit Goldfaden durchwirkten Obi. Tantchen versicherte mir, daß ich bezaubernd aussähe, doch als ich mich im Spiegel betrachtete, fand ich, daß ich wie eine Frau wirkte, die eine Niederlage erlit-ten hatte. Auch früher schon hatte ich zuweilen erlebt, daß ich kurz vor dem Verlassen der Okiya mit meinem Aussehen nicht zufrieden war. Zumeist aber fand ich mindestens ein Detail an mir, das ich im Verlauf des Abends einsetzen konnte. Ein be-stimmtes dattelpflaumenfarbenes Untergewand zum Beispiel ließ meine Augen unfehlbar, und wenn ich noch so abgespannt war, mehr blau als grau erscheinen. An diesem Abend aber fand ich mein Gesicht unterhalb der Jochbeine ganz und gar hohlwangig, obwohl ich, wie gewöhnlich, westliches Make-up aufgelegt hatte, und selbst meine Frisur schien schief zu sitzen. Mir wollte nichts einfallen, womit sich mein Aussehen verbessern ließ, ich konnte höchstens Herrn Bekku bitten, meinen Obi einen Fingerbreit höher zu binden, um meinen niedergeschlagenen Ausdruck ein wenig zu mildern.

Mein erstes Engagement war ein Bankett, das ein amerikani-scher Colonel zu Ehren des neuen Gouverneurs der Präfektur Kyoto gab. Es fand auf dem vormaligen Anwesen der Familie Su-mitomo statt, auf dem sich jetzt das Hauptquartier der siebten Division der amerikanischen Armee befand. Ich wunderte mich darüber, daß so viele der schönen Steine im Garten weiß gestri-chen und an die Bäume hier und da Schilder auf englisch – das ich natürlich nicht verstand – geheftet worden waren. Als die Party vorüber war, ging ich zum Ichiriki und wurde von einer Dienerin in jenes seltsame kleine Zimmer gebracht, in dem Nobu sich mit mir an dem Abend getroffen hatte, als Gion geschlossen wurde. Dort erfuhr ich von dem Zufluchtsort, den er für mich gefunden hatte, um mich vor dem Krieg zu bewahren, und es schien mir durchaus angebracht, daß wir uns in ebendiesem Zimmer trafen, um die Tatsache zu feiern, daß er mein *danna* wurde – obwohl es für mich alles andere als ein Freudenfest werden würde. Ich ließ mich an einem Ende des Tisches nieder, damit Nobu mit dem Gesicht zur Wandnische sitzen konnte. Rücksichtsvoll setzte ich mich so, daß er mit seinem einen Arm Sake einschenken konnte, ohne daß der Tisch ihm im Weg war. Bestimmt würde er mir, nachdem er mir mitgeteilt hatte, es sei nun alles arrangiert, eine Tasse Sake anbieten wollen. Für Nobu würde es ein schöner Abend werden, und ich würde mir die größe Mühe geben, ihn nicht zu verderben.

Durch das matte Licht und den rötlichen Schimmer der teefarbenen Wände war die Atmosphäre wirklich sehr angenehm. Ich hatte den ganz eigenartigen Duft in diesem Zimmer vergessen, eine Kombination von Staub und Firnis, doch nun, da ich ihn wieder roch, fielen mir Einzelheiten von jenem Abend mit Nobu ein, an die ich mich sonst nicht erinnert hätte. Er hatte Löcher in beiden Socken gehabt und durch eins hatte ein schlanker großer Zeh mit einem sehr gepflegten Nagel gelugt. War es möglich, daß erst fünfeinhalb Jahre seit jenem Abend vergangen waren? Mir schien eine ganze Generation gekommen und wieder gegangen zu sein – so viele der Menschen, die ich damals gekannt hatte, waren jetzt tot. War dies das Leben, das zu führen ich nach Gion zurückgekehrt war? Es war, wie Mameha es mir einst erklärt hatte: Wir werden nicht Geishas, damit wir ein schönes Leben führen können. Wir werden Geishas, weil wir keine andere Wahl haben. Wäre meine Mutter am Leben geblieben, wäre ich vielleicht selbst Ehefrau und Mutter an der Küste geworden und hätte Kyoto lediglich als fernen Ort gesehen, wohin unsere Fische verfrachtet wurden. Wäre mein Leben dann wirklich schlimmer gewesen? Nobu hatte einmal zu mir gesagt: »Ich bin sehr leicht zu verstehen, Sayuri. Ich mag es nicht, wenn man mir Dinge unter die Nase hält, die ich nicht haben kann.« Vielleicht war ich ja wie er: Mein ganzes Leben in Gion hatte ich den Direktor vor mir gesehen, und jetzt konnte ich ihn nicht haben.

Nachdem ich etwa zehn Minuten auf Nobu gewartet hatte, begann ich mich zu fragen, ob er überhaupt erscheinen würde. Ich wußte, daß ich das nicht tun sollte, doch um ein wenig auszuruhen, legte ich den Kopf auf den Tisch, denn ich hatte in den vergangenen Nächten sehr schlecht geschlafen. Ich schlief zwar nicht ein, aber ich dämmerte eine Zeitlang in meinem allgemeinen Elend dahin. Und dann schien ich einen höchst seltsamen Traum zu haben. Ich glaubte in der Ferne das Dröhnen von Trommeln zu hören, ein Zischen wie von Wasser aus einem Hahn, und dann spürte ich die Hand des Direktors auf meiner Schulter. Ich wußte genau, daß es die Hand des Direktors war, denn als ich den Kopf von der Tischplatte hob, um zu sehen, wer mich da berührt hatte, stand er da. Das Trommeln waren seine Schritte gewesen; das Zischen war die Tür in ihren Schienen. Und jetzt stand er vor mir, während hinter ihm eine Dienerin wartete. Ich verneigte mich und entschuldigte mich dafür, daß ich eingeschlafen war. Und so verwirrt war ich, daß ich mich sekundenlang fragte, ob ich tatsächlich wach war. Aber es war kein Traum. Der Direktor ließ sich auf dem Kissen nieder, das ich für Nobu bestimmt hatte, während Nobu noch immer nicht zu sehen war. Als die Dienerin den Sake auf den Tisch stellte, schoß mir ein furchtbarer Gedanke durch den Kopf. War der Direktor gekommen, um mir zu sagen, daß Nobu einen Unfall gehabt habe oder daß ihm etwas anderes Schreckliches zugestoßen sei? Denn warum wäre Nobu sonst nicht selbst gekommen? Gerade wollte ich den Direktor fragen, als die Herrin des Teehauses zur Tür hereinspähte.

»Ja, Direktor!« sagte sie erstaunt. »Wir haben Sie seit Wochen nicht mehr gesehen!«

In Gegenwart von Gästen war die Herrin stets gut gelaunt, doch am angestrengten Ton ihrer Stimme erkannte ich, daß sie etwas ganz anderes beschäftigte. Vermutlich fragte sie sich, genau wie ich, was mit Nobu los sei. Während ich dem Direktor Sake einschenkte, kam die Herrin herein und ließ sich am Tisch nieder. Sie hielt seine Hand fest, bevor er aus seiner Tasse trinken konnte, und beugte sich zu ihm, um den Duft des Sake einzuatmen.

»Also wirklich, Direktor, ich werde nie begreifen, warum Sie diesen Sake den anderen vorziehen«, sagte sie. »Wir haben heute nachmittag ein frisches Fäßchen geöffnet, den besten, den wir seit Jahren gehabt haben. Ich bin sicher, daß Nobu ihn genießen wird, wenn er eintrifft.«

»Das würde er sicher«, antwortete der Direktor. »Nobu genießt erlesene Dinge. Leider wird er heute abend jedoch nicht kommen.«

Es beunruhigte mich, das zu hören, aber ich hielt den Blick auf den Tisch gesenkt. Wie ich feststellte, war die Herrin ebenfalls überrascht, denn sie wechselte sehr schnell das Thema.

»Ach so«, sagte sie. »Wie dem auch sei, finden Sie nicht, daß unsere Sayuri heute abend bezaubernd aussieht?«

»Wann hat Sayuri denn einmal *nicht* bezaubernd ausgesehen?« gab der Direktor zurück. »Wobei mir einfällt... Darf ich Ihnen etwas zeigen, was ich mitgebracht habe?«

Damit legte der Direktor ein kleines, in blaue Seide gewickeltes Bündel auf den Tisch, das ich, als er das Zimmer betrat, nicht in seiner Hand gesehen hatte. Er löste den Knoten und nahm eine kurze, dicke Bildrolle heraus, die er langsam auseinanderzog. Sie war vor Alter rissig geworden und zeigte – *en miniature* – leuchtend bunte Szenen des Kaiserhofs. Wenn Sie je diese Art Bildrolle gesehen haben, werden Sie wissen, daß man sie durchs ganze Zimmer entrollen und das gesamte kaiserliche Areal betrachten kann, von den Toren an einem Ende bis zum Palast am anderen. Der Direktor saß davor und rollte es von einer Spindel bis zur anderen – vorbei an Szenen von Trinkpartys, von Aristokraten, die mit zwischen die Beine geklemmtem Kimono Kickball spielten –, bis er zu einer jungen Frau gelangte, die in wunderschönen, zwölfschichtigen Gewändern auf dem Holzboden vor den Gemächern des Kaisers kniete.

»Nun, wie finden Sie das?« fragte er sie.

»Eine großartige Bildrolle«, lobte die Herrin. »Wo hat der Direktor sie gefunden?«

»Ach, die habe ich schon vor Jahren gekauft. Aber betrachten Sie doch bitte diese Frau. Sie ist der Grund, warum ich die Rolle gekauft habe. Fällt Ihnen daran etwas auf?«

Die Herrin musterte die Malerei, dann drehte der Direktor die Rolle so herum, daß auch ich sie betrachten konnte. Das Bild der jungen Frau war, obwohl nicht größer als eine große Münze, in exquisitem Detail gemalt. Anfangs fiel es mir nicht auf, aber ihre Augen waren hell... und als ich näher hinsah, entdeckte ich, daß sie grau waren. Sie erinnerten mich sofort an die Bilder, die Uchida mit mir als Modell gemalt hatte. Ich errötete und murmelte etwas davon, wie wunderschön die Bildrolle sei. Auch die Herrin bewunderte sie einen Moment und sagte dann:

»Nun, ich muß Sie jetzt allein lassen. Ich werde Ihnen ein wenig von dem frisch gekühlten Sake schicken, den ich erwähnt habe. Es sei denn, Sie meinen, ich soll ihn aufheben, bis Nobu-san das nächstemal kommt.«

»Machen Sie sich keine Umstände«, antwortete er. »Wir begnügen uns mit dem Sake, den wir haben.«

»Nobu-san geht es doch... gut, oder?«

»Aber ja«, sagte der Direktor. »Sehr gut sogar.«

Als ich das hörte, war ich erleichtert, zugleich aber merkte ich, wie mir vor Scham übel wurde. Wenn der Direktor nicht gekommen war, um mir Nachricht von Nobu zu bringen, war er bestimmt aus einem anderen Grund hier – vermutlich, um mich für das, was ich getan hatte, zu tadeln. In den wenigen Tagen seit unserer Rückkehr aus Kyoto hatte ich versucht, nicht daran zu denken, was er gesehen haben mußte: den Minister mit heruntergelassener Hose, meine nackten Beine, die aus dem ungeordneten Kimono ragten...

Als die Herrin das Zimmer verließ, klang das Geräusch der Tür, die sie hinter sich zuzog, wie ein Schwert, das aus der Scheide gezogen wird.

»Direktor«, begann ich so ruhig, wie es mir möglich war, »dürfte ich bitte sagen, daß mein Verhalten auf Amami...«

»Ich weiß, was du denkst, Sayuri. Aber ich bin nicht hergekommen, um von dir eine Entschuldigung zu fordern. Sitz einen Augenblick still. Ich möchte dir etwas erzählen, was sich vor vielen Jahren ereignet hat.«

»Ich bin so furchtbar verwirrt, Direktor«, brachte ich heraus. »Bitte, verzeihen Sie mir, aber...«

»Hör einfach zu. Gleich wirst du verstehen, warum ich dir dies erzähle. Erinnerst du dich an ein Restaurant namens Tsumiyo? Es hat gegen Ende der Wirtschaftskrise geschlossen, aber... Nun ja, lassen wir das, du warst damals sehr jung. Wie dem auch sei, vor ein paar Jahren – achtzehn, um genau zu sein – ging ich einmal mit mehreren Mitarbeitern zum Mittagessen dorthin. Wir wurden von einer Geisha aus dem Pontocho-Viertel begleitet, Izuko.«

Den Namen Izuko erkannte ich sofort.

»Sie war damals allgemein beliebt«, fuhr der Direktor fort. »Da wir unser Mittagessen ziemlich früh beendet hatten, schlug ich vor, auf dem Weg zum Theater einen Spaziergang am Shirakawa-Bach zu machen.«

Inzwischen hatte ich das Taschentuch des Direktors aus meinem Obi gezogen, breitete es stumm auf der Tischplatte aus und strich es glatt, damit sein Monogramm deutlich zu sehen war. Im Lauf der Jahre hatte das Taschentuch in einer Ecke einen Fleck bekommen, und das Leinen war vergilbt, aber der Direktor schien es sofort zu erkennen. Er verstummte und nahm es auf.

»Woher hast du das?«

»All diese Jahre, Direktor«, sagte ich, »habe ich mich gefragt, ob Sie wußten, daß ich das kleine Mädchen war, mit dem Sie damals gesprochen haben. An jenem Nachmittag, als Sie auf dem Weg zu der Aufführung von *Shibaraku* waren, gaben Sie mir dieses Taschentuch. Außerdem gaben Sie mir eine Münze ...«

»Soll das heißen ... obwohl du damals noch nicht mal eine Geishaschülerin warst, wußtest du, daß ich der Mann bin, der mit dir gesprochen hatte?«

»Ich erkannte den Direktor sofort, als ich ihn bei dem Sumo-Turnier wiedersah. Ehrlich gesagt, ich bin erstaunt, daß sich der Direktor an *mich* erinnert.«

»Nun, vielleicht solltest du manchmal in den Spiegel sehen, Sayuri. Vor allem, wenn deine Augen vom Weinen naß sind, denn dann werden sie ... Ich kann es nicht erklären. Ich hatte das Gefühl, durch sie hindurchzusehen. Weißt du, ich sitze so oft Männern gegenüber, die mir nie so ganz die Wahrheit sagen, und da war nun ein Mädchen, das mich noch nie zuvor gesehen hatte und dennoch bereit war, mich in ihr Innerstes blicken zu lassen.«

Dann jedoch unterbrach sich der Direktor.

»Hast du dich eigentlich nie gefragt, warum Mameha deine ältere Schwester wurde?« erkundigte er sich.

»Mameha?« gab ich zurück. »Ich weiß nicht, was Sie meinen. Was hat Mameha damit zu tun?«

»Du weißt es wirklich nicht, stimmt's?«

»Was, Direktor?«

»Daß ich es war, Sayuri, der Mameha gebeten hat, dich unter ihre Fittiche zu nehmen. Ich berichtete ihr von einem schönen jungen Mädchen, dem ich begegnet war, mit auffallenden grauen Augen, und bat sie, dir zu helfen, falls du ihr jemals in Gion über den Weg laufen solltest. Und sie ist dir begegnet – nur wenige Monate darauf. Nach allem, was sie mir im Lauf der Jahre von dir berichtet hat, wärst du ohne ihre Hilfe niemals eine Geisha geworden.«

Es ist fast unmöglich, die Wirkung zu beschreiben, welche die Worte des Direktors auf mich hatten. Ich hatte es immer für selbstverständlich gehalten, daß Mameha persönliche Gründe gehabt hatte, daß sie sich und Gion von Hatsumomo befreien wollte. Jetzt, wo ich den eigentlichen Grund erfuhr, nämlich, daß sie mich nur wegen des Direktors angenommen hatte ... Nun ja, ich hatte das Gefühl, mir sämtliche Bemerkungen, die sie jemals zu mir gemacht hatte, ins Gedächtnis rufen zu müssen und mich zu fragen, was wohl der eigentliche Sinn dahinter war. Und nicht nur Mameha hatte sich in meinen Augen plötzlich verwandelt, auch ich selbst schien eine andere Frau geworden zu sein. Als mein Blick auf meine Hände fiel, die in meinem Schoß lagen, sah ich sie plötzlich als Hände, die der Direktor geschaffen hatte. Ich fühlte mich freudig erregt, verängstigt und dankbar, alles zugleich. Ich rückte ein wenig vom Tisch zurück, um mich zu verneigen und ihm meine Dankbarkeit auszusprechen, aber zuvor mußte ich noch etwas anderes sagen:

»Verzeihen Sie, Direktor, aber ich wünschte, Sie hätten mir das schon vor Jahren erklären können ... dies alles. Ich kann Ihnen nicht sagen, wieviel es mir bedeutet hätte!«

»Es gibt einen Grund, warum ich das nicht tun konnte, Sayuri, und ich mußte darauf bestehen, daß Mameha es dir auch nicht erzählt. Dieser Grund hat mit Nobu zu tun.«

Als ich Nobus Namen hörte, wichen alle Gefühle aus meinem Körper, denn ich glaubte plötzlich zu wissen, worauf der Direktor die ganze Zeit hinausgewollt hatte.

»Ich weiß, daß ich Ihrer Freundlichkeit unwürdig bin, Direktor«, sagte ich. »Am vergangenen Wochenende, als ich ...«

»Ich muß gestehen, Sayuri«, fiel er mir ins Wort, »daß mir das, was auf Amami geschehen ist, keine Ruhe gelassen hat.«

Ich spürte, daß der Direktor mich ansah, doch ich konnte seinen Blick nicht erwidern.

»Es gibt etwas, worüber ich mit dir sprechen muß«, fuhr er fort. »Ich habe den ganzen Tag darüber nachgedacht, wie ich das wohl anfangen soll. Immer wieder muß ich an etwas denken, das vor vielen Jahren geschehen ist. Ich bin überzeugt, daß es eine bessere Art gäbe, mich auszudrücken, aber… ich hoffe, daß du verstehen wirst, was ich dir zu sagen versuche.«

Hier hielt er inne, um sein Jackett abzulegen und es auf den Matten neben sich zusammenzufalten. Ich roch die Stärke in seinem Hemd, was mich an den General und an sein Zimmer im Suruya-Gasthaus erinnerte, das oft nach Bügeln roch.

»Damals, als Iwamura Electric noch eine junge Firma war«, begann der Direktor, »lernte ich einen Mann namens Ikeda kennen, der bei einem unserer Lieferanten auf der anderen Seite der Stadt arbeitete. Er war ein Genie darin, Lösungen für Leitungsprobleme zu finden. Manchmal, wenn wir Schwierigkeiten mit einer Installation hatten, liehen wir ihn uns für einen Tag aus, und er brachte alles in Ordnung. Als ich eines Nachmittags von der Arbeit nach Hause fuhr, traf ich ihn zufällig in einer Apotheke. Wie er mir erklärte, fühlte er sich sehr entspannt, weil er seine Arbeit aufgegeben hatte. Ich fragte ihn, warum er das getan hatte. ›Es wurde Zeit zu kündigen, also habe ich gekündigt‹, antwortete er. Nun ja, ich habe ihn sofort eingestellt. Ein paar Wochen später fragte ich ihn dann noch einmal: ›Warum haben Sie Ihre Arbeit auf der anderen Seite der Stadt aufgegeben, Ikeda-san?‹ Und er antwortete: ›Seit vielen Jahren, Herr Iwamura, wollte ich schon in Ihrer Firma arbeiten, aber Sie haben mich nie dazu aufgefordert. Sie haben mich immer gerufen, wenn Sie ein Problem hatten, aber Sie haben mich nie gebeten, für Sie zu arbeiten. Dann wurde mir eines Tages klar, daß Sie mich niemals bitten würden, weil Sie mich nicht von einem Ihrer Lieferanten abwerben und Ihre Geschäftsbeziehung belasten wollten. Nur wenn ich meine Arbeit zuerst kündigte, würde ich Ihnen damit Gelegenheit geben, mich einzustellen. Also habe ich gekündigt.‹«

Der Direktor wartete auf meine Reaktion, das wußte ich, aber ich wagte kein Wort zu sagen.

»Nun habe ich mir gedacht«, fuhr er fort, »daß dein Erlebnis mit dem Minister etwas ganz Ähnliches sein könnte wie bei Ikeda, der seine Arbeit aufgab. Und ich will dir auch sagen, warum mir dieser Gedanke kam. Der Grund ist etwas, was Kürbisköpfchen sagte, nachdem sie mich in das Theater geführt hatte. Ich war außerordentlich zornig auf sie und verlangte, sie solle mir sofort erklären, warum sie das getan hatte. Sehr lange wollte sie nicht mit der Sprache herausrücken. Dann erzählte sie mir etwas, was mir zunächst eher sinnlos vorkam. Sie sagte, du hättest sie gebeten, Nobu mitzubringen.«

»Bitte, Direktor«, begann ich unsicher, »ich habe einen furchtbaren Fehler begangen...«

»Bevor du ein weiteres Wort sagst, möchte ich nur wissen, warum du das getan hast. Vielleicht hattest du das Gefühl, Iwamura Electric damit eine Art... Gefallen zu erweisen. Ich weiß es nicht. Aber vielleicht warst du dem Minister ja auch etwas schuldig, von dem ich nichts weiß.«

Anscheinend schüttelte ich ganz leicht den Kopf, denn der Direktor hörte sofort auf zu sprechen.

»Ich bin zutiefst beschämt, Direktor«, brachte ich schließlich heraus, »aber... meine Gründe waren rein persönlicher Natur.«

Nach einer langen Pause seufzte er und reichte mir seine Saketasse. Mit dem Gefühl, meine Hände gehörten einer anderen, schenkte ich ihm ein. Er kippte sich den Sake in den Mund und behielt ihn dort eine Weile, bevor er ihn schluckte. Als ich ihn da mit vollem Mund sitzen sah, kam mir der Gedanke, ich sei ein leeres Gefäß, bis obenhin angefüllt mit Scham.

»Nun gut, Sayuri«, sagte er, »ich werde dir genau erklären, warum ich dir diese Frage stelle. Du wirst unmöglich begreifen können, warum ich heute abend hierhergekommen bin oder warum ich dich jahrelang so behandelt habe, wie ich es tat, solange du nicht mein Verhältnis zu Nobu verstehst. Glaube mir, ich weiß besser als jeder andere, wie schwierig er zuweilen sein kann. Aber er ist ein Genie, und ich schätze ihn mehr als ein ganzes Arbeitsteam.«

Da ich nicht wußte, was ich tun oder sagen sollte, griff ich zur Flasche und schenkte dem Direktor noch einmal Sake nach. Daß er die Tasse nicht sofort zum Mund hob, legte ich als sehr schlechtes Zeichen aus.

»Als ich dich erst sehr kurze Zeit kannte«, fuhr er fort, »brachte Nobu dir einmal ein Geschenk, einen Kamm, und gab ihn dir vor allen Anwesenden auf der Party. Bis zu diesem Moment war mir nicht klar gewesen, wie groß seine Zuneigung zu dir war. Bestimmt hat es zuvor noch andere Anzeichen gegeben, aber die muß ich irgendwie übersehen haben. Als mir dann klarwurde, was er empfand, wie er dich an jenem Abend ansah... nun, da wußte ich sofort, daß ich ihm etwas, was er sich so sehnlichst wünschte, unmöglich wegnehmen konnte. Das hat jedoch nie mein Interesse an deinem Wohlergehen beeinträchtigt. Im Gegenteil, im Lauf der Jahre ist es mir immer schwerer gefallen, unbeteiligt zuzuhören, wenn Nobu von dir sprach.«

Hier machte der Direktor eine Pause und fragte: »Hörst du mir zu, Sayuri?«

»Ja, Direktor. Selbstverständlich.«

»Du hast dies natürlich nicht wissen können, aber ich stehe tief in Nobus Schuld. Es stimmt zwar, daß ich der Gründer unseres Unternehmens und sein Chef bin. Aber als Iwamura Electric noch sehr jung war, hatten wir schwere Liquiditätsprobleme und hätten die Firma beinahe schließen müssen. Ich war nicht bereit, die Kontrolle über das Unternehmen aufzugeben, und wollte auch nicht auf Nobu hören, als dieser darauf bestand, Investoren aufzunehmen. Er hat sich dann durchgesetzt, obwohl uns das für eine Weile auseinandergebracht hat. Er erbot sich zurückzutreten, und ich hätte das fast zugelassen. Aber er hatte natürlich absolut recht, und ich hatte unrecht. Ohne ihn hätte ich die Firma verloren. Wie belohnt man einen Mann für so etwas? Weißt du, warum ich Direktor genannt werde und nicht ›Präsident‹? Weil ich den Titel an Nobu abgetreten habe – obwohl er versucht hat, ihn auszuschlagen. Als mir daher seine Zuneigung zu dir bewußt wurde, habe ich mich sofort entschlossen, mein Interesse an dir zu verbergen, damit Nobu dich haben konnte. Das Leben ist grausam mit ihm umgesprungen, Sayuri. Er hat zuwenig Freundlichkeit erlebt.«

In all den Jahren als Geisha habe ich mir nie auch nur eine Sekunde einreden können, daß der Direktor mir besondere Gefühle entgegenbrachte. Und nun zu wissen, daß er mich für Nobu bestimmt hatte…

»Ich habe nie beabsichtigt, dir so wenig Aufmerksamkeit zu schenken«, fuhr er fort, »aber dir ist sicherlich klar, daß er, sowie er auch nur den kleinsten Hinweis auf meine Gefühle entdeckt hätte, dich augenblicklich aufgegeben hätte.«

Seit ich ein kleines Mädchen war, träumte ich davon, daß mir der Direktor eines Tages gestehen würde, wie gern er mich habe, hatte aber nie geglaubt, daß so etwas wirklich einmal geschehen würde. Und ganz gewiß hätte ich mir nicht vorstellen können, daß er mir sagte, was ich von ihm zu hören hoffte, mir aber zugleich erklärte, daß Nobu meine Bestimmung sei. Vielleicht würde mir mein Lebensziel entgleiten, aber wenigstens in diesem einen Augenblick lag es in meiner Macht, mit dem Direktor in einem Zimmer zu sitzen und ihm zu sagen, wie tief meine Gefühle für ihn waren.

»Bitte, verzeihen Sie mir das, was ich Ihnen jetzt sagen werde«, brachte ich schließlich heraus.

Ich wollte fortfahren, doch irgendwie hatte meine Kehle beschlossen, ausgerechnet jetzt zu schlucken, obwohl ich mir nicht vorstellen kann, was ich schluckte, es sei denn, es war der kleine Knoten der Gefühle, für den in meinem Gesicht kein Platz mehr war.

»Ich empfand große Zuneigung zu Nobu, doch was ich auf Amami getan habe…« Hier mußte ich ein heißes Brennen in meiner Kehle erdulden, bevor ich weitersprechen konnte. »Was ich auf Amami getan habe, das habe ich wegen meiner Gefühle für Sie getan, Direktor. Jeden Schritt, den ich in Gion getan habe, habe ich in der Hoffnung getan, daß er mich Ihnen näherbringen werde.«

Als ich diese Worte ausgesprochen hatte, schien mir die ganze Hitze meines Körpers ins Gesicht zu schießen. Ich meinte, in die Luft steigen zu müssen wie ein Ascheflöckchen aus einem Feuer, wenn es mir nicht gelang, mich auf irgend etwas im Raum zu konzentrieren. Ich versuchte einen Fleck auf der Tischplatte zu finden, aber der Tisch begann bereits zu verschwimmen und aus meinem Blickfeld zu verschwinden.

»Sieh mich an, Sayuri!«

Ich wollte, konnte aber nicht.

»Wie seltsam«, fuhr er so leise fort, als spräche er mit sich selbst, »daß dieselbe Frau, die mir als Kind vor so vielen Jahren offen in die Augen gesehen hat, jetzt nicht dazu in der Lage ist.«

Es hätte wohl eine sehr einfache Aufgabe sein sollen, den Blick zu heben und den Direktor anzusehen, doch irgendwie war ich mindestens so nervös, als wäre ich allein auf einer Bühne, während ganz Kyoto mir zusah. Wir saßen an einer Tischecke so dicht beieinander, daß ich, als ich mir schließlich die Augen wischte und den Blick hob, um ihn anzusehen, den dunklen Ring um seine Iris erkennen konnte. Ich fragte mich, ob ich den Blick abwenden, mich ganz leicht verneigen und dann erbieten sollte, ihm eine Tasse Sake einzuschenken, doch eine Geste hätte nicht ausgereicht, die Spannung zwischen uns zu lösen. Während mir diese Gedanken durch den Kopf gingen, schob der Direktor die Sakeflasche und seine Tasse beiseite, streckte die Hand aus und griff nach meinem Kimonokragen, um mich an sich zu ziehen. Ich bemühte mich immer noch zu begreifen, was mir da geschah – und überlegte, was ich tun oder sagen sollte –, als der Direktor mich noch näher an sich zog und mich küßte.

Es wird Sie überraschen zu erfahren, daß ich damals zum allererstenmal richtig geküßt wurde. General Tottori hatte seine Lippen zwar gelegentlich auf die meinen gedrückt, als er mein *danna* war, doch das geschah ohne jegliches Gefühl. Damals hatte ich mich gefragt, ob er vielleicht einfach sein Gesicht anlehnen wollte. Sogar Yasuda Akira – der Mann, der mir einen Kimono geschenkt und den ich an jenem Abend im Tatematsu-Teehaus verführt hatte – muß mich ein dutzendmal auf Hals und Gesicht geküßt haben, hatte aber nie meine Lippen mit den seinen berührt. Also können Sie sich vorstellen, daß dieser Kuß, der erste richtige Kuß meines Lebens, auf mich weitaus intimer wirkte als alles, was ich je erlebt hatte. Ich hatte das Gefühl, dem Direktor etwas zu nehmen, während der Direktor mir etwas gab, etwas weit Intimeres, als irgend jemand sonst mir jemals gegeben hatte.

Da war ein gewisser, sehr überraschender Geschmack, so charakteristisch wie der von Obst oder Schokolade, und als ich den wahrnahm, sanken meine Schultern herab und mein Magen schwoll an, denn aus irgendeinem Grund rief er mir ein Dutzend verschiedene Szenen ins Gedächtnis, von denen ich nicht wußte, warum ich mich an sie erinnerte. Ich dachte an die Dampfwolke, wenn die Köchin den Deckel von dem Reiskocher in der Küche unserer Okiya hob. Ich hatte die Hauptdurchgangsstraße von Pontocho – eigentlich eine kleine Gasse – am Abend von Kichisaburos letztem Auftritt vor mir. Der Kabuki-Darsteller zog sich von der Bühne zurück, und in der Gasse wimmelte es von Gratulanten. Bestimmt habe ich mich noch an Hunderte von anderen Dingen erinnert, denn es war, als seien alle Grenzen meines Verstandes gesprengt worden, so daß meine Erinnerungen frei umherschweifen konnten. Dann löste sich der Direktor wieder von mir, ließ eine Hand jedoch an meinem Hals liegen. Er war mir so nah, daß ich die Feuchtigkeit auf seinen Lippen sehen und immer noch den Kuß riechen konnte, den wir gerade beendet hatten.

»Direktor«, sagte ich. »Warum?«

»Warum was?«

»Warum… alles? Warum haben Sie mich geküßt? Sie haben doch gerade erst von mir als Geschenk an Nobu-san gesprochen.«

»Nobu hat dich aufgegeben, Sayuri. Ich habe ihm nichts weggenommen.«

Im Chaos meiner Gefühle begriff ich zunächst nicht, was er meinte.

»Als ich dich da mit dem Minister sah, hattest du genau denselben Ausdruck in den Augen wie den, den ich vor so vielen Jahren am Shirakawa-Bach gesehen hatte«, erklärte er mir. »Du hast so verzweifelt gewirkt, als müßtest du ertrinken, wenn nicht jemand käme, um dich zu retten. Nachdem Kürbisköpfchen mir dann erzählt hatte, daß du diese Szene für Nobus Augen geplant hattest, beschloß ich, ihm zu berichten, was ich gesehen hatte. Und als er dann so zornig reagierte… Nun, wenn er dir nicht verzeihen konnte, was du getan hattest, war er dir wohl niemals wirklich bestimmt.«

Eines Nachmittags, als ich noch ein Kind in Yoroido war, kletterte ein kleiner Junge namens Gisuke auf einen Baum, um in den Teich zu springen. Er kletterte viel höher, als gut für ihn war, denn das Wasser war nicht tief genug. Doch als wir ihm rieten, nicht zu springen, bekam er so große Angst vor den Felsen unter dem Baum, daß er nicht mehr hinabzuklettern wagte. Ich lief ins Dorf, um seinen Vater zu holen, Herrn Yamashita, der so gelassen den Hügel hinaufstieg, daß ich mich fragte, ob ihm klar war, in welcher Gefahr sich sein Sohn befand. Gerade als er unter den Baum trat, verlor der Junge – der nicht wußte, daß sein Vater gekommen war – den Halt und fiel. Herr Yamashita fing ihn so mühelos auf, als hätte ihm jemand einen Sack in die Arme geworfen, und stellte ihn auf die Beine. Wir alle schrien freudig auf und sprangen um den Teich herum, während Gisuke dastand und blinzelte, weil sich kleine Tränen des Erstaunens in seinen Wimpern sammelten.

Nun wußte ich genau, was Gisuke empfunden haben muß. Ich selbst war auf die Felsen zugestürzt, aber der Direktor war hervorgetreten, um mich aufzufangen. Ich war so überwältigt vor Erleichterung, daß ich nicht einmal die Tränen trocknen konnte, die mir aus den Augenwinkeln rannen. Seine Gestalt war ein verschwommener Fleck vor mir, aber ich sah, daß er näher kam, und gleich darauf nahm er mich in seine Arme, als wäre ich eine warme Decke. Seine Lippen suchten das kleine Dreieck aus nackter Haut, wo die Säume meines Kimonos an der Kehle zusammentreffen. Und als ich seinen Atem an meinem Hals spürte und das stürmische Drängen, mit dem er mich fast verbrannte, dachte ich unwillkürlich daran, wie ich vor Jahren einmal die Küche der Okiya betreten und gesehen hatte, daß eine der Dienerinnen über den Spülstein gebeugt stand und die reife Birne zu verbergen suchte, die sie an den Mund hielt, während der Saft ihr über den Hals rann. Sie habe ein so unstillbares Verlangen danach gehabt, erklärte sie mir, und bat mich, Mutter nichts davon zu sagen.

35. KAPITEL

Jetzt, fast vierzig Jahre später, sitze ich hier und erinnere mich an jenen Abend mit dem Direktor als den Moment, da alle bekümmerten Stimmen in mir zum Schweigen kamen. Seit dem Tag, an dem ich Yoroido verließ, hatte ich mich immer nur voll Bangen gefragt, welches Hindernis mir das Rad des Lebens jetzt wieder in den Weg legen würde, und natürlich waren es diese Sorgen und dieser Kampf gewesen, die mich das Leben stets so intensiv erfahren ließen. Wenn wir uns gegen eine steinige Unterströmung einen Fluß hinaufkämpfen, bekommt jeder Halt, den der Fuß findet, eine unendlich große Bedeutung.

Doch nachdem der Direktor mein *danna* wurde, nahm das Leben eine weit angenehmere Form an. Allmählich fühlte ich mich wie ein Baum, dessen Wurzeln endlich in den fetten, feuchten Boden tief unter der Oberfläche vorgestoßen waren. Noch nie zuvor hatte ich Anlaß gehabt, mich zu fühlen, als wäre ich mehr vom Glück begünstigt als andere, nun aber wußte ich, daß ich das tatsächlich war. Obwohl ich sagen muß, daß ich sehr lange in diesem Zustand der Zufriedenheit lebte, bevor ich endlich zurückblicken und eingestehen konnte, wie trostlos mein Leben früher einmal gewesen war. Sonst wäre es mir bestimmt nicht möglich gewesen, meine Geschichte zu erzählen. Ich glaube, jeder von uns kann erst über den Schmerz sprechen, wenn er ihn nicht mehr spüren muß.

An dem Nachmittag, als der Direktor und ich bei einer kleinen Zeremonie im Ichiriki-Teehaus miteinander Sake tranken, ereignete sich etwas Seltsames. Ich weiß nicht, warum, doch als ich aus der kleinsten der drei Schalen trank, die wir benutzten, und den Sake über meine Zunge spülen ließ, rann mir ein einziger kleiner Tropfen aus dem Mundwinkel. Ich trug einen mit fünf Wappen verzierten schwarzen Kimono, auf dem sich ein in Gold und Rot eingewebter Drache vom Saum bis zu meinen Oberschenkeln emporwand. Ich erinnere mich, daß ich beobachtete, wie der Tropfen an meinem Arm vorbeifiel und dann über die schwarze Seide zum Oberschenkel hinabrollte, bis die schweren Silberfäden der Drachenzähne ihn aufhielten. Bestimmt hätten die meisten Geishas die Tatsache, daß ich Sake verschüttet hatte, als schlechtes Omen betrachtet; für mich aber schien dieses Tröpfchen, das mir entschlüpft war wie eine Träne, fast die Geschichte meines Lebens zu erzählen. Es fiel durch den leeren Raum, ohne über sein Schicksal bestimmen zu können, es rollte über einen Pfad aus Seide, und irgendwie kam es dort in den Fängen des Drachen zur Ruhe. Ich dachte an die Blütenblätter, die ich draußen vor Herrn Arashinos Werkstatt in die Untiefen des Kamo-Flusses geworfen und mir gewünscht hatte, sie würden den Weg zum Direktor finden. Jetzt schien es mir, daß ihnen das vielleicht doch gelungen war.

In meinen törichten Hoffnungen, die mir seit meinen Mädchenjahren so teuer gewesen waren, hatte ich mir vorgestellt, das Leben werde bestimmt vollkommen sein, wenn ich nur die Geliebte des Direktors werden könnte. Das ist ein kindischer Gedanke, und dennoch trug ich ihn noch als Erwachsene mit mir herum. Ich hätte es besser wissen sollen: Wie oft war mir schon die schmerzliche Lektion erteilt worden, daß wir uns zwar wünschen können, der Haken möge aus unserem Fleisch gezogen werden – es wird dennoch eine Narbe bleiben, die niemals verschwindet! Indem ich Nobu endgültig aus meinem Leben verbannte, hatte ich nicht nur seine Freundschaft verloren, sondern mich auch letztlich selbst aus Gion verbannt.

Der Grund dafür ist so einfach, daß ich es unbedingt hätte voraussehen müssen. Ein Mann, der einen Preis gewonnen hat, nach dem sich sein Freund sehnt, steht vor einer schwierigen Wahl: Er muß seinen Preis entweder dort verstecken, wo ihn sein Freund niemals zu sehen bekommt – falls das möglich ist –, oder den Bruch der Freundschaft erleiden. Genau dasselbe Problem war zwischen mir und Kürbisköpfchen entstanden; unsere Freundschaft war an meiner Adoption zerbrochen. Obwohl sich die Verhandlungen des Direktors, der mein *danna* sein wollte, mit Mutter über mehrere Monate hinzogen, einigte man sich letztlich darauf, daß ich nicht mehr als Geisha arbeiten würde. Ich war gewiß nicht die erste Geisha, die Gion verließ: Außer jenen, die davongelaufen waren, hatten einige geheiratet und Gion als Ehefrauen den Rücken gekehrt, andere wiederum zogen sich zurück, um ein eigenes Teehaus oder eine eigene Okiya aufzumachen. Ich dagegen fand mich in einem seltsamen Mittelfeld gefangen. Der Direktor wollte, daß ich Gion verließ, um Nobu meinen Anblick zu ersparen, aber heiraten konnte er mich natürlich nicht, denn er war ja bereits verheiratet. Die perfekte Lösung – und eine, die der Direktor vorschlug – wäre es vermutlich gewesen, mir ein eigenes Tee- oder Gasthaus einzurichten, eins, das Nobu niemals aufgesucht hätte. Aber Mutter wollte nicht, daß ich die Okiya verließ, denn sobald ich kein Mitglied der Familie Nitta mehr war, hätte sie keine Einkünfte mehr aus meiner Verbindung mit dem Direktor bezogen. Das ist der Grund, warum sich der Direktor schließlich einverstanden erklärte, der Okiya jeden Monat eine sehr beträchtliche Summe zu zahlen – unter der Bedingung, daß Mutter mir gestattete, meine Karriere als Geisha zu beenden. Ich lebte zwar, wie all die Jahre, weiterhin in der Okiya, besuchte jedoch am Vormittag nicht mehr die kleine Schule, machte in Gion nicht mehr die Runde, um bei speziellen Gelegenheiten meine Aufwartung zu machen, und des Abends leistete ich natürlich niemandem mehr Gesellschaft.

Da ich es mir nur deshalb in den Kopf gesetzt hatte, Geisha zu werden, um die Zuneigung des Direktors zu erringen, hätte ich es eigentlich nicht als Verlust empfinden dürfen, mich aus Gion zurückzuziehen. Dennoch hatte ich im Lauf der Jahre viele schöne Freundschaften geschlossen, nicht nur mit anderen Geishas, sondern auch mit vielen der Herren, die ich kennenlernte. Nur weil ich nicht mehr arbeitete, brauchte ich nicht auf die Gesellschaft anderer Frauen zu verzichten, aber die meisten, die sich in Gion den Lebensunterhalt verdienen, haben wenig Zeit für Freundschaften. Häufig wurde ich neidisch, wenn ich zwei Geishas sah, die zu ihrem nächsten Engagement eilten, während sie gemeinsam über das lachten, was sie beim letzten erlebt hatten. Ich beneidete sie nicht um die Unsicherheit ihrer Existenz, ich beneidete sie um jenes glückverheißende Gefühl, an das ich mich nur allzugut erinnerte, um das Gefühl, der kommende Abend halte möglicherweise ein spitzbübisches Vergnügen für sie bereit.

Mit Mameha traf ich mich oft. Wir tranken mehrmals die Woche Tee miteinander. Angesichts all dessen, was sie seit meiner Kindheit für mich getan hatte – und der ganz besonderen Rolle, die sie im Auftrag des Direktors in meinem Leben gespielt hatte –, können Sie sich vorstellen, wie tief ich mich in ihrer Schuld fühlte. Eines Tages entdeckte ich in einem Geschäft eine Seidenmalerei aus dem achtzehnten Jahrhundert: eine Frau, die ein junges Mädchen in Kalligraphie unterrichtet. Die Lehrerin besaß ein exquisites, ovales Gesicht und beobachtete ihre Schülerin mit so großem Wohlwollen, daß ich dabei sofort an Mameha dachte und das Bild für sie erstand. An dem verregneten Nachmittag, an dem sie es in ihrer trostlosen Wohnung an die Wand hängte, lauschte ich unwillkürlich auf den Verkehr, der auf der Higashi-oji-Avenue vorüberrauschte. Mit tiefem Bedauern dachte ich an die elegante Wohnung, in der sie vor Jahren gelebt hatte, und an das bezaubernde Geräusch des Shirakawa-Bachs vor ihrem Fenster, der über ein kniehohes Wehr rauschte. Damals hatte Gion selbst wie ein antiker Seidenstoff auf mich gewirkt, aber es hatte sich so vieles verändert. Jetzt lagen in Mamehas schlichter Einzimmerwohnung Matten in der Farbe abgestandenen Tees, und aus der chinesischen Apotheke unten drang der Geruch nach Kräutermedizin herauf – so intensiv, daß selbst ihr Kimono zuweilen ganz schwach einen medizinischen Duft zu verströmen schien.

Nachdem sie die Tuschmalerei an die Wand gehängt und eine Weile bewundert hatte, kehrte sie an den Tisch zurück. Sie saß da, die Hände um ihre dampfende Teetasse gelegt, und spähte hinein, als erwartete sie dort die Worte zu finden, nach denen sie suchte. Erstaunt sah ich, daß sich auf ihren Händen die Sehnen des Alters abzuzeichnen begannen. Schließlich sagte sie mit einem Anflug von leiser Trauer:

»Wie seltsam ist doch, was uns die Zukunft bringt. Du mußt darauf achten, Sayuri, daß du niemals zuviel erwartest.«

Ich bin überzeugt, daß sie recht hatte. Die Jahre, die darauf folgten, wären mir weit weniger schwer geworden, wenn ich mir nicht weiterhin eingeredet hätte, daß Nobu mir eines Tages verzeihen werde. Letzten Endes mußte ich es aufgeben, Mameha ständig zu fragen, ob er sich nach mir erkundigt habe. Es tat furchtbar weh zu sehen, wie sie seufzte und mir einen langen, bedrückten Blick zuwarf, als wollte sie sagen, es tue ihr leid, daß ich nicht klug genug sei, diese Hoffnung endlich aufzugeben.

Im Frühjahr des Jahres, nachdem ich seine Geliebte geworden war, kaufte der Direktor ein luxuriöses Haus im Nordosten von Kyoto, das er *Eishin-an* – »Ruhesitz zur Erfolgreichen Wahrheit« – nannte. Es war für die Gäste des Unternehmens gedacht, in Wirklichkeit benutzte der Direktor es jedoch weit häufiger als jeder andere. Dort trafen wir uns an drei oder vier Abenden pro Woche, zuweilen sogar noch öfter, und verbrachten die Nacht miteinander. An den Tagen, an denen er besonders viel zu tun hatte, kam er so spät, daß er sich nur noch in einem heißen Bad ausruhen wollte, während ich mich mit ihm unterhielt, um dann anschließend einzuschlafen. An den meisten Tagen traf er etwa bei Sonnenuntergang oder kurz danach ein und verzehrte sein Abendessen, während ich plauderte und zusah, wie die Dienerinnen im Garten die Laternen anzündeten.

Gewöhnlich sprach der Direktor, wenn er eintraf, zunächst eine Zeitlang über seinen Arbeitstag. So erzählte er mir etwa von den Problemen mit einem neuen Produkt oder von einem Verkehrsunfall, in den eine Lkw-Ladung mit Bauteilen verwickelt worden war, oder ähnliches. Ich war es natürlich zufrieden, dazusitzen und ihm zuzuhören, aber mir war durchaus klar, daß mir der Direktor diese Dinge nicht erzählte, weil er wollte, daß ich sie wußte, sondern um seine Gedanken von ihnen zu leeren, wie man Wasser aus einem Eimer leert. Deswegen lauschte ich nicht so sehr seinen Worten als vielmehr dem Ton seiner Stimme, denn genau, wie der Ton heller wird, je weiter sich der Eimer leert, konnte ich hören, wie die Stimme des Direktors weicher wurde, je länger er sprach. Sobald der richtige Moment gekommen war, wechselte ich das Thema, und bald unterhielten wir uns nicht mehr über so ernste Dinge wie das Geschäft, sondern über alles mögliche, zum Beispiel das, was ihm am Morgen auf dem Weg ins Büro begegnet war, über einen Film, den wir vielleicht ein paar Abende zuvor in *Eishin-an* gesehen hatten, oder ich erzählte ihm eine lustige Geschichte, die ich etwa von Mameha gehört hatte, die sich an manchen Abenden zu uns gesellte. Wie dem auch sei, diese einfache Methode, die Gedanken des Direktors freizumachen und ihn dann mit verspielter Konversation zum Entspannen zu bringen, hatte die gleiche Wirkung wie Wasser auf ein Handtuch, das in der Sonne steifgetrocknet ist. Wenn ich ihm bei seinem Eintreffen die Hände mit einem heißen Tuch wusch, fühlten sich seine Finger so steif an wie dicke Zweige; nachdem wir eine Weile geplaudert hatten, bewegten sie sich so leicht und graziös, als läge er in tiefem Schlaf.

Ich erwartete, mein Leben werde so weitergehen, ich würde abends den Direktor unterhalten und mich tagsüber beschäftigen, so gut ich konnte. Im Herbst 1952 begleitete ich den Direktor jedoch auf seiner zweiten Reise in die Vereinigten Staaten. Er war im Winter zuvor schon einmal dort gewesen, und kein anderes Erlebnis hatte einen so tiefen Eindruck auf ihn gemacht – er sagte, er habe das Gefühl, zum erstenmal die wahre Bedeutung des Wortes Wohlstand zu begreifen. Die meisten Japaner hatten zu jener Zeit zum Beispiel nur zu bestimmten Stunden Strom, die Lichter in den amerikanischen Großstädten brannten jedoch rund um die Uhr. Und während wir in Kyoto stolz darauf waren, daß der Boden unseres neuen Bahnhofs aus Beton bestand statt aus altmodischem Holz, bestanden die Böden der amerikanischen Bahnhöfe aus massivem Marmor. Selbst in amerikanischen Kleinstädten seien die Kinos so grandios wie unser Nationaltheater, berichtete der Direktor, und die öffentlichen Toiletten seien überall blitzblank. Was ihn jedoch am meisten verblüffte, war die Tatsache, daß in den Vereinigten Staaten jede Familie einen Kühlschrank besaß, den sie sich mit dem Lohn eines durchschnittlichen Arbeiters innerhalb von nur einem Monat anschaffen konnte. In Japan brauchte ein Arbeiter fünfzehn Monatslöhne, um so ein Ding zu kaufen, und nur wenige Familien konnten sich das leisten.

Wie dem auch sei, der Direktor gestattete mir, ihn auf der zweiten Reise nach Amerika zu begleiten. Mit der Eisenbahn reiste ich allein nach Tokyo, von dort flogen wir zusammen mit einer Maschine nach Hawaii, wo wir ein paar bemerkenswerte Tage verbrachten. Der Direktor kaufte mir einen Badeanzug – den ersten, den ich besessen habe –, und so saß ich darin am Strand, während mir die Haare, genau wie bei den anderen Frauen ringsum, glatt frisiert auf die Schultern hingen. Hawaii erinnerte mich seltsamerweise an Amami. Ich war besorgt, der Direktor könne denselben Eindruck haben, doch wenn dem so war, erwähnte er es nicht. Von Hawaii ging es dann weiter nach Los Angeles und schließlich nach New York. Von den Vereinigten Staaten wußte ich nicht sehr viel, nur das, was ich im Kino gesehen hatte; ich habe sogar den Verdacht, vorher nicht recht geglaubt zu haben, daß es die riesigen Hochhäuser in New York wirklich gab. Und als ich dann schließlich in meinem Zimmer im Waldorf Astoria stand und durchs Fenster auf die gigantischen Gebäude rings um mich und die glatten, sauberen Straßen tief unten blickte, hatte ich das Gefühl, mich in einer Welt zu befinden, in der alles möglich war. Wie ich gestehen muß, hatte ich erwartet, mir wie ein Baby vorzukommen, das man der Mutter weggenommen hat, denn ich hatte Japan noch nie verlassen und konnte mir nicht vorstellen, daß eine so fremdartige Umgebung wie New York ein anderes Gefühl in mir auslösen könnte als pure Angst. Vielleicht war es die Begeisterung des Direktors, die mir half, dem Besuch dort mit viel gutem Willen entgegenzusehen. Er hatte ein Extrazimmer genommen, das er fast ausschließlich für seine Geschäfte nutzte. Am Abend kam er stets zu mir in die Suite, die er gemietet hatte. Oft erwachte ich in diesem fremden Bett, und wenn ich mich umdrehte, sah ich ihn dort im Dunkeln in einem Sessel am Fenster sitzen, den glatten Vorhang heben und auf die Park Avenue unten hinabblicken. Einmal, nach zwei Uhr morgens, nahm er mich bei der Hand und zog mich ans Fenster, um mir ein junges Pärchen in Ballkleidung zu zeigen, das sich unter der Laterne an der Straßenecke küßte.

Im Verlauf der folgenden Jahre reiste ich mit dem Direktor noch zweimal in die Vereinigten Staaten. Während er tagsüber seinen Geschäften nachging, besuchten meine Dienerin und ich die Museen und Restaurants, ja sogar ein Ballett, das ich atemberaubend fand. Seltsamerweise wurde eins der wenigen japanischen Restaurants, die wir in New York finden konnten, von einem Koch geführt, den ich vor dem Krieg in Gion gut gekannt hatte. Eines Nachmittags saß ich dann während des Mittagessens unversehens in seinem Privatzimmer im rückwärtigen Teil des Lokals und unterhielt eine Anzahl Herren, die ich seit Jahren nicht mehr gesehen hatte: den Vizepräsidenten der Nippon Telephon & Telegraph, den neuen japanischen Generalkonsul, der früher Bürgermeister von Kobe gewesen war, und einen Professor der Staatswissenschaften an der Universität von Kyoto. Es war fast, als wäre ich wieder in Gion.

Im Sommer 1956 arrangierte der Direktor – der von seiner Frau zwei Töchter, aber keinen Sohn hatte – die Heirat seiner älteren Tochter mit einem Mann namens Nishioka Minoru. Der Direktor beabsichtigte, Herrn Nishioka den Familiennamen Iwamura zu verleihen, damit er ihn zum Erben machen konnte, doch dann änderte Herr Nishioka im letzten Moment seine Meinung und teilte dem Direktor mit, er könne sich nicht zu dieser Heirat entschließen. Er war zwar ein äußerst temperamentvoller junger Mann, nach Einschätzung des Direktors jedoch schlechthin brillant. Über eine Woche lang war der Direktor äußerst verärgert und ging ohne den geringsten Anlaß auf seine Diener und mich los. Noch nie hatte ich erlebt, daß er sich so sehr aufregte.

Niemand hat mir je erklärt, warum Nishioka Minoru seine Meinung änderte, aber das war auch nicht nötig. Im vorangegangenen Sommer hatte der Gründer einer von Japans größten Versicherungsgesellschaften seinen Sohn als Präsident entlassen und die Firma statt dessen einem weitaus jüngeren Mann anvertraut, seinem unehelichen Sohn mit einer Geisha aus Tokyo. Das löste damals einen gewaltigen Skandal aus. So etwas hatte es zwar in Japan schön öfter gegeben, aber auf einem ganz anderen Niveau, in Familienbetrieben etwa, die Kimonos oder Konfekt herstellten – Kleinfirmen eben. Der Direktor der Versicherungsgesellschaft schilderte seinen Erstgeborenen in den Zeitungen als »einen ernsten, jungen Mann, dessen Talente sich unglücklicherweise nicht vergleichen lassen mit denen von –«. Hier nannte er den Namen seines unehelichen Sohnes, ohne auf ihre Verwandtschaft hinzuweisen. Aber ob er darauf hinwies oder nicht, spielte überhaupt keine Rolle, denn jedermann erfuhr schon bald die Wahrheit.

Wenn Sie sich nun vorstellen, daß Nishioka Minoru, nachdem er schon zugesagt hatte, Erbe des Direktors zu werden, plötzlich eine ganz neue Information erhalten hatte – zum Beispiel, daß der Direktor vor kurzem einen unehelichen Sohn gezeugt habe… Nun ja, in diesem Fall wäre sein Zögern, diese Heirat einzugehen, vermutlich recht gut zu verstehen. Schließlich war weithin bekannt, wie sehr der Direktor es beklagte, keinen Sohn zu haben, und wie sehr er seinen beiden Töchtern verbunden war. Gab es irgendeinen Grund zu der Annahme, er würde sich einem unehelichen Sohn nicht letztlich ebenso verbunden fühlen – genug vielleicht, um vor dem Tod seine Meinung zu ändern und ihm das Unternehmen zu überschreiben, das er aufgebaut hatte? Was nun die Frage betrifft, ob ich dem Direktor tatsächlich einen Sohn geboren hatte oder nicht… Nun, wenn dem so wäre, würde ich zweifellos nicht gern über ihn reden, weil ich befürchten müßte, daß die Öffentlichkeit davon erführe. Und das läge bestimmt nicht im Interesse irgendeines der Beteiligten. Das beste ist es meiner Ansicht nach, gar nichts darüber zu sagen, und ich bin sicher, daß Sie mich verstehen.

Ungefähr eine Woche nachdem Nishioka Minoru seine Meinung geändert hatte, beschloß ich, dem Direktor gegenüber ein äußerst heikles Thema anzuschneiden. Wir waren im *Eishin-an* und saßen nach dem Abendessen auf der Veranda mit dem schönen Blick auf den Moosgarten. Der Direktor brütete finster vor sich hin und hatte, bis das Abendessen aufgetragen wurde, kein einziges Wort gesprochen.

»Habe ich bei Danna-sama schon erwähnt, daß ich in letzter Zeit ein wirklich sehr seltsames Gefühl hatte?« begann ich.

Dabei warf ich ihm einen kurzen Blick zu, konnte aber nicht ausmachen, ob er mir zuhörte.

»Ich muß immer wieder ans Ichiriki-Teehaus denken«, fuhr ich fort, »und ehrlich gesagt, wird mir allmählich klar, wie sehr ich es vermisse, als Geisha zu arbeiten.«

Der Direktor nahm schweigend einen Mundvoll von seinem Eis und legte den Löffel auf den Teller zurück.

»In Gion kann ich natürlich nicht wieder arbeiten, das ist mir klar. Aber ich frage mich, Danna-sama..., ob es in New York nicht vielleicht Platz für ein kleines Teehaus gäbe.«

»Ich weiß nicht, wovon du redest«, antwortete er. »Und ich sehe keinen Grund, warum du Japan verlassen solltest.«

»Heutzutage tauchen japanische Geschäftsleute und Politiker in New York so häufig auf wie Schildkröten in einem Teich«, sagte ich. »Die meisten davon sind Herren, die ich seit Jahren kenne. Es stimmt, Japan zu verlassen wäre eine sehr drastische Veränderung. Aber da Danna-sama wohl immer mehr Zeit in den Vereinigten Staaten verbringen wird...« Das wußte ich, weil er mir bereits von seinem Plan erzählt hatte, dort eine Niederlassung seines Unternehmens zu gründen.

»Ich bin nicht in der Stimmung für so etwas, Sayuri«, begann er. Ich glaube, er wollte noch mehr sagen, aber ich fuhr fort, als hätte ich nichts gehört.

»Ein Kind, das zwischen zwei Kulturen aufwächst, heißt es, hat es fast immer sehr schwer«, sagte ich. »Also wäre es von einer Mutter, die mit ihrem Kind an einen Ort wie die Vereinigten Staaten umzieht, vermutlich klug, sich dort ihr endgültiges Heim einzurichten.«

»Sayuri...«

»Das heißt«, fuhr ich fort, »daß eine Frau, die sich zu einem solchen Schritt entschließt, ihr Kind überhaupt nicht mehr nach Japan zurückbringen würde.«

Inzwischen mußte der Direktor begriffen haben, worauf mein Vorschlag abzielte: daß ich das einzige Hindernis aus Japan entfernen wollte, das Nishioka Minorus Adoption als Erbe im Weg stand. Sekundenlang starrte er mich verwundert an. Doch als ihm dann allmählich klarwurde, daß ich ihn verlassen wollte, schien seine mürrische Laune aufzuplatzen wie ein Ei, und eine einzelne Träne quoll ihm aus dem Augenwinkel, die er so schnell wegzwinkerte, als verscheuchte er eine Fliege.

Im August desselben Jahres ging ich nach New York, um mein eigenes winziges Teehaus für japanische Geschäftsleute und Politiker einzurichten, die sich in den Vereinigten Staaten aufhielten. Mutter wollte natürlich festschreiben, daß jedes Geschäft, das ich in New York begann, als Zweigstelle der Nitta-Okiya zu gelten habe, aber der Direktor schlug ihr ein solches Ansinnen rundweg ab. Mutter besaß zwar Macht über mich, solange ich in Gion blieb, doch indem ich auswanderte, durchschnitt ich endgültig jede Verbindung mit ihr. Der Direktor schickte zwei seiner Buchprüfer zu ihr, um zu gewährleisten, daß Mutter mir auch noch den letzten Yen aushändigte, der mir zustand.

Ich kann nicht verhehlen, daß mir vor vielen Jahren, als sich die Tür zu meinem Apartment hier im Waldorf Astoria zum erstenmal hinter mir schloß, bange zumute war. Aber New York ist eine aufregende Stadt. Nach kurzer Zeit fühlte ich mich dort mindestens so sehr zu Hause wie in Gion. Ja, rückblickend möchte ich sagen, daß mir die Erinnerung an die vielen, langen Wochen, die ich hier mit dem Direktor verbracht habe, das Leben in den Vereinigten Staaten in mancher Hinsicht noch reicher gemacht hat, als es in Japan der Fall gewesen war. Mein kleines Teehaus im ersten Stock eines alten Clubs in der Nähe der Fifth Avenue war von Anfang an relativ erfolgreich; aus Gion sind ein paar Geishas gekommen, um dort bei mir zu arbeiten, und sogar Mameha besucht mich gelegentlich. Heutzutage gehe ich nur dorthin, wenn gute Freunde oder alte Bekannte nach New York kommen. Statt dessen verbringe ich meine Zeit auf andere Art. An den Vormittagen schließe ich mich oft einer Gruppe japanischer Schriftsteller und Maler aus der Umgebung an, um Themen zu studieren, die uns interessieren, Lyrik oder Musik, während eines ganzen Monats auch einmal die Geschichte der Stadt New York. An den meisten Tagen esse ich mit einer Freundin oder einem Freund zu Mittag. Und am Nachmittag knie ich vor meinem Schminktisch, um mich auf die eine oder andere Party vorzubereiten – zuweilen hier in meiner eigenen Wohnung. Wenn ich den Brokatvorhang vor meinem Spiegel hebe, denke ich unwillkürlich an den milchigen Geruch des weißen Make-ups, das ich in Gion so oft aufgetragen habe. Ich wünschte von Herzen, ich könnte noch einmal auf einen Besuch dorthin zurückkehren, andererseits kann ich mir vorstellen, daß es mich traurig machen würde, die vielen Veränderungen zu sehen. Wenn Freunde von ihren Reisen nach Kyoto Fotos mitbringen, muß ich oft denken, daß Gion ausgedünnt ist wie ein schlecht gepflegter Garten, der in zunehmendem Maße von Unkraut überwuchert wird. Nach Mutters Tod vor einigen Jahren zum Beispiel wurde die Nitta-Okiya abgerissen und durch ein winziges Betongebäude ersetzt, in dem im Parterre eine Buchhandlung und darüber zwei Wohnungen untergebracht sind.

Als ich damals nach Gion kam, arbeiteten dort achthundert Geishas, heute sind es weniger als sechzig, und nur eine Handvoll Lerngeishas, und ihre Zahl verringert sich von Tag zu Tag. Bei seinem letzten Besuch in New York machte ich mit dem Direktor einen Spaziergang durch den Central Park. Dabei unterhielten wir uns über die Vergangenheit, und als wir an einen Pfad kamen, der durch eine Kieferngruppe führte, machte der Direktor plötzlich halt. Er hatte mir immer wieder von den Kiefern erzählt, die die Straße außerhalb Osakas, in der er aufgewachsen war, säumten. Beide gebrechlichen Hände auf seinen Stock gestützt, stand er mit geschlossenen Augen da und atmete tief den Duft der Vergangenheit ein.

»Manchmal«, sagte er und seufzte dabei, »habe ich das Gefühl, daß die Dinge, an die ich mich erinnere, realer sind als die Dinge, die ich sehe.«

Als jüngere Frau war ich der Meinung gewesen, daß sich die Leidenschaft im Laufe des Alters genauso legt, wie der Inhalt einer Tasse, die in einem Raum stehenbleibt, allmählich verdunstet. Doch als der Direktor und ich in meine Wohnung zurückkehrten, gingen wir mit so großem Verlangen und so großer Sehnsucht ineinander auf, daß ich mich hinterher ganz leer fühlte, weil mir der Direktor soviel genommen hatte, und gleichzeitig erfüllt von all dem, was ich von ihm bekommen hatte. Ich sank in einen gesunden Schlaf und träumte, ich sei auf einem Bankett in Gion und unterhielte mich mit einem älteren Mann, der mir erklärte, seine Frau, die er sehr geliebt hatte, sei im Grunde gar nicht tot, weil die schöne Zeit, die sie zusammen verbracht hatten, in ihm weiterlebe. Während er das sagte, trank ich aus einer Schale die außergewöhnlichste Suppe, die ich jemals gegessen hatte: Jeder würzige Schluck war eine Art Ekstase. Ich bekam das Gefühl, daß alle Menschen, die ich jemals gekannt und die mich verlassen hatten oder gestorben waren, in Wirklichkeit nicht gegangen waren, sondern in mir fortlebten, wie die Ehefrau dieses Mannes in ihm fortlebte. Ich hatte das Gefühl, sie alle in mich hineinzutrinken – meine Schwester Satsu, die davongelaufen war und mich so jung zurückgelassen hatte, meine Eltern, Herrn Tanaka mit seiner verschrobenen Auffassung von Güte, Nobu, der mir niemals verzeihen konnte, und sogar den Direktor. Die Suppe war mit allem gewürzt, was mir im Leben lieb gewesen war, und während ich sie aß, sprach dieser Mann seine Worte direkt in mein Herz.

Als ich erwachte, liefen mir die Tränen über die Schläfen, und ich ergriff die Hand des Direktors, weil ich fürchtete, daß ich ohne ihn nicht leben konnte, wenn er starb und mich allein ließ. Denn er war zu jener Zeit selbst im Schlaf schon so schwach, daß ich unwillkürlich an meine Mutter in Yoroido dachte. Doch als er dann nur wenige Monate später starb, begriff ich, daß er mich am Ende seines langen Lebens genauso naturgemäß verließ, wie die Blätter von den Bäumen fallen.

Ich kann Ihnen nicht sagen, was es ist, das uns in diesem Leben leitet, aber ich fiel dem Direktor zu, wie ein Stein der Erde zufallen muß. Als ich mir die Lippe verletzte und Herrn Tanaka kennenlernte, als meine Mutter starb und ich auf grausame Weise verkauft wurde – das alles war wie ein Bach, der über steinige Felsbrocken stürzt, bevor er das Meer erreichen kann. Und auch jetzt, da er fort ist, habe ich ihn noch in der Fülle meiner Erinnerungen. Denn indem ich Ihnen all dies erzählte, habe ich mein Leben noch einmal gelebt.

Gewiß, wenn ich manchmal die Park Avenue überquere, kommt mir meine Umgebung seltsam exotisch vor. Die gelben Taxis, die hupen und an mir vorbeijagen, die Frauen mit ihren Aktenkoffern, die so verwundert dreinblicken, wenn sie an der Straßenecke eine kleine, alte Japanerin im Kimono stehen sehen. Aber würde ich in Yoroido weniger exotisch wirken, wenn ich heutzutage dorthin zurückkehrte? Als junges Mädchen war ich überzeugt, mein Leben wäre niemals zum Kampf geworden, wenn Herr Tanaka mich nicht aus meinem beschwipsten Haus gerissen hätte. Jetzt aber weiß ich, daß unsere Welt nicht beständiger ist als eine Woge im Ozean. All unsere Mühen und Triumphe, wie wir sie auch erleben, zerlaufen zu einem Wasserfleck. Genau wie wäßrige Tusche auf Papier.

Danksagung

Obwohl die Figur der Sayuri und ihre Geschichte frei erfunden sind – die historischen Tatsachen des Alltags einer Geisha in den dreißiger und vierziger Jahren sind es nicht. Im Rahmen meiner ausgedehnten Recherchen muß ich mich ganz besonders bei Mineko Iwasaki bedanken, einer von Gions Spitzengeishas in den sechziger und siebziger Jahren, die mir im Mai 1992 bereitwillig ihr Haus in Kyoto öffnete und all meine falschen Vorstellungen über Geishas zurechtrückte – obwohl jeder, der einmal in Kyoto gelebt hatte oder auch damals noch dort lebte, mir riet, nicht auf eine solche Freizügigkeit zu hoffen. Während ich im Flugzeug mein Japanisch aufpolierte, befürchtete ich, daß Mineko, die ich bis dahin noch nicht persönlich kannte, eine Stunde lang mit mir über das Wetter plaudern und das dann als Interview bezeichnen würde. Statt dessen machte sie mit mir eine Insider-Tour durch Gion und beantwortete mir, zusammen mit ihrem Ehemann Jin sowie ihren Schwestern Yaetchiyo und der inzwischen verstorbenen Kuniko, geduldig und in den intimsten Einzelheiten all meine Fragen über die Rituale eines Geishalebens. Sie wurde mir eine gute Freundin und ist es noch heute. Mit großer Zuneigung erinnere ich mich an den Besuch ihrer Familie bei uns in Boston und das unbeschreibliche Gefühl, das meine Frau und mich überkam, als wir in unserem Wohnzimmer saßen und uns im Fernsehen Tennis ansahen, während unsere neue Freundin, eine Japanerin in den Vierzigern, eine der letzten Geishas, die nach der alten Tradition ausgebildet worden war, neben uns saß.

Danke, Mineko – danke für alles!

Kennengelernt habe ich Mineko durch Frau Reiko Nagura, eine langjährige Freundin und hochintelligente Dame aus der Generation meiner Mutter, die Englisch und Deutsch so gut wie Japanisch spricht. Sie gewann einmal einen Preis für eine Kurzgeschichte auf englisch, während sie in Barnard studierte – und das, nachdem sie erst wenige Jahre zuvor zum Studium in den Vereinigten Staaten eingetroffen war. Sie wurde eine lebenslange Freundin meiner Großmutter. Die Freundschaft zwischen ihrer und meiner Familie geht inzwischen in die vierte Generation. Bei meinen Besuchen in Tokyo ist ihr Haus ein regelrechter Zufluchtsort für mich geworden. Ich stehe tiefer in ihrer Schuld, als ich es je ausdrücken kann. Unter anderem hat sie mir die Freundlichkeit erwiesen, mein Manuskript in den verschiedenen Stadien zu lesen und mir viele unbezahlbare Hinweise zu geben.

Während der Jahre, in denen ich an diesem Roman arbeitete, war mir meine Frau Trudy mehr Hilfe und Unterstützung, als ich je von ihr hätte verlangen können. Außer ihrer endlosen Geduld und ihrer ständigen Bereitschaft, alles liegen und stehen zu lassen und zu lesen, sobald ich ihren scharfen Blick, ihre Offenheit und ihre überaus große Nachdenklichkeit benötigte, hat sie mir das größte Geschenk von allen gemacht: Beständigkeit und Verständnis.

Robin Desser von Knopf ist genau die Art Lektor, von der jeder Autor träumt: leidenschaftlich, aufmerksam, engagiert, immer hilfsbereit – und außerdem immer zu Späßen aufgelegt.

In ihrer Herzlichkeit, ihrer Direktheit, ihrem Professionalismus und ihrem Charme ist Leigh Feldman unübertroffen. Ich hatte unsagbares Glück, sie als Agentin zu bekommen.

Helen Bartlett, Sie wissen, was Sie von Anfang an für mich getan haben. Ich danke Ihnen und Denise Stewart.

Dank auch an meine gute Freundin Sara Laschever für die sorgfältige Lektüre des Manuskripts, ihre großzügige Hilfe und die vielen guten Vorschläge und Ideen.

Teruko Craig war so freundlich, mir stundenlang von ihrem Leben als Schulmädchen in Kyoto während der Kriegsjahre zu erzählen. Sehr dankbar bin ich auch Liza Dalby, der einzigen Amerikanerin, die jemals Geisha geworden ist, und ihrem ausgezeichneten Buch *Geisha*, einer anthropologischen Studie der Geishakultur, die auch von ihren Erlebnissen im Pontocho-Viertel berichtet; sie hat mir großzügigerweise eine Anzahl sehr nützlicher japanischer und englischer Bücher aus ihrer persönlichen Sammlung geliehen.

Ich bedanke mich bei Kiharu Nakamura, die über ihre Erlebnisse als Geisha im Shimbashi-Viertel von Tokyo geschrieben und sich im Verlauf meiner Recherchen freundlicherweise einen ganzen Abend lang mit mir unterhalten hat. Und ich danke meinem Bruder Stephan für kluge Hinweise und einfühlsames Interesse.

Robert Singer, Kustos für japanische Kunst am Los Angeles County Museum of Art, hat sich, während ich in Kyoto war, freundlicherweise sehr bemüht, mir aus erster Hand zu zeigen, wie die Aristokraten früher gelebt haben.

Bowen Dees, den ich auf dem Flug kennenlernte, gestattete mir, sein unveröffentlichtes Manuskript über seine Erlebnisse in Japan während der Besatzungszeit zu lesen.

Auch Allen Palmer danke ich dafür, daß er mich mit seinen umfassenden Kenntnissen der Teezeremonie und des japanischen Aberglaubens unterstützt hat.

John Rosenfield hat mich in japanischer Kunstgeschichte besser unterrichtet, als ein anderer es je könnte. Durch ihn kam ich mir an einer so gigantischen Universität wie Harvard so heimisch vor wie an einem kleinen College. Ich bin ihm dankbar für seine vielen Ratschläge.

Herzlichen Dank schulde ich Barry Minsky für die unbezahlbare Rolle, die er gespielt hat, während ich an der Entstehung dieses Romans arbeitete.

Außerdem bedanke ich mich für zahllose Freundlichkeiten, die ich hier nicht alle aufzählen kann, bei David Kuhn, Merry White, Kazumi Aoki, Yasu Ikuma, Megumi Nakatani, David Sand, Yoshio Imakita, Mameve Medwed, der verstorbenen Celia Millward, Camilla Trinchieri, Barbara Shapiro, Steve Weisman, Yoshikata Tsukamoto, Carol Janeway von Knopf, Lynn Pleshette, Denise Rusoff, David Schwab, Alison Tolman, Lidia Yagoda und Len Rosen.

Aus Freude am Lesen

David Guterson

David Guterson wurde 1956 in Seattle geboren. »Schnee, der auf Zedern fällt« ist sein erster Roman, der auf Anhieb den Sprung in die Bestsellerlisten schaffte und mit dem renommierten PEN/Faulkner-Preis ausgezeichnet wurde.

Roman
505 Seiten
btb 72249

Ein Fischer japanischer Abstammung ist des Mordes an einem Kollegen angeklagt. Während ein Schneesturm die Insel San Piedro und mit ihr alle am Prozeß Beteiligten im festen Klammergriff der Kälte hält, versucht Ishmael Chambers die wahren Hintergründe des Verbrechens aufzuklären...

»Ein menschen- und weltkluges, schönes Buch. Dies ist der seltene Fall eines Kriminalromans, bei dessen erster Lektüre man schon weiß, daß man ihn zum zweiten Mal lesen wird.«

FAZ